常规变电站继电保护现场检验标准化作业指导书

（220kV 部分）

国网辽宁省电力有限公司电力调度控制中心
国网辽宁省电力有限公司技能培训中心 组编

中国电力出版社
CHINA ELECTRIC POWER PRESS

内 容 提 要

本书规定了常规变电站继电保护装置现场检验标准化作业的一般性要求、检验项目、检验内容、检验方法及标准，用于指导现场检验的标准化作业。本书主要依据现行国家标准、电力行业标准、国家电网公司企业标准，以及继电保护设计、配置、验收、运行和维护的工程经验与相关要求。

本书作为变电站继电保护装置现场作业人员的指导书，也可供继电保护专业技术人员自学参考。

图书在版编目（CIP）数据

常规变电站继电保护现场检验标准化作业 / 国网辽宁省电力有限公司电力调度控制中心，国网辽宁省电力有限公司技能培训中心组编 . —北京：中国电力出版社，2019.2

ISBN 978-7-5198-2637-6

Ⅰ. ①常… Ⅱ. ①国…②国… Ⅲ. ①变电所－继电保护－标准化 Ⅳ. ① TM77-65

中国版本图书馆 CIP 数据核字（2018）第 260684 号

出版发行：中国电力出版社
地　　址：北京市东城区北京站西街 19 号（邮政编码 100005）
网　　址：http://www.cepp.sgcc.com.cn
责任编辑：孙　芳
责任校对：黄　蓓　常燕昆　朱丽芳
装帧设计：王英磊　赵姗姗
责任印制：吴　迪

印　　刷：三河市万龙印装有限公司
版　　次：2019 年 2 月第一版
印　　次：2019 年 2 月北京第一次印刷
开　　本：787 毫米 ×1092 毫米　16 开本
印　　张：50.25
字　　数：1213 千字
印　　数：0001—1000 册
定　　价：198.00 元

编　委　会

前 言

本指导书规定了常规变电站继电保护装置现场检验标准化作业。主要内容包括一般性要求、检验项目、检验内容、检验方法及标准，用于指导现场检验的标准化作业。本指导书编写主要依据《继电保护状态检修检验规程》《继电保护及安全自动装置验收规范》《线路保护及辅助装置标准化设计规范》和《变压器、高压并联电抗器和母线保护及辅助装置标准化设计规范》等有关技术标准，以及继电保护设计、配置、验收、运行和维护的工程经验与相关要求。

编 者

2018.10

编制说明

一、编制背景

为尽快适应近年继电保护技术快速发展，满足辽宁电网继电保护现场检修作业需求，规范现场作业行为，提高检验质量，持续优化继电保护检验管理工作，提高常规变电站继电保护及二次回路运行的安全性、可靠性。国网辽宁电力调度控制中心特组织开展《常规变电站继电保护检验标准化作业指导书》修编工作。

二、编制主要原则

《常规变电站继电保护检验标准化作业指导书》主要依据国网最新的相关标准、规范、规程编写，以常规微机型“六统一”继电保护类型为编制对象，结合状态检修相关标准、规定，遵循现场标准化作业流程，符合适用性、先进性和差异性的原则。

三、编制目的及适用范围

本指导书规定了220kV及以上常规变电站微机型继电保护及其二次回路新安装验收检验、A（B）类检修、C类检修的质量控制程序，以保护常规变电站微机型继电保护及其二次回路的检验结果的正确性。其中：

（1）验收检验是指新安装保护装置、继电保护整屏更换、整装置更换、二次电缆全部更换后的验收检验。

（2）A类检修是指新设备安装投产后进行的第一次检验。

（3）B类检修是指在一次设备停电情况下的继电保护及其二次回路局部性的检修，即辅助装置更换、装置插件更换、程序升级及部分二次电缆更换后的停电检验，以及缺陷处理需要开展的试验，包括不停电装置升级。

（4）C类检修是指一次设备停电配合检修和一次设备停电情况下的继电保护及其二次回路常规性检查、维护、试验。

四、章节及种类说明

（1）验收检验、A（B）类检修均包括10项内容，分别为：通用部分、保护单机检验、保护功能校验、整组试验、带开关做整组传动试验、装置投运准备工作、带负荷测试、现场遗留问题、继电保护二次工作保护压板及设备投切位置确认单、继电保护二次工作安全措施票。

（2）C类检修包括7项内容，分别为：通用部分、保护单机检验、带开关做整组传动试验、装置投运准备工作、现场遗留问题、继电保护二次工作保护压板及设备投切位置确认

单、继电保护二次工作安全措施票。

(3) 通用部分包括7项内容，分别为：目的及适用范围、编制依据、装置检验要求及注意事项、保护装置检验准备工作、二次回路绝缘检查、屏柜及装置检验、装置通电检查。

(4) 指导书共计19类58篇，分别为500kV线路保护4类12篇、220kV线路保护2类6篇、220kV电铁线路保护1类3篇、500kV变压器保护1类3篇、220kV变压器保护2类6篇、500kV母线保护1类3篇、220kV母线保护1类3篇、500kV断路器保护1类3篇、220kV母联（分段）保护1类3篇、高压并联电抗器保护1类3篇、远方跳闸及就地判别装置1类3篇、故障录波器1类3篇、行波测距装置1类2篇、故障信息子站1类2篇。

五、指导书中内容主要差异说明

1. 220kV、500kV线路保护指导书

(1) 220kV线路保护指导书"六统一"线路纵联差动保护、纵联距离保护和电铁线路保护指导书中，将"远方跳闸"开入和"其他保护停信"开入统一改为"其他保护动作"开入。

(2) 500kV线路保护指导书"六统一"线路纵联差动保护、纵联距离保护指导书中，将"远方跳闸"开入和"其他保护停信"开入统一改为"其他保护动作"开入。

(3) 220kV线路保护指导书自定义保护项目：包括分相允许式、工频变化量距离、快速距离、负荷限制距离、三重加速距离Ⅱ段、三重加速距离Ⅲ段和零序加速段带方向保护功能，该项保护根据现场实际装置自行选择试验项目。

(4) 220kV线路保护指导书零序反时限过流保护、三相不一致保护、过流过负荷功能(适用于电缆线路)、过电压及远方跳闸保护等选配功能不使用。

(5) 电铁线路保护取消纵联保护功能校验，增加冲击性负荷功能校验。

2. 220kV、500kV变压器保护指导书

(1) 220kV变压器保护指导书按照220kV三绕组变压器、两绕组变压器类型编写，其中三绕组变压器采用高压侧、中压侧、低压1分支、低压2分支结构；两绕组变压器采用高压1侧和低压1分支结构。

(2) 自定义保护项目为故障分量差动保护。

(3) 220kV变压器后备保护中"12相间阻抗保护　Ⅰ段3时限、13接地阻抗保护　Ⅰ段3时限"与高后备保护中"相间阻抗保护　Ⅰ段3时限、接地阻抗保护　Ⅰ段3时限"选配功能不使用。

3. 220kV母线保护指导书

(1) 适用于220kV双母线、双母双分段接线的"六统一"母线保护，220kV双母单分段接线及500kV双母线、双母双分段接线的"六统一"母线保护可参照执行。

(2) 220kV电压等级母线保护中"母联（分段）充电过流保护、母联（分段）非全相保护"选配功能不使用。

4. 故障录波器指导书

(1) 指导书以DL/T 553—2013《电力系统动态记录装置通用技术条件》为主要编制依

据，同时参照 Q/GDW 1161—2014《线路保护及辅助装置标准化设计规范》、Q/GDW 1175—2013《变压器、高压并联电抗器和母线保护及辅助装置标准化设计规范》进行编制。

（2）指导书中所有检验项目的列表，均按设备类型编写，如现场有多个同类设备，可根据现场设备实际情况对表格进行扩充。

（3）指导书中“开关量输入检查”项目中各装置的输入量均按最大化编写，现场按设备实际应用情况进行填写。

（4）指导书中对“起动记录”“起动录波”的开关量进行了分类整理，现场可根据开关量的实际情况，设定起动记录与起动录波的功能。

（5）指导书中对录波器的谐波分析能力进行了要求，录波器应具备 25 次及以下谐波分析能力，对于录波装置的新安装及更换，现场至少进行七次及以下谐波分析能力的检验。

（6）指导书中对录波器的频率分析能力进行了要求，录波器应能记录暂态及动态过程中的频率变化过程。对于录波装置的新安装及更换，现场应对录波器 40、50、55Hz 时的频率记录性能进行检验。

5. 500kV 高压电抗器保护指导书

（1）适用于 500kV 高压电抗器保护的测试，对于母线电抗器，无中性点电抗器后备保护功能、中断路器相关出口和启动远方跳闸保护出口的试验项目。

（2）输出回路检查中的断路器 1、断路器 2，可分别定义为中断路器、边断路器。同时与启动断路器失灵保护 1、启动断路器失灵保护 2 相对应。

（3）母线电抗器保护不跳中断路器。

6. 500kV 保护指导书编写以 3/2 断路器接线完整串为例，当用于不完整串时，中断路器相关内容适用于第二组边断路器

7. 线路、变压器、母线、电抗器保护电流互感器二次回路断线的处理原则按《继电保护装置标准化设计补充技术要求》执行

8. 本次修编增加 2 类指导书、2 类指导卡

（1）增加变电站继电保护在线监视与分析模块（继电保护故障信息子站）指导书新安装验收检验和 A（B）类检修内容，既适用目前已经投入运行的变电站继电保护故障信息子站，也适用于完成升级、改造后的变电站继电保护在线监视与分析模块系统。

（2）增加变电站行波测距装置新安装验收检验和 A（B）类检修内容，规范了变电站行波测距装置的检验项目及要求。

目 录

第一部分

常规变电站继电保护装置现场检验标准化作业

（220kV）

1. 常规变电站220kV线路纵联电流差动保护新安装验收标准化作业指导书

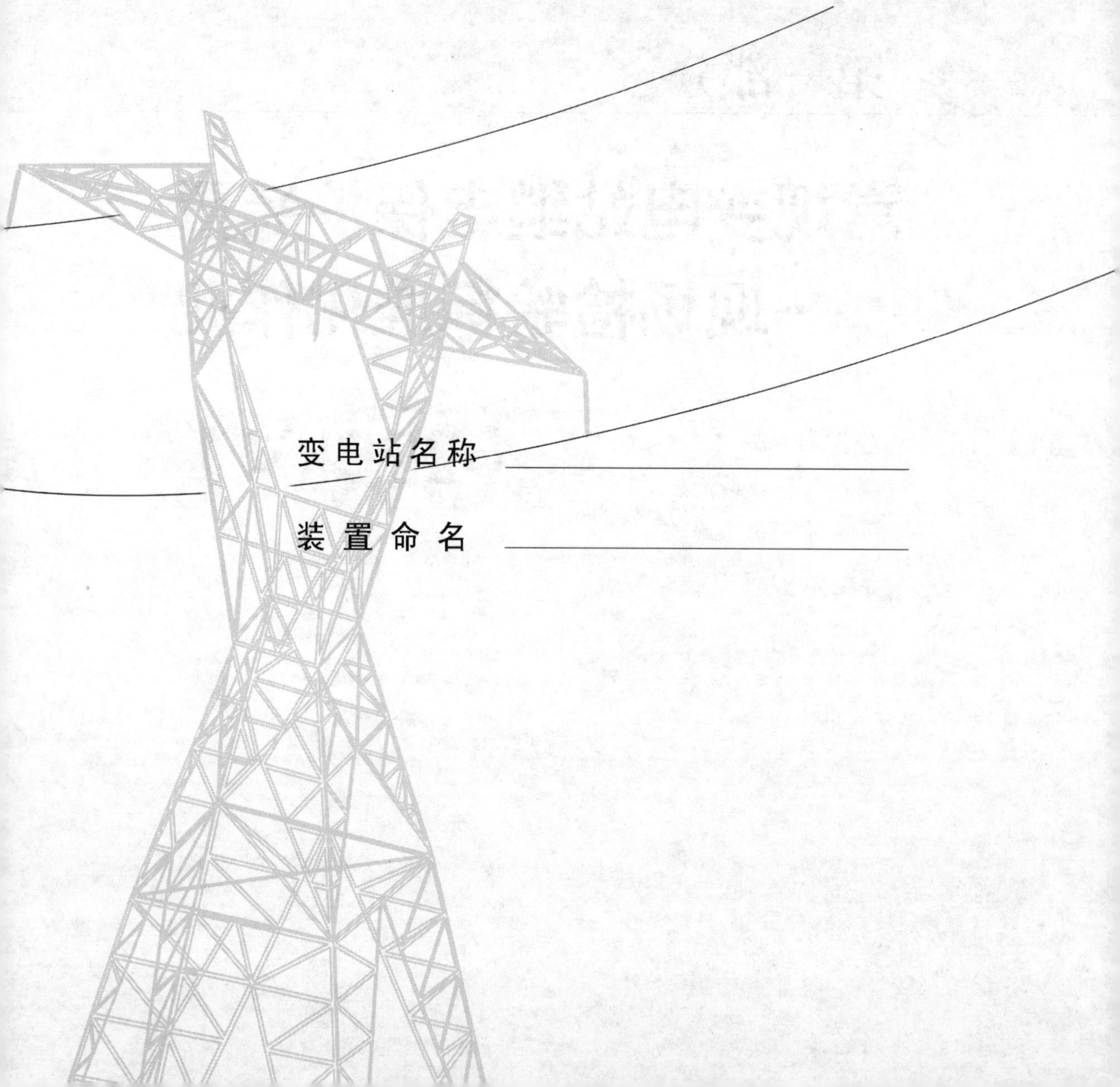

变电站名称 ______________________

装 置 命 名 ______________________

设备变更记录

变更内容			变更日期	执行人
装置变更	1			
	2			
程序升级	1			
	2			
	3			
	4			
回路变更	1			
	2			
	3			
	4			
	5			
TA 变比	1			
	2			
	3			
其他	1			
	2			
	3			

________型线路

纵联电流差动保护检验报告

出厂日期		投运日期	
工作负责人			
检验人员			
检验性质	新安装验收检验		
开始时间	年 月 日 时 分		
结束时间	年 月 日 时 分		
检验结论			
审核人签字		审核日期	

目　次

1 通用部分

1.1 详见《常规变电站继电保护标准化作业指导书（验收检验通用部分）》。

1.2 适用于六统一 220kV 线路纵联电流差动保护（含操作箱）。

2 保护单机检验

2.1 软件版本号及 CRC 校验码检查

软件版本号及 CRC 校验码检查见表 1。

表 1　软件版本号及 CRC 校验码

CPU 号	软件版本号	CRC 校验码	软件版本生成时间	与要求版本是否一致

结论（　　）

2.2 输出回路检查

输出回路检查见表 2。

表 2　输出回路检查

序号	检验项目	方法	接点动作情况
1	信号输出	保护动作	□监控后台，□液晶显示
		重合闸动作	□监控后台，□液晶显示
		通道一告警	□监控后台，□液晶显示
		通道二告警	□监控后台，□液晶显示
		通道故障	□监控后台，□液晶显示
		运行异常（模拟 TA、TV 断线）	□监控后台，□液晶显示
		装置故障告警	□监控后台，□液晶显示
2	跳闸出口	投入相应保护及出口压板，分别模拟保护 A 相动作、B 相动作、C 相动作	□跳闸，□失灵启动，□备用，□录波 □永跳（闭锁重合闸）
3	重合闸出口	投入相应保护及出口压板，模拟重合闸动作	□重合闸，□录波
4	远传 1 动作	短接远传开入接点（使用该功能时选做）	□动作
5	远传 2 动作	短接远传开入接点（使用该功能时选做）	□动作

结论（　　）

2.3 开关量输入回路检验（根据现场装置选做）

2.3.1 开关量输入回路检验（适用于主保护方式有两种的情况，根据装置实际情况选做）。

主保护投入方式有两种，方式一：配置一套主保护逻辑，同时对应两个（光纤通道一、光纤通道二）或三个（光纤通道一、光纤通道二、载波通道）通道，分别设置主保护及各通道的投退压板；方式二：配置两套主保护逻辑，与双通道一一对应，分别设置通道一主保护、通道二主保护投退压板。开关量输入回路检验见表 3-1。

表 3-1　　　　开关量输入回路检验

序号	检验方法	开关量输入量变化	结果
1	投入“纵联差动保护”压板（方式一）	“纵联保护”由 0 变 1	
2	投入“光纤通道一”压板（方式一）	“光纤通道一”由 0 变 1	
3	投入“光纤通道二”压板（方式一）	“光纤通道二”由 0 变 1	
4	投入“通道一差动保护”压板（方式二）	“通道一差动保护”由 0 变 1	
5	投入“通道二差动保护”压板（方式二）	“通道二差动保护”由 0 变 1	
6	投入“距离保护”压板	“距离保护”由 0 变 1	
7	投入“零序过流”压板	“零序过流”由 0 变 1	
8	投入“停用重合闸”压板	“闭锁重合闸”由 0 变 1	
9	短接“其他保护动作”接点	“其他保护动作”由 0 变 1	
10	短接“闭锁重合闸”接点	“闭锁重合闸”由 0 变 1	
11	短接“压力低闭锁重合闸”接点	“压力低闭锁重合闸”由 0 变 1	
12	短接“TWJA”接点	“A 相跳闸位置”由 0 变 1	
13	短接“TWJB”接点	“B 相跳闸位置”由 0 变 1	
14	短接“TWJC”接点	“C 相跳闸位置”由 0 变 1	
15	投入“远方操作”压板	“远方操作”由 0 变 1	
16	按“复归”按钮	“信号复归”由 0 变 1	
17	投“保护检修状态”压板	“检修状态”由 0 变 1	
18	远传 1 开入	“远传 1”由 0 变 1	
19	远传 2 开入	“远传 2”由 0 变 1	

2.3.2　开关量输入回路检验（适用于 Q/GDW 1161—2013 标准补充模式）

光纤差动保护压板及控制字设置：光纤通道一、光纤通道二，共计 2 个压板；纵联差动保护、双通道方式（1 为双通道方式，0 为单通道方式，固定为光纤通道一），共计 2 位控制字。通道压板投入时，对应通道出现异常，告警并上送报文。通道压板退出时，对应通道只上送报文，不告警。开关量输入回路检验见表 3-2。

表 3-2　　　　开关量输入回路检验

序号	检验方法	开关量输入量变化	结果
1	投入“光纤通道一”压板	“光纤通道一”由 0 变 1	
2	投入“光纤通道二”压板	“光纤通道二”由 0 变 1	
3	投入“距离保护”压板	“距离保护”由 0 变 1	
4	投入“零序过流”压板	“零序过流”由 0 变 1	
5	投入“停用重合闸”压板	“闭锁重合闸”由 0 变 1	
6	短接“其他保护动作”接点	“其他保护动作”由 0 变 1	
7	短接“闭锁重合闸”接点	“闭锁重合闸”由 0 变 1	
8	短接“压力低闭锁重合闸”接点	“压力低闭锁重合闸”由 0 变 1	
9	短接“TWJA”接点	“A 相跳闸位置”由 0 变 1	
10	短接“TWJB”接点	“B 相跳闸位置”由 0 变 1	
11	短接“TWJC”接点	“C 相跳闸位置”由 0 变 1	
12	投入“远方操作”压板	“远方操作”由 0 变 1	
13	按“复归”按钮	“信号复归”由 0 变 1	
14	投“保护检修状态”压板	“检修状态”由 0 变 1	

续表

序号	检验方法	开关量输入量变化	结果
15	远传1开入	"远传1"由0变1	
16	远传2开入	"远传2"由0变1	

2.4 模数变换系统的检验

装置二次额定电流 I_n=□5A/□1A。

2.4.1 零漂检验

要求：$I<0.01I_n$，$U<0.1V$，见表4。

表4　零漂检验

采样通道	I_a(A)	I_b(A)	I_c(A)	$3I_0$(A)	U_a(V)	U_b(V)	U_c(V)	U_{xl}(V)
采样1								
采样2								

结论（　　）

2.4.2 采样精度校验

在保护屏端子上分别通入表5中的电压、电流，查看液晶屏上显示值，误差应小于5%，角度小于3°（以 U_a 为基准）。

表5　采样精度校验

采样通道	U_a(V)	U_b(V)	U_c(V)	U_{xl}(V)	I_a(A)	I_b(A)	I_c(A)	$3I_0$(A)
$0.05I_n$，$0.6U_n$	V∠0°	V∠	V∠	V∠	A∠	A∠	A∠	A∠
采样1								
采样2								
I_n，U_n	V∠0°	V∠	V∠	V∠	A∠	A∠	A∠	A∠
采样1								
采样2								
$4I_n$，$1.2U_n$	V∠0°	V∠	V∠	V∠	A∠	A∠	A∠	A∠
采样1								
采样2								

结论（　　）

2.4.3 在自环状态下检验

自环状态检验见表6。

表6　自环状态检验

电流	幅值		相角	
	I_n	$0.1I_n$	相位关系	显示相位
I_a/I_{ar}	/	/	I_a-I_{ar}	
I_b/I_{br}	/	/	I_b-I_{br}	
I_c/I_{cr}	/	/	I_c-I_{cr}	
I_{cda}		—	—	—
I_{cdb}		—	—	—
I_{cdc}		—	—	—

结论（　　）

检验人：

3 保护功能校验

根据保护装置液晶显示信息、面板信号指示状态、开关反映情况、测试设备实测值进行填写。

3.1 光纤差动保护

仅投纵联保护硬压板、软压板、控制字，方式一填表 7，方式二填表 7 和表 8。

光纤差动保护适用于 Q/GDW 1161—2013 标准补充规定时，仅投纵联保护软压板、控制字、光纤通道硬压板，试验数据填表 7。

光纤差动保护定值：I_{zd}=（ ）A。

表 7 光纤差动保护定值校验

故障类型 整定值	AN	BN	CN	AB	BC	CA	结论
$0.95I_{zd}$	□跳 A □不动作	□跳 B □不动作	□跳 C □不动作	□动作 □不动作	□动作 □不动作	□动作 □不动作	
$1.05I_{zd}$	□跳 A □不动作	□跳 B □不动作	□跳 C □不动作	□动作 □不动作	□动作 □不动作	□动作 □不动作	
$1.2I_{zd}$	显示保护动作时间：（ ）ms 实测保护动作时间：（ ）ms			显示保护动作时间：（ ）ms 实测保护动作时间：（ ）ms			
TA 断线	当“TA 断线闭锁差动”整定为“1”时：□闭锁断线相差动 当“TA 断线闭锁差动”整定为“0”时：保护动作值；保护动作时间（ ）ms。两侧延时 150ms 三跳，同时闭锁重合闸						

表 8 光纤差动保护定值校验

故障类型 整定值	AN	BN	CN	AB	BC	CA	结论
$0.95I_{zd}$	□跳 A □不动作	□跳 B □不动作	□跳 C □不动作	□动作 □不动作	□动作 □不动作	□动作 □不动作	
$1.05I_{zd}$	□跳 A □不动作	□跳 B □不动作	□跳 C □不动作	□动作 □不动作	□动作 □不动作	□动作 □不动作	
$1.2I_{zd}$	显示保护动作时间：（ ）ms 实测保护动作时间：（ ）ms			显示保护动作时间：（ ）ms 实测保护动作时间：（ ）ms			
TA 断线	当“TA 断线闭锁差动”整定为“1”时：□闭锁断线相差动 当“TA 断线闭锁差动”整定为“0”时：保护动作值；保护动作时间（ ）ms。两侧延时 150ms 三跳，同时闭锁重合闸						

3.2 距离保护定值校验

3.2.1 相间距离

仅投距离保护硬压板、软压板、控制字，见表 9。

定值：XX1=（ ）Ω；XX2=（ ）Ω，s；XX3=（ ）Ω，s；灵敏角：（ ）。

表 9 相间距离保护定值校验

故障类型 整定值	AB 故障	BC 故障	CA 故障	ABC 故障	反向故障
0.95XX1	□动作 □不动作	□动作 □不动作	□动作 □不动作	□动作 □不动作	□动作 □不动作
1.05XX1	□动作 □不动作	□动作 □不动作	□动作 □不动作	□动作 □不动作	
0.7XX1	显示保护动作时间：(　　) ms 实测保护动作时间：(　　) ms				
0.95XX2	□动作 □不动作	□动作 □不动作	□动作 □不动作	□动作 □不动作	
1.05XX2	□动作 □不动作	□动作 □不动作	□动作 □不动作	□动作 □不动作	
0.7XX2	显示保护动作时间：(　　) ms 实测保护动作时间：(　　) ms				
0.95XX3	□动作 □不动作	□动作 □不动作	□动作 □不动作	□动作 □不动作	
1.05XX3	□动作 □不动作	□动作 □不动作	□动作 □不动作	□动作 □不动作	
0.7XX3	显示保护动作时间：(　　) ms 实测保护动作时间：(　　) ms				
模拟 TV 断线，TV 断线后退出距离保护					
模拟 TA 断线，闭锁距离Ⅰ段，不闭锁距离Ⅱ段和距离Ⅲ段					

结论（　　）

3.2.2 接地距离校验

仅投距离保护硬压板、软压板、控制字，见表 10。

定值：XD1＝(　　) Ω；XD2＝(　　) Ω，(　　) s；XD3＝(　　) Ω，(　　) s；灵敏角：(　　)。

表 10 接地距离定值校验

故障类型 整定值	AN 故障	BN 故障	CN 故障	反向故障
0.95XD1	□动作 □不动作	□动作 □不动作	□动作 □不动作	□动作 □不动作
1.05XD1	□动作 □不动作	□动作 □不动作	□动作 □不动作	
0.7XD1	显示保护动作时间：(　　) ms 实测保护动作时间：(　　) ms			

续表

故障类型 整定值	AN 故障	BN 故障	CN 故障	反向故障
0.95XD2	□动作 □不动作	□动作 □不动作	□动作 □不动作	□动作 □不动作
1.05XD2	□动作 □不动作	□动作 □不动作	□动作 □不动作	
0.7XD2	显示保护动作时间：（ ）ms 实测保护动作时间：（ ）ms			
0.95XD3	□动作 □不动作	□动作 □不动作	□动作 □不动作	
1.05XD3	□动作 □不动作	□动作 □不动作	□动作 □不动作	
0.7XD3	显示保护动作时间：（ ）ms 实测保护动作时间：（ ）ms			
模拟 TV 断线，TV 断线后退出距离保护				
模拟 TA 断线，闭锁距离Ⅰ段，不闭锁距离Ⅱ段和距离Ⅲ段				

结论（ ）

3.3 零序保护定值校验

仅投零序保护硬压板、软压板、控制字，见表 11。

定值：I_{02}=（ ）A，（ ）s；I_{03}=（ ）A，（ ）s；零序过流加速段定值 I_{0js}=（ ）A。

表 11　零序保护定值校验

故障类型 整定值	AN 故障	BN 故障	CN 故障	反向故障
$0.95I_{02}$	□动作 □不动作	□动作 □不动作	□动作 □不动作	通入电流（ ）A □动作 □不动作
$1.05I_{02}$	□动作 □不动作	□动作 □不动作	□动作 □不动作	
$1.2I_{02}$	显示保护动作时间：（ ）ms 实测保护动作时间：（ ）ms			
$0.95I_{03}$	□动作 □不动作	□动作 □不动作	□动作 □不动作	
$1.05I_{03}$	□动作 □不动作	□动作 □不动作	□动作 □不动作	
$1.2I_{03}$	显示保护动作时间：（ ）ms 实测保护动作时间：（ ）ms			
$1.2I_{0js}$	显示保护动作时间：（ ）ms 实测保护动作时间：（ ）ms			
TV 断线	TV 断线后，零序电流Ⅱ段退出，零序电流Ⅲ段退出方向			
TA 断线	TA 断线后，零序电流各段保护不应误动作			

结论（ ）

3.4 重合闸校验

3.4.1 重合闸方式校验

重合闸方式校验见表12。

定值：单重时间，三重时间。

表12 重合闸方式校验

故障类型 / 重合闸方式	单相故障	相间故障	结论
单重	□动作，□不动作 动作时间：(　　) s	□动作，□不动作 动作时间：(　　) s	
三重	□动作，□不动作 动作时间：(　　) s	□动作，□不动作 动作时间：(　　) s	
禁止	□单相跳闸不重合 □三相跳闸不重合	□单相跳闸不重合 □三相跳闸不重合	
停用	□单相跳闸不重合 □三相跳闸不重合	□单相跳闸不重合 □三相跳闸不重合	

3.4.2 检同期、检无压、检位置不对应启动重合闸功能校验

检同期、检无压、检位置不对应启动重合闸功能校验见表13。

表13 重合闸功能校验

重合闸功能	定值	装置动作信息	结论
检同期	(°)		
检无压	V		
单相 TWJ 启动重合闸	1		
三相 TWJ 启动重合闸	1		

3.4.3 闭锁重合闸功能校验

闭锁重合闸功能校验见表14。

表14 闭锁重合闸功能校验

序号	重合闸功能	定值	装置动作信息	结论
1	Ⅱ段保护闭锁重合闸	0		
		1		
2	多相故障闭锁重合闸	0		
		1		

3.4.4 验证“停用重合闸”控制字、软压板和硬压板三者逻辑关系为（□“或”逻辑，□“与”逻辑）。

结论（　　）

3.5 自定义功能校验

根据保护装置自定义功能，对其功能投退、动作逻辑、定值进行校验，见表15。

表 15　　自定义功能校验

自定义功能名称	定值/控制字	装置动作信息	结果
TA 断线闭锁快速距离和工频变化量距离保护			

结论（　　）

检验人：

4　操作箱检验

4.1　操作箱基本信息检查

操作箱基本信息检查见表 16。

表 16　　操作箱基本信息

型号	生产厂家	出厂日期	跳/合闸电流	直流电压

4.2　公共回路

4.2.1　检查一组、二组操作（保护）直流是否混电：合上一组操作（保护）直流电源，断开二组操作（保护）直流电源，测量二组操作（保护）直流对地电压；合上二组操作（保护）直流电源，断开一组操作（保护）直流电源，测量一组操作（保护）直流对地电压。

结论（　　）

4.2.2　检查操作箱中出口继电器动作电压值在 55%～70%额定电压下应可靠动作。

结论（　　）

4.2.3　检查操作箱中逻辑回路的继电器，应满足 80%额定电压下可靠动作。

结论（　　）

4.2.4　操作箱功能检验，见表 17。

表 17　　操作箱功能检验

序号	检验项目	方法	接点动作情况
1	信号输出	一组控制回路断线	□监控后台，□面板显示
		二组控制回路断线	□监控后台，□面板显示
		跳闸 1（A、B、C 相）	□面板显示，□跳闸，□录波
		跳闸 2（A、B、C 相）	□面板显示，□跳闸，□录波
		重合闸	□面板显示，□合闸，□录波
		一组操作直流消失	□监控后台
		二组操作直流消失	□监控后台
2	继电器功能	三相跳闸（TJR）动作	□跳闸，□保护 1 重合闸放电 □保护 2 重合闸放电 □其他保护动作（保护 1） □其他保护动作（保护 2）

续表

序号	检验项目	方法	接点动作情况
2	继电器功能	手合动作	□合闸，□保护 1 重合闸放电 □保护 2 重合闸放电
		手跳动作	□跳闸，□保护 1 重合闸放电 □保护 2 重合闸放电
3	压力闭锁回路	压力低闭锁重合闸 1	□保护 1 重合闸放电
		压力低闭锁重合闸 2	□保护 2 重合闸放电
		禁止合闸（根据实际接线选做）	□禁止合闸
		禁止分闸（根据实际接线选做）	□禁止分闸
		SF_6 气压低禁止操作（根据实际接线选做）	□禁止操作

4.2.5 电压切换箱（或集成在操作箱内的电压切换插件）功能检验，见表 18。

表 18　电压切换箱功能校验

试验方法	接点动作情况
切换继电器同时动作	□监控后台
TV 失压	□监控后台
电压切换功能	□Ⅰ母电压接点，□面板显示
	□Ⅱ母电压接点，□面板显示

检验人：

5　带开关做整组传动试验（要求开关传动试验打印报告附后）

重合闸实际运行方式：

5.1　检查对应断路器无闭锁，具备传动条件。

5.2　模拟相间瞬时短路故障：

a. 保护、压板及开关实际动作正确。（　　）

b. 后台监控信号表示正确。（　　）

c. 站端、各级调控端的继电保护在线监视和分析模块表示信息正确。（　　）

d. 录波器表示信息正确。（　　）

5.3　采用两套保护电流回路串联、电压回路并联的方法，并投入“停用重合闸”压板，模拟三相瞬时接地故障，使两套保护同时动作：

a. 保护、压板及开关实际动作正确。（　　）

b. 后台监控信号表示正确。（　　）

c. 站端、各级调控端的继电保护在线监视和分析模块表示信息正确。（　　）

d. 录波器表示信息正确。（　　）

5.4　模拟单相永久接地故障（做跳合跳试验），A、B、C 相分别进行试验：

a. 保护、压板及开关实际动作正确。（　　）

b. 后台监控表示正确。（　　）

c. 站端、各级调控端的继电保护在线监视和分析模块表示信息正确。（　　）

d. 录波器表示信息正确。（　　）

5.5　模拟手合故障线路检查开关防跳及后加速功能：

a. 保护、压板及开关实际动作正确。（　　）

b. 后台信号表示正确。（　）

c. 站端、各级调控端的继电保护在线监视和分析模块表示信息正确。（　）

d. 录波器表示信息正确。（　）

5.6　通道检验

投入两侧纵联保护压板及控制字，根据现场实际使用情况进行试验。

5.6.1　光功率测试：光发（　）dBm，光收（　）dBm。　结论（　）

5.6.2　通道延时测试

液晶屏上显示通道延时：（　）ms。

5.6.3　通道往返延时一致性测试（采用复用 2M 通道时的测试项目）

测试方法：通道“正常”条件下，本侧、对侧分别加入 2A 电流，查看装置中的差流，记为 I1，则通道延时时间为 $t=20\times\dfrac{\arccos\dfrac{2^2+2^2-I_1^2}{2\times2\times2}}{360}$ ms，实测值＝（　）μs。（应小于 200μs）

5.7　纵联保护带通道试验

5.7.1　本侧 TA 变比，对侧 TA 变比；

对侧通入 A，本侧采样值显示对侧电流 A。

本侧通入 A，对侧采样值显示对侧电流 A。

5.7.2　检查通道状态正常，无错码、误码，无通道告警信号，通道延时小于 12ms。

结论（　）

5.7.3　对侧开关在跳位，本侧开关在合位，本侧加入故障量，本侧差动保护动作。

结论（　）

5.7.4　两侧开关在合位，本侧模拟单相接地故障，对侧相同故障相电压下降至 34V 时，两侧差动保护同时动作。　结论（　）

5.7.5　本侧开关在合位，本侧“远跳受启动元件控制”控制字置“1”，对侧短接“其他保护动作”开入接点，本侧未通入启动量时，本侧保护不动作。当本侧通入启动量后，本侧保护动作，同时闭锁重合闸。（检其他保护动作功能）　结论（　）

检验人：

6　装置投运准备工作

6.1　投入运行前的准备工作

6.1.1　现场工作结束后，工作负责人检查试验记录有无漏试验项目，核对装置的整定值是否与定值单相符，打印定值单附后。（　）

6.1.2　盖好所有装置及辅助设备的盖子，各装置插板扣紧。（　）

6.1.3　二次回路接线恢复，拆除在检验时使用的试验设备、仪表及一切连接线，所有被拆除的或临时接入的连线应全部恢复正常，装置所有的信号应复归。（　）

6.1.4　压板核对及安全措施恢复。（　）

6.1.5　全部人员撤离前，清扫现场。（　）

6.2　对运行人员交代事项

6.2.1　填写继电保护记录簿，将主要检验项目、试验结果及结论、定值通知单执行情

况详细记录在内，向工作许可人交代检验结果、设备变动情况或遗留问题，并写明该装置可以投入运行。（　）

6.2.2 交代运行人员在将装置投入前，必须用高内阻电压表以一端对地测保护出口压板端子电压的方法，检查并证实被检验的继电保护装置及安全自动装置确实未给出跳闸或合闸脉冲，才允许将装置的跳合闸连接片投到投入位置。（　）

6.2.3 对运维人员进行继电保护运行规程培训。（　）

6.3 验收合格后，办理工作票终结手续。（　）

6.4 定值通知单编号：（　），执行时间：（　）。

检验人：

7 带负荷测试

7.1 系统电压核相

系统电压核相见表19。

表19　系统电压核相

测试数据		Ⅰ段电压			
		U_A	U_B	U_C	U_N
Ⅱ段电压	U_A				
	U_B				
	U_C				
	U_N				

7.2 U_X 同期电压校验（选做）

将系统电压及线路同期电压接入，打印出的 U_X 应与同期电压幅值、相位相同。

结论（　）

7.3 交流回路相位测试

7.3.1 潮流状况

线路有功：（　）；线路无功：（　）；负荷电流：（　）。

7.3.2 保护装置差电流检查

差动电流：I_{CDA}：（　）；I_{CDB}：（　）；I_{CDC}：（　）；

制动电流：I_{RA}：（　）；I_{RB}：（　）；I_{RC}：（　）。

7.3.3 交流回路幅值及相位测试

以 U_{AN} 电压为基准，测得数值见表20。

表20　交流回路幅值及相位测试

保护名称	相别	测试值（幅值、角度）	装置显示值（幅值、角度）	相量图
纵联保护装置	A	∠	∠	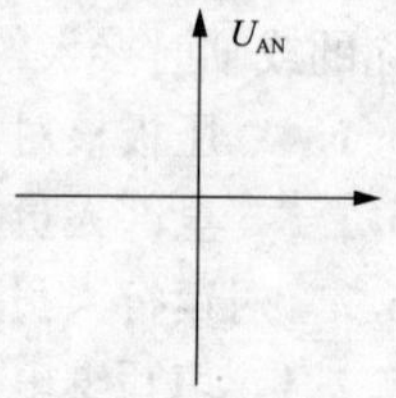
	B	∠	∠	
	C	∠	∠	
	N	∠	∠	

7.4　使用钳形电流表测量保护二次电缆屏蔽层的电流，以检查该保护装置及屏柜与二次等电位接地网连接状况，当检测不到电流时，应检查屏蔽层是否良好接地。测试结果为（　　）。

检验人：

8　现场遗留问题

工作负责人：

2. 常规变电站220kV线路纵联电流差动保护A（B）类检修标准化作业指导书

变电站名称 ______________________

装 置 命 名 ______________________

设备变更记录

变更内容			变更日期	执行人
装置变更	1			
	2			
程序升级	1			
	2			
	3			
	4			
回路变更	1			
	2			
	3			
	4			
	5			
TA 变比	1			
	2			
	3			
其他	1			
	2			
	3			

________型线路

纵联电流差动保护检验报告

出厂日期		投运日期	
工作负责人			
检验人员			
检验性质	□A 类检修 □B 类检修		
开始时间	年 月 日 时 分		
结束时间	年 月 日 时 分		
检验结论			
审核人签字		审核日期	

目　次

1 通用部分

1.1 详见《常规变电站微机继电保护标准化作业指导书 A（B）类检修通用部分》。

1.2 适用于六统一 220kV 线路纵联电流差动保护（含操作箱）。

2 保护单机检验

2.1 软件版本号及 CRC 校验码检查

软件版本号及 CRC 校验码检查见表 1。

表 1　软件版本号及 CRC 校验码

CPU 号	软件版本号	CRC 校验码	软件版本生成时间	与要求版本是否一致

结论（　　）

2.2 输出回路检查

输出回路检查见表 2。

表 2　输出回路检查

序号	检验项目	方法	接点动作情况
1	信号输出	保护动作	□监控后台，□液晶显示
		重合闸动作	□监控后台，□液晶显示
		通道一告警	□监控后台，□液晶显示
		通道二告警	□监控后台，□液晶显示
		通道故障	□监控后台，□液晶显示
		运行异常（模拟 TA、TV 断线）	□监控后台，□液晶显示
		装置故障告警	□监控后台，□液晶显示
2	跳闸出口	投入相应保护及出口压板，分别模拟保护 A 相动作、B 相动作、C 相动作	□跳闸，□失灵启动，□备用，□录波 □永跳（闭锁重合闸）
3	重合闸出口	投入相应保护及出口压板，模拟重合闸动作	□重合闸，□录波

结论（　　）

2.3 开关量输入回路检验（根据现场装置选做）

2.3.1 开关量输入回路检验（适用于主保护方式有两种的情况，根据装置实际情况选做）。

主保护投入方式有两种，方式一：配置一套主保护逻辑，同时对应两个（光纤通道一、光纤通道二）或三个（光纤通道一、光纤通道二、载波通道）通道，分别设置主保护及各通道的投退压板；方式二：配置两套主保护逻辑，与双通道一一对应，分别设置通道一主保护、通道二主保护投退压板。开关量输入回路检验见表 3-1。

表 3-1　　开关量输入回路检验

序号	检验方法	开关量输入量变化	结果
1	投入“纵联差动保护”压板（方式一）	“纵联保护”由 0 变 1	
2	投入“光纤通道一”压板（方式一）	“光纤通道一”由 0 变 1	
3	投入“光纤通道二”压板（方式一）	“光纤通道二”由 0 变 1	
4	投入“通道一差动保护”压板（方式二）	“通道一差动保护”由 0 变 1	
5	投入“通道二差动保护”压板（方式二）	“通道二差动保护”由 0 变 1	
6	投入“距离保护”压板	“距离保护”由 0 变 1	
7	投入“零序过流”压板	“零序过流”由 0 变 1	
8	投入“停用重合闸”压板	“闭锁重合闸”由 0 变 1	
9	短接“其他保护动作”接点	“其他保护动作”由 0 变 1	
10	短接“闭锁重合闸”接点	“闭锁重合闸”由 0 变 1	
11	短接“压力低闭锁重合闸”接点	“压力低闭锁重合闸”由 0 变 1	
12	短接“TWJA”接点	“A 相跳闸位置”由 0 变 1	
13	短接“TWJB”接点	“B 相跳闸位置”由 0 变 1	
14	短接“TWJC”接点	“C 相跳闸位置”由 0 变 1	
15	投入“远方操作”压板	“远方操作”由 0 变 1	
16	按“复归”按钮	“信号复归”由 0 变 1	
17	投“保护检修状态”压板	“检修状态”由 0 变 1	
18	远传 1 开入	“远传 1”由 0 变 1	
19	远传 2 开入	“远传 2”由 0 变 1	

2.3.2　开关量输入回路检验（适用于 Q/GDW 1161—2013 标准补充模式）

光纤差动保护压板及控制字设置：光纤通道一、光纤通道二，共计 2 个压板；纵联差动保护、双通道方式（1 为双通道方式，0 为单通道方式，固定为光纤通道一），共计 2 位控制字。通道压板投入时，对应通道出现异常，告警并上送报文。通道压板退出时，对应通道只上送报文，不告警。开关量输入回路检验见表 3-2。

表 3-2　　开关量输入回路检验

序号	检验方法	开关量输入量变化	结果
1	投入“光纤通道一”压板	“光纤通道一”由 0 变 1	
2	投入“光纤通道二”压板	“光纤通道二”由 0 变 1	
3	投入“距离保护”压板	“距离保护”由 0 变 1	
4	投入“零序过流”压板	“零序过流”由 0 变 1	
5	投入“停用重合闸”压板	“闭锁重合闸”由 0 变 1	
6	短接“其他保护动作”接点	“其他保护动作”由 0 变 1	
7	短接“闭锁重合闸”接点	“闭锁重合闸”由 0 变 1	
8	短接“压力低闭锁重合闸”接点	“压力低闭锁重合闸”由 0 变 1	
9	短接“TWJA”接点	“A 相跳闸位置”由 0 变 1	
10	短接“TWJB”接点	“B 相跳闸位置”由 0 变 1	
11	短接“TWJC”接点	“C 相跳闸位置”由 0 变 1	

续表

序号	检验方法	开关量输入量变化	结果
12	投入“远方操作”压板	“远方操作”由0变1	
13	按“复归”按钮	“信号复归”由0变1	
14	投“保护检修状态”压板	“检修状态”由0变1	
15	远传1开入	“远传1”由0变1	
16	远传2开入	“远传2”由0变1	

2.4　模数变换系统的检验

装置二次额定电流 I_n=□5A/□1A。

2.4.1　零漂检验

要求：$I<0.01I_n$，$U<0.1V$，见表4。

表4　　零漂检验

采样通道	I_a(A)	I_b(A)	I_c(A)	$3I_0$(A)	U_a(V)	U_b(V)	U_c(V)	U_{xl}(V)
采样1								
采样2								

结论（　　）

2.4.2　采样精度校验

在保护屏端子上分别通入表5中的电压、电流，查看液晶屏上显示值，误差应小于5%，角度小于3°（以 U_a 为基准）。

表5　　采样精度校验

采样通道	U_a(V)	U_b(V)	U_c(V)	U_{xl}(V)	I_a(A)	I_b(A)	I_c(A)	$3I_0$(A)
$0.05I_n$，$0.6U_n$	V∠0°	V∠	V∠	V∠	A∠	A∠	A∠	A∠
采样1								
采样2								
I_n，U_n	V∠0°	V∠	V∠	V∠	A∠	A∠	A∠	A∠
采样1								
采样2								
$4I_n$，$1.2U_n$	V∠0°	V∠	V∠	V∠	A∠	A∠	A∠	A∠
采样1								
采样2								

结论（　　）

检验人：

3　保护功能校验

根据保护装置液晶显示信息、面板信号指示状态、开关反映情况、测试设备实测值进行填写。

3.1　光纤差动保护

仅投纵联保护硬压板、软压板、控制字，方式一填表 6，方式二填表 6 和表 7。

光纤差动保护适用于 Q/GDW 1161—2013 标准补充规定时，仅投纵联保护软压板、控制字、光纤通道硬压板，试验数据填表 6。

光纤差动保护定值：I_{zd}=（　　）A。

表 6　　光纤差动保护定值校验

故障类型 / 整定值	AN	BC
$0.95I_{zd}$	□跳 A　□不动作	□动作　□不动作
$1.05I_{zd}$	□跳 A　□不动作	□跳 A　□不动作
$1.2I_{zd}$	显示保护动作时间：（　　）ms 实测保护动作时间：（　　）ms	显示保护动作时间：（　　）ms 实测保护动作时间：（　　）ms

结论（　　）

表 7　　光纤差动保护定值校验

故障类型 / 整定值	AN	BC
$0.95I_{zd}$	□跳 A　□不动作	□跳 A　□不动作
$1.05I_{zd}$	□跳 A　□不动作	□跳 A　□不动作
$1.2I_{zd}$	显示保护动作时间：（　　）ms 实测保护动作时间：（　　）ms	显示保护动作时间：（　　）ms 实测保护动作时间：（　　）ms

结论（　　）

3.2　距离保护定值校验

3.2.1　相间距离

仅投距离保护硬压板、软压板、控制字，任选一整定项，见表 8。

定值：（　　）Ω，（　　）s；灵敏角：（　　）。

表 8　　相间距离保护定值校验

故障类型 / 整定值	AB 故障	ABC 故障	反向故障
0.95 倍	□动作　□不动作	□动作　□不动作	□动作 □不动作
1.05 倍	□动作　□不动作	□动作　□不动作	
0.7 倍	显示保护动作时间：（　　）ms 实测保护动作时间：（　　）ms		

结论（　　）

3.2.2　接地距离校验

仅投距离保护硬压板、软压板、控制字，任选一整定项，见表 9。

定值：（　　）Ω，（　　）s；灵敏角：（　　）。

表 9　　接地距离定值校验

整定值＼故障类型	AN 故障		BCN 故障		反向故障
0.95 倍	□动作	□不动作	□动作	□不动作	□动作 □不动作
1.05 倍	□动作	□不动作	□动作	□不动作	
0.7 倍	显示保护动作时间：(　　) ms 实测保护动作时间：(　　) ms				

结论（　　）

3.3　零序保护定值校验

仅投零序保护硬压板、软压板、控制字，任选一整定项，见表 10。

定值：(　　) A，(　　) s。

表 10　　零序保护定值校验

整定值＼故障类型	BN 故障		CAN 故障		反向故障
0.95 倍	□动作	□不动作	□动作	□不动作	□动作 □不动作
1.05 倍	□动作	□不动作	□动作	□不动作	
1.2 倍	显示保护动作时间：(　　) ms 实测保护动作时间：(　　) ms				

结论（　　）

3.4　重合闸校验

重合闸方式校验见表 11。

表 11　　重合闸方式校验

故障类型	单相故障	相间故障	结论
重合闸使用方式 重合闸时间	□动作　□不动作 动作时间：(　　) ms	□动作　□不动作 动作时间：(　　) ms	

3.5　自定义功能校验

根据保护装置自定义功能，对其功能投退、动作逻辑、定值进行校验，见表 12。

表 12　　自定义功能校验

自定义功能名称	定值/控制字	装置动作信息	结果
TA 断线闭锁快速距离和工频变化量距离保护			

结论（　　）

检验人：

4　操作箱检验

4.1　操作箱基本信息检验

操作箱基本信息检验见表13。

表13　　操作箱基本信息检验

型号	生产厂家	出厂日期	跳/合闸电流	直流电压

4.2　公共回路

4.2.1　检查一组、二组操作（保护）直流是否混电：合上一组操作（保护）直流电源，断开二组操作（保护）直流电源，测量二组操作（保护）直流对地电压；合上二组操作（保护）直流电源，断开一组操作（保护）直流电源，测量一组操作（保护）直流对地电压。

结论（　　）

4.2.2　检查操作箱中出口继电器动作电压值在55%～70%额定电压下应可靠动作。

结论（　　）

4.2.3　检查操作箱中逻辑回路的继电器，应满足80%额定电压下可靠动作。

结论（　　）

4.2.4　检查交流电压切换回路是否正确。　　结论（　　）

4.2.5　操作箱功能检验，见表14。

表14　　操作箱功能检验

序号	检验项目	方法	接点动作情况
1	信号输出	一组控制回路断线	□监控后台，□面板显示
		二组控制回路断线	□监控后台，□面板显示
		跳闸1（A、B、C相）	□面板显示，□跳闸，□录波
		跳闸2（A、B、C相）	□面板显示，□跳闸，□录波
		重合闸	□面板显示，□合闸，□录波
		一组操作直流消失	□监控后台
		二组操作直流消失	□监控后台
2	继电器功能	三相跳闸（TJR）动作	□跳闸，□保护1重合闸放电 □保护2重合闸放电 □其他保护动作（保护1） □其他保护动作（保护2）
		手合动作	□合闸，□保护1重合闸放电 □保护2重合闸放电
		手跳动作	□跳闸，□保护1重合闸放电 □保护2重合闸放电
3	压力闭锁回路	压力低闭锁重合闸1	□保护1重合闸放电
		压力低闭锁重合闸2	□保护2重合闸放电
		禁止合闸（根据实际接线选做）	□禁止合闸
		禁止分闸（根据实际接线选做）	□禁止分闸
		SF_6气压低禁止操作（根据实际接线选做）	□禁止操作

4.2.6 电压切换箱（或集成在操作箱内的电压切换插件）功能检验

电压切换箱功能检验见表15。

表15 电压切换箱功能校验

试验方法	接点动作情况
切换继电器同时动作	□监控后台
TV失压	□监控后台
电压切换功能	□Ⅰ母电压接点，□面板显示
	□Ⅱ母电压接点，□面板显示

检验人：

5 带开关做整组传动试验（要求开关传动试验打印报告附后）

重合闸实际运行方式：

5.1 检查对应断路器无闭锁，具备传动条件。

5.2 模拟相间瞬时短路故障：

a. 保护、压板及开关实际动作正确。(　　)

b. 后台监控信号表示正确。(　　)

c. 站端、各级调控端的继电保护在线监视和分析模块表示信息正确。(　　)

d. 录波器表示信息正确。(　　)

5.3 模拟单相永久接地故障（做跳合跳试验），A、B、C相分别进行试验：

a. 保护、压板及开关实际动作正确。(　　)

b. 后台监控表示正确。(　　)

c. 站端、各级调控端的继电保护在线监视和分析模块表示信息正确。(　　)

d. 录波器表示信息正确。(　　)

5.4 模拟手合故障线路检查开关防跳及后加速功能：

a. 保护、压板及开关实际动作正确。(　　)

b. 后台信号表示正确。(　　)

c. 站端、各级调控端的继电保护在线监视和分析模块表示信息正确。(　　)

d. 录波器表示信息正确。(　　)

5.5 通道检验

投入两侧纵联保护压板及控制字，根据现场实际使用情况进行试验。

5.5.1 光功率测试：光发（　　）dBm，光收（　　）dBm。　　结论（　　）

5.5.2 通道延时测试

液晶屏上显示通道延时：(　　) ms。

5.6 纵联保护带通道试验

5.6.1 本侧TA变比，对侧TA变比；

对侧通入A，本侧采样值显示对侧电流A。

本侧通入A，对侧采样值显示对侧电流A。

5.6.2 检查通道状态正常，无错码、误码，无通道告警信号，通道延时小于12ms。

结论（　　）

5.6.3 对侧开关在跳位，本侧开关在合位，本侧加入故障量，本侧差动保护动作。

结论（　）

5.6.4 本侧开关在合位，本侧“远跳受启动元件控制”控制字置“1”，对侧短接“其他保护动作”开关量输入接点，本侧未通入启动量时，本侧保护不动作。当本侧通入启动量，本侧保护动作，同时闭锁重合闸。（检其他保护动作功能）　结论（　）

检验人：

6 装置投运准备工作

6.1 投入运行前的准备工作

6.1.1 现场工作结束后，工作负责人检查试验记录有无漏试验项目，核对装置的整定值是否与定值单相符。打印定值单附后。（　）

6.1.2 盖好所有装置及辅助设备的盖子，各装置插板扣紧。（　）

6.1.3 二次回路接线恢复，拆除在检验时使用的试验设备、仪表及一切连接线，所有被拆除的或临时接入的连线应全部恢复正常，装置所有的信号应复归。（　）

6.1.4 压板核对及安全措施恢复。（　）

6.1.5 全部人员撤离前，清扫现场。（　）

6.2 对运行人员交代事项

6.2.1 填写继电保护记录簿，将主要检验项目、试验结果及结论、定值通知单执行情况详细记录在内，向工作许可人交代检验结果、设备变动情况或遗留问题，并写明该装置可以投入运行。（　）

6.2.2 交代运行人员在将装置投入前，必须用高内阻电压表以一端对地测保护出口压板端子电压的方法，检查并证实被检验的继电保护装置及安全自动装置确实未给出跳闸或合闸脉冲，才允许将装置的跳合闸连接片投到投入位置。（　）

6.2.3 对运维人员进行继电保护运行规程培训。（　）

6.3 验收合格后，办理工作票终结手续。（　）

6.4 定值通知单编号：（　），执行时间：（　）。

检验人：

7 带负荷测试

7.1 系统电压核相

系统电压核相见表16。

表16　　系统电压核相

测试数据		Ⅰ段电压			
		U_A	U_B	U_C	U_N
Ⅱ段电压	U_A				
	U_B				
	U_C				
	U_N				

7.2 交流回路相位测试

7.2.1 潮流状况

线路有功：（ ）；线路无功：（ ）；负荷电流：（ ）。

7.2.2 保护装置差电流检查

差动电流：I_{CDA}：（ ）；I_{CDB}：（ ）；I_{CDC}：（ ）；

制动电流：I_{RA}：（ ）；I_{RB}：（ ）；I_{RC}：（ ）。

7.2.3 交流回路幅值及相位测试

以U_{AN}电压为基准，测得数值见表 17。

表 17 交流回路幅值及相位测试

保护名称	相别	测试值（幅值、角度）	装置显示值（幅值、角度）	向量图
纵联保护装置	A	∠	∠	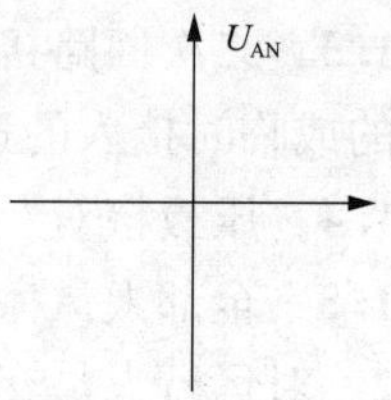
	B	∠	∠	
	C	∠	∠	
	N	∠	∠	

7.3 使用钳形电流表测量保护二次电缆屏蔽层的电流，以检查该保护装置及屏柜与二次等电位接地网连接状况，当检测不到电流时，应检查屏蔽层是否良好接地。测试结果为。

检验人：

8 现场遗留问题

工作负责人：

3. 常规变电站220kV线路纵联电流差动保护C类检修标准化作业指导书

变电站名称 ____________________

装 置 命 名 ____________________

设备变更记录

变更内容			变更日期	执行人
装置变更	1			
	2			
程序升级	1			
	2			
	3			
	4			
回路变更	1			
	2			
	3			
	4			
	5			
TA 变比	1			
	2			
	3			
其他	1			
	2			
	3			

________型线路

纵联电流差动保护检验报告

出厂日期		投运日期	
工作负责人			
检验人员			
检验性质	C 类检修		
开始时间	年　月　日　时　分		
结束时间	年　月　日　时　分		
检验结论			
审核人签字		审核日期	

目　次

1　通用部分

1.1　详见《常规变电站微机继电保护标准化作业指导书C类检修通用部分》。

1.2　适用于六统一220kV线路纵联电流差动保护。

2　保护单机检验

2.1　软件版本号及CRC校验码检查

软件版本号及CRC校验码检查见表1。

表1　软件版本号及CRC校验码

CPU号	软件版本号	CRC校验码	软件版本生成时间	与要求版本是否一致

结论（　　）

2.2　模数变换系统的检验

装置二次额定电流 I_n=□5A/□1A。

2.2.1　零漂检验

要求：$I<0.01I_n$，$U<0.1$V，见表2。

表2　零　漂　检　验

采样通道	I_a(A)	I_b(A)	I_c(A)	$3I_0$(A)	U_a(V)	U_b(V)	U_c(V)	U_{xl}(V)
采样1								
采样2								

结论（　　）

2.2.2　采样精度校验

在保护屏端子上分别通入表3中的电压、电流，查看液晶屏上显示值，误差应小于5%（以 U_a 为基准）。

表3　采　样　精　度　校　验

采样通道	U_a(V)	U_b(V)	U_c(V)	U_{xl}(V)	I_a(A)	I_b(A)	I_c(A)	$3I_0$(A)
U，I								
采样1								
采样2								

结论（　　）

检验人：

3　带开关做整组传动试验

结合整组试验对已投入使用的开入量进行检查（要求开关传动试验打印报告附后）。

重合闸实际运行方式：

3.1 检查对应断路器无闭锁，具备传动条件。

3.2 模拟相间瞬时短路故障：

a. 保护、压板及开关实际动作正确。（ ）

b. 后台监控信号表示正确。（ ）

c. 站端、各级调控端的继电保护在线监视和分析模块表示信息正确。（ ）

d. 录波器表示信息正确。（ ）

3.3 模拟单相永久接地故障（做跳合跳试验），A、B、C 相分别进行试验：

a. 保护、压板及开关实际动作正确。（ ）

b. 后台监控表示正确。（ ）

c. 站端、各级调控端的继电保护在线监视和分析模块表示信息正确。（ ）

d. 录波器表示信息正确。（ ）

3.4 模拟手合故障线路检查开关防跳及后加速功能：

a. 保护、压板及开关实际动作正确。（ ）

b. 后台信号表示正确。（ ）

c. 站端、各级调控端的继电保护在线监视和分析模块表示信息正确。（ ）

d. 录波器表示信息正确。（ ）

检验人：

4 装置投运准备工作

4.1 投入运行前的准备工作

4.1.1 现场工作结束后，工作负责人检查试验记录有无漏试验项目，核对装置的整定值是否与定值单相符。打印定值单附后。（ ）

4.1.2 盖好所有装置及辅助设备的盖子，各装置插板扣紧。（ ）

4.1.3 二次回路接线恢复，拆除在检验时使用的试验设备、仪表及一切连接线，所有被拆除的或临时接入的连线应全部恢复正常，装置所有的信号应复归。（ ）

4.1.4 压板核对及安全措施恢复。（ ）

4.1.5 全部人员撤离前，清扫现场。（ ）

4.2 对运行人员交代事项

4.2.1 填写继电保护记录簿，将主要检验项目、试验结果及结论、定值通知单执行情况详细记录在内，向工作许可人交代检验结果、设备变动情况或遗留问题，并写明该装置可以投入运行。（ ）

4.3 验收合格后，办理工作票终结手续。（ ）

4.4 定值通知单编号：（ ），执行时间：（ ）。

检验人：

5 现场遗留问题

工作负责人：

4. 常规变电站220kV线路纵联距离保护新安装验收标准化作业指导书

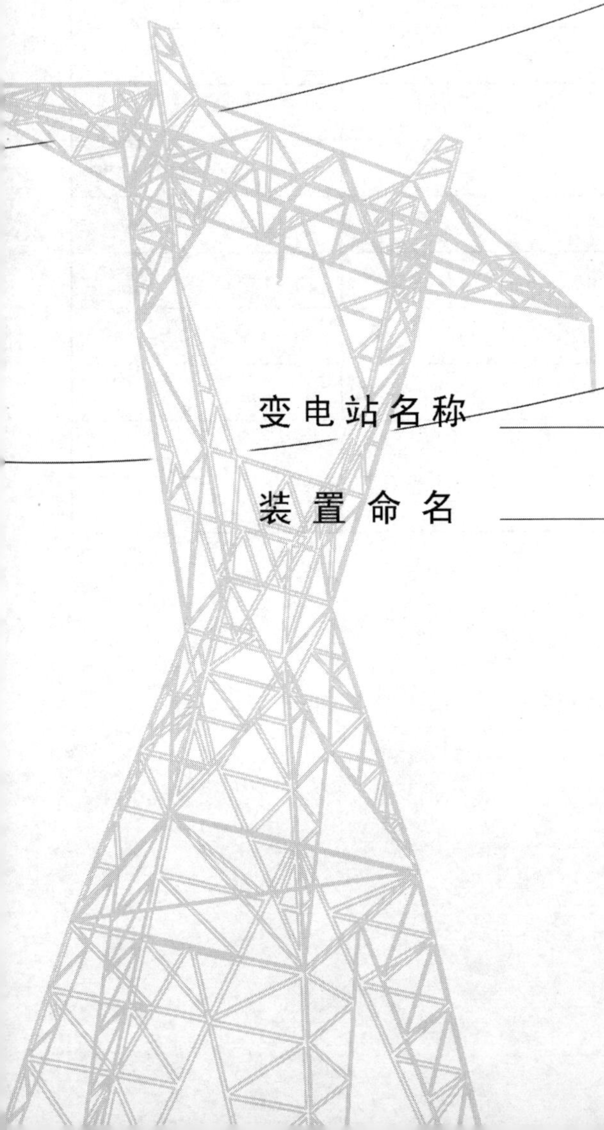

变电站名称 ________________________

装 置 命 名 ________________________

设备变更记录

变更内容			变更日期	执行人
装置变更	1			
	2			
程序升级	1			
	2			
	3			
	4			
回路变更	1			
	2			
	3			
	4			
	5			
TA 变比	1			
	2			
	3			
其他	1			
	2			
	3			

________型线路

纵联距离保护检验报告

出厂日期		投运日期	
工作负责人			
检验人员			
检验性质	新安装验收检验		
开始时间	年　月　日　时　分		
结束时间	年　月　日　时　分		
检验结论			
审核人签字		审核日期	

目　次

1　通用部分

1.1　详见《常规变电站继电保护标准化作业指导书（验收检验通用部分）》。

1.2　适用于六统一 220kV 线路纵联距离保护（含操作箱）。

2　保护单机检验

2.1　软件版本号及 CRC 校验码检查

软件版本号及 CRC 校验码检查见表 1。

表 1　　**软件版本号及 CRC 校验码**

CPU 号	软件版本号	CRC 校验码	软件版本生成时间	与要求版本是否一致

结论（　　）

2.2　输出回路检查

输出回路检查见表 2。

表 2　　**输出回路检查**

序号	检验项目	方法	接点动作情况
1	信号输出	保护动作	□监控后台，□液晶显示
		重合闸动作	□监控后台，□液晶显示
		通道一告警	□监控后台，□液晶显示
		通道二告警	□监控后台，□液晶显示
		通道故障	□监控后台，□液晶显示
		运行异常（模拟 TA、TV 断线等）	□监控后台，□液晶显示
		装置故障告警	□监控后台，□液晶显示
2	跳闸出口	投入相应保护及出口压板，分别模拟保护 A 相动作、B 相动作、C 相动作	□跳闸，□失灵启动，□备用，□录波 □永跳（闭锁重合闸）
3	重合闸出口	投入相应保护及出口压板，模拟重合闸动作	□重合闸，□录波
4	远传 1 动作	短接远传开入接点（使用该功能时选做）	□动作
5	远传 2 动作	短接远传开入接点（使用该功能时选做）	□动作

结论（　　）

2.3　开关量输入回路检验，（根据现场装置选做）

主保护投入方式有两种，方式一：配置一套主保护逻辑，同时对应两个（光纤通道一、光纤通道二）或三个（光纤通道一、光纤通道二、载波通道）通道，分别设置主保护及各通道的投退压板；方式二：配置两套主保护逻辑，与双通道一一对应，分别设置通道一主保护、通道二主保护投退压板。输出回路检查见表 3。

表 3　　开关量输入回路检验

序号	检验方法	开关量输入量变化	结果
1	投入“纵联保护”压板（方式一）	“纵联保护”由 0 变 1	
2	投入“光纤通道一”压板（方式一）	“光纤通道一”由 0 变 1	
3	投入“光纤通道二”压板（方式一）	“光纤通道二”由 0 变 1	
4	投入“通道一纵联保护”压板（方式二）	“通道一纵联保护”由 0 变 1	
5	投入“通道二纵联保护”压板（方式二）	“通道二纵联保护”由 0 变 1	
6	投入“距离保护”压板	“距离保护”由 0 变 1	
7	投入“零序过流”压板	“零序过流”由 0 变 1	
8	投入“停用重合闸”压板	“闭锁重合闸”由 0 变 1	
9	短接“其他保护动作”接点	“其他保护动作”由 0 变 1	
10	短接“闭锁重合闸”接点	“闭锁重合闸”由 0 变 1	
11	短接“压力低闭锁重合闸”接点	“压力低闭锁重合闸”由 0 变 1	
12	短接“TWJA”接点	“A 相跳闸位置”由 0 变 1	
13	短接“TWJB”接点	“B 相跳闸位置”由 0 变 1	
14	短接“TWJC”接点	“C 相跳闸位置”由 0 变 1	
15	投入“远方操作”压板（选做）	“远方操作”由 0 变 1	
16	按“复归”按钮	“信号复归”由 0 变 1	
17	投“保护检修状态”压板	“检修状态”由 0 变 1	
18	远传 1 开入	“远传 1”由 0 变 1	
19	远传 2 开入	“远传 2”由 0 变 1	

2.4　模数变换系统的检验

装置二次额定电流 I_n=□5A/□1A。

2.4.1　零漂检验

要求：$I<0.01I_n$，$U<0.1$V，零漂检验见表 4。

表 4　　零　漂　检　验

采样通道	I_a(A)	I_b(A)	I_c(A)	$3I_0$(A)	U_a(V)	U_b(V)	U_c(V)	U_{xl}(V)
采样 1								
采样 2								

结论（　　）

2.4.2　采样精度校验

在保护屏端子上分别通入表 5 中的电压、电流，查看液晶屏上显示值，误差应小于 5%，角度小于 3°（以 U_a 为基准）。

表 5　　采 样 精 度 校 验

采样通道	U_a(V)	U_b(V)	U_c(V)	U_{xl}(V)	I_a(A)	I_b(A)	I_c(A)	$3I_0$(A)
$0.05I_n$，$0.6U_n$	V∠0°	V∠	V∠	V∠	A∠	A∠	A∠	A∠
采样 1								
采样 2								

续表

采样通道	U_a(V)	U_b(V)	U_c(V)	U_{xl}(V)	I_a(A)	I_b(A)	I_c(A)	$3I_0$(A)
U_n，I_n	V∠0°	V∠	V∠	V∠	A∠	A∠	A∠	A∠
采样 1								
采样 2								
采样通道	U_a(V)	U_b(V)	U_c(V)	U_{xl}(V)	I_a(A)	I_b(A)	I_c(A)	$3I_0$(A)
$4I_n0$，$1.2U_n$	V∠0°	V∠	V∠	V∠	A∠	A∠	A∠	A∠
采样 1								
采样 2								

结论（　　）

检验人：

3　保护功能校验

根据保护装置液晶显示信息、面板信号指示状态、开关反映情况、测试设备实测值进行填写。

3.1　纵联保护功能检验

3.1.1　纵联距离保护定值校验

仅投纵联保护硬压板、软压板、控制字，方式一填表 6-1，方式二填表 6-1 和表 6-2。

纵联阻抗定值：Z_{zd}＝(　　) Ω。

表 6-1　纵联距离保护定值校验

故障类型 整定值	AN	BN	CN	AB	BC	CA	反向故障
$0.95Z_{zd}$	□跳 A □不动作	□跳 B □不动作	□跳 C □不动作	□动作 □不动作	□动作 □不动作	□动作 □不动作	□动作 □不动作
$1.05Z_{zd}$	□跳 A □不动作	□跳 B □不动作	□跳 C □不动作	□动作 □不动作	□动作 □不动作	□动作 □不动作	
$0.7Z_{zd}$	显示保护动作时间：(　　) ms 实测保护动作时间：(　　) ms			显示保护动作时间：(　　) ms 实测保护动作时间：(　　) ms			
TA 断线	断线侧强制判为反方向						
TV 断线	闭锁纵联距离保护						

结论（　　）

表 6-2　纵联距离保护定值校验

故障类型 整定值	AN	BN	CN	AB	BC	CA	反向故障
$0.95Z_{zd}$	□跳 A □不动作	□跳 B □不动作	□跳 C □不动作	□动作 □不动作	□动作 □不动作	□动作 □不动作	□动作 □不动作
$1.05Z_{zd}$	□跳 A □不动作	□跳 B □不动作	□跳 C □不动作	□动作 □不动作	□动作 □不动作	□动作 □不动作	□动作 □不动作
$0.7Z_{zd}$	显示保护动作时间：(　　) ms 实测保护动作时间：(　　) ms			显示保护动作时间：(　　) ms 实测保护动作时间：(　　) ms			

续表

故障类型 整定值	AN	BN	CN	AB	BC	CA	反向故障
TA 断线	断线侧强制判为反方向						
TV 断线	闭锁纵联距离保护						

结论（　　）

3.1.2 纵联零序电流保护定值校验

仅投纵联保护硬压板、软压板、控制字，方式一填表 7-1，方式二填表 7-1 和表 7-2。

纵联零序过流电流定值：I_{0zd}=（　　）A。

表 7-1　　纵联零序保护定值校验

故障类型 整定值	AN	BN	CN	反向故障
0.95I_{0zd}	□跳 A □不动作	□跳 B □不动作	□跳 C □不动作	□动作 □不动作
1.05I_{0zd}	□跳 A □不动作	□跳 B □不动作	□跳 C □不动作	
1.2I_{0zd}	显示保护动作时间：（　　）ms 实测保护动作时间：（　　）ms			
TA 断线	纵联零序保护退出			
TV 断线	TV 断线后，闭锁纵联零序保护			

结论（　　）

表 7-2　　纵联零序保护定值校验

故障类型 整定值	AN	BN	CN	反向故障
0.95I_{0zd}	□跳 A □不动作	□跳 B □不动作	□跳 C □不动作	□动作 □不动作
1.05I_{0zd}	□跳 A □不动作	□跳 B □不动作	□跳 C □不动作	
1.2I_{0zd}	显示保护动作时间：（　　）ms 实测保护动作时间：（　　）ms			
TA 断线	纵联零序保护退出			
TV 断线	TV 断线后，闭锁纵联零序保护			

结论（　　）

3.2　距离保护定值校验

3.2.1　相间距离

仅投距离保护硬压板、软压板、控制字，见表 8。

定值：XX1=（　　）Ω；XX2=（　　）Ω，s；XX3=（　　）Ω，s；灵敏角：（　　）。

表 8　　相间距离保护定值校验

<table>
<tr><th>故障类型
整定值</th><th>AB 故障</th><th>BC 故障</th><th>CA 故障</th><th>ABC 故障</th><th>反向故障</th></tr>
<tr><td>0.95XX1</td><td>□动作
□不动作</td><td>□动作
□不动作</td><td>□动作
□不动作</td><td>□动作
□不动作</td><td rowspan="9">□动作
□不动作</td></tr>
<tr><td>1.05XX1</td><td>□动作
□不动作</td><td>□动作
□不动作</td><td>□动作
□不动作</td><td>□动作
□不动作</td></tr>
<tr><td>0.7XX1</td><td colspan="4">显示保护动作时间：(　　) ms；
实测保护动作时间：(　　) ms</td></tr>
<tr><td>0.95XX2</td><td>□动作
□不动作</td><td>□动作
□不动作</td><td>□动作
□不动作</td><td>□动作
□不动作</td></tr>
<tr><td>1.05XX2</td><td>□动作
□不动作</td><td>□动作
□不动作</td><td>□动作
□不动作</td><td>□动作
□不动作</td></tr>
<tr><td>0.7XX2</td><td colspan="4">显示保护动作时间：(　　) ms
实测保护动作时间：(　　) ms</td></tr>
<tr><td>0.95XX3</td><td>□动作
□不动作</td><td>□动作
□不动作</td><td>□动作
□不动作</td><td>□动作
□不动作</td></tr>
<tr><td>1.05XX3</td><td>□动作
□不动作</td><td>□动作
□不动作</td><td>□动作
□不动作</td><td>□动作
□不动作</td></tr>
<tr><td>0.7XX3</td><td colspan="4">显示保护动作时间：(　　) ms
实测保护动作时间：(　　) ms</td></tr>
<tr><td colspan="6">模拟 TV 断线，TV 断线后退出距离保护</td></tr>
<tr><td colspan="6">模拟 TA 断线，闭锁距离Ⅰ段，不闭锁距离Ⅱ段和距离Ⅲ段</td></tr>
</table>

结论（　　）

3.2.2　接地距离校验

仅投距离保护硬压板、软压板、控制字，见表 9。

定值：XD1=(　　) Ω，s；XD2=(　　) Ω，s；XD3=(　　) Ω，s；灵敏角：(　　)。

表 9　　接地距离定值校验

<table>
<tr><th>故障类型
整定值</th><th>AN 故障</th><th>BN 故障</th><th>CN 故障</th><th>反向故障</th></tr>
<tr><td>0.95XD1</td><td>□动作
□不动作</td><td>□动作
□不动作</td><td>□动作
□不动作</td><td rowspan="2">□动作
□不动作</td></tr>
<tr><td>1.05XD1</td><td>□动作
□不动作</td><td>□动作
□不动作</td><td>□动作
□不动作</td></tr>
<tr><td>0.7XD1</td><td colspan="4">显示保护动作时间：(　　) ms
实测保护动作时间：(　　) ms</td></tr>
<tr><td>0.95XD2</td><td>□动作
□不动作</td><td>□动作
□不动作</td><td>□动作
□不动作</td><td rowspan="2">□动作
□不动作</td></tr>
<tr><td>1.05XD2</td><td>□动作
□不动作</td><td>□动作
□不动作</td><td>□动作
□不动作</td></tr>
<tr><td>0.7XD2</td><td colspan="4">显示保护动作时间：(　　) ms
实测保护动作时间：(　　) ms</td></tr>
</table>

续表

<table>
<tr><th>故障类型
整定值</th><th>AN 故障</th><th>BN 故障</th><th>CN 故障</th><th>反向故障</th></tr>
<tr><td>0.95XD3</td><td>□动作
□不动作</td><td>□动作
□不动作</td><td>□动作
□不动作</td><td rowspan="2">□动作
□不动作</td></tr>
<tr><td>1.05XD3</td><td>□动作
□不动作</td><td>□动作
□不动作</td><td>□动作
□不动作</td></tr>
<tr><td>0.7XD3</td><td colspan="3">显示保护动作时间：(　　) ms
实测保护动作时间：(　　) ms</td><td></td></tr>
<tr><td colspan="5">模拟 TV 断线，TV 断线后退出距离保护</td></tr>
<tr><td colspan="5">模拟 TA 断线，闭锁距离Ⅰ段，不闭锁距离Ⅱ段和距离Ⅲ段</td></tr>
</table>

结论（　　）

3.3 零序保护定值校验

仅投零序保护硬压板、软压板、控制字，零序保护定值校验见表 10。

定值：I_{02}＝(　　) A，s；I_{03}＝(　　) A，s；零序过流加速段定值 I_{0js}＝(　　) A。

表 10　　零序保护定值校验

<table>
<tr><th>故障类型
整定值</th><th>AN 故障</th><th>BN 故障</th><th>CN 故障</th><th>反向故障</th></tr>
<tr><td>0.95I_{02}</td><td>□动作
□不动作</td><td>□动作
□不动作</td><td>□动作
□不动作</td><td rowspan="5">通入电流（　　）A
□动作
□不动作</td></tr>
<tr><td>1.05I_{02}</td><td>□动作
□不动作</td><td>□动作
□不动作</td><td>□动作
□不动作</td></tr>
<tr><td>1.2I_{02}</td><td colspan="3">显示保护动作时间：(　　) ms
实测保护动作时间：(　　) ms</td></tr>
<tr><td>0.95I_{03}</td><td>□动作
□不动作</td><td>□动作
□不动作</td><td>□动作
□不动作</td></tr>
<tr><td>1.05I_{03}</td><td>□动作
□不动作</td><td>□动作
□不动作</td><td>□动作
□不动作</td></tr>
<tr><td>1.2I_{03}</td><td colspan="3">显示保护动作时间：(　　) ms
实测保护动作时间：(　　) ms</td><td></td></tr>
<tr><td>1.2I_{0js}</td><td colspan="3">显示保护动作时间：(　　) ms
实测保护动作时间：(　　) ms</td><td></td></tr>
<tr><td>TV 断线</td><td colspan="3">TV 断线后，零序电流Ⅱ段退出，零序电流Ⅲ段退出方向</td><td></td></tr>
<tr><td>TA 断线</td><td colspan="3">TA 断线后，零序各段保护不应误动</td><td></td></tr>
</table>

结论（　　）

3.4 重合闸校验

3.4.1 重合闸方式校验。

重合闸方式校验见表 11。

定值：单重时间，三重时间。

表 11　　重合闸方式校验

故障类型 / 重合闸方式	单相故障	相间故障	结论
单重	□动作，□不动作 动作时间：（　　）s	□动作，□不动作 动作时间：（　　）s	
三重	□动作，□不动作 动作时间：（　　）s	□动作，□不动作 动作时间：（　　）s	
禁止	□单相跳闸不重合 □三相跳闸不重合	□单相跳闸不重合 □三相跳闸不重合	
停用	□单相跳闸不重合 □三相跳闸不重合	□单相跳闸不重合 □三相跳闸不重合	

3.4.2　检同期、检无压、检位置不对应启动重合闸功能校验。

重合闸功能校验见表 12。

表 12　　重合闸功能校验

重合闸功能	定值	装置动作信息	结论
检同期	(°)		
检无压	(V)		
单相 TWJ 启动重合闸	1		
三相 TWJ 启动重合闸	1		

3.4.3　闭锁重合闸功能校验。

闭锁重合闸功能校验见表 13。

表 13　　闭锁重合闸功能校验

序号	重合闸功能	定值	装置动作信息	结论
1	Ⅱ段保护闭锁重合闸	0		
		1		
2	多相故障闭锁重合闸	0		
		1		

3.4.4　验证“停用重合闸”控制字、软压板和硬压板三者逻辑关系为（□“或”逻辑，□“与”逻辑）。

结论（　　）

3.5　自定义功能校验

根据保护装置自定义功能，对其功能投退、动作逻辑、定值进行校验，见表 14。

表 14　　自定义功能校验

自定义功能名称	定值/控制字	装置动作信息	结果
TA 断线闭锁快速距离和工频变化量距离保护			

结论（　　）

检验人：

4 操作箱检验

4.1 操作箱基本信息

操作箱基本信息见表15。

表15 操作箱基本信息

型号	生产厂家	出厂日期	跳/合闸电流	直流电压

4.2 公共回路

4.2.1 检查一组、二组操作（保护）直流是否混电。合上一组操作（保护）直流电源，断开二组操作（保护）直流电源，测量二组操作（保护）直流对地电压；合上二组操作（保护）直流电源，断开一组操作（保护）直流电源，测量一组操作（保护）直流对地电压。

结论（ ）

4.2.2 所有涉及直接跳闸的中间继电器应满足在55%～70%额定电压下动作特性的要求。

结论（ ）

4.2.3 检查操作箱中逻辑回路的继电器，应满足80%额定电压下可靠动作。

结论（ ）

4.2.4 操作箱功能检验见表16。

表16 操作箱功能检验

序号	检验项目	方法	接点动作情况
1	信号输出	一组控制回路断线	□监控后台，□面板显示
		二组控制回路断线	□监控后台，□面板显示
		跳闸1（A、B、C相）	□面板显示，□跳闸，□录波
		跳闸2（A、B、C相）	□面板显示，□跳闸，□录波
		重合闸	□面板显示，□合闸，□录波
		一组操作直流消失	□监控后台
		二组操作直流消失	□监控后台
2	继电器功能	三相跳闸（TJR）动作	□跳闸，□保护1重合闸放电 □保护2重合闸放电 □其他保护动作（保护1） □其他保护动作（保护2）
		手合动作	□合闸，□保护1重合闸放电 □保护2重合闸放电
		手跳动作	□跳闸，□保护1重合闸放电 □保护2重合闸放电
3	压力闭锁回路	压力低闭锁重合闸1	□保护1重合闸放电
		压力低闭锁重合闸2	□保护2重合闸放电
		禁止合闸（根据实际接线选做）	□禁止合闸
		禁止分闸（根据实际接线选做）	□禁止分闸
		SF_6 气压低禁止操作（根据实际接线选做）	□禁止操作

4.2.5　电压切换箱（或集成在操作箱内的电压切换插件）功能检验

电压切换箱功能检验见表 17。

表 17　　**电压切换箱功能校验**

试验方法	接点动作情况
切换继电器同时动作	□监控后台
TV 失压	□监控后台
电压切换功能	□Ⅰ母电压接点，□面板显示
	□Ⅱ母电压接点，□面板显示

检验人：

5　带开关做整组传动试验（要求开关传动试验打印报告附后）

重合闸实际运行方式：

5.1　检查对应断路器无闭锁，具备传动条件。

5.2　模拟相间瞬时短路故障：

a. 保护及开关实际动作正确。（　　）

b. 后台监控信号表示正确。（　　）

c. 站端、各级调控端的继电保护在线监视和分析模块表示信息正确。（　　）

d. 录波器表示信息正确。（　　）

5.3　采用两套保护电流回路串联、电压回路并联的方法，并投入“停用重合闸”压板，模拟三相瞬时接地故障，使两套保护同时动作：

a. 保护及开关实际动作正确。（　　）

b. 后台监控信号表示正确。（　　）

c. 站端、各级调控端的继电保护在线监视和分析模块表示信息正确。（　　）

d. 录波器表示信息正确。（　　）

5.4　模拟单相永久接地故障（做跳合跳试验），A、B、C 相分别进行试验：

a. 保护及开关实际动作正确。（　　）

b. 后台监控表示正确。（　　）

c. 站端、各级调控端的继电保护在线监视和分析模块表示信息正确。（　　）

d. 录波器表示信息正确。（　　）

5.5　模拟手合故障线路检查开关防跳及后加速功能：

a. 保护及开关实际动作正确。（　　）

b. 后台信号表示正确。（　　）

c. 站端、各级调控端的继电保护在线监视和分析模块表示信息正确。（　　）

d. 录波器表示信息正确。（　　）

5.6　通道检验

投入两侧纵联保护压板及控制字。

5.6.1　光功率测试：光发（　　）dBm，光收（　　）dBm。　　　　结论（　　）

5.6.2　检查通道状态正常，无错码、误码，无通道告警信号，通道延时小于 12ms。

结论（　　）

5.7　纵联保护带通道试验

5.7.1　两侧开关在合位，两侧同时加正方向故障量，两侧纵联保护同时动作。

结论（　　）

5.7.2　对侧开关在跳位，本侧开关在合位，本侧加正方向故障量，本侧纵联保护动作。

结论（　　）

5.7.3　两侧开关在合位，本侧加正方向故障量，对侧模拟其他保护动作，本侧纵联保护应动作。

结论（　　）

检验人：

6　装置投运准备工作

6.1　投入运行前的准备工作

6.1.1　现场工作结束后，工作负责人检查试验记录有无漏试验项目，核对装置的整定值是否与定值单相符。打印定值单附后。（　　）

6.1.2　盖好所有装置及辅助设备的盖子，各装置插板扣紧。（　　）

6.1.3　二次回路接线恢复，拆除在检验时使用的试验设备、仪表及一切连接线，所有被拆除的或临时接入的连线应全部恢复正常，装置所有的信号应复归。（　　）

6.1.4　压板核对及安全措施恢复。（　　）

6.1.5　全部人员撤离前，清扫现场。（　　）

6.2　对运行人员交代事项：

6.2.1　填写继电保护记录簿，将主要检验项目、试验结果及结论、定值通知单执行情况详细记录在内，向工作许可人交代检验结果、设备变动情况或遗留问题，并写明该装置可以投入运行。（　　）

6.2.2　交代运行人员在将装置投入前，必须用高内阻电压表以一端对地测保护出口压板端子电压的方法，检查并证实被检验的继电保护装置及安全自动装置确实未给出跳闸或合闸脉冲，才允许将装置的跳合闸连接片投到投入位置。（　　）

6.2.3　对运维人员进行继电保护运行规程培训。（　　）

6.3　验收合格后，办理工作票终结手续。（　　）

6.4　定值通知单编号：（　　），执行时间：（　　）。

检验人：

7　带负荷测试

7.1　系统电压核相

系统电压核相见表18。

表18　　系统电压核相

测试数据		Ⅰ段电压			
		U_A	U_B	U_C	U_N
Ⅱ段电压	U_A				
	U_B				
	U_C				
	U_N				

7.2　U_X 同期电压校验

将系统电压及线路同期电压接入，打印出的 U_X 应与同期电压幅值、相位相同。

结论（　　）

7.3　交流回路相位测试

7.3.1　潮流状况

线路有功：（　　）；线路无功：（　　）；负荷电流：（　　）。

7.3.2　交流回路幅值及相位测试

以 U_{AN} 电压为基准，测得数值见表 19。

表 19　　交流回路幅值及相位测试

<table>
<tr><th>保护名称</th><th>相别</th><th>测试值（幅值、角度）</th><th>装置显示值（幅值、角度）</th><th>相量图</th></tr>
<tr><td rowspan="4">纵联
保护装置</td><td>A</td><td>∠</td><td>∠</td><td rowspan="4">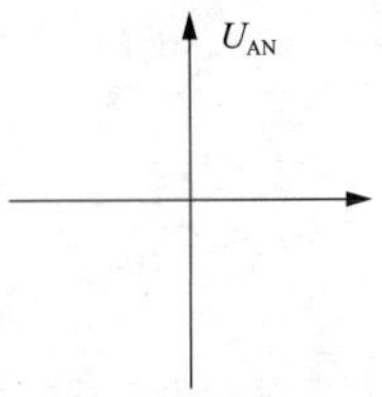
</td></tr>
<tr><td>B</td><td>∠</td><td>∠</td></tr>
<tr><td>C</td><td>∠</td><td>∠</td></tr>
<tr><td>N</td><td>∠</td><td>∠</td></tr>
</table>

7.4　使用钳形电流表测量保护二次电缆屏蔽层的电流，以检查该保护装置及屏柜与二次等电位接地网连接状况，当检测不到电流时，应检查屏蔽层是否良好接地。测试结果为。

检验人：

8　现场遗留问题

工作负责人：

5. 常规变电站220kV线路纵联距离保护A（B）类检修标准化作业指导书

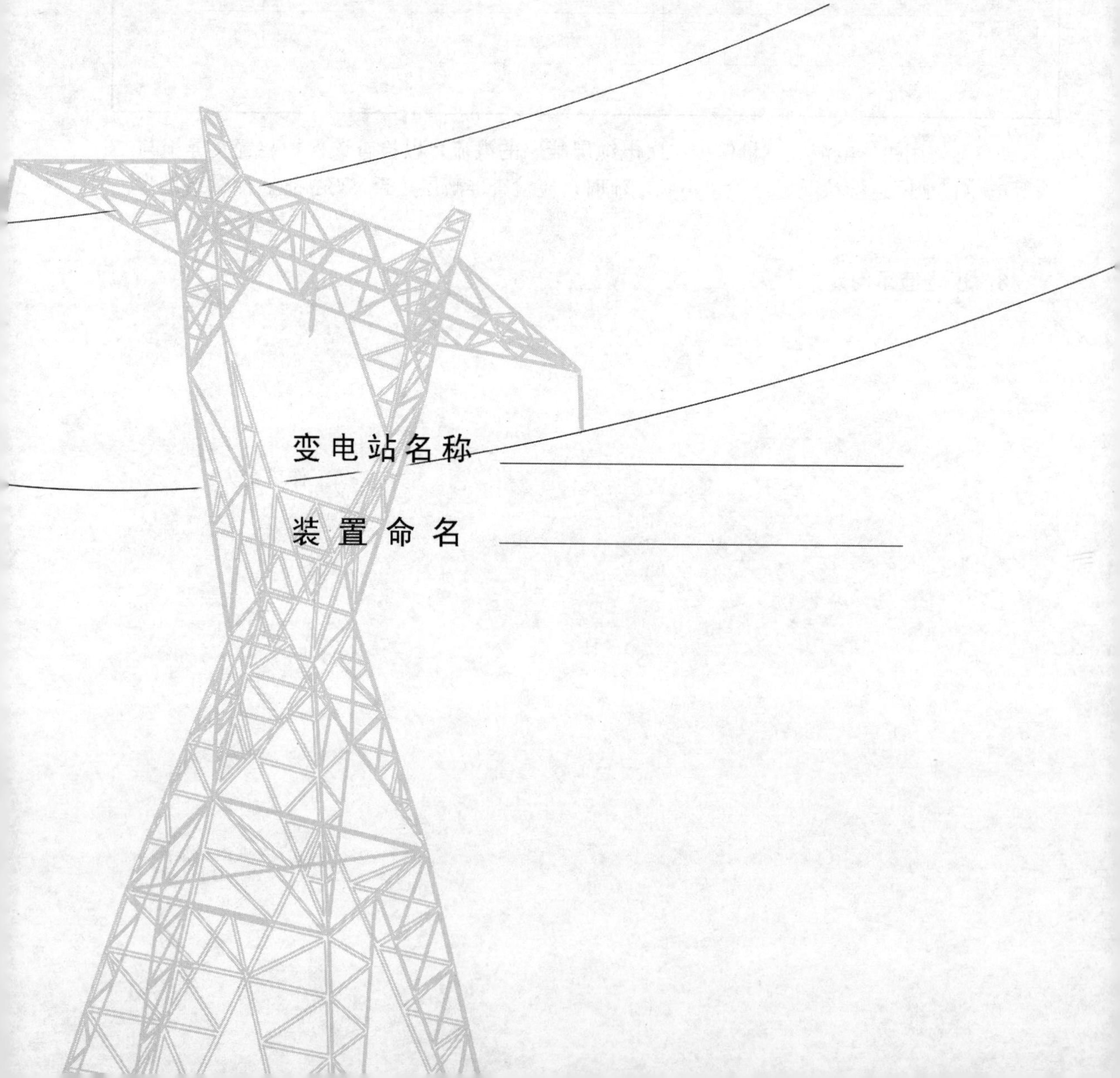

变电站名称 ____________________

装 置 命 名 ____________________

设 备 变 更 记 录

变更内容			变更日期	执行人
装置变更	1			
	2			
程序升级	1			
	2			
	3			
	4			
回路变更	1			
	2			
	3			
	4			
	5			
TA 变比	1			
	2			
	3			
其他	1			
	2			
	3			

________型线路纵联距离保护检验报告

出厂日期		投运日期	
工作负责人			
检验人员			
检验性质	□A 类检修 □B 类检修		
开始时间	年　月　日　时　分		
结束时间	年　月　日　时　分		
检验结论			
审核人签字		审核日期	

目　　次

1 通用部分

1.1 详见《常规变电站微机继电保护标准化作业指导书 A(B) 类检修通用部分》。

1.2 适用于六统一 220kV 线路纵联距离保护（含操作箱）。

2 保护单机检验

2.1 软件版本号及 CRC 校验码检查

软件版本号及 CRC 校验码检查见表 1。

表 1　软件版本号及 CRC 校验码

CPU 号	软件版本号	CRC 校验码	软件版本生成时间	与要求版本是否一致

结论（　　）

2.2 输出回路检查

输出回路检查见表 2。

表 2　输 出 回 路 检 查

序号	检验项目	方法	接点动作情况
1	信号输出	保护动作	□监控后台，□液晶显示
		重合闸动作	□监控后台，□液晶显示
		通道一告警	□监控后台，□液晶显示
		通道二告警	□监控后台，□液晶显示
		通道故障	□监控后台，□液晶显示
		运行异常（模拟 TA、TV 断线等）	□监控后台，□液晶显示
		装置故障告警	□监控后台，□液晶显示
2	跳闸出口	投入相应保护及出口压板，分别模拟保护 A 相动作、B 相动作、C 相动作	□跳闸，□失灵启动，□备用，□录波 □永跳（闭锁重合闸）
3	重合闸出口	投入相应保护及出口压板，模拟重合闸动作	□重合闸，□录波

结论（　　）

2.3 开关量输入回路检验。(根据现场装置选做)

主保护投入方式有两种，方式一：配置一套主保护逻辑，同时对应两个（光纤通道一、光纤通道二）或三个（光纤通道一、光纤通道二、载波通道）通道，分别设置主保护及各通道的投退压板；方式二：配置两套主保护逻辑，与双通道一一对应，分别设置通道一主保护、通道二主保护投退压板。输出回路检查见表 3。

表 3　开关量输入回路检验

序号	检验方法	开关量输入量变化	结果
1	投入“纵联保护”压板（方式一）	“纵联保护”由 0 变 1	
2	投入“光纤通道一”压板（方式一）	“光纤通道一”由 0 变 1	
3	投入“光纤通道二”压板（方式一）	“光纤通道二”由 0 变 1	

续表

序号	检验方法	开关量输入量变化	结果
4	投入“通道一纵联保护”压板（方式二）	“通道一纵联保护”由0变1	
5	投入“通道二纵联保护”压板（方式二）	“通道二纵联保护”由0变1	
6	投入“距离保护”压板	“距离保护”由0变1	
7	投入“零序过流”压板	“零序过流”由0变1	
8	投入“停用重合闸”压板	“闭锁重合闸”由0变1	
9	短接“其他保护动作”接点	“其他保护动作”由0变1	
10	短接“闭锁重合闸”接点	“闭锁重合闸”由0变1	
11	短接“压力低闭锁重合闸”接点	“压力低闭锁重合闸”由0变1	
12	短接“TWJA”接点	“A相跳闸位置”由0变1	
13	短接“TWJB”接点	“B相跳闸位置”由0变1	
14	短接“TWJC”接点	“C相跳闸位置”由0变1	
15	投入“远方操作”压板	“远方操作”由0变1	
16	按“复归”按钮	“信号复归”由0变1	
17	投“保护检修状态”压板	“检修状态”由0变1	
18	远传1开入	“远传1”由0变1	
19	远传2开入	“远传2”由0变1	

2.4 模数变换系统的检验

装置二次额定电流 I_n=□5A/□1A。

2.4.1 零漂检验

要求：$I<0.01I_n$，$U<0.1$V，见表4。

表4 零 漂 检 验

采样通道	I_a(A)	I_b(A)	I_c(A)	$3I_0$(A)	U_a(V)	U_b(V)	U_c(V)	U_{xl}(V)
采样1								
采样2								

结论（　　）

2.4.2 采样精度校验

在保护屏端子排上分别通入表5中的电压、电流，查看液晶屏上显示值，误差应小于5%，角度小于3°（以 U_a 为基准）。

表5 采 样 精 度 校 验

采样通道	U_a(V)	U_b(V)	U_c(V)	U_{xl}(V)	I_a(A)	I_b(A)	I_c(A)	$3I_0$(A)
$0.05I_n$，$0.6U_n$	V∠0°	V∠	V∠	V∠	A∠	A∠	A∠	A∠
采样1								
采样2								
U_n，I_n	V∠0°	V∠	V∠	V∠	A∠	A∠	A∠	A∠
采样1								
采样2								
采样通道	U_a(V)	U_b(V)	U_c(V)	U_{xl}(V)	I_a(A)	I_b(A)	I_c(A)	$3I_0$(A)
$4I_{n0}$，$1.2U_n$	V∠0°	V∠	V∠	V∠	A∠	A∠	A∠	A∠
采样1								
采样2								

结论（　　）

检验人：

3 保护功能校验

根据保护装置液晶显示信息、面板信号指示状态、开关反映情况、测试设备实测值进行填写。

3.1 纵联保护功能检验

3.1.1 纵联距离保护定值校验

仅投纵联保护硬压板、软压板、控制字，方式一填表 6-1、方式二填表 6-1 和表 6-2。

纵联阻抗定值：Z_{zd}＝(　　)。

表 6-1　　纵联距离保护定值校验

整定值＼故障类型	AN	BN	CN	AB	BC	CA	反向故障
$0.95Z_{zd}$	□跳 A □不动作	□跳 B □不动作	□跳 C □不动作	□动作 □不动作	□动作 □不动作	□动作 □不动作	□动作 □不动作
$1.05Z_{zd}$	□跳 A □不动作	□跳 B □不动作	□跳 C □不动作	□动作 □不动作	□动作 □不动作	□动作 □不动作	
$0.7Z_{zd}$	显示保护动作时间：(　　) ms 实测保护动作时间：(　　) ms			显示保护动作时间：(　　) ms 实测保护动作时间：(　　) ms			

结论（　　）

表 6-2　　纵联距离保护定值校验

整定值＼故障类型	AN	BN	CN	AB	BC	CA	反向故障
$0.95Z_{zd}$	□跳 A □不动作	□跳 B □不动作	□跳 C □不动作	□动作 □不动作	□动作 □不动作	□动作 □不动作	□动作 □不动作
$1.05Z_{zd}$	□跳 A □不动作	□跳 B □不动作	□跳 C □不动作	□动作 □不动作	□动作 □不动作	□动作 □不动作	
$0.7Z_{zd}$	显示保护动作时间：(　　) ms 实测保护动作时间：(　　) ms			显示保护动作时间：(　　) ms 实测保护动作时间：(　　) ms			

结论（　　）

3.1.2 纵联零序电流保护定值校验

仅投纵联保护硬压板、软压板、控制字，方式一填表 7-1，方式二填表 7-1 和表 7-2。

纵联零序过流电流定值：I_{0zd}＝(　　) A。

表 7-1　　纵联零序保护定值校验

整定值＼故障类型	AN	BN	CN	反向故障
$0.95I_{0zd}$	□跳 A　□不动作	□跳 B　□不动作	□跳 C　□不动作	□动作 □不动作
$1.05I_{0zd}$	□跳 A　□不动作	□跳 B　□不动作	□跳 C　□不动作	
$1.2I_{0zd}$	显示保护动作时间：(　　) ms 实测保护动作时间：(　　) ms			

结论（　　）

表 7-2　　纵联零序保护定值校验

故障类型 / 整定值	AN	BN	CN	反向故障
0.95I_{0zd}	□跳 A　□不动作	□跳 B　□不动作	□跳 C　□不动作	□动作 □不动作
1.05I_{0zd}	□跳 A　□不动作	□跳 B　□不动作	□跳 C　□不动作	
1.2I_{0zd}	显示保护动作时间：（　　）ms 实测保护动作时间：（　　）ms			

结论（　　）

3.2　距离保护定值校验

3.2.1　相间距离

仅投距离保护硬压板、软压板、控制字，任选一整定项，见表 8。

定值：（　　）Ω，（　　）s；灵敏角：（　　）。

表 8　　相间距离保护定值校验

故障类型 / 整定值	AB 故障		ABC 故障		反向故障	结论
0.95 倍	□动作	□不动作	□动作	□不动作	□动作 □不动作	
1.05 倍	□动作	□不动作	□动作	□不动作		
0.7 倍	显示保护动作时间：（　　）ms 实测保护动作时间：（　　）ms					

3.2.2　接地距离校验

仅投距离保护硬压板、软压板、控制字，任选一整定项，见表 9。

定值：（　　）Ω，s；灵敏角：（　　）。

表 9　　接地距离定值校验

故障类型 / 整定值	AN 故障		BCN 故障		反向故障	结论
0.95 倍	□动作	□不动作	□动作	□不动作	□动作 □不动作	
1.05 倍	□动作	□不动作	□动作	□不动作		
0.7 倍	显示保护动作时间：（　　）ms 实测保护动作时间：（　　）ms					

3.3　零序保护定值校验

仅投零序保护硬压板、软压板、控制字，任选一整定项，见表 10。

定值：（　　）As。

表 10　　零序保护定值校验

故障类型 / 整定值	BN 故障		CAN 故障		反向故障	结论
0.95 倍	□动作	□不动作	□动作	□不动作	□动作 □不动作	
1.05 倍	□动作	□不动作	□动作	□不动作		
1.2 倍	显示保护动作时间：（　　）ms 实测保护动作时间：（　　）ms					

3.4 重合闸校验

重合闸方式校验见表11。

表11　　重合闸方式校验

故障类型	单相故障	相间故障	结论
重合闸使用方式 重合闸时间	□动作，□不动作 动作时间：	□动作，□不动作 动作时间：	

3.5 自定义功能校验

根据保护装置自定义功能，对其功能投退、动作逻辑、定值进行校验，见表12。

表12　　自定义功能校验

自定义功能名称	定值/控制字	装置动作信息	结果
TA断线闭锁快速距离和工频变化量距离保护			

结论（　　）

检验人：

4 操作箱检验

4.1 操作箱基本信息

操作箱基本信息见表13。

表13　　操作箱基本信息

型号	生产厂家	出厂日期	跳/合闸电流	直流电压

4.2 公共回路

4.2.1 检查一组、二组操作（保护）直流是否混电。合上一组操作（保护）直流电源，断开二组操作（保护）直流电源，测量二组操作（保护）直流对地电压；合上二组操作（保护）直流电源，断开一组操作（保护）直流电源，测量一组操作（保护）直流对地电压。

结论（　　）

4.2.2 所有涉及直接跳闸的中间继电器应满足在55%～70%额定电压下动作特性的要求。

结论（　　）

4.2.3 检查操作箱中逻辑回路的继电器，应满足80%额定电压下可靠动作。

结论（　　）

4.2.4 检查交流电压切换回路是否正确。　　结论（　　）

4.2.5 操作箱功能检验

操作箱功能检验见表14。

表 14　　**操作箱功能检验**

序号	检验项目	方法	接点动作情况
1	信号输出	一组控制回路断线	□监控后台，□面板显示
		二组控制回路断线	□监控后台，□面板显示
		跳闸 1（A、B、C 相）	□面板显示，□跳闸，□录波
		跳闸 2（A、B、C 相）	□面板显示，□跳闸，□录波
		重合闸	□面板显示，□合闸，□录波
		一组操作直流消失	□监控后台
		二组操作直流消失	□监控后台
2	继电器功能	三相跳闸（TJR）动作	□跳闸，□保护 1 重合闸放电 □保护 2 重合闸放电 □其他保护动作（保护 1） □其他保护动作（保护 2）
		手合动作	□合闸，□保护 1 重合闸放电 □保护 2 重合闸放电
		手跳动作	□跳闸，□保护 1 重合闸放电 □保护 2 重合闸放电
3	压力闭锁回路	压力低闭锁重合闸 1	□保护 1 重合闸放电
		压力低闭锁重合闸 2	□保护 2 重合闸放电
		禁止合闸（根据实际接线选做）	□禁止合闸
		禁止分闸（根据实际接线选做）	□禁止分闸
		SF_6 气压低禁止操作（根据实际接线选做）	□禁止操作

4.2.6　电压切换箱（或集成在操作箱内的电压切换插件）功能检验

电压切换箱功能检验见表 15。

表 15　　**电压切换箱功能校验**

试验方法	接点动作情况
切换继电器同时动作	□监控后台
TV 失压	□监控后台
电压切换功能	□Ⅰ母电压接点，□面板显示
	□Ⅱ母电压接点，□面板显示

检验人：

5　带开关做整组传动试验（要求开关传动试验打印报告附后）

重合闸实际运行方式：

5.1　检查对应断路器无闭锁，具备传动条件。

5.2　模拟相间瞬时短路故障：

a. 保护及开关实际动作正确。（　　）

b. 后台监控信号表示正确。（　　）

c. 站端、各级调控端的继电保护在线监视和分析模块表示信息正确。（　　）

d. 录波器表示信息正确。（　　）

5.3　模拟单相永久接地故障（做跳合跳试验），A、B、C 相分别进行试验：

a. 保护及开关实际动作正确。(　　)

b. 后台监控表示正确。(　　)

c. 站端、各级调控端的继电保护在线监视和分析模块表示信息正确。(　　)

d. 录波器表示信息正确。(　　)

5.4 模拟手合故障线路检查开关防跳及后加速功能：

a. 保护及开关实际动作正确。(　　)

b. 后台信号表示正确。(　　)

c. 站端、各级调控端的继电保护在线监视和分析模块表示信息正确。(　　)

d. 录波器表示信息正确。(　　)

5.5 通道检验

投入两侧纵联保护压板及控制字。

5.5.1 光功率测试：光发（　　）dBm，光收（　　）dBm。　　结论（　　）

5.5.2 检查通道状态正常，无错码、误码，无通道告警信号，通道延时小于12ms。

结论（　　）

5.6 纵联保护带通道试验

5.6.1 两侧开关在合位，两侧同时加正方向故障量，两侧纵联保护同时动作。

结论（　　）

5.6.2 对侧开关在跳位，本侧开关在合位，本侧加正方向故障量，本侧纵联保护动作。

结论（　　）

5.6.3 两侧开关在合位，本侧加正方向故障量，对侧模拟其他保护动作，本侧纵联保护应动作。

结论（　　）

检验人：

6 装置投运准备工作

6.1 投入运行前的准备工作

6.1.1 现场工作结束后，工作负责人检查试验记录有无漏试验项目，核对装置的整定值是否与定值单相符。打印定值单附后。(　　)

6.1.2 盖好所有装置及辅助设备的盖子，各装置插板扣紧。(　　)

6.1.3 二次回路接线恢复，拆除在检验时使用的试验设备、仪表及一切连接线，所有被拆除的或临时接入的连线应全部恢复正常，装置所有的信号应复归。(　　)

6.1.4 压板核对及安全措施恢复。(　　)

6.1.5 全部人员撤离前，清扫现场。(　　)

6.2 对运行人员交代事项

6.2.1 填写继电保护记录簿，将主要检验项目、试验结果及结论、定值通知单执行情况详细记录在内，向工作许可人交代检验结果、设备变动情况或遗留问题、并写明该装置可以投入运行。(　　)

6.2.2 交代运行人员在将装置投入前，必须用高内阻电压表以一端对地测保护出口压板端子电压的方法，检查并证实被检验的继电保护装置及安全自动装置确实未给出跳闸或合

闸脉冲，才允许将装置的跳合闸连接片投到投入位置。（　　）

6.2.3　对运维人员进行继电保护运行规程培训。（　　）

6.3　验收合格后，办理工作票终结手续。（　　）

6.4　定值通知单编号：（　　），执行时间：（　　）。

检验人：

7　带负荷测试

7.1　系统电压核相

系统电压核相见表16。

表16　　系统电压核相表

测试数据		Ⅰ段电压			
		U_A	U_B	U_C	U_N
Ⅱ段电压	U_A				
	U_B				
	U_C				
	U_N				

7.2　交流回路相位测试

7.2.1　潮流状况

线路有功：（　　）；线路无功：（　　）；负荷电流：（　　）。

7.2.2　交流回路幅值及相位测试

以U_{AN}电压为基准，测得数值见表17。

表17　　交流回路幅值及相位测试

保护名称	相别	测试值（幅值、角度）	装置显示值（幅值、角度）	相量图
纵联保护装置	A	∠	∠	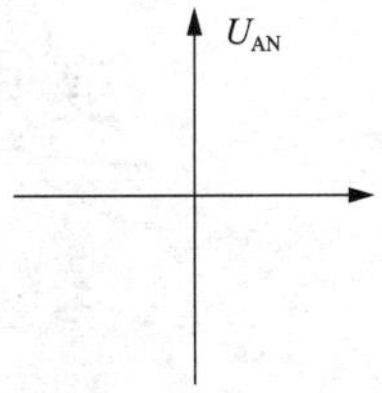
	B	∠	∠	
	C	∠	∠	
	N	∠	∠	

7.3　使用钳形电流表测量保护二次电缆屏蔽层的电流，以检查该保护装置及屏柜与二次等电位接地网连接状况，当检测不到电流时，应检查屏蔽层是否良好接地。测试结果为（　　）。

检验人：

8　现场遗留问题

工作负责人：

6. 常规变电站220kV线路纵联距离保护C类检修标准化作业指导书

变电站名称 ______________________

装 置 命 名 ______________________

设备变更记录

变更内容			变更日期	执行人
装置变更	1			
	2			
程序升级	1			
	2			
	3			
	4			
回路变更	1			
	2			
	3			
	4			
	5			
TA 变比	1			
	2			
	3			
其他	1			
	2			
	3			

________型线路纵联距离保护检验报告

出厂日期		投运日期	
工作负责人			
检验人员			
检验性质	C类检修		
开始时间	年 月 日 时 分		
结束时间	年 月 日 时 分		
检验结论			
审核人签字		审核日期	

目　次

1　通用部分

1.1　详见《常规变电站微机继电保护标准化作业指导书 C 类检修通用部分》。

1.2　适用于六统一 220kV 纵联距离线路保护。

2　保护单机检验

2.1　软件版本号及 CRC 校验码检查

软件版本号及 CRC 校验码检查见表 1。

表 1　　**软件版本号及 CRC 校验码**

CPU 号	软件版本号	CRC 校验码	软件版本生成时间	与要求版本是否一致

结论（　　）

2.2　模数变换系统的检验

装置二次额定电流 I_n=□5A/□1A。

2.2.1　零漂检验

要求：$I<0.01I_n$，$U<0.1$V，见表 2。

表 2　　**零 漂 检 验**

采样通道	I_a(A)	I_b(A)	I_c(A)	$3I_0$(A)	U_a(V)	U_b(V)	U_c(V)	U_{xl}(V)
采样 1								
采样 2								

结论（　　）

2.2.2　采样精度校验

在保护屏端子排上分别通入表 3 中的电压、电流量，查看液晶屏上显示值，误差应小于 5%（以 U_a 为基准）。

表 3　　**采 样 精 度 校 验**

采样通道	U_a(V)	U_b(V)	U_c(V)	U_{xl}(V)	I_a(A)	I_b(A)	I_c(A)	$3I_0$(A)
U，I								
采样 1								
采样 2								

结论（　　）

检验人：

3　带开关做整组传动试验

结合整组试验对已投入使用的开入量进行检查（要求开关传动试验打印报告附后）。

重合闸实际运行方式：

3.1　检查对应断路器无闭锁，具备传动条件。

3.2　模拟相间瞬时短路故障：

a. 保护及开关实际动作正确。（　　）

b. 后台监控信号表示正确。（　　）

c. 站端、各级调控端的继电保护在线监视和分析模块表示信息正确。（　　）

d. 录波器表示信息正确。（　　）

3.3　模拟单相永久接地故障（做跳合跳试验），A、B、C相分别进行试验：

a. 保护及开关实际动作正确。（　　）

b. 后台监控表示正确。（　　）

c. 站端、各级调控端的继电保护在线监视和分析模块表示信息正确。（　　）

d. 录波器表示信息正确。（　　）

3.4　模拟手合故障线路检查开关防跳及后加速功能：

a. 保护及开关实际动作正确。（　　）

b. 后台信号表示正确。（　　）

c. 站端、各级调控端的继电保护在线监视和分析模块表示信息正确。（　　）

d. 录波器表示信息正确。（　　）

检验人：

4　装置投运准备工作

4.1　投入运行前的准备工作

4.1.1　现场工作结束后，工作负责人检查试验记录有无漏试验项目，核对装置的整定值是否与定值单相符。打印定值单附后。（　　）

4.1.2　盖好所有装置及辅助设备的盖子，各装置插板扣紧。（　　）

4.1.3　二次回路接线恢复，拆除在检验时使用的试验设备、仪表及一切连接线，所有被拆除的或临时接入的连线应全部恢复正常，装置所有的信号应复归。（　　）

4.1.4　压板核对及安全措施恢复。（　　）

4.1.5　全部人员撤离前，清扫现场。（　　）

4.2　对运行人员交代事项

4.2.1　填写继电保护记录簿，将主要检验项目、试验结果及结论、定值通知单执行情况详细记录在内，向工作许可人交代检验结果、设备变动情况或遗留问题，并写明该装置可以投入运行。（　　）

4.3　验收合格后，办理工作票终结手续。（　　）

4.4　定值通知单编号：（　　），执行时间：（　　）。

检验人：

5　现场遗留问题

工作负责人：

7. 常规变电站220kV电气化铁路线路保护新安装验收标准化作业指导书

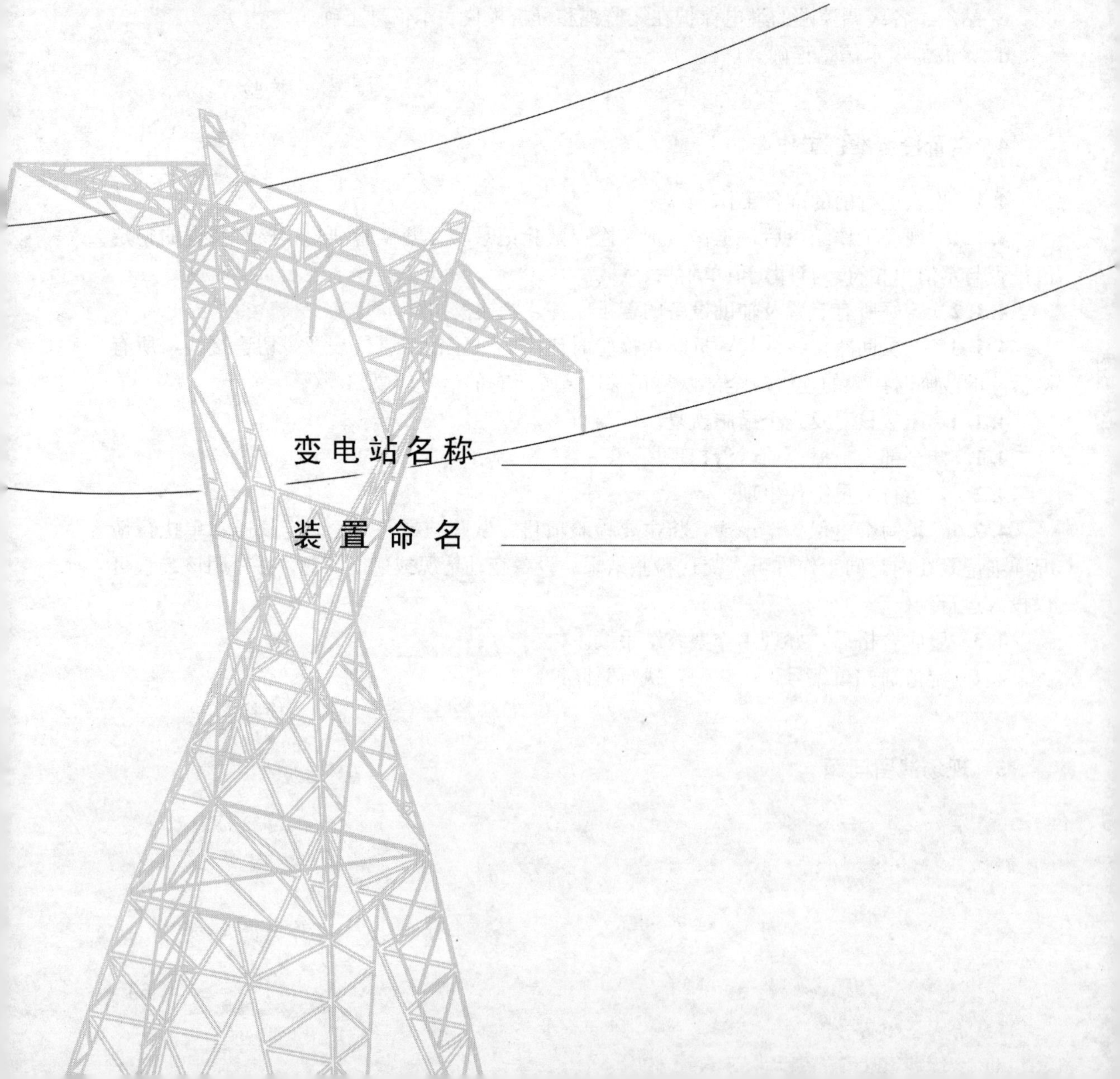

变电站名称 ______________________

装 置 命 名 ______________________

设备变更记录

变更内容			变更日期	执行人
装置变更	1			
	2			
程序升级	1			
	2			
	3			
	4			
回路变更	1			
	2			
	3			
	4			
	5			
TA 变比	1			
	2			
	3			
其他	1			
	2			
	3			

________型电铁线路

保护检验报告

出厂日期		投运日期	
工作负责人			
检验人员			
检验性质	新安装验收检验		
开始时间	年　月　日　时　分		
结束时间	年　月　日　时　分		
检验结论			
审核人签字		审核日期	

目　次

1 通用部分

1.1 详见《常规变电站继电保护标准化作业指导书（验收检验通用部分）》。

1.2 适用于六统一 220kV 三相电铁线路保护。

2 保护单机检验

2.1 软件版本号及 CRC 校验码检查

软件版本号及 CRC 校验码检查见表 1。

表 1　软件版本号及 CRC 校验码

CPU 号	软件版本号	CRC 校验码	软件版本生成时间	与要求版本是否一致

结论（　　）

2.2 输出回路检查

输出回路检查见表 2。

表 2　输 出 回 路 检 查

序号	检验项目	方法	接点动作情况
1	信号输出	保护动作	□监控后台，□液晶显示
		重合闸动作	□监控后台，□液晶显示
		运行异常（模拟 TA、TV 断线）	□监控后台，□液晶显示
		装置故障告警	□监控后台，□液晶显示
2	跳闸出口	投入相应保护及出口压板，分别模拟保护 A 相动作、B 相动作、C 相动作	□跳闸，□失灵启动，□备用，□录波 □永跳（闭锁重合闸）
3	重合闸出口	投入相应保护及出口压板，模拟重合闸动作	□重合闸，□录波

2.3 开关量输入回路检验（根据现场装置选做）

开关量输入回路检验见表 3。

表 3　开关量输入回路检查

序号	检验方法	开关量输入量变化	结果
1	投入“距离保护”压板	“距离保护”由 0 变 1	
2	投入“零序过流”压板	“零序过流”由 0 变 1	
3	投入“停用重合闸”压板	“闭锁重合闸”由 0 变 1	
4	短接“闭锁重合闸”接点	“闭锁重合闸”由 0 变 1	
5	短接“压力低闭锁重合闸”接点	“压力低闭锁重合闸”由 0 变 1	
6	短接“TWJA”接点	“A 相跳闸位置”由 0 变 1	
7	短接“TWJB”接点	“B 相跳闸位置”由 0 变 1	
8	短接“TWJC”接点	“C 相跳闸位置”由 0 变 1	

续表

序号	检验方法	开关量输入量变化	结果
9	投入“远方操作”压板（选做）	“远方操作”由0变1	
10	按“复归”按钮	“信号复归”由0变1	
11	投“保护检修状态”压板	“检修状态”由0变1	

2.4　模数变换系统的检验

装置二次额定电流 I_n=□5A/□1A。

2.4.1　零漂检验

要求：$I<0.01I_n$，$U<0.1$V，见表4。

表4　**零漂检验**

采样通道	I_a(A)	I_b(A)	I_c(A)	$3I_0$(A)	U_a(V)	U_b(V)	U_c(V)	U_{xl}(V)
采样1								
采样2								

结论（　　）

2.4.2　采样精度校验

在保护屏端子上分别通入表5中的电压、电流，查看液晶屏上显示值，误差应小于5%，角度小于3°（以 U_a 为基准）。

表5　**采样精度校验**

采样通道	U_a(V)	U_b(V)	U_c(V)	U_{xl}(V)	I_a(A)	I_b(A)	I_c(A)	$3I_0$(A)
$0.05I_n$，$0.6U_n$	V∠0°	V∠	V∠	V∠	A∠	A∠	A∠	A∠
采样1								
采样2								
U_n，I_n	V∠0°	V∠	V∠	V∠	A∠	A∠	A∠	A∠
采样1								
采样2								
$4I_n$，$1.2U_n$	V∠0°	V∠	V∠	V∠	A∠	A∠	A∠	A∠
采样1								
采样2								

结论（　　）

检验人：

3　保护功能校验

根据保护装置液晶显示信息、面板信号指示状态、开关反映情况、测试设备实测值进行填写。

3.1　距离保护定值校验

3.1.1　相间距离

仅投距离保护硬压板、软压板、控制字，见表6。

定值：XX1=（　　）Ω，s；XX2=（　　）Ω，s；XX3=（　　）Ω，s；灵敏角：（　　）。

表 6 **相间距离保护定值校验**

整定值 \ 故障类型	AB 故障	BC 故障	CA 故障	ABC 故障	反向故障
0.95XX1	□动作 □不动作	□动作 □不动作	□动作 □不动作	□动作 □不动作	
1.05XX1	□动作 □不动作	□动作 □不动作	□动作 □不动作	□动作 □不动作	
0.7XX1	显示保护动作时间：(　　) ms 实测保护动作时间：(　　) ms				
0.95XX2	□动作 □不动作	□动作 □不动作	□动作 □不动作	□动作 □不动作	
1.05XX2	□动作 □不动作	□动作 □不动作	□动作 □不动作	□动作 □不动作	□动作 □不动作
0.7XX2	显示保护动作时间：(　　) ms 实测保护动作时间：(　　) ms				
0.95XX3	□动作 □不动作	□动作 □不动作	□动作 □不动作	□动作 □不动作	
1.05XX3	□动作 □不动作	□动作 □不动作	□动作 □不动作	□动作 □不动作	
0.7XX3	显示保护动作时间：(　　) ms 实测保护动作时间：(　　) ms				
模拟 TV 断线，TV 断线后退出距离保护					
模拟 TA 断线，闭锁距离Ⅰ段，不闭锁距离Ⅱ段和距离Ⅲ段					

结论（　　）

3.1.2 接地距离校验

仅投距离保护硬压板、软压板、控制字，见表 7。

定值：XD1＝(　　) Ω；XD2＝(　　) Ω，s；XD3＝(　　) Ω，s；灵敏角：(　　)。

表 7 **接地距离定值校验**

整定值 \ 故障类型	AN 故障	BN 故障	CN 故障	反向故障
0.95XD1	□动作 □不动作	□动作 □不动作	□动作 □不动作	
1.05XD1	□动作 □不动作	□动作 □不动作	□动作 □不动作	
0.7XD1	显示保护动作时间：(　　) ms 实测保护动作时间：(　　) ms			□动作 □不动作
0.95XD2	□动作 □不动作	□动作 □不动作	□动作 □不动作	
1.05XD2	□动作 □不动作	□动作 □不动作	□动作 □不动作	
0.7XD2	显示保护动作时间：(　　) ms 实测保护动作时间：(　　) ms			

续表

<table>
<tr><th>故障类型
整定值</th><th>AN 故障</th><th>BN 故障</th><th>CN 故障</th><th>反向故障</th></tr>
<tr><td>0.95XD3</td><td>□动作
□不动作</td><td>□动作
□不动作</td><td>□动作
□不动作</td><td rowspan="3">□动作
□不动作</td></tr>
<tr><td>1.05XD3</td><td>□动作
□不动作</td><td>□动作
□不动作</td><td>□动作
□不动作</td></tr>
<tr><td>0.7XD3</td><td colspan="3">显示保护动作时间：(　　) ms
实测保护动作时间：(　　) ms</td></tr>
<tr><td colspan="5">模拟 TV 断线，TV 断线后退出距离保护</td></tr>
<tr><td colspan="5">模拟 TA 断线，闭锁距离Ⅰ段，不闭锁距离Ⅱ段和距离Ⅲ段</td></tr>
</table>

结论（　　）

3.2　零序保护定值校验

仅投零序保护硬压板、软压板、控制字，见表 8。

定值：I_{02}=(　　) A，s；I_{03}=(　　) A，s；零序过流加速段定值 I_{0js}=(　　) A。

表 8　**零序保护定值校验表**

<table>
<tr><th>故障类型
整定值</th><th>AN 故障</th><th>BN 故障</th><th>CN 故障</th><th>反向故障</th></tr>
<tr><td>0.95I_{02}</td><td>□动作
□不动作</td><td>□动作
□不动作</td><td>□动作
□不动作</td><td rowspan="7">□动作
□不动作</td></tr>
<tr><td>1.05I_{02}</td><td>□动作
□不动作</td><td>□动作
□不动作</td><td>□动作
□不动作</td></tr>
<tr><td>1.2I_{02}</td><td colspan="3">显示保护动作时间：(　　) ms
实测保护动作时间：(　　) ms</td></tr>
<tr><td>0.95I_{03}</td><td>□动作
□不动作</td><td>□动作
□不动作</td><td>□动作
□不动作</td></tr>
<tr><td>1.05I_{03}</td><td>□动作
□不动作</td><td>□动作
□不动作</td><td>□动作
□不动作</td></tr>
<tr><td>1.2I_{03}</td><td colspan="3">显示保护动作时间：(　　) ms
实测保护动作时间：(　　) ms</td></tr>
<tr><td>1.2I_{0js}</td><td colspan="3">显示保护动作时间：(　　) ms
实测保护动作时间：(　　) ms</td></tr>
<tr><td>TV 断线</td><td colspan="4">TV 断线后，零序电流Ⅱ段退出，零序电流Ⅲ段退出方向</td></tr>
<tr><td>TA 断线</td><td colspan="4">TA 断线后，零序电流各段保护不应误动作</td></tr>
</table>

结论（　　）

3.3　投入冲击性负荷控制字，加入未达到保护动作的突变量电流，保护装置不应启动。

结论（　　）

3.4　重合闸校验

3.4.1　重合闸方式校验

重合闸方式校验见表 9。

定值：单重时间，三重时间。

表 9　　重合闸方式校验

重合闸方式＼故障类型	单相故障	相间故障	结论
单重	□动作，□不动作 动作时间（　　）s	□动作，□不动作 动作时间（　　）s	
三重	□动作，□不动作 动作时间（　　）s	□动作，□不动作 动作时间（　　）s	
禁止	□单相跳闸不重合 □三相跳闸不重合	□单相跳闸不重合 □三相跳闸不重合	
停用	□单相跳闸不重合 □三相跳闸不重合	□单相跳闸不重合 □三相跳闸不重合	

3.4.2　闭锁重合闸功能校验

闭锁重合闸功能校验见表 10。

表 10　　闭锁重合闸功能校验

序号	重合闸功能	定值	装置动作信息	结论
1	Ⅱ段保护闭锁重合闸	0		
		1		
2	多相故障闭锁重合闸	0		
		1		

3.4.3　验证“停用重合闸”控制字、软压板和硬压板三者逻辑关系为（□“或”逻辑，□“与”逻辑）。

结论（　　）

3.5　自定义功能校验

根据保护装置自定义功能，对其功能投退、动作逻辑、定值进行校验，见表 11。

表 11　　自定义功能校验

自定义功能名称	定值/控制字	装置动作信息	结果
TA 断线闭锁快速距离和工频变化量距离保护			

结论（　　）

检验人：

4　操作箱检验

4.1　操作箱基本信息

操作箱基本信息检查见表 12。

表 12　　操作箱基本信息检查

型号	生产厂家	出厂日期	跳/合闸电流	直流电压

4.2　公共回路

4.2.1　检查一组、二组操作（保护）直流是否混电。合上一组操作（保护）直流电源，断开二组操作（保护）直流电源，测量二组操作（保护）直流对地电压；合上二组操作（保护）直流电源，断开一组操作（保护）直流电源，测量一组操作（保护）直流对地电压。

结论（　　）

4.2.2　所有涉及直接跳闸的中间继电器应满足在55%～70%额定电压下动作特性的要求。

结论（　　）

4.2.3　检查操作箱中逻辑回路的继电器，应满足80%额定电压下可靠动作。

结论（　　）

4.2.4　操作箱功能检验。

操作箱功能检验见表13。

表13　　**操作箱功能检验**

序号	检验项目	方法	接点动作情况
1	信号输出	一组控制回路断线	□监控后台，□面板显示
		二组控制回路断线	□监控后台，□面板显示
		跳闸1（A、B、C相）	□面板显示，□跳闸，□录波
		跳闸2（A、B、C相）	□面板显示，□跳闸，□录波
		重合闸	□面板显示，□合闸，□录波
		一组操作直流消失	□监控后台
		二组操作直流消失	□监控后台
2	继电器功能	三相跳闸（TJR）动作	□跳闸，□保护1重合闸放电 □保护2重合闸放电 □其他保护动作（保护1） □其他保护动作（保护2）
		手合动作	□合闸，□保护1重合闸放电 □保护2重合闸放电
		手跳动作	□跳闸，□保护1重合闸放电 □保护2重合闸放电
3	压力闭锁回路	压力低闭锁重合闸1	□保护1重合闸放电
		压力低闭锁重合闸2	□保护2重合闸放电
		禁止合闸（根据实际接线选做）	□禁止合闸
		禁止分闸（根据实际接线选做）	□禁止分闸
		SF_6气压低禁止操作（根据实际接线选做）	□禁止操作

4.2.5　电压切换箱（或集成在操作箱内的电压切换插件）功能检验。

电压切换箱功能检验见表14。

表14　　**电压切换箱功能检验**

试验方法	接点动作情况
切换继电器同时动作	□监控后台
TV失压	□监控后台
电压切换功能	□Ⅰ母电压接点，□面板显示
	□Ⅱ母电压接点，□面板显示

检验人：

5 带开关做整组传动试验（要求开关传动试验打印报告附后）

重合闸实际运行方式：

5.1 检查对应断路器无闭锁，具备传动条件。

5.2 模拟相间瞬时短路故障：

a. 保护及开关实际动作正确。（ ）

b. 后台监控信号表示正确。（ ）

c. 站端、各级调控端的继电保护在线监视和分析模块表示信息正确。（ ）

d. 录波器表示信息正确。（ ）

5.3 采用两套保护电流回路串联、电压回路并联的方法，并投入“停用重合闸”压板，模拟三相瞬时接地故障，使两套保护同时动作：

a. 保护及开关实际动作正确。（ ）

b. 后台监控信号表示正确。（ ）

c. 站端、各级调控端的继电保护在线监视和分析模块表示信息正确。（ ）

d. 录波器表示信息正确。（ ）

5.4 模拟单相永久接地故障（做跳合跳试验），A、B、C相分别进行试验：

a. 保护及开关实际动作正确。（ ）

b. 后台监控表示正确。（ ）

c. 站端、各级调控端的继电保护在线监视和分析模块表示信息正确。（ ）

d. 录波器表示信息正确。（ ）

5.5 模拟手合故障线路检查开关防跳及后加速功能：

a. 保护及开关实际动作正确。（ ）

b. 后台信号表示正确。（ ）

c. 站端、各级调控端的继电保护在线监视和分析模块表示信息正确。（ ）

d. 录波器表示信息正确。（ ）

检验人：

6 装置投运准备工作

6.1 投入运行前的准备工作

6.1.1 现场工作结束后，工作负责人检查试验记录有无漏试验项目，核对装置的整定值是否与定值单相符，打印定值单附后。（ ）

6.1.2 盖好所有装置及辅助设备的盖子，各装置插板扣紧。（ ）

6.1.3 二次回路接线恢复，拆除在检验时使用的试验设备、仪表及一切连接线，所有被拆除的或临时接入的连线应全部恢复正常，装置所有的信号应复归。（ ）

6.1.4 压板核对及安全措施恢复。（ ）

6.1.5 全部人员撤离前，清扫现场。（ ）

6.2 对运行人员交代事项

6.2.1 填写继电保护记录簿，将主要检验项目、试验结果及结论、定值通知单执行情况详细记录在内，向工作许可人交代检验结果、设备变动情况或遗留问题，并写明该装置可

以投入运行。（　　）

6.2.2　交代运行人员在将装置投入前，必须用高内阻电压表以一端对地测保护出口压板端子电压的方法，检查并证实被检验的继电保护装置及安全自动装置确实未给出跳闸或合闸脉冲，才允许将装置的跳合闸连接片投到投入位置。（　　）

6.2.3　对运维人员进行继电保护运行规程培训。（　　）

6.3　验收合格后，办理工作票终结手续。（　　）

6.4　定值通知单编号：（　　）执行时间：（　　）。

检验人：

7　带负荷测试

7.1　系统电压核相

系统电压核相见表15。

表15　　**系统电压核相**

测试数据		Ⅰ段电压			
		U_A	U_B	U_C	U_N
Ⅱ段电压	U_A				
	U_B				
	U_C				
	U_N				

7.2　交流回路相位测试

7.2.1　潮流状况

线路有功：（　　）；线路无功：（　　）；负荷电流：（　　）。

7.2.2　交流回路幅值及相位测试

以U_{AN}电压为基准，测得数值见表16。

表16　　**交流回路幅值及相位测试**

保护名称	相别	测试值（幅值、角度）	装置显示值（幅值、角度）	相量图
保护装置	A	∠	∠	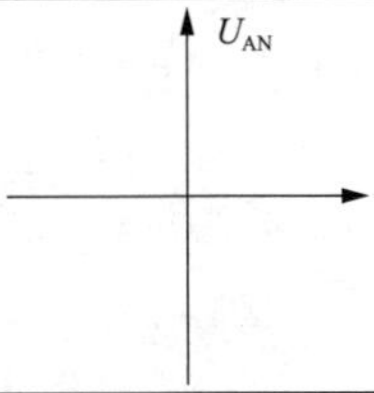
	B	∠	∠	
	C	∠	∠	
	N	∠	∠	

7.3　使用钳形电流表测量保护二次电缆屏蔽层的电流，以检查该保护装置及屏柜与二次等电位接地网连接状况，当检测不到电流时，应检查屏蔽层是否良好接地。测试结果为（　　）。

检验人：

8　现场遗留问题

工作负责人：

8. 常规变电站220kV电铁线路保护A（B）类检修标准化作业指导书

变电站名称 ______________________________

装 置 命 名 ______________________________

设 备 变 更 记 录

变更内容			变更日期	执行人
装置变更	1			
	2			
程序升级	1			
	2			
	3			
	4			
回路变更	1			
	2			
	3			
	4			
	5			
TA 变比	1			
	2			
	3			
其他	1			
	2			
	3			

________型电铁线路

保护检验报告

出厂日期		投运日期	
工作负责人			
检验人员			
检验性质	□A 类检修 □B 类检修		
开始时间	年　月　日　时　分		
结束时间	年　月　日　时　分		
检验结论			
审核人签字		审核日期	

目　次

1 通用部分

1.1 详见《常规变电站继电保护标准化作业指导书 A（B）类检修通用部分》。
1.2 适用于六统一 220kV 三相电铁线路保护。

2 保护单机检验

2.1 软件版本号及 CRC 校验码检查

软件版本号及 CRC 校验码检查见表 1。

表 1　　软件版本号及 CRC 校验码

CPU 号	软件版本号	CRC 校验码	软件版本生成时间	与要求版本是否一致

结论（　　）

2.2 输出回路检查

输出回路检查见表 2。

表 2　　输 出 回 路 检 验

序号	检验项目	方法	接点动作情况
1	信号输出	保护动作	□监控后台，□液晶显示
		重合闸动作	□监控后台，□液晶显示
		运行异常（模拟 TA、TV 断线）	□监控后台，□液晶显示
		装置故障告警	□监控后台，□液晶显示
2	跳闸出口	投入相应保护及出口压板，分别模拟保护 A 相动作、B 相动作、C 相动作	□跳闸，□失灵启动，□备用，□录波 □永跳（闭锁重合闸）
3	重合闸出口	投入相应保护及出口压板，模拟重合闸动作	□重合闸，□录波

2.3 开关量输入回路检验，（根据现场装置选做）

开关量输入回路检验见表 3。

表 3　　开关量输入回路检验

序号	检验方法	开关量输入量变化	结果
1	投入“距离保护”压板	“距离保护”由 0 变 1	
2	投入“零序过流”压板	“零序过流”由 0 变 1	
3	投入“停用重合闸”压板	“闭锁重合闸”由 0 变 1	
4	短接“闭锁重合闸”接点	“闭锁重合闸”由 0 变 1	
5	短接“压力低闭锁重合闸”接点	“压力低闭锁重合闸”由 0 变 1	
6	短接“TWJA”接点	“A 相跳闸位置”由 0 变 1	
7	短接“TWJB”接点	“B 相跳闸位置”由 0 变 1	
8	短接“TWJC”接点	“C 相跳闸位置”由 0 变 1	

续表

序号	检验方法	开关量输入量变化	结果
9	投入“远方操作”压板（选做）	“远方操作”由0变1	
10	按“复归”按钮	“信号复归”由0变1	
11	投“保护检修状态”压板	“检修状态”由0变1	

2.4 模数变换系统的检验

装置二次额定电流 I_n=□5A/□1A。

2.4.1 零漂检验

要求：$I<0.01I_n$，$U<0.1$V，见表4。

表4 零漂检验

采样通道	I_a(A)	I_b(A)	I_c(A)	$3I_0$(A)	U_a(V)	U_b(V)	U_c(V)	U_{xl}(V)
采样1								
采样2								

结论（　　）

2.4.2 采样精度校验

在保护屏端子上分别通入表5中的电压、电流量，查看液晶屏上显示值，误差应小于5%，角度小于3°（以U_a为基准）。

表5 采样精度校验

采样通道	U_a(V)	U_b(V)	U_c(V)	U_{xl}(V)	I_a(A)	I_b(A)	I_c(A)	$3I_0$(A)
$0.05I_n$，$0.6U_n$	V∠0°	V∠	V∠	V∠	A∠	A∠	A∠	A∠
采样1								
采样2								
I_n，U_n	V∠0°	V∠	V∠	V∠	A∠	A∠	A∠	A∠
采样1								
采样2								
$4I_n$，$1.2U_n$	V∠0°	V∠	V∠	V∠	A∠	A∠	A∠	A∠
采样1								
采样2								

结论（　　）

检验人：

3 保护功能校验

根据保护装置液晶显示信息、面板信号指示状态、开关反映情况、测试设备实测值进行填写。

3.1 距离保护定值校验

3.1.1 相间距离

仅投距离保护硬压板、软压板、控制字，见表6。

定值：XX1=（　　）Ω；XX2=（　　）Ω，（　　）s；XX3=（　　）Ω，（　　）s；灵敏角：（　　）。

表 6　　相间距离保护定值校验

故障类型 整定值	AB 故障		ABC 故障		反向故障
0.95 倍	□动作	□不动作	□动作	□不动作	□动作 □不动作
1.05 倍	□动作	□不动作	□动作	□不动作	
0.7 倍	显示保护动作时间：(　　) ms 实测保护动作时间：(　　) ms				

结论（　　）

3.1.2　接地距离校验

仅投距离保护硬压板、软压板、控制字，见表 7。

定值：XD1=(　　) Ω；XD2=(　　) Ω，s；XD3=(　　) Ω，s；灵敏角：(　　)。

表 7　　接地距离定值校验

故障类型 整定值	AN 故障		BCN 故障		反向故障
0.95 倍	□动作	□不动作	□动作	□不动作	□动作 □不动作
1.05 倍	□动作	□不动作	□动作	□不动作	
0.7 倍	显示保护动作时间：(　　) ms 实测保护动作时间：(　　) ms				

结论（　　）

3.2　零序保护定值校验

仅投零序保护硬压板、软压板、控制字，任选一整定项，见表 8。

定值：(　　) A，(　　) s。

表 8　　零序保护定值校验

故障类型 整定值	BN 故障		CAN 故障		反向故障
0.95 倍	□动作	□不动作	□动作	□不动作	□动作 □不动作
1.05 倍	□动作	□不动作	□动作	□不动作	
1.2 倍	显示保护动作时间：(　　) ms 实测保护动作时间：(　　) ms				

结论（　　）

3.3　投入冲击性负荷控制字，加未达到保护动作的突变量电流，保护装置不应启动。

3.4　重合闸校验

重合闸方式校验见表 9。

表 9　　重合闸方式校验

故障类型	单相故障	相间故障	结论
重合闸使用方式： 重合闸时间：	□动作，□不动作 动作时间：	□动作，□不动作 动作时间：	

3.5　自定义功能校验

根据保护装置自定义功能，对其功能投退、动作逻辑、定值进行校验，见表10。

表10　　　　**自定义功能校验**

自定义功能名称	定值/控制字	装置动作信息	结果
TA断线闭锁快速距离和工频变化量距离保护			

结论（　　）

检验人：

4　操作箱检验

4.1　操作箱基本信息

操作箱基本信息检查见表11。

表11　　　　**表操作箱基本信息检查**

型号	生产厂家	出厂日期	跳/合闸电流	直流电压

4.2　公共回路

4.2.1　检查一组、二组操作（保护）直流是否混电。合上一组操作（保护）直流电源，断开二组操作（保护）直流电源，测量二组操作（保护）直流对地电压；合上二组操作（保护）直流电源，断开一组操作（保护）直流电源，测量一组操作（保护）直流对地电压。

结论（　　）

4.2.2　所有涉及直接跳闸的中间继电器应满足在55%～70%额定电压下动作特性的要求。

结论（　　）

4.2.3　检查操作箱中逻辑回路的继电器，应满足80%额定电压下可靠动作。

结论（　　）

4.2.4　操作箱功能检验。

操作箱功能检验见表12。

表12　　　　**操作箱功能检验**

序号	检验项目	方法	接点动作情况
1	信号输出	一组控制回路断线	□监控后台，□面板显示
		二组控制回路断线	□监控后台，□面板显示
		跳闸1（A、B、C相）	□面板显示，□跳闸，□录波
		跳闸2（A、B、C相）	□面板显示，□跳闸，□录波
		重合闸	□面板显示，□合闸，□录波
		一组操作直流消失	□监控后台
		二组操作直流消失	□监控后台

续表

序号	检验项目	方法	接点动作情况
2	继电器功能	三相跳闸（TJR）动作	□跳闸，□保护 1 重合闸放电 □保护 2 重合闸放电 □其他保护动作（保护 1） □其他保护动作（保护 2）
		手合动作	□合闸，□保护 1 重合闸放电 □保护 2 重合闸放电
		手跳动作	□跳闸，□保护 1 重合闸放电 □保护 2 重合闸放电
3	压力闭锁回路	压力低闭锁重合闸 1	□保护 1 重合闸放电
		压力低闭锁重合闸 2	□保护 2 重合闸放电
		禁止合闸（根据实际接线选做）	□禁止合闸
		禁止分闸（根据实际接线选做）	□禁止分闸
		SF_6 气压低禁止操作（根据实际接线选做）	□禁止操作
4	防跳回路	防跳回路（根据实际接线选做）	□防跳正确使用，□防跳回路拆除

结论（　　）

4.2.5 电压切换箱（或集成在操作箱内的电压切换插件）功能检验。

电压切换箱功能检验见表 13。

表 13　　电压切换箱功能检验

试验方法	接点动作情况
切换继电器同时动作	□监控后台
TV 失压	□监控后台
电压切换功能	□Ⅰ母电压接点，□面板显示
	□Ⅱ母电压接点，□面板显示

检验人：

5　带开关做整组传动试验（要求开关传动试验打印报告附后）

重合闸实际运行方式：

5.1 检查对应断路器无闭锁，具备传动条件。

5.2 模拟相间瞬时短路故障：

a. 保护及开关实际动作正确。（　　）

b. 后台监控信号表示正确。（　　）

c. 站端、各级调控端的继电保护在线监视和分析模块表示信息正确。（　　）

d. 录波器表示信息正确。（　　）

5.3 采用两套保护电流回路串联、电压回路并联的方法，并投入“停用重合闸”压板，模拟三相瞬时接地故障，使两套保护同时动作：

a. 保护及开关实际动作正确。（　　）

b. 后台监控信号表示正确。（　　）

c. 站端、各级调控端的继电保护在线监视和分析模块表示信息正确。（　　）

d. 录波器表示信息正确。（　　）

5.4　模拟单相永久接地故障（做跳合跳试验），A、B、C 相分别进行试验：

a. 保护及开关实际动作正确。（　　）

b. 后台监控表示正确。（　　）

c. 站端、各级调控端的继电保护在线监视和分析模块表示信息正确。（　　）

d. 录波器表示信息正确。（　　）

5.5　模拟手合故障线路检查开关防跳及后加速功能：

a. 保护及开关实际动作正确。（　　）

b. 后台信号表示正确。（　　）

c. 站端、各级调控端的继电保护在线监视和分析模块表示信息正确。（　　）

d. 录波器表示信息正确。（　　）

检验人：

6　装置投运准备工作

6.1　投入运行前的准备工作

6.1.1　现场工作结束后，工作负责人检查试验记录有无漏试验项目，核对装置的整定值是否与定值单相符。打印定值单附后。（　　）

6.1.2　盖好所有装置及辅助设备的盖子，各装置插板扣紧。（　　）

6.1.3　二次回路接线恢复，拆除在检验时使用的试验设备、仪表及一切连接线，所有被拆除的或临时接入的连线应全部恢复正常，装置所有的信号应复归。（　　）

6.1.4　压板核对及安全措施恢复。（　　）

6.1.5　全部人员撤离前，清扫现场。（　　）

6.2　对运行人员交代事项

6.2.1　填写继电保护记录簿，将主要检验项目、试验结果及结论、定值通知单执行情况详细记录在内，向工作许可人交代检验结果、设备变动情况或遗留问题，并写明该装置可以投入运行。（　　）

6.2.2　交代运行人员在将装置投入前，必须用高内阻电压表以一端对地测保护出口压板端子电压的方法，检查并证实被检验的继电保护装置及安全自动装置确实未给出跳闸或合闸脉冲，才允许将装置的跳合闸连接片投到投入位置。（　　）

6.2.3　对运维人员进行继电保护运行规程培训。（　　）

6.3　验收合格后，办理工作票终结手续。（　　）

6.4　定值通知单编号：（　　）执行时间：（　　）。

检验人：

7　带负荷测试

7.1　系统电压核相

系统电压核相见表 14。

表 14　　　　系统电压核相

测试数据		Ⅰ段电压			
		U_A	U_B	U_C	U_N
Ⅱ段电压	U_A				
	U_B				
	U_C				
	U_N				

7.2　交流回路相位测试

7.2.1　潮流状况

线路有功：(　　)；线路无功：(　　)；负荷电流：(　　)。

7.2.2　交流回路幅值及相位测试

以 U_{AN} 电压为基准。测得数值见表 15。

表 15　　　　交流回路幅值及相位测试

保护名称	相别	测试值（幅值、角度）	装置显示值（幅值、角度）	相量图
保护装置	A	∠	∠	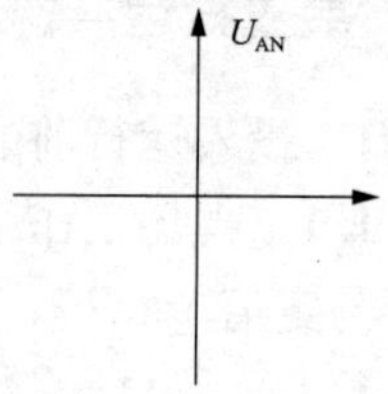
	B	∠	∠	
	C	∠	∠	
	N	∠	∠	

7.3　使用钳形电流表测量保护二次电缆屏蔽层的电流，以检查该保护装置及屏柜与二次等电位接地网连接状况，当检测不到电流时，应检查屏蔽层是否良好接地。测试结果为(　　)。

检验人：

8　现场遗留问题

工作负责人：

9. 常规变电站220kV电铁线路保护C类检修标准化作业指导书

变电站名称 ______________________

装 置 命 名 ______________________

设备变更记录

变更内容			变更日期	执行人
装置变更	1			
	2			
程序升级	1			
	2			
	3			
	4			
回路变更	1			
	2			
	3			
	4			
	5			
TA 变比	1			
	2			
	3			
其他	1			
	2			
	3			

________型电铁线路

保护检验报告

出厂日期		投运日期	
工作负责人			
检验人员			
检验性质	C 类检修		
开始时间	年　月　日　时　分		
结束时间	年　月　日　时　分		
检验结论			
审核人签字		审核日期	

目　次

1　通用部分

1.1　详见《常规变电站继电保护标准化作业指导书 C 类检修通用部分》。

1.2　适用于六统一 220kV 三相电铁线路保护。

2　保护单机检验

2.1　软件版本号及 CRC 校验码检验

软件版本号及 CRC 校验码检查见表 1。

表 1　软件版本号及 CRC 校验码

CPU 号	软件版本号	CRC 校验码	软件版本生成时间	与要求版本是否一致

结论（　　）

2.2　模数变换系统的检验

装置二次额定电流 I_n=□5A/□1A。

2.2.1　零漂检验

要求：$I<0.01I_n$，$U<0.1$V，见表 2。

表 2　零　漂　检　验

采样通道	I_a(A)	I_b(A)	I_c(A)	$3I_0$(A)	U_a(V)	U_b(V)	U_c(V)	U_{xl}(V)
采样 1								
采样 2								

结论（　　）

2.2.2　采样精度校验

在保护屏端子上分别通入表 3 中的电压、电流，查看液晶屏上显示值，误差应小于 5%，角度小于 3°（以 U_a 为基准）。

表 3　采 样 精 度 校 验

采样通道	U_a(V)	U_b(V)	U_c(V)	U_{xl}(V)	I_a(A)	I_b(A)	I_c(A)	$3I_0$(A)
U，I								
采样 1								
采样 2								

结论（　　）

检验人：

3　带开关做整组传动试验

结合整组试验对已投入使用的开入量进行检查。（要求开关传动试验打印报告附后）

重合闸实际运行方式：

3.1　检查对应断路器无闭锁，具备传动条件。

3.2 模拟相间瞬时短路故障：

a. 保护及开关实际动作正确。（　　）

b. 后台监控信号表示正确。（　　）

c. 站端、各级调控端的继电保护在线监视和分析模块表示信息正确。（　　）

d. 录波器表示信息正确。（　　）

3.3 模拟单相永久接地故障（做跳合跳试验），A、B、C 相分别进行试验：

a. 保护及开关实际动作正确。（　　）

b. 后台监控表示正确。（　　）

c. 站端、各级调控端的继电保护在线监视和分析模块表示信息正确。（　　）

d. 录波器表示信息正确。（　　）

3.4 模拟手合故障线路检查开关防跳及后加速功能：

a. 保护及开关实际动作正确。（　　）

b. 后台信号表示正确。（　　）

c. 站端、各级调控端的继电保护在线监视和分析模块表示信息正确。（　　）

d. 录波器表示信息正确。（　　）

检验人：

4 装置投运准备工作

4.1 投入运行前的准备工作

4.1.1 现场工作结束后，工作负责人检查试验记录有无漏试验项目，核对装置的整定值是否与定值单相符。打印定值单附后。（　　）

4.1.2 盖好所有装置及辅助设备的盖子，各装置插板扣紧。（　　）

4.1.3 二次回路接线恢复，拆除在检验时使用的试验设备、仪表及一切连接线，所有被拆除的或临时接入的连线应全部恢复正常，装置所有的信号应复归。（　　）

4.1.4 压板核对及安全措施恢复。（　　）

4.1.5 全部人员撤离前，清扫现场。（　　）

4.2 对运行人员交代事项

填写继电保护记录簿，将主要检验项目、试验结果及结论、定值通知单执行情况详细记录在内，向工作许可人交代检验结果、设备变动情况或遗留问题，并写明该装置可以投入运行。（　　）

4.3 验收合格后，办理工作票终结手续。（　　）

4.4 定值通知单编号：（　　），执行时间：（　　）。

检验人：

5 现场遗留问题

工作负责人：

10. 常规变电站220kV两绕组变压器保护新安装验收标准化作业指导书

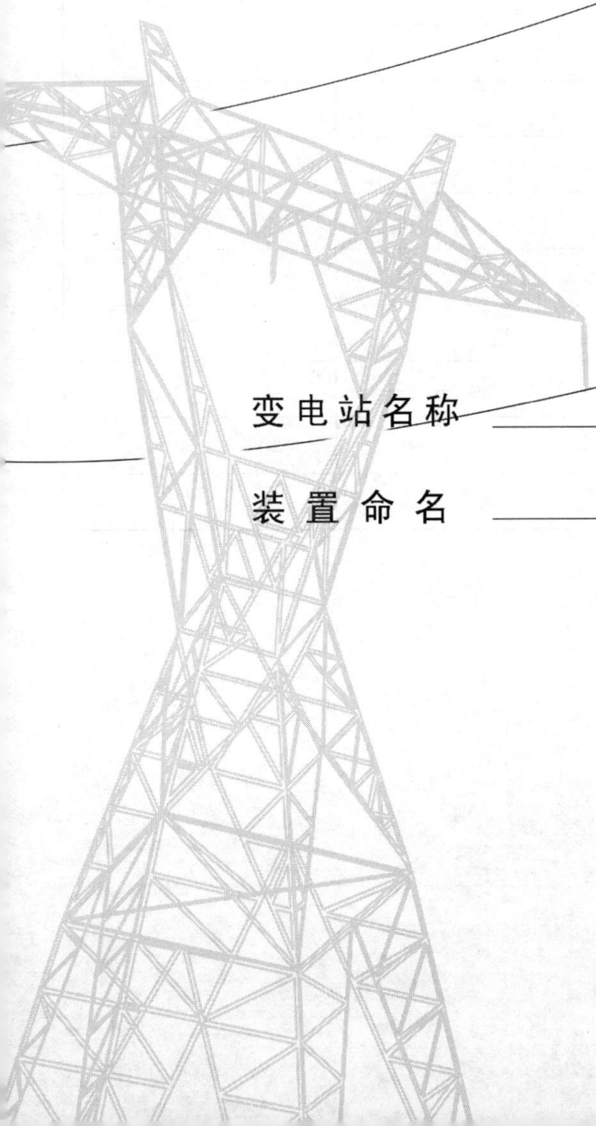

变电站名称 ________________________

装 置 命 名 ________________________

设备变更记录

变更内容			变更日期	执行人
装置变更	1			
	2			
程序升级	1			
	2			
	3			
	4			
回路变更	1			
	2			
	3			
	4			
	5			
TA 变比	1			
	2			
	3			
其他	1			
	2			
	3			

________型变压器

保护检验报告

出厂日期		投运日期	
工作负责人			
检验人员			
检验性质	新安装验收检验		
开始时间	年　月　日　时　分		
结束时间	年　月　日　时　分		
检验结论			
审核人签字		审核日期	

目　次

1　通用部分

1.1　详见《常规变电站继电保护标准化作业指导书（验收检验通用部分）》。

1.2　适用于220kV两绕组变压器，采用高压1侧和低压1分支绕组结构。报告中试验项目针对变压器电气量保护、非电量保护检验。

2　微机保护单机检验

2.1　装置基本信息

装置基本信息检查见表1。

表1　　装置基本信息检查

CPU号	软件版本号	CRC校验码	软件版本生成时间	与标准是否一致

结论（　　）

2.2　开关量输出回路检验

开关量输出回路检验见表2。

表2　　开关量输出回路检验

序号	检验项目	方法	接点动作情况
1	装置闭锁	关闭装置电源	□液晶显示，□监控后台
2	信号输出	模拟装置故障告警	□液晶显示，□监控后台
		模拟运行异常告警	□液晶显示，□监控后台
		模拟过负荷告警	□液晶显示，□监控后台
		模拟保护动作告警	□液晶显示，□监控后台
3	跳闸出口	模拟主保护动作	□高压侧跳闸，□低压侧跳闸，□失灵启动，□解除失灵电压闭锁，□录波，□遥信，□备用
		模拟高压侧复压过流保护动作	□高压侧跳闸，□低压侧跳闸，□低压母联跳闸，□失灵启动，□解除失灵电压闭锁，□闭锁备自投，□录波，□遥信
		模拟低压侧复压过流保护动作	□低压侧跳闸，□闭锁备自投，□低压母联跳闸，□录波，□遥信
		模拟零序保护动作	□高压侧跳闸，□低压侧跳闸，□失灵启动，□解除失灵电压闭锁，□录波，□遥信

结论（　　）

2.3　开关量输入回路检验

开关量输入检验见表3。

表 3　　开关量输入检验

检验方法	开关量输入量变化	结果
投入“主保护”压板	“主保护”由 0 变 1	
投入“高压侧后备保护”压板	“高压侧后备保护”由 0 变 1	
投入“低压侧后备保护”压板	“低压侧后备保护”由 0 变 1	
投入“高压侧电压”压板	“高压侧电压”由 0 变 1	
投入“低压侧电压”压板	“低压侧电压”由 0 变 1	
开入“高压侧失灵联跳”	“高压侧失灵联跳”由 0 变 1	
投入“远方操作”压板	“远方操作”由 0 变 1	
投入“保护检修状态”压板	“保护检修状态”由 0 变 1	
开入“信号复归”	“信号复归”由 0 变 1	

结论（　　）

2.4 零漂及采样校验

2.4.1 零漂检验

要求：$I<0.01In$，$U<0.1V$，见表 4。

表 4　　零 漂 检 验

采样通道	I_{ha}(A)	I_{hb}(A)	I_{hc}(A)	U_{ha}(V)	U_{hb}(V)	U_{hc}(V)	U_{h0}(V)	I_{h0}(A)	I_{hj}(A)
采样 1									
采样 2									
采样通道	I_{la}(A)	I_{lb}(A)	I_{lc}(A)	U_{la}(V)	U_{lb}(V)	U_{lc}(V)			
采样 1									
采样 2									

结论（　　）

2.4.2 采样精度校验

保护屏端子上分别通入不同的电压、电流，查看液晶屏显示值，幅值误差应小于±5%，相角误差小于 3°，见表 5。

表 5　　采 样 精 度 校 验

采样通道	I_{ha}(A)	I_{hb}(A)	I_{hc}(A)	U_{ha}(V)	U_{hb}(V)	U_{hc}(V)	U_{h0}(V)	I_{h0}(A)	I_{hj}(A)
$0.05I_n$、$0.6U_n$	A∠0°	A∠	A∠	V∠	V∠	V∠	V∠	A∠	A∠
采样 1									
采样 2									
I_n、U_n	A∠0°	A∠	A∠	V∠	V∠	V∠	V∠	A∠	A∠
采样 1									
采样 2									
$4I_n$、$1.2U_n$	A∠0°	A∠	A∠	V∠	V∠	V∠	V∠	A∠	A∠
采样 1									
采样通道	I_{ha}(A)	I_{hb}(A)	I_{hc}(A)	U_{ha}(V)	U_{hb}(V)	U_{hc}(V)	U_{h0}(V)	I_{h0}(A)	I_{hj}(A)
采样 2									
$0.05I_n$、$0.6U_n$	A∠0°	A∠	A∠	V∠	V∠	V∠			
采样 1									

续表

采样通道	I_{la}(A)	I_{lb}(A)	I_{lc}(A)	U_{la}(V)	U_{lb}(V)	U_{lc}(V)			
采样 2									
I_n、U_n	A∠0°	A∠	A∠	V∠	V∠	V∠			
采样 1									
采样 2									
$4I_n$、$1.2U_n$	A∠0°	A∠	A∠	V∠	V∠	V∠			
采样 1									
采样 2									

结论（　　）

检验人：

3　保护功能校验

3.1　主保护校验

3.1.1　变压器基本参数

变压器基本参数见表 6。

表 6　　**变压器基本参数**

参数		高压侧	低压侧
变压器接线方式			
变压器容量			
额定电压（kV）			
TA 变比			
计算值	变压器一次额定电流（A）		
	变压器二次额定电流（A）		
	平衡系数		

3.1.2　差动平衡调节系数检查

差动平衡调节系数检查见表 7。

表 7　　**差动平衡调节系数检查**

高压侧试验电流	低压侧试验电流	差流		
		D_{Ia}	D_{Ib}	D_{Ic}

结论（　　）

3.1.3　二次谐波制动系数试验

二次谐波制动系数试验见表 8。

表 8　　**二次谐波制动系数试验**

试验条件			整定值	0.95 倍制动系数	1.05 倍制动系数
高压侧	单相通入基波电流分量使主保护动作	A 相通二次谐波电流		□动作□不动作	□动作□不动作
		B 相通二次谐波电流		□动作□不动作	□动作□不动作
		C 相通二次谐波电流		□动作□不动作	□动作□不动作

结论（　　）

3.1.4 比率制动特性试验

装置比率制动系数：

3.1.4.1 试验方法一。用微机继电保护测试仪的比率制动曲线边界搜索功能绘制出主保护动作特性曲线，与厂家提供的比率制动曲线比对并将动作特性曲线打印附后。

3.1.4.2 试验方法二，见表9。

表9 比率制动特性试验

序号	高压侧电流			低压侧电流		制动电流标幺值	动作电流标幺值	制动系数 K
	标幺值	有名值（A）		标幺值	有名值（A）			
		计算	实测					
1								
2								
3								
4								
5								
6								
要求	制动曲线的每一折线取两个点，画出制动特性曲线，和厂家提供的制动特性曲线基本相吻合，实测值与装置内部设定值误差不应超过5%。采用固定低压侧电流，调整高压侧电流进行计算测试							

结论（　　）

3.1.5 定值校验

按照定值单进行检验。根据保护装置液晶显示信息、面板信号指示状态、测试装置实测时间进行填写。

3.1.5.1 差动速断保护定值校验

投主保护功能硬压板、主保护功能软压板、差动速断控制字，并验证功能正确性见表10。

I_{sd}：（　　）。

表10 差动速断保护定值校验

项目	交流输入	$0.95I_{zd}$	$1.05I_{zd}$
高压侧	I_a	□动作□不动作	□动作□不动作
	I_b	□动作□不动作	□动作□不动作
	I_c	□动作□不动作	□动作□不动作
低压侧	I_a	□动作□不动作	□动作□不动作
	I_b	□动作□不动作	□动作□不动作
	Ic	□动作□不动作	□动作□不动作

结论（　　）

3.1.5.2 纵差主保护定值校验

投主保护功能硬压板、主保护功能软压板及纵差保护控制字，并验证功能正确性见表11。

I_{zd}：（　　）。

表 11　　纵差保护定值校验

项目	交流输入	$0.95I_{zd}$	$1.05I_{zd}$
高压侧	I_a	□动作□不动作	□动作□不动作
	I_b	□动作□不动作	□动作□不动作
	I_c	□动作□不动作	□动作□不动作
低压侧	I_a	□动作□不动作	□动作□不动作
	I_b	□动作□不动作	□动作□不动作
	I_c	□动作 □不动作	□动作□不动作

结论（　　）

3.1.6　TA 断线闭锁功能校验

模拟 TA 断线，投入“TA 断线闭锁纵差保护”控制字，当差流大于纵差保护动作值但小于 $1.2I_e$，纵差保护不动作；继续增大电流，使差流大于 $1.2I_e$，纵差保护应动作。

结论（　　）

3.2　后备保护校验

3.2.1　高压侧后备保护定值校验

3.2.1.1　电流保护定值校验

投高压侧后备保护硬压板、高压侧后备保护软压板、高压侧电压功能硬压板及对应时限控制字、退出复压过流Ⅰ段带方向、复压过流Ⅱ段带方向、复压过流Ⅰ段经复压闭锁、复压过流Ⅱ段经复压闭锁、复压过流Ⅲ段经复压闭锁控制字见表 12。

表 12　　高压侧后备保护电流定值校验

保护名称	定值名称	整定值	I_A		I_B		I_C	
			$0.95I_{zd}$	$1.05I_{zd}$	$0.95I_{zd}$	$1.05I_{zd}$	$0.95I_{zd}$	$1.05I_{zd}$
复压过流保护	复压过流Ⅰ段定值		□动作 □不动作	□动作 □不动作	□动 □不动作	□动作 □不动作	□动作 □不动作	□动作 □不动作
	复压过流Ⅱ段定值		□动作 □不动作	□动作 □不动作	□动作 □不动作	□动作 □不动作	□动作 □不动作	□动作 □不动作
	复压过流Ⅲ段定值		□动作 □不动作	□动作 □不动作	□动作 □不动作	□动作 □不动作	□动作 □不动作	□动作 □不动作
过负荷	过负荷定值		□动作 □不动作	□动作 □不动作	□动作 □不动作	□动作 □不动作	□动作 □不动作	□动作 □不动作

结论（　　）

3.2.1.2　零序保护定值校验

投高压侧后备保护硬压板、高压侧后备保护软压板、高压侧电压功能硬压板及对应时限控制字，退出零序Ⅰ段带方向、零序Ⅱ段带方向控制字。

检查零序电压接入方式，采用自产方式电压接入装置的设定为 120V，采用开口三角电压接入的设定为 180V。

零序保护定值校验见表 13。

表 13　　高压侧后备保护零序定值校验

保护名称	定值名称	整定值	I_0/U_0	
			$0.95I_{zd}/U_{zd}$	$1.05I_{zd}/U_{zd}$
零序保护	零序过流Ⅰ段定值		□动作 □不动作	□动作 □不动作
	零序过流Ⅱ段定值		□动作 □不动作	□动作 □不动作
	零序过流Ⅲ段定值		□动作 □不动作	□动作 □不动作
	间隙过流定值		□动作 □不动作	□动作 □不动作
	零序电压定值		□动作 □不动作	□动作 □不动作

结论（　　）

3.2.1.3　复压过流闭锁功能校验

投高压侧后备保护功能硬压板、高压侧后备保护功能软压板、高压侧电压功能硬压板及对应时限控制字复压过流Ⅰ段经复压闭锁、复压过流Ⅱ段经复压闭锁、复压过流Ⅲ段经复压闭锁及对应时限控制字，退出复压过流Ⅰ段带方向、复压过流Ⅱ段带方向控制字。试验时分别通入电流应大于各段整定值见表 14。

低电压闭锁定值：（　　）、负序电压闭锁定值：（　　）。

表 14　　高压侧后备保护复压过流闭锁功能校验

保护名称	通入电流（A）	低电压校验						负序电压校验	
		U_{AB}		U_{BC}		U_{CA}		U_2	
		$0.95U_{zd}$	$1.05U_{zd}$	$0.95U_{zd}$	$1.05U_{zd}$	$0.95U_{zd}$	$1.05U_{zd}$	$0.95U_{zd}$	$1.05U_{zd}$
复压过流保护	Ⅰ段：___	□动作 □不动作	□动作 □不动作	□动作 □不动作	□动作 □不动作	□动作 □不动作	□动作 □不动作	□动作 □不动作	□动作 □不动作
	Ⅱ段：___	□动作 □不动作	□动作 □不动作	□动作 □不动作	□动作 □不动作	□动作 □不动作	□动作 □不动作	□动作 □不动作	□动作 □不动作
	Ⅲ段：___	□动作 □不动作	□动作 □不动作	□动作 □不动作	□动作 □不动作	□动作 □不动作	□动作 □不动作	□动作 □不动作	□动作 □不动作

结论（　　）

3.2.1.4　复压过流方向功能校验

投高压侧后备保护功能硬压板、高压侧后备保护功能软压板、高压侧电压功能硬压板、复压过流Ⅰ段经复压闭锁、复压过流Ⅱ段经复压闭锁、复压过流Ⅲ段经复压闭锁、复压过流Ⅰ段带方向、复压过流Ⅱ段带方向及对应时限控制字见表 15。

表 15　　高压侧后备复压过流保护方向功能校验

功能测试	外加电流、电压，方向指向母线		外加电流、电压，方向指向变压器	
	方向指向母线控制字	方向指向变压器控制字	方向指向母线控制字	方向指向变压器控制字
复压Ⅰ段方向	□动作 □不动作	□动作 □不动作	□动作 □不动作	□动作 □不动作
复压Ⅱ段方向	□动作 □不动作	□动作 □不动作	□动作 □不动作	□动作 □不动作

结论（　　）

3.2.1.5　零序方向功能校验

投高压侧后备保护功能硬压板、高压侧后备保护功能软压板、高压侧电压功能硬压板、零序Ⅰ段带方向、零序Ⅱ段带方向及对应时限控制字见表16。

表16　**高压侧后备零序保护方向功能校验**

功能测试	外加零序电流、电压，方向指向母线		外加零序电流、电压，方向指向变压器	
	方向指向母线控制字	方向指向变压器控制字	方向指向母线控制字	方向指向变压器控制字
零序Ⅰ段方向	□动作 □不动作	□动作 □不动作	□动作 □不动作	□动作 □不动作
零序Ⅱ段方向	□动作 □不动作	□动作 □不动作	□动作 □不动作	□动作 □不动作

结论（　　）

3.2.1.6　高压侧电压使用逻辑检查

高压侧复压元件由各侧电压经或门构成。本侧TV断线或电压退出时退出方向元件，受低压侧复压元件控制。当各侧均TV断线或电压退出时，本侧转为纯过流。　结论（　　）

3.2.1.7　高压侧失灵联跳

模拟外部失灵连跳开入，同时在高压侧加入大于装置内部设定值，失灵连跳保护经50ms延时后跳变压器各侧断路器。失灵连跳开入超过装置内部设定时间，装置报“失灵连跳开入报警”，并闭锁失灵连跳保护功能。　结论（　　）

3.2.2　低压侧后备保护定值校验

3.2.2.1　电流定值校验

投低压侧后备保护功能硬压板、低压侧后备保护功能软压板、低压侧电压功能硬压板及对应时限控制字、退出复压过流Ⅰ段带方向、复压过流Ⅰ段经复压闭锁、复压过流Ⅱ段经复压闭锁控制字见表17。

表17　**低压侧后备保护电流定值校验**

保护名称	定值名称	整定值	I_A		I_B		I_C	
			$0.95I_{zd}$	$1.05I_{zd}$	$0.95I_{zd}$	$1.05I_{zd}$	$0.95I_{zd}$	$1.05I_{zd}$
复压过流保护	复压过流Ⅰ段定值		□动作 □不动作	□动作 □不动作	□动作 □不动作	□动作 □不动作	□动作 □不动作	□动作 □不动作
	复压过流Ⅱ段定值		□动作 □不动作	□动作 □不动作	□动作 □不动作	□动作 □不动作	□动作 □不动作	□动作 □不动作
过负荷	过负荷定值		□动作 □不动作	□动作 □不动作	□动作 □不动作	□动作 □不动作	□动作 □不动作	□动作 □不动作

结论（　　）

3.2.2.2　复压闭锁功能校验

投低压侧后备保护功能硬压板、低压侧后备保护功能软压板、低压侧电压功能硬压板、复压过流Ⅰ段经复压闭锁、复压过流Ⅱ段经复压闭锁及对应时限控制字，退出复压过流Ⅰ段带方向控制字。试验时分别通入电流应大于各段整定值见表18。

低电压闭锁定值：（　　）、负序电压闭锁定值：（　　）。

表 18　　低压侧后备保护复压过流闭锁功能校验

保护名称	通入电流（A）	低电压校验						负序电压校验	
		U_{AB}		U_{BC}		U_{CA}		U_2	
		$0.95U_{zd}$	$1.05U_{zd}$	$0.95U_{zd}$	$1.05U_{zd}$	$0.95U_{zd}$	$1.05U_{zd}$	$0.95U_{zd}$	$1.05U_{zd}$
复压过流保护	Ⅰ段：___	□动作 □不动作	□动作 □不动作	□动作 □不动作	□动作 □不动作	□动作 □不动作	□动作 □不动作	□动作 □不动作	□动作 □不动作
	Ⅱ段：___	□动作 □不动作	□动作 □不动作	□动作 □不动作	□动作 □不动作	□动作 □不动作	□动作 □不动作	□动作 □不动作	□动作 □不动作

结论（　　）

3.2.2.3　方向功能校验

投低压侧后备保护功能硬压板、低压侧后备保护功能软压板、低压侧电压功能硬压板、复压过流Ⅰ段经复压闭锁、复压过流Ⅱ段经复压闭锁、复压过流Ⅰ段带方向及对应时限控制字。分别通入电流、电压应满足各段复压动作见表 19。

表 19　　低压侧后备复压过流保护方向功能校验

功能测试	外加电流、电压方向指向母线		外加电流、电压方向指向变压器	
	复压指向母线控制字	复压指向变压器控制字	复压指向母线控制字	复压指向变压器控制字
Ⅰ段方向	□动作 □不动作	□动作 □不动作	□动作 □不动作	□动作 □不动作

结论（　　）

3.2.2.4　低压侧电压使用逻辑检查

低压侧复压元件由本侧电压构成。本侧 TV 断线或电压退出时，本侧转为纯过流。

结论（　　）

3.3　保护整组动作时间测试

保护整组动作时间测试见表 20。

表 20　　保护整组动作时间测试

保护名称	故障类型	整定时间（ms）	显示时间（ms）	测量时间（ms）	装置动作信号
纵差保护	AN 故障				
差动速断	AB 故障				
高复压过流Ⅰ段 1 时限	AB 故障				
高复压过流Ⅰ段 2 时限	AB 故障				
高复压过流Ⅰ段 3 时限	AB 故障				
高复压过流Ⅱ段 1 时限	BC 故障				
高复压过流Ⅱ段 2 时限	BC 故障				
高复压过流Ⅱ段 3 时限	BC 故障				
高复压过流Ⅲ段 1 时限	CA 故障				
高复压过流Ⅲ段 2 时限	CA 故障				
高零序过流Ⅰ段 1 时限	AN 故障				
高零序过流Ⅰ段 2 时限	AN 故障				
高零序过流Ⅰ段 3 时限	AN 故障				
高零序过流Ⅱ段 1 时限	BN 故障				

续表

保护名称	故障类型	整定时间（ms）	显示时间（ms）	测量时间（ms）	装置动作信号
高零序过流Ⅱ段2时限	BN故障				
高零序过流Ⅱ段3时限	BN故障				
高零序过流Ⅲ段1时限	CN故障				
高零序过流Ⅲ段2时限	CN故障				
高间隙过流	AN故障				
高零序过压	AN故障				
低复压过流Ⅰ段1时限	AN故障				
低复压过流Ⅰ段2时限	AN故障				
低复压过流Ⅰ段3时限	AN故障				
低复压过流Ⅱ段1时限	BN故障				
低复压过流Ⅱ段2时限	BN故障				
低复压过流Ⅱ段3时限	BN故障				
要求：保护整组动作时间按1.2倍整定定值测试					

结论（　　）

3.4　跳闸矩阵定值及跳闸出口输出检验

依据整定的跳闸矩阵控制字，检查对应的跳闸出口是否正确变位见表21。

表21　　**跳闸矩阵定值及跳闸出口输出检验**

跳闸对象／保护名称	备用出口4	备用出口3	备用出口2	备用出口1	闭锁低2分支备投	闭锁低1分支备投	闭锁中压侧备投	跳低压2分段	跳低压2分支	跳低压1分段	跳低压1分支	跳中压侧母联	跳中压侧	跳高压侧母联	跳高压侧
主保护															
高复压过流Ⅰ段1时限															
高复压过流Ⅰ段2时限															
高复压过流Ⅰ段3时限															
高复压过流Ⅱ段1时限															
高复压过流Ⅱ段2时限															
高复压过流Ⅱ段3时限															
高复压过流Ⅲ段1时限															
高复压过流Ⅲ段2时限															
高零序过流Ⅰ段1时限															

续表

保护名称 \ 跳闸对象	备用出口4	备用出口3	备用出口2	备用出口1	闭锁低2分支备投	闭锁低1分支备投	闭锁中压侧备投	跳低压2分段	跳低压2分支	跳低压1分段	跳低压1分支	跳中压侧母联	跳中压侧	跳高压侧母联	跳高压侧
高零序过流Ⅰ段2时限															
高零序过流Ⅰ段3时限															
高零序过流Ⅱ段1时限															
高零序过流Ⅱ段2时限															
高零序过流Ⅱ段3时限															
高零序过流Ⅲ段1时限															
高零序过流Ⅲ段2时限															
高间隙过流															
高零序过压															
高失灵联跳															
低复压过流Ⅰ段1时限															
低复压过流Ⅰ段2时限															
低复压过流Ⅰ段3时限															
低复压过流Ⅱ段1时限															
低复压过流Ⅱ段2时限															
低复压过流Ⅱ段3时限															

结论（　　）

3.5　自定义功能检验

根据保护装置自定义功能，对其功能投退、动作逻辑、定值进行校验见表22。

表22　　**自定义功能检查**

自定义功能名称	定值/控制字	装置动作信息	结果

结论（　　）

检验人：

4　非电量装置检验

4.1　非电量开关量输入回路检验

非电量开关量输入回路检验见表23。

表23　　非电量开关量输入回路检验

序号	检验项目	接点动作情况
1	本体重瓦斯	□高压侧跳闸，□低压侧跳闸，□遥信，□面板信号灯
2	调压重瓦斯	□高压侧跳闸，□低压侧跳闸，□遥信，□面板信号灯
3	本体压力释放	□遥信，□面板信号灯
4	冷却器全停	□遥信，□面板信号灯
5	本体轻瓦斯	□遥信，□面板信号灯
6	调压轻瓦斯	□遥信，□面板信号灯
7	本体油位异常	□遥信，□面板信号灯
8	本体油面温度1	□遥信，□面板信号灯
9	本体油面温度2	□遥信，□面板信号灯
10	本体绕组温度1	□遥信，□面板信号灯
11	本体绕组温度2	□遥信，□面板信号灯
12	保护检修状态	□遥信
13	信号复归	□遥信

结论（　　）

4.2　非电量开关量输出回路检验

非电量开关量输出回路检验见表24。

表24　　非电量开关量输出回路检验

序号	检验项目	方法	接点动作情况
1	装置闭锁	关闭装置电源	□监控后台，□遥信
2	信号输出	模拟装置故障告警	□监控后台，□遥信
		模拟运行异常告警	□监控后台，□遥信
		模拟非电量保护动作	□监控后台，□遥信
3	跳闸出口	模拟重瓦斯动作	□高压侧跳闸，□低压侧跳闸

结论（　　）

4.3　非电量直跳继电器校验

非电量跳闸的直跳继电器，启动功率应大于5W，动作电压在额定直流电源电压的55％～70％范围内，额定直流电源电压下动作时间为10～35ms见表25。

表25　　非电量开关量输出回路检验

继电器名称	启动功率（W）	动作电压（V）	动作时间（ms）

结论（　　）

检验人：

5 操作箱检验

5.1 操作箱基本信息

操作箱基本信息见表 26。

表 26　　操作箱基本信息

装置名称	型号	生产厂家	出厂日期	跳/合闸电流	直流电压
高压侧操作箱					
低压侧操作箱					

5.2 公共回路

5.2.1 检查一组、二组操作（保护）直流是否混电。合上一组操作（保护）直流电源，断开二组操作（保护）直流电源，测量二组操作（保护）直流对地电压；合上二组操作（保护）直流电源，断开一组操作（保护）直流电源，测量一组操作（保护）直流对地电压。

结论（　　）

5.2.2 检查操作箱中出口继电器动作电压值在55%～70%额定电压下可靠动作。

结论（　　）

5.2.3 检查操作箱中逻辑回路的继电器，应满足80%额定电压下可靠动作。

结论（　　）

5.2.4 操作箱功能检验见表 27。

表 27　　高压侧操作箱功能检验

序号	检验项目	方法	接点动作情况
1	接点输出	一组控制回路断线	□监控后台，□面板显示
		二组控制回路断线	□监控后台，□面板显示
		一组跳闸出口（A、B、C相）	□监控后台，□面板显示，□跳闸
		二组跳闸出口（A、B、C相）	□监控后台，□面板显示，□跳闸
		一组操作直流消失	□监控后台，□面板显示
		二组操作直流消失	□监控后台，□面板显示
2	继电器功能	三相跳闸	□监控后台，□面板显示，□一组跳闸，□二组跳闸
		手合动作	□合闸，□面板显示
		手跳动作	□一组跳闸，□二组跳闸，□面板显示
3	压力闭锁回路	闭锁合闸（根据实际接线选做）	□闭锁合闸
		闭锁分闸（根据实际接线选做）	□闭锁分闸
		闭锁操作（根据实际接线选做）	□闭锁操作

结论（　　）

5.2.5 电压切换箱功能检验

电压切换箱（或集成在操作箱内的电压切换插件）功能检验见表 28。

表 28　　高压侧切换箱功能检验

试验方法	接点动作情况
切换继电器同时动作	□监控后台
TV 失压	□监控后台
电压切换功能	□Ⅰ母电压接点，□面板显示
	□Ⅱ母电压接点，□面板显示

结论（　　）

5.3　低压侧操作箱检验

5.3.1　检查操作箱中出口继电器动作电压值在55%～70%额定电压下可靠动作。

结论（　　）

5.3.2　检查操作箱中逻辑回路的继电器，应满足80%额定电压下可靠动作。

结论（　　）

5.3.3　操作箱功能检验见表29。

表 29　　低压侧操作箱功能检验

序号	检验项目	方法	接点动作情况
1	接点输出	控制回路断线	□监控后台，□面板显示
		跳闸出口	□监控后台，□面板显示，□跳闸
		操作直流消失	□监控后台，□面板显示
		手合动作	□合闸，□面板显示
		手跳动作	□跳闸，□面板显示

结论（　　）

5.3.4　电压切换箱（或集成在操作箱内的电压切换插件）功能检验见表30。

表 30　　低压侧切换箱功能检验

试验方法	接点动作情况
切换继电器同时动作	□监控后台
TV 失压	□监控后台
电压切换功能	□Ⅰ母电压接点，□面板显示
	□Ⅱ母电压接点，□面板显示

结论（　　）

检验人：

6　用实际断路器做传动试验

6.1　传动试验前准备

检查对应断路器无闭锁，具备传动条件。

6.2　模拟变压器本体重瓦斯、有载重瓦斯故障

a. 保护及变压器两侧开关实际动作应正确。（　　）

b. 后台监控信号表示正确。（　　）

6.3 模拟两套主保护同时动作

a. 保护及变压器两侧开关实际动作应正确。( )

b. 后台监控信号表示正确。( )

c. 站端、各级调控端继电保护在线监视与分析模块表示信息正确。( )

d. 检查高压侧开关两组跳闸线圈极性正确。( )

e. 录波器表示信息正确。( )

6.4 模拟高压侧后备保护动作

a. 保护及变压器两侧开关实际动作应正确。( )

b. 后台监控信号表示正确。( )

c. 站端、各级调控端继电保护在线监视与分析模块表示信息正确。( )

d. 录波器表示信息正确。( )

e. 检查闭锁备自投功能正确。( )

6.5 模拟低压侧后备保护动作

a. 保护及低压侧母联开关、变压器低压侧开关实际动作应正确。( )

b. 后台监控信号表示正确。( )

c. 站端、各级调控端继电保护在线监视与分析模块表示信息正确。( )

d. 录波器表示信息正确。( )

e. 检查闭锁备自投功能正确。( )

6.6 模拟失灵联跳主变压器开入动作

a. 保护及变压器两侧开关实际动作应正确。( )

b. 后台监控信号表示正确。( )

c. 站端、各级调控端继电保护在线监视与分析模块表示信息正确。( )

d. 录波器表示信息正确。( )

6.7 模拟手合故障变压器检查开关防跳

a. 保护及开关实际动作应正确。( )

b. 后台监控信号表示正确。( )

c. 站端、各级调控端继电保护在线监视与分析模块表示信息正确。( )

d. 录波器表示信息正确。( )

检验人：

7 装置投运准备工作

7.1 投入运行前的准备工作

7.1.1 核查两组 TA 接入极性及接线正确。( )

7.1.2 现场工作结束后，工作负责人检查试验记录有无漏试验项目，核对装置的整定值是否与定值单相符。打印定值单附后。( )

7.1.3 盖好所有装置及辅助设备的盖子，各装置插板扣紧。( )

7.1.4 二次回路接线恢复，拆除在检验时使用的试验设备、仪表及一切连接线，所有被拆除的或临时接入的连线应全部恢复正常，装置所有的信号应复归。( )

7.1.5 压板核对及安全措施恢复。( )

7.1.6　全部人员撤离前，清扫现场。（　　）

7.2　对运行人员交代事项

7.2.1　填写及交代继电保护记录簿，将主要检验项目、试验结果及结论、定值通知单执行情况详细记录在内，向运行负责人员交代检验结果、设备变动情况或遗留问题，并写明该装置可以投入运行。（　　）

7.2.2　交代运行人员在将装置投入前，必须用高内阻电压表以一端对地测保护出口压板端子电压的方法，检查并证实被检验的继电保护装置及安全自动装置确实未给出跳闸或合闸脉冲，才允许将装置的跳合闸连接片投到投入位置。（　　）

7.2.3　对运维人员进行继电保护运行规程培训。（　　）

7.3　验收合格后，办理工作票终结手续。（　　）

7.4　定值通知单编号：（　　）；执行时间：（　　）。

检验人：

8　带负荷测试

8.1　高压侧系统电压核相

高压侧系统电压核相检验见表31。

表31　　**高压侧电压核相检验**

测试数据		Ⅰ段电压				
		U_A	U_B	U_C	U_L	U_N
Ⅱ段电压	U_A				—	
	U_B				—	
	U_C				—	
	U_L	—	—	—		
	U_N					

结论（　　）

8.2　低压侧系统电压核相

低压侧系统电压核相检验见表32。

表32　　**低压侧电压核相检验**

测试数据		Ⅰ段电压			
		U_A	U_B	U_C	U_N
Ⅱ段电压	U_A				
	U_B				
	U_C				
	U_N				

结论（　　）

8.3　交流回路幅值及相位测试

以高压侧U_{AN}电压为基准。测得数值见表33。

表 33　　　　　　　　　　　　交流回路幅值及相位测试

名称	相别	测试值（幅值、角度）	装置显示值（幅值、角度）	相量图
高压侧电流	A	∠	∠	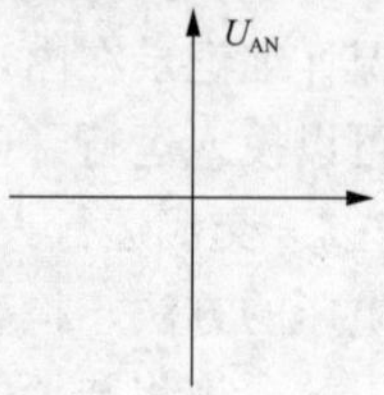
	B	∠	∠	
	C	∠	∠	
	N	∠	∠	
低压侧电流	A	∠	∠	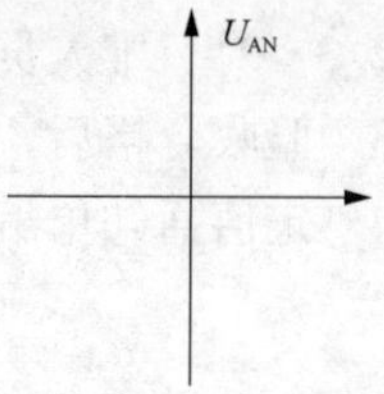
	B	∠	∠	
	C	∠	∠	
	N	∠	∠	
直接零序电流		∠	∠	
间接零序电流		∠	∠	

结论（　　）

8.4　装置负荷及差流检查

高压侧有功：（　　）；高压侧无功：（　　）；高压侧负荷电流：（　　）；

低压侧有功：（　　）；低压侧无功：（　　）；低压侧负荷电流：（　　）；

A 相差动电流：（　　）；B 相差动电流：（　　）；C 相差动电流：（　　）；

A 相制动电流：（　　）；B 相制动电流：（　　）；C 相制动电流：（　　）。

8.5　使用钳形电流表测量保护二次电缆屏蔽层的电流，以检查该保护装置及拼柜与二次等电位接地网连接状况，当测量不到电流时，应检查屏蔽层是否接地良好接地。测试结果为（　　）。

检验人：

9　现场遗留问题

工作负责人：

11. 常规变电站220kV两绕组变压器保护A（B）类检验标准化作业指导书

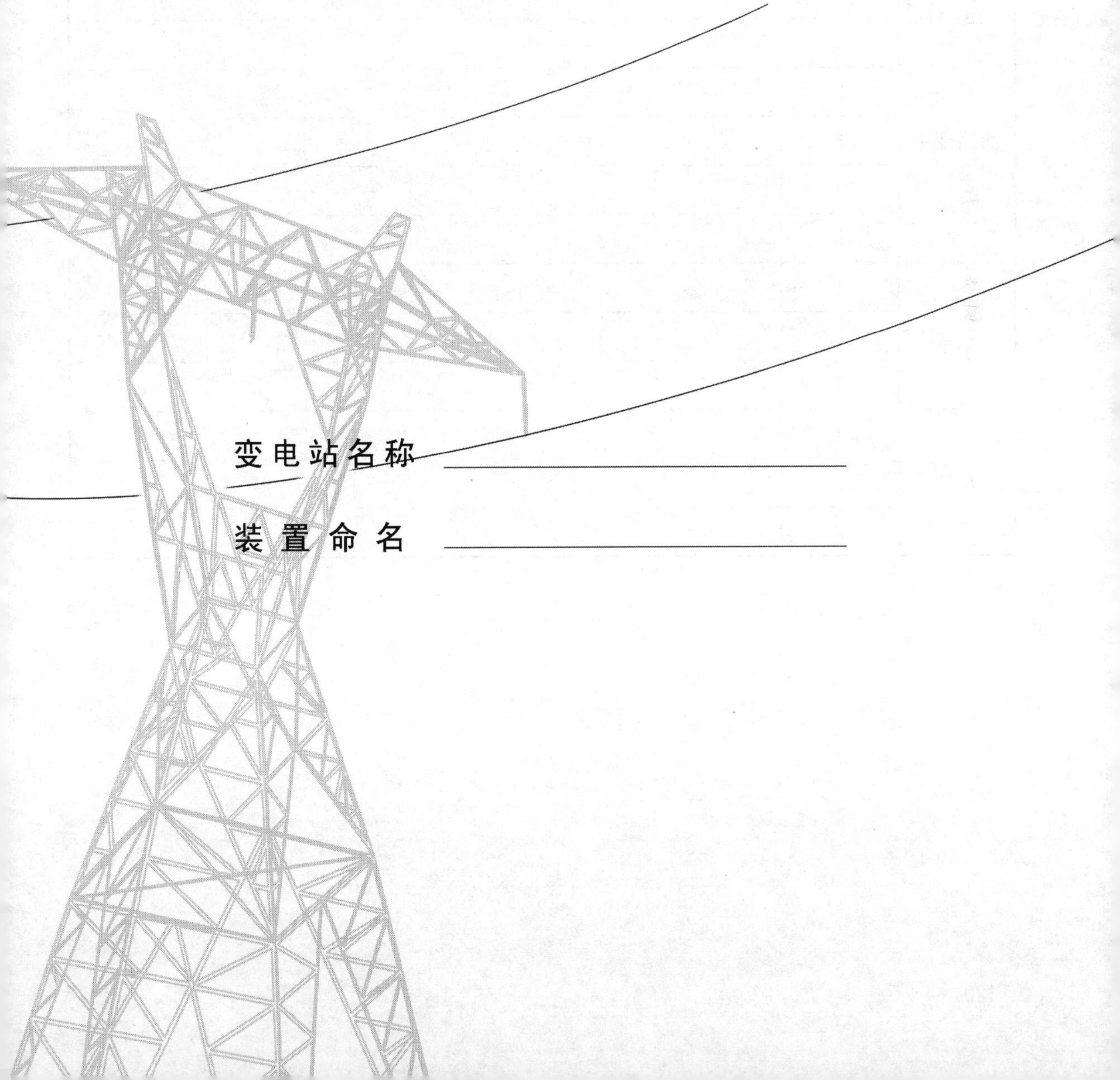

变电站名称 ____________________

装 置 命 名 ____________________

设备变更记录

变更内容			变更日期	执行人
装置变更	1			
	2			
程序升级	1			
	2			
	3			
	4			
回路变更	1			
	2			
	3			
	4			
	5			
TA 变比	1			
	2			
	3			
其他	1			
	2			
	3			

________型变压器

保护检验报告

出厂日期		投运日期	
工作负责人			
检验人员			
检验性质	□A 类检验 □B 类检验		
开始时间	年　月　日　时　分		
结束时间	年　月　日　时　分		
检验结论			
审核人签字		审核日期	

目　　次

1　通用部分

1.1　详见《常规变电站继电保护标准化作业指导书（A/B类检验通用部分）》。

1.2　适用于220kV两圈变，采用高压1侧和低压1分支绕组结构。报告中试验项目针对变压器电气量保护，非电量保护检验。

2　微机保护单机检验

2.1　装置基本信息

装置基本信息检查见表1。

表1　　装置基本信息检查

CPU号	软件版本号	CRC校验码	软件版本生成时间	与标准是否一致

结论（　　）

2.2　开关量输出回路检验

开关量输出回路检验见表2。

表2　　开关量输出回路检验

序号	检验项目	方法	接点动作情况
1	装置闭锁	关闭装置电源	□液晶显示，□监控后台
2	信号输出	模拟装置故障告警	□液晶显示，□监控后台
		模拟运行异常告警	□液晶显示，□监控后台
		模拟过负荷告警	□液晶显示，□监控后台
		模拟保护动作告警	□液晶显示，□监控后台
3	跳闸出口	模拟主保护动作	□高压侧跳闸，□低压侧跳闸，□失灵启动，□解除失灵电压闭锁，□录波，□遥信
		模拟高压侧复压过流保护动作	□高压侧跳闸，□低压侧跳闸，□低压母联跳闸，□失灵启动，□解除失灵电压闭锁，□闭锁备自投，□录波，□遥信
		模拟低压侧复压过流保护动作	□低压侧跳闸，□闭锁备自投，□低压母联跳闸，□录波，□遥信
		模拟零序保护动作	□高压侧跳闸，□低压侧跳闸，□失灵启动，□解除失灵电压闭锁，□录波，□遥信

结论（　　）

2.3　开关量输入回路检验

开关量输入检验见表3。

表 3　　　　开关量输入检验

检验方法	开关量输入量变化	结果
投入“主保护”压板	“主保护”由 0 变 1	
投入“高压侧后备保护”压板	“高压侧后备保护”由 0 变 1	
投入“低压侧后备保护”压板	“低压侧后备保护”由 0 变 1	
投入“高压侧电压”压板	“高压侧电压”由 0 变 1	
投入“低压侧电压”压板	“低压侧电压”由 0 变 1	
开入“高压侧失灵联跳”	“高压侧失灵联跳”由 0 变 1	
投入“远方操作”压板	“远方操作”由 0 变 1	
投入“保护检修状态”压板	“保护检修状态”由 0 变 1	
开入“信号复归”	“信号复归”由 0 变 1	

结论（　　）

2.4　零漂及采样校验

2.4.1　零漂检验

要求：$I<0.01I_n$，$U<0.1V$，见表 4。

表 4　　　　零漂检验

采样通道	I_{ha}(A)	I_{hb}(A)	I_{hc}(A)	U_{ha}(V)	U_{hb}(V)	U_{hc}(V)	U_{h0}(V)	I_{h0}(A)	I_{hj}(A)
采样 1									
采样 2									
采样通道	I_{la}(A)	I_{lb}(A)	I_{lc}(A)	U_{la}(V)	U_{lb}(V)	U_{lc}(V)			
采样 1									
采样 2									

结论（　　）

2.4.2　采样精度校验

保护屏端子上分别加入不同的电压、电流量，查看液晶屏显示值，幅值误差应小于±5%，相位误差小于 3°，见表 5。

表 5　　　　采样精度校验

采样通道	I_{ha}(A)	I_{hb}(A)	I_{hc}(A)	U_{ha}(V)	U_{hb}(V)	U_{hc}(V)	U_{h0}(V)	I_{h0}(A)	I_{hj}(A)
$0.05I_n$、$0.6U_n$	A∠0°	A∠	A∠	V∠	V∠	V∠	V∠	A∠	A∠
采样 1									
采样 2									
I_n、U_n	A∠0°	A∠	A∠	V∠	V∠	V∠	V∠	A∠	A∠
采样 1									
采样 2									
$4I_n$、$1.2U_n$	A∠0°	A∠	A∠	V∠	V∠	V∠	V∠	A∠	A∠
采样 1									
采样 2									
采样通道	I_{la}(A)	I_{lB}(A)	I_{lc}(A)	U_{lA}(V)	U_{lB}(V)	U_{lc}(V)			
$0.05I_n$、$0.6U_n$	A∠0°	A∠	A∠	V∠	V∠	V∠			
采样 1									

续表

采样 2									
I_n、U_n	A∠0°	A∠	A∠	V∠	V∠	V∠			
采样 1									
采样 2									
$4I_n$、$1.2U_n$	A∠0°	A∠	A∠	V∠	V∠	V∠			
采样 1									
采样 2									

结论（　　）

检验人：

3　保护功能校验

3.1　主保护校验

3.1.1　变压器基本参数

变压器基本参数见表 6。

表 6　　变压器基本参数

参数		高压侧	低压侧
变压器接线方式			
变压器容量			
额定电压（kV）			
TA 变比			
计算值	变压器一次额定电流（A）		
	变压器二次额定电流（A）		
	平衡系数		

3.1.2　差动平衡调节系数检查

差动平衡调节系数检查见表 7。

表 7　　差动平衡调节系数检查

高压侧试验电流	低压侧试验电流	差流		
		D_{Ia}	D_{Ib}	D_{Ic}

结论（　　）

3.1.3　定值校验

按照定值单进行检验。根据保护装置液晶显示信息、面板信号指示状态、测试装置实测时间进行填写。

3.1.3.1　纵差差动速断保护定值校验

投主保护功能硬压板、主保护功能软压板、差动速断控制字，并验证功能正确性见表 8。

I_{zd}：（　　）。

表 8 差动速断保护定值校验

项目	通道	$0.95I_{zd}$	$1.05I_{zd}$
高压侧	I_a	□动作□不动作	□动作□不动作
	I_b	□动作□不动作	□动作□不动作
	I_c	□动作 □不动作	□动作□不动作
低压侧	I_a	□动作□不动作	□动作 □不动作
	I_b	□动作□不动作	□动作□不动作
	I_c	□动作□不动作	□动作□不动作

结论（ ）

3.1.3.2 纵差主保护定值校验

投主保护功能硬压板、主保护功能软压板及纵差差动控制字，并验证功能正确性见表 9。

I_{zd}：（ ）。

表 9 纵差保护定值校验

项目	通道	$0.95I_{zd}$	$1.05I_{zd}$
高压侧	I_a	□动作□不动作	□动作□不动作
	I_b	□动作□不动作	□动作□不动作
	I_c	□动作□不动作	□动作□不动作
低压侧	I_a	□动作□不动作	□动作□不动作
	I_b	□动作□不动作	□动作□不动作
	I_c	□动作□不动作	□动作□不动作

结论（ ）

3.1.4 TA 断线闭锁功能校验

模拟 TA 断线，投入“TA 断线闭锁纵差保护”控制字，且差流大于纵差保护动作值但小于 $1.2I_e$，纵差保护不动作；继续增大电流，使差流大于 $1.2I_e$，纵差保护应动作。

结论（ ）

3.2 后备保护校验

3.2.1 高压侧后备保护定值校验

3.2.1.1 电流保护定值校验

投高压侧后备保护硬压板、高压侧后备保护软压板、高压侧电压功能硬压板及相关控制字，并验证功能正确性见表 10（按保护定值校验使用段定值）。

表 10 高压侧后备保护电流定值校验

保护名称	定值名称	整定值	I_A		I_B		I_C	
			$0.95I_{zd}$	$1.05I_{zd}$	$0.95I_{zd}$	$1.05I_{zd}$	$0.95I_{zd}$	$1.05I_{zd}$
复压过流保护	复压过流Ⅰ段定值		□动作 □不动作	□动作 □不动作	□动作 □不动作	□动作 □不动作	□动作 □不动作	□动作 □不动作
	复压过流Ⅱ段定值		□动作 □不动作	□动作 □不动作	□动作 □不动作	□动作 □不动作	□动作 □不动作	□动作 □不动作
	复压过流Ⅲ段定值		□动作 □不动作	□动作 □不动作	□动作 □不动作	□动作 □不动作	□动作 □不动作	□动作 □不动作
过负荷	过负荷定值		□动作 □不动作	□动作 □不动作	□动作 □不动作	□动作 □不动作	□动作 □不动作	□动作 □不动作

结论（ ）

3.2.1.2　零序保护定值校验

投高压侧后备保护硬压板、高压侧后备保护软压板、高压侧电压功能硬压板及相关控制字，并验证功能正确性（按保护定值校验使用段定值）。

检查零序电压接入方式，采用自产方式电压接入装置的设定为120V，采用开口三角电压接入的设定为180V。

零序保护定值校验见表11。

表11　　高压侧后备保护零序定值校验

保护名称	定值名称	整定值	I_0/U_0	
			$0.95I_{zd}/U_{zd}$	$1.05I_{zd}/U_{zd}$
零序保护	零序过流Ⅰ段定值		□动作 □不动作	□动作 □不动作
	零序过流Ⅱ段定值		□动作 □不动作	□动作 □不动作
	零序过流Ⅲ段定值		□动作 □不动作	□动作 □不动作
	间隙过流定值		□动作 □不动作	□动作 □不动作
	零序电压定值		□动作 □不动作	□动作 □不动作

结论（　　）

3.2.1.3　复压过流闭锁功能校验

投高压侧后备保护硬压板、高压侧后备保护软压板、高压侧电压功能硬压板及相关控制字，并验证功能正确性，见表12（按保护定值校验使用段定值）。

表12　　高压侧后备保护复压过流闭锁功能校验

保护名称	通入电流（A）	低电压校验						负序电压校验	
		U_{AB}		U_{BC}		U_{CA}		U_2	
		$0.95U_{zd}$	$1.05U_{zd}$	$0.95U_{zd}$	$1.05U_{zd}$	$0.95U_{zd}$	$1.05U_{zd}$	$0.95U_{zd}$	$1.05U_{zd}$
复压过流保护	Ⅰ段：____	□动作 □不动作	□动作 □不动作	□动作 □不动作	□动作 □不动作	□动作 □不动作	□动作 □不动作	□动作 □不动作	□动作 □不动作
	Ⅱ段：____	□动作 □不动作	□动作 □不动作	□动作 □不动作	□动作 □不动作	□动作 □不动作	□动作 □不动作	□动作 □不动作	□动作 □不动作
	Ⅲ段：____	□动作 □不动作	□动作 □不动作	□动作 □不动作	□动作 □不动作	□动作 □不动作	□动作 □不动作	□动作 □不动作	□动作 □不动作

结论（　　）

3.2.2　低压侧后备保护定值校验

3.2.2.1　电流保护定值校验

投低压侧后备保护功能硬压板、低压侧后备保护功能软压板及相关控制字，并验证功能正确性，见表 13（按保护定值校验使用段定值）。

表 13　低压侧后备保护电流定值校验

保护名称	定值名称	整定值	I_A		I_B		I_C	
			$0.95I_{zd}$	$1.05I_{zd}$	$0.95I_{zd}$	$1.05I_{zd}$	$0.95I_{zd}$	$1.05I_{zd}$
复压过流保护	复压过流Ⅰ段定值		□动作 □不动作	□动作 □不动作	□动作 □不动作	□动作 □不动作	□动作 □不动作	□动作 □不动作
	复压过流Ⅱ段定值		□动作 □不动作	□动作 □不动作	□动作 □不动作	□动作 □不动作	□动作 □不动作	□动作 □不动作
过负荷	过负荷定值		□动作 □不动作	□动作 □不动作	□动作 □不动作	□动作 □不动作	□动作 □不动作	□动作 □不动作

结论（　　）

3.2.2.2　复压闭锁功能校验

投低压侧后备保护功能硬压板、低压侧后备保护功能软压板、低压侧电压功能硬压板及相关控制字，并验证功能正确性，见表 14（按保护定值校验使用段定值）。

表 14　低压侧后备保护复压过流闭锁功能校验

保护名称	通入电流（A）	低电压校验						负序电压校验	
		U_{AB}		U_{BC}		U_{CA}		U_2	
		$0.95U_{zd}$	$1.05U_{zd}$	$0.95U_{zd}$	$1.05U_{zd}$	$0.95U_{zd}$	$1.05U_{zd}$	$0.95U_{zd}$	$1.05U_{zd}$
复压过流保护	Ⅰ段：___	□动作 □不动作	□动作 □不动作	□动作 □不动作	□动作 □不动作	□动作 □不动作	□动作 □不动作	□动作 □不动作	□动作 □不动作
	Ⅱ段：___	□动作 □不动作	□动作 □不动作	□动作 □不动作	□动作 □不动作	□动作 □不动作	□动作 □不动作	□动作 □不动作	□动作 □不动作

结论（　　）

3.3　保护整组动作时间测试

保护整组动作时间测试见表 15（按保护定值校验使用段定值）。

表 15　保护整组动作时间测试

保护名称	故障类型	整定时间（ms）	显示时间（ms）	测量时间（ms）	装置动作信号
纵差保护	AN 故障				
差动速断	AB 故障				
高复压过流Ⅰ段 1 时限	AB 故障				
高复压过流Ⅰ段 2 时限	AB 故障				
高复压过流Ⅰ段 3 时限	AB 故障				
高复压过流Ⅱ段 1 时限	BC 故障				
高复压过流Ⅱ段 2 时限	BC 故障				
高复压过流Ⅱ段 3 时限	BC 故障				
高复压过流Ⅲ段 1 时限	CA 故障				

续表

保护名称	故障类型	整定时间（ms）	显示时间（ms）	测量时间（ms）	装置动作信号
高复压过流Ⅲ段2时限	CA故障				
高零序过流Ⅰ段1时限	AN故障				
高零序过流Ⅰ段2时限	AN故障				
高零序过流Ⅰ段3时限	AN故障				
高零序过流Ⅱ段1时限	BN故障				
高零序过流Ⅱ段2时限	BN故障				
高零序过流Ⅱ段3时限	BN故障				
高零序过流Ⅲ段1时限	CN故障				
高零序过流Ⅲ段2时限	CN故障				
高间隙过流	AN故障				
高零序过压	AN故障				
低复压过流Ⅰ段1时限	AN故障				
低复压过流Ⅰ段2时限	AN故障				
低复压过流Ⅰ段3时限	AN故障				
低复压过流Ⅱ段1时限	BN故障				
低复压过流Ⅱ段2时限	BN故障				
低复压过流Ⅱ段3时限	BN故障				
要求：保护整组动作时间按1.2倍整定定值测试					

结论（　　）

3.4　跳闸矩阵定值及跳闸出口输出检验

依据整定的跳闸矩阵控制字，检查对应的跳闸出口是否正确变位，见表16。

表16　　　　跳闸矩阵定值及跳闸出口输出检验

跳闸对象 保护名称	备用出口4	备用出口3	备用出口2	备用出口1	闭锁低2分支备投	闭锁低1分支备投	闭锁中压侧备投	跳低压2分段	跳低压2分支	跳低压1分段	跳低压1分支	跳中压侧母联	跳中压侧	跳高压侧母联	跳高压侧
主保护															
高复压过流Ⅰ段1时限															
高复压过流Ⅰ段2时限															
高复压过流Ⅰ段3时限															
高复压过流Ⅱ段1时限															
高复压过流Ⅱ段2时限															
高复压过流Ⅱ段3时限															
高复压过流Ⅲ段1时限															

续表

跳闸对象 / 保护名称	备用出口4	备用出口3	备用出口2	备用出口1	闭锁低2分支备投	闭锁低1分支备投	闭锁中压侧备投	跳低压2分段	跳低压2分支	跳低压1分段	跳低压1分支	跳中压侧母联	跳中压侧	跳高压侧母联	跳高压侧
高复压过流Ⅲ段2时限															
高零序过流Ⅰ段1时限															
高零序过流Ⅰ段2时限															
高零序过流Ⅰ段3时限															
高零序过流Ⅱ段1时限															
高零序过流Ⅱ段2时限															
高零序过流Ⅱ段3时限															
高零序过流Ⅲ段1时限															
高零序过流Ⅲ段2时限															
高间隙过流															
高零序过压															
高失灵联跳															
低复压过流Ⅰ段1时限															
低复压过流Ⅰ段2时限															
低复压过流Ⅰ段3时限															
低复压过流Ⅱ段1时限															
低复压过流Ⅱ段2时限															
低复压过流Ⅱ段3时限															

结论（　　）

3.5　自定义功能检验

根据保护装置自定义功能，对其功能投退、动作逻辑、定值进行校验，见表17。

表17　自定义功能检查

自定义功能名称	定值/控制字	装置动作信息	结果

结论（　　）

检验人：

4　非电量装置检验

4.1　开入量回路检验

开入量回路检验见表18。

表18　非电量开关量输入回路检验

序号	检验项目	接点动作情况
1	本体重瓦斯	□高压侧跳闸、□低压侧跳闸、□遥信、□面板信号灯
2	调压重瓦斯	□高压侧跳闸、□低压侧跳闸、□遥信、□面板信号灯
3	本体压力释放	□遥信、□面板信号灯
4	冷却器全停	□遥信、□面板信号灯
5	本体轻瓦斯	□遥信、□面板信号灯
6	调压轻瓦斯	□遥信、□面板信号灯
7	本体油位异常	□遥信、□面板信号灯
8	本体油面温度1	□遥信、□面板信号灯
9	本体油面温度2	□遥信、□面板信号灯
10	本体绕组温度1	□遥信、□面板信号灯
11	本体绕组温度2	□遥信、□面板信号灯
12	保护检修状态	□遥信
13	信号复归	□遥信

结论（　　）

4.2　开关量输出回路检验（见表19）

表19　非电量开关量输出回路检验

序号	检验项目	方法	接点动作情况
1	装置闭锁	关闭装置电源	□监控后台，□遥信
2	信号输出	模拟装置故障告警	□监控后台，□遥信
		模拟运行异常告警	□监控后台，□遥信
		模拟非电量保护动作	□监控后台，□遥信
3	跳闸出口	模拟重瓦斯动作	□高压侧跳闸，□低压侧跳闸

结论（　　）

检验人：

5 操作箱检验

5.1 操作箱基本信息

操作箱基本信息见表20。

表20 操作箱基本信息

分类	型号	生产厂家	出厂日期	跳/合闸电流	直流电压
高压侧操作箱					
低压侧操作箱					

5.2 公共回路

5.2.1 检查一组、二组操作（保护）直流是否混电。合上一组操作（保护）直流电源，断开二组操作（保护）直流电源，测量二组操作（保护）直流对地电压；合上二组操作（保护）直流电源，断开一组操作（保护）直流电源，测量一组操作（保护）直流对地电压。

结论（　　）

5.2.2 检查操作箱中出口继电器动作电压值在55%～70%额定电压下可靠动作。

结论（　　）

5.2.3 检查操作箱中逻辑回路的继电器，应满足80%额定电压下可靠动作。

结论（　　）

5.2.4 操作箱功能检验见表21。

表21 高压侧操作箱功能检验

序号	检验项目	方法	接点动作情况
1	接点输出	一组控制回路断线	□监控后台，□面板显示
		二组控制回路断线	□监控后台，□面板显示
		一组跳闸出口（A、B、C相）	□监控后台，□面板显示，□跳闸
		二组跳闸出口（A、B、C相）	□监控后台，□面板显示，□跳闸
		一组操作直流消失	□监控后台，□面板显示
		二组操作直流消失	□监控后台，□面板显示
2	继电器功能	三相跳闸	□监控后台，□面板显示，□一组跳闸，□二组跳闸
		手合动作	□合闸，□面板显示
		手跳动作	□一组跳闸，□二组跳闸，□面板显示
3	压力闭锁回路	禁止合闸（根据实际接线选做）	□禁止合闸
		禁止分闸（根据实际接线选做）	□禁止分闸
		SF_6气压低禁止操作（根据实际接线选做）	□禁止操作

结论（　　）

5.2.5 电压切换箱（或集成在操作箱内的电压切换插件）功能检验见表22。

表 22　　高压侧切换箱功能检验

试验方法	接点动作情况
切换继电器同时动作	□监控后台
TV 失压	□监控后台
电压切换功能	□Ⅰ母电压接点，□面板显示
	□Ⅱ母电压接点，□面板显示

结论（　　）

5.3　低压侧操作箱检验

5.3.1　检查操作箱中出口继电器动作电压值在 55%～70%额定电压下可靠动作。

结论（　　）

5.3.2　检查操作箱中逻辑回路的继电器，应满足 80%额定电压下可靠动作。

结论（　　）

5.3.3　操作箱功能检验见表 23。

表 23　　低压侧操作箱功能检验

序号	检验项目	方法	接点动作情况
1	接点输出	控制回路断线	□监控后台，□面板显示
		跳闸出口	□监控后台，□面板显示，□跳闸
		操作直流消失	□监控后台，□面板显示
		手合动作	□合闸，□面板显示
		手跳动作	□跳闸，□面板显示

结论（　　）

5.3.4　电压切换箱（或集成在操作箱内的电压切换插件）功能检验见表 24。

表 24　　低压侧切换箱功能检验

试验方法	接点动作情况
切换继电器同时动作	□监控后台
TV 失压	□监控后台
电压切换功能	□Ⅰ母电压接点，□面板显示
	□Ⅱ母电压接点，□面板显示

结论（　　）

检验人：

6　用实际断路器做传动试验

6.1　传动试验前准备

检查对应断路器无闭锁，具备传动条件。

6.2　分别模拟变压器本体重瓦斯、有载重瓦斯故障

a. 保护及变压器两侧开关实际动作应正确。（　　）

b. 后台监控信号表示正确。（　　）

6.3 模拟主保护动作

a. 保护变压器两侧开关实际动作应正确。（ ）

b. 后台监控信号表示正确。（ ）

c. 站端、各级调控端继电保护在线监视与分析模块表示信息正确。（ ）

d. 录波器表示信息正确。（ ）

6.4 模拟高压侧后备动作，手合故障检查开关防跳

a. 保护及变压器两侧开关实际动作应正确。（ ）

b. 后台监控信号表示正确。（ ）

c. 站端、各级调控端继电保护在线监视与分析模块表示信息正确。（ ）

d. 录波器表示信息正确。（ ）

e. 检查闭锁备自投功能正确。（ ）

6.5 模拟的低压侧后备动作，手合故障检查开关防跳

a. 保护及变压器低压侧开关实际动作应正确。（ ）

b. 验证保护跳低压侧母联开关回路正确。（ ）

c. 后台监控信号表示正确。（ ）

d. 站端、各级调控端继电保护在线监视与分析模块表示信息正确。（ ）

e. 录波器表示信息正确。（ ）

f. 检查闭锁备自投功能正确。（ ）

检验人：

7 装置投运准备工作

7.1 投入运行前的准备工作。

7.1.1 现场工作结束后，工作负责人检查试验记录有无漏试验项目，核对装置的整定值是否与定值单相符。打印定值单附后。（ ）

7.1.2 盖好所有装置及辅助设备的盖子，各装置插板扣紧。（ ）

7.1.3 二次回路接线恢复，拆除在检验时使用的试验设备、仪表及一切连接线，所有被拆除的或临时接入的连线应全部恢复正常，装置所有的信号应复归。（ ）

7.1.4 压板核对及安全措施恢复。（ ）

7.1.5 全部人员撤离前，清扫现场。（ ）

7.2 对运行人员交代事项。

7.2.1 填写及交代继电保护记录簿，将主要检验项目、试验结果及结论、定值通知单执行情况详细记录在内，向运行负责人员交代检验结果、设备变动情况或遗留问题，并写明该装置可以投入运行。（ ）

7.2.2 交代运行人员在将装置投入前，必须用高内阻电压表以一端对地测保护出口压板端子电压的方法，检查并证实被检验的继电保护装置及安全自动装置确实未给出跳闸或合闸脉冲，才允许将装置的跳合闸连接片投到投入位置。（ ）

7.2.3 对运维人员进行继电保护运行规程培训。（ ）

7.3 验收合格后，办理工作票终结手续。（ ）

7.4 定值通知单编号：（ ），执行时间：（ ）。

检验人：

8　带负荷测试

8.1　高压侧系统电压核相

高压侧系统电压核相见表25。

表25　　　　高压侧电压核相检验

测试数据		Ⅰ段电压				
		U_A	U_B	U_C	U_L	U_N
Ⅱ段电压	U_A				—	
	U_B				—	
	U_C				—	
	U_L	—	—	—		
	U_N					

结论（　　）

8.2　低压侧系统电压核相

低压侧系统电压核相见表26。

表26　　　　低压侧电压核相检验

测试数据		Ⅰ段电压				
		U_A	U_B	U_C	U_L	U_N
Ⅱ段电压	U_A				—	
	U_B				—	
	U_C				—	
	U_L	—	—	—		
	U_N					

结论（　　）

8.3　交流回路幅值相位测试

以高压侧U_{AN}电压为基准。测得数值见表27。

表27　　　　交流回路幅值及相位测试

名称	相别	测试值（幅值、角度）	装置显示值（幅值、角度）	相量图
高压侧电流	A	∠	∠	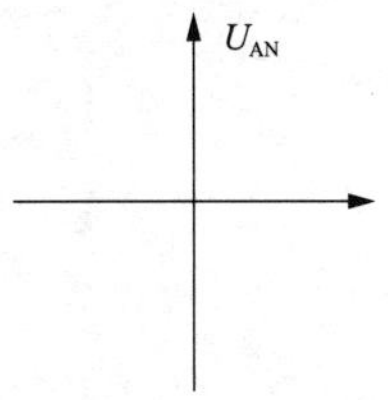
	B	∠	∠	
	C	∠	∠	
	N	∠	∠	
低压侧电流	A	∠	∠	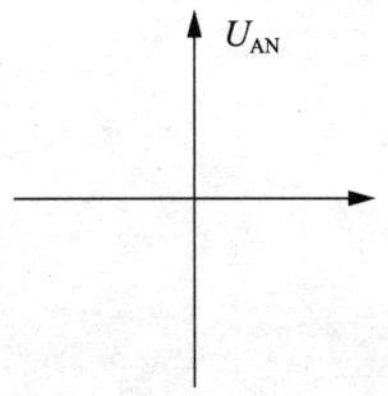
	B	∠	∠	
	C	∠	∠	
	N	∠	∠	
直接零序电流		∠	∠	
间接零序电流		∠	∠	

结论（　　）

8.4 装置负荷及差流检查

高压侧有功：（ ）；高压侧无功：（ ）；高压侧负荷电流：（ ）；

低压侧有功：（ ）；低压侧无功：（ ）；低压侧负荷电流：（ ）；

A相差动电流：（ ）；B相差动电流：（ ）；C相差动电流：（ ）；

A相制动电流：（ ）；B相制动电流：（ ）；C相制动电流：（ ）。

8.5 使用钳形电流表测量保护二次电缆屏蔽层的电流，以检查该保护装置及拼柜与二次等电位接地网连接状况，当测量不到电流时，应检查屏蔽层是否接地良好接地。测试结果为（ ）。

检验人：

9 现场遗留问题

工作负责人：

12. 常规变电站220kV两绕组变压器保护C类检验标准化作业指导书

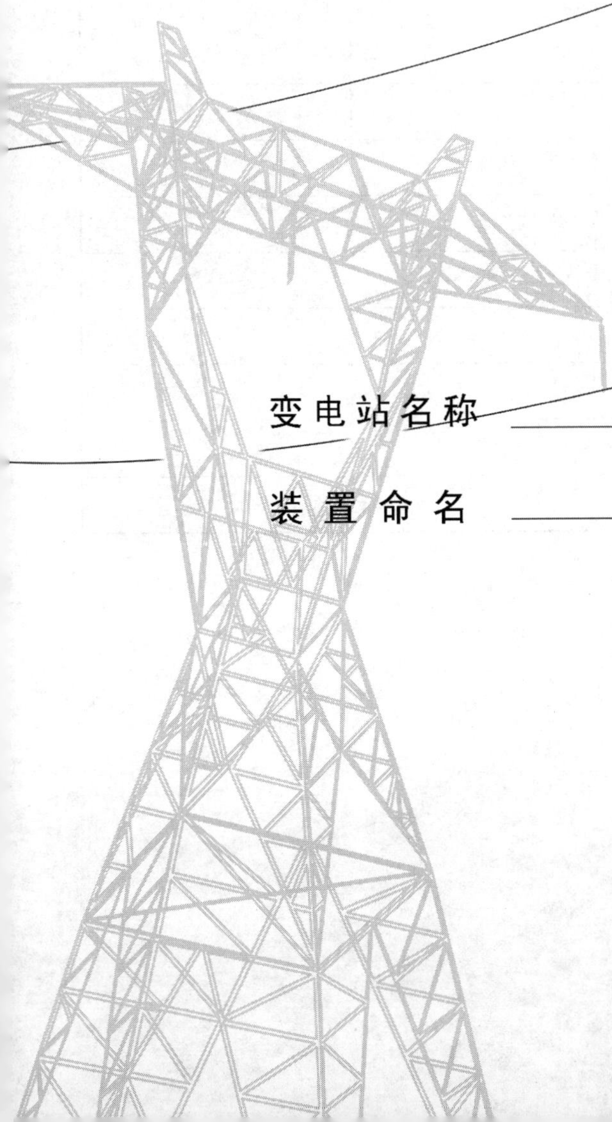

变电站名称 ____________________

装 置 命 名 ____________________

设备变更记录

变更内容		变更日期	执行人
装置变更	1		
	2		
程序升级	1		
	2		
	3		
	4		
回路变更	1		
	2		
	3		
	4		
	5		
TA 变比	1		
	2		
	3		
其他	1		
	2		
	3		

________型变压器

保护检验报告

出厂日期		投运日期	
工作负责人			
检验人员			
检验性质	C类检验		
开始时间	年　月　日　时　分		
结束时间	年　月　日　时　分		
检验结论			
审核人签字		审核日期	

目　次

1　通用部分

1.1　详见《常规变电站继电保护标准化作业指导书（C类检验通用部分）》。

1.2　适用于220kV两圈变，采用高压1侧和低压1分支绕组结构。报告中试验项目针对变压器电气量保护，非电量保护检验。

2　微机保护单机检验

2.1　装置基本信息

装置基本信息检查见表1。

表1　　装置基本信息检查

CPU号	软件版本号	CRC校验码	软件版本生成时间	与标准是否一致

结论（　　）

2.2　零漂及采样校验

2.2.1　零漂检验

零漂检验要求：$I<0.01I_n$，$U<0.1V$，见表2。

表2　　零漂检验

采样通道	I_{ha}(A)	I_{hb}(A)	I_{hc}(A)	U_{ha}(V)	U_{hb}(V)	U_{hc}(V)	U_{h0}(V)	I_{h0}(A)	I_{hj}(A)
采样1									
采样2									
采样通道	I_{la}(A)	I_{lb}(A)	I_{lc}(A)	U_{la}(V)	U_{lb}(V)	U_{lc}(V)			
采样1									
采样2									

结论（　　）

2.2.2　采样幅值及相位精度校验

在保护屏端子上分别加入额定电压、电流量，查看液晶屏上显示值，幅值误差应小于±5%见表3。

表3　　采样精度校检

采样通道	I_{ha}(A)	I_{hb}(A)	I_{hc}(A)	U_{ha}(V)	U_{hb}(V)	U_{hc}(V)	U_{h0}(V)	I_{h0}(A)	I_{hj}(A)
I_n、U_n	A∠0°	A∠	A∠	V∠	V∠	V∠	V∠	A∠	A∠
采样1									
采样2									
采样通道	I_{la}(A)	I_{lb}(A)	I_{lc}(A)	U_{la}(V)	U_{lb}(V)	U_{lc}(V)			
I_n、U_n	A∠0°	A∠	A∠	V∠	V∠	V∠			
采样1									
采样2									

结论（　　）

检验人：

3 用实际断路器做传动试验

结合整组试验对已投入使用的开入量进行检查。(要求开关传动试验打印报告附后)

3.1 传动试验前准备

检查对应断路器无闭锁，具备传动条件。

3.2 模拟变压器本体重瓦斯、有载重瓦斯故障

a. 保护及变压器两侧开关实际动作应正确。(　　)

b. 后台监控信号表示正确。(　　)

3.3 模拟主保护动作

a. 保护及变压器两侧开关实际动作应正确。(　　)

b. 后台监控信号表示正确。(　　)

c. 站端、各级调控端继电保护在线监视与分析模块表示信息正确。(　　)

d. 录波器表示信息正确。(　　)

3.4 模拟高压侧后备动作，手合故障检查开关防跳

a. 保护及变压器两侧开关实际动作应正确。(　　)

b. 后台监控信号表示正确。(　　)

c. 站端、各级调控端继电保护在线监视与分析模块表示信息正确。(　　)

d. 录波器表示信息正确。(　　)

e. 检查闭锁备自投功能正确。(　　)

3.5 模拟低压侧后备动作，手合故障检查开关防跳：

a. 保护及变压器低压侧开关实际动作应正确。(　　)

b. 验证保护跳低压侧母联开关回路正确。(　　)

c. 后台监控信号表示正确。(　　)

d. 站端、各级调控端继电保护在线监视与分析模块表示信息正确。(　　)

e. 录波器表示信息正确。(　　)

f. 检查闭锁备自投功能正确。(　　)

检验人：

4 装置投运准备工作

4.1 投入运行前的准备工作。

4.1.1 现场工作结束后，工作负责人检查试验记录有无漏试验项目，核对装置的整定值是否与定值单相符。打印定值单附后。(　　)

4.1.2 盖好所有装置及辅助设备的盖子，各装置插板扣紧。(　　)

4.1.3 二次回路接线恢复，拆除在检验时使用的试验设备、仪表及一切连接线，所有被拆除的或临时接入的连线应全部恢复正常，装置所有的信号应复归。(　　)

4.1.4 压板核对及安全措施恢复。(　　)

4.1.5 全部人员撤离前，清扫现场。(　　)

4.2 对运行人员交代事项

4.2.1 填写及交代继电保护记录簿，将主要检验项目、试验结果及结论、定值通知单

执行情况详细记录在内，向运行负责人员交代检验结果、设备变动情况或遗留问题，并写明该装置可以投入运行。（　　）

4.2.2　交代运行人员在将装置投入前，必须用高内阻电压表以一端对地测保护出口压板端子电压的方法，检查并证实被检验的继电保护装置及安全自动装置确实未给出跳闸或合闸脉冲，才允许将装置的跳合闸连接片投到投入位置。（　　）

4.2.3　对运维人员进行继电保护运行规程培训。（　　）

4.3　验收合格后，办理工作票终结手续。（　　）

4.4　定值通知单编号：（　　），执行时间：（　　）。

检验人：

5　现场遗留问题

工作负责人：

13. 常规变电站220kV三绕组变压器保护新安装验收标准化作业指导书

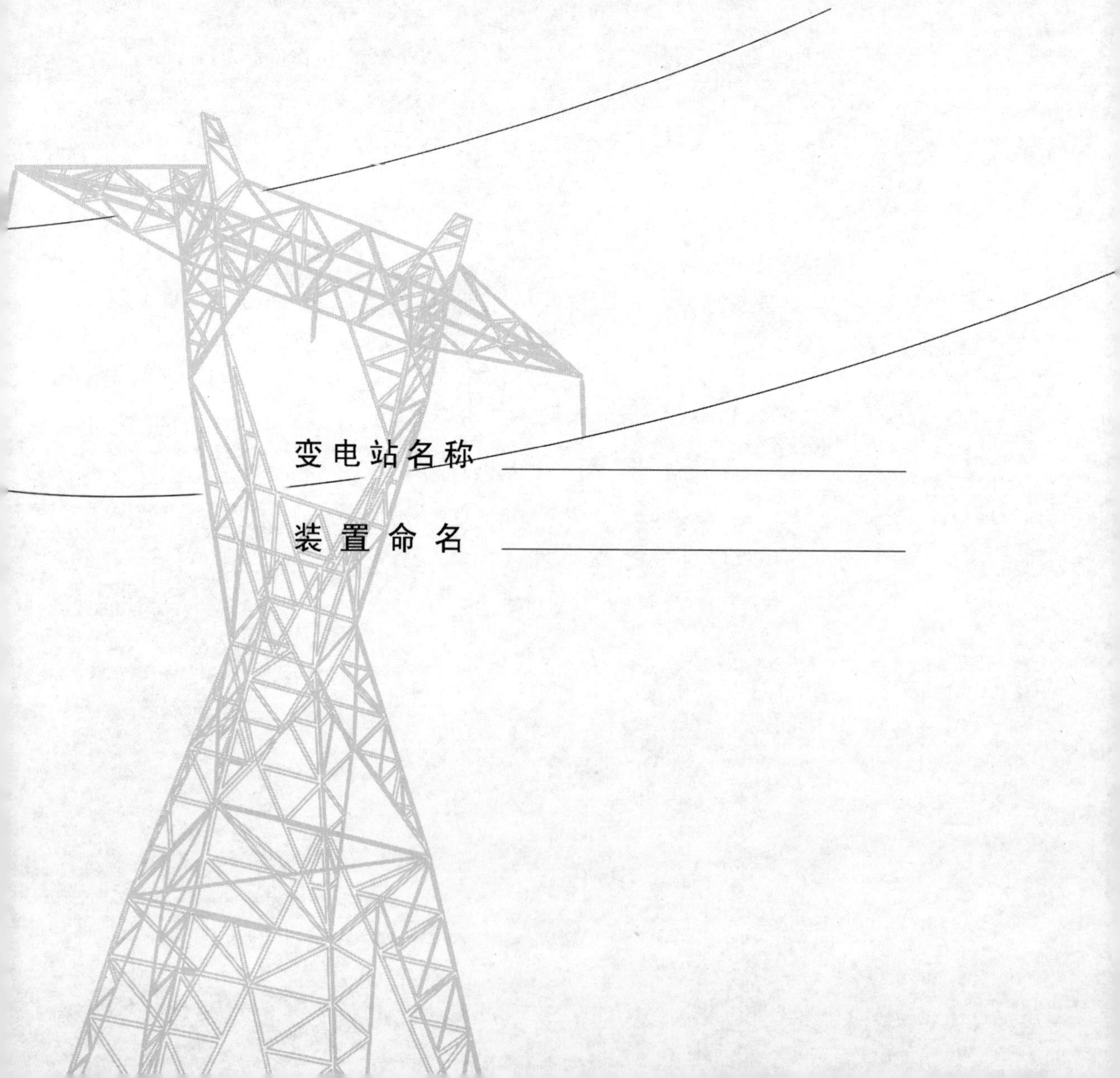

变电站名称 ______________________

装 置 命 名 ______________________

设备变更记录

变更内容			变更日期	执行人
装置变更	1			
	2			
程序升级	1			
	2			
	3			
	4			
回路变更	1			
	2			
	3			
	4			
	5			
TA 变比	1			
	2			
	3			
其他	1			
	2			
	3			

________型变压器

保护检验报告

出厂日期		投运日期	
工作负责人			
检验人员			
检验性质	新安装验收检验		
开始时间	年　月　日　时　分		
结束时间	年　月　日　时　分		
检验结论			
审核人签字		审核日期	

目　次

1 通用部分

1.1 详见《常规变电站继电保护标准化作业指导书（验收检验通用部分）》。

1.2 适用于220kV三绕组变压器，采用高压侧、中压侧、低压1分支、低压2分支绕组结构。报告中试验项目针对变压器电气量保护、非电量保护检验。

2 微机保护单机检验

2.1 装置基本信息

装置基本信息检查见表1。

表1 装置基本信息检查

CPU号	软件版本号	CRC校验码	软件版本生成时间	与标准是否一致

结论（ ）

2.2 开关量输出回路检验

开关量输出回路检验见表2。

表2 开关量输出回路检验

序号	检验项目	方法	接点动作情况
1	装置闭锁	关闭装置电源	□液晶显示，□监控后台
2	信号输出	模拟装置故障告警	□液晶显示，□监控后台
		模拟运行异常告警	□液晶显示，□监控后台
		模拟过负荷告警	□液晶显示，□监控后台
		模拟保护动作告警	□液晶显示，□监控后台
3	跳闸出口	模拟主保护动作	□高压侧跳闸，□中压侧跳闸，□低压1分支跳闸，□低压2分支跳闸，□失灵启动，□解除失灵电压闭锁，□录波，□遥信，□备用
		模拟高压侧复压过流保护动作	□高压侧跳闸，□中压侧跳闸，□低压1分支跳闸，□低压2分支跳闸，□失灵启动，□解除失灵电压闭锁，□高压侧母联跳闸，□中压侧母联跳闸，□闭锁中压侧备自投，□录波，□遥信
		模拟中压侧复压过流保护动作	□高压侧跳闸，□中压侧跳闸，□低压1分支跳闸，□低压2分支跳闸，□失灵启动，□解除失灵电压闭锁，□高压侧母联跳闸，□中压侧母联跳闸，□闭锁中压侧备自投，□录波，□遥信
		模拟低压分支1复压过流保护动作	□高压侧跳闸，□中压侧跳闸，□低压1分支跳闸，□低压2分支跳闸，□失灵启动，□解除失灵电压闭锁，□低压1分段跳闸，□闭锁低压侧1分支备自投，□录波，□遥信
		模拟低压分支2复压过流保护动作	□高压侧跳闸，□中压侧跳闸，□低压1分支跳闸，□低压2分支跳闸，□失灵启动，□解除失灵电压闭锁，□低压2分段跳闸，□闭锁低压侧2分支备自投，□录波，□遥信
		模拟高压侧零序保护动作	□高压侧跳闸，□中压侧跳闸，□低压1分支跳闸，□低压2分支跳闸，□失灵启动，□解除失灵电压闭锁，□高压侧母联跳闸，□中压侧母联跳闸，□闭锁中压侧备自投，□录波，□遥信
		模拟中压侧零序保护动作	□高压侧跳闸，□中压侧跳闸，□低压1分支跳闸，□低压2分支跳闸，□失灵启动，□解除失灵电压闭锁，□高压侧母联跳闸，□中压侧母联跳闸，□闭锁中压侧备自投，□录波，□遥信

结论（ ）

2.3　开关量输入回路检验

开关量输入回路检验见表3。

表3　　开关量输入回路检验

检验方法	开关量输入量变化	结果
投入“主保护”压板	“主保护”由0变1	
投入“高压侧后备保护”压板	“高压侧后备保护”由0变1	
投入“中压侧后备保护”压板	“中压侧后备保护”由0变1	
投入“低压分支1后备保护”压板	“低压分支1后备保护”由0变1	
投入“低压分支2后备保护”压板	“低压分支2后备保护”由0变1	
投入“高压侧电压”压板	“高压侧电压”由0变1	
投入“中压侧电压”压板	“中压侧电压”由0变1	
投入“低压分支1电压”压板	“低压分支1电压”由0变1	
投入“低压分支2电压”压板	“低压分支2电压”由0变1	
开入“高压侧失灵联跳”	“高压侧失灵联跳”由0变1	
投入“远方操作”压板	“远方操作”由0变1	
投入“保护检修状态”压板	“保护检修状态”由0变1	
开入“信号复归”	“信号复归”由0变1	

结论（　　）

2.4　零漂及采样校验

2.4.1　零漂检验

要求：$I<0.01I_n$，$U<0.1$V，见表4。

表4　　零漂检验

采样通道	I_{ha}(A)	I_{hb}(A)	I_{hc}(A)	U_{ha}(V)	U_{hb}(V)	U_{hc}(V)	U_{h0}(V)	U_{h0}(A)	U_{hj}(A)
采样1									
采样2									
采样通道	I_{ma}(A)	I_{mb}(A)	I_{mc}(A)	U_{ma}(V)	U_{mb}(V)	U_{mc}(V)	U_{m0}(V)	I_{m0}(A)	
采样1									
采样2									
采样通道	I_{l1a}(A)	I_{l1b}(A)	I_{l1c}(A)	U_{l1a}(V)	U_{l1b}(V)	U_{l1c}(V)			
采样1									
采样2									
采样通道	I_{l2a}(A)	I_{l2b}(A)	I_{l2c}(A)	U_{l2a}(V)	U_{l2b}(V)	U_{l2c}(V)			
采样1									
采样2									

结论（　　）

2.4.2　采样精度校验

保护屏端子上分别通入不同的电压、电流量，查看液晶屏显示值，幅值误差应小于±5%，相角误差小于3°见表5。

表 5　　采样精度校验

采样通道	I_{ha}(A)	I_{hb}(A)	I_{hc}(A)	U_{ha}(V)	U_{hb}(V)	U_{hc}(V)	U_{h0}(V)	I_{h0}(A)	I_{hj}(A)
$0.05I_n$、$0.6U_n$	A∠0°	A∠	A∠	V∠	V∠	V∠	V∠	A∠	A∠
采样 1									
采样 2									
I_n、U_n	A∠0°	A∠	A∠	V∠	V∠	V∠	V∠	A∠	A∠
采样 1									
采样 2									
$4I_n$、$1.2U_n$	A∠0°	A∠	A∠	V∠	V∠	V∠	V∠	A∠	A∠
采样 1									
采样 2									
采样通道	I_{ma}(A)	I_{mb}(A)	I_{mc}(A)	U_{ma}(V)	U_{mb}(V)	U_{mc}(V)	U_{m0}(V)	I_{m0}(A)	
$0.05I_n$、$0.6U_n$	A∠0°	A∠	A∠	V∠	V∠	V∠	V∠	A∠	
采样 1									
采样 2									
I_n、U_n	A∠0°	A∠	A∠	V∠	V∠	V∠	V∠	A∠	
采样 1									
采样 2									
$4I_n$、$1.2U_n$	A∠0°	A∠	A∠	V∠	V∠	V∠	V∠	A∠	
采样 1									
采样 2									
采样通道	I_{l1a}(A)	I_{l1b}(A)	I_{l1c}(A)	U_{l1a}(V)	U_{l1b}(V)	U_{l1c}(V)			
$0.05I_n$、$0.6U_n$	A∠0°	A∠	A∠	V∠	V∠	V∠			
采样 1									
采样 2									
I_n、U_n	A∠0°	A∠	A∠	V∠	V∠	V∠			
采样 1									
采样 2									
$4I_n$、$1.2U_n$	A∠0°	A∠	A∠	V∠	V∠	V∠			
采样 1									
采样 2									
采样通道	I_{l2a}(A)	I_{l2b}(A)	I_{l2c}(A)	U_{l2a}(V)	U_{l2b}(V)	U_{l2c}(V)			
$0.05I_n$、$0.6U_n$	A∠0°	A∠	A∠	V∠	V∠	V∠			
采样 1									
采样 2									
I_n、U_n	A∠0°	A∠	A∠	V∠	V∠	V∠			
采样 1									
采样 2									
$4I_n$、$1.2U_n$	A∠0°	A∠	A∠	V∠	V∠	V∠			
采样 1									
采样 2									

结论（　　）

检验人：

3　保护功能校验

3.1　主保护校验

3.1.1　变压器基本参数

变压器基本参数见表6。

表6　变压器基本参数

参数		高压侧	中压侧	低压1分支	低压2分支
变压器接线方式					
变压器容量					
额定电压（kV）					
TA变比					
计算值	变压器一次额定电流（A）				
	变压器二次额定电流（A）				
	平衡系数				

3.1.2　差动平衡调节系数检查

3.1.2.1　高、中压侧差动平衡调节系数检查见表7。

表7　差动平衡调节系数检查

高压侧试验电流	中压侧试验电流	差流		
		D_{Ia}	D_{Ib}	D_{Ic}

结论（　　）

3.1.2.2　高、低压分支1侧差动平衡调节系数检查见表8。

表8　差动平衡调节系数检查

高压侧试验电流	低压分支1试验电流	差流		
		D_{Ia}	D_{Ib}	D_{Ic}

结论（　　）

3.1.2.3　高、低压分支2侧差动平衡调节系数检查见表9。

表9　差动平衡调节系数检查

高压侧试验电流	低压分支2试验电流	差流		
		D_{Ia}	D_{Ib}	D_{Ic}

结论（　　）

3.1.3　二次谐波制动系数试验

二次谐波制动系数试验见表10。

表 10　　二次谐波制动系数试验

试验条件			整定值	0.95 倍制动系数	1.05 倍制动系数
高压侧	单相通入基波电流分量使主保护动作	A 相通二次谐波电流		□动作□不动作	□动作□不动作
		B 相通二次谐波电流		□动作□不动作	□动作□不动作
		C 相通二次谐波电流		□动作□不动作	□动作□不动作

结论（　　）

3.1.4　比率制动特性试验

装置比率制动系数：

3.1.4.1　高中压侧比率制动特性试验

a. 试验方法一。用微机继电保护测试仪的比率制动曲线边界搜索功能绘制出主保护动作特性曲线，与厂家提供的比率制动曲线比对并将动作特性曲线打印附后。

b. 试验方法二见表 11。

表 11　　比率制动特性试验

序号	高压侧电流			中压侧电流		制动电流标幺值	动作电流标幺值	制动系数 K
	标幺值	有名值（A）		标幺值	有名值（A）			
		计算	实测					
1								
2								
3								
4								
5								
6								
要求	制动曲线的每一折线取两个点，画出制动特性曲线，和厂家提供的制动特性曲线基本相吻合，实测值与装置内部设定值误差不应超过 5%。采用固定低压侧电流，调整高压侧电流进行计算测试							

结论（　　）

3.1.4.2　高低压侧比率制动特性试验

a. 试验方法一。用微机继电保护测试仪的比率制动曲线边界搜索功能绘制出主保护动作特性曲线，与厂家提供的比率制动曲线比对并将动作特性曲线打印附后。

b. 试验方法二见表 12。

表 12　　比率制动特性试验

序号	高压侧电流			低压侧电流		制动电流标幺值	动作电流标幺值	制动系数 K
	标幺值	有名值（A）		标幺值	有名值（A）			
		计算	实测					
1								
2								
3								
4								
5								
6								
要求	制动曲线的每一折线取两个点，画出制动特性曲线，和厂家提供的制动特性曲线基本相吻合，实测值与装置内部设定值误差不应超过 5%。采用固定低压侧电流，调整高压侧电流进行计算测试							

结论（　　）

3.1.5　定值校验

按照定值单进行检验。根据保护装置液晶显示信息、面板信号指示状态、测试装置实测时间进行填写。

3.1.5.1　差动速断保护定值校验

投主保护功能硬压板、主保护功能软压板、差动速断控制字，并验证功能正确性见表13。

I_{sd}：（　　）。

表13　　**差动速断保护定值校验**

项目	交流输入	$0.95I_{zd}$	$1.05I_{zd}$
高压侧	I_a	□动作□不动作	□动作□不动作
	I_b	□动作□不动作	□动作□不动作
	I_c	□动作□不动作	□动作□不动作
中压侧	I_a	□动作□不动作	□动作□不动作
	I_b	□动作□不动作	□动作□不动作
	I_c	□动作□不动作	□动作□不动作
低压1分支	I_a	□动作□不动作	□动作□不动作
	I_b	□动作□不动作	□动作□不动作
	I_c	□动作□不动作	□动作□不动作
低压2分支	I_a	□动作□不动作	□动作□不动作
	I_b	□动作□不动作	□动作□不动作
	I_c	□动作□不动作	□动作□不动作

3.1.5.2　纵差主保护定值校验

投主保护功能硬压板、主保护功能软压板及纵差保护控制字，并验证功能正确性见表14。

I_{zd}：（　　）。

表14　　**纵差保护定值校验**

项目	交流输入	$0.95I_{zd}$	$1.05I_{zd}$
高压侧	I_a	□动作□不动作	□动作□不动作
	I_b	□动作□不动作	□动作□不动作
	I_c	□动作□不动作	□动作□不动作
中压侧	I_a	□动作□不动作	□动作□不动作
	I_b	□动作□不动作	□动作□不动作
	I_c	□动作□不动作	□动作□不动作
低压1分支	I_a	□动作□不动作	□动作□不动作
	I_b	□动作□不动作	□动作□不动作
	I_c	□动作□不动作	□动作□不动作
低压2分支	I_a	□动作□不动作	□动作□不动作
	I_b	□动作□不动作	□动作□不动作
	I_c	□动作□不动作	□动作□不动作

结论（　　）

3.1.6　TA断线闭锁功能校验

模拟TA断线，投入“TA断线闭锁纵差保护”控制字，当差流大于纵差保护动作值但

小于 $1.2I_e$，纵差保护不动作；继续增大电流，使差流大于 $1.2I_e$，纵差保护应动作。

结论（　　）

3.2 后备保护校验

3.2.1 高压侧后备保护定值校验

3.2.1.1 电流保护定值校验

投高压侧后备保护硬压板、高压侧后备保护软压板、高压侧电压功能硬压板及对应时限控制字、退出复压过流Ⅰ段带方向、复压过流Ⅱ段带方向、复压过流Ⅰ段经复压闭锁、复压过流Ⅱ段经复压闭锁、复压过流Ⅲ段经复压闭锁控制字见表15。

表 15　高压侧后备保护电流定值校验

保护名称	定值名称	整定值	I_A		I_B		I_C	
			$0.95I_{zd}$	$1.05I_{zd}$	$0.95I_{zd}$	$1.05I_{zd}$	$0.95I_{zd}$	$1.05I_{zd}$
复压过流保护	复压过流Ⅰ段定值		□动作 □不动作	□动作 □不动作	□动作 □不动作	□动作 □不动作	□动作 □不动作	□动作 □不动作
	复压过流Ⅱ段定值		□动作 □不动作	□动作 □不动作	□动作 □不动作	□动作 □不动作	□动作 □不动作	□动作 □不动作
	复压过流Ⅲ段定值		□动作 □不动作	□动作 □不动作	□动作 □不动作	□动作 □不动作	□动作 □不动作	□动作 □不动作
过负荷	过负荷定值		□动作 □不动作	□动作 □不动作	□动作 □不动作	□动作 □不动作	□动作 □不动作	□动作 □不动作

结论（　　）

3.2.1.2 零序保护定值校验

投高压侧后备保护硬压板、高压侧后备保护软压板、高压侧电压功能硬压板及对应时限控制字，退出零序Ⅰ段带方向、零序Ⅱ段带方向控制字。

检查零序电压接入方式，采用自产方式电压接入装置的设定为120V，采用开口三角电压接入的设定为180V。

零序保护定值校验见表16。

表 16　高压侧后备保护零序定值校验

保护名称	定值名称	整定值	I_0/U_0	
			$0.95I_{zd}/U_{zd}$	$1.05I_{zd}/U_{zd}$
零序保护	零序过流Ⅰ段定值		□动作 □不动作	□动作 □不动作
	零序过流Ⅱ段定值		□动作 □不动作	□动作 □不动作
	零序过流Ⅲ段定值		□动作 □不动作	□动作 □不动作
间隙保护	间隙过流定值		□动作 □不动作	□动作 □不动作
	零序电压定值		□动作 □不动作	□动作 □不动作

结论（　　）

3.2.1.3 复压过流闭锁功能校验

投高压侧后备保护功能硬压板、高压侧后备保护功能软压板、高压侧电压功能硬压板及对应时限控制字复压过流Ⅰ段经复压闭锁、复压过流Ⅱ段经复压闭锁、复压过流Ⅲ段经复压闭锁及对应时限控制字，退出复压过流Ⅰ段带方向、复压过流Ⅱ段带方向控制字。试验时分别通入电流应大于各段整定值见表17。

低电压闭锁定值：（ ）、负序电压闭锁定值：（ ）。

表17 高压侧后备保护复压过流闭锁功能校验

保护名称	通入电流（A）	低电压校验						负序电压校验	
		U_{AB}		U_{BC}		U_{CA}		U_2	
		$0.95U_{zd}$	$1.05U_{zd}$	$0.95U_{zd}$	$1.05U_{zd}$	$0.95U_{zd}$	$1.05U_{zd}$	$0.95U_{zd}$	$1.05U_{zd}$
复压过流保护	Ⅰ段：____	□动作 □不动作	□动作 □不动作	□动作 □不动作	□动作 □不动作	□动作 □不动作	□动作 □不动作	□动作 □不动作	□动作 □不动作
	Ⅱ段：____	□动作 □不动作	□动作 □不动作	□动作 □不动作	□动作 □不动作	□动作 □不动作	□动作 □不动作	□动作 □不动作	□动作 □不动作
	Ⅲ段：____	□动作 □不动作	□动作 □不动作	□动作 □不动作	□动作 □不动作	□动作 □不动作	□动作 □不动作	□动作 □不动作	□动作 □不动作

结论（ ）

3.2.1.4 复压过流方向功能校验

投高压侧后备保护功能硬压板、高压侧后备保护功能软压板、高压侧电压功能硬压板、复压过流Ⅰ段经复压闭锁、复压过流Ⅱ段经复压闭锁、复压过流Ⅲ段经复压闭锁、复压过流Ⅰ段带方向、复压过流Ⅱ段带方向及对应时限控制字见表18。

表18 高压侧后备复压过流保护方向功能校验

功能测试	外加电流、电压，方向指向母线		外加电流、电压，方向指向变压器	
	方向指向母线控制字	方向指向变压器控制字	方向指向母线控制字	方向指向变压器控制字
复压Ⅰ段方向	□动作 □不动作	□动作 □不动作	□动作 □不动作	□动作 □不动作
复压Ⅱ段方向	□动作 □不动作	□动作 □不动作	□动作 □不动作	□动作 □不动作

结论（ ）

3.2.1.5 零序方向功能校验

投高压侧后备保护功能硬压板、高压侧后备保护功能软压板、高压侧电压功能硬压板、零序Ⅰ段带方向、零序Ⅱ段带方向、及对应时限控制字见表19。

表19 高压侧后备零序保护方向功能校验

功能测试	外加零序电流、电压，方向指向母线		外加零序电流、电压，方向指向变压器	
	方向指向母线控制字	方向指向变压器控制字	方向指向母线控制字	方向指向变压器控制字
零序Ⅰ段方向	□动作 □不动作	□动作 □不动作	□动作 □不动作	□动作 □不动作
零序Ⅱ段方向	□动作 □不动作	□动作 □不动作	□动作 □不动作	□动作 □不动作

结论（ ）

3.2.1.6 高压侧电压使用逻辑检查

高压侧复压元件由各侧电压经或门构成。本侧TV断线或电压退出时退出方向元件，受其他侧复压元件控制。当各侧均TV断线或电压退出时，本侧转为纯过流。 结论（ ）

3.2.1.7 高压侧失灵联跳

模拟外部失灵连跳开入，同时在高压侧加入大于装置内部设定值，失灵连跳保护经50ms延时后跳变压器各侧断路器。失灵连跳开入超过装置内部设定时间，装置报“失灵连跳开入报警”，并闭锁失灵连跳保护功能。 结论（ ）

3.2.2 中压侧后备保护定值校验

3.2.2.1 电流保护定值校验

投中压侧后备保护硬压板、中压侧后备保护软压板、中压侧电压功能硬压板及对应时限控制字、退出复压过流Ⅰ段带方向、复压过流Ⅱ段带方向、复压过流Ⅰ段经复压闭锁、复压过流Ⅱ段经复压闭锁、复压过流Ⅲ段经复压闭锁控制字见表20。

表20 中压侧后备保护电流定值校验

保护名称	定值名称	整定值	I_A		I_B		I_C	
			$0.95I_{zd}$	$1.05I_{zd}$	$0.95I_{zd}$	$1.05I_{zd}$	$0.95I_{zd}$	$1.05I_{zd}$
复压过流保护	复压过流Ⅰ段定值		□动作 □不动作	□动作 □不动作	□动作 □不动作	□动作 □不动作	□动作 □不动作	□动作 □不动作
	复压过流Ⅱ段定值		□动作 □不动作	□动作 □不动作	□动作 □不动作	□动作 □不动作	□动作 □不动作	□动作 □不动作
	复压过流Ⅲ段定值		□动作 □不动作	□动作 □不动作	□动作 □不动作	□动作 □不动作	□动作 □不动作	□动作 □不动作
过负荷	过负荷定值		□动作 □不动作	□动作 □不动作	□动作 □不动作	□动作 □不动作	□动作 □不动作	□动作 □不动作

结论（ ）

3.2.2.2 零序保护定值校验

投中压侧后备保护硬压板、中压侧后备保护软压板、中压侧电压功能硬压板及对应时限控制字，退出零序Ⅰ段带方向、零序Ⅱ段带方向控制字。

检查零序电压接入方式，采用自产方式电压接入装置的设定为120V，采用开口三角电压接入的设定为180V。

零序保护定值校验见表21。

表21 中压侧后备保护零序定值校验

保护名称	定值名称	整定值	I_0/U_0	
			$0.95I_{zd}/U_{zd}$	$1.05I_{zd}/U_{zd}$
零序保护	零序过流Ⅰ段定值		□动作 □不动作	□动作 □不动作
	零序过流Ⅱ段定值		□动作 □不动作	□动作 □不动作
	零序过流Ⅲ段定值		□动作 □不动作	□动作 □不动作

结论（ ）

3.2.2.3　复压过流闭锁功能校验

投中压侧后备保护功能硬压板、中压侧后备保护功能软压板、中压侧电压功能硬压板及对应时限控制字复压过流Ⅰ段经复压闭锁、复压过流Ⅱ段经复压闭锁、复压过流Ⅲ段经复压闭锁及对应时限控制字，退出复压过流Ⅰ段带方向、复压过流Ⅱ段带方向控制字。试验时分别通入电流应大于各段整定值见表22。

低电压闭锁定值：（　　）、负序电压闭锁定值：（　　）。

表22　　中压侧后备保护复压过流闭锁功能校验

保护名称	通入电流（A）	低电压校验						负序电压校验	
		U_{AB}		U_{BC}		U_{CA}		U_2	
		$0.95U_{zd}$	$1.05U_{zd}$	$0.95U_{zd}$	$1.05U_{zd}$	$0.95U_{zd}$	$1.05U_{zd}$	$0.95U_{zd}$	$1.05U_{zd}$
复压过流保护	Ⅰ段：____	□动作 □不动作	□动作 □不动作	□动作 □不动作	□动作 □不动作	□动作 □不动作	□动作 □不动作	□动作 □不动作	□动作 □不动作
	Ⅱ段：____	□动作 □不动作	□动作 □不动作	□动作 □不动作	□动作 □不动作	□动作 □不动作	□动作 □不动作	□动作 □不动作	□动作 □不动作
	Ⅲ段：____	□动作 □不动作	□动作 □不动作	□动作 □不动作	□动作 □不动作	□动作 □不动作	□动作 □不动作	□动作 □不动作	□动作 □不动作

结论（　　）

3.2.2.4　复压过流方向功能校验

投中压侧后备保护功能硬压板、中压侧后备保护功能软压板、中压侧电压功能硬压板、复压过流Ⅰ段经复压闭锁、复压过流Ⅱ段经复压闭锁、复压过流Ⅲ段经复压闭锁、复压过流Ⅰ段带方向、复压过流Ⅱ段带方向及对应时限控制字见表23。

表23　　中压侧后备复压过流保护方向功能校验

功能测试	外加电流、电压，方向指向母线		外加电流、电压，方向指向变压器	
	方向指向母线控制字	方向指向变压器控制字	方向指向母线控制字	方向指向变压器控制字
复压Ⅰ段方向	□动作 □不动作	□动作 □不动作	□动作 □不动作	□动作 □不动作
复压Ⅱ段方向	□动作 □不动作	□动作 □不动作	□动作 □不动作	□动作 □不动作

结论（　　）

3.2.2.5　零序方向功能校验

投中压侧后备保护功能硬压板、中压侧后备保护功能软压板、中压侧电压功能硬压板、零序Ⅰ段带方向、零序Ⅱ段带方向、及对应时限控制字见表24。

表24　　中压侧后备零序保护方向功能校验

功能测试	外加零序电流、电压，方向指向母线		外加零序电流、电压，方向指向变压器	
	方向指向母线控制字	方向指向变压器控制字	方向指向母线控制字	方向指向变压器控制字
零序Ⅰ段方向	□动作 □不动作	□动作 □不动作	□动作 □不动作	□动作 □不动作
零序Ⅱ段方向	□动作 □不动作	□动作 □不动作	□动作 □不动作	□动作 □不动作

结论（　　）

3.2.2.6 中压侧电压使用逻辑检查

中压侧复压元件由各侧电压经或门构成。本侧 TV 断线或电压退出时退出方向元件，受其他侧复压元件控制。当各侧均 TV 断线或电压退出时，本侧转为纯过流。 结论（ ）

3.2.3 低压侧 1 分支后备保护定值校验

3.2.3.1 电流定值校验

投低压侧 1 分支后备保护功能硬压板、低压侧 1 分支后备保护功能软压板、低压侧 1 分支电压功能硬压板及对应时限控制字、退出复压过流Ⅰ段带方向、复压过流Ⅰ段经复压闭锁、复压过流Ⅱ段经复压闭锁控制字见表 25。

表 25 低压侧 1 分支后备保护电流定值校验

保护名称	定值名称	整定值	I_A		I_B		I_C	
			$0.95I_{zd}$	$1.05I_{zd}$	$0.95I_{zd}$	$1.05I_{zd}$	$0.95I_{zd}$	$1.05I_{zd}$
复压过流保护	复压过流Ⅰ段定值		□动作 □不动作	□动作 □不动作	□动作 □不动作	□动作 □不动作	□动作 □不动作	□动作 □不动作
	复压过流Ⅱ段定值		□动作 □不动作	□动作 □不动作	□动作 □不动作	□动作 □不动作	□动作 □不动作	□动作 □不动作
过负荷	过负荷定值		□动作 □不动作	□动作 □不动作	□动作 □不动作	□动作 □不动作	□动作 □不动作	□动作 □不动作

结论（ ）

3.2.3.2 复压闭锁功能校验

投低压侧 1 分支后备保护功能硬压板、低压侧 1 分支后备保护功能软压板、低压侧 1 分支电压功能硬压板、复压过流Ⅰ段经复压闭锁、复压过流Ⅱ段经复压闭锁及对应时限控制字，退出复压过流Ⅰ段带方向控制字。试验时分别通入电流应大于各段整定值见表 26。

低电压闭锁定值：（ ）、负序电压闭锁定值：（ ）。

表 26 低压侧 1 分支后备保护复压过流闭锁功能校验

保护名称	通入电流（A）	低电压校验						负序电压校验	
		U_{AB}		U_{BC}		U_{CA}		U_2	
		$0.95U_{zd}$	$1.05U_{zd}$	$0.95U_{zd}$	$1.05U_{zd}$	$0.95U_{zd}$	$1.05U_{zd}$	$0.95U_{zd}$	$1.05U_{zd}$
复压过流保护	Ⅰ段：——	□动作 □不动作	□动作 □不动作	□动作 □不动作	□动作 □不动作	□动作 □不动作	□动作 □不动作	□动作 □不动作	□动作 □不动作
	Ⅱ段：——	□动作 □不动作	□动作 □不动作	□动作 □不动作	□动作 □不动作	□动作 □不动作	□动作 □不动作	□动作 □不动作	□动作 □不动作

结论（ ）

3.2.3.3 方向功能校验

投低压侧 1 分支后备保护功能硬压板、低压侧 1 分支后备保护功能软压板、低压侧 1 分支电压功能硬压板、复压过流Ⅰ段经复压闭锁、复压过流Ⅱ段经复压闭锁、复压过流Ⅰ段带方向及对应时限控制字。分别通入电流、电压应满足各段复压动作见表 27。

表 27　　低压侧 1 分支后备复压过流保护方向功能校验

功能测试	外加电流、电压方向指向母线		外加电流、电压方向指向变压器	
	复压指向母线控制字	复压指向变压器控制字	复压指向母线控制字	复压指向变压器控制字
Ⅰ段方向	□动作 □不动作	□动作 □不动作	□动作 □不动作	□动作 □不动作

结论（　　）

3.2.3.4　低压侧 1 分支电压使用逻辑检查

低压侧复压元件由本侧电压构成。本侧 TV 断线或电压退出时，本侧转为纯过流。

结论（　　）

3.2.4　低压侧 2 分支后备保护定值校验

3.2.4.1　电流定值校验

投低压侧 2 分支后备保护功能硬压板、低压侧 2 分支后备保护功能软压板、低压侧 2 分支电压功能硬压板及对应时限控制字、退出复压过流Ⅰ段带方向、复压过流Ⅰ段经复压闭锁、复压过流Ⅱ段经复压闭锁控制字见表 28。

表 28　　低压侧 2 分支后备保护电流定值校验

保护名称	定值名称	整定值	I_A		I_B		I_C	
			$0.95I_{zd}$	$1.05I_{zd}$	$0.95I_{zd}$	$1.05I_{zd}$	$0.95I_{zd}$	$1.05I_{zd}$
复压过流保护	复压过流Ⅰ段定值		□动作 □不动作	□动作 □不动作	□动作 □不动作	□动作 □不动作	□动作 □不动作	□动作 □不动作
	复压过流Ⅱ段定值		□动作 □不动作	□动作 □不动作	□动作 □不动作	□动作 □不动作	□动作 □不动作	□动作 □不动作
过负荷	过负荷定值		□动作 □不动作	□动作 □不动作	□动作 □不动作	□动作 □不动作	□动作 □不动作	□动作 □不动作

结论（　　）

3.2.4.2　复压闭锁功能校验

投低压侧 2 分支后备保护功能硬压板、低压侧 2 分支后备保护功能软压板、低压侧 2 分支电压功能硬压板、复压过流Ⅰ段经复压闭锁、复压过流Ⅱ段经复压闭锁及对应时限控制字，退出复压过流Ⅰ段带方向控制字。试验时分别通入电流应大于各段整定值见表 29。

低电压闭锁定值：（　　）、负序电压闭锁定值：（　　）。

表 29　　低压侧 2 分支后备保护复压过流闭锁功能校验

保护名称	通入电流（A）	低电压校验						负序电压校验	
		U_{AB}		U_{BC}		U_{CA}		U_2	
		$0.95U_{zd}$	$1.05U_{zd}$	$0.95U_{zd}$	$1.05U_{zd}$	$0.95U_{zd}$	$1.05U_{zd}$	$0.95U_{zd}$	$1.05U_{zd}$
复压过流保护	Ⅰ段：____	□动作 □不动作	□动作 □不动作	□动作 □不动作	□动作 □不动作	□动作 □不动作	□动作 □不动作	□动作 □不动作	□动作 □不动作
	Ⅱ段：____	□动作 □不动作	□动作 □不动作	□动作 □不动作	□动作 □不动作	□动作 □不动作	□动作 □不动作	□动作 □不动作	□动作 □不动作

结论（　　）

3.2.4.3 方向功能校验

投低压侧 2 分支后备保护功能硬压板、低压侧 2 分支后备保护功能软压板、低压侧 2 分支电压功能硬压板、复压过流Ⅰ段经复压闭锁、复压过流Ⅱ段经复压闭锁、复压过流Ⅰ段带方向及对应时限控制字。分别通入电流、电压应满足各段复压动作见表 30。

表 30　低压侧 2 分支后备复压过流保护方向功能校验

功能测试	外加电流、电压方向指向母线		外加电流、电压方向指向变压器	
	复压指向母线控制字	复压指向变压器控制字	复压指向母线控制字	复压指向变压器控制字
Ⅰ段方向	□动作 □不动作	□动作 □不动作	□动作 □不动作	□动作 □不动作

结论（　　）

3.2.4.4 低压侧 2 分支电压使用逻辑检查

低压侧复压元件由本侧电压构成。本侧 TV 断线或电压退出时，本侧转为纯过流。

结论（　　）

3.3 保护整组动作时间测试

保护整组动作时间测试见表 31。

表 31　保护整组动作时间测试

保护名称	故障类型	整定时间（ms）	显示时间（ms）	测量时间（ms）	装置动作信号
纵差保护	AN 故障				
差动速断	AB 故障				
高复压过流Ⅰ段 1 时限	AB 故障				
高复压过流Ⅰ段 2 时限	AB 故障				
高复压过流Ⅰ段 3 时限	AB 故障				
高复压过流Ⅱ段 1 时限	BC 故障				
高复压过流Ⅱ段 2 时限	BC 故障				
高复压过流Ⅱ段 3 时限	BC 故障				
高复压过流Ⅲ段 1 时限	CA 故障				
高复压过流Ⅲ段 2 时限	CA 故障				
高零序过流Ⅰ段 1 时限	AN 故障				
高零序过流Ⅰ段 2 时限	AN 故障				
高零序过流Ⅰ段 3 时限	AN 故障				
高零序过流Ⅱ段 1 时限	BN 故障				
高零序过流Ⅱ段 2 时限	BN 故障				
高零序过流Ⅱ段 3 时限	BN 故障				
高零序过流Ⅲ段 1 时限	CN 故障				
高零序过流Ⅲ段 2 时限	CN 故障				
高间隙过流	AN 故障				
高零序过压	AN 故障				
中复压过流Ⅰ段 1 时限	AB 故障				
中复压过流Ⅰ段 2 时限	AB 故障				
中复压过流Ⅰ段 3 时限	AB 故障				

续表

保护名称	故障类型	整定时间（ms）	显示时间（ms）	测量时间（ms）	装置动作信号
中复压过流Ⅱ段1时限	BC故障				
中复压过流Ⅱ段2时限	BC故障				
中复压过流Ⅱ段3时限	BC故障				
中复压过流Ⅲ段1时限	CA故障				
中复压过流Ⅲ段2时限	CA故障				
中零序过流Ⅰ段1时限	AN故障				
中零序过流Ⅰ段2时限	AN故障				
中零序过流Ⅰ段3时限	AN故障				
中零序过流Ⅱ段1时限	BN故障				
中零序过流Ⅱ段2时限	BN故障				
中零序过流Ⅱ段3时限	BN故障				
中零序过流Ⅲ段1时限	CN故障				
中零序过流Ⅲ段2时限	CN故障				
低1分支复压过流Ⅰ段1时限	AB故障				
低1分支复压过流Ⅰ段2时限	AB故障				
低1分支复压过流Ⅰ段3时限	AB故障				
低1分支复压过流Ⅱ段1时限	BC故障				
低1分支复压过流Ⅱ段2时限	BC故障				
低1分支复压过流Ⅱ段3时限	BC故障				
低2分支复压过流Ⅰ段1时限	AB故障				
低2分支复压过流Ⅰ段2时限	AB故障				
低2分支复压过流Ⅰ段3时限	AB故障				
低2分支复压过流Ⅱ段1时限	BC故障				
低2分支复压过流Ⅱ段2时限	BC故障				
低2分支复压过流Ⅱ段3时限	BC故障				
要求：保护整组动作时间按1.2倍整定定值测试					

结论（　　）

3.4　跳闸矩阵定值及跳闸出口输出检验

依据整定的跳闸矩阵控制字，检查对应的跳闸出口是否正确变位见表32。

表32　　跳闸矩阵定值及跳闸出口输出检验

跳闸对象／保护名称	备用出口4	备用出口3	备用出口2	备用出口1	闭锁低2分支备投	闭锁低1分支备投	闭锁中压侧备投	跳低压2分段	跳低压2分支	跳低压1分段	跳低压1分支	跳中压侧母联	跳中压侧	跳高压侧母联	跳高压侧
主保护															
高复压过流Ⅰ段1时限															
高复压过流Ⅰ段2时限															
高复压过流Ⅰ段3时限															
高复压过流Ⅱ段1时限															
高复压过流Ⅱ段2时限															
高复压过流Ⅱ段3时限															

续表

跳闸对象 保护名称	备用出口4	备用出口3	备用出口2	备用出口1	闭锁低2分支备投	闭锁低1分支备投	闭锁中压侧备投	跳低压2分段	跳低压2分支	跳低压1分段	跳低压1分支	跳中压侧母联	跳中压侧	跳高压侧母联	跳高压侧
高复压过流Ⅲ段1时限															
高复压过流Ⅲ段2时限															
高零序过流Ⅰ段1时限															
高零序过流Ⅰ段2时限															
高零序过流Ⅰ段3时限															
高零序过流Ⅱ段1时限															
高零序过流Ⅱ段2时限															
高零序过流Ⅱ段3时限															
高零序过流Ⅲ段1时限															
高零序过流Ⅲ段2时限															
高间隙过流															
高零序过压															
高失灵联跳															
中复压过流Ⅰ段1时限															
中复压过流Ⅰ段2时限															
中复压过流Ⅰ段3时限															
中复压过流Ⅱ段1时限															
中复压过流Ⅱ段2时限															
中复压过流Ⅱ段3时限															
中复压过流Ⅲ段1时限															
中复压过流Ⅲ段2时限															
中零序过流Ⅰ段1时限															
中零序过流Ⅰ段2时限															
中零序过流Ⅰ段3时限															
中零序过流Ⅱ段1时限															
中零序过流Ⅱ段2时限															
中零序过流Ⅱ段3时限															
中零序过流Ⅲ段1时限															
中零序过流Ⅲ段2时限															
低1分支复压过流Ⅰ段1时限															
低1分支复压过流Ⅰ段2时限															
低1分支复压过流Ⅰ段3时限															
低1分支复压过流Ⅱ段1时限															
低1分支复压过流Ⅱ段2时限															

续表

跳闸对象 保护名称	备用出口4	备用出口3	备用出口2	备用出口1	闭锁低2分支备投	闭锁低1分支备投	闭锁中压侧备投	跳低压2分段	跳低压2分支	跳低压1分段	跳低压1分支	跳中压侧母联	跳中压侧	跳高压侧母联	跳高压侧
低1分支复压过流Ⅱ段3时限															
低2分支复压过流Ⅰ段1时限															
低2分支复压过流Ⅰ段2时限															
低2分支复压过流Ⅰ段3时限															
低2分支复压过流Ⅱ段1时限															
低2分支复压过流Ⅱ段2时限															
低2分支复压过流Ⅱ段3时限															

结论（　　）

3.5　自定义功能检验

根据保护装置自定义功能，对其功能投退、动作逻辑、定值进行校验见表33。

表33　　自定义功能检查

自定义功能名称	定值/控制字	装置动作信息	结果

结论（　　）

检验人：

4　非电量装置检验

4.1　开关量输入回路检验

开关量输入回路检验见表34。

表34　　非电量开关量输入回路检验

序号	检验项目	接点动作情况
1	本体重瓦斯	□高压侧跳闸、□中压侧跳闸、□低压侧1分支跳闸、□低压侧2分支跳闸、□遥信、□面板信号灯
2	调压重瓦斯	□高压侧跳闸、□中压侧跳闸、□低压侧1分支跳闸、□低压侧2分支跳闸、□遥信、□面板信号灯
3	本体压力释放	□遥信、□面板信号灯

续表

序号	检验项目	接点动作情况
4	冷却器全停	□遥信、□面板信号灯
5	本体轻瓦斯	□遥信、□面板信号灯
6	调压轻瓦斯	□遥信、□面板信号灯
7	本体油位异常	□遥信、□面板信号灯
8	本体油面温度1	□遥信、□面板信号灯
9	本体油面温度2	□遥信、□面板信号灯
10	本体绕组温度1	□遥信、□面板信号灯
11	本体绕组温度2	□遥信、□面板信号灯
12	保护检修状态	□遥信
13	信号复归	□遥信

结论（　　）

4.2　开关量输出回路检验

开关量输出回路检验见表35。

表35　　非电量开关量输出回路检验

序号	检验项目	方法	接点动作情况
1	装置闭锁	关闭装置电源	□监控后台，□遥信
2	信号输出	模拟装置故障告警	□监控后台，□遥信
		模拟运行异常告警	□监控后台，□遥信
		模拟非电量保护动作	□监控后台，□遥信
3	跳闸出口	模拟重瓦斯动作	□高压侧跳闸、□中压侧跳闸、□低压侧1分支跳闸、□低压侧2分支跳闸

结论（　　）

4.3　非电量直跳继电器校验

非电量跳闸的直跳继电器，启动功率应大于5W，动作电压在额定直流电源电压的55%～70%范围内，额定直流电源电压下动作时间为10～35ms，见表36。

表36　　非电量直跳继电器检验

继电器名称	启动功率（W）	动作电压（V）	动作时间（ms）

结论（　　）

检验人：

5　操作箱检验

5.1　操作箱基本信息

操作箱基本信息见表37。

表 37　　操作箱基本信息

装置名称	型号	生产厂家	出厂日期	跳/合闸电流	直流电压
高压侧操作箱					
中压侧操作箱					
低压 1 分支操作箱					
低压 1 分支操作箱					

5.2　高压侧操作箱检验

5.2.1　检查一组、二组操作（保护）直流是否混电。合上一组操作（保护）直流电源，断开二组操作（保护）直流电源，测量二组操作（保护）直流对地电压；合上二组操作（保护）直流电源，断开一组操作（保护）直流电源，测量一组操作（保护）直流对地电压。

结论（　　）

5.2.2　检查操作箱中出口继电器动作电压值在 55%～70%额定电压下可靠动作。

结论（　　）

5.2.3　检查操作箱中逻辑回路的继电器，应满足 80%额定电压下可靠动作。

结论（　　）

5.2.4　操作箱功能检验见表 38。

表 38　　高压侧操作箱功能检验

序号	检验项目	方法	接点动作情况
1	接点输出	一组控制回路断线	□监控后台，□面板显示
		二组控制回路断线	□监控后台，□面板显示
		一组跳闸出口（A、B、C 相）	□监控后台，□面板显示，□跳闸
		二组跳闸出口（A、B、C 相）	□监控后台，□面板显示，□跳闸
		一组操作直流消失	□监控后台，□面板显示
		二组操作直流消失	□监控后台，□面板显示
2	继电器功能	三相跳闸	□监控后台，□面板显示，□一组跳闸，□二组跳闸
		手合动作	□合闸，□面板显示
		手跳动作	□一组跳闸，□二组跳闸，□面板显示
3	压力闭锁回路	闭锁合闸（根据实际接线选做）	□闭锁合闸
		闭锁分闸（根据实际接线选做）	□闭锁分闸
		闭锁操作（根据实际接线选做）	□闭锁操作

结论（　　）

5.2.5　电压切换箱功能检验

电压切换箱（或集成在操作箱内的电压切换插件）功能检验见表 39。

表 39　　高压侧切换箱功能检验

试验方法	接点动作情况
切换继电器同时动作	□监控后台
TV 失压	□监控后台
电压切换功能	□Ⅰ母电压接点，□面板显示
	□Ⅱ母电压接点，□面板显示

结论（　　）

5.3 中压侧操作箱检验

5.3.1 检查操作箱中出口继电器动作电压值在55%～70%额定电压下可靠动作。

结论（　　）

5.3.2 检查操作箱中逻辑回路的继电器，应满足80%额定电压下可靠动作。

结论（　　）

5.3.3 操作箱功能检验见表40。

表40　　中压侧操作箱功能检验

检验项目	方法	接点动作情况
接点输出	控制回路断线	□监控后台，□面板显示
	跳闸出口	□监控后台，□面板显示，□跳闸
	操作直流消失	□监控后台，□面板显示
	手合动作	□合闸，□面板显示
	手跳动作	□跳闸，□面板显示

结论（　　）

5.3.4 电压切换箱功能检验

电压切换箱（或集成在操作箱内的电压切换插件）功能检验见表41。

表41　　中压侧切换箱功能检验

试验方法	接点动作情况
切换继电器同时动作	□监控后台
TV失压	□监控后台
电压切换功能	□Ⅰ母电压接点，□面板显示
	□Ⅱ母电压接点，□面板显示

结论（　　）

5.4 低压1分支操作箱检验

5.4.1 检查操作箱中出口继电器动作电压值在55%～70%额定电压下可靠动作。

结论（　　）

5.4.2 检查操作箱中逻辑回路的继电器，应满足80%额定电压下可靠动作。

结论（　　）

5.4.3 操作箱功能检验见表42。

表42　　低压1分支操作箱功能检验

检验项目	方法	接点动作情况
接点输出	控制回路断线	□监控后台，□面板显示
	跳闸出口	□监控后台，□面板显示，□跳闸
	操作直流消失	□监控后台，□面板显示
	手合动作	□合闸，□面板显示
	手跳动作	□跳闸，□面板显示

结论（　　）

5.5　低压2分支操作箱检验

5.5.1　检查操作箱中出口继电器动作电压值在55%～70%额定电压下可靠动作。

结论（　　）

5.5.2　检查操作箱中逻辑回路的继电器，应满足80%额定电压下可靠动作。

结论（　　）

5.5.3　操作箱功能检验见表43。

表43　　低压2分支操作箱功能检验

检验项目	方法	接点动作情况
接点输出	控制回路断线	□监控后台，□面板显示
	跳闸出口	□监控后台，□面板显示，□跳闸
	操作直流消失	□监控后台，□面板显示
	手合动作	□合闸，□面板显示
	手跳动作	□跳闸，□面板显示

结论（　　）

检验人：

6　用实际断路器做传动试验

6.1　传动试验前准备

检查对应断路器无闭锁，具备传动条件。

6.2　模拟变压器本体重瓦斯、有载重瓦斯故障

a. 保护及变压器各侧开关实际动作应正确。（　　）

b. 后台监控信号表示正确。（　　）

6.3　模拟两套主保护同时动作

a. 保护及变压器各侧开关实际动作应正确。（　　）

b. 后台监控信号表示正确。（　　）

c. 站端、各级调控端继电保护在线监视与分析模块表示信息正确。（　　）

d. 检查高压侧开关两组跳闸线圈极性正确。（　　）

e. 录波器表示信息正确。（　　）

6.4　模拟高压侧后备保护动作

a. 保护及变压器各侧开关实际动作应正确。（　　）

b. 后台监控信号表示正确。（　　）

c. 站端、各级调控端继电保护在线监视与分析模块表示信息正确。（　　）

d. 录波器表示信息正确。（　　）

e. 检查闭锁备自投功能正确。（　　）

6.5　模拟中压侧后备保护动作

a. 保护及相应开关（□中压侧母联开关、□变压器中压侧开关）实际动作应正确。（　　）

b. 后台监控信号表示正确。（　　）

c. 站端、各级调控端继电保护在线监视与分析模块表示信息正确。（　　）

d. 录波器表示信息正确。(　　)

e. 检查闭锁备自投功能正确。(　　)

6.6 模拟低压侧后备保护动作

a. 保护及相应开关（□低压侧母联开关、□变压器低压侧开关）实际动作应正确。(　　)

b. 后台监控信号表示正确。(　　)

c. 站端、各级调控端继电保护在线监视与分析模块表示信息正确。(　　)

d. 录波器表示信息正确。(　　)

e. 检查闭锁备自投功能正确。(　　)

6.7 模拟失灵联跳主变压器开入动作

a. 保护及变压器各侧开关实际动作应正确。(　　)

b. 后台监控信号表示正确。(　　)

c. 站端、各级调控端继电保护在线监视与分析模块表示信息正确。(　　)

d. 录波器表示信息正确。(　　)

6.8 模拟手合故障变压器检查开关防跳

a. 保护及开关实际动作应正确。(　　)

b. 后台监控信号表示正确。(　　)

c. 站端、各级调控端继电保护在线监视与分析模块表示信息正确。(　　)

d. 录波器表示信息正确。(　　)

检验人：

7 装置投运准备工作

7.1 投入运行前的准备工作

7.1.1 核查两组 TA 接入极性及接线正确。(　　)

7.1.2 现场工作结束后，工作负责人检查试验记录有无漏试验项目，核对装置的整定值是否与定值单相符。打印定值单附后。(　　)

7.1.3 盖好所有装置及辅助设备的盖子，各装置插板扣紧。(　　)

7.1.4 二次回路接线恢复，拆除在检验时使用的试验设备、仪表及一切连接线，所有被拆除的或临时接入的连线应全部恢复正常，装置所有的信号应复归。(　　)

7.1.5 压板核对及安全措施恢复。(　　)

7.1.6 全部人员撤离前，清扫现场。(　　)

7.2 对运行人员交代事项

7.2.1 填写及交代继电保护记录簿，将主要检验项目、试验结果及结论、定值通知单执行情况详细记录在内，向运行负责人员交代检验结果、设备变动情况或遗留问题、并写明该装置可以投入运行。(　　)

7.2.2 交代运行人员在将装置投入前，必须用高内阻电压表以一端对地测保护出口压板端子电压的方法，检查并证实被检验的继电保护装置及安全自动装置确实未给出跳闸或合闸脉冲，才允许将装置的跳合闸连接片投到投入位置。(　　)

7.2.3 对运维人员进行继电保护运行规程培训。(　　)

7.3 验收合格后，办理工作票终结手续。(　　)

7.4　定值通知单编号：（　　），执行时间：（　　）。

检验人：

8　带负荷测试

8.1　高压侧系统电压核相

高压侧系统电压核相见表 44。

表 44　　**高压侧电压核相检验**

测试数据		Ⅰ段电压				
		U_A	U_B	U_C	U_L	U_N
Ⅱ段电压	U_A				—	
	U_B				—	
	U_C				—	
	U_L	—	—	—		
	U_N					

结论（　　）

8.2　中压侧系统电压核相

中压侧系统电压核相见表 45。

表 45　　**中压侧电压核相检验**

测试数据		Ⅰ段电压			
		U_A	U_B	U_C	U_N
Ⅱ段电压	U_A				
	U_B				
	U_C				
	U_N				

结论（　　）

8.3　交流回路幅值及相位测试

以高压侧 U_{AN} 电压为基准。测得数值见表 46。

表 46　　**交流回路幅值及相位测试**

名称	相别	测试值（幅值、角度）	装置显示值（幅值、角度）	相量图
高压侧电流	A	∠	∠	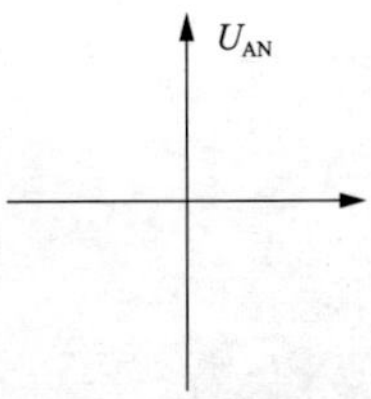
	B	∠	∠	
	C	∠	∠	
	N	∠	∠	

续表

名称	相别	测试值（幅值、角度）	装置显示值（幅值、角度）	相量图
中压侧电流	A	∠	∠	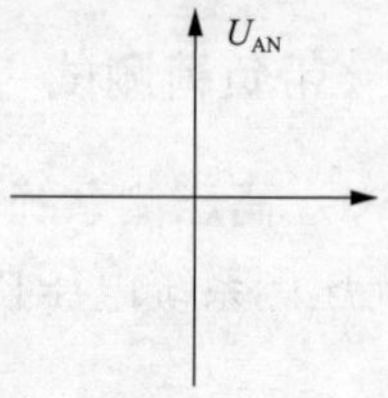
	B	∠	∠	
	C	∠	∠	
	N	∠	∠	
低压1分支电流	A	∠	∠	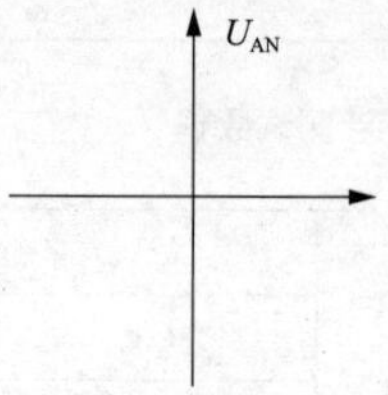
	B	∠	∠	
	C	∠	∠	
	N	∠	∠	
高零序电流		∠	∠	
高间隙电流		∠	∠	
中零序电流		∠	∠	

结论（　　）

8.4 装置负荷及差流检查

高压侧有功：（　　）；高压侧无功：（　　）；高压侧负荷电流：（　　）；

中压侧有功：（　　）；中压侧无功：（　　）；中压侧负荷电流：（　　）；

低压1分支有功：（　　）；低压1分支无功：（　　）；低压1分支负荷电流：（　　）；

低压2分支有功：（　　）；低压2分支无功：（　　）；低压2分支负荷电流：（　　）；

A相差动电流：（　　）；B相差动电流：（　　）；C相差动电流：（　　）；

A相制动电流：（　　）；B相制动电流：（　　）；C相制动电流：（　　）。

8.5 使用钳形电流表测量保护二次电缆屏蔽层的电流，以检查该保护装置及拼柜与二次等电位接地网连接状况，当测量不到电流时，应检查屏蔽层是否接地良好接地。测试结果为。

检验人：

9 现场遗留问题

工作负责人：

14. 常规变电站220kV三绕组变压器保护A（B）类检验标准化作业指导书

变电站名称 ________________________

装 置 命 名 ________________________

设备变更记录

变更内容			变更日期	执行人
装置变更	1			
	2			
程序升级	1			
	2			
	3			
	4			
回路变更	1			
	2			
	3			
	4			
	5			
TA 变比	1			
	2			
	3			
其他	1			
	2			
	3			

________型变压器

保护检验报告

出厂日期		投运日期	
工作负责人			
检验人员			
检验性质	□A 类检验 □B 类检验		
开始时间	年　月　日　时　分		
结束时间	年　月　日　时　分		
检验结论			
审核人签字		审核日期	

目　次

1　通用部分

1.1　详见《常规变电站继电保护标准化作业指导书（A/B类检验通用部分）》。

1.2　适用于220kV三绕组变压器，采用高压侧、中压侧、低压1分支、低压2分支绕组结构。报告中试验项目针对变压器电气量保护、非电量保护检验。

2　微机保护单机检验

2.1　装置基本信息

装置基本信息检查见表1。

表1　　**装置基本信息检查**

CPU号	软件版本号	CRC校验码	软件版本生成时间	与标准是否一致

结论（　　）

2.2　开关量输出回路检验

开关量输出回路检验见表2。

表2　　**开关量输出回路检验**

序号	检验项目	方法	接点动作情况
1	装置闭锁	关闭装置电源	□液晶显示，□监控后台
2	信号输出	模拟装置故障告警	□液晶显示，□监控后台
		模拟运行异常告警	□液晶显示，□监控后台
		模拟过负荷告警	□液晶显示，□监控后台
		模拟保护动作告警	□液晶显示，□监控后台
3	跳闸出口	模拟主保护动作	□高压侧跳闸，□中压侧跳闸，□低压1分支跳闸，□低压2分支跳闸，□失灵启动，□解除失灵电压闭锁，□录波，□遥信，□备用
		模拟高压侧复压过流保护动作	□高压侧跳闸，□中压侧跳闸，□低压1分支跳闸，□低压2分支跳闸，□失灵启动，□解除失灵电压闭锁，□高压侧母联跳闸，□闭锁中压侧备自投，□中压侧母联跳闸，□录波，□遥信
		模拟中压侧复压过流保护动作	□高压侧跳闸，□中压侧跳闸，□低压1分支跳闸，□低压2分支跳闸，□失灵启动，□解除失灵电压闭锁，□高压侧母联跳闸，□中压侧母联跳闸，□闭锁中压侧备自投，□录波，□遥信
		模拟低压分支1复压过流保护动作	□高压侧跳闸，□中压侧跳闸，□低压1分支跳闸，□低压2分支跳闸，□失灵启动，□解除失灵电压闭锁，□低压1分段跳闸，□闭锁低压侧1分支备自投，□录波，□遥信
		模拟低压分支2复压过流保护动作	□高压侧跳闸，□中压侧跳闸，□低压1分支跳闸，□低压2分支跳闸，□失灵启动，□解除失灵电压闭锁，□低压2分段跳闸，□闭锁低压侧2分支备自投，□录波，□遥信
		模拟高压侧零序保护动作	□高压侧跳闸，□中压侧跳闸，□低压1分支跳闸，□低压2分支跳闸，□失灵启动，□解除失灵电压闭锁，□高压侧母联跳闸，□中压侧母联跳闸，□闭锁中压侧备自投，□录波，□遥信

续表

序号	检验项目	方法	接点动作情况
3	跳闸出口	模拟中压侧零序保护动作	□高压侧跳闸，□中压侧跳闸，□低压1分支跳闸，□低压2分支跳闸，□失灵启动，□解除失灵电压闭锁，□高压侧母联跳闸，□中压侧母联跳闸，□闭锁中压侧备自投，□录波，□遥信

结论（　　）

2.3 开关量输入回路检验

开关量输入回路检验见表3。

表3　开关量输入回路检验

检验方法	开关量输入量变化	结果
投入“主保护”压板	“主保护”由0变1	
投入“高压侧后备保护”压板	“高压侧后备保护”由0变1	
投入“中压侧后备保护”压板	“中压侧后备保护”由0变1	
投入“低压分支1后备保护”压板	“低压分支1后备保护”由0变1	
投入“低压分支2后备保护”压板	“低压分支2后备保护”由0变1	
投入“高压侧电压”压板	“高压侧电压”由0变1	
投入“中压侧电压”压板	“中压侧电压”由0变1	
投入“低压分支1电压”压板	“低压分支1电压”由0变1	
投入“低压分支2电压”压板	“低压分支2电压”由0变1	
开入“高压侧失灵联跳”	“高压侧失灵联跳”由0变1	
投入“远方操作”压板	“远方操作”由0变1	
投入“保护检修状态”压板	“保护检修状态”由0变1	
开入“信号复归”	“信号复归”由0变1	

结论（　　）

2.4 零漂及采样校验

2.4.1 零漂检验

要求：$I<0.01I_n$，$U<0.1V$，见表4。

表4　零漂检验

采样通道	I_{ha}(A)	I_{hb}(A)	I_{hc}(A)	U_{ha}(V)	U_{hb}(V)	U_{hc}(V)	U_{h0}(V)	I_{h0}(A)	I_{hj}(A)
采样1									
采样2									
采样通道	I_{ma}(A)	I_{mb}(A)	I_{mc}(A)	U_{ma}(V)	U_{mb}(V)	U_{mc}(V)	U_{m0}(V)	I_{m0}(A)	
采样1									
采样2									
采样通道	I_{11a}(A)	I_{11b}(A)	I_{11c}(A)	U_{11a}(V)	U_{11b}(V)	U_{11c}(V)			
采样1									
采样2									
采样通道	I_{12a}(A)	I_{12b}(A)	I_{12c}(A)	U_{12a}(V)	U_{12b}(V)	U_{12c}(V)			
采样1									
采样2									

结论（　　）

2.4.2　采样精度校验

保护屏端子上分别通入不同的电压、电流量，查看液晶屏显示值，幅值误差应小于±5%，相角误差小于3°见表5。

表5　　　　**采样精度校验**

采样通道	I_{ha}(A)	I_{hb}(A)	I_{hc}(A)	U_{ha}(V)	U_{hb}(V)	U_{hc}(V)	U_{h0}(V)	I_{h0}(A)	I_{hj}(A)
$0.05I_n$、$0.6U_n$	A∠0°	A∠	A∠	V∠	V∠	V∠	V∠	A∠	A∠
采样1									
采样2									
I_n、U_n	A∠0°	A∠	A∠	V∠	V∠	V∠	V∠	A∠	A∠
采样1									
采样2									
$4I_n$、$1.2U_n$	A∠0°	A∠	A∠	V∠	V∠	V∠	V∠	A∠	A∠
采样1									
采样2									
采样通道	I_{ma}(A)	I_{mb}(A)	I_{mc}(A)	U_{ma}(V)	U_{mb}(V)	U_{mc}(V)	U_{m0}(V)	I_{m0}(A)	
$0.05I_n$、$0.6U_n$	A∠0°	A∠	A∠	V∠	V∠	V∠	V∠	A∠	
采样1									
采样2									
I_n、U_n	A∠0°	A∠	A∠	V∠	V∠	V∠	V∠	A∠	
采样1									
采样2									
$4I_n$、$1.2U_n$	A∠0°	A∠	A∠	V∠	V∠	V∠	V∠	A∠	
采样1									
采样2									
采样通道	I_{11a}(A)	I_{11b}(A)	I_{11c}(A)	U_{11a}(V)	U_{11b}(V)	U_{11c}(V)			
$0.05I_n$、$0.6U_n$	A∠0°	A∠	A∠	V∠	V∠	V∠			
采样1									
采样2									
I_n、U_n	A∠0°	A∠	A∠	V∠	V∠	V∠			
采样1									
采样2									
$4I_n$、$1.2U_n$	A∠0°	A∠	A∠	V∠	V∠	V∠			
采样1									
采样2									
采样通道	I_{12a}(A)	I_{12b}(A)	I_{12c}(A)	U_{12a}(V)	U_{12b}(V)	U_{12c}(V)			
$0.05I_n$、$0.6Un$	A∠0°	A∠	A∠	V∠	V∠	V∠			
采样1									
采样2									
I_n、U_n	A∠0°	A∠	A∠	V∠	V∠	V∠			
采样1									
采样2									
$4I_n$、$1.2U_n$	A∠0°	A∠	A∠	V∠	V∠	V∠			
采样1									
采样2									

结论（　　）

检验人：

3 保护功能校验

3.1 主保护校验

3.1.1 变压器基本参数

变压器基本参数见表6。

表6 变压器基本参数

参数		高压侧	中压侧	低压1分支	低压2分支
变压器接线方式					
变压器容量					
额定电压（kV）					
TA变比					
计算值	变压器一次额定电流（A）				
	变压器二次额定电流（A）				
	平衡系数				

3.1.2 差动平衡调节系数检查

3.1.2.1 高、中压侧差动平衡调节系数检查见表7。

表7 差动平衡调节系数检查

高压侧试验电流	中压侧试验电流	差流		
		DI_a	DI_b	DI_c

结论（ ）

3.1.2.2 高、低压分支1侧差动平衡调节系数检查见表8。

表8 差动平衡调节系数检查

高压侧试验电流	低压分支1试验电流	差流		
		DI_a	DI_b	DI_c

结论（ ）

3.1.2.3 高、低压分支2侧差动平衡调节系数检查见表9。

表9 差动平衡调节系数检查

高压侧试验电流	低压分支2试验电流	差流		
		DI_a	DI_b	DI_c

结论（ ）

3.1.3 定值校验

按照定值单进行检验。根据保护装置液晶显示信息、面板信号指示状态、测试装置实测时间进行填写。

3.1.3.1 差动速断保护定值校验

投主保护功能硬压板、主保护功能软压板、差动速断控制字，并验证功能正确性见

表10。

I_{sd}：（　　）。

表10　差动速断保护定值校验

项目	交流输入	$0.95I_{zd}$	$1.05I_{zd}$
高压侧	I_a	□动作□不动作	□动作□不动作
	I_b	□动作□不动作	□动作□不动作
	I_c	□动作□不动作	□动作□不动作
中压侧	I_a	□动作□不动作	□动作□不动作
	I_b	□动作□不动作	□动作□不动作
	I_c	□动作□不动作	□动作□不动作
低压1分支	I_a	□动作□不动作	□动作□不动作
	I_b	□动作□不动作	□动作□不动作
	I_c	□动作□不动作	□动作□不动作
低压2分支	I_a	□动作□不动作	□动作□不动作
	I_b	□动作□不动作	□动作□不动作
	I_c	□动作□不动作	□动作□不动作

结论（　　）

3.1.3.2　纵差主保护定值校验

投主保护功能硬压板、主保护功能软压板及纵差保护控制字，并验证功能正确性见表11。

I_{zd}：（　　）

表11　纵差保护定值校验

项目	交流输入	$0.95I_{zd}$	$1.05I_{zd}$
高压侧	I_a	□动作□不动作	□动作□不动作
	I_b	□动作□不动作	□动作□不动作
	I_c	□动作□不动作	□动作□不动作
中压侧	I_a	□动作□不动作	□动作□不动作
	I_b	□动作□不动作	□动作□不动作
	I_c	□动作□不动作	□动作□不动作
低压1分支	I_a	□动作□不动作	□动作□不动作
	I_b	□动作□不动作	□动作□不动作
	I_c	□动作□不动作	□动作 □不动作
低压2分支	I_a	□动作□不动作	□动作□不动作
	I_b	□动作□不动作	□动作□不动作
	I_c	□动作□不动作	□动作□不动作

结论（　　）

3.1.4　TA断线闭锁功能校验

模拟TA断线，投入“TA断线闭锁纵差保护”控制字，当差流大于纵差保护动作值但小于$1.2I_e$，纵差保护不动作；继续增大电流，使差流大于$1.2I_e$，纵差保护应动作。

结论（　　）

3.2 后备保护校验

3.2.1 高压侧后备保护定值校验

3.2.1.1 电流保护定值校验

投高压侧后备保护硬压板、高压侧后备保护软压板、高压侧电压功能硬压板及相关控制字，并验证功能正确性见表12（按保护定值校验使用段定值）。

表12　　高压侧后备保护电流定值校验

保护名称	定值名称	整定值	I_A		I_B		I_C	
			$0.95I_{zd}$	$1.05I_{zd}$	$0.95I_{zd}$	$1.05I_{zd}$	$0.95I_{zd}$	$1.05I_{zd}$
复压过流保护	复压过流Ⅰ段定值		□动作 □不动作	□动作 □不动作	□动作 □不动作	□动作 □不动作	□动作 □不动作	□动作 □不动作
	复压过流Ⅱ段定值		□动作 □不动作	□动作 □不动作	□动作 □不动作	□动作 □不动作	□动作 □不动作	□动作 □不动作
	复压过流Ⅲ段定值		□动作 □不动作	□动作 □不动作	□动作 □不动作	□动作 □不动作	□动作 □不动作	□动作 □不动作
过负荷	过负荷定值		□动作 □不动作	□动作 □不动作	□动作 □不动作	□动作 □不动作	□动作 □不动作	□动作 □不动作

结论（　　）

3.2.1.2 零序保护定值校验

投高压侧后备保护硬压板、高压侧后备保护软压板、高压侧电压功能硬压板及相关控制字，并验证功能正确性（按保护定值校验使用段定值）。

检查零序电压接入方式，采用自产方式电压接入装置的设定为120V，采用开口三角电压接入的设定为180V。

零序保护定值校验见表13。

表13　　高压侧后备保护零序定值校验

保护名称	定值名称	整定值	I_0/U_0	
			$0.95I_{zd}/U_{zd}$	$1.05I_{zd}/U_{zd}$
零序保护	零序过流Ⅰ段定值		□动作 □不动作	□动作 □不动作
	零序过流Ⅱ段定值		□动作 □不动作	□动作 □不动作
	零序过流Ⅲ段定值		□动作 □不动作	□动作 □不动作
	间隙过流定值		□动作 □不动作	□动作 □不动作
	零序电压定值		□动作 □不动作	□动作 □不动作

结论（　　）

3.2.1.3 复压过流闭锁功能校验

投高压侧后备保护硬压板、高压侧后备保护软压板、高压侧电压功能硬压板及相关控制字，并验证功能正确性见表14（按保护定值校验使用段定值）。

表14　　高压侧后备保护复压过流闭锁功能校验

保护名称	通入电流（A）	低电压校验						负序电压校验	
		U_{AB}		U_{BC}		U_{CA}		U_2	
		$0.95U_{zd}$	$1.05U_{zd}$	$0.95U_{zd}$	$1.05U_{zd}$	$0.95U_{zd}$	$1.05U_{zd}$	$0.95U_{zd}$	$1.05U_{zd}$
复压过流保护	Ⅰ段：____	□动作 □不动作	□动作 □不动作	□动作 □不动作	□动作 □不动作	□动作 □不动作	□动作 □不动作	□动作 □不动作	□动作 □不动作
	Ⅱ段：____	□动作 □不动作	□动作 □不动作	□动作 □不动作	□动作 □不动作	□动作 □不动作	□动作 □不动作	□动作 □不动作	□动作 □不动作
	Ⅲ段：____	□动作 □不动作	□动作 □不动作	□动作 □不动作	□动作 □不动作	□动作 □不动作	□动作 □不动作	□动作 □不动作	□动作 □不动作

结论（　　）

3.2.2　中压侧后备保护定值校验

3.2.2.1　电流保护定值校验

投中压侧后备保护硬压板、中压侧后备保护软压板、中压侧电压功能硬压板及相关控制字、并验证功能正确性见表15（按保护定值校验使用段定值）。

表15　　高压侧后备保护电流定值校验

保护名称	定值名称	整定值	I_A		I_B		I_C	
			$0.95I_{zd}$	$1.05I_{zd}$	$0.95I_{zd}$	$1.05I_{zd}$	$0.95I_{zd}$	$1.05I_{zd}$
复压过流保护	复压过流Ⅰ段定值		□动作 □不动作	□动作 □不动作	□动 □不动作	□动作 □不动作	□动作 □不动作	□动作 □不动作
	复压过流Ⅱ段定值		□动作 □不动作	□动作 □不动作	□动作 □不动作	□动作 □不动作	□动作 □不动作	□动作 □不动作
	复压过流Ⅲ段定值		□动作 □不动作	□动作 □不动作	□动作 □不动作	□动作 □不动作	□动作 □不动作	□动作 □不动作
过负荷	过负荷定值		□动作 □不动作	□动作 □不动作	□动作 □不动作	□动作 □不动作	□动作 □不动作	□动作 □不动作

结论（　　）

3.2.2.2　零序保护定值校验

投中压侧后备保护硬压板、中压侧后备保护软压板、中压侧电压功能硬压板及相关控制字，并验证功能正确性（按保护定值校验使用段定值）。

检查零序电压接入方式，采用自产方式电压接入装置的设定为120V，采用开口三角电压接入的设定为180V。

零序保护定值校验见表16。

表16　　中压侧后备保护零序定值校验

保护名称	定值名称	整定值	I_0/U_0	
			$0.95I_{zd}/U_{zd}$	$1.05I_{zd}/U_{zd}$
零序保护	零序过流Ⅰ段定值		□动作 □不动作	□动作 □不动作
	零序过流Ⅱ段定值		□动作 □不动作	□动作 □不动作
	零序过流Ⅲ段定值		□动作 □不动作	□动作 □不动作

结论（　　）

3.2.2.3 复压过流闭锁功能校验

投中压侧后备保护硬压板、中压侧后备保护软压板、中压侧电压功能硬压板及相关控制字，并验证功能正确性见表 17（按保护定值校验使用段定值）。

表 17　中压侧后备保护复压过流闭锁功能校验

保护名称	通入电流（A）	低电压校验						负序电压校验	
		U_{AB}		U_{BC}		U_{CA}		U_2	
		$0.95U_{zd}$	$1.05U_{zd}$	$0.95U_{zd}$	$1.05U_{zd}$	$0.95U_{zd}$	$1.05U_{zd}$	$0.95U_{zd}$	$1.05U_{zd}$
复压过流保护	Ⅰ段：___	□动作 □不动作	□动作 □不动作	□动作 □不动作	□动作 □不动作	□动作 □不动作	□动作 □不动作	□动作 □不动作	□动作 □不动作
	Ⅱ段：___	□动作 □不动作	□动作 □不动作	□动作 □不动作	□动作 □不动作	□动作 □不动作	□动作 □不动作	□动作 □不动作	□动作 □不动作
	Ⅲ段：___	□动作 □不动作	□动作 □不动作	□动作 □不动作	□动作 □不动作	□动作 □不动作	□动作 □不动作	□动作 □不动作	□动作 □不动作

结论（　　）

3.2.3 低压侧 1 分支后备保护定值校验

3.2.3.1 电流定值校验

投低压侧 1 分支后备保护功能硬压板、低压侧 1 分支后备保护功能软压板及相关控制字，并验证功能正确性见表 18（按保护定值校验使用段定值）。

表 18　低压侧 1 分支后备保护电流定值校验

保护名称	定值名称	整定值	I_A		I_B		I_C	
			$0.95I_{zd}$	$1.05I_{zd}$	$0.95I_{zd}$	$1.05I_{zd}$	$0.95I_{zd}$	$1.05I_{zd}$
复压过流保护	复压过流Ⅰ段定值		□动作 □不动作	□动作 □不动作	□动作 □不动作	□动作 □不动作	□动作 □不动作	□动作 □不动作
	复压过流Ⅱ段定值		□动作 □不动作	□动作 □不动作	□动作 □不动作	□动作 □不动作	□动作 □不动作	□动作 □不动作
过负荷	过负荷定值		□动作 □不动作	□动作 □不动作	□动作 □不动作	□动作 □不动作	□动作 □不动作	□动作 □不动作

结论（　　）

3.2.3.2 复压闭锁功能校验

投低压侧 1 分支后备保护功能硬压板、低压侧 1 分支后备保护功能软压板、低压侧 2 分支电压功能硬压板及相关控制字，并验证功能正确性见表 19（按保护定值校验使用段定值）。

表 19　　低压侧 1 分支后备保护复压过流闭锁功能校验

保护名称	通入电流（A）	低电压校验						负序电压校验	
		U_{AB}		U_{BC}		U_{CA}		U_2	
		$0.95U_{zd}$	$1.05U_{zd}$	$0.95U_{zd}$	$1.05U_{zd}$	$0.95U_{zd}$	$1.05U_{zd}$	$0.95U_{zd}$	$1.05U_{zd}$
复压过流保护	Ⅰ段：——	□动作 □不动作	□动作 □不动作	□动作 □不动作	□动作 □不动作	□动作 □不动作	□动作 □不动作	□动作 □不动作	□动作 □不动作
	Ⅱ段：——	□动作 □不动作	□动作 □不动作	□动作 □不动作	□动作 □不动作	□动作 □不动作	□动作 □不动作	□动作 □不动作	□动作 □不动作

结论（　　）

3.2.4　低压侧 2 分支后备保护定值校验

3.2.4.1　电流定值校验

投低压侧 2 分支后备保护功能硬压板、低压侧 2 分支后备保护功能软压板及相关控制字。并验证功能正确性见表 20（按保护定值校验使用段定值）。

表 20　　低压侧 2 分支后备保护电流定值校验

保护名称	定值名称	整定值	I_A		I_B		I_C	
			$0.95I_{zd}$	$1.05I_{zd}$	$0.95I_{zd}$	$1.05I_{zd}$	$0.95I_{zd}$	$1.05I_{zd}$
复压过流保护	复压过流Ⅰ段定值		□动作 □不动作	□动作 □不动作	□动作 □不动作	□动作 □不动作	□动作 □不动作	□动作 □不动作
	复压过流Ⅱ段定值		□动作 □不动作	□动作 □不动作	□动作 □不动作	□动作 □不动作	□动作 □不动作	□动作 □不动作
过负荷	过负荷定值		□动作 □不动作	□动作 □不动作	□动作 □不动作	□动作 □不动作	□动作 □不动作	□动作 □不动作

结论（　　）

3.2.4.2　复压闭锁功能校验

投低压侧 2 分支后备保护功能硬压板、低压侧 2 分支后备保护功能软压板、低压侧 2 分支电压功能硬压板及相关控制字，并验证功能正确性见表 21（按保护定值校验使用段定值）。

表 21　　低压侧 2 分支后备保护复压过流闭锁功能校验

保护名称	通入电流（A）	低电压校验						负序电压校验	
		U_{AB}		U_{BC}		U_{CA}		U_2	
		$0.95U_{zd}$	$1.05U_{zd}$	$0.95U_{zd}$	$1.05U_{zd}$	$0.95U_{zd}$	$1.05U_{zd}$	$0.95U_{zd}$	$1.05U_{zd}$
复压过流保护	Ⅰ段：——	□动作 □不动作	□动作 □不动作	□动作 □不动作	□动作 □不动作	□动作 □不动作	□动作 □不动作	□动作 □不动作	□动作 □不动作
	Ⅱ段：——	□动作 □不动作	□动作 □不动作	□动作 □不动作	□动作 □不动作	□动作 □不动作	□动作 □不动作	□动作 □不动作	□动作 □不动作

结论（　　）

3.3 保护整组动作时间测试

保护整组动作时间测试见表 22。

表 22 保护整组动作时间测试

保护名称	故障类型	整定时间（ms）	显示时间（ms）	测量时间（ms）	装置动作信号
纵差保护	AN 故障				
差动速断	AB 故障				
高复压过流Ⅰ段 1 时限	AB 故障				
高复压过流Ⅰ段 2 时限	AB 故障				
高复压过流Ⅰ段 3 时限	AB 故障				
高复压过流Ⅱ段 1 时限	BC 故障				
高复压过流Ⅱ段 2 时限	BC 故障				
高复压过流Ⅱ段 3 时限	BC 故障				
高复压过流Ⅲ段 1 时限	CA 故障				
高复压过流Ⅲ段 2 时限	CA 故障				
高零序过流Ⅰ段 1 时限	AN 故障				
高零序过流Ⅰ段 2 时限	AN 故障				
高零序过流Ⅰ段 3 时限	AN 故障				
高零序过流Ⅱ段 1 时限	BN 故障				
高零序过流Ⅱ段 2 时限	BN 故障				
高零序过流Ⅱ段 3 时限	BN 故障				
高零序过流Ⅲ段 1 时限	CN 故障				
高零序过流Ⅲ段 2 时限	CN 故障				
高间隙过流	AN 故障				
高零序过压	AN 故障				
中复压过流Ⅰ段 1 时限	AB 故障				
中复压过流Ⅰ段 2 时限	AB 故障				
中复压过流Ⅰ段 3 时限	AB 故障				
中复压过流Ⅱ段 1 时限	BC 故障				
中复压过流Ⅱ段 2 时限	BC 故障				
中复压过流Ⅱ段 3 时限	BC 故障				
中复压过流Ⅲ段 1 时限	CA 故障				
中复压过流Ⅲ段 2 时限	CA 故障				
中零序过流Ⅰ段 1 时限	AN 故障				
中零序过流Ⅰ段 2 时限	AN 故障				
中零序过流Ⅰ段 3 时限	AN 故障				
中零序过流Ⅱ段 1 时限	BN 故障				
中零序过流Ⅱ段 2 时限	BN 故障				
中零序过流Ⅱ段 3 时限	BN 故障				
中零序过流Ⅲ段 1 时限	CN 故障				
中零序过流Ⅲ段 2 时限	CN 故障				
低 1 分支复压过流Ⅰ段 1 时限	AB 故障				
低 1 分支复压过流Ⅰ段 2 时限	AB 故障				
低 1 分支复压过流Ⅰ段 3 时限	AB 故障				
低 1 分支复压过流Ⅱ段 1 时限	BC 故障				
低 1 分支复压过流Ⅱ段 2 时限	BC 故障				
低 1 分支复压过流Ⅱ段 3 时限	BC 故障				
低 2 分支复压过流Ⅰ段 1 时限	AB 故障				
低 2 分支复压过流Ⅰ段 2 时限	AB 故障				
低 2 分支复压过流Ⅰ段 3 时限	AB 故障				
低 2 分支复压过流Ⅱ段 1 时限	BC 故障				
低 2 分支复压过流Ⅱ段 2 时限	BC 故障				
低 2 分支复压过流Ⅱ段 3 时限	BC 故障				
要求：保护整组动作时间按 1.2 倍整定定值测试					

结论（　　）

3.4 跳闸矩阵定值及跳闸出口输出检验

依据整定的跳闸矩阵控制字，检查对应的跳闸出口是否正确变位见表23。

表23 跳闸矩阵定值及跳闸出口输出检验

保护名称＼跳闸对象	备用出口4	备用出口3	备用出口2	备用出口1	闭锁低2分支备投	闭锁低1分支备投	闭锁中压侧备投	跳低压2分段	跳低压2分支	跳低压1分段	跳低压1分支	跳中压侧母联	跳中压侧	跳高压侧母联	跳高压侧
主保护															
高复压过流Ⅰ段1时限															
高复压过流Ⅰ段2时限															
高复压过流Ⅰ段3时限															
高复压过流Ⅱ段1时限															
高复压过流Ⅱ段2时限															
高复压过流Ⅱ段3时限															
高复压过流Ⅲ段1时限															
高复压过流Ⅲ段2时限															
高零序过流Ⅰ段1时限															
高零序过流Ⅰ段2时限															
高零序过流Ⅰ段3时限															
高零序过流Ⅱ段1时限															
高零序过流Ⅱ段2时限															
高零序过流Ⅱ段3时限															
高零序过流Ⅲ段1时限															
高零序过流Ⅲ段2时限															
高间隙过流															
高零序过压															
高失灵联跳															
中复压过流Ⅰ段1时限															
中复压过流Ⅰ段2时限															
中复压过流Ⅰ段3时限															
中复压过流Ⅱ段1时限															
中复压过流Ⅱ段2时限															
中复压过流Ⅱ段3时限															
中复压过流Ⅲ段1时限															
中复压过流Ⅲ段2时限															
中零序过流Ⅰ段1时限															
中零序过流Ⅰ段2时限															
中零序过流Ⅰ段3时限															
中零序过流Ⅱ段1时限															
中零序过流Ⅱ段2时限															
中零序过流Ⅱ段3时限															
中零序过流Ⅲ段1时限															
中零序过流Ⅲ段2时限															

续表

保护名称＼跳闸对象	备用出口4	备用出口3	备用出口2	备用出口1	闭锁低2分支备投	闭锁低1分支备投	闭锁中压侧备投	跳低压2分段	跳低压2分支	跳低压1分段	跳低压1分支	跳中压侧母联	跳中压侧	跳高压侧母联	跳高压侧
低1分支复压过流Ⅰ段1时限															
低1分支复压过流Ⅰ段2时限															
低1分支复压过流Ⅰ段3时限															
低1分支复压过流Ⅱ段1时限															
低1分支复压过流Ⅱ段2时限															
低1分支复压过流Ⅱ段3时限															
低2分支复压过流Ⅰ段1时限															
低2分支复压过流Ⅰ段2时限															
低2分支复压过流Ⅰ段3时限															
低2分支复压过流Ⅱ段1时限															
低2分支复压过流Ⅱ段2时限															
低2分支复压过流Ⅱ段3时限															

结论（　　）

3.5　自定义功能检验

根据保护装置自定义功能，对其功能投退、动作逻辑、定值进行校验见表24。

表24　　**自定义功能检查**

自定义功能名称	定值/控制字	装置动作信息	结果

结论（　　）

检验人：

4 非电量装置检验

4.1 开关量输入回路检验

开关量输入回路检验见表25。

表25 非电量开关量输入回路检验

序号	检验项目	接点动作情况
1	本体重瓦斯	□高压侧跳闸、□中压侧跳闸、□低压侧1分支跳闸、□低压侧2分支跳闸、□遥信、□面板信号灯
2	调压重瓦斯	□高压侧跳闸、□中压侧跳闸、□低压侧1分支跳闸、□低压侧2分支跳闸、□遥信、□面板信号灯
3	本体压力释放	□遥信、□面板信号灯
4	冷却器全停	□遥信、□面板信号灯
5	本体轻瓦斯	□遥信、□面板信号灯
6	调压轻瓦斯	□遥信、□面板信号灯
7	本体油位异常	□遥信、□面板信号灯
8	本体油面温度1	□遥信、□面板信号灯
9	本体油面温度2	□遥信、□面板信号灯
10	本体绕组温度1	□遥信、□面板信号灯
11	本体绕组温度2	□遥信、□面板信号灯
12	保护检修状态	□遥信
13	信号复归	□遥信

结论（　　）

4.2 开关量输出回路检验

开关量输出回路检验见表26。

表26 非电量开关量输出回路检验

序号	检验项目	方法	接点动作情况
1	装置闭锁	关闭装置电源	□监控后台，□遥信
2	信号输出	模拟装置故障告警	□监控后台，□遥信
		模拟运行异常告警	□监控后台，□遥信
		模拟非电量保护动作	□监控后台，□遥信
3	跳闸出口	模拟重瓦斯动作	□高压侧跳闸、□中压侧跳闸、□低压侧1分支跳闸、□低压侧2分支跳闸

结论（　　）

检验人：

5 操作箱检验

5.1 操作箱基本信息

操作箱基本信息见表 27。

表 27 操作箱基本信息

装置名称	型号	生产厂家	出厂日期	跳/合闸电流	直流电压
高压侧操作箱					
中压侧操作箱					
低压1分支操作箱					
低压1分支操作箱					

5.2 高压侧操作箱检验

5.2.1 检查一组、二组操作（保护）直流是否混电。合上一组操作（保护）直流电源，断开二组操作（保护）直流电源，测量二组操作（保护）直流对地电压；合上二组操作（保护）直流电源，断开一组操作（保护）直流电源，测量一组操作（保护）直流对地电压。

结论（　　）

5.2.2 检查操作箱中出口继电器动作电压值在55%～70%额定电压下可靠动作。

结论（　　）

5.2.3 检查操作箱中逻辑回路的继电器，应满足80%额定电压下可靠动作。

结论（　　）

5.2.4 操作箱功能检验见表 28。

表 28 高压侧操作箱功能检验

序号	检验项目	方法	接点动作情况
1	接点输出	一组控制回路断线	□监控后台，□面板显示
		二组控制回路断线	□监控后台，□面板显示
		一组跳闸出口（A、B、C相）	□监控后台，□面板显示，□跳闸
		二组跳闸出口（A、B、C相）	□监控后台，□面板显示，□跳闸
		一组操作直流消失	□监控后台，□面板显示
		二组操作直流消失	□监控后台，□面板显示
2	继电器功能	三相跳闸	□监控后台，□面板显示，□一组跳闸，□二组跳闸
		手合动作	□合闸，□面板显示
		手跳动作	□一组跳闸，□二组跳闸，□面板显示
3	压力闭锁回路	闭锁合闸（根据实际接线选做）	□闭锁合闸
		闭锁分闸（根据实际接线选做）	□闭锁分闸
		闭锁操作（根据实际接线选做）	□闭锁操作

结论（　　）

5.2.5 电压切换箱功能检验

电压切换箱（或集成在操作箱内的电压切换插件）功能检验见表 29。

表 29 高压侧切换箱功能检验

试验方法	接点动作情况
切换继电器同时动作	□监控后台
TV 失压	□监控后台
电压切换功能	□Ⅰ母电压接点，□面板显示
	□Ⅱ母电压接点，□面板显示

结论（　　）

5.3　中压侧操作箱检验

5.3.1　检查操作箱中出口继电器动作电压值在55%～70%额定电压下可靠动作。　结论（　　）

5.3.2　检查操作箱中逻辑回路的继电器，应满足80%额定电压下可靠动作。结论（　　）

5.3.3　操作箱功能检验见表30。

表30　　中压侧操作箱功能检验

检验项目	方法	接点动作情况
接点输出	控制回路断线	□监控后台，□面板显示
	跳闸出口	□监控后台，□面板显示，□跳闸
	操作直流消失	□监控后台，□面板显示
	手合动作	□合闸，□面板显示
	手跳动作	□跳闸，□面板显示

结论（　　）

5.3.4　电压切换箱功能检验

电压切换箱（或集成在操作箱内的电压切换插件）功能检验见表31。

表31　　中压侧切换箱功能检验

试验方法	接点动作情况
切换继电器同时动作	□监控后台
TV失压	□监控后台
电压切换功能	□Ⅰ母电压接点，□面板显示
	□Ⅱ母电压接点，□面板显示

结论（　　）

5.4　低压1分支操作箱检验

5.4.1　检查操作箱中出口继电器动作电压值在55%～70%额定电压下可靠动作。

结论（　　）

5.4.2　检查操作箱中逻辑回路的继电器，应满足80%额定电压下可靠动作。

结论（　　）

5.4.3　操作箱功能检验见表32。

表32　　低压1分支操作箱功能检验

检验项目	方法	接点动作情况
接点输出	控制回路断线	□监控后台，□面板显示
	跳闸出口	□监控后台，□面板显示，□跳闸
	操作直流消失	□监控后台，□面板显示
	手合动作	□合闸，□面板显示
	手跳动作	□跳闸，□面板显示

结论（　　）

5.5 低压 2 分支操作箱检验

5.5.1 检查操作箱中出口继电器动作电压值在 55%～70%额定电压下可靠动作。

结论（　　）

5.5.2 检查操作箱中逻辑回路的继电器，应满足 80%额定电压下可靠动作。

结论（　　）

5.5.3 操作箱功能检验见表 33。

表 33　　低压 2 分支操作箱功能检验

检验项目	方法	接点动作情况
接点输出	控制回路断线	□监控后台，□面板显示
	跳闸出口	□监控后台，□面板显示，□跳闸
	操作直流消失	□监控后台，□面板显示
	手合动作	□合闸，□面板显示
	手跳动作	□跳闸，□面板显示

结论（　　）

检验人：

6 用实际断路器做传动试验

6.1 传动试验前准备

检查对应断路器无闭锁，具备传动条件。

6.2 模拟变压器本体重瓦斯、有载重瓦斯故障：

a. 保护及变压器各侧开关实际动作应正确。（　　）

b. 后台监控信号表示正确。（　　）

6.3 模拟主保护动作

a. 保护及变压器各侧开关实际动作应正确。（　　）

b. 后台监控信号表示正确。（　　）

c. 站端、各级调控端继电保护在线监视与分析模块表示信息正确。（　　）

d. 录波器表示信息正确。（　　）

6.4 模拟高压侧后备动作，手合故障检查开关防跳

a. 保护及变压器各侧开关实际动作应正确。（　　）

b. 后台监控信号表示正确。（　　）

c. 站端、各级调控端继电保护在线监视与分析模块表示信息正确。（　　）

d. 录波器表示信息正确。（　　）

e. 检查闭锁备自投功能正确。（　　）

6.5 模拟低压侧后备 1 分支动作，手合故障检查开关防跳

a. 保护及变压器低压侧 1 分支开关实际动作应正确。（　　）

b. 验证保护跳低压侧母联开关回路正确。（　　）

c. 后台监控信号表示正确。（　　）

d. 站端、各级调控端继电保护在线监视与分析模块表示信息正确。（　　）

e. 录波器表示信息正确。（　　）

f. 检查闭锁备自投功能正确。（　　）

检验人：

7　装置投运准备工作

7.1　投入运行前的准备工作

7.1.1　现场工作结束后，工作负责人检查试验记录有无漏试验项目，核对装置的整定值是否与定值单相符。打印定值单附后。（　　）

7.1.2　盖好所有装置及辅助设备的盖子，各装置插板扣紧。（　　）

7.1.3　二次回路接线恢复，拆除在检验时使用的试验设备、仪表及一切连接线，所有被拆除的或临时接入的连线应全部恢复正常，装置所有的信号应复归。（　　）

7.1.4　压板核对及安全措施恢复。（　　）

7.1.5　全部人员撤离前，清扫现场。（　　）

7.2　对运行人员交代事项

7.2.1　填写及交代继电保护记录簿，将主要检验项目、试验结果及结论、定值通知单执行情况详细记录在内，向运行负责人员交代检验结果、设备变动情况或遗留问题，并写明该装置可以投入运行。（　　）

7.2.2　交代运行人员在将装置投入前，必须用高内阻电压表以一端对地测保护出口压板端子电压的方法，检查并证实被检验的继电保护装置及安全自动装置确实未给出跳闸或合闸脉冲，才允许将装置的跳合闸连接片投到投入位置。（　　）

7.2.3　对运维人员进行继电保护运行规程培训。（　　）

7.3　验收合格后，办理工作票终结手续。（　　）

7.4　定值通知单编号：（　　），执行时间：（　　）。

检验人：

8　带负荷测试

8.1　高压侧系统电压核相

高压侧系统电压核相见表34。

表34　　高压侧电压核相检验

测试数据		Ⅰ段电压				
		U_A	U_B	U_C	U_L	U_N
Ⅱ段电压	U_A				—	
	U_B				—	
	U_C				—	
	U_L	—	—	—		
	U_N					

结论（　　）

8.2　中压侧系统电压核相

中压侧系统电压核相见表 35。

表 35　　中压侧电压核相检验

测试数据		Ⅰ段电压			
		U_A	U_B	U_C	U_N
Ⅱ段电压	U_A				
	U_B				
	U_C				
	U_N				

结论（　　）

8.3　交流回路幅值及相位测试

以高压侧 U_{AN} 电压为基准。测得数值见表 36。

表 36　　交流回路幅值及相位测试

名称	相别	测试值（幅值、角度）	装置显示值（幅值、角度）	相量图
高压侧电流	A	∠	∠	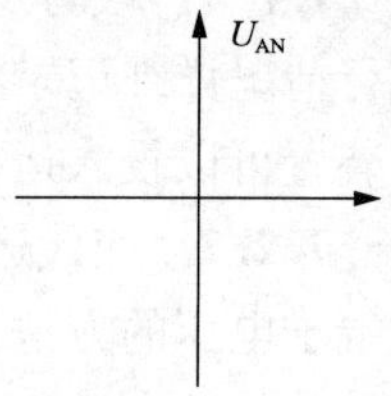
	B	∠	∠	
	C	∠	∠	
	N	∠	∠	
中压侧电流	A	∠	∠	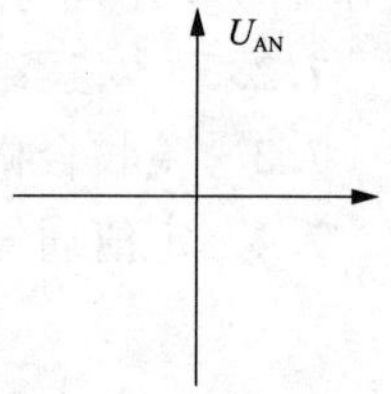
	B	∠	∠	
	C	∠	∠	
	N	∠	∠	
低压 1 分支电流	A	∠	∠	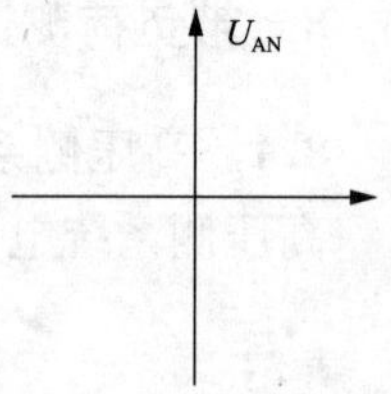
	B	∠	∠	
	C	∠	∠	
	N	∠	∠	
高零序电流		∠	∠	
高间隙电流		∠	∠	
中零序电流		∠	∠	

结论（　　）

8.4　装置负荷及差流检查

高压侧有功：（　　）；高压侧无功：（　　）；高压侧负荷电流：（　　）；

中压侧有功：（　　）；中压侧无功：（　　）；中压侧负荷电流：（　　）；

低压 1 分支有功：（　　）；低压 1 分支无功：（　　）；低压 1 分支负荷电流：（　　）；

低压 2 分支有功：（　　）；低压 2 分支无功：（　　）；低压 2 分支负荷电流：（　　）；

A 相差动电流：(　　)；B 相差动电流：(　　)；C 相差动电流：(　　)；

A 相制动电流：(　　)；B 相制动电流：(　　)；C 相制动电流：(　　)。

8.5　使用钳形电流表测量保护二次电缆屏蔽层的电流，以检查该保护装置及拼柜与二次等电位接地网连接状况，当测量不到电流时，应检查屏蔽层是否接地良好接地。测试结果为（　　）。

检验人：

9　现场遗留问题

工作负责人：

15. 常规变电站220kV三绕组变压器保护C类检验标准化作业指导书

变电站名称 ____________________

装 置 命 名 ____________________

设备变更记录

变更内容			变更日期	执行人
装置变更	1			
	2			
程序升级	1			
	2			
	3			
	4			
回路变更	1			
	2			
	3			
	4			
	5			
TA 变比	1			
	2			
	3			
其他	1			
	2			
	3			

________型变压器保护

检验报告

出厂日期		投运日期	
工作负责人			
检验人员			
检验性质	C类检修		
开始时间	年 月 日 时 分		
结束时间	年 月 日 时 分		
检验结论			
审核人签字		审核日期	

目　　次

1 通用部分

1.1 详见《常规变电站继电保护标准化作业指导书（C类检验通用部分）》。

1.2 适用于220kV三绕组变压器，采用高压侧、中压侧、低压1分支、低压2分支绕组结构。报告中试验项目针对变压器电气量保护、非电量保护检验。

2 微机保护单机检验

2.1 装置基本信息

装置基本信息检查见表1。

表1 **装置基本信息检查**

CPU号	软件版本号	CRC校验码	软件版本生成时间	与标准是否一致

结论（ ）

2.2 零漂及采样校验

2.2.1 零漂检验

要求：$I<0.01I_n$，$U<0.1$V，见表2。

表2 **零漂检验**

采样通道	I_{ha}(A)	I_{hb}(A)	I_{hc}(A)	U_{ha}(V)	U_{hb}(V)	U_{hc}(V)	U_{h0}(V)	I_{h0}(A)	I_{hj}(A)
采样1									
采样2									
采样通道	I_{ma}(A)	I_{mb}(A)	I_{mc}(A)	U_{ma}(V)	U_{mb}(V)	U_{mc}(V)	U_{m0}(V)	I_{m0}(A)	
采样1									
采样2									
采样通道	I_{11a}(A)	I_{11b}(A)	I_{11c}(A)	U_{11a}(V)	U_{11b}(V)	U_{11c}(V)			
采样1									
采样2									
采样通道	I_{12a}(A)	I_{12b}(A)	I_{12c}(A)	U_{12a}(V)	U_{12b}(V)	U_{12c}(V)			
采样1									
采样2									

结论（ ）

2.2.2 采样精度校验

保护屏端子上分别通入额定电压、电流量，查看液晶屏显示值，幅值误差应小于±5%，相角误差小于3°见表3。

表 3　　采样精度校验

采样通道	I_{ha}(A)	I_{hb}(A)	I_{hc}(A)	U_{ha}(V)	U_{hb}(V)	U_{hc}(V)	U_{h0}(V)	I_{h0}(A)	I_{hj}(A)
I_n、U_n	A∠0°	A∠	A∠	V∠	V∠	V∠	V∠	A∠	A∠
采样 1									
采样 2									
采样通道	I_{ma}(A)	I_{mb}(A)	I_{mc}(A)	U_{ma}(V)	U_{mb}(V)	U_{mc}(V)	U_{m0}(V)	I_{m0}(A)	
I_n、U_n	A∠0°	A∠	A∠	V∠	V∠	V∠	V∠	A∠	
采样 1									
采样 2									
采样通道	I_{11a}(A)	I_{11b}(A)	I_{11c}(A)	U_{11a}(V)	U_{11b}(V)	U_{11c}(V)			
I_n、U_n	A∠0°	A∠	A∠	V∠	V∠	V∠			
采样 1									
采样 2									
采样通道	I_{12a}(A)	I_{12b}(A)	I_{12c}(A)	U_{12a}(V)	U_{12b}(V)	U_{12c}(V)			
I_n、U_n	A∠0°	A∠	A∠	V∠	V∠	V∠			
采样 1									
采样 2									

结论（　　）

检验人：

3　用实际断路器做传动试验

结合整组试验对已投入使用的开入量进行检查。（要求开关传动试验打印报告附后）

3.1　传动试验前准备

检查对应断路器无闭锁，具备传动条件。

3.2　模拟变压器本体重瓦斯、有载重瓦斯故障：

a. 保护及变压器各侧开关实际动作应正确。（　　）

b. 后台监控信号表示正确。（　　）

3.3　模拟主保护动作

a. 保护及变压器各侧开关实际动作应正确。（　　）

b. 后台监控信号表示正确。（　　）

c. 站端、各级调控端继电保护在线监视与分析模块表示信息正确。（　　）

d. 录波器表示信息正确。（　　）

3.4　模拟高压侧后备动作，手合故障检查开关防跳

a. 保护及变压器各侧开关实际动作应正确。（　　）

b. 后台监控信号表示正确。（　　）

c. 站端、各级调控端继电保护在线监视与分析模块表示信息正确。（　　）

d. 录波器表示信息正确。（　　）

e. 检查闭锁备自投功能正确。（　　）

3.5 模拟低压侧后备1分支动作，手合故障检查开关防跳

a. 保护及变压器低压侧1分支开关实际动作应正确。（ ）

b. 验证保护跳低压侧母联开关回路正确。（ ）

c. 后台监控信号表示正确。（ ）

d. 站端、各级调控端继电保护在线监视与分析模块表示信息正确。（ ）

e. 录波器表示信息正确。（ ）

f. 检查闭锁备自投功能正确。（ ）

检验人：

4 装置投运准备工作

4.1 投入运行前的准备工作

4.1.1 现场工作结束后，工作负责人检查试验记录有无漏试验项目，核对装置的整定值是否与定值单相符。打印定值单附后。（ ）

4.1.2 盖好所有装置及辅助设备的盖子，各装置插板扣紧。（ ）

4.1.3 二次回路接线恢复，拆除在检验时使用的试验设备、仪表及一切连接线，所有被拆除的或临时接入的连线应全部恢复正常，装置所有的信号应复归。（ ）

4.1.4 压板核对及安全措施恢复。（ ）

4.1.5 全部人员撤离前，清扫现场。（ ）

4.2 对运行人员交代事项

4.2.1 填写及交代继电保护记录簿，将主要检验项目、试验结果及结论、定值通知单执行情况详细记录在内，向运行负责人员交代检验结果、设备变动情况或遗留问题，并写明该装置可以投入运行。（ ）

4.2.2 交代运行人员在将装置投入前，必须用高内阻电压表以一端对地测保护出口压板端子电压的方法，检查并证实被检验的继电保护装置及安全自动装置确实未给出跳闸或合闸脉冲，才允许将装置的跳合闸连接片投到投入位置。（ ）

4.2.3 对运维人员进行继电保护运行规程培训。（ ）

4.3 验收合格后，办理工作票终结手续。（ ）

4.4 定值通知单编号：（ ），执行时间：（ ）。

检验人：

5 现场遗留问题

工作负责人：

16. 常规变电站220kV母线保护新安装验收检验标准化作业指导书

变电站名称 ______________________

装 置 命 名 ______________________

设备变更记录

变更内容			变更日期	执行人
装置变更	1			
	2			
程序升级	1			
	2			
	3			
	4			
回路变更	1			
	2			
	3			
	4			
	5			
TA 变比	1			
	2			
	3			
其他	1			
	2			
	3			

________型母线保护

检验报告

出厂日期		投运日期	
工作负责人			
检验人员			
检验性质	新安装验收检验		
开始时间	年　月　日　时　分		
结束时间	年　月　日　时　分		
检验结论			
审核人签字		审核日期	

目　次

1　通用部分

1.1　详见《常规变电站继电保护标准化作业指导书（验收检验通用部分）》。

1.2　适用于220kV双母线、双母双分段接线的“六统一”母线保护。500kV双母线、双母双分段接线的“六统一”母线保护可参照执行。

2　装置基本信息检查

装置基本信息检查见表1。

表1　　装置基本信息检查

主接线类型	□双母线接线　　□双母双分段接线
电压等级（kV）	□220
装置配置间隔数	
额定参数	装置额定电压（V）：（　　），　二次额定电流（A）：（　　）
程序版本号	
软件版本时间	
与要求版本是否一致	

检验人：

3　开关量输入回路检验

3.1　保护压板检验

通过在保护屏上投、退保护压板，检验保护压板输入正确性。保护压板检验见表2。

表2　　保护压板检验

序号	压板名称	液晶屏显示		结论
		投保护压板	退保护压板	
1	差动保护			
2	失灵保护			
*3	母线互联			
4	母线分列			
**5	母联分列			
**6	分段1分列			
**7	分段2分列			
8	远方操作			
9	检修状态			

注　1. 序号前标*项为双母线及双母双分段接线特有；
　　2. 序号前标**项为双母双分段接线特有。

3.2　隔离开关位置开入及隔离开关模拟屏检验

检验方法：

3.2.1　将模拟屏上所有隔离开关位置均放在自适应状态，依次在屏后短接隔离开关开入端子（公共端需要有正常工作电位），在母差保护液晶屏主界面及模拟屏上检查隔离开关状态表示是否正确。

3.2.2 操作隔离开关模拟屏上的各单元隔离开关强制开关，在母差保护液晶屏主界面及模拟屏上检查隔离开关状态表示是否正确。

3.2.3 上述检查结果正确，则在表3的对应空格内划√、不正确应消除异常保证正确。

3.2.4 下表中“对应间隔、开入接点位置”栏内容为根据现场实际接线填入表格内。

隔离开关位置开入及隔离刀闸模拟屏检验见表3。

表3　　隔离开关位置开入及隔离开关模拟屏检验

单元号	对应间隔	对应间隔隔离开关	开入接点位置	液晶屏及模拟盘面板指示灯显示			
				强制合	强制分	自适应合	自适应分
2单元	1号主变压器	L2-Ⅰ母					
		L2-Ⅱ母					
3单元	2号主变压器	L3-Ⅰ母					
		L3-Ⅱ母					
4单元		L4-Ⅰ母					
		L4-Ⅱ母					
5单元		L5-Ⅰ母					
		L5-Ⅱ母					
6单元		L6-Ⅰ母					
		L6-Ⅱ母					
7单元		L7-Ⅰ母					
		L7-Ⅱ母					
8单元		L8-Ⅰ母					
		L8-Ⅱ母					
9单元		L9-Ⅰ母					
		L9-Ⅱ母					
10单元		L10-Ⅰ母					
		L10-Ⅱ母					
11单元		L11-Ⅰ母					
		L11-Ⅱ母					
12单元		L12-Ⅰ母					
		L12-Ⅱ母					
13单元		L13-Ⅰ母					
		L13-Ⅱ母					
14单元	3号主变压器	L14-Ⅰ母					
		L14-Ⅱ母					
15单元	4号主变压器	L15-Ⅰ母					
		L15-Ⅱ母					
16单元		L16-Ⅰ母					
		L16-Ⅱ母					

续表

单元号	对应间隔	对应间隔隔离开关	开入接点位置	液晶屏及模拟盘面板指示灯显示			
				强制合	强制分	自适应合	自适应分
17 单元		L17-Ⅰ母					
		L17-Ⅱ母					
18 单元		L18-Ⅰ母					
		L18-Ⅱ母					
19 单元		L19-Ⅰ母					
		L19-Ⅱ母					
20 单元		L20-Ⅰ母					
		L20-Ⅱ母					
21 单元		L21-Ⅰ母					
		L21-Ⅱ母					
22 单元		L22-Ⅰ母					
		L22-Ⅱ母					

结论（　　）

注　表格按装置最大接入支路间隔设计。

3.3　失灵开入检验

分别短接对应单元失灵启动接点端子排位置，观察液晶屏显示状态。失灵开入检验见表4。

表4　　**失灵开入检验**

单元号	对应间隔	失灵启动开入量名称	开入接点端子位置	液晶屏显示	结论
1 单元	母联	三相跳闸			
2 单元	1 号主变压器	三相跳闸			
3 单元	2 号主变压器	三相跳闸			
4 单元		A 相跳闸			
		B 相跳闸			
		C 相跳闸			
		三相跳闸			
5 单元		A 相跳闸			
		B 相跳闸			
		C 相跳闸			
		三相跳闸			
6 单元		A 相跳闸			
		B 相跳闸			
		C 相跳闸			
		三相跳闸			
7 单元		A 相跳闸			
		B 相跳闸			
		C 相跳闸			
		三相跳闸			

续表

单元号	对应间隔	失灵启动开入量名称	开入接点端子位置	液晶屏显示	结论
8单元		A相跳闸			
		B相跳闸			
		C相跳闸			
		三相跳闸			
9单元		A相跳闸			
		B相跳闸			
		C相跳闸			
		三相跳闸			
10单元		A相跳闸			
		B相跳闸			
		C相跳闸			
		三相跳闸			
11单元		A相跳闸			
		B相跳闸			
		C相跳闸			
		三相跳闸			
12单元		A相跳闸			
		B相跳闸			
		C相跳闸			
		三相跳闸			
13单元		A相跳闸			
		B相跳闸			
		C相跳闸			
		三相跳闸			
14单元	3号主变压器	三相跳闸			
15单元	4号主变压器	三相跳闸			
16单元		A相跳闸			
		B相跳闸			
		C相跳闸			
		三相跳闸			
17单元		A相跳闸			
		B相跳闸			
		C相跳闸			
		三相跳闸			
18单元		A相跳闸			
		B相跳闸			
		C相跳闸			
		三相跳闸			

续表

单元号	对应间隔	失灵启动开入量名称	开入接点端子位置	液晶屏显示	结论
19 单元		A 相跳闸			
		B 相跳闸			
		C 相跳闸			
		三相跳闸			
20 单元		A 相跳闸			
		B 相跳闸			
		C 相跳闸			
		三相跳闸			
21 单元		A 相跳闸			
		B 相跳闸			
		C 相跳闸			
		三相跳闸			
22 单元		A 相跳闸			
		B 相跳闸			
		C 相跳闸			
		三相跳闸			
23 单元		三相跳闸			
24 单元		三相跳闸			

注　表格按装置最大接入支路间隔设计。

3.4　其他接点检查

分别短接对应接点端子排位置（公共端需要有正常工作电位），观察液晶屏显示状态。其他接点检查见表 5。

表 5　　**其 他 接 点 检 查**

序号	接点名称	开入接点	液晶屏显示
1	母联三相跳闸位置		
2	母联 SHJ		
3	1 号主变压器失灵解除电压闭锁		
4	2 号主变压器失灵解除电压闭锁		
5	3 号主变压器失灵解除电压闭锁		
6	4 号主变压器失灵解除电压闭锁		
*7	分段 1 三相跳闸位置		
*8	分段 2 三相跳闸位置		
*9	分段 1SHJ 开入		
*10	分段 2SHJ 开入		
11	信号复归按钮		
12	线路支路解除失灵保护电压闭锁		

注　序号前标*项为双母双分段接线特有。

结论（　　）

检验人：

4 输出回路检查

4.1 信号输出检验

信号输出检验见表6。

表6 信号输出检验

序号	检验项目	方法	接点动作情况
1	信号输出	TV、TA断线报警	□监控后台，□液晶显示，□面板
2		隔离开关位置告警	□监控后台，□液晶显示，□面板
3		Ⅰ母差动动作	□监控后台，□液晶显示，□面板，□录波
4		Ⅱ母差动动作	□监控后台，□液晶显示，□面板，□录波
5		Ⅰ母失灵动作	□监控后台，□液晶显示，□面板，□录波
6		Ⅱ母失灵动作	□监控后台，□液晶显示，□面板，□录波
7		跳母联（分段）	□监控后台，□液晶显示，□面板
8		母线互联告警	□监控后台，□液晶显示，□面板
9		运行异常	□监控后台，□液晶显示，□面板
10		装置故障告警	□监控后台，□液晶显示，□面板

结论（　　）

4.2 开出量检查

4.2.1 跳闸出口检查

检查要求：将“差动保护”控制字置1、投入“差动保护”软压板、合上“差动保护”硬压板、断开“失灵保护”硬压板。“对应间隔、端子排位置、压板名称”栏内容为根据现场实际接线填入表格内，压板名称应填写双重名称；现场检验当接点导通正确时，在对应接点前的“□”内划“√”。该检验项目中需要同时验证“差动保护”控制字、软压板、硬压板的与逻辑功能。

4.2.1.1 将母联隔离开关强制合、“母联三相跳闸位置”开入为“0”，奇数单元隔离开关强制合Ⅰ母，Ⅱ母自适应；偶数单元强制合Ⅱ母，Ⅰ母自适应，在Ⅰ母任一单元加大于差动保护起动电流定值，使Ⅰ母动作。用万用表检查母联及Ⅰ母各跳闸接点动作、Ⅱ母各跳闸接点不动作情况，同时验证出口压板的正确性。跳闸出口检查见表7。

表7 跳闸出口检查（一）

单元号	对应间隔	对应出口	端子排位置	压板名称	液晶屏显示情况
1单元	母联	接点一	□		□正确
		接点二	□		□正确
2单元	1号主变压器	接点一	□		□正确
		接点二	□		□正确
3单元	2号主变压器	接点一	□		□正确
		接点二	□		□正确
4单元		接点一	□		□正确
		接点二	□		□正确

续表

单元号	对应间隔	对应出口	端子排位置	压板名称	液晶屏显示情况
5 单元		接点一	□		□正确
		接点二	□		□正确
6 单元		接点一	□		□正确
		接点二	□		□正确
7 单元		接点一	□		□正确
		接点二	□		□正确
8 单元		接点一	□		□正确
		接点二	□		□正确
9 单元		接点一	□		□正确
		接点二	□		□正确
10 单元		接点一	□		□正确
		接点二	□		□正确
11 单元		接点一	□		□正确
		接点二	□		□正确
12 单元		接点一	□		□正确
		接点二	□		□正确
13 单元		接点一	□		□正确
		接点二	□		□正确
14 单元	3 号主变压器	接点一	□		□正确
		接点二	□		□正确
15 单元	4 号主变压器	接点一	□		□正确
		接点二	□		□正确
16 单元		接点一	□		□正确
		接点二	□		□正确
17 单元		接点一	□		□正确
		接点二	□		□正确
18 单元		接点一	□		□正确
		接点二	□		□正确
19 单元		接点一	□		□正确
		接点二	□		□正确
20 单元		接点一	□		□正确
		接点二	□		□正确
21 单元		接点一	□		□正确
		接点二	□		□正确
22 单元		接点一	□		□正确
		接点二	□		□正确

续表

单元号	对应间隔	对应出口	端子排位置	压板名称	液晶屏显示情况
23 单元		接点一	□		□正确
		接点二	□		□正确
24 单元		接点一	□		□正确
		接点二	□		□正确

注　表格按装置最大接入支路间隔设计。

结论（　　）

4.2.1.2　将母联隔离开关强制合、“母联三相跳闸位置”开入为“0”，奇数单元隔离开关强合Ⅰ母，Ⅱ母自适应；偶数单元强制合Ⅱ母，Ⅰ母自适应，在Ⅱ母任一单元加大于差动保护起动电流定值，使Ⅱ母动作。用万用表检查母联及Ⅱ母各跳闸接点动作、Ⅰ母各跳闸接点不动作情况，同时验证出口压板的正确性。跳闸出口检查见表 8。

表 8　　**跳闸出口检查（二）**

单元号	对应间隔	对应出口	端子排位置	压板名称	液晶屏显示情况
1 单元	母联	接点一	□		□正确
		接点二	□		□正确
2 单元	1 号主变压器	接点一	□		□正确
		接点二	□		□正确
3 单元	2 号主变压器	接点一	□		□正确
		接点二	□		□正确
4 单元		接点一	□		□正确
		接点二	□		□正确
5 单元		接点一	□		□正确
		接点二	□		□正确
6 单元		接点一	□		□正确
		接点二	□		□正确
7 单元		接点一	□		□正确
		接点二	□		□正确
8 单元		接点一	□		□正确
		接点二	□		□正确
9 单元		接点一	□		□正确
		接点二	□		□正确
10 单元		接点一	□		□正确
		接点二	□		□正确
11 单元		接点一	□		□正确
		接点二	□		□正确
12 单元		接点一	□		□正确
		接点二	□		□正确
13 单元		接点一	□		□正确
		接点二	□		□正确

续表

单元号	对应间隔	对应出口	端子排位置	压板名称	液晶屏显示情况
14 单元	3 号主变压器	接点一	□		□正确
		接点二	□		□正确
15 单元	4 号主变压器	接点一	□		□正确
		接点二	□		□正确
16 单元		接点一	□		□正确
		接点二	□		□正确
17 单元		接点一	□		□正确
		接点二	□		□正确
18 单元		接点一	□		□正确
		接点二	□		□正确
19 单元		接点一	□		□正确
		接点二	□		□正确
20 单元		接点一	□		□正确
		接点二	□		□正确
21 单元		接点一	□		□正确
		接点二	□		□正确
22 单元		接点一	□		□正确
		接点二	□		□正确
23 单元		接点一	□		□正确
		接点二	□		□正确
24 单元		接点一	□		□正确
		接点二	□		□正确

注　表格按装置最大接入支路间隔设计。

结论（　　）

4.2.2　其他跳闸出口检查

方法：投入“失灵保护”硬压板、“失灵保护”软压板、“失灵保护”控制字、断开“差动保护”硬压板。依次在各主变压器间隔通入 A（或 B、C）相电流并短接对应间隔单元失灵启动接点端子排位置，观察保护动作行为、液晶屏显示情况。其他跳闸出口检查见表 9。

表 9　　其他跳闸出口检查

序号	项目	端子排位置	面板及液晶屏显示情况	备注
1	失灵联跳变压器 1		□正确	可在回路对端断开点处进行测量，验证回路的正确性
2	失灵联跳变压器 2		□正确	
3	失灵联跳变压器 3		□正确	
4	失灵联跳变压器 4		□正确	
5	启动分段 1 失灵		□正确	
6	启动分段 2 失灵		□正确	
7	Ⅰ母保护动作		□正确	可与 4.2.1 项结合在一起测试
8	Ⅱ母保护动作		□正确	可与 4.2.1 项结合在一起测试

检验人：

5 模数变换系统的检验

5.1 零漂检验

零漂检验见表 10。

表 10 零 漂 检 验

项目	最大值	要求范围
交流电压通道	( ) V	小于 0.1V
交流电流通道	( ) A	小于 $0.01I_n$

结论（ ）

5.2 采样精度校验

5.2.1 交流电压采样精度校验

在交流电压端子排处依照下表依次施加三相电压，以检验通道相别、采样正确性，并将检验结果记录到下表中。交流电压采样精度校验见表 11。

表 11 交流电压采样精度校验

加入值（V） 通道名称/相别（角度）			幅值（$0.6U_n=35V$）	幅值（$U_n=57.7V$）	幅值（$1.2U_n=69V$）
Ⅰ母	采样 1	A（∠0°）			
		B（∠240°）			
		C（∠120°）			
	采样 2	A（∠0°）			
		B（∠240°）			
		C（∠120°）			
Ⅱ母	采样 1	A（∠0°）			
		B（∠240°）			
		C（∠120°）			
	采样 2	A（∠0°）			
		B（∠240°）			
		C（∠120°）			
要求		不超过±5%			

结论（ ）

5.2.2 交流电流采样精度、相角检验

在表 12 中各单元依次通入不同幅值三相正序电流，查看间隔单元菜单显示的交流量并记录。

在表 12 中各单元的交流测试中，例如：以 1 单元的相位为基准，除在本单元加三相额定电流外，其他间隔 A 相电流与第 1 单元 A 相串接。以校验各单元的相角。

将上述两项内容的检验数据填入表 12 中。

表 12 交流电流采样精度、相角检验

间隔名称	TA 变比	通入电流量（A）	液晶屏显示结果						基准值
			采样 1			采样 2			
			I_a∠	I_b∠	I_c∠	I_a∠	I_b∠	I_c∠	∠
		$0.05I_n$							—
		I_n							
		$4I_n$							—

续表

间隔名称	TA 变比	通入电流量（A）	液晶屏显示结果						基准值
			采样 1			采样 2			
			$I_a\angle$	$I_b\angle$	$I_c\angle$	$I_a\angle$	$I_b\angle$	$I_c\angle$	$\angle$
		$0.05I_n$							—
		I_n							
		$4I_n$							—
		$0.05I_n$							—
		I_n							
		$4I_n$							—
		$0.05I_n$							—
		I_n							
		$4I_n$							—
		$0.05I_n$							—
		I_n							
		$4I_n$							—
		$0.05I_n$							—
		I_n							
		$4I_n$							—
		$0.05I_n$							—
		I_n							
		$4I_n$							—
		$0.05I_n$							—
		I_n							
		$4I_n$							—
		$0.05I_n$							—
		I_n							
		$4I_n$							—
		$0.05I_n$							—
		I_n							
		$4I_n$							—
		$0.05I_n$							—
		I_n							
		$4I_n$							—
		$0.05I_n$							—
		I_n							
		$4I_n$							—
		$0.05I_n$							—
		I_n							
		$4I_n$							—
		$0.05I_n$							—
		I_n							
		$4I_n$							—

续表

间隔名称	TA 变比	通入电流量（A）	液晶屏显示结果						基准值
			采样 1			采样 2			
			$I_a\angle$	$I_b\angle$	$I_c\angle$	$I_a\angle$	$I_b\angle$	$I_c\angle$	$\angle$
		$0.05I_n$							—
		I_n							
		$4I_n$							—
		$0.05I_n$							—
		I_n							
		$4I_n$							—
		$0.05I_n$							—
		I_n							
		$4I_n$							—
		$0.05I_n$							—
		I_n							
		$4I_n$							—
		$0.05I_n$							—
		I_n							
		$4I_n$							—
		$0.05I_n$							—
		I_n							
		$4I_n$							—
		$0.05I_n$							—
		I_n							
		$4I_n$							—
		$0.05I_n$							—
		I_n							
		$4I_n$							—
		$0.05I_n$							—
		I_n							
		$4I_n$							—
		$0.05I_n$							—
		I_n							
		$4I_n$							—
要求		不超过±5%							

注 表格按装置最大接入支路间隔设计。

结论（ ）

检验人：

6　保护功能校验

检验前要求：设置好系统参数定值及检验定值。

校验中要求：对不同功能控制字需要验证控制字置“0”、置“1”两种情况下保护装置动作行为应正确，保护功能控制字存在与其对应的软、硬压板有逻辑关系的应验证其逻辑关系正确；根据保护装置液晶屏显示信息、面板信号指示状态、测试设备实测值进行填写。

6.1　母线差动保护校验

6.1.1　区外故障

条件：不加电压使“闭锁开放”灯亮，将“差动保护”控制字置1、投入“差动保护”软压板、合上“差动保护”硬压板。

使用模拟屏上隔离开关将元件1置于Ⅰ母位置、元件2置于Ⅱ母位置，模拟母联开关在合位。模拟母线区外故障，在元件1、母联中同时通入与元件2支路大小相等方向相反的电流（A相、B相或C相），通入大于差动保护启动电流定值的电流，并保证母差电压闭锁条件开放，母线差动保护不应动作。

结论（　　）

6.1.2　区内故障

条件：不加电压，满足“闭锁开放”条件，将“差动保护”控制字置1、投入“差动保护”软压板、合上“差动保护”硬压板。

使用模拟屏上隔离开关将元件1置于Ⅰ母位置、元件2置于Ⅱ母位置，分别模拟母联开关在合位、分位情况下的母线区内Ⅰ母及Ⅱ母故障，进行下列校验。

6.1.2.1　验证差动保护启动电流定值

定值：差动保护启动电流定值=（　　）A。差动保护启动电流定值校验见表13。

表13　　差动保护启动电流定值校验

项目	A相		B相		C相	
	0.95倍整定值	1.05倍整定值	0.95倍整定值	1.05倍整定值	0.95倍整定值	1.05倍整定值
动作情况	□动作 □不动作	□动作 □不动作	□动作 □不动作	□动作 □不动作	□动作 □不动作	□动作 □不动作
动作时间	显示保护动作时间：（　　）ms 实测保护动作时间：（　　）ms		显示保护动作时间：（　　）ms 实测保护动作时间：（　　）ms		显示保护动作时间：（　　）ms 实测保护动作时间：（　　）ms	
要求	0.95倍整定值可靠不动作，1.05倍整定值可靠动作，2倍整定值下测试出口时间					

结论（　　）

6.1.2.2　验证大差比率制动系数高值：（　　）、小差比率制动系数低值：（　　）。

（1）母联开关在合位；

（2）任选Ⅰ母线上两条变比相同支路，在A相（或B相或C相）加入大小相等、方向相反电流 I_1、I_2，母联电流为0；

（3）再任选Ⅱ母线上一条变比相同支路，在A相（或B相或C相）加入电流 I_3，调节 I_3 电流大小，使Ⅱ母线差动动作。

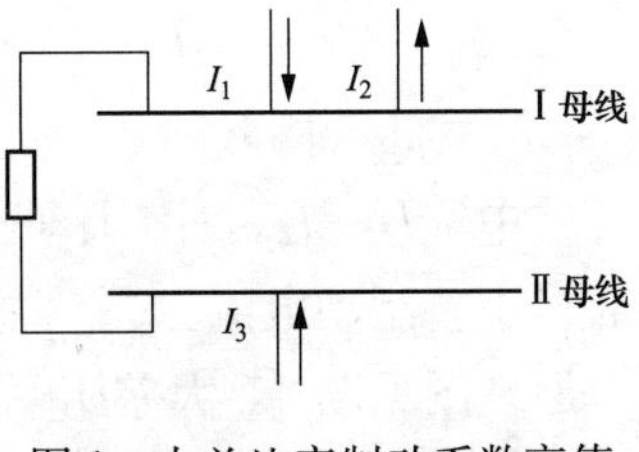

图1　大差比率制动系数高值

原理图见图 1，大差比率制动系数高值校验见表 14。

表 14　　大差比率制动系数高值校验

相别	次数	测试数据（A）			计算数据				结论
		I_1	I_2	I_3	I_d(A)	I_r(A)	制动系数	误差	
A 相	1								
	2								
B 相	1								
	2								
C 相	1								
	2								
要求		实测值与整定值误差不超过±5%							

（4）任选Ⅰ母线上 1 条支路，在 A 相（或 B 相或 C 相）加入与母联（变比与所选支路变比相同）回路电流大小相等、方向相反的电流 I_1；再任选Ⅱ母线上一条变比相同支路，在 A 相（或 B 相或 C 相）加入电流 I_3，固定 I_1 电流，调节 I_3 电流大小，使Ⅱ母线差动动作。

原理图参见图 1，小差比率制动系数低值定值校验见表 15。

表 15　　小差比率制动系数低值校验

相别	次数	测试数据（A）		计算数据				结论
		I_1	I_3	I_d(A)	I_r(A)	制动系数	误差	
A 相	1							
	2							
B 相	1							
	2							
C 相	1							
	2							
要求		实测值与整定值误差不超过±5%						

6.1.2.3 验证大差比率制动系数低值：（　　）、小差比率制动系数高值：（　　）。

（1）母联开关在分位，母线分列硬压板投入；

（2）任选Ⅰ母线上两条变比相同支路，在 A 相（或 B 相或 C 相）加入大小相等、方向相反电流 I_1、I_2；

（3）再任选Ⅱ母线上两条变比相同支路，在 A 相（或 B 相或 C 相）加入方向相反电流 I_3、I_4；固定电流 I_3，调节 I_4 电流大小，使Ⅱ母线差动动作。

公式：$I_d=|I_1+I_2+I_3+I_4|$，$I_{r1}=|I_1|+|I_2|+|I_3|+|I_4|$，$I_{r2}=|I_3|+|I_4|$

式中　I_1、I_2、I_3、I_4 是矢量，I_{r1} 为大差制动电流，I_{r2} 为Ⅱ母小差制动电流。

原理图见图 2，大差比率制动系数低值校验见表 16、小差比率制动系数高值校验见表 17。

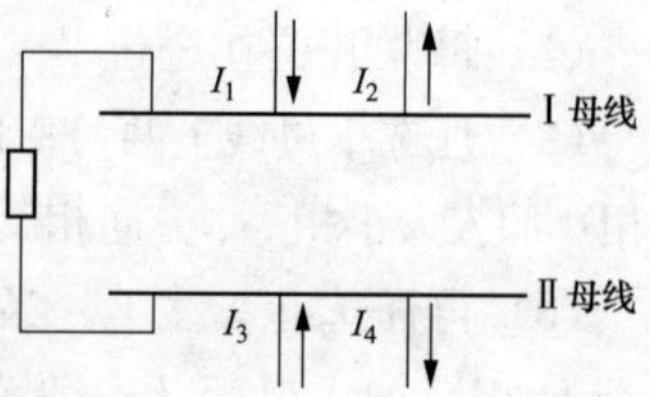

图 2　大差比率制动系数低值

表 16　　大差比率制动系数低值校验

相别	次数	测试数据（A）				计算数据				结论
		I_1	I_2	I_3	I_4	I_d(A)	I_r(A)	制动系数	误差	
A 相	1									
	2									
B 相	1									
	2									
C 相	1									
	2									
要求		实测值与整定值误差不超过±5%								

表 17　　小差比率制动系数高值校验

相别	次数	测试数据（A）				计算数据				结论
		I_1	I_2	I_3	I_4	I_d(A)	I_r(A)	制动系数	误差	
A 相	1									
	2									
B 相	1									
	2									
C 相	1									
	2									
要求		实测值与整定值误差不超过±5%								

6.1.2.4　模拟双母线倒闸操作过程中母线区内故障

任选某母线上的一条支路，合上该支路的Ⅰ母和Ⅱ母隔离开关，在该支路相加载大于差动起动电流定值的故障电流 I=（　　）A，母线差动保护应瞬时动作，切除母联及两条母线上的所有支路，Ⅰ、Ⅱ母差动动作信号灯亮。　　结论（　　）

6.1.3　大差后备功能校验

按照保护动作逻辑记录动作时间及结果。大差后备功能校验见表 18。

表 18　　大差后备功能校验

相别	大差差流（A）	动作时间（s）	动作结果
A 相			
B 相			
C 相			

注　按照不同型号装置实际逻辑功能选做。

结论（　　）

6.1.4　互联条件下母线区内故障，母差保护动作无选择。　　结论（　　）

6.1.5　复合电压闭锁功能检查

6.1.5.1　闭锁母线差动功能检查

在母线保护屏端子排通入正常三相电压量，任选Ⅰ母（Ⅱ母）上的一条支路通入电流量，电流值大于差动保护启动电流定值，母线差动保护不动作。满足装置内部固定设置的低电压（或零序、负序电压）开放条件时，母线差动保护正确动作。

低电压闭锁定值固定为0.7额定相电压、零序电压闭锁定值$3U_0$固定为6V，负序电压闭锁定值U_2（相电压）固定为4V。

结论（　　）

6.1.5.2 闭锁失灵保护功能检查

方法：在母线保护屏端子排通入电压量，使其电压值按照下列闭锁电压值进行调整，同时任选Ⅰ母（Ⅱ母）上的一条支路，在这条支路中通入大于失灵电流定值的电流量，并模拟对应支路保护动作，进行下列功能检验。对于主变压器支路，还需验证主变压器断路器失灵解除复压闭锁功能正确。闭锁失灵保护功能检查见表19。

表19　闭锁失灵保护功能检查

测试项目	闭锁行为		检查结果
	1.05倍整定值	0.95倍整定值	
低电压闭锁	□闭锁　□不闭锁	□闭锁　□不闭锁	
零序电压闭锁	□闭锁　□不闭锁	□闭锁　□不闭锁	
负序电压闭锁	□闭锁　□不闭锁	□闭锁　□不闭锁	

结论（　　）

6.2 TA断线告警及闭锁功能校验

6.2.1 TA断线告警功能校验

在保护装置中通入正常三相电压量，任选母线上的一条支路，在这条支路中加载大于TA断线告警电流定值，经（　　）延时，装置发出“TA断线报警”信号，然后将母线电压降至0V，加入大于差动保护启动电流定值的故障电流，母线差动保护动作。结论（　　）

6.2.2 TA断线闭锁功能校验

在保护装置中通入正常三相电压量，任选母线上的一条支路，在这条支路中加载大于TA断线闭锁电流定值，经（　　）延时，装置发出“TA断线闭锁”告警信号，然后将母线电压降至0V，加入大于差动保护启动电流定值的故障电流，母线差动保护不动作。TA断线告警及闭锁功能检查见表20。

表20　TA断线告警及闭锁功能校验

定值名称	整定值（A）	实测值（A）	误差	动作时间（s）
TA断线告警定值				
TA断线闭锁定值				—
要求	实测值与整定值误差不超过±5%			

结论（　　）

6.3 TV断线告警检验

按照“TV断线告警”功能判据检验并记录动作结果。TV断线告警检验见表21。

表21　TV断线告警检验

项目	实测值（V）	装置报文
模拟单相断线		
模拟三相断线		

结论（　　）

6.4 失灵保护功能测试

方法：将“失灵保护”控制字置1、投入“失灵保护”软压板、合上“失灵保护”硬压板，并保证失灵保护电压闭锁条件开放。模拟不同母线上的线路或主变压器保护动作用于起动失灵保护。

失灵保护功能测试见表22。

表22　　失灵保护功能测试

测试项目	0.95倍整定值	1.05倍整定值	失灵1动作时间（ms）	失灵2动作时间（ms）
变压器失灵相电流	□动作 □不动作	□动作 □不动作	显示保护动作时间： 实测保护动作时间：	显示保护动作时间： 实测保护动作时间：
线路失灵相电流	□动作 □不动作	□动作 □不动作	显示保护动作时间： 实测保护动作时间：	显示保护动作时间： 实测保护动作时间：
失灵零序电流	□动作 □不动作	□动作 □不动作	显示保护动作时间： 实测保护动作时间：	显示保护动作时间： 实测保护动作时间：
失灵负序电流	□动作 □不动作	□动作 □不动作	显示保护动作时间： 实测保护动作时间：	显示保护动作时间： 实测保护动作时间：
要求	0.95倍整定值可靠不动作，1.05倍整定值可靠动作，2倍整定值下测试出口时间			

结论（　　）

6.5 母联（分段）失灵保护

按上述试验步骤模拟母线区内故障，保护向母联发跳令后，向母联支路继续通入大于母联失灵电流定值的电流，并保证母差两段电压闭锁条件“或”逻辑开放，经母联失灵保护整定延时母联失灵保护动作切除两母线上所有的连接元件。验证母差保护启动母联（分段）失灵功能。

母联分段失灵电流定值：（　　）A，母联分段失灵时间：（　　）s。

母联（分段）失灵保护定值校验见表23。

表23　　母联（分段）失灵保护定值校验

测试项目	0.95倍整定值	1.05倍整定值	失灵动作时间（ms）
母联（分段）失灵保护	□动作 □不动作	□动作 □不动作	显示保护动作时间： 实测保护动作时间：
要求	0.95倍整定值可靠不动作，1.05倍整定值可靠动作，2倍整定值下测试动作时间		

结论（　　）

6.6 母联死区保护

当母联TA只在一侧安装情况下，若故障点发生在母联TA和母联断路器之间时，存在母联死区问题。

6.6.1 母线并列运行时死区故障（见图3）

母联开关合闸，母联开关在合位，此时发生（见图3）故障，母差保护动作跳开母联及Ⅱ母线上所有连接元件，延时封母联TA电流，母差保护动作跳开Ⅰ母线上所有连接元件。

按照保护动作逻辑记录动作时间及结果。　　结论（　　）

6.6.2 母联分列运行时的死区故障（见图4）

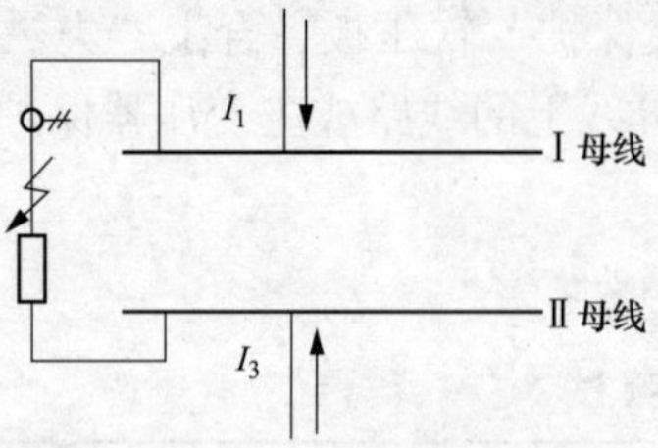

图3 母线并列运行时死区故障

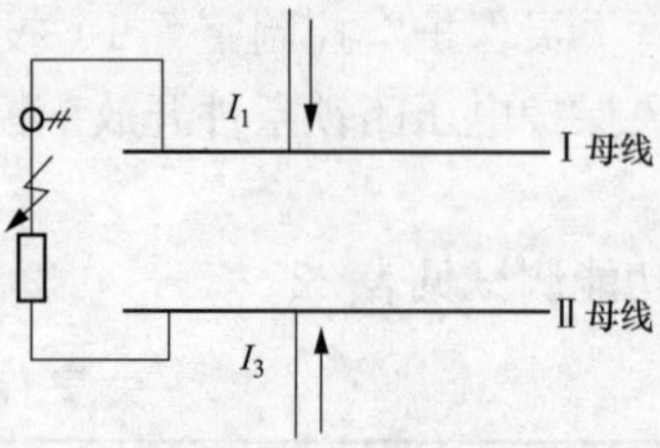

图4 母联分列运行时的死区故障

母联开关在分位、将母联分列硬压板投入，此时母差保护判母线分列运行，不计母联电流，按照分列运行逻辑动作。

按照保护动作逻辑记录动作时间（　　）ms及结果。　　结论（　　）

6.7 分列运行逻辑功能检查，同时验证母联开关分位与母线分列压板与逻辑正确性。

结论（　　）

6.8 失灵长期开入10s后失灵无效功能检查。　　结论（　　）

6.9 隔离开关变位修正功能检验。

任选同一母线上变比相同的两个支路，加反相电流，将两者其中一条支路的隔离开关位置断开，装置发出“隔离开关位置异常”告警信号，同时断开刀闸被修正为合位，模拟母差保护动作功能，母差保护正确动作。

结论（　　）

检验人：

7 整组试验

要求：新投产变电站、变电站内220kV系统全部停电时可进行“带开关做整组传动试验”，其余情况下可用导通的方法验证到母差保护屏出口至各间隔元件保护屏（或辅助屏）侧回路的正确性；传动试验打印报告附后。

7.1 模拟Ⅰ母线故障

a. 母差保护动作正确。（　　）

b. Ⅰ母所有连接元件断路器实际动作正确。（　　）

c. 后台监控信号表示正确。（　　）

d. 站端、各级调控端继电保护在线监视与分析模块表示信息正确。（　　）

e. 故障录波器表示信息正确。（　　）

7.2 模拟Ⅰ母线的主变压器断路器失灵

a. 失灵保护动作正确。（　　）

b. 失灵保护动作联跳该主变压器各侧断路器功能正确，Ⅰ母其他连接元件断路器动作正确。（　　）

c. 后台监控信号表示正确。（　　）

d. 站端、各级调控端继电保护在线监视与分析模块表示信息正确。（　　）

e. 故障录波器表示信息正确。（　　）

7.3 模拟Ⅱ母线故障

a. 母差保护动作正确。（　　）

b. Ⅱ母所有连接元件断路器实际动作正确。（　　）

c. 后台监控信号表示正确。（　　）

d. 站端、各级调控端继电保护在线监视与分析模块表示信息正确。（　　）

e. 故障录波器表示信息正确。（　　）

7.4　模拟Ⅱ母的线路断路器失灵

a. 失灵保护动作正确。（　　）

b. Ⅱ母所有连接元件断路器实际动作正确。（　　）

c. 后台监控信号表示正确。（　　）

d. 站端、各级调控端继电保护在线监视与分析模块表示信息正确。（　　）

e. 故障录波器表示信息正确。（　　）

7.5　模拟母联断路器失灵

a. 母线所有连接元件断路器实际动作正确。（　　）

b. 后台监控信号表示正确。（　　）

c. 站端、各级调控端继电保护在线监视与分析模块表示信息正确。（　　）。

d. 故障录波器表示信息正确。（　　）

检验人：

8　装置投运准备工作

8.1　投入运行前的准备工作

8.1.1　现场工作结束前，核查各间隔接入母线保护的电流回路极性及接线正确。

8.1.2　现场工作结束后，工作负责人检查试验记录有无漏试验项目，核对装置的整定值是否与定值单相符。打印定值单附后。（　　）

8.1.3　盖好所有装置及辅助设备的盖子，各装置插板扣紧。（　　）

8.1.4　二次回路接线恢复，拆除在检验时使用的试验设备、仪表及一切连接线，所有被拆除的或临时接入的连线应全部恢复正常，装置所有的信号应复归。（　　）

8.1.5　压板核对及安全措施恢复。（　　）

8.1.6　全部人员撤离前，清扫现场。（　　）

8.2　对运行人员交代事项

8.2.1　填写继电保护记录簿，将主要检验项目、试验结果及结论、定值通知单执行情况详细记录在内，向工作许可人交代检验结果、设备变动情况或遗留问题，并写明该装置可以投入运行。（　　）

8.2.2　交代运行人员在将装置投入前，必须用高内阻电压表以一端对地测保护出口压板端子电压的方法，检查并证实被检验的继电保护装置及安全自动装置确实未给出跳闸或合闸脉冲，才允许将装置的跳合闸连接片投到投入位置。（　　）

8.2.3　对运维人员进行继电保护运行规程培训。（　　）

8.3　验收合格后，办理工作票终结手续。（　　）

8.4　定值通知单编号：（　　），执行时间：（　　）。

检验人：

9　带负荷测试

9.1　交流回路幅值及相位测试

以电压U_{AN}为基准，测试的数值见表 24。（与间隔保护相位值做参考）

表 24　　**交流回路幅值及相位测试**

实际间隔名称	相别	测试值（幅值、角度）	装置显示值（幅值、角度）	相量图
	A	∠	∠	U_{AN}
	B	∠	∠	
	C	∠	∠	
	N	∠	∠	
	A	∠	∠	U_{AN}
	B	∠	∠	
	C	∠	∠	
	N	∠	∠	
	A	∠	∠	U_{AN}
	B	∠	∠	
	C	∠	∠	
	N	∠	∠	
	A	∠	∠	U_{AN}
	B	∠	∠	
	C	∠	∠	
	N	∠	∠	
	A	∠	∠	U_{AN}
	B	∠	∠	
	C	∠	∠	
	N	∠	∠	
	A	∠	∠	U_{AN}
	B	∠	∠	
	C	∠	∠	
	N	∠	∠	
	A	∠	∠	U_{AN}
	B	∠	∠	
	C	∠	∠	
	N	∠	∠	
	A	∠	∠	U_{AN}
	B	∠	∠	
	C	∠	∠	
	N	∠	∠	
	A	∠	∠	U_{AN}
	B	∠	∠	
	C	∠	∠	
	N	∠	∠	

续表

实际间隔名称	相别	测试值（幅值、角度）	装置显示值（幅值、角度）	相量图
	A	∠	∠	U_{AN}
	B	∠	∠	
	C	∠	∠	
	N	∠	∠	
	A	∠	∠	U_{AN}
	B	∠	∠	
	C	∠	∠	
	N	∠	∠	
	A	∠	∠	U_{AN}
	B	∠	∠	
	C	∠	∠	
	N	∠	∠	
	A	∠	∠	U_{AN}
	B	∠	∠	
	C	∠	∠	
	N	∠	∠	
	A	∠	∠	U_{AN}
	B	∠	∠	
	C	∠	∠	
	N	∠	∠	
	A	∠	∠	U_{AN}
	B	∠	∠	
	C	∠	∠	
	N	∠	∠	
	A	∠	∠	U_{AN}
	B	∠	∠	
	C	∠	∠	
	N	∠	∠	
	A	∠	∠	U_{AN}
	B	∠	∠	
	C	∠	∠	
	N	∠	∠	
	A	∠	∠	U_{AN}
	B	∠	∠	
	C	∠	∠	
	N	∠	∠	

注　按工程实际情况增加表格间隔。

结论（　　）

9.2　使用钳形电流表测量保护二次电缆屏蔽层的电流，以检查该保护装置及屏柜与二次等电位接地网连接状况，当检测不到电流时，应检查屏蔽层是否良好接地。测试结果为。

9.3　保护装置差电流检查

Ⅰ母小差电流：I_{CDA}：（　　），I_{CDB}：（　　），I_{CDC}：（　　），Ⅰ母差动电流：（　　）；

Ⅰ母制动电流：I_{RA}：（　　），I_{RB}：（　　），I_{RC}：（　　）；Ⅰ母制动电流：（　　）；
Ⅱ母小差电流：I_{CDA}：（　　），I_{CDB}：（　　），I_{CDC}：（　　），Ⅱ母差动电流：（　　）；
Ⅱ母制动电流：I_{RA}：（　　），I_{RB}：（　　），I_{RC}：（　　）；Ⅱ母制动电流：（　　）；
大差A相电流：（　　），大差B相电流：（　　），大差C相电流：（　　）。

结论（　　）

检验人：

10　发现问题及处理情况

工作负责人：

17. 常规变电站220kV母线保护(六统一)A（B）类检修标准化作业指导书

变电站名称 ____________________

装 置 命 名 ____________________

设备变更记录

变更内容			变更日期	执行人
装置变更	1			
	2			
程序升级	1			
	2			
	3			
	4			
回路变更	1			
	2			
	3			
	4			
	5			
TA 变比	1			
	2			
	3			
其他	1			
	2			
	3			

________型母线保护

检验报告

出厂日期		投运日期	
工作负责人			
检验人员			
检验性质	□A 类检修 □B 类检修		
开始时间	年 月 日 时 分		
结束时间	年 月 日 时 分		
检验结论			
审核人签字		审核日期	

目　次

1　通用部分

1.1　详见《常规变电站微机继电保护标准化作业指导书 A（B）类检修通用部分》。

1.2　适用于 220kV 双母线、双母双分段接线的“六统一”母线保护。500kV 双母线、双母双分段接线的“六统一”母线保护可参照执行。

2　装置基本信息检查

装置基本信息检查见表 1。

表 1　　装置基本信息检查

主接线类型	□双母线接线　□双母双分段接线
电压等级（kV）	□220
装置配置间隔数	
额定参数	装置额定电压（V）：（　　）；　二次额定电流（A）：（　　）
程序版本号	
软件版本时间	
与要求版本是否一致	

检验人：

3　开关量输入回路检验

3.1　保护压板检验

通过在保护屏上投、退保护压板，检验保护压板输入正确性。保护压板检验见表 2。

表 2　　保护压板检验

序号	压板名称	液晶屏显示		结论
		投保护压板	退保护压板	
1	差动保护			
2	失灵保护			
*3	母线互联			
4	母线分列			
**5	母联分列			
**6	分段 1 分列			
**7	分段 2 分列			
8	远方操作			
9	检修状态			

注　1. 序号前标 * 项为双母线及双母双分段接线特有；
2. 序号前标 ** 项为双母双分段接线特有。

3.2　隔离开关位置开入及隔离开关模拟屏检验

检验方法：

3.2.1　将模拟屏上所有隔离开关位置均放在自适应状态，依次在屏后短接隔离开关开入端子（公共端需要有正常工作电位），在母差保护液晶屏主界面及模拟屏上检查隔离开关状态表示是否正确。

3.2.2 操作隔离开关模拟屏上的各单元隔离开关强制开关，在母差保护液晶屏主界面及模拟屏上检查隔离开关状态表示是否正确。

3.2.3 上述检查结果正确，则在表3的对应空格内划√、不正确应消除异常保证正确。

3.2.4 表3中“对应间隔、开入接点位置”栏内容为根据现场实际接线填入表格内。

隔离开关位置开入及隔离刀闸模拟屏检验见表3。

表3　　隔离开关位置开入及隔离开关模拟屏检验

单元号	对应间隔	对应间隔隔离开关	开入接点位置	液晶屏及模拟盘面板指示灯显示			
				强制合	强制分	自适应合	自适应分
2单元	1号主变压器	L2-Ⅰ母					
		L2-Ⅱ母					
3单元	2号主变压器	L3-Ⅰ母					
		L3-Ⅱ母					
4单元		L4-Ⅰ母					
		L4-Ⅱ母					
5单元		L5-Ⅰ母					
		L5-Ⅱ母					
6单元		L6-Ⅰ母					
		L6-Ⅱ母					
7单元		L7-Ⅰ母					
		L7-Ⅱ母					
8单元		L8-Ⅰ母					
		L8-Ⅱ母					
9单元		L9-Ⅰ母					
		L9-Ⅱ母					
10单元		L10-Ⅰ母					
		L10-Ⅱ母					
11单元		L11-Ⅰ母					
		L11-Ⅱ母					
12单元		L12-Ⅰ母					
		L12-Ⅱ母					
13单元		L13-Ⅰ母					
		L13-Ⅱ母					
14单元	3号主变压器	L14-Ⅰ母					
		L14-Ⅱ母					
15单元	4号主变压器	L15-Ⅰ母					
		L15-Ⅱ母					
16单元		L16-Ⅰ母					
		L16-Ⅱ母					

续表

单元号	对应间隔	对应间隔隔离开关	开入接点位置	液晶屏及模拟盘面板指示灯显示			
				强制合	强制分	自适应合	自适应分
17 单元		L17-Ⅰ母					
		L17-Ⅱ母					

注 表格按装置最大接入支路间隔设计。

结论（　　）

3.3 失灵开入检验

分别短接对应单元失灵启动接点端子排位置，观察液晶屏显示状态。失灵开入检验见表 4。

表 4　　失灵开入检验

单元号	对应间隔	失灵启动开入量名称	开入接点端子位置	液晶屏显示	结论
1 单元	母联	三相跳闸			
2 单元	1 号主变压器	三相跳闸			
3 单元	2 号主变压器	三相跳闸			
4 单元		A 相跳闸			
		B 相跳闸			
		C 相跳闸			
		三相跳闸			
5 单元		A 相跳闸			
		B 相跳闸			
		C 相跳闸			
		三相跳闸			
6 单元		A 相跳闸			
		B 相跳闸			
		C 相跳闸			
		三相跳闸			
7 单元		A 相跳闸			
		B 相跳闸			
		C 相跳闸			
		三相跳闸			
8 单元		A 相跳闸			
		B 相跳闸			
		C 相跳闸			
		三相跳闸			
9 单元		A 相跳闸			
		B 相跳闸			
		C 相跳闸			
		三相跳闸			

续表

单元号	对应间隔	失灵启动开入量名称	开入接点端子位置	液晶屏显示	结论
10 单元		A 相跳闸			
		B 相跳闸			
		C 相跳闸			
		三相跳闸			
11 单元		A 相跳闸			
		B 相跳闸			
		C 相跳闸			
		三相跳闸			
12 单元		A 相跳闸			
		B 相跳闸			
		C 相跳闸			
		三相跳闸			
13 单元		A 相跳闸			
		B 相跳闸			
		C 相跳闸			
		三相跳闸			
14 单元	3 号主变压器	三相跳闸			
15 单元	4 号主变压器	三相跳闸			
16 单元		A 相跳闸			
		B 相跳闸			
		C 相跳闸			
		三相跳闸			
17 单元		A 相跳闸			
		B 相跳闸			
		C 相跳闸			
		三相跳闸			
18 单元		A 相跳闸			
		B 相跳闸			
		C 相跳闸			
		三相跳闸			
19 单元		A 相跳闸			
		B 相跳闸			
		C 相跳闸			
		三相跳闸			
20 单元		A 相跳闸			
		B 相跳闸			
		C 相跳闸			
		三相跳闸			
21 单元		A 相跳闸			
		B 相跳闸			
		C 相跳闸			
		三相跳闸			

续表

单元号	对应间隔	失灵启动开入量名称	开入接点端子位置	液晶屏显示	结论
22 单元		A 相跳闸			
		B 相跳闸			
		C 相跳闸			
		三相跳闸			
23 单元		三相跳闸			
24 单元		三相跳闸			

注　表格按装置最大接入支路间隔设计。

3.4　其他接点检查

分别短接对应接点端子排位置，观察液晶屏显示状态。其他接点检查见表 5。

表 5　　**其 他 接 点 检 查**

序号	接点名称	开入接点	液晶屏显示
1	母联三相跳闸位置		
2	母联 SHJ		
3	1 号主变压器失灵解除电压闭锁		
4	2 号主变压器失灵解除电压闭锁		
5	3 号主变压器失灵解除电压闭锁		
6	4 号主变压器失灵解除电压闭锁		
*7	分段 1 三相跳闸位置		
*8	分段 2 三相跳闸位置		
*9	分段 1SHJ 开入		
*10	分段 2SHJ 开入		
11	信号复归按钮		
12	线路支路解除失灵保护电压闭锁		

注　序号前标*项为双母双分段接线特有。

结论（　　）

检验人：

4　输出回路检查

4.1　信号输出检验

信号输出检验见表 6。

表 6　　**信 号 输 出 检 验**

序号	检验项目	方法	接点动作情况
1	信号输出	TV/TA 断线报警	□监控后台，□液晶显示，□面板
2		隔离开关位置告警	□监控后台，□液晶显示，□面板
3		Ⅰ母差动动作	□监控后台，□液晶显示，□面板，□录波
4		Ⅱ母差动动作	□监控后台，□液晶显示，□面板，□录波
5		Ⅰ母失灵动作	□监控后台，□液晶显示，□面板，□录波
6		Ⅱ母失灵动作	□监控后台，□液晶显示，□面板，□录波
7		跳母联（分段）	□监控后台，□液晶显示，□面板
8		母线互联告警	□监控后台，□液晶显示，□面板

续表

序号	检验项目	方法	接点动作情况
9	信号输出	运行异常	□监控后台，□液晶显示，□面板
10		装置故障告警	□监控后台，□液晶显示，□面板

结论（　　）

4.2 开出量检查

4.2.1 跳闸出口检查

检查要求：本侧出口电缆对端需要与运行设备脱离并做好安全措施。将差动保护功能投入。“对应间隔、端子排位置、压板名称”栏内容为根据现场实际接线填入表格内，压板名称应填写双重名称，现场检验当接点导通正确时，在对应接点前的“□”内划“√”。

4.2.1.1 将母联隔离开关强制合、“母联三相跳闸位置”开入为“0”，奇数单元隔离开关强制合Ⅰ母，Ⅱ母自适应；偶数单元强制合Ⅱ母，Ⅰ母自适应，在Ⅰ母任一单元加大于差动保护起动电流定值，使Ⅰ母动作。用万用表检查母联及Ⅰ母各跳闸接点动作、Ⅱ母各跳闸接点不动作情况，同时验证出口压板的正确性。跳闸出口检查见表7。

表7　　跳闸出口检查（一）

单元号	对应间隔	对应出口	端子排位置	压板名称	液晶屏显示情况
1单元	母联	接点一	□		□正确
		接点二	□		□正确
2单元	1号主变压器	接点一	□		□正确
		接点二	□		□正确
3单元	2号主变压器	接点一	□		□正确
		接点二	□		□正确
4单元		接点一	□		□正确
		接点二	□		□正确
5单元		接点一	□		□正确
		接点二	□		□正确
6单元		接点一	□		□正确
		接点二	□		□正确
7单元		接点一	□		□正确
		接点二	□		□正确
8单元		接点一	□		□正确
		接点二	□		□正确
9单元		接点一	□		□正确
		接点二	□		□正确
10单元		接点一	□		□正确
		接点二	□		□正确
11单元		接点一	□		□正确
		接点二	□		□正确
12单元		接点一	□		□正确
		接点二	□		□正确

续表

单元号	对应间隔	对应出口	端子排位置	压板名称	液晶屏显示情况
13 单元		接点一	□		□正确
		接点二	□		□正确
14 单元	3 号主变压器	接点一	□		□正确
		接点二	□		□正确
15 单元	4 号主变压器	接点一	□		□正确
		接点二	□		□正确
16 单元		接点一	□		□正确
		接点二	□		□正确
17 单元		接点一	□		□正确
		接点二	□		□正确
18 单元		接点一	□		□正确
		接点二	□		□正确
19 单元		接点一	□		□正确
		接点二	□		□正确
20 单元		接点一	□		□正确
		接点二	□		□正确
21 单元		接点一	□		□正确
		接点二	□		□正确
22 单元		接点一	□		□正确
		接点二	□		□正确
23 单元		接点一	□		□正确
		接点二	□		□正确
24 单元		接点一	□		□正确
		接点二	□		□正确

结论（　　）

注　表格按装置最大接入支路间隔设计。

4.2.1.2　将母联隔离开关强制合、“母联三相跳闸位置”开入为“0”，奇数单元隔离开关强合Ⅰ母，Ⅱ母自适应；偶数单元强制合Ⅱ母，Ⅰ母自适应，在Ⅱ母任一单元加大于差动保护起动电流定值，使Ⅱ母动作。用万用表检查母联及Ⅱ母各跳闸接点动作、Ⅰ母各跳闸接点不动作情况，同时验证出口压板的正确性。跳闸出口检查见表 8。

表 8　　**跳闸出口检查（二）**

单元号	对应间隔	对应出口	端子排位置	压板名称	液晶屏显示情况
1 单元	母联	接点一	□		□正确
		接点二	□		□正确
2 单元	1 号主变压器	接点一	□		□正确
		接点二	□		□正确
3 单元	2 号主变压器	接点一	□		□正确
		接点二	□		□正确
4 单元		接点一	□		□正确
		接点二	□		□正确

续表

单元号	对应间隔	对应出口	端子排位置	压板名称	液晶屏显示情况
5 单元		接点一	□		□正确
		接点二	□		□正确
6 单元		接点一	□		□正确
		接点二	□		□正确
7 单元		接点一	□		□正确
		接点二	□		□正确
8 单元		接点一	□		□正确
		接点二	□		□正确
9 单元		接点一	□		□正确
		接点二	□		□正确
10 单元		接点一	□		□正确
		接点二	□		□正确
11 单元		接点一	□		□正确
		接点二	□		□正确
12 单元		接点一	□		□正确
		接点二	□		□正确
13 单元		接点一	□		□正确
		接点二	□		□正确
14 单元	3 号主变压器	接点一	□		□正确
		接点二	□		□正确
15 单元	4 号主变压器	接点一	□		□正确
		接点二	□		□正确
16 单元		接点一	□		□正确
		接点二	□		□正确
17 单元		接点一	□		□正确
		接点二	□		□正确
18 单元		接点一	□		□正确
		接点二	□		□正确
19 单元		接点一	□		□正确
		接点二	□		□正确
20 单元		接点一	□		□正确
		接点二	□		□正确
21 单元		接点一	□		□正确
		接点二	□		□正确
22 单元		接点一	□		□正确
		接点二	□		□正确
23 单元		接点一	□		□正确
		接点二	□		□正确
24 单元		接点一	□		□正确
		接点二	□		□正确

注　表格按装置最大接入支路间隔设计。

结论（　　）

4.2.2　其他跳闸出口检查

方法：投入失灵保护功能，依次在各主变压器间隔通入 A（或 B、C）相电流并短接对应间隔单元失灵启动接点端子排位置，观察保护动作行为、液晶屏显示情况并验证。其他跳闸出口检查见表 9。

表 9　　其他跳闸出口检查

序号	项目	端子排位置	面板及液晶屏显示情况	备注
1	失灵联跳变压器 1		□正确	可在回路对端断开点处进行测量，验证回路的正确性
2	失灵联跳变压器 2		□正确	
3	失灵联跳变压器 3		□正确	
4	失灵联跳变压器 4		□正确	
5	启动分段 1 失灵		□正确	
6	启动分段 2 失灵		□正确	
7	Ⅰ母保护动作		□正确	可与 4.2.1 项结合在一起测试
8	Ⅱ母保护动作		□正确	可与 4.2.1 项结合在一起测试

检验人：

5　模数变换系统的检验

5.1　零漂检验

零漂检验见表 10。

表 10　　零　漂　检　验

项目	最大值	要求范围
交流电压通道	（　　）V	小于 0.1V
交流电流通道	（　　）A	小于 $0.01I_n$

结论（　　）

5.2　采样精度校验

5.2.1　交流电压采样精度校验

在交流电压端子排处依照下表依次施加三相电压，以检验通道相别、采样正确性，并将检验结果记录到下表中。交流电压采样精度校验见表 11。

表 11　　交流电压采样精度校验

通道名称/相别（角度） \ 加入值（V）			幅值（$0.6U_n=35V$）	幅值（$U_n=57.7V$）	幅值（$1.2U_n=69V$）
Ⅰ母	采样 1	A（∠0°）			
		B（∠240°）			
		C（∠120°）			
	采样 2	A（∠0°）			
		B（∠240°）			
		C（∠120°）			
Ⅱ母	采样 1	A（∠0°）			
		B（∠240°）			
		C（∠120°）			
	采样 2	A（∠0°）			
		B（∠240°）			
		C（∠120°）			
要求		不超过±5%			

结论（　　）

5.2.2 交流电流采样精度校验

在表12中各单元依次通入不同幅值三相正序电流，查看间隔单元菜单显示的交流量并记录。

交流电流采样精度校验见表12。

表12　　交流电流采样精度校验

间隔名称	TA变比	通入电流量（A）	液晶屏屏显示结果					
			采样1			采样2		
			$I_a\angle$	$I_b\angle$	$I_c\angle$	$I_a\angle$	$I_b\angle$	$I_c\angle$
		$0.05I_n$						
		I_n						
		$4I_n$						
		$0.05I_n$						
		I_n						
		$4I_n$						
		$0.05I_n$						
		I_n						
		$4I_n$						
		$0.05I_n$						
		I_n						
		$4I_n$						
		$0.05I_n$						
		I_n						
		$4I_n$						
		$0.05I_n$						
		I_n						
		$4I_n$						
		$0.05I_n$						
		I_n						
		$4I_n$						
		$0.05I_n$						
		I_n						
		$4I_n$						
		$0.05I_n$						
		I_n						
		$4I_n$						
		$0.05I_n$						
		I_n						
		$4I_n$						
		$0.05I_n$						
		I_n						
		$4I_n$						

续表

间隔名称	TA变比	通入电流量（A）	液晶屏屏显示结果					
			采样1			采样2		
			$I_a\angle$	$I_b\angle$	$I_c\angle$	$I_a\angle$	$I_b\angle$	$I_c\angle$
		$0.05I_n$						
		I_n						
		$4I_n$						
		$0.05I_n$						
		I_n						
		$4I_n$						
		$0.05I_n$						
		I_n						
		$4I_n$						
		$0.05I_n$						
		I_n						
		$4I_n$						
		$0.05I_n$						
		I_n						
		$4I_n$						
		$0.05I_n$						
		I_n						
		$4I_n$						
要求		不超过±5%						

注　表格按装置最大接入支路间隔设计。

结论（　　）

检验人：

6　保护功能校验

根据保护装置液晶屏显示信息、面板信号指示状态、测试设备实测值进行填写。

6.1　母线差动保护校验

6.1.1　区外故障

条件：不加电压，满足“闭锁开放”条件，将“差动保护”控制字置1、投入“差动保护”软压板、合上“差动保护”硬压板。

使用模拟屏上隔离开关将元件1置于Ⅰ母位置、元件2置于Ⅱ母位置，模拟母联开关在合位。模拟母线区外故障，通入大于差动保护启动电流定值的电流，并保证母差电压闭锁条件开放，母线差动保护不应动作。

结论（　　）

6.1.2　区内故障

条件：不加电压使“闭锁开放”灯亮，将“差动保护”控制字置1、投入“差动保护”软压板、合上“差动保护”硬压板。

使用模拟屏上隔离开关将元件1置于Ⅰ母位置、元件2置于Ⅱ母位置，分别模拟母联开关在合位、分位情况下的母线区内Ⅰ母及Ⅱ母故障，进行下列校验。

6.1.2.1　验证差动保护启动电流定值

定值：差动保护启动电流定值=（　　）A。差动保护启动电流定值校验见表13。

表 13　　差动保护启动电流定值校验

项目	A相		B相		C相	
	0.95 倍整定值	1.05 倍整定值	0.95 倍整定值	1.05 倍整定值	0.95 倍整定值	1.05 倍整定值
动作情况	□动作 □不动作	□动作 □不动作	□动作 □不动作	□动作 □不动作	□动作 □不动作	□动作 □不动作
动作时间	显示保护动作时间：(　　) ms 实测保护动作时间：(　　) ms		显示保护动作时间：(　　) ms 实测保护动作时间：(　　) ms		显示保护动作时间：(　　) ms 实测保护动作时间：(　　) ms	
要求	0.95 倍整定值可靠不动作，1.05 倍整定值可靠动作，2 倍整定值下测试出口时间					

结论（　　）

6.1.2.2　模拟双母线倒闸操作过程中母线区内故障

任选某母线上的一条支路，合上该支路的Ⅰ母和Ⅱ母隔离刀闸，在该支路相加载大于差动起动电流定值的故障电流 I=（　　）A，母线差动保护应瞬时动作，切除母联及两条母线上的所有支路，Ⅰ、Ⅱ母差动动作信号灯亮。　　结论（　　）

6.1.3　大差后备功能校验

按照保护动作逻辑记录动作时间及结果。大差后备功能校验见表 14。

表 14　　大差后备功能校验

相别	大差差流（A）	动作时间（s）	动作结果
A相			
B相			
C相			

注　按照不同型号装置实际逻辑功能选做。

结论（　　）

6.2　TA断线告警及闭锁功能校验

6.2.1　TA断线告警功能校验

在保护装置中通入正常三相电压量，任选母线上的一条支路，在这条支路中加载大于TA断线告警电流定值，经（　　）延时，装置发出"TA断线报警"信号，然后将母线电压降至0V，加入大于差动保护启动电流定值的故障电流，母线差动保护动作。

结论（　　）

6.2.2　TA断线闭锁功能校验

在保护装置中通入正常三相电压量，任选母线上的一条支路，在这条支路中加载大于TA断线闭锁电流定值，经（　　）延时，装置发出"TA断线闭锁"告警信号，然后将母线电压降至0V，加入大于差动保护启动电流定值的故障电流，母线差动保护不动作。

结论（　　）

6.3　TV断线告警检验

按照"TV断线告警"功能判据检验。　　结论（　　）

6.4　失灵保护功能测试

方法：将失灵保护功能投入，并保证失灵保护电压闭锁条件开放。模拟不同母线上的线路或主变压器保护动作用于起动失灵保护。

失灵保护功能测试见表 15。

表 15　　失灵保护功能测试

测试项目	0.95 倍整定值	1.05 倍整定值	失灵 1 动作时间（ms）	失灵 2 动作时间（ms）
变压器失灵相电流	□动作 □不动作	□动作 □不动作	显示保护动作时间： 实测保护动作时间：	显示保护动作时间： 实测保护动作时间：
线路失灵相电流	□动作 □不动作	□动作 □不动作	显示保护动作时间： 实测保护动作时间：	显示保护动作时间： 实测保护动作时间：
失灵零序电流	□动作 □不动作	□动作 □不动作	显示保护动作时间： 实测保护动作时间：	显示保护动作时间： 实测保护动作时间：
失灵负序电流	□动作 □不动作	□动作 □不动作	显示保护动作时间： 实测保护动作时间：	显示保护动作时间： 实测保护动作时间：
要求	0.95 倍整定值可靠不动作，1.05 倍整定值可靠动作，2 倍整定值下测试出口时间			

结论（　　）

6.5　母联（分段）失灵保护

按上述试验步骤模拟母线区内故障，保护向母联发跳令后，向母联支路继续通入大于母联失灵电流定值的电流，并保证母差两段电压闭锁条件“或”逻辑开放，经母联失灵保护整定延时母联失灵保护动作切除两母线上所有的连接元件。验证母差保护启动母联（分段）失灵功能。

母联（分段）失灵保护定值校验见表 16。

表 16　　母联（分段）失灵保护定值校验

测试项目	0.95 倍整定值	1.05 倍整定值	失灵动作时间（ms）
母联（分段）失灵保护	□动作 □不动作	□动作 □不动作	显示保护动作时间： 实测保护动作时间：
要求	0.95 倍整定值可靠不动作，1.05 倍整定值可靠动作，2 倍整定值下测试动作时间		

结论（　　）

6.6　母联死区保护

当母联 TA 只在一侧安装情况下，若故障点发生在母联 TA 和母联断路器之间时，存在母联死区问题。

6.6.1　母线并列运行时死区故障（见图 1）

母联开关合闸，母联开关在合位，此时发生（见图 1）故障，母差保护动作跳开母联及Ⅱ母线上所有连接元件，延时封母联 TA 电流，母差保护动作跳开Ⅰ母线上所有连接元件。

按照保护动作逻辑记录动作时间及结果。

结论（　　）

6.6.2　母联分列运行时的死区故障（见图 2）

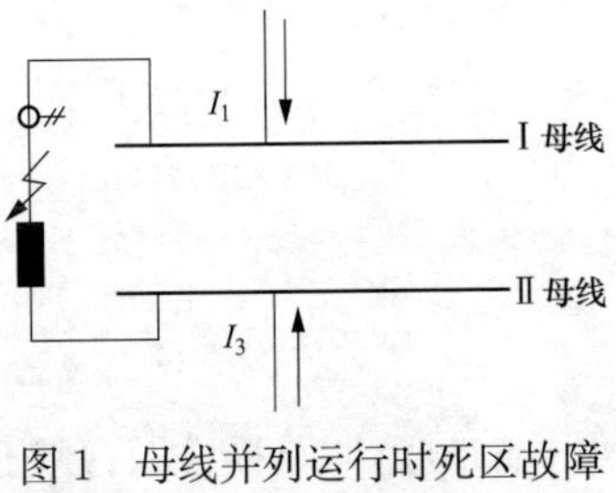

图 1　母线并列运行时死区故障

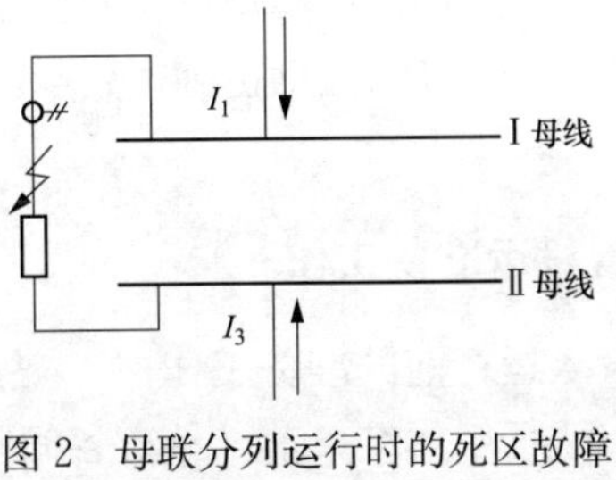

图 2　母联分列运行时的死区故障

母联开关在分位、将母联分列硬压板投入，此时母差保护判母线分列运行，不计母联电流，按照分列运行逻辑动作。

按照保护动作逻辑记录动作时间（　　）ms 及结果。

结论（　　）

检验人：

7　整组试验

要求：变电站内 220kV 系统全部停电时可进行“带开关做整组传动试验”，其余情况下可用导通的方法验证到母差保护屏出口至各间隔元件保护屏（或辅助屏）侧回路的正确性；传动试验打印报告附后。

7.1　模拟Ⅰ母线故障

a. 母差保护动作正确。（　　）

b. 母差保护跳Ⅰ母所有连接元件断路器回路验证正确。（　　）

c. 后台监控信号表示正确。（　　）

d. 站端、各级调控端继电保护在线监视与分析模块表示信息正确。（　　）

e. 故障录波器表示信息正确。（　　）

7.2　模拟Ⅰ母线的主变压器断路器失灵

a. 失灵保护动作正确。（　　）

b. 失灵保护动作联跳该主变压器各侧断路器功能正确，跳Ⅰ母其他连接元件断路器回路验证正确。（　　）

c. 后台监控信号表示正确。（　　）

d. 站端、各级调控端继电保护在线监视与分析模块表示信息正确。（　　）

e. 故障录波器表示信息正确。（　　）

7.3　模拟Ⅱ母线故障

a. 母差保护动作正确。（　　）

b. 母差保护跳Ⅱ母所有连接元件断路器回路验证正确。（　　）

c. 后台监控信号表示正确。（　　）

d. 站端、各级调控端继电保护在线监视与分析模块表示信息正确。（　　）

e. 故障录波器表示信息正确。（　　）

7.4　模拟Ⅱ母的线路断路器失灵

a. 失灵保护动作正确。（　　）

b. 失灵保护动作跳Ⅱ母所有连接元件断路器回路验证正确。（　　）

c. 后台监控信号表示正确。（　　）

d. 站端、各级调控端继电保护在线监视与分析模块表示信息正确。（　　）

e. 故障录波器表示信息正确。（　　）

检验人：

8　装置投运准备工作

8.1　投入运行前的准备工作

8.1.1　现场工作结束前，核查各间隔接入母线保护的电流回路极性及接线正确。

8.1.2　现场工作结束后，工作负责人检查试验记录有无漏试验项目，核对装置的整定值是否与定值单相符。打印定值单附后。（　　）

8.1.3　盖好所有装置及辅助设备的盖子，各装置插板扣紧。（　　）

8.1.4　二次回路接线恢复，拆除在检验时使用的试验设备、仪表及一切连接线，所有被拆除的或临时接入的连线应全部恢复正常，装置所有的信号应复归。（　　）

8.1.5　压板核对及安全措施恢复。（　　）

8.1.6　全部人员撤离前，清扫现场。（　　）

8.2　对运行人员交代事项

8.2.1　填写继电保护记录簿，将主要检验项目、试验结果及结论、定值通知单执行情况详细记录在内，向工作许可人交代检验结果、设备变动情况或遗留问题、并写明该装置可以投入运行。（　　）

8.2.2　交代运行人员在将装置投入前，必须用高内阻电压表以一端对地测保护出口压板端子电压的方法，检查并证实被检验的继电保护装置及安全自动装置确实未给出跳闸或合闸脉冲，才允许将装置的跳合闸连接片投到投入位置。（　　）

8.2.3　对运维人员进行继电保护运行规程培训。（　　）

8.3　验收合格后，办理工作票终结手续。（　　）

8.4　定值通知单编号：（　　），执行时间：（　　）。　　　　　　检验人：

9　带负荷测试

9.1　交流回路幅值及相位测试

以电压 U_{AN} 为基准，测试的数值见表 17。（与间隔保护相位值做参考）

表 17　　交流回路幅值及相位测试

实际间隔名称	相别	测试值（幅值、角度）	装置显示值（幅值、角度）	相量图
	A	∠	∠	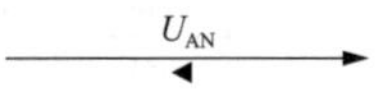
	B	∠	∠	
	C	∠	∠	
	N	∠	∠	
	A	∠	∠	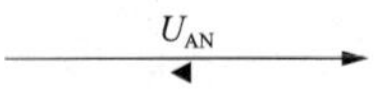
	B	∠	∠	
	C	∠	∠	
	N	∠	∠	
	A	∠	∠	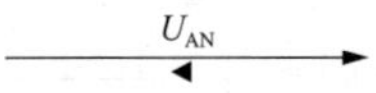
	B	∠	∠	
	C	∠	∠	
	N	∠	∠	
	A	∠	∠	
	B	∠	∠	
	C	∠	∠	
	N	∠	∠	

续表

实际间隔名称	相别	测试值（幅值、角度）	装置显示值（幅值、角度）	相量图
	A	∠	∠	U_{AN}
	B	∠	∠	
	C	∠	∠	
	N	∠	∠	
	A	∠	∠	U_{AN}
	B	∠	∠	
	C	∠	∠	
	N	∠	∠	
	A	∠	∠	U_{AN}
	B	∠	∠	
	C	∠	∠	
	N	∠	∠	
	A	∠	∠	U_{AN}
	B	∠	∠	
	C	∠	∠	
	N	∠	∠	
	A	∠	∠	U_{AN}
	B	∠	∠	
	C	∠	∠	
	N	∠	∠	
	A	∠	∠	U_{AN}
	B	∠	∠	
	C	∠	∠	
	N	∠	∠	
	A	∠	∠	U_{AN}
	B	∠	∠	
	C	∠	∠	
	N	∠	∠	
	A	∠	∠	U_{AN}
	B	∠	∠	
	C	∠	∠	
	N	∠	∠	
	A	∠	∠	U_{AN}
	B	∠	∠	
	C	∠	∠	
	N	∠	∠	
	A	∠	∠	U_{AN}
	B	∠	∠	
	C	∠	∠	
	N	∠	∠	

注　按工程实际情况增加表格间隔。

结论（　　）

9.2 使用钳形电流表测量保护二次电缆屏蔽层的电流，以检查该保护装置及屏柜与二次等电位接地网连接状况，当检测不到电流时，应检查屏蔽层是否良好接地。测试结果为。

9.3 保护装置差电流检查

Ⅰ母小差电流：I_{CDA}：（　　），I_{CDB}：（　　），I_{CDC}：（　　），Ⅰ母差动电流：（　　）；

Ⅰ母制动电流：I_{RA}：（　　），I_{RB}：（　　），I_{RC}：（　　）；Ⅰ母制动电流：（　　）；

Ⅱ母小差电流：I_{CDA}：（　　），I_{CDB}：（　　），I_{CDC}：（　　），Ⅱ母差动电流：（　　）；

Ⅱ母制动电流：I_{RA}：（　　），I_{RB}：（　　），I_{RC}：（　　）；Ⅱ母制动电流：（　　）；

大差A相电流：（　　），大差B相电流：（　　），大差C相电流：（　　）。

结论（　　）

检验人：

10 发现问题及处理情况

工作负责人：

18. 常规变电站220kV母线保护C类检修标准化作业指导书

变电站名称 ____________________

装 置 命 名 ____________________

设备变更记录

变更内容			变更日期	执行人
装置变更	1			
	2			
程序升级	1			
	2			
	3			
	4			
回路变更	1			
	2			
	3			
	4			
	5			
TA 变比	1			
	2			
	3			
其他	1			
	2			
	3			

________型母线保护

检验报告

出厂日期		投运日期	
工作负责人			
检验人员			
检验性质	C类检修		
开始时间	年 月 日 时 分		
结束时间	年 月 日 时 分		
检验结论			
审核人签字		审核日期	

目　次

1　通用部分

1.1　详见《常规变电站微机继电保护标准化作业指导书C类检修通用部分》。

1.2　适用于220kV双母线、双母双分段接线的“六统一”母线保护。500kV双母线、双母双分段接线的“六统一”母线保护可参照执行。

2　装置基本信息检查

装置基本信息检查见表1。

表1　　装置基本信息检查

主接线类型	□双母线接线　□双母双分段接线
电压等级（kV）	□220
装置配置间隔数	
额定参数	装置额定电压（V）：（　　）；二次额定电流（A）：（　　）
程序版本号	
软件版本时间	
与要求版本是否一致	

检验人：

3　模数变换系统的检验

3.1　零漂检验

零漂检验见表2。

表2　　零漂检验

项目	最大值	要求范围
交流电压通道	（　　）V	小于0.1V
交流电流通道	（　　）A	小于$0.01I_n$

结论（　　）

3.2　采样精度校验

3.2.1　交流电压采样精度校验

在交流电压端子排处依照下表依次施加三相额定电压，以检验采样正确性，并将检验结果记录到表3中。交流电压采样精度校验见表3。

表3　　交流电压采样精度校验

通道名称/相别（角度）＼加入值（V）			幅值（U_n=57.7V）
Ⅰ母	采样1	A（∠0°）	
		B（∠240°）	
		C（∠120°）	
	采样2	A（∠0°）	
		B（∠240°）	
		C（∠120°）	

续表

通道名称/相别（角度）＼加入值（V）			幅值（U_n=57.7V）
Ⅱ母	采样 1	A（∠0°）	
		B（∠240°）	
		C（∠120°）	
	采样 2	A（∠0°）	
		B（∠240°）	
		C（∠120°）	
要求		不超过±5%	

结论（　　）

3.2.2　交流电流采样精度校验

在表 4 各单元依次通入三相正序额定电流。查看间隔单元菜单显示的交流量并记录。

表 4　交流电流量采样精度校验

间隔名称	TA 变比	通入电流量（A）	液晶屏显示结果					
			采样 1			采样 2		
			I_a∠	I_b∠	I_c∠	I_a∠	I_b∠	I_c∠
		I_n						
		I_n						
		I_n						
		I_n						
		I_n						
		I_n						
		I_n						
		I_n						
		I_n						
		I_n						
		I_n						
		I_n						
		I_n						
		I_n						
		I_n						
		I_n						
		I_n						

注　表格按装置最大接入支路间隔设计。

结论（　　）

检验人：

4　整组试验

结合整组试验对已投入使用的开入量进行检查。（是否带开关根据现场实际条件；要求传动试验打印报告附后）

4.1 模拟Ⅰ母线故障：

a. 母差保护动作正确。( )

b. 母差保护跳Ⅰ母所有连接元件断路器回路验证正确。( )

c. 后台监控信号表示正确。( )

d. 站端、各级调控端继电保护在线监视与分析模块表示信息正确。( )

e. 故障录波器表示信息正确。( )

4.2 模拟Ⅱ母的线路断路器失灵

a. 失灵保护动作正确。( )

b. 失灵保护动作跳Ⅱ母所有连接元件断路器回路验证正确。( )

c. 后台监控信号表示正确。( )

d. 站端、各级调控端继电保护在线监视与分析模块表示信息正确。( )

e. 故障录波器表示信息正确。( )

检验人：

5 装置投运准备工作

5.1 投入运行前的准备工作

5.1.1 现场工作结束后，工作负责人检查试验记录有无漏试验项目，核对装置的整定值是否与定值单相符。打印定值单附后。( )

5.1.2 盖好所有装置及辅助设备的盖子，各装置插板扣紧。( )

5.1.3 二次回路接线恢复，拆除在检验时使用的试验设备、仪表及一切连接线，所有被拆除的或临时接入的连线应全部恢复正常，装置所有的信号应复归。( )

5.1.4 压板核对及安全措施恢复。( )

5.1.5 全部人员撤离前，清扫现场。( )

5.2 对运行人员交代事项

5.2.1 填写继电保护记录簿，将主要检验项目、试验结果及结论、定值通知单执行情况详细记录在内，向工作许可人交代检验结果、设备变动情况或遗留问题、并写明该装置可以投入运行。( )

5.2.2 交代运行人员在将装置投入前，必须用高内阻电压表以一端对地测保护出口压板端子电压的方法，检查并证实被检验的继电保护装置及安全自动装置确实未给出跳闸或合闸脉冲，才允许将装置的跳合闸连接片投到投入位置。( )

5.2.3 对运维人员进行继电保护运行规程培训。( )

5.3 验收合格后，办理工作票终结手续。( )

5.4 定值通知单编号：( )，执行时间：( )。

检验人：

6 带负荷测试

6.1 保护装置差流值检查

Ⅰ母小差电流：I_{CDA}：( )，I_{CDB}：( )，I_{CDC}：( )，Ⅰ母差动电流：( )；

Ⅰ母制动电流：I_{RA}：( )，I_{RB}：( )，I_{RC}：( )；Ⅰ母制动电流：( )；

Ⅱ母小差电流：I_{CDA}：（　　），I_{CDB}：（　　），I_{CDC}：（　　），Ⅱ母差动电流：（　　）；
Ⅱ母制动电流：I_{RA}：（　　），I_{RB}：（　　），I_{RC}：（　　）；Ⅱ母制动电流：（　　）；
大差A相电流：（　　），大差B相电流：（　　），大差C相电流：（　　）。

结论（　　）

检验人：

7　发现问题及处理情况

工作负责人：

19. 常规变电站220kV母联（分段）保护新安装验收检验标准化作业指导书

变电站名称 ________________________

装 置 命 名 ________________________

设备变更记录

变更内容			变更日期	执行人
装置变更	1			
	2			
程序升级	1			
	2			
	3			
	4			
回路变更	1			
	2			
	3			
	4			
	5			
TA 变比	1			
	2			
	3			
其他	1			
	2			
	3			

________型母联（分段）保护
检验报告

出厂日期		投运日期	
工作负责人			
检验人员			
检验性质	新安装验收检验		
开始时间	年　月　日　时　分		
结束时间	年　月　日　时　分		
检验结论			
审核人签字		审核日期	

目　次

1　通用部分

1.1　详见《常规变电站继电保护标准化作业指导书（验收检验通用部分）》。

1.2　本标准化作业指导书适用于220kV及以上微机母联（分段）保护。

2　微机保护单机检验

2.1　软件版本号及CRC校验码检查

软件版本号及CRC校验码检查见表1。

表1　　**软件版本号及CRC校验码检查**

CPU号	软件版本号	CRC校验码	软件版本生成时间	与要求版本是否一致

2.2　输出回路检查

输出回路检查见表2。

表2　　**输出回路检查**

序号	检验项目	方法	接点动作情况
1	信号输出	保护动作	□监控后台，□液晶显示，□录波
		运行异常	□监控后台，□液晶显示
		装置故障告警	□监控后台
2	跳闸出口	出口跳闸压板，投入充电过流保护压板，模拟三相故障	□跳闸，□失灵启动，□备用，□录波

结论（　　）

2.3　开关量输入回路检验

开关量输入回路检验见表3。

表3　　**开关量输入回路检验**

序号	检验方法	开关量输入量变化	结果
1	投入“充电过流保护”压板	“充电过流保护”由0变1	
2	投入“远方操作”压板	“远方操作”由0变1	
3	投入“保护检修状态”压板	“保护检修状态”由0变1	
4	按“复归”按钮	“信号复归”由0变1	

结论（　　）

2.4　模数变换系统的检验

装置二次额定电流 I_n＝□5A/□1A。

2.4.1　零漂检验

要求：$I<0.01I_n$，见表4。

表 4　　　　零 漂 检 验

采样通道	I_a(A)	I_b(A)	I_c(A)	$3I_0$(A)
采样 1				
采样 2				

结论（　　）

2.4.2　采样精度校验

在保护屏端子上分别通入下列电流量，查看液晶屏上显示值，误差应小于 5%。采样精度校验见表 5。

表 5　　　　采 样 精 度 校 验

采样通道	I_a(A)	I_b(A)	I_c(A)	$3I_0$(A)
$0.05I_n$	A∠0°	A∠	A∠	A∠
采样 1				
采样 2				
I_n	A∠0°	A∠	A∠	A∠
采样 1				
采样 2				
$4I_n$	A∠0°	A∠	A∠	A∠
采样 1				
采样 2				

结论（　　）

检验人：

3　保护功能校验

3.1　定值校验

根据保护装置液晶显示信息、面板信号指示灯状态、开关反映情况、测试设备实测值进行填写。

3.2　充电过流保护（投入充电过流保护软压板、硬压板、控制字）（见表 6）

充电过流Ⅰ段电流定值：I_{cd1}=（　　）A，充电过流Ⅰ段时间：t_1=（　　）s；

充电过流Ⅱ段电流定值：I_{cd2}=（　　）A，充电零序过流电流定值：I_{0cd}=（　　）A，

充电过流Ⅱ段时间：t_2=（　　）s。

表 6　　　　充电过流保护定值校验

故障类型 / 整定值	AN	AB	ABC	信号指示	结论
$0.95I_{cd1}$	□动作 □不动作	□动作 □不动作	□动作 □不动作	□跳闸灯亮 □显示“充电过流保护Ⅰ段动作”信息	
$1.05I_{cd1}$	□动作 □不动作	□动作 □不动作	□动作 □不动作	□跳闸灯亮 □显示“充电过流保护Ⅰ段动作”信息	
$1.2I_{cd1}$	显示保护动作时间：（　　）ms 实测保护动作时间：（　　）ms				

续表

故障类型 整定值	AN	AB	ABC	信号指示	结论
$0.95I_{cd2}$	□动作 □不动作	□动作 □不动作	□动作 □不动作	□跳闸灯亮 □显示“充电过流保护Ⅱ段动作”信息	
$1.05I_{cd2}$	□动作 □不动作	□动作 □不动作	□动作 □不动作	□跳闸灯亮 □显示“充电过流保护Ⅱ段动作”信息	
$0.95I_{0cd}$	□动作 □不动作	—	—	□跳闸灯亮 □显示“充电零序过流保护动作”信息	
$1.05I_{0cd}$	□动作 □不动作	—	—	□跳闸灯亮 □显示“充电零序过流保护动作”信息	
$1.2I_{cd2}$ (或 $1.2I_{0cd}$)	显示保护动作时间：(　　) ms 实测保护动作时间：(　　) ms				

注 “充电过流Ⅱ段时间”为充电过流Ⅱ段和充电零序过流共用定值。

检验人：

4 操作箱检验

4.1 操作箱基本信息

操作箱基本信息见表7。

表7 操作箱基本信息

型号	生产厂家	出厂日期	跳/合闸电流	直流电压

4.2 公共回路

4.2.1 检查一组、二组操作直流是否混电：合上一组操作直流电源，断开二组操作直流电源，测量二组操作直流对地电压；合上二组操作直流电源，断开一组操作直流电源，测量一组操作直流对地电压。

结论（　　）

4.2.2 检查操作箱中出口继电器动作电压值在55%～70%额定电压下应可靠动作。

结论（　　）

4.2.3 检查操作箱中逻辑回路的继电器，应满足80%额定电压下可靠动作。

结论（　　）

4.2.4 操作箱功能检验

操作箱功能检验见表8。

表8 操作箱功能检验

序号	检验项目	方法	接点动作情况
1	信号输出	一组控制回路断线	□监控后台，□面板显示
		二组控制回路断线	□监控后台，□面板显示
		跳闸1（A、B、C相）	□面板显示，□跳闸
		跳闸2（A、B、C相）	□面板显示，□跳闸
		一组操作直流消失	□监控后台
		二组操作直流消失	□监控后台

续表

序号	检验项目	方法	接点动作情况
2	继电器功能	三相跳闸（TJR）动作	□跳闸 □母差保护1 □母差保护2
		手合动作	□合闸 □母差保护1 □母差保护2
		手跳动作	□跳闸
3	压力闭锁回路	禁止合闸（根据实际接线选做）	□禁止合闸
		禁止分闸（根据实际接线选做）	□禁止分闸
		SF_6 气压低禁止操作（根据实际接线选做）	□禁止操作
4	防跳回路	防跳回路（根据实际接线选做）	□防跳正确使用，□防跳回路拆除

结论（　　）

检验人：

5 带开关做整组传动试验（要求开关传动试验打印报告附后）

5.1 检查对应断路器无闭锁，具备传动条件。

5.2 模拟相间短路故障

a. 充电过流保护及开关实际动作正确。（　　）

b. 后台监控信号表示正确。（　　）

c. 站端、各级调控端的继电保护在线监视和分析模块表示信息正确。（　　）

d. 录波器表示信息正确。（　　）

5.3 模拟手合充电故障，检验充电保护、开关防跳功能

a. 充电过流保护及开关实际动作应正确。（　　）

b. 开关防跳功能良好。（　　）

c. 站端、各级调控端的继电保护在线监视和分析模块表示信息正确。（　　）

d. 录波器表示信息正确。（　　）

检验人：

6 装置投运准备工作

6.1 投入运行前的准备工作

6.1.1 现场工作结束后，工作负责人检查试验记录有无漏试验项目，核对装置的整定值是否与定值单相符。打印定值单附后。（　　）

6.1.2 盖好所有装置及辅助设备的盖子，各装置插板扣紧。（　　）

6.1.3 二次回路接线恢复，拆除在检验时使用的试验设备、仪表及一切连接线，所有被拆除的或临时接入的连线应全部恢复正常，装置所有的信号应复归。（　　）

6.1.4 压板核对及安全措施恢复。（　　）

6.1.5 全部人员撤离前，清扫现场。（　　）

6.2 对运行人员交代事项

6.2.1 填写继电保护记录簿，将主要检验项目、试验结果及结论、定值通知单执行情况详细记录在内，向工作许可人交代检验结果、设备变动情况或遗留问题，并写明该装置可以投入运行。（　　）

6.2.2 交代运行人员在将装置投入前，必须用高内阻电压表以一端对地测保护出口压板端子电压的方法，检查并证实被检验的继电保护装置及安全自动装置确实未给出跳闸脉冲，才允许将装置的跳闸连接片投到投入位置。(　　)

6.2.3 对运维人员进行继电保护运行规程培训。(　　)

6.3 验收合格后，办理工作票终结手续。(　　)

6.4 定值通知单编号：(　　)，执行时间：(　　)。

检验人：

7　带负荷测试

7.1　潮流状况

有功：(　　)；无功：(　　)；负荷电流：(　　)。

7.2　交流回路幅值及相位测试

以 U_{AN} 电压为基准，测得数值见表 9。

表 9　　交流回路幅值及相位测试

保护名称	相别	测试值（幅值、角度）	装置显示值（幅值、角度）
母联（分段）保护	A	∠	∠
	B	∠	∠
	C	∠	∠
	N	∠	∠

结论（　　）

7.3 使用钳形电流表测量保护二次电缆屏蔽层的电流，以检查该保护装置及屏柜与二次等电位接地网连接状况，当检测不到电流时，应检查屏蔽层是否良好接地。测试结果为(　　)。

检验人：

8　现场遗留问题

工作负责人：

20. 常规变电站220kV母联（分段）保护A（B）类检修标准化作业指导书

变电站名称 ______________________

装 置 命 名 ______________________

设备变更记录

变更内容			变更日期	执行人
装置变更	1			
	2			
程序升级	1			
	2			
	3			
	4			
回路变更	1			
	2			
	3			
	4			
	5			
TA 变比	1			
	2			
	3			
其他	1			
	2			
	3			

________型母联（分段）保护

检验报告

出厂日期		投运日期	
工作负责人			
检验人员			
检验性质	□A 类检修 □B 类检修		
开始时间	年　月　日　时　分		
结束时间	年　月　日　时　分		
检验结论			
审核人签字		审核日期	

目　次

1　通用部分

1.1　《常规变电站微机继电保护标准化作业指导书 A（B）类检修通用部分》。

1.2　本标准化作业指导书适用于 220kV 及以上微机母联（分段）保护。

2　微机保护单机检验

2.1　软件版本号及 CRC 校验码检查

软件版本号及 CRC 校验码检查见表 1。

表 1　软件版本号及 CRC 校验码检查

CPU 号	软件版本号	CRC 校验码	软件版本生成时间	与要求版本是否一致

2.2　输出回路检查

输出回路检查见表 2。

表 2　输出回路检查

序号	检验项目	方法	接点动作情况
1	信号输出	保护动作	□监控后台，□液晶显示，□录波
		运行异常	□监控后台，□液晶显示
		装置故障告警	□监控后台
2	跳闸出口	出口跳闸压板，投入充电过流保护压板，模拟三相故障	□跳闸，□失灵启动，□备用，□录波

结论（　　）

2.3　开关量输入回路检验

开关量输入回路检验见表 3。

表 3　开关量输入回路检验

序号	检验方法	开关量输入量变化	结果
1	投入“充电过流保护”压板	“充电过流保护”由 0 变 1	
2	投入“远方操作”压板	“远方操作”由 0 变 1	
3	投入“保护检修状态”压板	“保护检修状态”由 0 变 1	
4	按“复归”按钮	“信号复归”由 0 变 1	

结论（　　）

2.4　模数变换系统的检验

装置二次额定电流 I_n=□5A/□1A。

2.4.1　零漂检验

要求：$I<0.01I_n$，见表 4。

表 4　　零漂检验

采样通道	I_a(A)	I_b(A)	I_c(A)	$3I_0$(A)
采样 1				
采样 2				

结论（　　）

2.4.2 采样精度校验

在保护屏端子上分别通入下列电流量，查看液晶屏上显示值，误差应小于5%。采样精度校验见表5。

表 5　　采样精度校验

采样通道	I_a(A)	I_b(A)	I_c(A)	$3I_0$(A)
$0.05I_n$	A∠0°	A∠	A∠	A∠
采样 1				
采样 2				
I_n	A∠0°	A∠	A∠	A∠
采样 1				
采样 2				
$4I_n$	A∠0°	A∠	A∠	A∠
采样 1				
采样 2				

结论（　　）

检验人：

3　保护功能校验

3.1 定值校验

根据保护装置液晶显示信息、面板信号指示灯状态、开关反映情况、测试设备实测值进行填写。

3.2 充电过流保护（投入充电过流保护软压板、硬压板、控制字），见表6。

充电过流Ⅰ段电流定值：I_{cd1}=（　　）A，充电过流Ⅰ段时间：t_1=（　　）s。

充电过流Ⅱ段电流定值：I_{cd2}=（　　）A，充电零序过流电流定值：I_{0cd}=（　　）A。

充电过流Ⅱ段时间：t_2=（　　）s。

表 6　　充电过流保护定值校验

故障类型 整定值	AN	AB	ABC	信号指示	结论
$0.95I_{cd1}$	□动作 □不动作	□动作 □不动作	□动作 □不动作	□跳闸灯亮 □显示“充电过流保护Ⅰ段动作”信息	
$1.05I_{cd1}$	□动作 □不动作	□动作 □不动作	□动作 □不动作	□跳闸灯亮 □显示“充电过流保护Ⅰ段动作”信息	
$1.2I_{cd1}$	显示保护动作时间：（　　）ms 实测保护动作时间：（　　）ms				

续表

故障类型 / 整定值	AN	AB	ABC	信号指示	结论
$0.95I_{cd2}$	□动作 □不动作	□动作 □不动作	□动作 □不动作	□跳闸灯亮 □显示“充电过流保护Ⅱ段动作”信息	
$1.05I_{cd2}$	□动作 □不动作	□动作 □不动作	□动作 □不动作	□跳闸灯亮 □显示“充电过流保护Ⅱ段动作”信息	
$0.95I_{0cd}$	□动作 □不动作	—	—	□跳闸灯亮 □显示“充电零序过流保护动作”信息	
$1.05I_0$cd	□动作 □不动作	—	—	□跳闸灯亮 □显示“充电零序过流保护动作”信息	
$1.2I_{cd2}$ （或 $1.2I_{0cd}$）	显示保护动作时间：（　　）ms 实测保护动作时间：（　　）ms				

注 “充电过流Ⅱ段时间”为充电过流Ⅱ段和充电零序过流共用定值。

检验人：

4 操作箱检验

4.1 操作箱基本信息

操作箱基本信息见表7。

表7　操作箱基本信息

型号	生产厂家	出厂日期	跳/合闸电流	直流电压

4.2 公共回路

4.2.1 检查一组、二组操作直流是否混电：合上一组操作直流电源，断开二组操作直流电源，测量二组操作直流对地电压；合上二组操作直流电源，断开一组操作直流电源，测量一组操作直流对地电压。　结论（　　）

4.2.2 检查操作箱中出口继电器动作电压值在55%～70%额定电压下应可靠动作。

结论（　　）

4.2.3 检查操作箱中逻辑回路的继电器，应满足80%额定电压下可靠动作。

结论（　　）

4.2.4 操作箱功能检验。

操作箱功能检验见表8。

表8　操作箱功能检验

序号	检验项目	方法	接点动作情况
1	信号输出	一组控制回路断线	□监控后台，□面板显示
		二组控制回路断线	□监控后台，□面板显示
		跳闸1（A、B、C相）	□面板显示，□跳闸
		跳闸2（A、B、C相）	□面板显示，□跳闸
		一组操作直流消失	□监控后台
		二组操作直流消失	□监控后台

续表

序号	检验项目	方法	接点动作情况
2	继电器功能	三相跳闸（TJR）动作	□跳闸　□母差保护 1　□母差保护 2
		手合动作	□合闸　□母差保护 1　□母差保护 2
		手跳动作	□跳闸
3	压力闭锁回路	禁止合闸（根据实际接线选做）	□禁止合闸
		禁止分闸（根据实际接线选做）	□禁止分闸
		SF_6 气压低禁止操作（根据实际接线选做）	□禁止操作
4	防跳回路	防跳回路（根据实际接线选做）	□防跳正确使用，□防跳回路拆除

结论（　　）

检验人：

5　带开关做整组传动试验（要求开关传动试验打印报告附后）

5.1　检查对应断路器无闭锁，具备传动条件。

5.2　模拟相间短路故障：

a. 充电过流保护及开关实际动作正确。（　　）

b. 后台监控信号表示正确。（　　）

c. 站端、各级调控端的继电保护在线监视和分析模块表示信息正确。（　　）

d. 录波器表示信息正确。（　　）

5.3　模拟手合充电故障，检验充电保护、开关防跳功能：

a. 充电过流保护及开关实际动作应正确。（　　）

b. 开关防跳功能良好。（　　）

c. 站端、各级调控端的继电保护在线监视和分析模块表示信息正确。（　　）

d. 录波器表示信息正确。（　　）

检验人：

6　装置投运准备工作

6.1　投入运行前的准备工作

6.1.1　现场工作结束后，工作负责人检查试验记录有无漏试验项目，核对装置的整定值是否与定值单相符。打印定值单附后。（　　）

6.1.2　盖好所有装置及辅助设备的盖子，各装置插板扣紧。（　　）

6.1.3　二次回路接线恢复，拆除在检验时使用的试验设备、仪表及一切连接线，所有被拆除的或临时接入的连线应全部恢复正常，装置所有的信号应复归。（　　）

6.1.4　压板核对及安全措施恢复。（　　）

6.1.5　全部人员撤离前，清扫现场。（　　）

6.2　对运行人员交代事项

6.2.1　填写继电保护记录簿，将主要检验项目、试验结果及结论、定值通知单执行情况详细记录在内，向工作许可人交代检验结果、设备变动情况或遗留问题，并写明该装置可以投入运行。（　　）

6.2.2　交代运行人员在将装置投入前，必须用高内阻电压表以一端对地测保护出口压板端子电压的方法，检查并证实被检验的继电保护装置及安全自动装置确实未给出跳闸脉冲，才允许将装置的跳闸连接片投到投入位置。（　　）

6.2.3　对运维人员进行继电保护运行规程培训。（　　）

6.3　验收合格后，办理工作票终结手续。（　　）

6.4　定值通知单编号：（　　），执行时间：（　　）。

检验人：

7　带负荷测试

7.1　潮流状况

有功：（　　）；无功：（　　）；负荷电流：（　　）。

7.2　交流回路幅值及相位测试

以U_{AN}电压为基准，测得数值见表9。

表9　　**交流回路幅值及相位测试**

保护名称	相别	测试值（幅值、角度）	装置显示值（幅值、角度）
母联（分段）保护	A	∠	∠
	B	∠	∠
	C	∠	∠
	N	∠	∠

结论（　　）

7.3　使用钳形电流表测量保护二次电缆屏蔽层的电流，以检查该保护装置及屏柜与二次等电位接地网连接状况，当检测不到电流时，应检查屏蔽层是否良好接地。测试结果为（　　）。

检验人：

8　现场遗留问题

工作负责人：

21. 常规变电站220kV母联（分段）保护C类检修标准化作业指导书

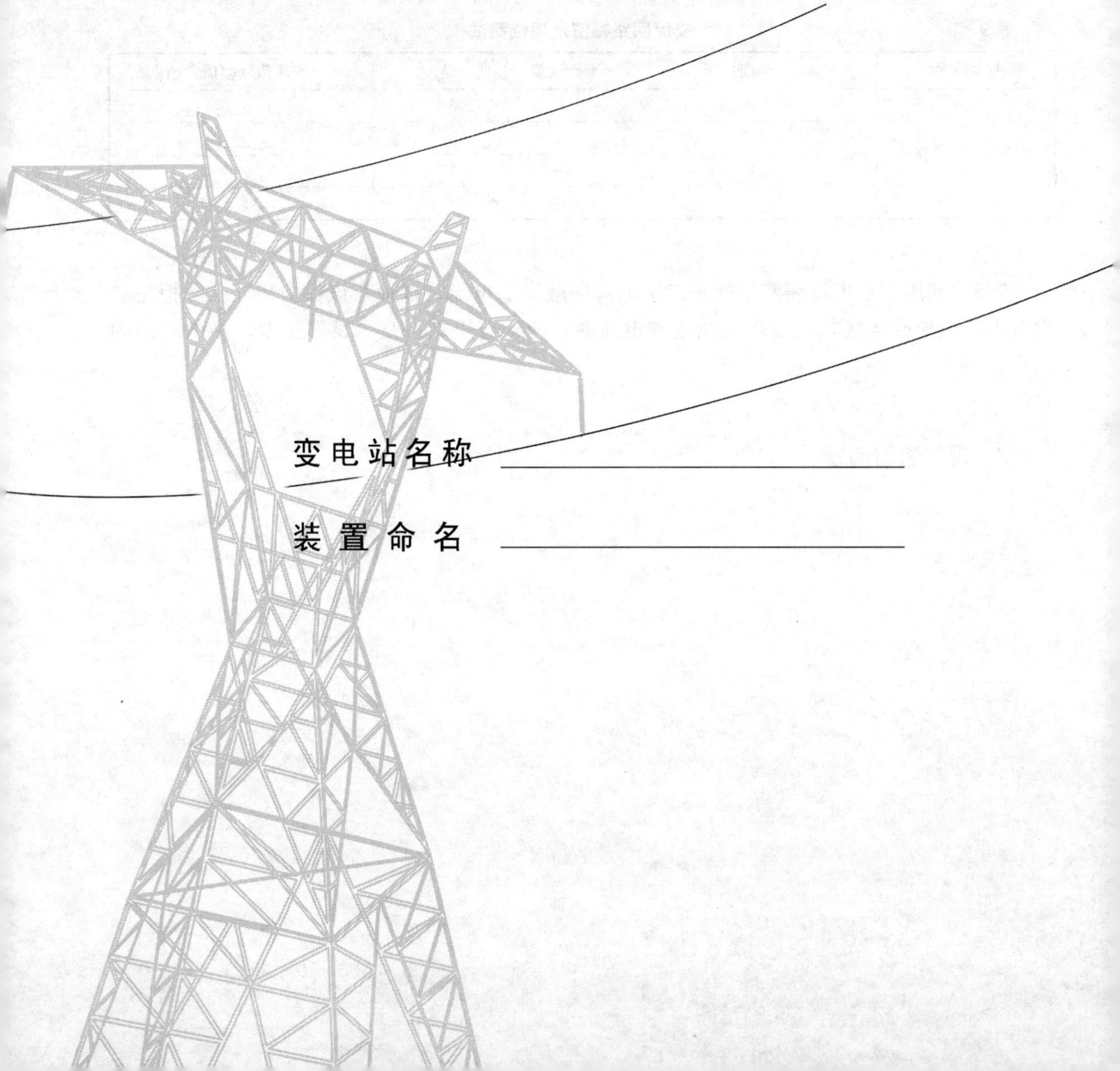

变电站名称 ____________________

装 置 命 名 ____________________

设备变更记录

变更内容			变更日期	执行人
装置变更	1			
	2			
程序升级	1			
	2			
	3			
	4			
回路变更	1			
	2			
	3			
	4			
	5			
TA 变比	1			
	2			
	3			
其他	1			
	2			
	3			

________型母联（分段）保护

检验报告

出厂日期		投运日期	
工作负责人			
检验人员			
检验性质	C类检修		
开始时间	年　月　日　时　分		
结束时间	年　月　日　时　分		
检验结论			
审核人签字		审核日期	

目　　次

1 通用部分

1.1 详见《常规变电站微机继电保护标准化作业指导书C类检修通用部分》。

1.2 本标准化作业指导书适用于220kV及以上微机母联（分段）保护。

2 微机保护单机检验

2.1 软件版本号及CRC校验码检查

软件版本号及CRC校验码检查见表1。

表1　软件版本号及CRC校验码检查

CPU号	软件版本号	CRC校验码	软件版本生成时间	与要求版本是否一致

2.2 模数变换系统的检验

装置二次额定电流 I_n=□5A/□1A。

2.2.1 零漂检验

要求：$I < 0.01I_n$，见表2。

表2　零漂检验

采样通道	I_a(A)	I_b(A)	I_c(A)	$3I_0$(A)
采样1				
采样2				

结论（　　）

2.2.2 采样精度校验：在保护屏端子上分别通入下列电流量，查看液晶屏上显示值，误差应小于5%。.

采样精度校验见表3。

表3　采样精度校验

采样通道	I_a(A)	I_b(A)	I_c(A)	$3I_0$(A)
I_n	A∠0°	A∠	A∠	A∠
采样1				
采样2				

结论（　　）

检验人：

3 带开关做整组传动试验（要求开关传动试验打印报告附后）

3.1 检查对应断路器无闭锁，具备传动条件。

3.2 模拟相间短路故障：

a. 充电过流保护及开关实际动作正确。（　　）

b. 后台监控信号表示正确。（　　）

c. 站端、各级调控端的继电保护在线监视和分析模块表示信息正确。（　　）

d. 录波器表示信息正确。（　　）

3.3　模拟手合充电故障，检验充电保护、开关防跳功能：

a. 充电过流保护及开关实际动作应正确。（　　）

b. 开关防跳功能良好。（　　）

c. 站端、各级调度端的继电保护在线监视和分析模块表示信息正确。（　　）

d. 录波器表示信息正确。（　　）

检验人：

4　装置投运准备工作

4.1　投入运行前的准备工作

4.1.1　现场工作结束后，工作负责人检查试验记录有无漏试验项目，核对装置的整定值是否与定值单相符。打印定值单附后。（　　）

4.1.2　盖好所有装置及辅助设备的盖子，各装置插板扣紧。（　　）

4.1.3　二次回路接线恢复，拆除在检验时使用的试验设备、仪表及一切连接线，所有被拆除的或临时接入的连线应全部恢复正常，装置所有的信号应复归。（　　）

4.1.4　压板核对及安全措施恢复。（　　）

4.1.5　全部人员撤离前，清扫现场。（　　）

4.2　对运行人员交代事项

4.2.1　填写继电保护记录簿，将主要检验项目、试验结果及结论、定值通知单执行情况详细记录在内，向工作许可人交代检验结果、设备变动情况或遗留问题，并写明该装置可以投入运行。（　　）

4.3　验收合格后，办理工作票终结手续。（　　）

4.4　定值通知单编号：（　　），执行时间：（　　）。

检验人：

5　现场遗留问题

工作负责人：

附录A　继电保护二次工作保护压板及设备投切位置确认单

继电保护二次工作保护压板及设备切换把手投切位置确认单

<table>
<tr><td colspan="2">被试设备名称</td><td colspan="8"></td></tr>
<tr><td colspan="2">工作负责人</td><td colspan="2"></td><td>工作时间</td><td colspan="5">年　月　日　时　分~　年　月　日　时　分</td></tr>
<tr><td colspan="2">工作内容</td><td colspan="8"></td></tr>
<tr><td colspan="10">包括应断开及恢复的空气开关（隔离开关）、直流铅丝、切换把手、保护压板、连接片、直流线、交流线、信号线、联锁和联锁开关等</td></tr>
<tr><td rowspan="2">序号</td><td rowspan="2">压板及切换把手名称</td><td colspan="4">开工前状态</td><td colspan="4">工作结束后状态</td></tr>
<tr><td>投入位置</td><td>退出位置</td><td>运行人员确认签字</td><td>继电保护人员签字</td><td>投入位置</td><td>退出位置</td><td>运行人员确认签字</td><td>继电保护人员签字</td></tr>
<tr><td>1</td><td></td><td></td><td></td><td rowspan="23"></td><td rowspan="23"></td><td></td><td></td><td rowspan="23"></td><td rowspan="23"></td></tr>
<tr><td>2</td><td></td><td></td><td></td><td></td><td></td></tr>
<tr><td>3</td><td></td><td></td><td></td><td></td><td></td></tr>
<tr><td>4</td><td></td><td></td><td></td><td></td><td></td></tr>
<tr><td>5</td><td></td><td></td><td></td><td></td><td></td></tr>
<tr><td>6</td><td></td><td></td><td></td><td></td><td></td></tr>
<tr><td>7</td><td></td><td></td><td></td><td></td><td></td></tr>
<tr><td>8</td><td></td><td></td><td></td><td></td><td></td></tr>
<tr><td>9</td><td></td><td></td><td></td><td></td><td></td></tr>
<tr><td>10</td><td></td><td></td><td></td><td></td><td></td></tr>
<tr><td>11</td><td></td><td></td><td></td><td></td><td></td></tr>
<tr><td>12</td><td></td><td></td><td></td><td></td><td></td></tr>
<tr><td>13</td><td></td><td></td><td></td><td></td><td></td></tr>
<tr><td>14</td><td></td><td></td><td></td><td></td><td></td></tr>
<tr><td>15</td><td></td><td></td><td></td><td></td><td></td></tr>
<tr><td>16</td><td></td><td></td><td></td><td></td><td></td></tr>
<tr><td>17</td><td></td><td></td><td></td><td></td><td></td></tr>
<tr><td>18</td><td></td><td></td><td></td><td></td><td></td></tr>
<tr><td>19</td><td></td><td></td><td></td><td></td><td></td></tr>
<tr><td>20</td><td></td><td></td><td></td><td></td><td></td></tr>
<tr><td>21</td><td></td><td></td><td></td><td></td><td></td></tr>
<tr><td>22</td><td></td><td></td><td></td><td></td><td></td></tr>
<tr><td>23</td><td></td><td></td><td></td><td></td><td></td></tr>
<tr><td colspan="6">工作负责人在工作票结束前检查安全措施、保护定值区、保护压板紧固、TA、TA接线等是否正常</td><td colspan="2">工作负责人确认签字</td><td colspan="2"></td></tr>
</table>

填写要求：①在“运行人员所布置的安全措施内容”栏目内填写具体名称。②在“投入位置或退出位置”栏内写“投或退”。③附在保护记录中存档。

附录B　继电保护二次工作安全措施票

继电保护二次工作安全措施票

单位：　　　　　　　　　　　　　　　　　　　　　　　　编号：

<table>
<tr><td colspan="2">被试设备名称</td><td colspan="3"></td></tr>
<tr><td colspan="2">工作负责人</td><td></td><td>工作时间</td><td>年　月　日　时　分～　年　月　日　时　分</td></tr>
<tr><td colspan="2">工作内容</td><td colspan="3"></td></tr>
<tr><td colspan="5">安全措施：包括应打开恢复连接片、直流线、交流线、信号线、联锁和联锁开关等，按工作顺序填用安全措施</td></tr>
<tr><td>序号</td><td>执行</td><td colspan="2">安全措施内容</td><td>恢复</td></tr>
<tr><td>1</td><td></td><td colspan="2"></td><td></td></tr>
<tr><td>2</td><td></td><td colspan="2"></td><td></td></tr>
<tr><td>3</td><td></td><td colspan="2"></td><td></td></tr>
<tr><td>4</td><td></td><td colspan="2"></td><td></td></tr>
<tr><td>5</td><td></td><td colspan="2"></td><td></td></tr>
<tr><td>6</td><td></td><td colspan="2"></td><td></td></tr>
<tr><td>7</td><td></td><td colspan="2"></td><td></td></tr>
<tr><td>8</td><td></td><td colspan="2"></td><td></td></tr>
<tr><td>9</td><td></td><td colspan="2"></td><td></td></tr>
<tr><td>10</td><td></td><td colspan="2"></td><td></td></tr>
<tr><td>11</td><td></td><td colspan="2"></td><td></td></tr>
<tr><td>12</td><td></td><td colspan="2"></td><td></td></tr>
<tr><td>13</td><td></td><td colspan="2"></td><td></td></tr>
<tr><td>14</td><td></td><td colspan="2"></td><td></td></tr>
<tr><td>15</td><td></td><td colspan="2"></td><td></td></tr>
<tr><td>16</td><td></td><td colspan="2"></td><td></td></tr>
<tr><td>17</td><td></td><td colspan="2"></td><td></td></tr>
<tr><td>18</td><td></td><td colspan="2"></td><td></td></tr>
<tr><td>19</td><td></td><td colspan="2"></td><td></td></tr>
<tr><td>20</td><td></td><td colspan="2"></td><td></td></tr>
<tr><td>21</td><td></td><td colspan="2"></td><td></td></tr>
<tr><td>22</td><td></td><td colspan="2"></td><td></td></tr>
<tr><td>23</td><td></td><td colspan="2"></td><td></td></tr>
<tr><td>24</td><td></td><td colspan="2"></td><td></td></tr>
<tr><td>25</td><td></td><td colspan="2"></td><td></td></tr>
<tr><td>26</td><td></td><td colspan="2"></td><td></td></tr>
<tr><td>27</td><td></td><td colspan="2"></td><td></td></tr>
<tr><td>28</td><td></td><td colspan="2"></td><td></td></tr>
</table>

检验人：　　　　　监护人：　　　　　恢复人：　　　　　监护人：

常规变电站继电保护现场检验标准化作业指导书

（500kV 部分）

国网辽宁省电力有限公司电力调度控制中心
国网辽宁省电力有限公司技能培训中心　组编

中国电力出版社
CHINA ELECTRIC POWER PRESS

内 容 提 要

本书规定了常规变电站继电保护装置现场检验标准化作业的一般性要求、检验项目、检验内容、检验方法及标准，用于指导现场检验的标准化作业。本书主要依据现行国家标准、电力行业标准、国家电网公司企业标准，以及继电保护设计、配置、验收、运行和维护的工程经验与相关要求。

本书作为变电站继电保护装置现场作业人员的指导书，也可供继电保护专业技术人员自学参考。

图书在版编目（CIP）数据

常规变电站继电保护现场检验标准化作业／国网辽宁省电力有限公司电力调度控制中心，国网辽宁省电力有限公司技能培训中心组编．—北京：中国电力出版社，2019.2

ISBN 978-7-5198-2637-6

Ⅰ．①常…　Ⅱ．①国…②国…　Ⅲ．①变电所－继电保护－标准化　Ⅳ．①TM77-65

中国版本图书馆CIP数据核字（2018）第260684号

出版发行：中国电力出版社
地　　址：北京市东城区北京站西街19号（邮政编码100005）
网　　址：http://www.cepp.sgcc.com.cn
责任编辑：孙　芳
责任校对：黄　蓓　常燕昆　朱丽芳
装帧设计：王英磊　赵姗姗
责任印制：吴　迪

印　　刷：三河市万龙印装有限公司
版　　次：2019年2月第一版
印　　次：2019年2月北京第一次印刷
开　　本：787毫米×1092毫米　16开本
印　　张：50.25
字　　数：1213千字
印　　数：0001—1000册
定　　价：198.00元

编 委 会

前　言

本指导书规定了常规变电站继电保护装置现场检验标准化作业。主要内容包括一般性要求、检验项目、检验内容、检验方法及标准，用于指导现场检验的标准化作业。本指导书编写主要依据《继电保护状态检修检验规程》《继电保护及安全自动装置验收规范》《线路保护及辅助装置标准化设计规范》和《变压器、高压并联电抗器和母线保护及辅助装置标准化设计规范》等有关技术标准，以及继电保护设计、配置、验收、运行和维护的工程经验与相关要求。

编　者

2018.10

编 制 说 明

一、编制背景

为尽快适应近年继电保护技术快速发展，满足辽宁电网继电保护现场检修作业需求，规范现场作业行为，提高检验质量，持续优化继电保护检验管理工作，提高常规变电站继电保护及二次回路运行的安全性、可靠性。国网辽宁电力调度控制中心特组织开展《常规变电站继电保护检验标准化作业指导书》修编工作。

二、编制主要原则

《常规变电站继电保护检验标准化作业指导书》主要依据国网最新的相关标准、规范、规程编写，以常规微机型“六统一”继电保护类型为编制对象，结合状态检修相关标准、规定，遵循现场标准化作业流程，符合适用性、先进性和差异性的原则。

三、编制目的及适用范围

本指导书规定了220kV及以上常规变电站微机型继电保护及其二次回路新安装验收检验、A（B）类检修、C类检修的质量控制程序，以保护常规变电站微机型继电保护及其二次回路的检验结果的正确性。其中：

（1）验收检验是指新安装保护装置、继电保护整屏更换、整装置更换、二次电缆全部更换后的验收检验。

（2）A类检修是指新设备安装投产后进行的第一次检验。

（3）B类检修是指在一次设备停电情况下的继电保护及其二次回路局部性的检修，即辅助装置更换、装置插件更换、程序升级及部分二次电缆更换后的停电检验，以及缺陷处理需要开展的试验，包括不停电装置升级。

（4）C类检修是指一次设备停电配合检修和一次设备停电情况下的继电保护及其二次回路常规性检查、维护、试验。

四、章节及种类说明

（1）验收检验、A（B）类检修均包括10项内容，分别为：通用部分、保护单机检验、保护功能校验、整组试验、带开关做整组传动试验、装置投运准备工作、带负荷测试、现场遗留问题、继电保护二次工作保护压板及设备投切位置确认单、继电保护二次工作安全措施票。

（2）C类检修包括7项内容，分别为：通用部分、保护单机检验、带开关做整组传动试验、装置投运准备工作、现场遗留问题、继电保护二次工作保护压板及设备投切位置确认

单、继电保护二次工作安全措施票。

（3）通用部分包括7项内容，分别为：目的及适用范围、编制依据、装置检验要求及注意事项、保护装置检验准备工作、二次回路绝缘检查、屏柜及装置检验、装置通电检查。

（4）指导书共计19类58篇，分别为500kV线路保护4类12篇、220kV线路保护2类6篇、220kV电铁线路保护1类3篇、500kV变压器保护1类3篇、220kV变压器保护2类6篇、500kV母线保护1类3篇、220kV母线保护1类3篇、500kV断路器保护1类3篇、220kV母联（分段）保护1类3篇、高压并联电抗器保护1类3篇、远方跳闸及就地判别装置1类3篇、故障录波器1类3篇、行波测距装置1类2篇、故障信息子站1类2篇。

五、指导书中内容主要差异说明

1. 220kV、500kV线路保护指导书

（1）220kV线路保护指导书“六统一”线路纵联差动保护、纵联距离保护和电铁线路保护指导书中，将“远方跳闸”开入和“其他保护停信”开入统一改为“其他保护动作”开入。

（2）500kV线路保护指导书“六统一”线路纵联差动保护、纵联距离保护指导书中，将“远方跳闸”开入和“其他保护停信”开入统一改为“其他保护动作”开入。

（3）220kV线路保护指导书自定义保护项目：包括分相允许式、工频变化量距离、快速距离、负荷限制距离、三重加速距离Ⅱ段、三重加速距离Ⅲ段和零序加速段带方向保护功能，该项保护根据现场实际装置自行选择试验项目。

（4）220kV线路保护指导书零序反时限过流保护、三相不一致保护、过流过负荷功能（适用于电缆线路）、过电压及远方跳闸保护等选配功能不使用。

（5）电铁线路保护取消纵联保护功能校验，增加冲击性负荷功能校验。

2. 220kV、500kV变压器保护指导书

（1）220kV变压器保护指导书按照220kV三绕组变压器、两绕组变压器类型编写，其中三绕组变压器采用高压侧、中压侧、低压1分支、低压2分支结构；两绕组变压器采用高压1侧和低压1分支结构。

（2）自定义保护项目为故障分量差动保护。

（3）220kV变压器后备保护中“12 相间阻抗保护　Ⅰ段3时限、13 接地阻抗保护　Ⅰ段3时限”与高后备保护中“相间阻抗保护　Ⅰ段3时限、接地阻抗保护　Ⅰ段3时限”选配功能不使用。

3. 220kV母线保护指导书

（1）适用于220kV双母线、双母双分段接线的“六统一”母线保护，220kV双母单分段接线及500kV双母线、双母双分段接线的“六统一”母线保护可参照执行。

（2）220kV电压等级母线保护中“母联（分段）充电过流保护、母联（分段）非全相保护”选配功能不使用。

4. 故障录波器指导书

（1）指导书以DL/T 553—2013《电力系统动态记录装置通用技术条件》为主要编制依

据，同时参照 Q/GDW 1161—2014《线路保护及辅助装置标准化设计规范》、Q/GDW 1175—2013《变压器、高压并联电抗器和母线保护及辅助装置标准化设计规范》进行编制。

（2）指导书中所有检验项目的列表，均按设备类型编写，如现场有多个同类设备，可根据现场设备实际情况对表格进行扩充。

（3）指导书中“开关量输入检查”项目中各装置的输入量均按最大化编写，现场按设备实际应用情况进行填写。

（4）指导书中对“起动记录”“起动录波”的开关量进行了分类整理，现场可根据开关量的实际情况，设定起动记录与起动录波的功能。

（5）指导书中对录波器的谐波分析能力进行了要求，录波器应具备 25 次及以下谐波分析能力，对于录波装置的新安装及更换，现场至少进行七次及以下谐波分析能力的检验。

（6）指导书中对录波器的频率分析能力进行了要求，录波器应能记录暂态及动态过程中的频率变化过程。对于录波装置的新安装及更换，现场应对录波器 40、50、55Hz 时的频率记录性能进行检验。

5. 500kV 高压电抗器保护指导书

（1）适用于 500kV 高压电抗器保护的测试，对于母线电抗器，无中性点电抗器后备保护功能、中断路器相关出口和启动远方跳闸保护出口的试验项目。

（2）输出回路检查中的断路器 1、断路器 2，可分别定义为中断路器、边断路器。同时与启动断路器失灵保护 1、启动断路器失灵保护 2 相对应。

（3）母线电抗器保护不跳中断路器。

6. 500kV 保护指导书编写以 3/2 断路器接线完整串为例，当用于不完整串时，中断路器相关内容适用于第二组边断路器

7. 线路、变压器、母线、电抗器保护电流互感器二次回路断线的处理原则按《继电保护装置标准化设计补充技术要求》执行

8. 本次修编增加 2 类指导书、2 类指导卡

（1）增加变电站继电保护在线监视与分析模块（继电保护故障信息子站）指导书新安装验收检验和 A（B）类检修内容，既适用目前已经投入运行的变电站继电保护故障信息子站，也适用于完成升级、改造后的变电站继电保护在线监视与分析模块系统。

（2）增加变电站行波测距装置新安装验收检验和 A（B）类检修内容，规范了变电站行波测距装置的检验项目及要求。

目 录

第二部分

常规变电站继电保护装置现场检验标准化作业

（500kV）

1. 常规变电站500kV线路纵联差动保护新安装验收标准化作业指导书

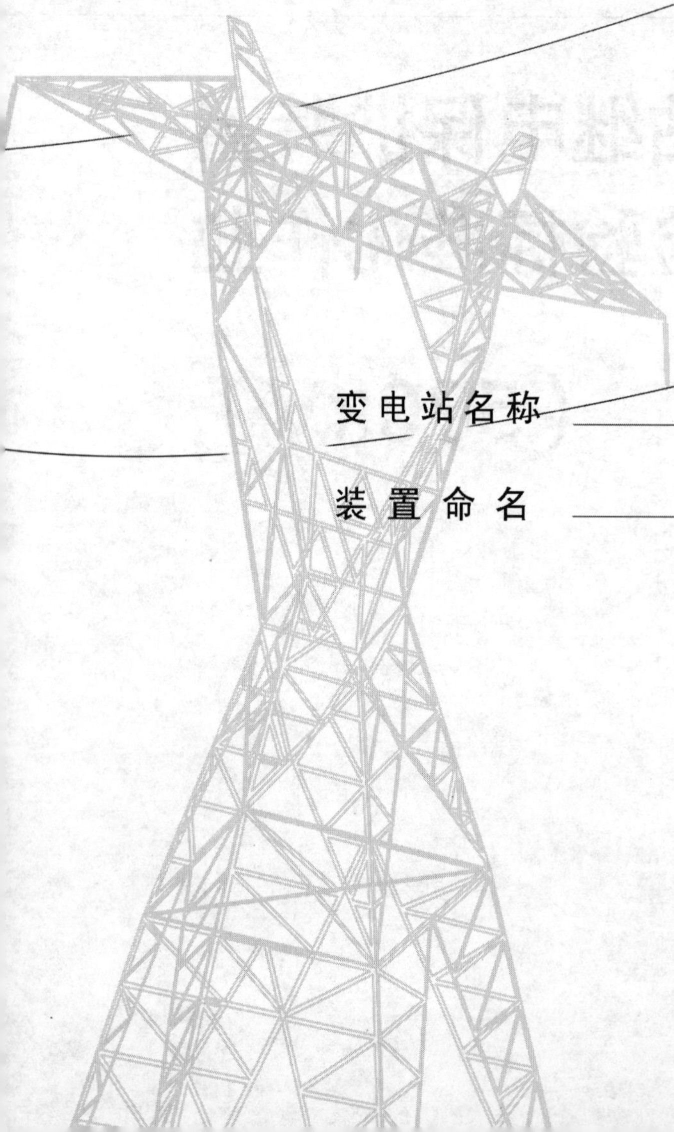

变电站名称 ______________________

装 置 命 名 ______________________

设备变更记录

变更内容			变更日期	执行人
装置变更	1			
	2			
程序升级	1			
	2			
	3			
	4			
回路变更	1			
	2			
	3			
	4			
	5			
TA 变比	1			
	2			
	3			
其他	1			
	2			
	3			

________型线路

纵联差动保护检验报告

出厂日期		投运日期	
工作负责人			
检验人员			
检验性质	新安装验收检验		
开始时间	年 月 日 时 分		
结束时间	年 月 日 时 分		
检验结论			
审核人签字		审核日期	

目　次

1 通用部分

1.1 详见《常规变电站继电保护标准化作业指导书（验收检验通用部分）》。

1.2 适用于六统一 500kV 3/2 断路器接线（完整串）线路纵联差动保护。

2 保护单机检验

2.1 软件版本号及 CRC 校验码检查

软件版本号及 CRC 校验码检查见表 1。

表 1　软件版本号及 CRC 校验码检查

CPU 号	软件版本号	CRC 校验码	软件版本生成时间	与要求版本是否一致

结论（　　）

2.2 输出回路检查

输出回路检查见表 2。

表 2　输 出 回 路 检 查

序号	检验项目	方法	接点动作情况
1	信号输出	保护动作	□监控后台，□液晶显示
		通道一告警	□监控后台，□液晶显示
		通道二告警	□监控后台，□液晶显示
		通道故障（两个通道均异常）	□监控后台，□液晶显示
		运行异常（模拟 AT、TV 断线）	□监控后台，□液晶显示
		装置故障告警	□监控后台，□液晶显示
2	跳闸出口	投入相应保护及出口压板，分别模拟保护 A 相动作、B 相动作、C 相动作	□跳闸，□失灵启动，□备用，□录波
3	闭锁重合闸出口	投入相应保护及出口压板，模拟闭锁重合闸动作	□动作
4	远传 1 动作	短接远传 1 开入接点	□动作
5	远传 2 动作	短接远传 2 开入接点	□动作

结论（　　）

2.3 开关量输入回路检验

2.3.1 开关量输入回路检验（适用于主保护方式有两种的情况，根据装置实际情况选做）。

主保护投入方式有两种，方式一：配置一套主保护逻辑，同时对应两个（光纤通道一、光纤通道二）或三个（光纤通道一、光纤通道二、载波通道）通道，分别设置主保护及各通道的投退压板；方式二：配置两套主保护逻辑，与双通道一一对应，分别设置通道一主保护、通道二主保护投退压板。开关量输入回路检验见表 3。

表3　　开关量输入回路检验

序号	检验方法	开关输入量变化	结果
1	投入“纵联保护”压板（方式一）	“纵联保护”由0变1	
2	投入“光纤通道一”压板（方式一）	“光纤通道一”由0变1	
3	投入“光纤通道二”压板（方式一）	“光纤通道二”由0变1	
4	投入“通道一差动保护”压板（方式二）	“通道一差动保护”由0变1	
5	投入“通道二差动保护”压板（方式二）	“通道二差动保护”由0变1	
6	投入“距离保护”压板	“距离保护”由0变1	
7	投入“零序过流保护”压板	“零序过流保护”由0变1	
8	短接“其他保护动作”接点	“其他保护动作”由0变1	
9	短接“TWJA”接点	“A相跳闸位置”由0变1	
10	短接“TWJB”接点	“B相跳闸位置”由0变1	
11	短接“TWJC”接点	“C相跳闸位置”由0变1	
12	投入“远方操作”压板	“远方操作”由0变1	
13	按“复归”按钮	“信号复归”由0变1	
14	投“保护检修状态”压板	“检修状态”由0变1	
15	远传1开入	“远传1”由0变1	
16	远传2开入	“远传2”由0变1	

结论（　　）

2.3.2 开关量输入回路检验（适用于Q/GDW 1161—2013标准补充模式）。

光纤差动保护压板及控制字设置：光纤通道一、光纤通道二，共计2个压板；纵联差动保护、双通道方式（1为双通道方式，0为单通道方式，固定为光纤通道一），共计2位控制字。通道压板投入时，对应通道出现异常，告警并上送报文。通道压板退出时，对应通道只上送报文，不告警。开关量输入回路检验见表4。

表4　　开关量输入回路检验

序号	检验方法	开关输入量变化	结果
1	投入“光纤通道一”压板	“光纤通道一”由0变1	
2	投入“光纤通道二”压板	“光纤通道二”由0变1	
3	投入“距离保护”压板	“距离保护”由0变1	
4	投入“零序过流保护”压板	“零序过流保护”由0变1	
5	短接“其他保护动作”接点	“其他保护动作”由0变1	
6	短接“TWJA”接点	“A相跳闸位置”由0变1	
7	短接“TWJB”接点	“B相跳闸位置”由0变1	
8	短接“TWJC”接点	“C相跳闸位置”由0变1	
9	投入“远方操作”压板	“远方操作”由0变1	
10	按“复归”按钮	“信号复归”由0变1	
11	投“保护检修状态”压板	“检修状态”由0变1	
12	远传1开入	“远传1”由0变1	
13	远传2开入	“远传2”由0变1	

2.4 断路器运行/检修状态转换开关的校验

断路器运行/检修状态转换开关的校验见表5。

表5　　断路器运行/检修状态转换开关校验

<table>
<tr><td colspan="2">断路器检修/运行状态转换开关位置
断路器实际位置</td><td>边断路器在检修位置</td><td>中断路器在检修位置</td><td>边断路器在检修位置</td><td>中断路器在运行位置</td><td>边断路器在运行位置</td><td>中断路器在检修位置</td><td>边断路器在运行位置</td><td>中断路器在运行位置</td></tr>
<tr><td rowspan="3">边断路器合位</td><td>中断路器A相分位</td><td colspan="2">□TWJA</td><td colspan="2">□TWJA</td><td colspan="2">□TWJA</td><td colspan="2">□TWJA</td></tr>
<tr><td>中断路器B相合位</td><td colspan="2">□TWJB</td><td colspan="2">□TWJB</td><td colspan="2">□TWJB</td><td colspan="2">□TWJB</td></tr>
<tr><td>中断路器C相合位</td><td colspan="2">□TWJC</td><td colspan="2">□TWJC</td><td colspan="2">□TWJC</td><td colspan="2">□TWJC</td></tr>
<tr><td rowspan="3">边断路器合位</td><td>中断路器A相合位</td><td colspan="2">□TWJA</td><td colspan="2">□TWJA</td><td colspan="2">□TWJA</td><td colspan="2">□TWJA</td></tr>
<tr><td>中断路器B相分位</td><td colspan="2">□TWJB</td><td colspan="2">□TWJB</td><td colspan="2">□TWJB</td><td colspan="2">□TWJB</td></tr>
<tr><td>中断路器C相合位</td><td colspan="2">□TWJC</td><td colspan="2">□TWJC</td><td colspan="2">□TWJC</td><td colspan="2">□TWJC</td></tr>
<tr><td rowspan="3">边断路器合位</td><td>中断路器A相合位</td><td colspan="2">□TWJA</td><td colspan="2">□TWJA</td><td colspan="2">□TWJA</td><td colspan="2">□TWJA</td></tr>
<tr><td>中断路器B相合位</td><td colspan="2">□TWJB</td><td colspan="2">□TWJB</td><td colspan="2">□TWJB</td><td colspan="2">□TWJB</td></tr>
<tr><td>中断路器C相分位</td><td colspan="2">□TWJC</td><td colspan="2">□TWJC</td><td colspan="2">□TWJC</td><td colspan="2">□TWJC</td></tr>
<tr><td rowspan="3">中断路器合位</td><td>边断路器A相分位</td><td colspan="2">□TWJA</td><td colspan="2">□TWJA</td><td colspan="2">□TWJA</td><td colspan="2">□TWJA</td></tr>
<tr><td>边断路器B相合位</td><td colspan="2">□TWJB</td><td colspan="2">□TWJB</td><td colspan="2">□TWJB</td><td colspan="2">□TWJB</td></tr>
<tr><td>边断路器C相合位</td><td colspan="2">□TWJC</td><td colspan="2">□TWJC</td><td colspan="2">□TWJC</td><td colspan="2">□TWJC</td></tr>
<tr><td rowspan="3">中断路器合位</td><td>边断路器A相合位</td><td colspan="2">□TWJA</td><td colspan="2">□TWJA</td><td colspan="2">□TWJA</td><td colspan="2">□TWJA</td></tr>
<tr><td>边断路器B相分位</td><td colspan="2">□TWJB</td><td colspan="2">□TWJB</td><td colspan="2">□TWJB</td><td colspan="2">□TWJB</td></tr>
<tr><td>边断路器C相合位</td><td colspan="2">□TWJC</td><td colspan="2">□TWJC</td><td colspan="2">□TWJC</td><td colspan="2">□TWJC</td></tr>
<tr><td rowspan="3">中断路器合位</td><td>边断路器A相合位</td><td colspan="2">□TWJA</td><td colspan="2">□TWJA</td><td colspan="2">□TWJA</td><td colspan="2">□TWJA</td></tr>
<tr><td>边断路器B相合位</td><td colspan="2">□TWJB</td><td colspan="2">□TWJB</td><td colspan="2">□TWJB</td><td colspan="2">□TWJB</td></tr>
<tr><td>边断路器C相分位</td><td colspan="2">□TWJC</td><td colspan="2">□TWJC</td><td colspan="2">□TWJC</td><td colspan="2">□TWJC</td></tr>
</table>

结论（　　）

2.5 模数变换系统的检验

装置二次额定电流 I_n=□5A/□1A。

2.5.1 零漂检验

要求 $I<0.01I_n$，$U<0.1V$，根据不同装置选填表6或表7。

表6　　零　漂　检　验

采样值 通道	边断路器电流				中断路器电流			
	I_a(A)	I_b(A)	I_c(A)	$3I_0$(A)	I_a(A)	I_b(A)	I_c(A)	$3I_0$(A)
采样1								
采样2								

注　此表适用于两组TA分别接入保护情况下电流值的填写。

结论（　　）

表 7 零漂检验

采样通道	I_a(A)	I_b(A)	I_c(A)	$3I_0$(A)	U_a(V)	U_b(V)	U_c(V)
采样 1							
采样 2							

注 此表适用于装置采用合流输入情况下的电流值填写。

结论（ ）

2.5.2 采样精度校验

在保护屏端子上分别通入中的电压、电流量，查看液晶屏上显示值，幅值误差应小于±5%，角度小于 3°。以 U_a 为基准，根据不同装置选填表 8 或表 9。

表 8 采样精度校验

采样值 / 通道	边断路器				中断路器			
	I_a(A)	I_b(A)	I_c(A)	$3I_0$(A)	I_a(A)	I_b(A)	I_c(A)	$3I_0$(A)
$0.05I_n$，$0.6U_n$	V∠0	V∠	V∠	A∠	A∠	A∠	A∠	
采样 1								
采样 2								
I_n，U_n	V∠0°	V∠	V∠	A∠	A∠	A∠	A∠	
采样 1								
采样 2								
$4I_n$，$1.2U_n$	V∠0°	V∠	V∠	A∠	A∠	A∠	A∠	
采样 1								
采样 2								

注 此表适用于两组 TA 分别接入保护情况下电流值的填写。

结论（ ）

表 9 采样精度校验

采样通道	U_a(V)	U_b(V)	U_c(V)	I_a(A)	I_b(A)	I_c(A)	$3I_0$(A)
$0.05I_n$，$0.6U_n$	V∠0°	V∠	V∠	A∠	A∠	A∠	A∠
采样 1							
采样 2							
I_n，U_n	V∠0°	V∠	V∠	A∠	A∠	A∠	A∠
采样 1							
采样 2							
$4I_n$，$1.2U_n$	V∠0°	V∠	V∠	A∠	A∠	A∠	A∠
采样 1							
采样 2							

注 此表适用于装置采用合流输入情况下的电流值填写。

结论（ ）

2.5.3 自环状态下检验

自环状态下检验见表 10、表 11（根据不同装置选做）。

表 10 光纤通道一自环状态

电流	幅值		相角	
	I_n	$0.1I_n$	相位关系	显示相位
I_a/I_{ar}	/	/	I_a-I_{ar}	
I_b/I_{br}	/	/	I_b-I_{br}	
I_c/I_{cr}	/	/	I_c-I_{cr}	

续表

电流	幅值		相角	
	I_n	$0.1I_n$	相位关系	显示相位
I_{cda}		—	—	—
I_{cdb}		—	—	—
I_{cdc}		—	—	—

结论（　　）

表 11　　光纤通道二自环状态

电流	幅值		相角	
	I_n	$0.1I_n$	相位关系	显示相位
I_a/I_{ar}	/	/	I_a-I_{ar}	
I_b/I_{br}	/	/	I_b-I_{br}	
I_c/I_{cr}	/	/	I_c-I_{cr}	
I_{cda}		—	—	—
I_{cdb}		—	—	—
I_{cdc}		—	—	—

结论（　　）

检验人：

3　保护功能校验

根据保护装置液晶显示信息、面板信号指示状态、开关反映情况、测试设备实测值进行填写。

3.1　光纤差动保护

3.1.1　光纤差动保护适用于主保护方式有两种的情况，并根据装置实际情况选做。

仅投纵联保护硬压板、软压板、控制字，方式一填表 12，方式二填表 12 和表 13。

光纤差动保护定值：I_{zd}=（　　）A。

3.1.2　光纤差动保护适用于 Q/GDW 1161—2013 标准补充规定时，仅投纵联保护软压板、控制字、光纤通道硬压板，试验数据填表 12。

表 12　　光纤差动保护定值校验

整定值＼故障类型	AN 故障	BN 故障	CN 故障	AB 故障	BC 故障	CA 故障
$0.95I_{zd}$	□跳 A	□跳 B	□跳 C	□动作	□动作	□动作
	□不动作	□不动作	□不动作	□不动作	□不动作	□不动作
$1.05I_{zd}$	□跳 A	□跳 B	□跳 C	□动作	□动作	□动作
	□不动作	□不动作	□不动作	□不动作	□不动作	□不动作
$1.2I_{zd}$	显示保护动作时间：（　　）ms			显示保护动作时间：（　　）ms		
	实测保护动作时间：（　　）ms			实测保护动作时间：（　　）ms		
TA 断线	当“TA 断线闭锁差动”整定为“1”时：□闭锁断线相差动。 当“TA 断线闭锁差动”整定为“0”时：保护动作值；保护动作时间（　　）ms。两侧延时 150ms 三跳，同时闭锁重合闸					

结论（　　）

表 13　　光纤差动保护定值校验

故障类型 / 整定值	AN 故障	BN 故障	CN 故障	AB 故障	BC 故障	CA 故障
$0.95I_{zd}$	□跳 A □不动作	□跳 B □不动作	□跳 C □不动作	□动作 □不动作	□动作 □不动作	□动作 □不动作
$1.05I_{zd}$	□跳 A □不动作	□跳 B □不动作	□跳 C □不动作	□动作 □不动作	□动作 □不动作	□动作 □不动作
$1.2I_{zd}$	显示保护动作时间：（　　）ms 实测保护动作时间：（　　）ms			显示保护动作时间：（　　）ms 实测保护动作时间：（　　）ms		
TA 断线	当“TA 断线闭锁差动”整定为“1”时：□闭锁断线相差动。 当“TA 断线闭锁差动”整定为“0”时：保护动作值；保护动作时间（　　）ms。两侧延时 150ms 三跳，同时闭锁重合闸					

结论（　　）

3.2　距离保护定值校验

3.2.1　相间距离

仅投距离保护硬压板、软压板、控制字，见表 14。

定值：XX1=（　　）Ω；XX2=（　　）Ω，（　　）s；XX3=（　　）Ω，（　　）s；灵敏角：（　　）°。

表 14　　相间距离保护定值校验

故障类型 / 整定值	AB 故障	BC 故障	CA 故障	ABC 故障	反向故障
0.95XX1	□动作 □不动作	□动作 □不动作	□动作 □不动作	□动作 □不动作	
1.05XX1	□动作 □不动作	□动作 □不动作	□动作 □不动作	□动作 □不动作	□动作 □不动作
0.7XX1	显示保护动作时间：（　　）ms 实测保护动作时间：（　　）ms				
0.95XX2	□动作 □不动作	□动作 □不动作	□动作 □不动作	□动作 □不动作	
1.05XX2	□动作 □不动作	□动作 □不动作	□动作 □不动作	□动作 □不动作	□动作 □不动作
0.7XX2	显示保护动作时间：（　　）ms 实测保护动作时间：（　　）ms				
0.95XX3	□动作 □不动作	□动作 □不动作	□动作 □不动作	□动作 □不动作	
1.05XX3	□动作 □不动作	□动作 □不动作	□动作 □不动作	□动作 □不动作	□动作 □不动作
0.7XX3	显示保护动作时间：（　　）ms 实测保护动作时间：（　　）ms				
模拟 TV 断线，TV 断线后退出距离保护					
模拟 TA 断线，闭锁距离Ⅰ段，不闭锁距离Ⅱ段和距离Ⅲ段					

结论（　　）

3.2.2 接地距离校验

仅投距离保护硬压板、软压板、控制字，见表15。

定值：XD1＝(　　) Ω；XD2＝(　　) Ω，(　　) s；XD3＝(　　) Ω，(　　) s；灵敏角：(　　)。

表15　　**接地距离定值校验**

<table>
<tr><th>故障类型
整定值</th><th>AN故障</th><th>BN故障</th><th>CN故障</th><th>反向故障</th></tr>
<tr><td>0.95XD1</td><td>□动作
□不动作</td><td>□动作
□不动作</td><td>□动作
□不动作</td><td rowspan="3">□动作
□不动作</td></tr>
<tr><td>1.05XD1</td><td>□动作
□不动作</td><td>□动作
□不动作</td><td>□动作
□不动作</td></tr>
<tr><td>0.7XD1</td><td colspan="3">显示保护动作时间：(　　) ms
实测保护动作时间：(　　) ms</td></tr>
<tr><td>0.95XD2</td><td>□动作
□不动作</td><td>□动作
□不动作</td><td>□动作
□不动作</td><td rowspan="3">□动作
□不动作</td></tr>
<tr><td>1.05XD2</td><td>□动作
□不动作</td><td>□动作
□不动作</td><td>□动作
□不动作</td></tr>
<tr><td>0.7XD2</td><td colspan="3">显示保护动作时间：(　　) ms
实测保护动作时间：(　　) ms</td></tr>
<tr><td>0.95XD3</td><td>□动作
□不动作</td><td>□动作
□不动作</td><td>□动作
□不动作</td><td rowspan="3">□动作
□不动作</td></tr>
<tr><td>1.05XD3</td><td>□动作
□不动作</td><td>□动作
□不动作</td><td>□动作
□不动作</td></tr>
<tr><td>0.7XD3</td><td colspan="3">显示保护动作时间：(　　) ms
实测保护动作时间：(　　) ms</td></tr>
<tr><td colspan="5">模拟TV断线，TV断线后退出距离保护</td></tr>
<tr><td colspan="5">模拟TA断线，闭锁距离Ⅰ段，不闭锁距离Ⅱ段和距离Ⅲ段</td></tr>
</table>

结论（　　）

3.3　零序保护定值校验

仅投零序保护硬压板、软压板、控制字，见表16。

定值：I_{02}＝(　　) A，(　　) s；I_{03}＝(　　) A，(　　) s；零序过流加速段定值 I_{0js}＝(　　) A。

表16　　**零序保护定值校验**

<table>
<tr><th>故障类型
整定值</th><th>AN故障</th><th>BN故障</th><th>CN故障</th><th>反向故障</th></tr>
<tr><td>0.95I_{02}</td><td>□动作
□不动作</td><td>□动作
□不动作</td><td>□动作
□不动作</td><td rowspan="3">通入电流（　　）A
□动作
□不动作</td></tr>
<tr><td>1.05I_{02}</td><td>□动作
□不动作</td><td>□动作
□不动作</td><td>□动作
□不动作</td></tr>
<tr><td>1.2I_{02}</td><td colspan="3">显示保护动作时间：(　　) ms
实测保护动作时间：(　　) ms</td></tr>
</table>

续表

<table>
<tr><th>故障类型
整定值</th><th>AN 故障</th><th>BN 故障</th><th>CN 故障</th><th>反向故障</th></tr>
<tr><td>$0.95I_{03}$</td><td>□动作
□不动作</td><td>□动作
□不动作</td><td>□动作
□不动作</td><td rowspan="3">通入电流（　　）A
□动作
□不动作</td></tr>
<tr><td>$1.05I_{03}$</td><td>□动作
□不动作</td><td>□动作
□不动作</td><td>□动作
□不动作</td></tr>
<tr><td>$1.2I_{03}$</td><td colspan="3">显示保护动作时间：（　　）ms
实测保护动作时间：（　　）ms</td></tr>
<tr><td>$1.2I_{0js}$</td><td colspan="3">显示保护动作时间：（　　）ms
实测保护动作时间：（　　）ms</td><td>—</td></tr>
<tr><td>TV 断线</td><td colspan="4">TV 断线后，零序电流Ⅱ段退出，零序电流Ⅲ段退出方向</td></tr>
<tr><td>TA 断线</td><td colspan="4">TA 断线后，零序电流各段保护不应误动作</td></tr>
</table>

3.4　零序反时限校验

仅投控制字，并验证功能正确性。

3.4.1　零序反时限校验定值校验

定值：零序反时限电流 I_p=（　　）A，零序反时限时间 T_p=（　　）s，零序反时限最小时间 T_0=（　　）s，

零序反时限配合时间 T=（　　）s，见表 17。

表 17　　零序反时限定值校验

<table>
<tr><th>故障类型
整定值</th><th>AN 故障</th><th>BN 故障</th><th>CN 故障</th></tr>
<tr><td>$0.95I_{zd}$</td><td>□动作
□不动作</td><td>□动作
□不动作</td><td>□动作
□不动作</td></tr>
<tr><td>$1.05I_{zd}$</td><td>□动作
□不动作</td><td>□动作
□不动作</td><td>□动作
□不动作</td></tr>
<tr><td>TA 断线</td><td colspan="3">TA 断线后，闭锁零序保护</td></tr>
<tr><td>TV 断线</td><td colspan="3">TV 断线后，改为不带方向的零序反时限过流保护</td></tr>
</table>

结论（　　）

3.4.2　零序反时限特性曲线校验

试验方法一：用微机继电保护试验仪的反时限曲线边界搜索功能绘制出反时限的特性曲线，与厂家提供的反时限曲线比对并将动作特性曲线打印附后。

试验方法二：零序反时限特性曲线校验见表 18。

表 18　　零序反时限特性曲线校验

时间 输入值	装置动作时间（s）	试验仪实测时间（s）	根据公式计算值时间（s）

续表

时间 / 输入值	装置动作时间（s）	试验仪实测时间（s）	根据公式计算值时间（s）
要求	反时限特性曲线取 6 个点，画出特性曲线和厂家提供的特性曲线基本吻合		

注 反时限特性曲线公式 $t(3I_0)=\frac{0.14}{(3I_0/I_P)^{0.02}-1}T_P$。

结论（ ）

3.5 自定义功能校验

根据保护装置自定义功能，对其功能投退、动作逻辑、定值进行校验，见表 19。

表 19 自定义功能校验

自定义功能名称	定值/控制字	装置动作信息	结果
TA 断线闭锁快速距离/工频变化量距离保护			

结论（ ）

检验人：

4 整组试验

整组试验要求：保护装置的整组传动试验，应在 80%额定直流电压条件下进行。

4.1 整组开关量输入检验

整组开关量输入检验见表 20。

表 20 整组开关量输入检验

序号	对应保护输出	对应保护名称	本保护开关量输入
1	失灵保护出口	边断路器保护	□远传 1，□远传 2
2	失灵保护出口	中断路器保护	□远传 1，□远传 2
3	启动远方跳闸	线路电抗器保护	□远传 1，□远传 2

结论（ ）

4.2 整组开关量输出检验

整组开关量输出检验见表 21。

表 21 整组开关量输出检验

序号	本保护输出	对应保护名称	对应保护开关量输入名称
1	启动边断路器 A 相失灵	边断路器保护	□保护 A 相失灵
2	启动边断路器 B 相失灵	边断路器保护	□保护 B 相失灵
3	启动边断路器 C 相失灵	边断路器保护	□保护 C 相失灵
4	启动中断路器 A 相失灵	中断路器保护	□保护 A 相失灵
5	启动中断路器 B 相失灵	中断路器保护	□保护 B 相失灵

续表

序号	本保护输出	对应保护名称	对应保护开关量输入名称
6	启动中断路器C相失灵	中断路器保护	□保护C相失灵
7	闭锁边断路器重合闸	边断路器保护	□闭锁重合闸
8	闭锁中断路器重合闸	中断路器保护	□闭锁重合闸
9	□远传1开出，□远传2开出	过电压及远方跳闸保护	□通道收信
10	通道故障	过电压及远方跳闸保护	□通道故障

结论（　　）

检验人：

5　带开关做整组传动试验（要求开关传动试验打印报告附后）

重合闸实际运行方式：（　　）。

5.1　检查对应断路器无闭锁，具备传动条件。

5.2　分别模拟A、B、C相瞬时短路故障跳边断路器：

a. 保护及开关实际动作正确。（　　）

b. 后台监控信号表示正确。（　　）

c. 站端、各级调控端的继电保护在线监视和分析模块表示信息正确。（　　）

d. 录波器表示信息正确。（　　）

5.3　分别模拟A、B、C相瞬时短路故障跳中断路器：

a. 保护及开关实际动作正确。（　　）

b. 后台监控信号表示正确。（　　）

c. 站端、各级调控端的继电保护在线监视和分析模块表示信息正确。（　　）

d. 录波器表示信息正确。（　　）

5.4　模拟相间瞬时短路故障跳断路器：

a. 保护及开关实际动作正确。（　　）

b. 后台监控信号表示正确。（　　）

c. 站端、各级调控端的继电保护在线监视和分析模块表示信息正确。（　　）

d. 录波器表示信息正确。（　　）

5.5　模拟A相永久接地故障（做跳合跳试验）：

a. 保护及开关实际动作应正确。（　　）

b. 后台监控表示正确。（　　）

c. 站端、各级调控端的继电保护在线监视和分析模块表示信息正确。（　　）

d. 录波器表示信息正确。（　　）

5.6　模拟手合故障线路检查开关防跳及后加速功能：

a. 保护及开关实际动作应正确。（　　）

b. 后台信号表示正确。（　　）

c. 站端、各级调控端的继电保护在线监视和分析模块表示信息正确。（　　）

d. 录波器表示信息正确。（　　）

5.7 通道检验

投入两侧纵联保护压板及控制字，根据现场实际使用情况进行试验。

5.7.1 光功率测试：光发（ ）dBm，光收（ ）dBm。 结论（ ）

5.7.2 通道延时测试

液晶屏上显示通道延时：（ ）ms。

5.7.3 通道往返延时一致性测试（采用复用2M通道时的测试项目）

测试方法：通道“正常”条件下，本侧、对侧分别加入2A电流，查看装置中的差流，记为I_1，则通道延时时间为$t=20\times\frac{\arccos\frac{(2^2+2^2-I_1^2)}{2\times2\times2}}{360}$ms，实测值=（ ）$\mu$s。（应小于200$\mu$s）

5.8 纵联保护带通道试验

5.8.1 本侧TA变比，对侧TA变比；

对侧通入A，本侧采样值显示对侧电流A。

本侧通入A，对侧采样值显示对侧电流A。

5.8.2 检查两组TA接入极性一致，接线正确。 结论（ ）

5.8.3 检查通道状态正常，无错码、误码，无通道告警信号，通道延时小于12ms。 结论（ ）

5.8.4 对侧开关在跳位，本侧开关在合位，本侧加入故障量，本侧差动保护动作。 结论（ ）

5.8.5 两侧开关在合位，本侧模拟单相接地故障，对侧相同故障相电压下降至34V时，两侧差动保护同时动作。 结论（ ）

5.8.6 本侧开关在合位，对侧短接远传开入接点，本侧“远方跳闸不经故障判据”控制字置0，在本侧过电压及远方跳闸保护加入故障判别量，本侧过电压及远方跳闸保护动作。（检远传功能） 结论（ ）

5.8.7 本侧开关在合位，对侧短接远传开入接点，本侧“远方跳闸不经故障判据”控制字置0，本侧过电压及远方跳闸保护不加入故障判别量，本侧过电压及远方跳闸保护不动作。（检远传功能） 结论（ ）

检验人：

6 装置投运准备工作

6.1 投入运行前的准备工作

6.1.1 现场工作结束后，工作负责人检查试验记录有无漏试验项目，核对装置的整定值是否与定值单相符。打印定值单附后。（ ）

6.1.2 盖好所有装置及辅助设备的盖子，各装置插板扣紧。（ ）

6.1.3 二次回路接线恢复，拆除在检验时使用的试验设备、仪表及一切连接线，所有被拆除的或临时接入的连线应全部恢复正常，装置所有的信号应复归。（ ）

6.1.4 压板核对及安全措施恢复。（ ）

6.1.5 全部人员撤离前，清扫现场。（ ）

6.2　对运行人员交代事项：

6.2.1　填写继电保护记录簿，将主要检验项目、试验结果及结论、定值通知单执行情况详细记录在内，向工作许可人交代检验结果、设备变动情况或遗留问题，并写明该装置可以投入运行。（　　）

6.2.2　交代运维人员在将装置投入前，必须用高内阻电压表以一端对地测保护出口压板端子电压的方法，检查并证实被检验的继电保护装置及安全自动装置确实未给出跳闸或合闸脉冲，才允许将装置的跳合闸连接片投到投入位置。（　　）

6.2.3　对运维人员进行继电保护运行规程培训。（　　）

6.3　验收合格后，办理工作票终结手续。（　　）

6.4　定值通知单编号：（　　），执行时间：（　　）。

检验人：

7　带负荷测试

7.1　系统电压核相

系统电压核相见表22。

表22　　**系统电压核相**

测试数据		基准电压			
		U_A	U_B	U_C	U_N
待测线路电压	U_A				
	U_B				
	U_C				
	U_N				

7.2　交流回路相位测试

7.2.1　潮流状况

线路有功：（　　）；线路无功：（　　）；负荷电流：（　　）。

7.2.2　保护装置差电流检查

差动电流：I_{CDA}：（　　）；I_{CDB}：（　　），I_{CDC}：（　　）。

制动电流：I_{RA}：（　　）；I_{RB}：（　　），I_{RC}：（　　）。

7.2.3　交流回路幅值及相位测试

以U_{AN}电压为基准，测得数值见表23。

表23　　**交流回路幅值及相位测试**

保护名称	相别	测试值（幅值、角度）	装置显示值（幅值、角度）	相量图
纵联保护装置（边断路器）	A	∠	∠	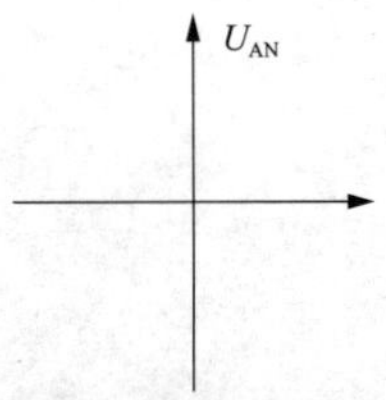
	B	∠	∠	
	C	∠	∠	
	N	∠	∠	

续表

保护名称	相别	测试值（幅值、角度）	装置显示值（幅值、角度）	相量图
纵联保护装置（中断路器）	A	∠	∠	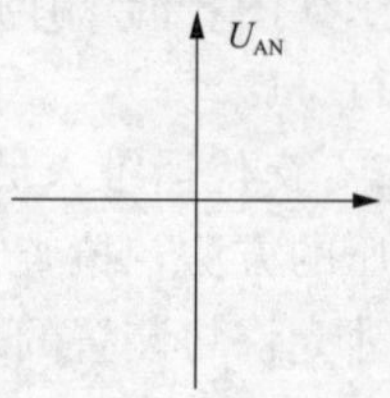
	B	∠	∠	
	C	∠	∠	
	N	∠	∠	
纵联保护装置（和电流）	A	∠	∠	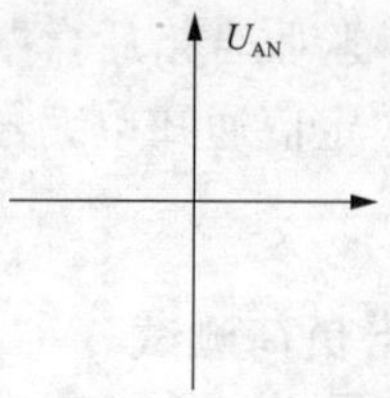
	B	∠	∠	
	C	∠	∠	
	N	∠	∠	

7.3 使用钳形电流表测量保护二次电缆屏蔽层的电流，以检查该保护装置及屏柜与二次等电位接地网连接状况，当检测不到电流时，应检查屏蔽层是否良好接地。测试结果为（　　）。

检验人：

8 现场遗留问题

工作负责人：

2. 常规变电站500kV线路纵联差动保护A（B）类检修标准化作业指导书

变电站名称 ______________________

装 置 命 名 ______________________

设备变更记录

变更内容			变更日期	执行人
装置变更	1			
	2			
程序升级	1			
	2			
	3			
	4			
回路变更	1			
	2			
	3			
	4			
	5			
TA 变比	1			
	2			
	3			
其他	1			
	2			
	3			

________型线路

纵联差动保护检验报告

出厂日期		投运日期	
工作负责人			
检验人员			
检验性质	□A类检修 □B类检修		
开始时间	年　　月　　日　　时　　分		
结束时间	年　　月　　日　　时　　分		
检验结论			
审核人签字		审核日期	

目　次

1　通用部分

1.1　详见《常规变电站继电保护标准化作业指导书 A（B）类检修通用部分》。

1.2　适用于六统一 500kV3/2 断路器（完整串）线路纵联差动保护。

2　保护单机检验

2.1　软件版本号及 CRC 校验码检查

软件版本号及 CRC 校验码检查见表 1。

表 1　软件版本号及 CRC 校验码检查

CPU 号	软件版本号	CRC 校验码	软件版本生成时间	与要求版本是否一致

结论（　　）

2.2　输出回路检查

输出回路检查见表 2。

表 2　输出回路检查

序号	检验项目	方法	接点动作情况
1	信号输出	保护动作	□监控后台，□液晶显示
		通道一告警	□监控后台，□液晶显示
		通道二告警	□监控后台，□液晶显示
		通道故障（两个通道均异常）	□监控后台，□液晶显示
		运行异常（模拟 TA、TV 断线）	□监控后台，□液晶显示
		装置故障告警	□监控后台，□液晶显示
2	跳闸出口	投入相应保护及出口压板，分别模拟保护 A 相动作、B 相动作、C 相动作	□跳闸，□失灵启动，□备用，□录波
3	闭锁重合闸出口	投入相应保护及出口压板，模拟闭锁重合闸动作	□动作
4	远传 1 动作	短接远传 1 开入接点	□动作
5	远传 2 动作	短接远传 2 开入接点	□动作

结论（　　）

2.3　开关量输入回路检验

2.3.1　开关量输入回路检验（适用于主保护方式有两种的情况，根据装置实际情况选做）。

主保护投入方式有两种，方式一：配置一套主保护逻辑，同时对应两个（光纤通道一、光纤通道二）或三个（光纤通道一、光纤通道二、载波通道）通道，分别设置主保护及各通道的投退压板；方式二：配置两套主保护逻辑，与双通道一一对应，分别设置通道一主保护、通道二主保护投退压板。开关量输入回路检验见表 3。

表 3　　开关量输入回路

序号	检验方法	开入量变化	结果
1	投入“纵联保护”压板（方式一）	“纵联保护”由0变1	
2	投入“光纤通道一”压板（方式一）	“光纤通道一”由0变1	
3	投入“光纤通道二”压板（方式一）	“光纤通道二”由0变1	
4	投入“通道一差动保护”压板（方式二）	“通道一差动保护”由0变1	
5	投入“通道二差动保护”压板（方式二）	“通道二差动保护”由0变1	
6	投入“距离保护”压板	“距离保护”由0变1	
7	投入“零序过流保护”压板	“零序过流保护”由0变1	
8	短接“其他保护动作”接点	“其他保护动作”由0变1	
9	短接“TWJA”接点	“A相跳闸位置”由0变1	
10	短接“TWJB”接点	“B相跳闸位置”由0变1	
11	短接“TWJC”接点	“C相跳闸位置”由0变1	
12	投入“远方操作”压板	“远方操作”由0变1	
13	按“复归”按钮	“信号复归”由0变1	
14	投“保护检修状态”压板	“检修状态”由0变1	
15	远传1开入	“远传1”由0变1	
16	远传2开入	“远传2”由0变1	

2.3.2 开关量输入回路检验（适用于Q/GDW 1161—2013标准补充模式）。

光纤差动保护压板及控制字设置：光纤通道一、光纤通道二，共计2个压板；纵联差动保护、双通道方式（1为双通道方式，0为单通道方式，固定为光纤通道一），共计2位控制字。通道压板投入时，对应通道出现异常，告警并上送报文。通道压板退出时，对应通道只上送报文，不告警。开关量输入回路检验见表4。

表 4　　开关量输入回路检验

序号	检验方法	开关量输入量变化	结果
1	投入“光纤通道一”压板	“光纤通道一”由0变1	
2	投入“光纤通道二”压板	“光纤通道二”由0变1	
3	投入“距离保护”压板	“距离保护”由0变1	
4	投入“零序过流保护”压板	“零序过流保护”由0变1	
5	短接“其他保护动作”接点	“其他保护动作”由0变1	
6	短接“TWJA”接点	“A相跳闸位置”由0变1	
7	短接“TWJB”接点	“B相跳闸位置”由0变1	
8	短接“TWJC”接点	“C相跳闸位置”由0变1	
9	投入“远方操作”压板	“远方操作”由0变1	
10	按“复归”按钮	“信号复归”由0变1	
11	投“保护检修状态”压板	“检修状态”由0变1	
12	远传1开入	“远传1”由0变1	
13	远传2开入	“远传2”由0变1	

2.4　断路器运行/检修状态转换开关的校验

断路器运行/检修状态转换开关的校验见表5。

表5　　断路器运行/检修状态转换开关校验

<table>
<tr><td colspan="2">断路器检修/运行状态转换开关置位
断路器实际位置</td><td>边断路器在检修位置</td><td>中断路器在检修位置</td><td>边断路器在检修位置</td><td>中断路器在运行位置</td><td>边断路器在运行位置</td><td>中断路器在检修位置</td><td>边断路器在运行位置</td><td>中断路器在运行位置</td></tr>
<tr><td rowspan="3">边断路器合位</td><td>中断路器A相分位</td><td colspan="2">□TWJA</td><td colspan="2">□TWJA</td><td colspan="2">□TWJA</td><td colspan="2">□TWJA</td></tr>
<tr><td>中断路器B相合位</td><td colspan="2">□TWJB</td><td colspan="2">□TWJB</td><td colspan="2">□TWJB</td><td colspan="2">□TWJB</td></tr>
<tr><td>中断路器C相合位</td><td colspan="2">□TWJC</td><td colspan="2">□TWJC</td><td colspan="2">□TWJC</td><td colspan="2">□TWJC</td></tr>
<tr><td rowspan="3">中断路器合位</td><td>边断路器A相分位</td><td colspan="2">□TWJA</td><td colspan="2">□TWJA</td><td colspan="2">□TWJA</td><td colspan="2">□TWJA</td></tr>
<tr><td>边断路器B相合位</td><td colspan="2">□TWJB</td><td colspan="2">□TWJB</td><td colspan="2">□TWJB</td><td colspan="2">□TWJB</td></tr>
<tr><td>边断路器C相合位</td><td colspan="2">□TWJC</td><td colspan="2">□TWJC</td><td colspan="2">□TWJC</td><td colspan="2">□TWJC</td></tr>
</table>

结论（　　）

2.5　模数变换系统的检验

装置二次额定电流 I_n=□5A/□1A。

2.5.1　零漂检验

要求 $I<0.01I_n$，$U<0.1$V，根据不同装置选填表6或表7。

表6　　零　漂　检　验

采样通道	边断路器电流				中断路器电流			
	I_a(A)	I_b(A)	I_c(A)	$3I_0$(A)	I_a(A)	I_b(A)	I_c(A)	$3I_0$(A)
采样1								
采样2								

注　此表适用于两组TA分别接入保护情况下电流值的填写。

结论（　　）

表7　　零　漂　检　验

采样值通道	I_a(A)	I_b(A)	I_c(A)	$3I_0$(A)	U_a(V)	U_b(V)	U_c(V)
采样1							
采样2							

注　此表适用于装置采用合流输入情况下的电流值填写。

结论（　　）

2.5.2　采样精度校验

在保护屏端子上分别通入中的电压、电流量，查看液晶屏上显示值，幅值误差应小于±5%，角度小于3°。以 U_a 为基准，根据不同装置选填表8或表9。

表 8 **采样精度校验**

采样值通道	边断路器				中断路器			
	I_a(A)	I_b(A)	I_c(A)	$3I_0$(A)	I_a(A)	I_b(A)	I_c(A)	$3I_0$(A)
$0.05I_n$，$0.6U_n$	V∠0°	V∠	V∠	A∠	A∠	A∠	A∠	
采样 1								
采样 2								
I_n，U_n	V∠0°	V∠	V∠	A∠	A∠	A∠	A∠	
采样 1								
采样 2								
$4I_n$，$1.2U_n$	V∠0°	V∠	V∠	A∠	A∠	A∠	A∠	
采样 1								
采样 2								

注 此表适用于两组 TA 分别接入保护情况下电流值的填写。

结论（ ）

表 9 **采样精度校验**

采样通道	U_a(V)	U_b(V)	U_c(V)	I_a(A)	I_b(A)	I_c(A)	$3I_0$(A)
$0.05I_n$，$0.6U_n$	V∠0°	V∠	V∠	A∠	A∠	A∠	A∠
采样 1							
采样 2							
I_n，U_n	V∠0°	V∠	V∠	A∠	A∠	A∠	A∠
采样 1							
采样 2							
$4I_n$，$1.2U_n$	V∠0°	V∠	V∠	A∠	A∠	A∠	A∠
采样 1							
采样 2							

注 此表适用于装置采用合流输入情况下的电流值填写。

结论（ ）

2.5.3 自环状态下检验

自环状态下检验见表 10、表 11（根据不同装置选做）。

表 10 **光纤通道一自环状态**

电流	幅值		相角	
	I_n	$0.1I_n$	相位关系	显示相位
I_a/I_{ar}	/	/	I_a-I_{ar}	
I_b/I_{br}	/	/	I_b-I_{br}	
I_c/I_{cr}	/	/	I_c-I_{cr}	
I_{cda}		—	—	—
I_{cdb}		—	—	—
I_{cdc}		—	—	—

结论（ ）

表 11　　光纤通道二自环状态

电流	幅值		相角	
	I_n	$0.1I_n$	相位关系	显示相位
I_a/I_{ar}	/	/	I_a-I_{ar}	
I_b/I_{br}	/	/	I_b-I_{br}	
I_c/I_{cr}	/	/	I_c-I_{cr}	
I_{cda}		—	—	—
I_{cdb}		—	—	—
I_{cdc}		—	—	—

结论（　　）

检验人：

3　保护功能校验

根据保护装置液晶显示信息、面板信号指示状态、开关反映情况、测试设备实测值进行填写。

3.1　光纤差动保护

3.1.1　光纤差动保护适用于主保护方式有两种的情况，并根据装置实际情况选做。

仅投纵联保护硬压板、软压板、控制字，方式一填表 12，方式二填表 12 和表 13。

光纤差动保护定值：I_{zd}=（　　）A。

3.1.2　光纤差动保护适用于 Q/GDW 1161—2013 标准补充规定时，仅投纵联保护软压板、控制字、光纤通道硬压板，试验数据填表 12。

表 12　　光纤差动保护定值校验

故障类型 整定值	AN 故障	BN 故障	CN 故障	AB 故障	BC 故障	CA 故障
$0.95I_{zd}$	□跳 A □不动作	□跳 B □不动作	□跳 C □不动作	□动作 □不动作	□动作 □不动作	□动作 □不动作
$1.05I_{zd}$	□跳 A □不动作	□跳 B □不动作	□跳 C □不动作	□动作 □不动作	□动作 □不动作	□动作 □不动作
$1.2I_{zd}$	显示保护动作时间：（　　）ms 实测保护动作时间：（　　）ms			显示保护动作时间：（　　）ms 实测保护动作时间：（　　）ms		
TA 断线	当“TA 断线闭锁差动”整定为“1”时：□闭锁断线相差动 当“TA 断线闭锁差动”整定为“0”时：保护动作值；保护动作时间（　　）ms。两侧延时 150ms 三跳，同时闭锁重合闸					

结论（　　）

表 13　　光纤差动保护定值校验

故障类型 整定值	AN 故障	BN 故障	CN 故障	AB 故障	BC 故障	CA 故障
$0.95I_{zd}$	□跳 A □不动作	□跳 B □不动作	□跳 C □不动作	□动作 □不动作	□动作 □不动作	□动作 □不动作
$1.05I_{zd}$	□跳 A □不动作	□跳 B □不动作	□跳 C □不动作	□动作 □不动作	□动作 □不动作	□动作 □不动作

续表

整定值＼故障类型	AN 故障	BN 故障	CN 故障	AB 故障	BC 故障	CA 故障
$1.2I_{zd}$	显示保护动作时间：（ ）ms 实测保护动作时间：（ ）ms			显示保护动作时间：（ ）ms 实测保护动作时间：（ ）ms		
TA 断线	当“TA 断线闭锁差动”整定为“1”时：□闭锁断线相差动 当“TA 断线闭锁差动”整定为“0”时：保护动作值；保护动作时间（ ）ms。两侧延时 150ms 三跳，同时闭锁重合闸					

结论（ ）

3.2 距离保护定值校验

3.2.1 相间距离

仅投距离保护硬压板、软压板、控制字，见表 14。

定值：XX1＝（ ）Ω；XX2＝（ ）Ω，（ ）s；XX3＝（ ）Ω，（ ）s；灵敏角：（ ）。

表 14　相间距离保护定值校验

整定值＼故障类型	AB 故障	BC 故障	CA 故障	ABC 故障	反向故障
0.95XX1	□动作 □不动作	□动作 □不动作	□动作 □不动作	□动作 □不动作	
1.05XX1	□动作 □不动作	□动作 □不动作	□动作 □不动作	□动作 □不动作	□动作 □不动作
0.7XX1	显示保护动作时间：（ ）ms 实测保护动作时间：（ ）ms				
0.95XX2	□动作 □不动作	□动作 □不动作	□动作 □不动作	□动作 □不动作	
1.05XX2	□动作 □不动作	□动作 □不动作	□动作 □不动作	□动作 □不动作	□动作 □不动作
0.7XX2	显示保护动作时间：（ ）ms 实测保护动作时间：（ ）ms				
0.95XX3	□动作 □不动作	□动作 □不动作	□动作 □不动作	□动作 □不动作	
1.05XX3	□动作 □不动作	□动作 □不动作	□动作 □不动作	□动作 □不动作	□动作 □不动作
0.7XX3	显示保护动作时间：（ ）ms 实测保护动作时间：（ ）ms				
模拟 TV 断线，TV 断线后退出距离保护					
模拟 TA 断线，闭锁距离Ⅰ断，不闭锁距离Ⅱ和距离Ⅲ					

结论（ ）

3.2.2 接地距离校验

仅投距离保护硬压板、软压板、控制字，见表 15。

定值：XD1＝（ ）Ω；XD2＝（ ）Ω，（ ）s；XD3＝（ ）Ω，（ ）s；灵敏角：（ ）。

表 15　　　　**接地距离定值校验**

故障类型 整定值	AN 故障	BN 故障	CN 故障	反向故障
0.95XD1	□动作 □不动作	□动作 □不动作	□动作 □不动作	
1.05XD1	□动作 □不动作	□动作 □不动作	□动作 □不动作	□动作 □不动作
0.7XD1	显示保护动作时间：（　　）ms 实测保护动作时间：（　　）ms			
0.95XD2	□动作 □不动作	□动作 □不动作	□动作 □不动作	
1.05XD2	□动作 □不动作	□动作 □不动作	□动作 □不动作	
0.7XD2	显示保护动作时间：（　　）ms 实测保护动作时间：（　　）ms			
0.95XD3	□动作 □不动作	□动作 □不动作	□动作 □不动作	□动作 □不动作
1.05XD3	□动作 □不动作	□动作 □不动作	□动作 □不动作	
0.7XD3	显示保护动作时间：（　　）ms 实测保护动作时间：（　　）ms			
模拟 TV 断线，TV 断线后退出距离保护				
模拟 TA 断线，闭锁距离Ⅰ断，不闭锁距离Ⅱ和距离Ⅲ				

结论（　　）

3.3　零序保护定值校验

仅投零序保护硬压板、软压板、控制字，见表 16。

定值：I_{02}=（　　）A，（　　）s；I_{03}=（　　）A，（　　）s；零序过流加速段定值 I_{0js}=（　　）A。

表 16　　　　**零序保护定值校验**

故障类型 整定值	AN 故障	BN 故障	CN 故障	反向故障
0.95I_{02}	□动作 □不动作	□动作 □不动作	□动作 □不动作	
1.05I_{02}	□动作 □不动作	□动作 □不动作	□动作 □不动作	
1.2I_{02}	显示保护动作时间：（　　）ms 实测保护动作时间：（　　）ms			通入电流（　　）A □动作 □不动作
0.95I_{03}	□动作 □不动作	□动作 □不动作	□动作 □不动作	
1.05I_{03}	□动作 □不动作	□动作 □不动作	□动作 □不动作	
1.2I_{03}	显示保护动作时间：（　　）ms 实测保护动作时间：（　　）ms			

续表

故障类型 整定值	AN 故障	BN 故障	CN 故障	反向故障
$1.2I_{0js}$	显示保护动作时间：(　　) ms 实测保护动作时间：(　　) ms			—
TV 断线	TV 断线后，零序电流Ⅱ段退出，零序电流Ⅲ段退出方向			
TA 断线	TA 断线后，零序电流各段保护不应误动作			

3.4 零序反时限校验

仅投控制字，并验证功能正确性。

3.4.1 零序反时限校验定值校验

定值：零序反时限电流 I_p=(　　) A，零序反时限时间 T_p=(　　) s，零序反时限最小时间 T_0=(　　) s，

零序反时限配合时间 T=(　　) s，见表 17。

表 17　　零序反时限定值校验

故障类型 整定值	AN 故障	BN 故障	CN 故障
$0.95I_{zd}$	□动作 □不动作	□动作 □不动作	□动作 □不动作
$1.05I_{zd}$	□动作 □不动作	□动作 □不动作	□动作 □不动作
TA 断线	TA 断线后，闭锁零序保护		
TV 断线	TV 断线后，改为不带方向的零序反时限过流保护		

结论（　　）

3.4.2 零序反时限特性曲线校验

试验方法一：用微机继电保护试验仪的反时限曲线边界搜索功能绘制出反时限的特性曲线，与厂家提供的反时限曲线比对并将动作特性曲线打印附后。

试验方法二：零序反时限特性曲线校验见表 18。

表 18　　零序反时限特性曲线校验

时间 输入值	装置动作时间（s）	试验仪实测时间（s）	根据公式计算值时间（s）
要求	反时限特性曲线取 6 个点，画出特性曲线和厂家提供的特性曲线基本吻合		

注　反时限特性曲线公式 $t(3I_0)=\dfrac{0.14}{(3I_0/I_P)^{0.02}-1}T_P$。

结论（　　）

3.5 自定义功能校验

根据保护装置自定义功能，对其功能投退、动作逻辑、定值进行校验，见表19。

表19 自定义功能校验

自定义功能名称	定值/控制字	装置动作信息	结果
TA断线闭锁快速距离/工频变化量距离保护			

结论（ ）

检验人：

4 整组试验

整组试验要求：保护装置的整组传动试验，应在80%额定直流电压条件下进行。

4.1 整组开关量输入检验

整组开关量输入检验见表20。

表20 整组开关量输入检验

序号	对应保护输出	对应保护名称	本保护开关量输入
1	失灵保护出口	边断路器保护	□远传1，□远传2
2	失灵保护出口	中断路器保护	□远传1，□远传2
3	启动远方跳闸	线路电抗器保护	□远传1，□远传2

结论（ ）

4.2 整组开关量输出检验

整组开关量输出检验见表21。

表21 整组开关量输出检验

序号	本保护输出	对应保护名称	对应保护开关量输入名称
1	启动边断路器A相失灵	边断路器保护	□保护A相失灵
2	启动边断路器B相失灵	边断路器保护	□保护B相失灵
3	启动边断路器C相失灵	边断路器保护	□保护C相失灵
4	启动中断路器A相失灵	中断路器保护	□保护A相失灵
5	启动中断路器B相失灵	中断路器保护	□保护B相失灵
6	启动中断路器C相失灵	中断路器保护	□保护C相失灵
7	闭锁边断路器重合闸	边断路器保护	□闭锁重合闸
8	闭锁中断路器重合闸	中断路器保护	□闭锁重合闸
9	□远传1开出，□远传2开出	过电压及远方跳闸保护	□通道收信
10	通道故障	过电压及远方跳闸保护	□通道故障

结论（ ）

检验人：

5 带开关做整组传动试验（要求开关传动试验打印报告附后）

重合闸实际运行方式：（　　）。

5.1 检查对应断路器无闭锁，具备传动条件。

5.2 分别模拟 A、B、C 相瞬时短路故障跳边断路器：

a. 保护及开关实际动作正确（　　）。

b. 后台监控信号表示正确（　　）。

c. 站端、各级调控端的继电保护在线监视和分析模块表示信息正确（　　）。

d. 录波器表示信息正确（　　）。

5.3 分别模拟 A、B、C 相瞬时短路故障跳中断路器：

a. 保护及开关实际动作正确（　　）。

b. 后台监控信号表示正确（　　）。

c. 站端、各级调控端的继电保护在线监视和分析模块表示信息正确（　　）。

d. 录波器表示信息正确（　　）。

5.4 模拟相间瞬时短路故障跳断路器：

a. 保护及开关实际动作正确（　　）。

b. 后台监控信号表示正确（　　）。

c. 站端、各级调控端的继电保护在线监视和分析模块表示信息正确（　　）。

d. 录波器表示信息正确（　　）。

5.5 模拟 A 相永久接地故障（做跳合跳试验）：

a. 保护及开关实际动作应正确（　　）。

b. 后台监控表示正确（　　）。

c. 站端、各级调控端的继电保护在线监视和分析模块表示信息正确（　　）。

d. 录波器表示信息正确（　　）。

5.6 模拟手合故障线路检查开关防跳及后加速功能：

a. 保护及开关实际动作应正确（　　）。

b. 后台信号表示正确（　　）。

c. 站端、各级调控端的继电保护在线监视和分析模块表示信息正确（　　）。

d. 录波器表示信息正确（　　）。

5.7 通道检验

投入两侧纵联保护压板及控制字，根据现场实际使用情况进行试验。

5.7.1 光功率测试：光发（　　）dBm，光收（　　）dBm。　　　　结论（　　）

5.7.2 通道延时测试

液晶屏上显示通道延时：（　　）ms。

5.7.3 通道往返延时一致性测试（采用复用 2M 通道时的测试项目）

测试方法：通道“正常”条件下，本侧、对侧分别加入 2A 电流，查看装置中的差流，记为 I_1，则通道延时时间为 $t=20\times\frac{\arccos\frac{(2^2+2^2-I_1^2)}{2\times2\times2}}{360}$ms，实测值=（　　）$\mu$s。（应小于 200$\mu$s）

5.8　纵联保护带通道试验

5.8.1　本侧 TA 变比，对侧 TA 变比；

对侧通入 A，本侧采样值显示对侧电流 A。

本侧通入 A，对侧采样值显示对侧电流 A。

5.8.2　检查两组 TA 接入极性一致，接线正确。　结论（　　）

5.8.3　检查通道状态正常，无错码、误码，无通道告警信号，通道延时小于 12ms。

结论（　　）

5.8.4　对侧断路器在跳位，本侧断路器在合位，本侧加入故障量，本侧差动保护动作。

结论（　　）

5.8.5　两侧断路器在合位，本侧模拟单相接地故障，对侧相同故障相电压下降至 34V 时，两侧差动保护同时动作。　结论（　　）

5.8.6　本侧断路器在合位，对侧短接远传开入接点，本侧“远方跳闸不经故障判据”控制字置 0，在本侧过电压及远方跳闸保护加入故障判别量，本侧过电压及远方跳闸保护动作。（检远传功能）　结论（　　）

5.8.7　本侧断路器在合位，对侧短接远传开入接点，本侧“远方跳闸不经故障判据”控制字置 0，本侧过电压及远方跳闸保护不加入故障判别量，本侧过电压及远方跳闸保护不动作。（检远传功能）　结论（　　）

检验人：

6　装置投运准备工作

6.1　投入运行前的准备工作

6.1.1　现场工作结束后，工作负责人检查试验记录有无漏试验项目，核对装置的整定值是否与定值单相符。打印定值单附后。（　　）

6.1.2　盖好所有装置及辅助设备的盖子，各装置插板扣紧。（　　）

6.1.3　二次回路接线恢复，拆除在检验时使用的试验设备、仪表及一切连接线，所有被拆除的或临时接入的连线应全部恢复正常，装置所有的信号应复归。（　　）

6.1.4　压板核对及安全措施恢复。（　　）

6.1.5　全部人员撤离前，清扫现场。（　　）

6.2　对运行人员交代事项：

6.2.1　填写继电保护记录簿，将主要检验项目、试验结果及结论、定值通知单执行情况详细记录在内，向工作许可人交代检验结果、设备变动情况或遗留问题，并写明该装置可以投入运行。（　　）

6.2.2　交代运维人员在将装置投入前，必须用高内阻电压表以一端对地测保护出口压板端子电压的方法，检查并证实被检验的继电保护装置及安全自动装置确实未给出跳闸或合闸脉冲，才允许将装置的跳合闸连接片投到投入位置。（　　）

6.2.3　对运维人员进行继电保护运行规程培训。（　　）

6.3　验收合格后，办理工作票终结手续。（　　）

6.4　定值通知单编号：（　　）；执行时间：（　　）。

检验人：

7 带负荷测试

7.1 系统电压核相

系统电压核相见表22。

表22　　系 统 电 压 核 相

测试数据		基准电压			
		U_A 故障	U_B 故障	U_C 故障	U_N 故障
待测线路电压	U_A				
	U_B				
	U_C				
	U_N				

7.2 交流回路相位测试

7.2.1 潮流状况

线路有功：(　　)；线路无功：(　　)；负荷电流：(　　)。

7.2.2 保护装置差电流检查

差动电流：I_{CDA}：(　　)，I_{CDB}：(　　)，I_{CDC}：(　　)。

制动电流：I_{RA}：(　　)，I_{RB}：(　　)，I_{RC}：(　　)。

7.2.3 交流回路幅值及相位测试

以 U_{AN}电压为基准，测得数值见表23。

表23　　交流回路幅值及相位测试

保护名称	相别	测试值（幅值、角度）	装置显示值（幅值、角度）	相量图
纵联保护装置（边断路器）	A	∠	∠	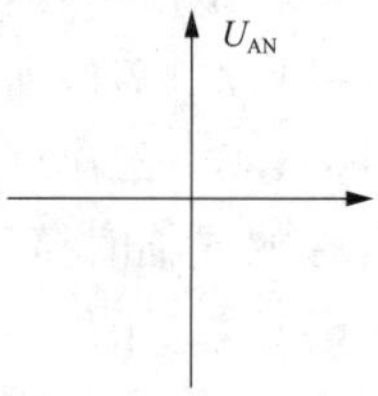
	B	∠	∠	
	C	∠	∠	
	N	∠	∠	
纵联保护装置（中断路器）	A	∠	∠	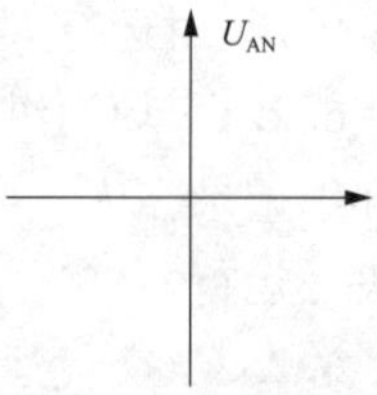
	B	∠	∠	
	C	∠	∠	
	N	∠	∠	
纵联保护装置（和电流）	A	∠	∠	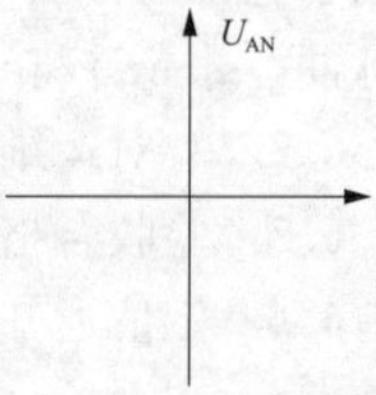
	B	∠	∠	
	C	∠	∠	
	N	∠	∠	

7.3　使用钳形电流表测量保护二次电缆屏蔽层的电流，以检查该保护装置及屏柜与二次等电位接地网连接状况，当检测不到电流时，应检查屏蔽层是否良好接地。测试结果为（　　）。

检验人：

8　现场遗留问题

工作负责人：

3. 常规变电站500kV线路纵联差动保护（六统一）C类检修标准化作业指导书

变电站名称 ____________________

装 置 命 名 ____________________

设备变更记录

变更内容			变更日期	执行人
装置变更	1			
	2			
程序升级	1			
	2			
	3			
	4			
回路变更	1			
	2			
	3			
	4			
	5			
TA 变比	1			
	2			
	3			
其他	1			
	2			
	3			

________型线路

纵联差动保护检验报告

出厂日期		投运日期	
工作负责人			
检验人员			
检验性质	C类检修		
开始时间	年　月　日　时　分		
结束时间	年　月　日　时　分		
检验结论			
审核人签字		审核日期	

目　次

1 通用部分

1.1 详见《常规变电站微机继电保护标准化作业指导书C类检修通用部分》。

1.2 适用于六统一500kV 3/2断路器（完整串）线路纵联差动保护。

2 保护单机检验

2.1 软件版本号及CRC校验码检查

软件版本号及CRC校验码检查见表1。

表1　软件版本号及CRC校验码检查

CPU号	软件版本号	CRC校验码	软件版本生成时间	与要求版本是否一致

结论（　　）

2.2 模数变换系统的检验

装置二次额定电流 I_n=□5A/□1A。

2.2.1 零漂检验

要求 $I<0.01I_n$，$U<0.1V$，根据不同装置选填表2或表3。

表2　零漂检验

采样值＼通道	边断路器电流				中断路器电流			
	I_a(A)	I_b(A)	I_c(A)	$3I_0$(A)	I_a(A)	I_b(A)	I_c(A)	$3I_0$(A)
采样1								
采样2								

注　此表适用于两组TA分别接入保护情况下电流值的填写。

结论（　　）

表3　零漂检验

采样通道	I_a(A)	I_b(A)	I_c(A)	$3I_0$(A)	U_a(V)	U_b(V)	U_c(V)
采样1							
采样2							

注　此表适用于装置采用合流输入情况下的电流值填写。

结论（　　）

2.2.2 采样精度校验

在保护屏端子上分别通入中的电压、电流量，查看液晶屏上显示值，幅值误差应小于±5%，角度小于3°。以 U_a 为基准，根据不同装置选填表4或表5。

表4　采样精度校验

采样值＼通道	边断路器				中断路器			
	I_a(A)	I_b(A)	I_c(A)	$3I_0$(A)	I_a(A)	I_b(A)	I_c(A)	$3I_0$(A)
I_n，U_n	V∠0°	V∠	V∠	A∠	A∠	A∠	A∠	A∠
采样1								
采样2								

注　此表适用于两组TA分别接入保护情况下电流值的填写。

结论（　　）

表 5　　采样精度校验

采样通道	U_a(V)	U_b(V)	U_c(V)	I_a(A)	I_b(A)	I_c(A)	$3I_0$(A)
I_n，U_n	V∠0°	V∠	V∠	A∠	A∠	A∠	A∠
采样 1							
采样 2							

注　此表适用于装置采用合流输入情况下的电流值填写。　　结论（　　）

3　带开关做整组传动试验

结合整组试验对已投入使用的开入量进行检查，要求开关传动试验打印报告附后重合闸实际运行方式：

3.1　检查对应断路器无闭锁，具备传动条件。

3.2　分别模拟 A、B、C 相瞬时短路故障跳边断路器：

a. 保护及开关实际动作正确。（　　）

b. 后台监控信号表示正确。（　　）

c. 站端、各级调度端的继电保护在线监视和分析模块表示信息正确。（　　）

d. 录波器表示信息正确。（　　）

3.3　分别模拟 A、B、C 相瞬时短路故障跳中断路器：

a. 保护及开关实际动作正确。（　　）

b. 后台监控信号表示正确。（　　）

c. 站端、各级调度端的继电保护在线监视和分析模块表示信息正确。（　　）

d. 录波器表示信息正确。（　　）

3.4　模拟相间瞬时短路故障跳断路器：

a. 保护及开关实际动作正确。（　　）

b. 后台监控信号表示正确。（　　）

c. 站端、各级调度端的继电保护在线监视和分析模块表示信息正确。（　　）

d. 录波器表示信息正确。（　　）

3.5　模拟 A 相永久接地故障（做跳合跳试验）：

a. 保护及开关实际动作应正确。（　　）

b. 后台监控表示正确。（　　）

c. 站端、各级调度端的继电保护在线监视和分析模块表示信息正确。（　　）

d. 录波器表示信息正确。（　　）

3.6　模拟手合故障线路检查开关防跳及后加速功能：

a. 保护及开关实际动作应正确。（　　）

b. 后台信号表示正确。（　　）

c. 站端、各级调度端的继电保护在线监视和分析模块表示信息正确。（　　）

d. 录波器表示信息正确。（　　）

4　装置投运准备工作

4.1　投入运行前的准备工作。

4.1.1　现场工作结束后，工作负责人检查试验记录有无漏试验项目，核对装置的整定

值是否与定值单相符。打印定值单附后。（ ）

4.1.2 盖好所有装置及辅助设备的盖子，各装置插板扣紧。（ ）

4.1.3 二次回路接线恢复，拆除在检验时使用的试验设备、仪表及一切连接线，所有被拆除的或临时接入的连线应全部恢复正常，装置所有的信号应复归。（ ）

4.1.4 压板核对及安全措施恢复。（ ）

4.1.5 全部人员撤离前，清扫现场。（ ）

4.2 对运行人员交代事项：

4.2.1 填写继电保护记录簿，将主要检验项目、试验结果及结论、定值通知单执行情况详细记录在内，向工作许可人交代检验结果、设备变动情况或遗留问题，并写明该装置可以投入运行。（ ）

4.2.2 交代运维人员在将装置投入前，必须用高内阻电压表以一端对地测保护出口压板端子电压的方法，检查并证实被检验的继电保护装置及安全自动装置确实未给出跳闸或合闸脉冲，才允许将装置的跳合闸连接片投到投入位置。（ ）

4.2.3 对运维人员进行继电保护运行规程培训。（ ）

4.3 验收合格后，办理工作票终结手续。（ ）

4.4 定值通知单编号：（ ）执行时间：（ ）

检验人：

5 现场遗留问题

工作负责人：

4. 常规变电站500kV线路纵联距离保护新安装验收标准化作业指导书

变电站名称 ____________________

装置命名 ____________________

设备变更记录

变更内容			变更日期	执行人
装置变更	1			
	2			
程序升级	1			
	2			
	3			
	4			
回路变更	1			
	2			
	3			
	4			
	5			
TA 变比	1			
	2			
	3			
其他	1			
	2			
	3			

＿＿＿＿型线路

纵联距离保护检验报告

出厂日期		投运日期	
工作负责人			
检验人员			
检验性质	新安装验收检验		
开始时间	年　月　日　时　分		
结束时间	年　月　日　时　分		
检验结论			
审核人签字		审核日期	

目　次

1　通用部分

1.1　详见《常规变电站继电保护标准化作业指导书（验收检验通用部分）》。

1.2　适用于六统一 500kV 3/2 断路器（完整串）线路纵联距离保护。

2　保护单机检验

2.1　软件版本号及 CRC 校验码检查

软件版本号及 CRC 校验码检查见表 1。

表 1　软件版本号及 CRC 校验码检查

CPU 号	软件版本号	CRC 校验码	软件版本生成时间	与要求版本是否一致

结论（　　）

2.2　输出回路检查

输出回路检查见表 2。

表 2　输出回路检查

序号	检验项目	方法	接点动作情况
1	信号输出	保护动作	□监控后台，□液晶显示
		通道一告警	□监控后台，□液晶显示
		通道二告警	□监控后台，□液晶显示
		通道故障（两个通道均异常）	□监控后台，□液晶显示
		运行异常（模拟 TA、TV 断线）	□监控后台，□液晶显示
		装置故障告警	□监控后台，□液晶显示
2	跳闸出口	投入相应保护及出口压板，分别模拟保护 A 相动作、B 相动作、C 相动作	□跳闸，□失灵启动，□备用，□录波
3	闭锁重合闸出口	投入相应保护及出口压板，模拟闭锁重合闸动作	□动作
4	远传 1 动作	短接远传 1 开入接点	□动作
5	远传 2 动作	短接远传 2 开入接点	□动作

结论（　　）

2.3　开关量输入回路检验

2.3.1　开关量输入回路检验（适用于主保护方式有两种的情况，根据装置实际情况选做）。

主保护投入方式有两种，方式一：配置一套主保护逻辑，同时对应两个（光纤通道一、光纤通道二）或三个（光纤通道一、光纤通道二、载波通道）通道，分别设置主保护及各通道的投退压板；方式二：配置两套主保护逻辑，与双通道一一对应，分别设置通道一主保护、通道二主保护投退压板。开关量输入回路检验见表 3。

表 3 开关量输入回路检验

序号	检验方法	开关量输入量变化	结果
1	投入“纵联保护”压板（方式一）	“纵联保护”由0变1	
2	投入“光纤通道一”压板（方式一）	“光纤通道一”由0变1	
3	投入“光纤通道二”压板（方式一）	“光纤通道二”由0变1	
4	投入“通道一纵联保护”压板（方式二）	“通道一纵联保护”由0变1	
5	投入“通道二纵联保护”压板（方式二）	“通道二纵联保护”由0变1	
6	投入“距离保护”压板	“距离保护”由0变1	
7	投入“零序过流保护”压板	“零序过流保护”由0变1	
8	短接“其他保护动作”接点	“其他保护动作”由0变1	
9	短接“TWJA”接点	“A相跳闸位置”由0变1	
10	短接“TWJB”接点	“B相跳闸位置”由0变1	
11	短接“TWJC”接点	“C相跳闸位置”由0变1	
12	投入“远方操作”压板	“远方操作”由0变1	
13	按“复归”按钮	“信号复归”由0变1	
14	投“保护检修状态”压板	“检修状态”由0变1	
15	远传1开入	“远传1”由0变1	
16	远传2开入	“远传2”由0变1	

2.3.2 开关量输入回路检验（适用于Q/GDW 1161—2013标准补充模式）。

纵联保护压板及控制字设置：光纤通道一、光纤通道二，共计2个压板；纵联保护、双通道方式（1为双通道方式，0为单通道方式，固定为光纤通道一），共计2位控制字。通道压板投入时，对应通道出现异常，告警并上送报文。通道压板退出时，对应通道只上送报文，不告警。开关量输入回路检验见表4。

表 4 开关量输入回路检验

序号	检验方法	开关量输入量变化	结果
1	投入“光纤通道一”压板	“光纤通道一”由0变1	
2	投入“光纤通道二”压板	“光纤通道二”由0变1	
3	投入“距离保护”压板	“距离保护”由0变1	
4	投入“零序过流保护”压板	“零序过流保护”由0变1	
5	短接“其他保护动作”接点	“其他保护动作”由0变1	
6	短接“TWJA”接点	“A相跳闸位置”由0变1	
7	短接“TWJB”接点	“B相跳闸位置”由0变1	
8	短接“TWJC”接点	“C相跳闸位置”由0变1	
9	投入“远方操作”压板	“远方操作”由0变1	
10	按“复归”按钮	“信号复归”由0变1	
11	投“保护检修状态”压板	“检修状态”由0变1	
12	远传1开入	“远传1”由0变1	
13	远传2开入	“远传2”由0变1	

2.4 断路器运行/检修状态转换开关的校验

断路器运行/检修状态转换开关的校验见表5。

表 5　　　　　　　　　**断路器运行/检修状态转换开关校验**

<table>
<tr><td colspan="2">断路器检修/运行状态转换开关置位
断路器实际位置</td><td>边断路器在检修位置</td><td>中断路器在检修位置</td><td>边断路器在检修位置</td><td>中断路器在运行位置</td><td>边断路器在运行位置</td><td>中断路器在检修位置</td><td>边断路器在运行位置</td><td>中断路器在运行位置</td></tr>
<tr><td rowspan="3">边断路器合位</td><td>中断路器 A 相分位</td><td colspan="2">□TWJA</td><td colspan="2">□TWJA</td><td colspan="2">□TWJA</td><td colspan="2">□TWJA</td></tr>
<tr><td>中断路器 B 相合位</td><td colspan="2">□TWJB</td><td colspan="2">□TWJB</td><td colspan="2">□TWJB</td><td colspan="2">□TWJB</td></tr>
<tr><td>中断路器 C 相合位</td><td colspan="2">□TWJC</td><td colspan="2">□TWJC</td><td colspan="2">□TWJC</td><td colspan="2">□TWJC</td></tr>
<tr><td rowspan="3">边断路器合位</td><td>中断路器 A 相合位</td><td colspan="2">□TWJA</td><td colspan="2">□TWJA</td><td colspan="2">□TWJA</td><td colspan="2">□TWJA</td></tr>
<tr><td>中断路器 B 相分位</td><td colspan="2">□TWJB</td><td colspan="2">□TWJB</td><td colspan="2">□TWJB</td><td colspan="2">□TWJB</td></tr>
<tr><td>中断路器 C 相合位</td><td colspan="2">□TWJC</td><td colspan="2">□TWJC</td><td colspan="2">□TWJC</td><td colspan="2">□TWJC</td></tr>
<tr><td rowspan="3">边断路器合位</td><td>中断路器 A 相合位</td><td colspan="2">□TWJA</td><td colspan="2">□TWJA</td><td colspan="2">□TWJA</td><td colspan="2">□TWJA</td></tr>
<tr><td>中断路器 B 相合位</td><td colspan="2">□TWJB</td><td colspan="2">□TWJB</td><td colspan="2">□TWJB</td><td colspan="2">□TWJB</td></tr>
<tr><td>中断路器 C 相分位</td><td colspan="2">□TWJC</td><td colspan="2">□TWJC</td><td colspan="2">□TWJC</td><td colspan="2">□TWJC</td></tr>
<tr><td rowspan="3">中断路器合位</td><td>边断路器 A 相分位</td><td colspan="2">□TWJA</td><td colspan="2">□TWJA</td><td colspan="2">□TWJA</td><td colspan="2">□TWJA</td></tr>
<tr><td>边断路器 B 相合位</td><td colspan="2">□TWJB</td><td colspan="2">□TWJB</td><td colspan="2">□TWJB</td><td colspan="2">□TWJB</td></tr>
<tr><td>边断路器 C 相合位</td><td colspan="2">□TWJC</td><td colspan="2">□TWJC</td><td colspan="2">□TWJC</td><td colspan="2">□TWJC</td></tr>
<tr><td rowspan="3">中断路器合位</td><td>边断路器 A 相合位</td><td colspan="2">□TWJA</td><td colspan="2">□TWJA</td><td colspan="2">□TWJA</td><td colspan="2">□TWJA</td></tr>
<tr><td>边断路器 B 相分位</td><td colspan="2">□TWJB</td><td colspan="2">□TWJB</td><td colspan="2">□TWJB</td><td colspan="2">□TWJB</td></tr>
<tr><td>边断路器 C 相合位</td><td colspan="2">□TWJC</td><td colspan="2">□TWJC</td><td colspan="2">□TWJC</td><td colspan="2">□TWJC</td></tr>
<tr><td rowspan="3">中断路器合位</td><td>边断路器 A 相合位</td><td colspan="2">□TWJA</td><td colspan="2">□TWJA</td><td colspan="2">□TWJA</td><td colspan="2">□TWJA</td></tr>
<tr><td>边断路器 B 相合位</td><td colspan="2">□TWJB</td><td colspan="2">□TWJB</td><td colspan="2">□TWJB</td><td colspan="2">□TWJB</td></tr>
<tr><td>边断路器 C 相分位</td><td colspan="2">□TWJC</td><td colspan="2">□TWJC</td><td colspan="2">□TWJC</td><td colspan="2">□TWJC</td></tr>
</table>

结论（　　）

2.5　模数变换系统的检验

装置二次额定电流 I_n= □5A/□1A。

2.5.1　零漂检验

要求：$I<0.01I_n$，$U<0.1$V，根据不同装置选填表 6 或表 7。

表 6　　　　　　　　　**零　漂　检　验**

采样值通道	边断路器电流				中断路器电流			
	I_a(A)	I_b(A)	I_c(A)	$3I_0$(A)	I_a(A)	I_b(A)	I_c(A)	$3I_0$(A)
采样 1								
采样 2								

注　此表适用于两组 TA 分别接入保护情况下电流值的填写。

结论（　　）

表 7　　　　　　　　　**零　漂　检　验**

采样通道	I_a(A)	I_b(A)	I_c(A)	$3I_0$(A)	U_a(V)	U_b(V)	U_c(V)
采样 1							
采样 2							

注　此表适用于装置采用合流输入情况下的电流值填写。

结论（　　）

2.5.2　采样精度校验

在保护屏端子上分别通入中的电压、电流量，查看液晶屏上显示值，幅值误差应小于±5%，角度小于 3°。以 U_a 为基准，根据不同装置选填表 8 或表 9。

表 8 采样精度校验

采样值 通道	边断路器				中断路器			
	I_a(A)	I_b(A)	I_c(A)	$3I_0$(A)	I_a(A)	I_b(A)	I_c(A)	$3I_0$(A)
$0.05I_n$，$0.6U_n$	V∠0°	V∠	V∠	A∠	A∠	A∠		A∠
采样 1								
采样 2								
I_n，U_n	V∠0°	V∠	V∠	A∠	A∠	A∠	A∠	A∠
采样 1								
采样 2								
$4I_n$，$1.2U_n$	V∠0°	V∠	V∠	A∠	A∠	A∠	A∠	A∠
采样 1								
采样 2								

注 此表适用于两组 TA 分别接入保护情况下电流值的填写。 结论（ ）

表 9 采样精度校验

采样通道	U_a(V)	U_b(V)	U_c(V)	I_a(A)	I_b(A)	I_c(A)	$3I_0$(A)
$0.05I_n$，$0.6U_n$	V∠0°	V∠	V∠	A∠	A∠	A∠	A∠
采样 1							
采样 2							
I_n，U_n	V∠0°	V∠	V∠	A∠	A∠	A∠	A∠
采样 1							
采样 2							
$4I_n$，$1.2U_n$	V∠0°	V∠	V∠	A∠	A∠	A∠	A∠
采样 1							
采样 2							

注 此表适用于装置采用合流输入情况下的电流值填写。 结论（ ）

检验人：

3 保护功能校验

根据保护装置液晶显示信息、面板信号指示状态、开关反映情况、测试设备实测值进行填写。

3.1 纵联距离保护功能校验

3.1.1 纵联距离保护定值校验

仅投纵联保护硬压板、软压板、控制字，方式一填表 10，方式二填表 10 和表 11。

纵联阻抗定值：Z_{zd}=（ ）。

3.1.2 纵联距离保护适用于 Q/GDW 1161—2013 标准补充规定时，仅投纵联保护软压板、控制字、光纤通道硬压板，试验数据填表 10。

表 10　　　　纵联距离保护定值校验

<table>
<tr><th>故障类型
整定值</th><th>AN 故障</th><th>BN 故障</th><th>CN 故障</th><th>AB 故障</th><th>BC 故障</th><th>CA 故障</th><th>反向故障</th></tr>
<tr><td>0.95Z_{zd}</td><td>□跳 A
□不动作</td><td>□跳 B
□不动作</td><td>□跳 C
□不动作</td><td>□动作
□不动作</td><td>□动作
□不动作</td><td>□动作
□不动作</td><td rowspan="3">□动作
□不动作</td></tr>
<tr><td>1.05Z_{zd}</td><td>□跳 A
□不动作</td><td>□跳 B
□不动作</td><td>□跳 C
□不动作</td><td>□动作
□不动作</td><td>□动作
□不动作</td><td>□动作
□不动作</td></tr>
<tr><td>0.7Z_{zd}</td><td colspan="3">显示保护动作时间：（　　）ms
实测保护动作时间：（　　）ms</td><td colspan="3">显示保护动作时间：（　　）ms
实测保护动作时间：（　　）ms</td></tr>
<tr><td>TA 断线</td><td colspan="7">断线侧强制判为反方向</td></tr>
<tr><td>TV 断线</td><td colspan="7">TV 断线后，闭锁纵联距离保护</td></tr>
</table>

结论（　　）

表 11　　　　纵联距离保护定值校验

<table>
<tr><th>故障类型
整定值</th><th>AN 故障</th><th>BN 故障</th><th>CN 故障</th><th>AB 故障</th><th>BC 故障</th><th>CA 故障</th><th>反向故障</th></tr>
<tr><td>0.95Z_{zd}</td><td>□跳 A
□不动作</td><td>□跳 B
□不动作</td><td>□跳 C
□不动作</td><td>□动作
□不动作</td><td>□动作
□不动作</td><td>□动作
□不动作</td><td rowspan="3">□动作
□不动作</td></tr>
<tr><td>1.05Z_{zd}</td><td>□跳 A
□不动作</td><td>□跳 B
□不动作</td><td>□跳 C
□不动作</td><td>□动作
□不动作</td><td>□动作
□不动作</td><td>□动作
□不动作</td></tr>
<tr><td>0.7Z_{zd}</td><td colspan="3">显示保护动作时间：（　　）ms
实测保护动作时间：（　　）ms</td><td colspan="3">显示保护动作时间：（　　）ms
实测保护动作时间：（　　）ms</td></tr>
<tr><td>TA 断线</td><td colspan="7">断线侧强制判为反方向</td></tr>
<tr><td>TV 断线</td><td colspan="7">TV 断线后，闭锁纵联距离保护</td></tr>
</table>

结论（　　）

3.1.3　纵联零序电流保护定值校验

仅投纵联保护硬压板、软压板、控制字，方式一填表 12，方式二填表 12 和表 13。

纵联零序过流电流定值：I_{0zd}=（　　）A。

3.1.4　纵联零序保护适用于 Q/GDW 1161—2013 标准补充规定时，仅投纵联保护软压板、控制字、光纤通道硬压板，试验数据填表 12。

表 12　　　　纵联零序保护定值校验

<table>
<tr><th>故障类型
整定值</th><th>AN 故障</th><th>BN 故障</th><th>CN 故障</th><th>反向故障</th></tr>
<tr><td>0.95I_{0zd}</td><td>□跳 A
□不动作</td><td>□跳 B
□不动作</td><td>□跳 C
□不动作</td><td rowspan="3">□动作
□不动作</td></tr>
<tr><td>1.05I_{0zd}</td><td>□跳 A
□不动作</td><td>□跳 B
□不动作</td><td>□跳 C
□不动作</td></tr>
<tr><td>1.2I_{0zd}</td><td colspan="3">显示保护动作时间：（　　）ms
实测保护动作时间：（　　）ms</td></tr>
<tr><td>TA 断线</td><td colspan="4">闭锁纵联零序保护</td></tr>
<tr><td>TV 断线</td><td colspan="4">TV 断线后，闭锁纵联零序保护</td></tr>
</table>

结论（　　）

表 13　　　　纵联零序保护定值校验

故障类型 整定值	AN 故障	BN 故障	CN 故障	反向故障
$0.95I_{0zd}$	□跳 A □不动作	□跳 B □不动作	□跳 C □不动作	□动作 □不动作
$1.05I_{0zd}$	□跳 A □不动作	□跳 B □不动作	□跳 C □不动作	
$1.2I_{0zd}$	显示保护动作时间：(　　) ms 实测保护动作时间：(　　) ms			
TA 断线	闭锁纵联零序保护			
TV 断线	TV 断线后，闭锁纵联零序保护			

结论（　　）

3.2　距离保护定值校验

3.2.1　相间距离

仅投距离保护硬压板、软压板、控制字，见表 14。

定值：XX1＝(　　) Ω；XX2＝(　　) Ω，(　　) s；XX3＝(　　) Ω，(　　) s；灵敏角：(　　)。

表 14　　　　相间距离保护定值校验

故障类型 整定值	AB 故障	BC 故障	CA 故障	ABC 故障	反向故障
0.95XX1	□动作 □不动作	□动作 □不动作	□动作 □不动作	□动作 □不动作	□动作 □不动作
1.05XX1	□动作 □不动作	□动作 □不动作	□动作 □不动作	□动作 □不动作	
0.7XX1	显示保护动作时间：(　　) ms 实测保护动作时间：(　　) ms				
0.95XX2	□动作 □不动作	□动作 □不动作	□动作 □不动作	□动作 □不动作	□动作 □不动作
1.05XX2	□动作 □不动作	□动作 □不动作	□动作 □不动作	□动作 □不动作	
0.7XX2	显示保护动作时间：(　　) ms 实测保护动作时间：(　　) ms				
0.95XX3	□动作 □不动作	□动作 □不动作	□动作 □不动作	□动作 □不动作	□动作 □不动作
1.05XX3	□动作 □不动作	□动作 □不动作	□动作 □不动作	□动作 □不动作	
0.7XX3	显示保护动作时间：(　　) ms 实测保护动作时间：(　　) ms				
模拟 TV 断线，TV 断线后退出距离保护					
模拟 TA 断线，闭锁距离Ⅰ断，不闭锁距离Ⅱ和距离Ⅲ					

结论（　　）

3.2.2　接地距离校验

仅投距离保护硬压板、软压板、控制字，见表15。

定值：XD1＝（　　）Ω；XD2＝（　　）Ω，（　　）s；XD3＝（　　）Ω，（　　）s；灵敏角：（　　）。

表15　　**接地距离定值校验**

<table>
<tr><th>故障类型
整定值</th><th>AN故障</th><th>BN故障</th><th>CN故障</th><th>反向故障</th></tr>
<tr><td>0.95XD1</td><td>□动作
□不动作</td><td>□动作
□不动作</td><td>□动作
□不动作</td><td rowspan="3">□动作
□不动作</td></tr>
<tr><td>1.05XD1</td><td>□动作
□不动作</td><td>□动作
□不动作</td><td>□动作
□不动作</td></tr>
<tr><td>0.7XD1</td><td colspan="3">显示保护动作时间：（　　）ms
实测保护动作时间：（　　）ms</td></tr>
<tr><td>0.95XD2</td><td>□动作
□不动作</td><td>□动作
□不动作</td><td>□动作
□不动作</td><td rowspan="3">□动作
□不动作</td></tr>
<tr><td>1.05XD2</td><td>□动作
□不动作</td><td>□动作
□不动作</td><td>□动作
□不动作</td></tr>
<tr><td>0.7XD2</td><td colspan="3">显示保护动作时间：（　　）ms
实测保护动作时间：（　　）ms</td></tr>
<tr><td>0.95XD3</td><td>□动作
□不动作</td><td>□动作
□不动作</td><td>□动作
□不动作</td><td rowspan="3">□动作
□不动作</td></tr>
<tr><td>1.05XD3</td><td>□动作
□不动作</td><td>□动作
□不动作</td><td>□动作
□不动作</td></tr>
<tr><td>0.7XD3</td><td colspan="3">显示保护动作时间：（　　）ms
实测保护动作时间：（　　）ms</td></tr>
<tr><td colspan="5">模拟TV断线，TV断线后退出距离保护</td></tr>
<tr><td colspan="5">模拟TA断线，闭锁距离Ⅰ断，不闭锁距离Ⅱ和距离Ⅲ</td></tr>
</table>

结论（　　）

3.3　零序保护定值校验

仅投零序保护硬压板、软压板、控制字，见表16。

定值：I_{02}＝（　　）A，（　　）s；I_{03}＝（　　）A，（　　）s；零序过流加速段定值I_{0js}＝（　　）A。

表16　　**零序保护定值校验**

<table>
<tr><th>故障类型
整定值</th><th>AN故障</th><th>BN故障</th><th>CN故障</th><th>反向故障</th></tr>
<tr><td>0.95I_{02}</td><td>□动作
□不动作</td><td>□动作
□不动作</td><td>□动作
□不动作</td><td rowspan="3">通入电流（　　）A
□动作
□不动作</td></tr>
<tr><td>1.05I_{02}</td><td>□动作
□不动作</td><td>□动作
□不动作</td><td>□动作
□不动作</td></tr>
<tr><td>1.2I_{02}</td><td colspan="3">显示保护动作时间：（　　）ms
实测保护动作时间：（　　）ms</td></tr>
</table>

续表

<table>
<tr><th>故障类型
整定值</th><th>AN 故障</th><th>BN 故障</th><th>CN 故障</th><th>反向故障</th></tr>
<tr><td>$0.95I_{03}$</td><td>□动作
□不动作</td><td>□动作
□不动作</td><td>□动作
□不动作</td><td rowspan="3">通入电流（　　）A
□动作
□不动作</td></tr>
<tr><td>$1.05I_{03}$</td><td>□动作
□不动作</td><td>□动作
□不动作</td><td>□动作
□不动作</td></tr>
<tr><td>$1.2I_{03}$</td><td colspan="3">显示保护动作时间：（　　）ms
实测保护动作时间：（　　）ms</td></tr>
<tr><td>$1.2I_{0js}$</td><td colspan="3">显示保护动作时间：（　　）ms
实测保护动作时间：（　　）ms</td><td>—</td></tr>
<tr><td>TV 断线</td><td colspan="4">TV 断线后，零序电流Ⅱ段退出，零序电流Ⅲ段退出方向</td></tr>
<tr><td>TA 断线</td><td colspan="4">TA 断线后，零序电流各段保护不应误动作</td></tr>
</table>

结论（　　）

3.4　零序反时限校验

仅投控制字，并验证功能正确性。

3.4.1　零序反时限校验定值校验

定值：零序反时限电流 I_p=（　　）A，零序反时限时间 T_p=（　　）s，零序反时限最小时间 T_0=（　　）s，

零序反时限配合时间 T=（　　）s，见表 17。

表 17　　**零序反时限定值校验**

<table>
<tr><th>故障类型
整定值</th><th>AN 故障</th><th>BN 故障</th><th>CN 故障</th></tr>
<tr><td>$0.95I_{zd}$</td><td>□动作
□不动作</td><td>□动作
□不动作</td><td>□动作
□不动作</td></tr>
<tr><td>$1.05I_{zd}$</td><td>□动作
□不动作</td><td>□动作
□不动作</td><td>□动作
□不动作</td></tr>
<tr><td>TA 断线</td><td colspan="3">TA 断线后，闭锁零序保护</td></tr>
<tr><td>TV 断线</td><td colspan="3">TV 断线后，改为不带方向的零序反时限过流保护</td></tr>
</table>

结论（　　）

3.4.2　零序反时限特性曲线校验

试验方法一：用微机继电保护试验仪的反时限曲线边界搜索功能绘制出反时限的特性曲线，与厂家提供的反时限曲线比对并将动作特性曲线打印附后。

试验方法二：零序反时限特性曲线校验见表 18。

表 18　　零序反时限特性曲线校验

时间 输入值	装置动作时间	试验仪实测时间	根据公式计算值时间
要求	反时限特性曲线取 6 个点，画出特性曲线，和厂家提供的特性曲线基本吻合		

注　反时限特性曲线公式 $t(3I_0)=\frac{0.14}{(3I_0/I_P)^{0.02}-1}T_P$。

结论（　　）

3.5　自定义功能校验

根据保护装置自定义功能，对其功能投退、动作逻辑、定值进行校验，见表 19。

表 19　　自定义功能校验

自定义功能名称	定值/控制字	装置动作信息	结果
TA 断线闭锁快速距离/工频变化量距离保护			

结论（　　）

检验人：

4　整组试验

整组试验要求：保护装置的整组传动试验，应在 80%额定直流电压条件下进行。

4.1　整组开关量输入检验

整组开关量输入检验见表 20。

表 20　　整组开关量输入检验

序号	对应保护输出	对应保护名称	本保护开关量输入
1	失灵保护出口	边断路器保护	□远传 1，□远传 2
2	失灵保护出口	中断路器保护	□远传 1，□远传 2
3	启动远方跳闸	线路电抗器保护	□远传 1，□远传 2

结论（　　）

4.2　整组开关量输出检验

整组开关量输出检验见表 21。

表 21　　整组开关量输出检验

序号	本保护输出	对应保护名称	对应保护开关量输入名称
1	启动边断路器 A 相失灵	边断路器保护	□保护 A 相失灵
2	启动边断路器 B 相失灵	边断路器保护	□保护 B 相失灵
3	启动边断路器 C 相失灵	边断路器保护	□保护 C 相失灵
4	启动中断路器 A 相失灵	中断路器保护	□保护 A 相失灵
5	启动中断路器 B 相失灵	中断路器保护	□保护 B 相失灵
6	启动中断路器 C 相失灵	中断路器保护	□保护 C 相失灵
7	闭锁边断路器重合闸	边断路器保护	□闭锁重合闸
8	闭锁中断路器重合闸	中断路器保护	□闭锁重合闸
9	□远传 1 开关量输出， □远传 2 开关量输出	过电压及远方跳闸保护	□通道收信
10	通道故障	过电压及远方跳闸保护	□通道故障

结论（　　）

检验人：

5　带开关做整组传动试验

（要求开关传动试验打印报告附后）

重合闸实际运行方式：

5.1　检查对应断路器无闭锁，具备传动条件。

5.2　分别模拟 A、B、C 相瞬时短路故障跳边断路器：

a. 保护及开关实际动作正确。（　　）

b. 后台监控信号表示正确。（　　）

c. 站端、各级调控端的继电保护在线监视和分析模块表示信息正确。（　　）

d. 录波器表示信息正确。（　　）

5.3　分别模拟 A、B、C 相瞬时短路故障跳中断路器：

a. 保护及开关实际动作正确。（　　）

b. 后台监控信号表示正确。（　　）

c. 站端、各级调控端的继电保护在线监视和分析模块表示信息正确。（　　）

d. 录波器表示信息正确。（　　）

5.4　模拟相间瞬时短路故障跳断路器：

a. 保护及开关实际动作正确。（　　）

b. 后台监控信号表示正确。（　　）

c. 站端、各级调控端的继电保护在线监视和分析模块表示信息正确。（　　）

d. 录波器表示信息正确。（　　）

5.5　模拟 A 相永久接地故障（做跳合跳试验）：

a. 保护及开关实际动作应正确。（　　）

b. 后台监控表示正确。（　　）

c. 站端、各级调控端的继电保护在线监视和分析模块表示信息正确。（　　）

d. 录波器表示信息正确。（　　）

5.6　模拟手合故障线路检查开关防跳及后加速功能：

a. 保护及开关实际动作应正确。（　　）

b. 后台信号表示正确。（　　）

c. 站端、各级调控端的继电保护在线监视和分析模块表示信息正确。（　　）

d. 录波器表示信息正确。（　　）

5.7　通道检验

投入两侧纵联保护压板及控制字，根据现场实际使用情况进行试验。

5.7.1　光功率测试：光发（　　）dBm，光收（　　）dBm。　　结论（　　）

5.7.2　检查通道状态正常，无错码、误码，无通道告警信号，通道延时小于12ms。

结论（　　）

5.8　纵联保护带通道试验

5.8.1　检查两组TA接入极性一致，接线正确。　　结论（　　）

5.8.2　对侧开关在跳位，本侧开关在合位，本侧加入故障量，本侧纵联保护动作。

结论（　　）

5.8.3　两侧开关在合位，本侧模拟单相接地故障，对侧相同故障相电压下降至34V时，两侧纵联保护同时动作。　　结论（　　）

5.8.4　本侧开关在合位，对侧短接远传开关量输入接点，本侧“远方跳闸不经故障判据”控制字置0，在本侧过电压及远方跳闸保护加入故障判别量，本侧过电压及远方跳闸保护动作。（检远传功能）　　结论（　　）

5.8.5　本侧开关在合位，对侧短接远传开关量输入接点，本侧“远方跳闸不经故障判据”控制字置0，本侧过电压及远方跳闸保护不加入故障判别量，本侧过电压及远方跳闸保护不动作。（检远传功能）　　结论（　　）

检验人：

6　装置投运准备工作

6.1　投入运行前的准备工作

6.1.1　现场工作结束后，工作负责人检查试验记录有无漏试验项目，核对装置的整定值是否与定值单相符。打印定值单附后。（　　）

6.1.2　盖好所有装置及辅助设备的盖子，各装置插板扣紧。（　　）

6.1.3　二次回路接线恢复，拆除在检验时使用的试验设备、仪表及一切连接线，所有被拆除的或临时接入的连线应全部恢复正常，装置所有的信号应复归。（　　）

6.1.4　压板核对及安全措施恢复。（　　）

6.1.5　全部人员撤离前，清扫现场。（　　）

6.2　对运行人员交代事项：

6.2.1　填写继电保护记录簿，将主要检验项目、试验结果及结论、定值通知单执行情况详细记录在内，向工作许可人交代检验结果、设备变动情况或遗留问题，并写明该装置可以投入运行。（　　）

6.2.2 交代运维人员在将装置投入前，必须用高内阻电压表以一端对地测保护出口压板端子电压的方法，检查并证实被检验的继电保护装置及安全自动装置确实未给出跳闸或合闸脉冲，才允许将装置的跳合闸连接片投到投入位置。(　)

6.2.3 对运维人员进行继电保护运行规程培训。(　　)

6.3 验收合格后，办理工作票终结手续。(　)

6.4 定值通知单编号：(　　)；执行时间：(　　)。

检验人：

7 带负荷测试

7.1 系统电压核相

系统电压核相见表 22。

表 22　　系 统 电 压 核 相

测试数据		基准电压			
		U_A	U_B	U_C	U_N
待测线路电压	U_A				
	U_B				
	U_C				
	U_N				

7.2 交流回路相位测试

7.2.1 潮流状况

有功：(　　)；无功：(　　)；负荷电流：(　　)。

7.2.2 交流回路幅值及相位测试

以 U_{AN} 电压为基准，测得数值见表 23。

表 23　　交流回路幅值及相位测试

保护名称	相别	测试值（幅值、角度）	装置显示值（幅值、角度）	相量图
纵联保护装置（边断路器）	A	∠	∠	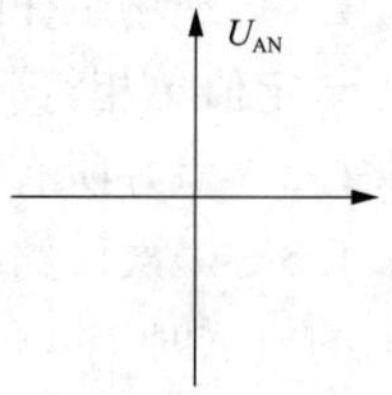
	B	∠	∠	
	C	∠	∠	
	N	∠	∠	
纵联保护装置（中断路器）	A	∠	∠	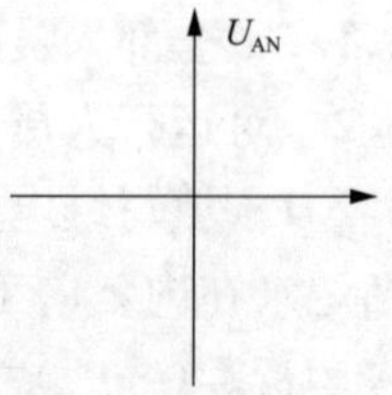
	B	∠	∠	
	C	∠	∠	
	N	∠	∠	

续表

保护名称	相别	测试值（幅值、角度）	装置显示值（幅值、角度）	相量图
纵联保护装置（和电流）	A	∠	∠	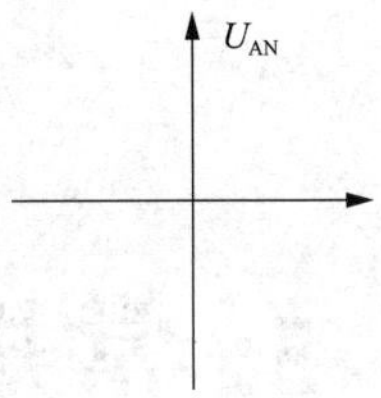
	B	∠	∠	
	C	∠	∠	
	N	∠	∠	

7.3　使用钳形电流表测量保护二次电缆屏蔽层的电流，以检查该保护装置及屏柜与二次等电位接地网连接状况，当检测不到电流时，应检查屏蔽层是否良好接地。测试结果为（　　）。

检验人：

8　现场遗留问题

工作负责人：

5. 常规变电站500kV线路纵联距离保护（六统一）A（B）类检修标准化作业指导书

变电站名称 ____________________

装 置 命 名 ____________________

设备变更记录

变更内容			变更日期	执行人
装置变更	1			
	2			
程序升级	1			
	2			
	3			
	4			
回路变更	1			
	2			
	3			
	4			
	5			
TA 变比	1			
	2			
	3			
其他	1			
	2			
	3			

________型线路

纵联距离保护检验报告

出厂日期		投运日期	
工作负责人			
检验人员			
检验性质	□A 类检修 □B 类检修		
开始时间	年 月 日 时 分		
结束时间	年 月 日 时 分		
检验结论			
审核人签字		审核日期	

目 次

1　通用部分

1.1　详见《常规变电站继电保护标准化作业指导书 A（B）类检修通用部分》。

1.2　适用于六统一 500kV 3/2 断路器（完整串）线路纵联距离保护。

2　保护单机检验

2.1　软件版本号及 CRC 校验码检查

软件版本号及 CRC 校验码检查见表 1。

表 1　　**软件版本号及 CRC 校验码检查**

CPU 号	软件版本号	CRC 校验码	软件版本生成时间	与要求版本是否一致

结论（　　）

2.2　输出回路检查

输出回路检查见表 2。

表 2　　**输出回路检查**

序号	检验项目	方法	接点动作情况
1	信号输出	保护动作	□监控后台，□液晶显示
		通道一告警	□监控后台，□液晶显示
		通道二告警	□监控后台，□液晶显示
		通道故障（两个通道均异常）	□监控后台，□液晶显示
		运行异常（模拟 TA、TV 断线）	□监控后台，□液晶显示
		装置故障告警	□监控后台，□液晶显示
2	跳闸出口	投入相应保护及出口压板，分别模拟保护 A 相动作、B 相动作、C 相动作	□跳闸，□失灵启动，□备用，□录波
3	闭锁重合闸出口	投入相应保护及出口压板，模拟闭锁重合闸动作	□动作
4	远传 1 动作	短接远传 1 开入接点	□动作
5	远传 2 动作	短接远传 2 开入接点	□动作

结论（　　）

2.3　开关量输入回路检验

2.3.1　开关量输入回路检验（适用于主保护方式有两种的情况，根据装置实际情况选做）。

主保护投入方式有两种，方式一：配置一套主保护逻辑，同时对应两个（光纤通道一、光纤通道二）或三个（光纤通道一、光纤通道二、载波通道）通道，分别设置主保护及各通道的投退压板；方式二：配置两套主保护逻辑，与双通道一一对应，分别设置通道一主保护、通道二主保护投退压板。开关量输入回路检验见表 3。

表3　　开关量输入回路

序号	检验方法	开关量输入量变化	结果
1	投入“纵联保护”压板（方式一）	“纵联保护”由0变1	
2	投入“光纤通道一”压板（方式一）	“光纤通道一”由0变1	
3	投入“光纤通道二”压板（方式一）	“光纤通道二”由0变1	
4	投入“通道一纵联保护”压板（方式二）	“通道一纵联保护”由0变1	
5	投入“通道二纵联保护”压板（方式二）	“通道二纵联保护”由0变1	
6	投入“距离保护”压板	“距离保护”由0变1	
7	投入“零序过流保护”压板	“零序过流保护”由0变1	
8	短接“其他保护动作”接点	“其他保护动作”由0变1	
9	短接“TWJA”接点	“A相跳闸位置”由0变1	
10	短接“TWJB”接点	“B相跳闸位置”由0变1	
11	短接“TWJC”接点	“C相跳闸位置”由0变1	
12	投入“远方操作”压板	“远方操作”由0变1	
13	按“复归”按钮	“信号复归”由0变1	
14	投“保护检修状态”压板	“检修状态”由0变1	
15	远传1开入	“远传1”由0变1	
16	远传2开入	“远传2”由0变1	

2.3.2　开关量输入回路检验（适用于Q/GDW 1161—2013标准补充模式）

纵联保护压板及控制字设置：光纤通道一、光纤通道二，共计2个压板；纵联保护、双通道方式（1为双通道方式，0为单通道方式，固定为光纤通道一），共计2位控制字。通道压板投入时，对应通道出现异常，告警并上送报文。通道压板退出时，对应通道只上送报文，不告警。开关量输入回路检验见表4。

表4　　开关量输入回路

序号	检验方法	开关量输入量变化	结果
1	投入“光纤通道一”压板	“光纤通道一”由0变1	
2	投入“光纤通道二”压板	“光纤通道二”由0变1	
3	投入“距离保护”压板	“距离保护”由0变1	
4	投入“零序过流保护”压板	“零序过流保护”由0变1	
5	短接“其他保护动作”接点	“其他保护动作”由0变1	
6	短接“TWJA”接点	“A相跳闸位置”由0变1	
7	短接“TWJB”接点	“B相跳闸位置”由0变1	
8	短接“TWJC”接点	“C相跳闸位置”由0变1	
9	投入“远方操作”压板	“远方操作”由0变1	
10	按“复归”按钮	“信号复归”由0变1	
11	投“保护检修状态”压板	“检修状态”由0变1	
12	远传1开入	“远传1”由0变1	
13	远传2开入	“远传2”由0变1	

2.4　断路器运行/检修状态转换开关的校验

断路器运行/检修状态转换开关的校验见表5。

表 5　　断路器运行/检修状态转换开关校验

<table>
<tr><th colspan="2">断路器检修/运行状态转换开关置位
断路器实际位置</th><th>边断路器在检修位置</th><th>中断路器在检修位置</th><th>边断路器在检修位置</th><th>中断路器在运行位置</th><th>边断路器在运行位置</th><th>中断路器在检修位置</th><th>边断路器在运行位置</th><th>中断路器在运行位置</th></tr>
<tr><td rowspan="3">边断路器合位</td><td>中断路器 A 相分位</td><td colspan="2" rowspan="3">□TWJA
□TWJB
□TWJC</td><td colspan="2" rowspan="3">□TWJA
□TWJB
□TWJC</td><td colspan="2" rowspan="3">□TWJA
□TWJB
□TWJC</td><td colspan="2" rowspan="3">□TWJA
□TWJB
□TWJC</td></tr>
<tr><td>中断路器 B 相合位</td></tr>
<tr><td>中断路器 C 相合位</td></tr>
<tr><td rowspan="3">边断路器合位</td><td>中断路器 A 相合位</td><td colspan="2" rowspan="3">□TWJA
□TWJB
□TWJC</td><td colspan="2" rowspan="3">□TWJA
□TWJB
□TWJC</td><td colspan="2" rowspan="3">□TWJA
□TWJB
□TWJC</td><td colspan="2" rowspan="3">□TWJA
□TWJB
□TWJC</td></tr>
<tr><td>中断路器 B 相分位</td></tr>
<tr><td>中断路器 C 相合位</td></tr>
<tr><td rowspan="3">边断路器合位</td><td>中断路器 A 相合位</td><td colspan="2" rowspan="3">□TWJA
□TWJB
□TWJC</td><td colspan="2" rowspan="3">□TWJA
□TWJB
□TWJC</td><td colspan="2" rowspan="3">□TWJA
□TWJB
□TWJC</td><td colspan="2" rowspan="3">□TWJA
□TWJB
□TWJC</td></tr>
<tr><td>中断路器 B 相合位</td></tr>
<tr><td>中断路器 C 相分位</td></tr>
<tr><td rowspan="3">中断路器合位</td><td>边断路器 A 相分位</td><td colspan="2" rowspan="3">□TWJA
□TWJB
□TWJC</td><td colspan="2" rowspan="3">□TWJA
□TWJB
□TWJC</td><td colspan="2" rowspan="3">□TWJA
□TWJB
□TWJC</td><td colspan="2" rowspan="3">□TWJA
□TWJB
□TWJC</td></tr>
<tr><td>边断路器 B 相合位</td></tr>
<tr><td>边断路器 C 相合位</td></tr>
<tr><td rowspan="3">中断路器合位</td><td>边断路器 A 相合位</td><td colspan="2" rowspan="3">□TWJA
□TWJB
□TWJC</td><td colspan="2" rowspan="3">□TWJA
□TWJB
□TWJC</td><td colspan="2" rowspan="3">□TWJA
□TWJB
□TWJC</td><td colspan="2" rowspan="3">□TWJA
□TWJB
□TWJC</td></tr>
<tr><td>边断路器 B 相分位</td></tr>
<tr><td>边断路器 C 相合位</td></tr>
<tr><td rowspan="3">中断路器合位</td><td>边断路器 A 相合位</td><td colspan="2" rowspan="3">□TWJA
□TWJB
□TWJC</td><td colspan="2" rowspan="3">□TWJA
□TWJB
□TWJC</td><td colspan="2" rowspan="3">□TWJA
□TWJB
□TWJC</td><td colspan="2" rowspan="3">□TWJA
□TWJB
□TWJC</td></tr>
<tr><td>边断路器 B 相合位</td></tr>
<tr><td>边断路器 C 相分位</td></tr>
</table>

结论（　　）

2.5 模数变换系统的检验

装置二次额定电流 I_n＝□5A/□1A。

2.5.1 零漂检验

要求：$I<0.01I_n$，$U<0.1V$，根据不同装置选填表 6 或表 7。

表 6　　零 漂 检 验

采样值 / 通道	边断路器电流				中断路器电流			
	I_a(A)	I_b(A)	I_c(A)	$3I_0$(A)	I_a(A)	I_b(A)	I_c(A)	$3I_0$(A)
采样 1								
采样 2								

注　此表适用于两组 TA 分别接入保护情况下电流值的填写。

结论（　　）

表 7　　零 漂 检 验

采样通道	I_a(A)	I_b(A)	I_c(A)	$3I_0$(A)	U_a(V)	U_b(V)	U_c (V)
采样 1							
采样 2							

注　此表适用于装置采用合流输入情况下的电流值填写。

结论（　　）

2.5.2　采样精度校验

在保护屏端子上分别通入中的电压、电流量，查看液晶屏上显示值，幅值误差应小于±5%，角度小于3°。以U_a为基准，根据不同装置选填表8或表9。

表8　　　　**采样精度校验**

采样值 通道	边断路器				中断路器			
	I_a(A)	I_b(A)	I_c(A)	$3I_0$(A)	I_a(A)	I_b(A)	I_c(A)	$3I_0$(A)
$0.05I_n$，$0.6U_n$	V∠0°	V∠	V∠	A∠	A∠	A∠	A∠	A∠
采样1								
采样2								
I_n，U_n	V∠0°	V∠	V∠	A∠	A∠	A∠	A∠	A∠
采样1								
采样2								
$4I_n$，$1.2U_n$	V∠0°	V∠	V∠	A∠	A∠	A∠	A∠	A∠
采样1								
采样2								

注　此表适用于两组TA分别接入保护情况下电流值的填写。

结论（　　）

表9　　　　**采样精度校验**

采样通道	U_a(V)	U_b(V)	U_c(V)	I_a(A)	I_b(A)	I_c(A)	$3I_0$(A)
$0.05I_n$，$0.6U_n$	V∠0°	V∠	V∠	A∠	A∠	A∠	A∠
采样1							
采样2							
I_n，U_n	V∠0°	V∠	V∠	A∠	A∠	A∠	A∠
采样1							
采样2							
$4I_n$，$1.2U_n$	V∠0°	V∠	V∠	A∠	A∠	A∠	A∠
采样1							
采样2							

注　此表适用于装置采用合流输入情况下的电流值填写。

结论（　　）

检验人：

3　保护功能校验

根据保护装置液晶显示信息、面板信号指示状态、开关反映情况、测试设备实测值进行填写。

3.1　纵联距离保护功能校验

3.1.1　纵联距离保护定值校验。

仅投纵联保护硬压板、软压板、控制字，方式一填表10，方式二填表10和表11。

纵联阻抗定值：Z_{zd}=（　　）。

3.1.2　纵联距离保护适用于Q/GDW 1161—2013标准补充规定时，仅投纵联保护软压板、控制字、光纤通道硬压板，试验数据填表10。

表 10 **纵联距离保护定值校验**

故障类型 整定值	AN 故障	BN 故障	CN 故障	AB 故障	BC 故障	CA 故障	反向故障
$0.95Z_{zd}$	□跳 A □不动作	□跳 B □不动作	□跳 C □不动作	□动作 □不动作	□动作 □不动作	□动作 □不动作	
$1.05Z_{zd}$	□跳 A □不动作	□跳 B □不动作	□跳 C □不动作	□动作 □不动作	□动作 □不动作	□动作 □不动作	□动作 □不动作
$0.7Z_{zd}$	显示保护动作时间：（ ）ms 实测保护动作时间：（ ）ms			显示保护动作时间：（ ）ms 实测保护动作时间：（ ）ms			
TA 断线	断线侧强制判为反方向						
TV 断线	TV 断线后，闭锁纵联距离保护						

结论（　　）

表 11 **纵联距离保护定值校验**

故障类型 整定值	AN 故障	BN 故障	CN 故障	AB 故障	BC 故障	CA 故障	反向故障
$0.95Z_{zd}$	□跳 A □不动作	□跳 B □不动作	□跳 C □不动作	□动作 □不动作	□动作 □不动作	□动作 □不动作	
$1.05Z_{zd}$	□跳 A □不动作	□跳 B □不动作	□跳 C □不动作	□动作 □不动作	□动作 □不动作	□动作 □不动作	□动作 □不动作
$0.7Z_{zd}$	显示保护动作时间：（ ）ms 实测保护动作时间：（ ）ms			显示保护动作时间：（ ）ms 实测保护动作时间：（ ）ms			
TA 断线	断线侧强制判为反方向						
TV 断线	TV 断线后，闭锁纵联距离保护						

结论（　　）

3.1.3 纵联零序电流保护定值校验

仅投纵联保护硬压板、软压板、控制字，方式一填表 12，方式二填表 12 和表 13。

纵联零序过流电流定值：I_{0zd}=（　　）A。

3.1.4 纵联零序保护适用于 Q/GDW 1161—2013 标准补充规定时，仅投纵联保护软压板、控制字、光纤通道硬压板，试验数据填表 12。

表 12 **纵联零序保护定值校验**

故障类型 整定值	AN 故障	BN 故障	CN 故障	反向故障
$0.95I_{0zd}$	□跳 A □不动作	□跳 B □不动作	□跳 C □不动作	
$1.05I_{0zd}$	□跳 A □不动作	□跳 B □不动作	□跳 C □不动作	□动作 □不动作
$1.2I_{0zd}$	显示保护动作时间：（ ）ms 实测保护动作时间：（ ）ms			
TA 断线	闭锁纵联零序保护			
TV 断线	TV 断线后，闭锁纵联零序保护			

结论（　　）

表 13　　纵联零序保护定值校验

整定值＼故障类型	AN 故障	BN 故障	CN 故障	反向故障
0.95I_{0zd}	□跳 A □不动作	□跳 B □不动作	□跳 C □不动作	□动作 □不动作
1.05I_{0zd}	□跳 A □不动作	□跳 B □不动作	□跳 C □不动作	
1.2I_{0zd}	显示保护动作时间：(　　) ms 实测保护动作时间：(　　) ms			
TA 断线	闭锁纵联零序保护			
TV 断线	TV 断线后，闭锁纵联零序保护			

结论（　　）

3.2　距离保护定值校验

3.2.1　相间距离

仅投距离保护硬压板、软压板、控制字，见表 14。

定值：XX1=（　　）Ω；XX2=（　　）Ω，（　　）s；XX3=（　　）Ω，（　　）s；灵敏角：（　　）。

表 14　　相间距离保护定值校验

整定值＼故障类型	AB 故障	BC 故障	CA 故障	ABC 故障	反向故障
0.95XX1	□动作 □不动作	□动作 □不动作	□动作 □不动作	□动作 □不动作	□动作 □不动作
1.05XX1	□动作 □不动作	□动作 □不动作	□动作 □不动作	□动作 □不动作	
0.7XX1	显示保护动作时间：(　　) ms 实测保护动作时间：(　　) ms				
0.95XX2	□动作 □不动作	□动作 □不动作	□动作 □不动作	□动作 □不动作	□动作 □不动作
1.05XX2	□动作 □不动作	□动作 □不动作	□动作 □不动作	□动作 □不动作	
0.7XX2	显示保护动作时间：(　　) ms 实测保护动作时间：(　　) ms				
0.95XX3	□动作 □不动作	□动作 □不动作	□动作 □不动作	□动作 □不动作	□动作 □不动作
1.05XX3	□动作 □不动作	□动作 □不动作	□动作 □不动作	□动作 □不动作	
0.7XX3	显示保护动作时间：(　　) ms 实测保护动作时间：(　　) ms				
模拟 TV 断线，TV 断线后退出距离保护 模拟 TA 断线，闭锁距离Ⅰ断，不闭锁距离Ⅱ和距离Ⅲ					

结论（　　）

3.2.2 接地距离校验

仅投距离保护硬压板、软压板、控制字，见表15。

定值：XD1＝(　　) Ω；XD2＝(　　) Ω，(　　) s；XD3＝(　　) Ω，(　　) s；灵敏角：(　　)。

表15　　接地距离定值校验

故障类型 整定值	AN故障	BN故障	CN故障	反向故障
0.95XD1	□动作 □不动作	□动作 □不动作	□动作 □不动作	
1.05XD1	□动作 □不动作	□动作 □不动作	□动作 □不动作	□动作 □不动作
0.7XD1	显示保护动作时间：(　　) ms 实测保护动作时间：(　　) ms			
0.95XD2	□动作 □不动作	□动作 □不动作	□动作 □不动作	
1.05XD2	□动作 □不动作	□动作 □不动作	□动作 □不动作	□动作 □不动作
0.7XD2	显示保护动作时间：(　　) ms 实测保护动作时间：(　　) ms			
0.95XD3	□动作 □不动作	□动作 □不动作	□动作 □不动作	
1.05XD3	□动作 □不动作	□动作 □不动作	□动作 □不动作	□动作 □不动作
0.7XD3	显示保护动作时间：(　　) ms 实测保护动作时间：(　　) ms			
模拟TV断线，TV断线后退出距离保护 模拟TA断线，闭锁距离Ⅰ断，不闭锁距离Ⅱ和距离Ⅲ				

结论（　　）

3.3 零序保护定值校验

仅投零序保护硬压板、软压板、控制字，见表16。

定值：I_{02}＝(　　) A，(　　) s；I_{03}＝(　　) A，(　　) s；零序过流加速段定值I_{0js}＝(　　) A。

表16　　零序保护定值校验

故障类型 整定值	AN故障	BN故障	CN故障	反向故障
0.95I_{02}	□动作 □不动作	□动作 □不动作	□动作 □不动作	
1.05I_{02}	□动作 □不动作	□动作 □不动作	□动作 □不动作	通入电流（　　）A □动作 □不动作
1.2I_{02}	显示保护动作时间：(　　) ms 实测保护动作时间：(　　) ms			

续表

整定值 \ 故障类型	AN 故障	BN 故障	CN 故障	反向故障
$0.95I_{03}$	□动作 □不动作	□动作 □不动作	□动作 □不动作	通入电流（　　）A □动作 □不动作
$1.05I_{03}$	□动作 □不动作	□动作 □不动作	□动作 □不动作	
$1.2I_{03}$	显示保护动作时间：（　　）ms 实测保护动作时间：（　　）ms			
$1.2I_{0js}$	显示保护动作时间：（　　）ms 实测保护动作时间：（　　）ms			—
TV 断线	TV 断线后，零序电流Ⅱ段退出，零序电流Ⅲ段退出方向			
TA 断线	TA 断线后，零序电流各段保护不应误动作			

结论（　　）

3.4　零序反时限校验

仅投控制字，并验证功能正确性。

3.4.1　零序反时限校验定值校验

定值：零序反时限电流 I_p=（　　）A，零序反时限时间 T_p=（　　）s，零序反时限最小时间 T_0=（　　）s，零序反时限配合时间 T=（　　）s，见表 17。

表 17　　**零序反时限定值校验**

整定值 \ 故障类型	AN 故障	BN 故障	CN 故障
$0.95I_{zd}$	□动作 □不动作	□动作 □不动作	□动作 □不动作
$1.05I_{zd}$	□动作 □不动作	□动作 □不动作	□动作 □不动作
TA 断线	TA 断线后，闭锁零序保护		
TV 断线	TV 断线后，改为不带方向的零序反时限过流保护		

结论（　　）

3.4.2　零序反时限特性曲线校验

试验方法一：用微机继电保护试验仪的反时限曲线边界搜索功能绘制出反时限的特性曲线，与厂家提供的反时限曲线比对并将动作特性曲线打印附后。

试验方法二：零序反时限特性曲线校验见表 18。

表 18　　**零序反时限特性曲线校验**

输入值 \ 时间	装置动作时间	试验仪实测时间	根据公式计算值时间

续表

时间 / 输入值	装置动作时间	试验仪实测时间	根据公式计算值时间
要求	反时限特性曲线取6个点，画出特性曲线，和厂家提供的特性曲线基本吻合		

注　反时限特性曲线公式 $t(3I_0)=\dfrac{0.14}{(3I_0/I_P)^{0.02}-1}T_P$。

结论（　　）

3.5　自定义功能校验

根据保护装置自定义功能，对其功能投退、动作逻辑、定值进行校验，见表19。

表19　　自定义功能校验

自定义功能名称	定值/控制字	装置动作信息	结果
TA断线闭锁快速距离/工频变化量距离保护			

结论（　　）

检验人：

4　整组试验

整组试验要求：保护装置的整组传动试验，应在80%额定直流电压条件下进行。

4.1　整组开关量输入检验

整组开关量输入检验见表20。

表20　　整组开关量输入检验

序号	对应保护输出	对应保护名称	本保护开关量输入
1	失灵保护出口	边断路器保护	□远传1，□远传2
2	失灵保护出口	中断路器保护	□远传1，□远传2
3	启动远方跳闸	线路电抗器保护	□远传1，□远传2

结论：（　　）

4.2　整组开关量输出检验

整组开关量输出检验见表21。

表21　　整组开关量输出检验

序号	本保护输出	对应保护名称	对应保护开关量输入名称
1	启动边断路器A相失灵	边断路器保护	□保护A相失灵

续表

序号	本保护输出	对应保护名称	对应保护开关量输入名称
2	启动边断路器 B 相失灵	边断路器保护	□保护 B 相失灵
3	启动边断路器 C 相失灵	边断路器保护	□保护 C 相失灵
4	启动中断路器 A 相失灵	中断路器保护	□保护 A 相失灵
5	启动中断路器 B 相失灵	中断路器保护	□保护 B 相失灵
6	启动中断路器 C 相失灵	中断路器保护	□保护 C 相失灵
7	闭锁边断路器重合闸	边断路器保护	□闭锁重合闸
8	闭锁中断路器重合闸	中断路器保护	□闭锁重合闸
9	□远传 1 开出，□远传 2 开出	过电压及远方跳闸保护	□通道收信
10	通道故障	过电压及远方跳闸保护	□通道故障

结论（　　）

检验人：

5　带开关做整组传动试验（要求开关传动试验打印报告附后）

重合闸实际运行方式：

5.1　检查对应断路器无闭锁，具备传动条件。

5.2　分别模拟 A、B、C 相瞬时短路故障跳边断路器：

a. 保护及开关实际动作正确。（　　）

b. 后台监控信号表示正确。（　　）

c. 站端、各级调控端的继电保护在线监视和分析模块表示信息正确。（　　）

d. 录波器表示信息正确。（　　）

5.3　分别模拟 A、B、C 相瞬时短路故障跳中断路器：

a. 保护及开关实际动作正确。（　　）

b. 后台监控信号表示正确。（　　）

c. 站端、各级调控端的继电保护在线监视和分析模块表示信息正确。（　　）

d. 录波器表示信息正确。（　　）

5.4　模拟相间瞬时短路故障跳断路器：

a. 保护及开关实际动作正确。（　　）

b. 后台监控信号表示正确。（　　）

c. 站端、各级调控端的继电保护在线监视和分析模块表示信息正确。（　　）

d. 录波器表示信息正确。（　　）

5.5　模拟 A 相永久接地故障（做跳合跳试验）：

a. 保护及开关实际动作应正确。（　　）

b. 后台监控表示正确。（　　）

c. 站端、各级调控端的继电保护在线监视和分析模块表示信息正确。（　　）

d. 录波器表示信息正确。（　　）

5.6　模拟手合故障线路检查开关防跳及后加速功能：

a. 保护及开关实际动作应正确。(　　)

b. 后台信号表示正确。(　　)

c. 站端、各级调控端的继电保护在线监视和分析模块表示信息正确。(　　)

d. 录波器表示信息正确。(　　)

5.7　通道检验

投入两侧纵联保护压板及控制字，根据现场实际使用情况进行试验。

5.7.1　光功率测试：光发（　　）dBm，光收（　　）dBm。　　结论（　　）

5.7.2　检查通道状态正常，无错码、误码，无通道告警信号，通道延时小于 12ms。

结论（　　）

5.8　纵联保护带通道试验

5.8.1　检查两组 TA 接入极性一致，接线正确。　　结论（　　）

5.8.2　对侧开关在跳位，本侧开关在合位，本侧加入故障量，本侧纵联保护动作。

结论（　　）

5.8.3　两侧开关在合位，本侧模拟单相接地故障，对侧相同故障相电压下降至 34V 时，两侧纵联保护同时动作。　　结论（　　）

5.8.4　本侧开关在合位，对侧短接远传开关量输入接点，本侧"远方跳闸不经故障判据"控制字置 0，在本侧过电压及远方跳闸保护加入故障判别量，本侧过电压及远方跳闸保护动作。(检远传功能)　　结论（　　）

5.8.5　本侧开关在合位，对侧短接远传开关量输入接点，本侧"远方跳闸不经故障判据"控制字置 0，本侧过电压及远方跳闸保护不加入故障判别量，本侧过电压及远方跳闸保护不动作。(检远传功能)

结论（　　）

检验人：

6　装置投运准备工作

6.1　投入运行前的准备工作

6.1.1　现场工作结束后，工作负责人检查试验记录有无漏试验项目，核对装置的整定值是否与定值单相符。打印定值单附后。(　　)

6.1.2　盖好所有装置及辅助设备的盖子，各装置插板扣紧。(　　)

6.1.3　二次回路接线恢复，拆除在检验时使用的试验设备、仪表及一切连接线，所有被拆除的或临时接入的连线应全部恢复正常，装置所有的信号应复归。(　　)

6.1.4　压板核对及安全措施恢复。(　　)

6.1.5　全部人员撤离前，清扫现场。(　　)

6.2　对运行人员交代事项：

6.2.1　填写继电保护记录簿，将主要检验项目、试验结果及结论、定值通知单执行情况详细记录在内，向工作许可人交代检验结果，设备变动情况或遗留问题，并写明该装置可以投入运行。(　　)

6.2.2　交代运维人员在将装置投入前，必须用高内阻电压表以一端对地测保护出口压板端子电压的方法，检查并证实被检验的继电保护装置及安全自动装置确实未给出跳闸或合闸脉冲，才允许将装置的跳合闸连接片投到投入位置。(　　)

6.2.3　对运维人员进行继电保护运行规程培训。（　　）

6.3　验收合格后，办理工作票终结手续。（　　）

6.4　定值通知单编号：（　　）；执行时间：（　　）。

检验人：

7　带负荷测试

7.1　系统电压核相

系统电压核相见表 22。

表 22　　**系统电压核相**

测试数据		基准电压			
		U_A	U_B	U_C	U_N
待测线路电压	U_A				
	U_B				
	U_C				
	U_N				

7.2　交流回路相位测试

7.2.1　潮流状况

线路有功：（　　）；线路无功：（　　）；负荷电流：（　　）。

7.2.2　交流回路幅值及相位测试

以 U_{AN} 电压为基准，测得数值见表 23。

表 23　　**交流回路幅值及相位测试**

保护名称	相别	测试值（幅值、角度）	装置显示值（幅值、角度）	相量图
纵联保护装置（边断路器）	A	∠	∠	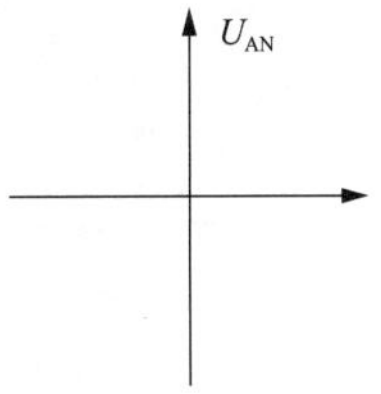
	B	∠	∠	
	C	∠	∠	
	N	∠	∠	
纵联保护装置（中断路器）	A	∠	∠	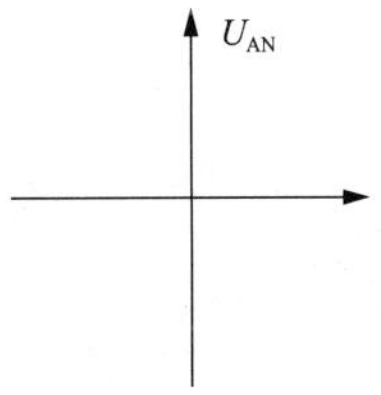
	B	∠	∠	
	C	∠	∠	
	N	∠	∠	
纵联保护装置（和电流）	A	∠	∠	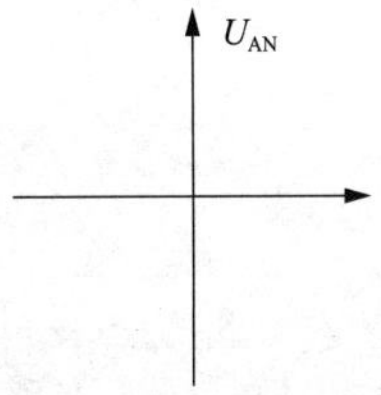
	B	∠	∠	
	C	∠	∠	
	N	∠	∠	

7.3 使用钳形电流表测量保护二次电缆屏蔽层的电流，以检查该保护装置及屏柜与二次等电位接地网连接状况，当检测不到电流时，应检查屏蔽层是否良好接地。测试结果为（　　）。

检验人：

8 现场遗留问题

工作负责人：

6. 常规变电站500kV线路纵联距离保护C类检修标准化作业指导书

变电站名称 ____________________

装置命名 ____________________

设备变更记录

变更内容			变更日期	执行人
装置变更	1			
	2			
程序升级	1			
	2			
	3			
	4			
回路变更	1			
	2			
	3			
	4			
	5			
TA变比	1			
	2			
	3			
其他	1			
	2			
	3			

________型线路

纵联距离保护检验报告

出厂日期		投运日期	
工作负责人			
检验人员			
检验性质	C类检修		
开始时间	年　月　日　时　分		
结束时间	年　月　日　时　分		
检验结论			
审核人签字		审核日期	

目　　次

1　通用部分

1.1　详见《常规变电站微机继电保护标准化作业指导书C类检修通用部分》。

1.2　适用于六统一500kV 3/2断路器接线（完整串）线路纵联距离保护。

2　保护单机检验

2.1　软件版本号及CRC校验码检查

软件版本号及CRC校验码检查见表1。

表1　　软件版本号及CRC校验码检查

CPU号	软件版本号	CRC校验码	软件版本生成时间	与要求版本是否一致

结论（　　）

2.2　模数变换系统的检验

装置二次额定电流 I_n=□5A/□1A。

2.2.1　零漂检验

要求：$I<0.01I_n$，$U<0.1V$，根据不同装置选填表2或表3。

表2　　零 漂 检 验

通道＼采样值	边断路器电流				中断路器电流			
	I_a(A)	I_b(A)	I_c(A)	$3I_0$(A)	I_a(A)	I_b(A)	I_c(A)	$3I_0$(A)
采样1								
采样2								

注　此表适用于两组TA分别接入保护情况下电流值的填写。

结论（　　）

表3　　零 漂 检 验

采样通道	I_a(A)	I_b(A)	I_c(A)	$3I_0$(A)	U_a(V)	U_b(V)	U_c(V)
采样1							
采样2							

注　此表适用于装置采用合流输入情况下的电流值填写。

结论（　　）

2.2.2　采样精度校验

在保护屏端子上分别通入中的电压、电流量，查看液晶屏上显示值，幅值误差应小于±5%，角度小于3°。以 U_a 为基准，根据不同装置选填表4或表5。

表4　　采 样 精 度 校 验

通道＼采样值	边断路器				中断路器			
	I_a(A)	I_b(A)	I_c(A)	$3I_0$(A)	I_a(A)	I_b(A)	I_c(A)	$3I_0$(A)
I_n，U_n	V∠0°	V∠	V∠	A∠	A∠	A∠	A∠	A∠

续表

通道 \ 采样值	边断路器				中断路器			
	I_a(A)	I_b(A)	I_c(A)	$3I_0$(A)	I_a(A)	I_b(A)	I_c(A)	$3I_0$(A)
采样 1								
采样 2								

注 此表适用于两组 TA 分别接入保护情况下电流值的填写。

结论（ ）

表 5　　采样精度校验

采样通道	U_a(V)	U_b(V)	U_c(V)	I_a(A)	I_b(A)	I_c(A)	$3I_0$(A)
I_n，U_n	V∠0°	V∠	V∠	A∠	A∠	A∠	A∠
采样 1							
采样 2							

注 此表适用于装置采用合流输入情况下的电流值填写。

结论（ ）

3　带开关做整组传动试验

结合整组试验对已投入使用的开关量输入量进行检查，要求开关传动试验打印报告附后。

重合闸实际运行方式：（ ）。

3.1　检查对应断路器无闭锁，具备传动条件。

3.2　分别模拟 A、B、C 相瞬时短路故障跳边断路器：

a. 保护及开关实际动作正确（ ）。

b. 后台监控信号表示正确（ ）。

c. 站端、各级调度端的继电保护在线监视和分析模块表示信息正确（ ）。

d. 录波器表示信息正确（ ）。

3.3　分别模拟 A、B、C 相瞬时短路故障跳中断路器：

a. 保护及开关实际动作正确（ ）。

b. 后台监控信号表示正确（ ）。

c. 站端、各级调度端的继电保护在线监视和分析模块表示信息正确（ ）。

d. 录波器表示信息正确（ ）。

3.4　模拟相间瞬时短路故障跳断路器：

a. 保护及开关实际动作正确（ ）。

b. 后台监控信号表示正确（ ）。

c. 站端、各级调度端的继电保护在线监视和分析模块表示信息正确（ ）。

d. 录波器表示信息正确（ ）。

3.5　模拟 A 相永久接地故障（做跳合跳试验）：

a. 保护及开关实际动作应正确（ ）。

b. 后台监控表示正确（ ）。

c. 站端、各级调度端的继电保护在线监视和分析模块表示信息正确（ ）。

d. 录波器表示信息正确（ ）。

3.6　模拟手合故障线路检查开关防跳及后加速功能：

a. 保护及开关实际动作应正确（　　）。

b. 后台信号表示正确（　　）。

c. 站端、各级调度端的继电保护在线监视和分析模块表示信息正确（　　）。

d. 录波器表示信息正确（　　）。

4　装置投运准备工作

4.1　投入运行前的准备工作

4.1.1　现场工作结束后，工作负责人检查试验记录有无漏试验项目，核对装置的整定值是否与定值单相符。打印定值单附后。（　　）

4.1.2　盖好所有装置及辅助设备的盖子，各装置插板扣紧。（　　）

4.1.3　二次回路接线恢复，拆除在检验时使用的试验设备、仪表及一切连接线，所有被拆除的或临时接入的连线应全部恢复正常，装置所有的信号应复归。（　　）

4.1.4　压板核对及安全措施恢复。（　　）

4.1.5 全部人员撤离前，清扫现场。（　　）

4.2　对运行人员交代事项：

4.2.1　填写继电保护记录簿，将主要检验项目、试验结果及结论、定值通知单执行情况详细记录在内，向工作许可人交代检验结果、设备变动情况或遗留问题，并写明该装置可以投入运行。（　　）

4.2.2　交代运维人员在将装置投入前，必须用高内阻电压表以一端对地测保护出口压板端子电压的方法，检查并证实被检验的继电保护装置及安全自动装置确实未给出跳闸或合闸脉冲，才允许将装置的跳合闸连接片投到投入位置。（　　）

4.2.3　对运维人员进行继电保护运行规程培训。（　　）

4.3　验收合格后，办理工作票终结手续。（　　）

4.4　定值通知单编号：（　　）；执行时间：（　　）。

检验人：

5　现场遗留问题

工作负责人：

7. 常规变电站500kV线路纵联差动保护（集成过电压及远跳）新安装验收标准化作业指导书

变电站名称 ______________________

装 置 命 名 ______________________

设备变更记录

变更内容			变更日期	执行人
装置变更	1			
	2			
程序升级	1			
	2			
	3			
	4			
回路变更	1			
	2			
	3			
	4			
	5			
TA变比	1			
	2			
	3			
其他	1			
	2			
	3			

________型线路纵联差动保护（集成过电压及远跳）检验报告

出厂日期		投运日期	
工作负责人			
检验人员			
检验性质	新安装验收检验		
开始时间	年 月 日 时 分		
结束时间	年 月 日 时 分		
检验结论			
审核人签字		审核日期	

目　次

1 通用部分

1.1 详见《常规变电站继电保护标准化作业指导书（验收检验通用部分）》。

1.2 适用于六统一 500kV 3/2 断路器接线（完整串）线路纵联差动保护，并集成过电压及远方跳闸保护功能。

2 保护单机检验

2.1 软件版本号及 CRC 校验码检查

软件版本号及 CRC 校验码检查见表 1。

表 1　软件版本号及 CRC 校验码

CPU 号	软件版本号	CRC 校验码	软件版本生成时间	与要求版本是否一致

结论（　　）

2.2 输出回路检查

输出回路检查见表 2。

表 2　输出回路检查

序号	检验项目	方法	接点动作情况
1	信号输出	保护动作	□监控后台，□液晶显示
		通道一告警	□监控后台，□液晶显示
		通道二告警	□监控后台，□液晶显示
		通道故障（两个通道均异常）	□监控后台，□液晶显示
		运行异常（模拟 TA、TV 断线）	□监控后台，□液晶显示
		装置故障告警	□监控后台，□液晶显示
2	跳闸出口	投入相应保护及出口压板，分别模拟保护 A 相动作、B 相动作、C 相动作	□跳闸，□失灵启动，□备用，□录波
3	闭锁重合闸出口	投入相应保护及出口压板，模拟闭锁重合闸动作	□动作
4	远传 1 动作	短接远传 1 开入接点	□动作
5	远传 2 动作	短接远传 2 开入接点	□动作

结论（　　）

2.3 开关量输入回路检验

2.3.1 开关量输入回路检验（适用于主保护方式有两种的情况，根据装置实际情况选做）。

主保护投入方式有两种，方式一：配置一套主保护逻辑，同时对应两个（光纤通道一、光纤通道二）或三个（光纤通道一、光纤通道二、载波通道）通道，分别设置主保护及各通道的投退压板；方式二：配置两套主保护逻辑，与双通道一一对应，分别设置通道一主保护、通道二主保护投退压板。开关量输入回路检验见表 3。

表 3　　开关量输入回路

序号	检验方法	开关量输入量变化	结果
1	投入“纵联保护”压板（方式一）	“纵联保护”由 0 变 1	
2	投入“光纤通道一”压板（方式一）	“光纤通道一”由 0 变 1	
3	投入“光纤通道二”压板（方式一）	“光纤通道二”由 0 变 1	
4	投入“通道一差动保护”压板（方式二）	“通道一差动保护”由 0 变 1	
5	投入“通道二差动保护”压板（方式二）	“通道二差动保护”由 0 变 1	
6	投入“距离保护”压板	“距离保护”由 0 变 1	
7	投入“零序过流保护”压板	“零序过流保护”由 0 变 1	
8	投入“过电压保护”压板	“过电压保护”由 0 变 1	
9	投入“远方跳闸保护”压板	“远方跳闸保护”由 0 变 1	
10	短接“其他保护动作”接点	“其他保护动作”由 0 变 1	
11	短接“TWJA”接点	“A 相跳闸位置”由 0 变 1	
12	短接“TWJB”接点	“B 相跳闸位置”由 0 变 1	
13	短接“TWJC”接点	“C 相跳闸位置”由 0 变 1	
14	投入“远方操作”压板	“远方操作”由 0 变 1	
15	按“复归”按钮	“信号复归”由 0 变 1	
16	投“保护检修状态”压板	“检修状态”由 0 变 1	
17	远传 1 开关量输入	“远传 1”由 0 变 1	
18	远传 2 开关量输入	“远传 2”由 0 变 1	

2.3.2　开关量输入回路检验（适用于 Q/GDW 1161—2013 标准补充模式）。

光纤差动保护压板及控制字设置：光纤通道一、光纤通道二，共计 2 个压板；纵联差动保护、双通道方式（1 为双通道方式，0 为单通道方式，固定为光纤通道一），共计 2 位控制字。通道压板投入时，对应通道出现异常，告警并上送报文。通道压板退出时，对应通道只上送报文，不告警。开关量输入回路检验见表 4。

表 4　　开关量输入回路

序号	检验方法	开关量输入量变化	结果
1	投入“光纤通道一”压板	“光纤通道一”由 0 变 1	
2	投入“光纤通道二”压板	“光纤通道二”由 0 变 1	
3	投入“距离保护”压板	“距离保护”由 0 变 1	
4	投入“零序过流保护”压板	“零序过流保护”由 0 变 1	
5	投入“过电压保护”压板	“过电压保护”由 0 变 1	
6	投入“远方跳闸保护”压板	“远方跳闸保护”由 0 变 1	
7	短接“其他保护动作”接点	“其他保护动作”由 0 变 1	
8	短接“TWJA”接点	“A 相跳闸位置”由 0 变 1	
9	短接“TWJB”接点	“B 相跳闸位置”由 0 变 1	
10	短接“TWJC”接点	“C 相跳闸位置”由 0 变 1	
11	投入“远方操作”压板	“远方操作”由 0 变 1	
12	按“复归”按钮	“信号复归”由 0 变 1	
13	投“保护检修状态”压板	“检修状态”由 0 变 1	
14	远传 1 开入	“远传 1”由 0 变 1	
15	远传 2 开入	“远传 2”由 0 变 1	

2.4 断路器运行/检修状态转换开关的校验

断路器运行/检修状态转换开关的校验见表5。

表5　断路器运行/检修状态转换开关校验

<table>
<tr><td colspan="2">断路器检修/运行状态转换开关置位
断路器实际位置</td><td>边断路器在检修位置</td><td>中断路器在检修位置</td><td>边断路器在检修位置</td><td>中断路器在运行位置</td><td>边断路器在运行位置</td><td>中断路器在检修位置</td><td>边断路器在运行位置</td><td>中断路器在运行位置</td></tr>
<tr><td rowspan="3">边断路器合位</td><td>中断路器A相分位</td><td colspan="2" rowspan="3">□TWJA
□TWJB
□TWJC</td><td colspan="2" rowspan="3">□TWJA
□TWJB
□TWJC</td><td colspan="2" rowspan="3">□TWJA
□TWJB
□TWJC</td><td colspan="2" rowspan="3">□TWJA
□TWJB
□TWJC</td></tr>
<tr><td>中断路器B相合位</td></tr>
<tr><td>中断路器C相合位</td></tr>
<tr><td rowspan="3">边断路器合位</td><td>中断路器A相合位</td><td colspan="2" rowspan="3">□TWJA
□TWJB
□TWJC</td><td colspan="2" rowspan="3">□TWJA
□TWJB
□TWJC</td><td colspan="2" rowspan="3">□TWJA
□TWJB
□TWJC</td><td colspan="2" rowspan="3">□TWJA
□TWJB
□TWJC</td></tr>
<tr><td>中断路器B相分位</td></tr>
<tr><td>中断路器C相合位</td></tr>
<tr><td rowspan="3">边断路器合位</td><td>中断路器A相合位</td><td colspan="2" rowspan="3">□TWJA
□TWJB
□TWJC</td><td colspan="2" rowspan="3">□TWJA
□TWJB
□TWJC</td><td colspan="2" rowspan="3">□TWJA
□TWJB
□TWJC</td><td colspan="2" rowspan="3">□TWJA
□TWJB
□TWJC</td></tr>
<tr><td>中断路器B相合位</td></tr>
<tr><td>中断路器C相分位</td></tr>
<tr><td rowspan="3">中断路器合位</td><td>边断路器A相分位</td><td colspan="2" rowspan="3">□TWJA
□TWJB
□TWJC</td><td colspan="2" rowspan="3">□TWJA
□TWJB
□TWJC</td><td colspan="2" rowspan="3">□TWJA
□TWJB
□TWJC</td><td colspan="2" rowspan="3">□TWJA
□TWJB
□TWJC</td></tr>
<tr><td>边断路器B相合位</td></tr>
<tr><td>边断路器C相合位</td></tr>
<tr><td rowspan="3">中断路器合位</td><td>边断路器A相合位</td><td colspan="2" rowspan="3">□TWJA
□TWJB
□TWJC</td><td colspan="2" rowspan="3">□TWJA
□TWJB
□TWJC</td><td colspan="2" rowspan="3">□TWJA
□TWJB
□TWJC</td><td colspan="2" rowspan="3">□TWJA
□TWJB
□TWJC</td></tr>
<tr><td>边断路器B相分位</td></tr>
<tr><td>边断路器C相合位</td></tr>
<tr><td rowspan="3">中断路器合位</td><td>边断路器A相合位</td><td colspan="2" rowspan="3">□TWJA
□TWJB
□TWJC</td><td colspan="2" rowspan="3">□TWJA
□TWJB
□TWJC</td><td colspan="2" rowspan="3">□TWJA
□TWJB
□TWJC</td><td colspan="2" rowspan="3">□TWJA
□TWJB
□TWJC</td></tr>
<tr><td>边断路器B相合位</td></tr>
<tr><td>边断路器C相分位</td></tr>
</table>

结论（　　）

2.5 模数变换系统的检验

装置二次额定电流 I_n=□5A/□1A。

2.5.1 零漂检验

要求：$I<0.01I_n$，$U<0.1V$，根据不同装置选填表6或表7。

表6　零　漂　检　验

<table>
<tr><td rowspan="2">采样值
通道</td><td colspan="4">边断路器电流</td><td colspan="4">中断路器电流</td></tr>
<tr><td>I_a(A)</td><td>I_b(A)</td><td>I_c(A)</td><td>$3I_0$(A)</td><td>I_a(A)</td><td>I_b(A)</td><td>I_c(A)</td><td>$3I_0$(A)</td></tr>
<tr><td>采样1</td><td></td><td></td><td></td><td></td><td></td><td></td><td></td><td></td></tr>
<tr><td>采样2</td><td></td><td></td><td></td><td></td><td></td><td></td><td></td><td></td></tr>
</table>

注　此表适用于两组TA分别接入保护情况下电流值的填写。

结论（　　）

表 7　　零漂检验

采样通道	I_a(A)	I_b(A)	I_c(A)	$3I_0$(A)	U_a(V)	U_b(V)	U_c(V)
采样 1							
采样 2							

结论（　　）

注　此表适用于装置采用合流输入情况下的电流值填写。

2.5.2　采样精度校验

在保护屏端子上分别通入中的电压、电流量，查看液晶屏上显示值，幅值误差应小于±5%，角度小于 3°。以 U_a 为基准，根据不同装置选填表 8 或表 9。

表 8　　采样精度校验

通道 \ 采样值	边断路器				中断路器			
	I_a(A)	I_b(A)	I_c(A)	$3I_0$(A)	I_a(A)	I_b(A)	I_c(A)	$3I_0$(A)
$0.05I_n$，$0.6U_n$	A∠0°	A∠	A∠	A∠	A∠	A∠	A∠	A∠
采样 1								
采样 2								
I_n，U_n	A∠0°	A∠	A∠	A∠	A∠	A∠	A∠	A∠
采样 1								
采样 2								
$4I_n$，$1.2U_n$	A∠0°	A∠	A∠	A∠	A∠	A∠	A∠	A∠
采样 1								
采样 2								

结论（　　）

注　此表适用于两组 TA 分别接入保护情况下电流值的填写。

表 9　　采样精度校验

采样通道	U_a(V)	U_b(V)	U_c(V)	I_a(A)	I_b(A)	I_c(A)	$3I_0$(A)
$0.05I_n$，$0.6U_n$	V∠0°	V∠	V∠	A∠	A∠	A∠	A∠
采样 1							
采样 2							
I_n，U_n	V∠0°	V∠	V∠	A∠	A∠	A∠	A∠
采样 1							
采样 2							
$4I_n$，$1.2U_n$	V∠0°	V∠	V∠	A∠	A∠	A∠	A∠
采样 1							
采样 2							

结论（　　）

注　此表适用于装置采用合流输入情况下的电流值填写。

2.5.3　自环状态下检验

自环状态下检验见表 10、表 11（根据不同装置选做）。

表 10　　光纤通道一自环状态

电流	幅值		相角	
	I_n	$0.1I_n$	相位关系	显示相位
I_a/I_{ar}	/	/	I_a-I_{ar}	
I_b/I_{br}	/	/	I_b-I_{br}	
I_c/I_{cr}	/	/	I_c-I_{cr}	
I_{cda}		—	—	—
I_{cdb}		—	—	—
I_{cdc}		—	—	—

结论（　　）

表 11　　光纤通道二自环状态

电流	幅值		相角	
	I_n	$0.1I_n$	相位关系	显示相位
I_a/I_{ar}	/	/	I_a-I_{ar}	
I_b/I_{br}	/	/	I_b-I_{br}	
I_c/I_{cr}	/	/	I_c-I_{cr}	
I_{cda}		—	—	—
I_{cdb}		—	—	—
I_{cdc}		—	—	—

结论（　　）

检验人：

3　保护功能校验

根据保护装置液晶显示信息、面板信号指示状态、开关反映情况、测试设备实测值进行填写。

3.1　光纤差动保护

3.1.1　光纤差动保护适用于主保护方式有两种的情况，并根据装置实际情况选做。

仅投纵联保护硬压板、软压板、控制字，方式一填表 12，方式二填表 12 和表 13。

光纤差动保护定值：I_{zd}=(　　) A。

3.1.2　光纤差动保护适用于 Q/GDW 1161—2013 标准补充规定时，仅投纵联保护软压板、控制字、光纤通道硬压板，试验数据填表 12。

表 12　　光纤差动保护定值校验

整定值＼故障类型	AN 故障	BN 故障	CN 故障	AB 故障	BC 故障	CA 故障
$0.95I_{zd}$	□跳 A □不动作	□跳 B □不动作	□跳 C □不动作	□动作 □不动作	□动作 □不动作	□动作 □不动作
$1.05I_{zd}$	□跳 A □不动作	□跳 B □不动作	□跳 C □不动作	□动作 □不动作	□动作 □不动作	□动作 □不动作

续表

整定值 \ 故障类型	AN 故障	BN 故障	CN 故障	AB 故障	BC 故障	CA 故障
$1.2I_{zd}$	显示保护动作时间：（　　）ms 实测保护动作时间：（　　）ms			显示保护动作时间：（　　）ms 实测保护动作时间：（　　）ms		
TA 断线	当“TA 断线闭锁差动”整定为“1”时：□闭锁断线相差动 当“TA 断线闭锁差动”整定为“0”时：保护动作值；保护动作时间（　　）ms。两侧延时 150ms 三跳，同时闭锁重合闸					

结论（　　）

表 13　　光纤差动保护定值校验

整定值 \ 故障类型	AN 故障	BN 故障	CN 故障	AB 故障	BC 故障	CA 故障
$0.95I_{zd}$	□跳 A □不动作	□跳 B □不动作	□跳 C □不动作	□动作 □不动作	□动作 □不动作	□动作 □不动作
$1.05I_{zd}$	□跳 A □不动作	□跳 B □不动作	□跳 C □不动作	□动作 □不动作	□动作 □不动作	□动作 □不动作
$1.2I_{zd}$	显示保护动作时间：（　　）ms 实测保护动作时间：（　　）ms			显示保护动作时间：（　　）ms 实测保护动作时间：（　　）ms		
TA 断线	当“TA 断线闭锁差动”整定为“1”时：□闭锁断线相差动 当“TA 断线闭锁差动”整定为“0”时：保护动作值；保护动作时间（　　）ms。两侧延时 150ms 三跳，同时闭锁重合闸					

结论（　　）

3.2　距离保护定值校验

3.2.1　相间距离

仅投距离保护硬压板、软压板、控制字，见表 14。

定值：XX1＝（　　）Ω；XX2＝（　　）Ω，（　　）s；XX3＝（　　）Ω，（　　）s；灵敏角：（　　）。

表 14　　相间距离保护定值校验

整定值 \ 故障类型	AB 故障	BC 故障	CA 故障	ABC 故障	反向故障
0.95XX1	□动作 □不动作	□动作 □不动作	□动作 □不动作	□动作 □不动作	□动作 □不动作
1.05XX1	□动作 □不动作	□动作 □不动作	□动作 □不动作	□动作 □不动作	
0.7XX1	显示保护动作时间：（　　）ms 实测保护动作时间：（　　）ms				
0.95XX2	□动作 □不动作	□动作 □不动作	□动作 □不动作	□动作 □不动作	□动作 □不动作
1.05XX2	□动作 □不动作	□动作 □不动作	□动作 □不动作	□动作 □不动作	
0.7XX2	显示保护动作时间：（　　）ms 实测保护动作时间：（　　）ms				

续表

<table>
<tr><th>故障类型
整定值</th><th>AB 故障</th><th>BC 故障</th><th>CA 故障</th><th>ABC 故障</th><th>反向故障</th></tr>
<tr><td>0.95XX3</td><td>□动作
□不动作</td><td>□动作
□不动作</td><td>□动作
□不动作</td><td>□动作
□不动作</td><td rowspan="3">□动作
□不动作</td></tr>
<tr><td>1.05XX3</td><td>□动作
□不动作</td><td>□动作
□不动作</td><td>□动作
□不动作</td><td>□动作
□不动作</td></tr>
<tr><td>0.7XX3</td><td colspan="4">显示保护动作时间：(　　) ms
实测保护动作时间：(　　) ms</td></tr>
<tr><td colspan="6">模拟 TV 断线，TV 断线后退出距离保护。
模拟 TA 断线，闭锁距离Ⅰ段，不闭锁距离Ⅱ段和距离Ⅲ段</td></tr>
</table>

结论（　　）

3.2.2 接地距离校验

仅投距离保护硬压板、软压板、控制字，见表 15。

定值：XD1＝(　　) Ω；XD2＝(　　) Ω，(　　)、s；XD3＝(　　) Ω，(　　) s；灵敏角：(　　)。

表 15　接地距离定值校验

<table>
<tr><th>故障类型
整定值</th><th>AN 故障</th><th>BN 故障</th><th>CN 故障</th><th>反向故障</th></tr>
<tr><td>0.95XD1</td><td>□动作
□不动作</td><td>□动作
□不动作</td><td>□动作
□不动作</td><td rowspan="3">□动作
□不动作</td></tr>
<tr><td>1.05XD1</td><td>□动作
□不动作</td><td>□动作
□不动作</td><td>□动作
□不动作</td></tr>
<tr><td>0.7XD1</td><td colspan="3">显示保护动作时间：(　　) ms
实测保护动作时间：(　　) ms</td></tr>
<tr><td>0.95XD2</td><td>□动作
□不动作</td><td>□动作
□不动作</td><td>□动作
□不动作</td><td rowspan="3">□动作
□不动作</td></tr>
<tr><td>1.05XD2</td><td>□动作
□不动作</td><td>□动作
□不动作</td><td>□动作
□不动作</td></tr>
<tr><td>0.7XD2</td><td colspan="3">显示保护动作时间：(　　) ms
实测保护动作时间：(　　) ms</td></tr>
<tr><td>0.95XD3</td><td>□动作
□不动作</td><td>□动作
□不动作</td><td>□动作
□不动作</td><td rowspan="3">□动作
□不动作</td></tr>
<tr><td>1.05XD3</td><td>□动作
□不动作</td><td>□动作
□不动作</td><td>□动作
□不动作</td></tr>
<tr><td>0.7XD3</td><td colspan="3">显示保护动作时间：(　　) ms
实测保护动作时间：(　　) ms</td></tr>
<tr><td colspan="5">模拟 TV 断线，TV 断线后退出距离保护。
模拟 TA 断线，闭锁距离Ⅰ段，不闭锁距离Ⅱ段和距离Ⅲ段</td></tr>
</table>

结论（　　）

3.3 零序保护定值校验

仅投零序保护硬压板、软压板、控制字，见表 16。

定值：I_{02}=（　　）A，（　　）s；I_{03}=（　　）A，（　　）s；零序过流加速段定值 I_{0js}=（　　）A。

表 16　　零序保护定值校验

<table>
<tr><th>整定值 \ 故障类型</th><th>AN 故障</th><th>BN 故障</th><th>CN 故障</th><th>反向故障</th></tr>
<tr><td>0.95I_{02}</td><td>□动作
□不动作</td><td>□动作
□不动作</td><td>□动作
□不动作</td><td rowspan="6">通入电流（　　）A
□动作
□不动作</td></tr>
<tr><td>1.05I_{02}</td><td>□动作
□不动作</td><td>□动作
□不动作</td><td>□动作
□不动作</td></tr>
<tr><td>1.2I_{02}</td><td colspan="3">显示保护动作时间：（　　）ms
实测保护动作时间：（　　）ms</td></tr>
<tr><td>0.95I_{03}</td><td>□动作
□不动作</td><td>□动作
□不动作</td><td>□动作
□不动作</td></tr>
<tr><td>1.05I_{03}</td><td>□动作
□不动作</td><td>□动作
□不动作</td><td>□动作
□不动作</td></tr>
<tr><td>1.2I_{03}</td><td colspan="3">显示保护动作时间：（　　）ms
实测保护动作时间：（　　）ms</td></tr>
<tr><td>1.2I_{0js}</td><td colspan="3">显示保护动作时间：（　　）ms
实测保护动作时间：（　　）ms</td><td>——</td></tr>
<tr><td>TV 断线</td><td colspan="4">TV 断线后，零序电流Ⅱ段退出，零序电流Ⅲ段退出方向</td></tr>
<tr><td>TA 断线</td><td colspan="4">TA 断线后，零序电流各段保护不应误动作</td></tr>
</table>

结论（　　）

3.4　零序反时限校验

仅投控制字，并验证功能正确性。

3.4.1　零序反时限校验定值校验

定值：零序反时限电流 I_p=（　　）A，零序反时限时间 T_p=（　　）s，零序反时限最小时间 T_0=（　　）s，零序反时限配合时间 T=（　　）s，见表 17。

表 17　　零序反时限定值校验

<table>
<tr><th>整定值 \ 故障类型</th><th>AN 故障</th><th>BN 故障</th><th>CN 故障</th></tr>
<tr><td>0.95I_{zd}</td><td>□动作
□不动作</td><td>□动作
□不动作</td><td>□动作
□不动作</td></tr>
<tr><td>1.05I_{zd}</td><td>□动作
□不动作</td><td>□动作
□不动作</td><td>□动作
□不动作</td></tr>
<tr><td>TA 断线</td><td colspan="3">TA 断线后，闭锁零序保护</td></tr>
<tr><td>TV 断线</td><td colspan="3">TV 断线后，改为不带方向的零序反时限过流保护</td></tr>
</table>

结论（　　）

3.4.2　零序反时限特性曲线校验

试验方法一：用微机继电保护试验仪的反时限曲线边界搜索功能绘制出反时限的特性曲线，与厂家提供的反时限曲线比对并将动作特性曲线打印附后。

试验方法二：零序反时限特性曲线校验见表18。

表18 零序反时限特性曲线校验

时间 输入值	装置动作时间	试验仪实测时间	根据公式计算值时间
要求	反时限特性曲线取6个点，画出特性曲线，和厂家提供的特性曲线基本吻合		

注 反时限特性曲线公式 $t(3I_0)=\frac{0.14}{(3I_0/I_P)^{0.02}-1}T_P$。

结论（ ）

3.5 自定义功能校验

根据保护装置自定义功能，对其功能投退、动作逻辑、定值进行校验，见表19。

表19 自定义功能校验

自定义功能名称	定值/控制字	装置动作信息	结果
TA断线闭锁快速距离/工频变化量距离保护			

结论（ ）

3.6 过电压及远跳保护定值校验

3.6.1 过电压保护定值校验

仅投过电压软压板，定值：U_{zd}=（ ）V，过电压保护动作时间：（ ）s，见表20。

表20 过电压保护定值校验

故障类型 整定值	A相过压		B相过压		C相过压		ABC三相过压	
	过电压三取一方式控制字0	过电压三取一方式控制字1	过电压三取一方式控制字0	过电压三取一方式控制字1	过电压三取一方式控制字0	过电压三取一方式控制字1	过电压三取一方式控制字0	过电压三取一方式控制字1
$0.95U_{zd}$	□动作 □不动作	□动作 □不动作	□动作 □不动作	□动作 □不动作	□动作 □不动作	□动作 □不动作	□动作 □不动作	□动作 □不动作
$1.05U_{zd}$	□动作 □不动作	□动作 □不动作	□动作 □不动作	□动作 □不动作	□动作 □不动作	□动作 □不动作	□动作 □不动作	□动作 □不动作
$1.2U_{zd}$	显示保护动作时间：（ ）ms 实测保护动作时间：（ ）ms							

结论（ ）

（1）验证“过电压保护跳本侧”控制字为1：当过电压元件满足时，“过电压保护动作时间”开始计时，延时满足后，过压保护出口跳本侧，同时不经跳位闭锁直接向对侧发过电压远跳信号。

结论（　　）

（2）“过电压保护跳本侧”控制字为0：当“过电压元件”和“三相跳闸位置”均满足要求时，“过电压保护动作时间”开始计时，延时满足后，过压保护不跳本侧仅向对侧发过电压远跳信号。（如果“过电压远跳经跳位闭锁”控制字整定为0时，无需满足三相跳闸位置条件）。

结论（　　）

3.6.2　远方跳闸经故障判据定值校验。

3.6.2.1　电流变化量定值校验

仅投远方跳闸保护软压板，故障电流电压启动控制字。同时满足通道收信的条件，远方跳闸保护动作。

定值：I_{zd}=（　　）A，远跳经故障判据时间：（　　）s，见表21。

表21　　电流变化量定值校验

整定值＼故障类型	AN故障	BN故障	CN故障
$0.95I_{zd}$	□动作 □不动作	□动作 □不动作	□动作 □不动作
$1.05I_{zd}$	□动作 □不动作	□动作 □不动作	□动作 □不动作
$1.2I_{zd}$	显示保护动作时间：（　　）ms 实测保护动作时间：（　　）ms		

结论（　　）

3.6.2.2　零序电流定值校验

仅投远方跳闸保护软压板，故障电流电压启动控制字。同时满足通道收信的条件，远方跳闸保护动作。

定值：$3I_{0zd}$=（　　）A，见表22。

表22　　零序电流定值校验

整定值＼故障类型	AN故障	BN故障	CN故障
0.95（$3I_{0zd}$）	□动作 □不动作	□动作 □不动作	□动作 □不动作
1.05（$3I_{0zd}$）	□动作 □不动作	□动作 □不动作	□动作 □不动作

结论（　　）

3.6.2.3　负序电流定值校验

仅投远方跳闸保护软压板，故障电流电压启动控制字。同时满足通道收信的条件，远方跳闸保护动作。

定值：I_{2zd}=(　　)A，见表23。

表23　负序电流定值校验

故障类型 整定值	AN故障	BN故障	CN故障
$0.95I_{2zd}$	□动作 □不动作	□动作 □不动作	□动作 □不动作
$1.05I_{2zd}$	□动作 □不动作	□动作 □不动作	□动作 □不动作

结论（　　）

3.6.2.4　零序电压定值校验

仅投远方跳闸保护软压板，故障电流电压启动控制字。同时满足通道收信的条件，远方跳闸保护动作。

定值：$3U_{0zd}$=(　　)V，见表24。

表24　零序电压定值校验

故障类型 整定值	AN故障	BN故障	CN故障
0.95（$3U_{0zd}$）	□动作 □不动作	□动作 □不动作	□动作 □不动作
1.05（$3U_{0zd}$）	□动作 □不动作	□动作 □不动作	□动作 □不动作

结论（　　）

3.6.2.5　负序电压定值校验

仅投远方跳闸保护软压板，故障电流电压启动控制字。同时满足通道收信的条件，远方跳闸保护动作。

定值：U_{2zd}=(　　)V，见表25。

表25　负序电压定值校验

故障类型 整定值	AN故障	BN故障	CN故障
$0.95U_{2zd}$	□动作 □不动作	□动作 □不动作	□动作 □不动作
$1.05U_{2zd}$	□动作 □不动作	□动作 □不动作	□动作 □不动作

结论（　　）

3.6.2.6　低电流定值的校验

仅投远方跳闸保护软压板，低电流低有功启动控制字。

低电流定值：I_{zd}=(　　)A，远跳经故障判据时间：(　　)s。

（1）任意一相加入 0.95I_{zd}，同时满足远跳经故障判据时间和通道收信的条件，远方跳闸保护动作。

（2）任意一相加入 1.05I_{zd}，同时满足远跳经故障判据时间和通道收信的条件，远方跳闸保护不动作。

结论（　　）

3.6.2.7　低有功功率定值的校验

仅投远方跳闸保护软压板，低电流低有功启动控制字。

低有功功率定值：P=（　　）W。

（1）加入三相额定电压，待 TV 断线消失后加 0.95×(低有功功率定值/57.74）单相电流，电压电流相角差为 0°，同时满足远跳经故障判据时间和通道收信的条件，远方跳闸保护动作。

（2）加入三相额定电压，待 TV 断线消失后加 1.05×(低有功功率定值/57.74）单相电流，电压电流相角差为 0°，同时满足远跳经故障判据时间和通道收信的条件，远方跳闸保护不动作。

（3）验证 TV 断线闭锁本保护功能。

结论（　　）

3.6.2.8　低功率因数角定值的校验

仅投远方跳闸硬压板，软压板，低功率因数角启动控制字。

低功率因数角定值：φ=（　　）。

（1）加入三相额定电压，待 TV 断线消失后加入 1A 电流，电压超前电流的角度＝低功率因数角＋2°，同时满足远跳经故障判据时间和通道收信的条件，远方跳闸保护动作。

（2）加入三相额定电压，待 TV 断线消失后加入 1A 电流，电压超前电流的角度＝低功率因数角－2°，同时满足远跳经故障判据时间和通道收信的条件，远方跳闸保护不动作。

（3）验证 TV 断线闭锁本保护功能。

结论（　　）

3.6.3　远方跳闸不经故障判据功能的校验。

远方跳闸保护（仅投远方跳闸保护软压板、远方跳闸不经故障判据控制字）。

满足通道收信的条件，远跳不经故障判据时间 s，远方跳闸保护动作。

验证 TV 断线转无判据功能：当投入 TV 断线转无判据控制字时，在 TV 断线的情况下，自动投入远跳无就地判据方式。

结论（　　）

检验人：

4　整组试验

整组试验要求：保护装置的整组传动试验，应在 80％额定直流电压条件下进行。

4.1　整组开关量输入检验

整组开关量输入检验见表 26。

表 26　　整组开关量输入检验

序号	对应保护输出	对应保护名称	本保护开关量输入
1	失灵保护出口	边断路器保护	□远传 1，□远传 2
2	失灵保护出口	中断路器保护	□远传 1，□远传 2
3	启动远方跳闸	线路电抗器保护	□远传 1，□远传 2

结论（　　）

4.2　整组开关量输出检验

整组开关量输出检验见表 27。

表 27　　整组开关量输出检验

序号	本保护输出	对应保护名称	对应保护开关量输入名称
1	启动边断路器 A 相失灵	边断路器保护	□保护 A 相失灵
2	启动边断路器 B 相失灵	边断路器保护	□保护 B 相失灵
3	启动边断路器 C 相失灵	边断路器保护	□保护 C 相失灵
4	启动中断路器 A 相失灵	中断路器保护	□保护 A 相失灵
5	启动中断路器 B 相失灵	中断路器保护	□保护 B 相失灵
6	启动中断路器 C 相失灵	中断路器保护	□保护 C 相失灵
7	闭锁边断路器重合闸	边断路器保护	□闭锁重合闸
8	闭锁中断路器重合闸	中断路器保护	□闭锁重合闸

结论（　　）

检验人：

5　带开关做整组传动试验（要求开关传动试验打印报告附后）

重合闸实际运行方式：（　　）。

5.1　检查对应断路器无闭锁，具备传动条件。

5.2　分别模拟 A、B、C 相瞬时短路故障跳边断路器：

a. 保护及开关实际动作正确。（　　）

b. 后台监控信号表示正确。（　　）

c. 站端、各级调控端的继电保护在线监视和分析模块表示信息正确。（　　）

d. 录波器表示信息正确。（　　）

5.3　分别模拟 A、B、C 相瞬时短路故障跳中断路器：

a. 保护及开关实际动作正确。（　　）

b. 后台监控信号表示正确。（　　）

c. 站端、各级调控端的继电保护在线监视和分析模块表示信息正确。（　　）

d. 录波器表示信息正确。（　　）

5.4　模拟相间瞬时短路故障跳断路器：

a. 保护及开关实际动作正确。（　　）

b. 后台监控信号表示正确。（　　）

c. 站端、各级调控端的继电保护在线监视和分析模块表示信息正确。（　　）

d. 录波器表示信息正确。（　　）

5.5　模拟A相永久接地故障（做跳合跳试验）：

a. 保护及开关实际动作应正确。（　　）

b. 后台监控表示正确。（　　）

c. 站端、各级调控端的继电保护在线监视和分析模块表示信息正确。（　　）

d. 录波器表示信息正确。（　　）

5.6　模拟手合故障线路检查开关防跳及后加速功能：

a. 保护及开关实际动作应正确。（　　）

b. 后台信号表示正确。（　　）

c. 站端、各级调控端的继电保护在线监视和分析模块表示信息正确。（　　）

d. 录波器表示信息正确。（　　）

5.7　通道检验

投入两侧纵联保护压板及控制字，根据现场实际使用情况进行试验。

5.7.1　光功率测试：光发（　　）dBm，光收（　　）dBm。　　　　结论（　　）

5.7.2　通道延时测试

液晶屏上显示通道延时：（　　）ms。

5.7.3　通道往返延时一致性测试（采用复用2M通道时的测试项目）

测试方法：通道“正常”条件下，本侧、对侧分别加入2A电流，查看装置中的差流，记为I_1，则通道延时时间为$t=20\times\frac{\arccos\frac{(2^2+2^2-I_1^2)}{2\times2\times2}}{360}$ms，实测值=（　　）$\mu$s。（应小于200$\mu$s）

5.8　纵联保护带通道试验

5.8.1　本侧TA变比，对侧TA变比；

对侧通入A，本侧采样值显示对侧电流A。

本侧通入A，对侧采样值显示对侧电流A。

5.8.2　检查两组TA接入极性一致，接线正确。　　　　结论（　　）

5.8.3　检查通道状态正常，无错码、误码，无通道告警信号，通道延时小于12ms。

结论（　　）

5.8.4　对侧开关在跳位，本侧开关在合位，本侧加入故障量，本侧差动保护动作。

结论（　　）

5.8.5　两侧开关在合位，本侧模拟单相接地故障，对侧相同故障相电压下降至34V时，两侧差动保护同时动作。　　　　结论（　　）

5.8.6　本侧开关在合位，对侧短接远传开入接点，本侧“远方跳闸不经故障判据”控制字置0，在本侧过电压及远方跳闸保护加入故障判别量，本侧过电压及远方跳闸保护动作。（检远传功能）　　　　结论（　　）

5.8.7　本侧开关在合位，对侧短接远传开入接点，本侧“远方跳闸不经故障判据”控制字置0，本侧过电压及远方跳闸保护不加入故障判别量，本侧过电压及远方跳闸保护不动作。（检远传功能）　　　　结论（　　）

检验人：

6 装置投运准备工作

6.1 投入运行前的准备工作

6.1.1 现场工作结束后，工作负责人检查试验记录有无漏试验项目，核对装置的整定值是否与定值单相符。打印定值单附后。（ ）

6.1.2 盖好所有装置及辅助设备的盖子，各装置插板扣紧。（ ）

6.1.3 二次回路接线恢复，拆除在检验时使用的试验设备、仪表及一切连接线，所有被拆除的或临时接入的连线应全部恢复正常，装置所有的信号应复归。（ ）

6.1.4 压板核对及安全措施恢复。（ ）

6.1.5 全部人员撤离前，清扫现场。（ ）

6.2 对运行人员交代事项：

6.2.1 填写继电保护记录簿，将主要检验项目、试验结果及结论、定值通知单执行情况详细记录在内，向工作许可人交代检验结果、设备变动情况或遗留问题，并写明该装置可以投入运行。（ ）

6.2.2 交代运维人员在将装置投入前，必须用高内阻电压表以一端对地测保护出口压板端子电压的方法，检查并证实被检验的继电保护装置及安全自动装置确实未给出跳闸或合闸脉冲，才允许将装置的跳合闸连接片投到投入位置。（ ）

6.2.3 对运维人员进行继电保护运行规程培训。（ ）

6.3 验收合格后，办理工作票终结手续。（ ）

6.4 定值通知单编号：（ ），执行时间：（ ）。

检验人：

7 带负荷测试

7.1 系统电压核相

系统电压核相见表28。

表28 系统电压核相

测试数据		基准电压			
		U_A	U_B	U_C	U_N
待测线路电压	U_A				
	U_B				
	U_C				
	U_N				

7.2 交流回路相位测试

7.2.1 潮流状况

线路有功：（ ）；线路无功：（ ）；负荷电流：（ ）。

7.2.2 保护装置差电流检查

差动电流：I_{CDA}：（ ）；I_{CDB}：（ ）；I_{CDC}：（ ）。

制动电流：I_{RA}：（ ）；I_{RB}：（ ）；I_{RC}：（ ）。

7.2.3　交流回路幅值及相位测试

以 U_{AN} 电压为基准，测得数值见表 29。

表 29　　**交流回路幅值及相位测试**

保护名称	相别	测试值（幅值、角度）	装置显示值（幅值、角度）	相量图
纵联保护装置（边断路器）	A	∠	∠	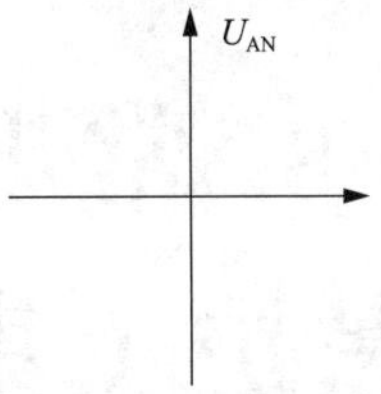
	B	∠	∠	
	C	∠	∠	
	N	∠	∠	
纵联保护装置（中断路器）	A	∠	∠	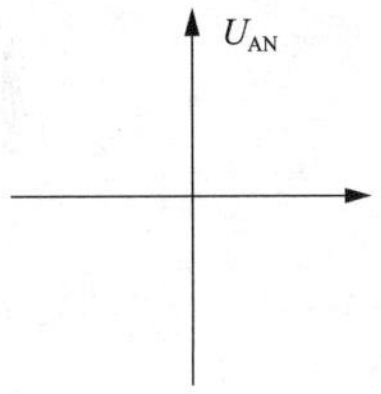
	B	∠	∠	
	C	∠	∠	
	N	∠	∠	
纵联保护装置（和电流）	A	∠	∠	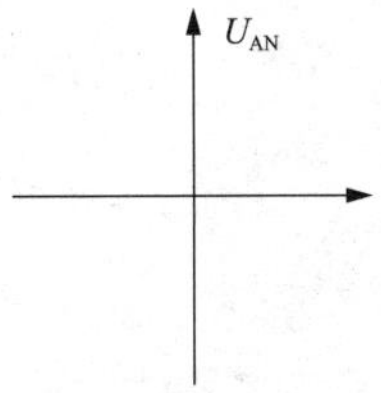
	B	∠	∠	
	C	∠	∠	
	N	∠	∠	

7.3　使用钳形电流表测量保护二次电缆屏蔽层的电流，以检查该保护装置及屏柜与二次等电位接地网连接状况，当检测不到电流时，应检查屏蔽层是否良好接地。测试结果为（　　）。

检验人：

8　现场遗留问题

工作负责人：

8. 常规变电站500kV线路纵联差动保护（集成过电压及远跳）A（B）类检修标准化作业指导书

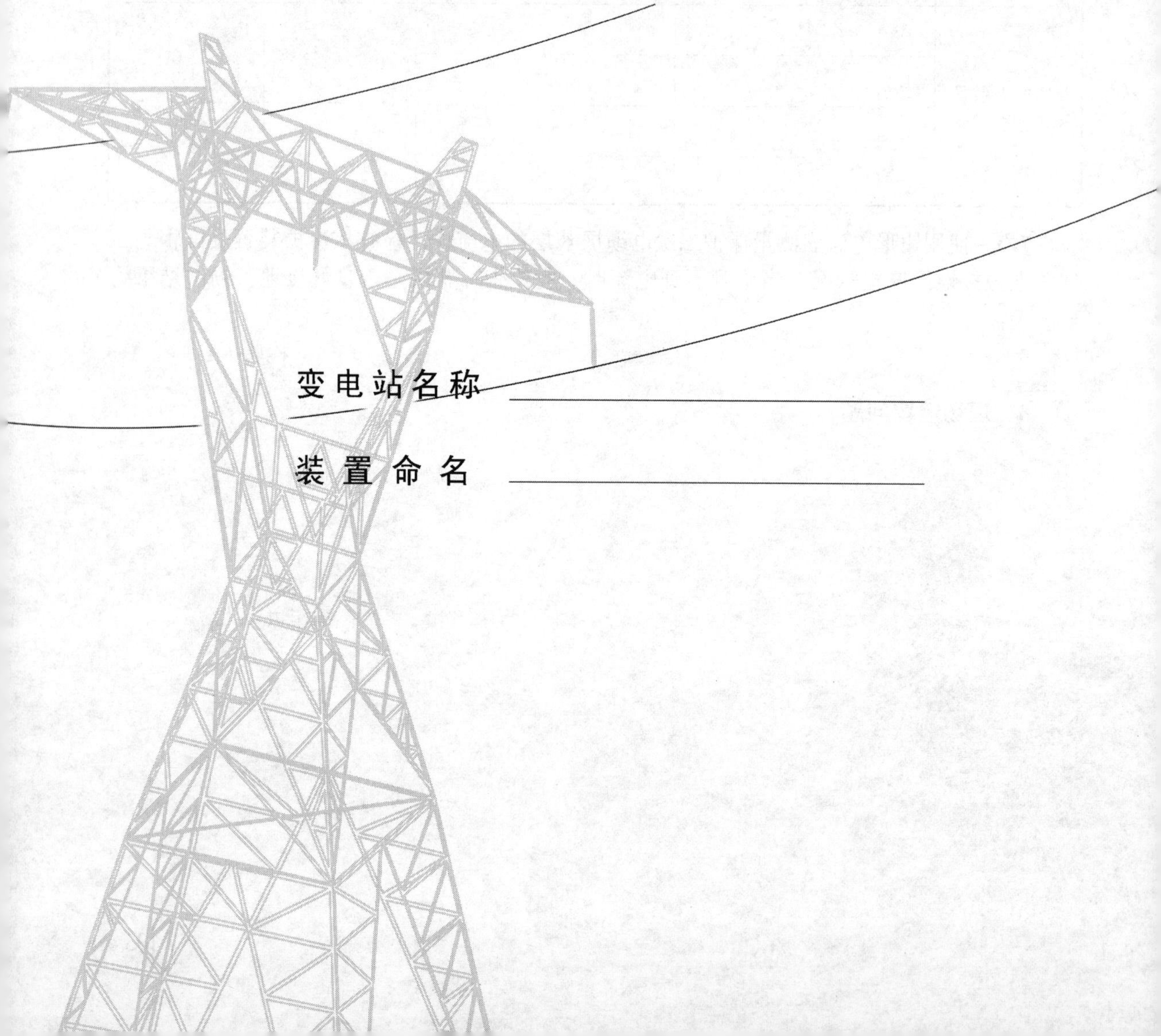

变电站名称 ________________

装 置 命 名 ________________

设备变更记录

变更内容			变更日期	执行人
装置变更	1			
	2			
程序升级	1			
	2			
	3			
	4			
回路变更	1			
	2			
	3			
	4			
	5			
TA变比	1			
	2			
	3			
其他	1			
	2			
	3			

________型线路纵联差动保护（集成过电压及远跳）检验报告

出厂日期		投运日期	
工作负责人			
检验人员			
检验性质	□A 类检修 □B 类检修		
开始时间	年 月 日 时 分		
结束时间	年 月 日 时 分		
检验结论			
审核人签字		审核日期	

目　次

1 通用部分

1.1 详见《常规变电站继电保护标准化作业指导书A（B）类检修通用部分》。

1.2 适用于六统一500kV 3/2断路器接线（完整串）线路纵联差动保护，并集成过电压及远方跳闸保护功能。

2 保护单机检验

2.1 软件版本号及CRC校验码检查

软件版本号及CRC校验码检查见表1。

表1　软件版本号及CRC校验码

CPU号	软件版本号	CRC校验码	软件版本生成时间	与要求版本是否一致

结论（　　）

2.2 输出回路检查

输出回路检查见表2。

表2　输出回路检查

序号	检验项目	方法	接点动作情况
1	信号输出	保护动作	□监控后台，□液晶显示
		通道一告警	□监控后台，□液晶显示
		通道二告警	□监控后台，□液晶显示
		通道故障（两个通道均异常）	□监控后台，□液晶显示
		运行异常（模拟TA、TV断线）	□监控后台，□液晶显示
		装置故障告警	□监控后台，□液晶显示
2	跳闸出口	投入相应保护及出口压板，分别模拟保护A相动作、B相动作、C相动作	□跳闸，□失灵启动，□备用，□录波
3	闭锁重合闸出口	投入相应保护及出口压板，模拟闭锁重合闸动作	□动作
4	远传1动作	短接远传1开入接点	□动作
5	远传2动作	短接远传2开入接点	□动作

结论（　　）

2.3 开关量输入回路检验

2.3.1 开关量输入回路检验（适用于主保护方式有两种的情况，根据装置实际情况选做）。

主保护投入方式有两种，方式一：配置一套主保护逻辑，同时对应两个（光纤通道一、光纤通道二）或三个（光纤通道一、光纤通道二、载波通道）通道，分别设置主保护及各通道的投退压板；方式二：配置两套主保护逻辑，与双通道一一对应，分别设置通道一主保护、通道二主保护投退压板。开关量输入回路检验见表3。

表3　　开关量输入回路

序号	检验方法	开关量输入量变化	结果
1	投入“纵联保护”压板（方式一）	“纵联保护”由0变1	
2	投入“光纤通道一”压板（方式一）	“光纤通道一”由0变1	
3	投入“光纤通道二”压板（方式一）	“光纤通道二”由0变1	
4	投入“通道一差动保护”压板（方式二）	“通道一差动保护”由0变1	
5	投入“通道二差动保护”压板（方式二）	“通道二差动保护”由0变1	
6	投入“距离保护”压板	“距离保护”由0变1	
7	投入“零序过流保护”压板	“零序过流保护”由0变1	
8	投入“过电压保护”压板	“过电压保护”由0变1	
9	投入“远方跳闸保护”压板	“远方跳闸保护”由0变1	
10	短接“其他保护动作”接点	“其他保护动作”由0变1	
11	短接“TWJA”接点	“A相跳闸位置”由0变1	
12	短接“TWJB”接点	“B相跳闸位置”由0变1	
13	短接“TWJC”接点	“C相跳闸位置”由0变1	
14	投入“远方操作”压板	“远方操作”由0变1	
15	按“复归”按钮	“信号复归”由0变1	
16	投“保护检修状态”压板	“检修状态”由0变1	
17	远传1开入	“远传1”由0变1	
18	远传2开入	“远传2”由0变1	

2.3.2 开关量输入回路检验（适用于Q/GDW 1161—2013标准补充模式）

光纤差动保护压板及控制字设置：光纤通道一、光纤通道二，共计2个压板；纵联差动保护、双通道方式（1为双通道方式，0为单通道方式，固定为光纤通道一），共计2位控制字。通道压板投入时，对应通道出现异常，告警并上送报文。通道压板退出时，对应通道只上送报文，不告警。开关量输入回路检验见表4。

表4　　开关量输入回路

序号	检验方法	开关量输入量变化	结果
1	投入“光纤通道一”压板	“光纤通道一”由0变1	
2	投入“光纤通道二”压板	“光纤通道二”由0变1	
3	投入“距离保护”压板	“距离保护”由0变1	
4	投入“零序过流保护”压板	“零序过流保护”由0变1	
5	投入“过电压保护”压板	“过电压保护”由0变1	
6	投入“远方跳闸保护”压板	“远方跳闸保护”由0变1	
7	短接“其他保护动作”接点	“其他保护动作”由0变1	
8	短接“TWJA”接点	“A相跳闸位置”由0变1	
9	短接“TWJB”接点	“B相跳闸位置”由0变1	
10	短接“TWJC”接点	“C相跳闸位置”由0变1	
11	投入“远方操作”压板	“远方操作”由0变1	
12	按“复归”按钮	“信号复归”由0变1	
13	投“保护检修状态”压板	“检修状态”由0变1	
14	远传1开入	“远传1”由0变1	
15	远传2开入	“远传2”由0变1	

2.4 断路器运行/检修状态转换开关的校验

断路器运行/检修状态转换开关的校验见表5。

表5　断路器运行/检修状态转换开关校验

<table>
<tr><th colspan="2">断路器检修/运行状态转换开关置位
断路器实际位置</th><th>边断路器在检修位置</th><th>中断路器在检修位置</th><th>边断路器在检修位置</th><th>中断路器在运行位置</th><th>边断路器在运行位置</th><th>中断路器在检修位置</th><th>边断路器在运行位置</th><th>中断路器在运行位置</th></tr>
<tr><td rowspan="3">边断路器合位</td><td>中断路器A相分位</td><td colspan="2" rowspan="3">□TWJA
□TWJB
□TWJC</td><td colspan="2" rowspan="3">□TWJA
□TWJB
□TWJC</td><td colspan="2" rowspan="3">□TWJA
□TWJB
□TWJC</td><td colspan="2" rowspan="3">□TWJA
□TWJB
□TWJC</td></tr>
<tr><td>中断路器B相合位</td></tr>
<tr><td>中断路器C相合位</td></tr>
<tr><td rowspan="3">边断路器合位</td><td>中断路器A相合位</td><td colspan="2" rowspan="3">□TWJA
□TWJB
□TWJC</td><td colspan="2" rowspan="3">□TWJA
□TWJB
□TWJC</td><td colspan="2" rowspan="3">□TWJA
□TWJB
□TWJC</td><td colspan="2" rowspan="3">□TWJA
□TWJB
□TWJC</td></tr>
<tr><td>中断路器B相分位</td></tr>
<tr><td>中断路器C相合位</td></tr>
<tr><td rowspan="3">边断路器合位</td><td>中断路器A相合位</td><td colspan="2" rowspan="3">□TWJA
□TWJB
□TWJC</td><td colspan="2" rowspan="3">□TWJA
□TWJB
□TWJC</td><td colspan="2" rowspan="3">□TWJA
□TWJB
□TWJC</td><td colspan="2" rowspan="3">□TWJA
□TWJB
□TWJC</td></tr>
<tr><td>中断路器B相合位</td></tr>
<tr><td>中断路器C相分位</td></tr>
<tr><td rowspan="3">中断路器合位</td><td>边断路器A相分位</td><td colspan="2" rowspan="3">□TWJA
□TWJB
□TWJC</td><td colspan="2" rowspan="3">□TWJA
□TWJB
□TWJC</td><td colspan="2" rowspan="3">□TWJA
□TWJB
□TWJC</td><td colspan="2" rowspan="3">□TWJA
□TWJB
□TWJC</td></tr>
<tr><td>边断路器B相合位</td></tr>
<tr><td>边断路器C相合位</td></tr>
<tr><td rowspan="3">中断路器合位</td><td>边断路器A相合位</td><td colspan="2" rowspan="3">□TWJA
□TWJB
□TWJC</td><td colspan="2" rowspan="3">□TWJA
□TWJB
□TWJC</td><td colspan="2" rowspan="3">□TWJA
□TWJB
□TWJC</td><td colspan="2" rowspan="3">□TWJA
□TWJB
□TWJC</td></tr>
<tr><td>边断路器B相分位</td></tr>
<tr><td>边断路器C相合位</td></tr>
<tr><td rowspan="3">中断路器合位</td><td>边断路器A相合位</td><td colspan="2" rowspan="3">□TWJA
□TWJB
□TWJC</td><td colspan="2" rowspan="3">□TWJA
□TWJB
□TWJC</td><td colspan="2" rowspan="3">□TWJA
□TWJB
□TWJC</td><td colspan="2" rowspan="3">□TWJA
□TWJB
□TWJC</td></tr>
<tr><td>边断路器B相合位</td></tr>
<tr><td>边断路器C相分位</td></tr>
<tr><td rowspan="3">中断路器合位</td><td>边断路器A相合位</td><td colspan="2" rowspan="3">□TWJA
□TWJB
□TWJC</td><td colspan="2" rowspan="3">□TWJA
□TWJB
□TWJC</td><td colspan="2" rowspan="3">□TWJA
□TWJB
□TWJC</td><td colspan="2" rowspan="3">□TWJA
□TWJB
□TWJC</td></tr>
<tr><td>边断路器B相合位</td></tr>
<tr><td>边断路器C相分位</td></tr>
</table>

结论（　　）

2.5 模数变换系统的检验

装置二次额定电流 I_n=□5A/□1A。

2.5.1 零漂检验

要求：$I<0.01I_n$，$U<0.1V$，根据不同装置选填表6或表7。

表6　零　漂　检　验

采样值 通道	边断路器电流				中断路器电流			
	I_a(A)	I_b(A)	I_c(A)	$3I_0$(A)	I_a(A)	I_b(A)	I_c(A)	$3I_0$(A)
采样1								
采样2								

注　此表适用于两组TA分别接入保护情况下电流值的填写。

结论（　　）

表 7　　**零　漂　检　验**

采样通道	I_a(A)	I_b(A)	I_c(A)	$3I_0$(A)	U_a(V)	U_b(V)	U_c（V）
采样 1							
采样 2							

注　此表适用于装置采用合流输入情况下的电流值填写。

结论（　　）

2.5.2　采样精度校验

在保护屏端子上分别通入中的电压、电流量，查看液晶屏上显示值，幅值误差应小于±5%，角度小于 3°。以 U_a 为基准，根据不同装置选填表 8 或表 9。

表 8　　**采 样 精 度 校 验**

采样值 / 通道	边断路器				中断路器			
	I_a(A)	I_b(A)	I_c(A)	$3I_0$(A)	I_a(A)	I_b(A)	I_c(A)	$3I_0$(A)
$0.05I_n$，$0.6U_n$	V∠0°	V∠	V∠	A∠	A∠	A∠	A∠	A∠
采样 1								
采样 2								
I_n，U_n	V∠0°	V∠	V∠	A∠	A∠	A∠	A∠	A∠
采样 1								
采样 2								
$4I_n$，$1.2U_n$	V∠0°	V∠	V∠	A∠	A∠	A∠	A∠	A∠
采样 1								
采样 2								

注　此表适用于两组 TA 分别接入保护情况下电流值的填写。

结论（　　）

表 9　　**采 样 精 度 校 验**

采样通道	U_a(V)	U_b(V)	U_c(V)	I_a(A)	I_b(A)	I_c(A)	$3I_0$（A）
$0.05I_n$，$0.6U_n$	V∠0°	V∠	V∠	A∠	A∠	A∠	A∠
采样 1							
采样 2							
I_n，U_n	V∠0°	V∠	V∠	A∠	A∠	A∠	A∠
采样 1							
采样 2							
$4I_n$，$1.2U_n$	V∠0°	V∠	V∠	A∠	A∠	A∠	A∠
采样 1							
采样 2							

注　此表适用于装置采用合流输入情况下的电流值填写。

结论（　　）

2.5.3　自环状态下检验

自环状态下检验见表 10、表 11（根据不同装置选做）。

表 10　　光纤通道一自环状态

电流	幅值		相角	
	I_n	$0.1I_n$	相位关系	显示相位
I_a/I_{ar}	/	/	I_a-I_{ar}	
I_b/I_{br}	/	/	I_b-I_{br}	
I_c/I_{cr}	/	/	I_c-I_{cr}	
I_{cda}		—	—	—
I_{cdb}		—	—	—
I_{cdc}		—	—	—

结论（　　）

表 11　　光纤通道二自环状态

电流	幅值		相角	
	I_n	$0.1I_n$	相位关系	显示相位
I_a/I_{ar}	/	/	I_a-I_{ar}	
I_b/I_{br}	/	/	I_b-I_{br}	
I_c/I_{cr}	/	/	I_c-I_{cr}	
I_{cda}		—	—	—
I_{cdb}		—	—	—
I_{cdc}		—	—	—

结论（　　）

检验人：

3　保护功能校验

根据保护装置液晶显示信息、面板信号指示状态、开关反映情况、测试设备实测值进行填写。

3.1　光纤差动保护

3.1.1　光纤差动保护适用于主保护方式有两种的情况，并根据装置实际情况选做。

仅投纵联保护硬压板、软压板、控制字，方式一填表 12，方式二填表 12 和表 13。

光纤差动保护定值：I_{zd}=（　　）A。

3.1.2　光纤差动保护适用于 Q/GDW 1161—2013 标准补充规定时，仅投纵联保护软压板、控制字、光纤通道硬压板，试验数据填表 12。

表 12　　光纤差动保护定值校验

故障类型 / 整定值	AN 故障	BN 故障	CN 故障	AB 故障	BC 故障	CA 故障
$0.95I_{zd}$	□跳 A □不动作	□跳 B □不动作	□跳 C □不动作	□动作 □不动作	□动作 □不动作	□动作 □不动作

续表

故障类型 / 整定值	AN 故障	BN 故障	CN 故障	AB 故障	BC 故障	CA 故障
$1.05I_{zd}$	□跳 A □不动作	□跳 B □不动作	□跳 C □不动作	□动作 □不动作	□动作 □不动作	□动作 □不动作
$1.2I_{zd}$	显示保护动作时间：（　　）ms 实测保护动作时间：（　　）ms			显示保护动作时间：（　　）ms 实测保护动作时间：（　　）ms		
TA 断线	当“TA 断线闭锁差动”整定为“1”时：□闭锁断线相差动 当“TA 断线闭锁差动”整定为“0”时：保护动作值；保护动作时间（　　）ms。两侧延时150ms 三跳，同时闭锁重合闸					

结论（　　）

表 13　　光纤差动保护定值校验

故障类型 / 整定值	AN 故障	BN 故障	CN 故障	AB 故障	BC 故障	CA 故障
$0.95I_{zd}$	□跳 A □不动作	□跳 B □不动作	□跳 C □不动作	□动作 □不动作	□动作 □不动作	□动作 □不动作
$1.05I_{zd}$	□跳 A □不动作	□跳 B □不动作	□跳 C □不动作	□动作 □不动作	□动作 □不动作	□动作 □不动作
$1.2I_{zd}$	显示保护动作时间：（　　）ms 实测保护动作时间：（　　）ms			显示保护动作时间：（　　）ms 实测保护动作时间：（　　）ms		
TA 断线	当“TA 断线闭锁差动”整定为“1”时：□闭锁断线相差动 当“TA 断线闭锁差动”整定为“0”时：保护动作值；保护动作时间（　　）ms。两侧延时150ms 三跳，同时闭锁重合闸					

结论（　　）

3.2　距离保护定值校验

3.2.1　相间距离

仅投距离保护硬压板、软压板、控制字，见表 14。

定值：XX1=（　　）Ω；XX2=（　　）Ω，（　　）s；XX3=（　　）Ω，（　　）s；灵敏角：（　　）。

表 14　　相间距离保护定值校验

故障类型 / 整定值	AB 故障	BC 故障	CA 故障	ABC 故障	反向故障
0.95XX1	□动作 □不动作	□动作 □不动作	□动作 □不动作	□动作 □不动作	□动作 □不动作
1.05XX1	□动作 □不动作	□动作 □不动作	□动作 □不动作	□动作 □不动作	
0.7XX1	显示保护动作时间：（　　）ms 实测保护动作时间：（　　）ms				

续表

整定值 \ 故障类型	AB故障	BC故障	CA故障	ABC故障	反向故障
0.95XX2	□动作 □不动作	□动作 □不动作	□动作 □不动作	□动作 □不动作	
1.05XX2	□动作 □不动作	□动作 □不动作	□动作 □不动作	□动作 □不动作	□动作 □不动作
0.7XX2	显示保护动作时间：(　　) ms 实测保护动作时间：(　　) ms				
0.95XX3	□动作 □不动作	□动作 □不动作	□动作 □不动作	□动作 □不动作	
1.05XX3	□动作 □不动作	□动作 □不动作	□动作 □不动作	□动作 □不动作	□动作 □不动作
0.7XX3	显示保护动作时间：(　　) ms 实测保护动作时间：(　　) ms				
模拟TV断线，TV断线后退出距离保护					
模拟TA断线，闭锁距离Ⅰ段，不闭锁距离Ⅱ段和距离Ⅲ段					

结论（　　）

3.2.2 接地距离校验

仅投距离保护硬压板、软压板、控制字，见表15。

定值：XD1=(　　) Ω；XD2=(　　) Ω，(　　) s；XD3=(　　) Ω，(　　) s；灵敏角：(　　)。

表15 **接地距离定值校验**

整定值 \ 故障类型	AN故障	BN故障	CN故障	反向故障
0.95XD1	□动作 □不动作	□动作 □不动作	□动作 □不动作	
1.05XD1	□动作 □不动作	□动作 □不动作	□动作 □不动作	□动作 □不动作
0.7XD1	显示保护动作时间：(　　) ms 实测保护动作时间：(　　) ms			
0.95XD2	□动作 □不动作	□动作 □不动作	□动作 □不动作	
1.05XD2	□动作 □不动作	□动作 □不动作	□动作 □不动作	□动作 □不动作
0.7XD2	显示保护动作时间：(　　) ms 实测保护动作时间：(　　) ms			
0.95XD3	□动作 □不动作	□动作 □不动作	□动作 □不动作	
1.05XD3	□动作 □不动作	□动作 □不动作	□动作 □不动作	□动作 □不动作
0.7XD3	显示保护动作时间：(　　) ms 实测保护动作时间：(　　) ms			

续表

故障类型 整定值	AN 故障	BN 故障	CN 故障	反向故障
模拟 TV 断线，TV 断线后退出距离保护				
模拟 TA 断线，闭锁距离Ⅰ段，不闭锁距离Ⅱ段和距离Ⅲ段				

结论（　　）

3.3　零序保护定值校验

仅投零序保护硬压板、软压板、控制字，见表 16。

定值：I_{02}=（　　）A，（　　）s；I_{03}=（　　）A，（　　）s；零序过流加速段定值 I_{0js}=（　　）A。

表 16　　**零序保护定值校验**

故障类型 整定值	AN 故障	BN 故障	CN 故障	反向故障
0.95I_{02}	□动作 □不动作	□动作 □不动作	□动作 □不动作	通入电流（　　）A □动作 □不动作
1.05I_{02}	□动作 □不动作	□动作 □不动作	□动作 □不动作	
1.2I_{02}	显示保护动作时间：（　　）ms 实测保护动作时间：（　　）ms			
0.95I_{03}	□动作 □不动作	□动作 □不动作	□动作 □不动作	
1.05I_{03}	□动作 □不动作	□动作 □不动作	□动作 □不动作	
1.2I_{03}	显示保护动作时间：（　　）ms 实测保护动作时间：（　　）ms			
1.2I_{0js}	显示保护动作时间：（　　）ms 实测保护动作时间：（　　）ms			—
TV 断线	TV 断线后，零序电流Ⅱ段退出，零序电流Ⅲ段退出方向			
TA 断线	TA 断线后，零序电流各段保护不应误动作			

结论（　　）

3.4　零序反时限校验

仅投控制字，并验证功能正确性。

3.4.1　零序反时限校验定值校验

定值：零序反时限电流 I_p=（　　）A，零序反时限时间 T_p=（　　）s，零序反时限最小时间 T_0=（　　）s，零序反时限配合时间 T=（　　）s，见表 17。

表 17　　**零序反时限定值校验**

故障类型 整定值	AN 故障	BN 故障	CN 故障
0.95I_{zd}	□动作 □不动作	□动作 □不动作	□动作 □不动作

续表

整定值＼故障类型	AN 故障	BN 故障	CN 故障
$1.05I_{zd}$	□动作 □不动作	□动作 □不动作	□动作 □不动作
TA 断线	TA 断线后，闭锁零序保护		
TV 断线	TV 断线后，改为不带方向的零序反时限过流保护		

结论（　　）

3.4.2 零序反时限特性曲线校验

试验方法一：用微机继电保护试验仪的反时限曲线边界搜索功能绘制出反时限的特性曲线，与厂家提供的反时限曲线比对并将动作特性曲线打印附后。

试验方法二：零序反时限特性曲线校验见表 18。

表 18　零序反时限特性曲线校验

输入值＼时间	装置动作时间	试验仪实测时间	根据公式计算值时间
要求	反时限特性曲线取 6 个点，画出特性曲线，和厂家提供的特性曲线基本吻合		

注　反时限特性曲线公式 $t(3I_0)=\frac{0.14}{(3I_0/I_P)^{0.02}-1}T_P$。

结论（　　）

3.5 自定义功能校验

根据保护装置自定义功能，对其功能投退、动作逻辑、定值进行校验，见表 19。

表 19　自定义功能校验

自定义功能名称	定值/控制字	装置动作信息	结果
TA 断线闭锁快速距离/工频变化量距离保护			

结论（　　）

3.6 过电压及远跳保护定值校验

3.6.1 过电压保护定值校验

仅投过电压软压板，定值：U_{zd} =（　　）V，过电压保护动作时间：（　　）s，见表 20。

表 20　　过电压保护定值校验

整定值＼故障类型	A 相过压		B 相过压		C 相过压		ABC 三相过压	
	过电压三取一方式控制字 0	过电压三取一方式控制字 1	过电压三取一方式控制字 0	过电压三取一方式控制字 1	过电压三取一方式控制字 0	过电压三取一方式控制字 1	过电压三取一方式控制字 0	过电压三取一方式控制字 1
$0.95U_{zd}$	□动作 □不动作	□动作 □不动作	□动作 □不动作	□动作 □不动作	□动作 □不动作	□动作 □不动作	□动作 □不动作	□动作 □不动作
$1.05U_{zd}$	□动作 □不动作	□动作 □不动作	□动作 □不动作	□动作 □不动作	□动作 □不动作	□动作 □不动作	□动作 □不动作	□动作 □不动作
$1.2U_{zd}$	显示保护动作时间：(　　) ms 实测保护动作时间：(　　) ms							

结论（　　）

（1）验证“过电压保护跳本侧”控制字为 1：当过电压元件满足时，“过电压保护动作时间”开始计时，延时满足后，过压保护出口跳本侧，同时不经跳位闭锁直接向对侧发过电压远跳信号。

结论（　　）

（2）“过电压保护跳本侧”控制字为 0：当“过电压元件”和“三相跳闸位置”均满足要求时，“过电压保护动作时间”开始计时，延时满足后，过压保护不跳本侧仅向对侧发过电压远跳信号。（如果“过电压远跳经跳位闭锁”控制字整定为 0 时，无需满足三相跳闸位置条件）。

结论（　　）

3.6.2　远方跳闸经故障判据定值校验。

3.6.2.1　电流变化量定值校验

仅投远方跳闸保护软压板，故障电流电压启动控制字。同时满足通道收信的条件，远方跳闸保护动作。

定值：I_{zd}=（　　）A，远跳经故障判据时间：（　　）s，见表 21。

表 21　　电流变化量定值校验

整定值＼故障类型	AN 故障	BN 故障	CN 故障
$0.95I_{zd}$	□动作 □不动作	□动作 □不动作	□动作 □不动作
$1.05I_{zd}$	□动作 □不动作	□动作 □不动作	□动作 □不动作
$1.2I_{zd}$	显示保护动作时间：(　　) ms 实测保护动作时间：(　　) ms		

结论（　　）

3.6.2.2　零序电流定值校验

仅投远方跳闸保护软压板，故障电流电压启动控制字。同时满足通道收信的条件，远方跳闸保护动作。

定值：$3I_{0zd}$=（　　）A，见表22。

表22　　零序电流定值校验

故障类型 / 整定值	AN故障	BN故障	CN故障
0.95（$3I_{0zd}$）	□动作 □不动作	□动作 □不动作	□动作 □不动作
1.05（$3I_{0zd}$）	□动作 □不动作	□动作 □不动作	□动作 □不动作

结论（　　）

3.6.2.3　负序电流定值校验

仅投远方跳闸保护软压板，故障电流电压启动控制字。同时满足通道收信的条件，远方跳闸保护动作。

定值：I_{2zd}=（　　）A，见表23。

表23　　负序电流定值校验

故障类型 / 整定值	AN故障	BN故障	CN故障
0.95I_{2zd}	□动作 □不动作	□动作 □不动作	□动作 □不动作
1.05I_{2zd}	□动作 □不动作	□动作 □不动作	□动作 □不动作

结论（　　）

3.6.2.4　零序电压定值校验

仅投远方跳闸保护软压板，故障电流电压启动控制字。同时满足通道收信的条件，远方跳闸保护动作。

定值：$3U_{0zd}$=（　　）V，见表24。

表24　　零序电压定值校验

故障类型 / 整定值	AN故障	BN故障	CN故障
0.95（$3U_{0zd}$）	□动作 □不动作	□动作 □不动作	□动作 □不动作
1.05（$3U_{0zd}$）	□动作 □不动作	□动作 □不动作	□动作 □不动作

结论（　　）

3.6.2.5　负序电压定值校验

仅投远方跳闸保护软压板，故障电流电压启动控制字。同时满足通道收信的条件，远方跳闸保护动作。

定值：U_{2zd}=（　　）V，见表25。

表 25　　负序电压定值校验

整定值 \ 故障类型	AN 故障	BN 故障	CN 故障
$0.95U_{2zd}$	□动作 □不动作	□动作 □不动作	□动作 □不动作
$1.05U_{2zd}$	□动作 □不动作	□动作 □不动作	□动作 □不动作

结论（　　）

3.6.2.6　低电流定值的校验

仅投远方跳闸保护软压板，低电流低有功启动控制字。

低电流定值：I_{zd}=（　　）A，远跳经故障判据时间：（　　）s。

（1）任意一相加入 $0.95I_{zd}$，同时满足远跳经故障判据时间和通道收信的条件，远方跳闸保护动作。

（2）任意一相加入 $1.05I_{zd}$，同时满足远跳经故障判据时间和通道收信的条件，远方跳闸保护不动作。

结论（　　）

3.6.2.7　低有功功率定值的校验

仅投远方跳闸保护软压板，低电流低有功启动控制字。

低有功功率定值：P=（　　）W。

（1）加入三相额定电压，待 TV 断线消失后加 0.95×(低有功功率定值/57.74) 单相电流，电压电流相角差为 0°，同时满足远跳经故障判据时间和通道收信的条件，远方跳闸保护动作。

（2）加入三相额定电压，待 TV 断线消失后加 1.05×(低有功功率定值/57.74) 单相电流，电压电流相角差为 0°，同时满足远跳经故障判据时间和通道收信的条件，远方跳闸保护不动作。

（3）验证 TV 断线闭锁本保护功能。

结论（　　）

3.6.2.8　低功率因数角定值的校验

仅投远方跳闸硬压板，软压板，低功率因数角启动控制字。

低功率因数角定值：φ=（　　）。

（1）加入三相额定电压，待 TV 断线消失后加入 1A 电流，电压超前电流的角度=低功率因数角+2°，同时满足远跳经故障判据时间和通道收信的条件，远方跳闸保护动作。

（2）加入三相额定电压，待 TV 断线消失后加入 1A 电流，电压超前电流的角度=低功率因数角−2°，同时满足远跳经故障判据时间和通道收信的条件，远方跳闸保护不动作。

（3）验证 TV 断线闭锁本保护功能。

结论（　　）

3.6.3　远方跳闸不经故障判据功能的校验。

远方跳闸保护（仅投远方跳闸保护软压板、远方跳闸不经故障判据控制字）。

满足通道收信的条件，远跳不经故障判据时间（　　）s，远方跳闸保护动作。

验证 TV 断线转无判据功能：当投入 TV 断线转无判据控制字时，在 TV 断线的情况下，自动投入远跳无就地判据方式。

结论（　　）

检验人：

4 整组试验

整组试验要求：保护装置的整组传动试验，应在 80%额定直流电压条件下进行。

4.1 整组开关量输入检验

整组开关量输入检验见表 26。

表 26　　整组开关量输入检验

序号	对应保护输出	对应保护名称	本保护开关量输入
1	失灵保护出口	边断路器保护	□远传 1，□远传 2
2	失灵保护出口	中断路器保护	□远传 1，□远传 2
3	启动远方跳闸	线路电抗器保护	□远传 1，□远传 2

结论（　　）

4.2 整组开关量输出检验

整组开关量输出检验见表 27。

表 27　　整组开关量输出检验

序号	本保护输出	对应保护名称	对应保护开关量输入名称
1	启动边断路器 A 相失灵	边断路器保护	□保护 A 相失灵
2	启动边断路器 B 相失灵	边断路器保护	□保护 B 相失灵
3	启动边断路器 C 相失灵	边断路器保护	□保护 C 相失灵
4	启动中断路器 A 相失灵	中断路器保护	□保护 A 相失灵
5	启动中断路器 B 相失灵	中断路器保护	□保护 B 相失灵
6	启动中断路器 C 相失灵	中断路器保护	□保护 C 相失灵
7	闭锁边断路器重合闸	边断路器保护	□闭锁重合闸
8	闭锁中断路器重合闸	中断路器保护	□闭锁重合闸

结论（　　）

检验人：

5 带开关做整组传动试验（要求开关传动试验打印报告附后）

重合闸实际运行方式：（　　）。

5.1 检查对应断路器无闭锁，具备传动条件。

5.2 分别模拟 A、B、C 相瞬时短路故障跳边断路器：

a. 保护及开关实际动作正确。（　　）

b. 后台监控信号表示正确。（　　）

c. 站端、各级调控端的继电保护在线监视和分析模块表示信息正确。（　　）

d. 录波器表示信息正确。（　　）

5.3　分别模拟 A、B、C 相瞬时短路故障跳中断路器：

a. 保护及开关实际动作正确。（　　）

b. 后台监控信号表示正确。（　　）

c. 站端、各级调控端的继电保护在线监视和分析模块表示信息正确。（　　）

d. 录波器表示信息正确。（　　）

5.4　模拟相间瞬时短路故障跳断路器：

a. 保护及开关实际动作正确。（　　）

b. 后台监控信号表示正确。（　　）

c. 站端、各级调控端的继电保护在线监视和分析模块表示信息正确。（　　）

d. 录波器表示信息正确。（　　）

5.5　模拟 A 相永久接地故障（做跳合跳试验）：

a. 保护及开关实际动作应正确。（　　）

b. 后台监控表示正确。（　　）

c. 站端、各级调控端的继电保护在线监视和分析模块表示信息正确。（　　）

d. 录波器表示信息正确。（　　）

5.6　模拟手合故障线路检查开关防跳及后加速功能：

a. 保护及开关实际动作应正确。（　　）

b. 后台信号表示正确。（　　）

c. 站端、各级调控端的继电保护在线监视和分析模块表示信息正确。（　　）

d. 录波器表示信息正确。（　　）

5.7　通道检验

投入两侧纵联保护压板及控制字，根据现场实际使用情况进行试验。

5.7.1　光功率测试：光发（　　）dBm，光收（　　）dBm。　　　　结论（　　）

5.7.2　通道延时测试

液晶屏上显示通道延时：（　　）ms。

5.7.3　通道往返延时一致性测试（采用复用 2M 通道时的测试项目）

测试方法：通道“正常”条件下，本侧、对侧分别加入 2A 电流，查看装置中的差流，记为 I_1，则通道延时时间为 $t=20\times\frac{\arccos\frac{(2^2+2^2-I_1^2)}{2\times2\times2}}{360}$ms，实测值=（　　）$\mu$s。（应小于 200$\mu$s）

5.8　纵联保护带通道试验

5.8.1　本侧 TA 变比，对侧 TA 变比。

对侧通入（　　）A，本侧采样值显示对侧电流（　　）A。

本侧通入（　　）A，对侧采样值显示对侧电流（　　）A。

5.8.2　检查两组 TA 接入极性一致，接线正确。　　　　结论（　　）

5.8.3　检查通道状态正常，无错码、误码，无通道告警信号，通道延时小于 12ms。

结论（　　）

5.8.4　对侧开关在跳位，本侧开关在合位，本侧加入故障量，本侧差动保护动作。

结论（　　）

5.8.5 两侧开关在合位，本侧模拟单相接地故障，对侧相同故障相电压下降至34V时，两侧差动保护同时动作。 结论（ ）

5.8.6 本侧开关在合位，对侧短接远传开入接点，本侧“远方跳闸不经故障判据”控制字置0，在本侧过电压及远方跳闸保护加入故障判别量，本侧过电压及远方跳闸保护动作。(检远传功能) 结论（ ）

5.8.7 本侧开关在合位，对侧短接远传开入接点，本侧“远方跳闸不经故障判据”控制字置0，本侧过电压及远方跳闸保护不加入故障判别量，本侧过电压及远方跳闸保护不动作。(检远传功能) 结论（ ）

检验人：

6 装置投运准备工作

6.1 投入运行前的准备工作

6.1.1 现场工作结束后，工作负责人检查试验记录有无漏试验项目，核对装置的整定值是否与定值单相符。打印定值单附后。（ ）

6.1.2 盖好所有装置及辅助设备的盖子，各装置插板扣紧。（ ）

6.1.3 二次回路接线恢复，拆除在检验时使用的试验设备、仪表及一切连接线，所有被拆除的或临时接入的连线应全部恢复正常，装置所有的信号应复归。（ ）

6.1.4 压板核对及安全措施恢复。（ ）

6.1.5 全部人员撤离前，清扫现场。（ ）

6.2 对运行人员交代事项：

6.2.1 填写继电保护记录簿，将主要检验项目、试验结果及结论、定值通知单执行情况详细记录在内，向工作许可人交代检验结果、设备变动情况或遗留问题，并写明该装置可以投入运行。（ ）

6.2.2 交代运维人员在将装置投入前，必须用高内阻电压表以一端对地测保护出口压板端子电压的方法，检查并证实被检验的继电保护装置及安全自动装置确实未给出跳闸或合闸脉冲，才允许将装置的跳合闸连接片投到投入位置。（ ）

6.2.3 对运维人员进行继电保护运行规程培训。（ ）

6.3 验收合格后，办理工作票终结手续。（ ）

6.4 定值通知单编号：（ ），执行时间：（ ）。

检验人：

7 带负荷测试

7.1 系统电压核相

系统电压核相见表28。

表28 系统电压核相

测试数据		基准电压			
		U_A	U_B	U_C	U_N
待测线路电压	U_A				
	U_B				

续表

测试数据		基准电压			
		U_A	U_B	U_C	U_N
待测线路电压	U_C				
	U_N				

7.2　交流回路相位测试

7.2.1　潮流状况

有功：（　　）；无功：（　　）；负荷电流：（　　）。

7.2.2　保护装置差电流检查

差动电流：I_{CDA}：（　　）；I_{CDB}：（　　）；I_{CDC}：（　　）。

制动电流：I_{RA}：（　　）；I_{RB}：（　　）；I_{RC}：（　　）。

7.2.3　交流回路幅值及相位测试

以U_{AN}电压为基准，测得数值见表29。

表29　　交流回路幅值及相位测试

保护名称	相别	测试值（幅值、角度）	装置显示值（幅值、角度）	相量图
纵联保护装置（边断路器）	A	∠	∠	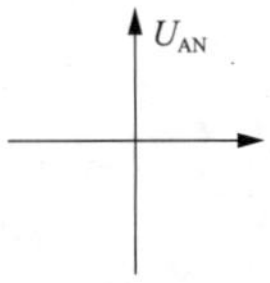
	B	∠	∠	
	C	∠	∠	
	N	∠	∠	
纵联保护装置（中断路器）	A	∠	∠	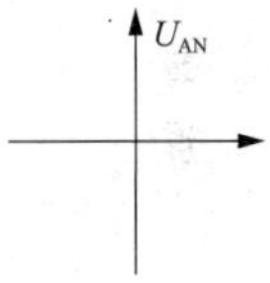
	B	∠	∠	
	C	∠	∠	
	N	∠	∠	
纵联保护装置（和电流）	A	∠	∠	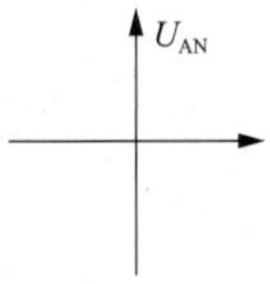
	B	∠	∠	
	C	∠	∠	
	N	∠	∠	

7.3　使用钳形电流表测量保护二次电缆屏蔽层的电流，以检查该保护装置及屏柜与二次等电位接地网连接状况，当检测不到电流时，应检查屏蔽层是否良好接地。测试结果为（　　）。

检验人：

8　现场遗留问题

工作负责人：

9. 常规变电站500kV线路纵联差动保护（集成过电压及远跳）C类检修标准化作业指导书

变电站名称 ______________________

装 置 命 名 ______________________

设备变更记录

变更内容			变更日期	执行人
装置变更	1			
	2			
程序升级	1			
	2			
	3			
	4			
回路变更	1			
	2			
	3			
	4			
	5			
TA 变比	1			
	2			
	3			
其他	1			
	2			
	3			

________型线路纵联差动保护（集成过电压及远跳）检验报告

出厂日期		投运日期	
工作负责人			
检验人员			
检验性质	C类检修		
开始时间	年 月 日 时 分		
结束时间	年 月 日 时 分		
检验结论			
审核人签字		审核日期	

目　次

1 通用部分

1.1 详见《常规变电站微机继电保护标准化作业指导书C类检修通用部分》。

1.2 适用于六统一500kV 3/2断路器接线（完整串）线路纵联差动保护，并集成过电压及远方跳闸功能。

2 保护单机检验

2.1 软件版本号及CRC校验码检查

软件版本号及CRC校验码检查见表1。

表1 软件版本号及CRC校验码检查

CPU号	软件版本号	CRC校验码	软件版本生成时间	与要求版本是否一致

结论（　　）

2.2 模数变换系统的检验

装置二次额定电流 I_n=□5A/□1A。

2.2.1 零漂检验

要求：$I<0.01I_n$，$U<0.1V$，根据不同装置选填表2或表3。

表2 零漂检验

采样值 / 通道	边断路器电流				中断路器电流			
	I_a(A)	I_b(A)	I_c(A)	$3I_0$(A)	I_a(A)	I_b(A)	I_c(A)	$3I_0$(A)
采样1								
采样2								

注　此表适用于两组TA分别接入保护情况下电流值的填写。

结论（　　）

表3 零漂检验

采样通道	I_a(A)	I_b(A)	I_c(A)	$3I_0$(A)	U_a(V)	U_b(V)	U_c(V)
采样1							
采样2							

注　此表适用于装置采用合流输入情况下的电流值填写。

结论（　　）

2.2.2 采样精度校验

在保护屏端子上分别通入中的电压、电流量，查看液晶屏上显示值，幅值误差应小于±5%，角度小于3°。以 U_a 为基准，根据不同装置选填表4或表5。

表4 采样精度校验

采样值 / 通道	边断路器				中断路器			
	I_a(A)	I_b(A)	I_c(A)	$3I_0$(A)	I_a(A)	I_b(A)	I_c(A)	$3I_0$(A)
I_n，U_n	V∠0°	V∠	V∠	A∠	A∠	A∠	A∠	A∠

续表

通道＼采样值	边断路器				中断路器			
	I_a(A)	I_b(A)	I_c(A)	$3I_0$(A)	I_a(A)	I_b(A)	I_c(A)	$3I_0$(A)
采样 1								
采样 2								

注　此表适用于两组 TA 分别接入保护情况下电流值的填写。

结论（　　）

表 5　　**采 样 精 度 校 验**

采样通道	U_a(V)	U_b(V)	U_c(V)	I_a(A)	I_b(A)	I_c(A)	$3I_0$(A)
I_n，U_n	V∠0°	V∠	V∠	A∠	A∠	A∠	A∠
采样 1							
采样 2							

注　此表适用于装置采用合流输入情况下的电流值填写。

结论（　　）

3　带开关做整组传动试验

结合整组试验对已投入使用的开入量进行检查，要求开关传动试验打印报告附后。

重合闸实际运行方式：（　　）。

3.1　检查对应断路器无闭锁，具备传动条件。

3.2　分别模拟 A、B、C 相瞬时短路故障跳边断路器：

a. 保护及开关实际动作正确（　　）。

b. 后台监控信号表示正确（　　）。

c. 站端、各级调度端的继电保护在线监视和分析模块表示信息正确（　　）。

d. 录波器表示信息正确（　　）。

3.3　分别模拟 A、B、C 相瞬时短路故障跳中断路器：

a. 保护及开关实际动作正确（　　）。

b. 后台监控信号表示正确（　　）。

c. 站端、各级调度端的继电保护在线监视和分析模块表示信息正确（　　）。

d. 录波器表示信息正确（　　）。

3.4　模拟相间瞬时短路故障跳断路器：

a. 保护及开关实际动作正确（　　）。

b. 后台监控信号表示正确（　　）。

c. 站端、各级调度端的继电保护在线监视和分析模块表示信息正确（　　）。

d. 录波器表示信息正确（　　）。

3.5　模拟 A 相永久接地故障（做跳合跳试验）：

a. 保护及开关实际动作应正确（　　）。

b. 后台监控表示正确（　　）。

c. 站端、各级调度端的继电保护在线监视和分析模块表示信息正确（　　）。

d. 录波器表示信息正确（　　）。

3.6　模拟手合故障线路检查开关防跳及后加速功能：

a. 保护及开关实际动作应正确（　　）。

b. 后台信号表示正确（　　）。

c. 站端、各级调度端的继电保护在线监视和分析模块表示信息正确（　　）。

d. 录波器表示信息正确（　　）。

4　装置投运准备工作

4.1　投入运行前的准备工作

4.1.1　现场工作结束后，工作负责人检查试验记录有无漏试验项目，核对装置的整定值是否与定值单相符。打印定值单附后。（　　）

4.1.2　盖好所有装置及辅助设备的盖子，各装置插板扣紧。（　　）

4.1.3　二次回路接线恢复，拆除在检验时使用的试验设备、仪表及一切连接线，所有被拆除的或临时接入的连线应全部恢复正常，装置所有的信号应复归。（　　）

4.1.4　压板核对及安全措施恢复。（　　）

4.1.5　全部人员撤离前，清扫现场。（　　）

4.2　对运行人员交代事项：

4.2.1　填写继电保护记录簿，将主要检验项目、试验结果及结论、定值通知单执行情况详细记录在内，向工作许可人交代检验结果、设备变动情况或遗留问题，并写明该装置可以投入运行。（　　）

4.2.2　交代运维人员在将装置投入前，必须用高内阻电压表以一端对地测保护出口压板端子电压的方法，检查并证实被检验的继电保护装置及安全自动装置确实未给出跳闸或合闸脉冲，才允许将装置的跳合闸连接片投到投入位置。（　　）

4.2.3　对运维人员进行继电保护运行规程培训。（　　）

4.3　验收合格后，办理工作票终结手续。（　　）

4.4　定值通知单编号：（　　）；执行时间：（　　）

检验人：

5　现场遗留问题

工作负责人：

10. 常规变电站500kV线路纵联距离保护（集成过电压及远跳）新安装验收标准化作业指导书

变电站名称 ______________________

装置命名 ______________________

设备变更记录

变更内容			变更日期	执行人
装置变更	1			
	2			
程序升级	1			
	2			
	3			
	4			
回路变更	1			
	2			
	3			
	4			
	5			
TA 变比	1			
	2			
	3			
其他	1			
	2			
	3			

________型线路纵联距离保护（集成过电压及远跳）检验报告

出厂日期		投运日期	
工作负责人			
检验人员			
检验性质	新安装验收检验		
开始时间	年　　月　　日　　时　　分		
结束时间	年　　月　　日　　时　　分		
检验结论			
审核人签字		审核日期	

目　次

1　通用部分

1.1　详见《常规变电站继电保护标准化作业指导书（验收检验通用部分）》。

1.2　适用于六统一 500kV 3/2 断路器接线（完整串）线路纵联距离保护，并集成过电压及远方跳闸保护功能。

2　保护单机检验

2.1　软件版本号及 CRC 校验码检查

软件版本号及 CRC 校验码检查见表 1。

表 1　软件版本号及 CRC 校验码检查

CPU 号	软件版本号	CRC 校验码	软件版本生成时间	与要求版本是否一致

结论（　　）

2.2　输出回路检查

输出回路检查见表 2。

表 2　输出回路检查

序号	检验项目	方法	接点动作情况
1	信号输出	保护动作	□监控后台，□液晶显示
		通道一告警	□监控后台，□液晶显示
		通道二告警	□监控后台，□液晶显示
		通道故障（两个通道均异常）	□监控后台，□液晶显示
		运行异常（模拟 TA、TV 断线）	□监控后台，□液晶显示
		装置故障告警	□监控后台，□液晶显示
2	跳闸出口	投入相应保护及出口压板，分别模拟保护 A 相动作、B 相动作、C 相动作	□跳闸，□失灵启动，□备用，□录波
3	闭锁重合闸出口	投入相应保护及出口压板，模拟闭锁重合闸动作	□动作
4	远传 1 动作	短接远传 1 开入接点	□动作
5	远传 2 动作	短接远传 2 开入接点	□动作

结论（　　）

2.3　开关量输入回路检验

2.3.1　开关量输入回路检验（适用于主保护方式有两种的情况，根据装置实际情况选做）。

主保护投入方式有两种，方式一：配置一套主保护逻辑，同时对应两个（光纤通道一、光纤通道二）或三个（光纤通道一、光纤通道二、载波通道）通道，分别设置主保护及各通道的投退压板；方式二：配置两套主保护逻辑，与双通道一一对应，分别设置通道一主保护、通道二主保护投退压板。开关量输入回路检验见表 3。

表 3　　开关量输入回路

序号	检验方法	开关量输入量变化	结果
1	投入“纵联保护”压板（方式一）	“纵联保护”由 0 变 1	
2	投入“光纤通道一”压板（方式一）	“光纤通道一”由 0 变 1	
3	投入“光纤通道二”压板（方式一）	“光纤通道二”由 0 变 1	
4	投入“通道一纵联保护”压板（方式二）	“通道一纵联保护”由 0 变 1	
5	投入“通道二纵联保护”压板（方式二）	“通道二纵联保护”由 0 变 1	
6	投入“距离保护”压板	“距离保护”由 0 变 1	
7	投入“零序过流保护”压板	“零序过流保护”由 0 变 1	
8	投入“过电压保护”压板	“过电压保护”由 0 变 1	
9	投入“远方跳闸保护”压板	“远方跳闸保护”由 0 变 1	
10	短接“其他保护动作”接点	“其他保护动作”由 0 变 1	
11	短接“TWJA”接点	“A 相跳闸位置”由 0 变 1	
12	短接“TWJB”接点	“B 相跳闸位置”由 0 变 1	
13	短接“TWJC”接点	“C 相跳闸位置”由 0 变 1	
14	投入“远方操作”压板	“远方操作”由 0 变 1	
15	按“复归”按钮	“信号复归”由 0 变 1	
16	投“保护检修状态”压板	“检修状态”由 0 变 1	
17	远传 1 开入	“远传 1”由 0 变 1	
18	远传 2 开入	“远传 2”由 0 变 1	

2.3.2　开关量输入回路检验（适用于 Q/GDW 1161—2013 标准补充模式）。

纵联保护压板及控制字设置：光纤通道一、光纤通道二，共计 2 个压板；纵联保护、双通道方式（1 为双通道方式，0 为单通道方式，固定为光纤通道一），共计 2 位控制字。通道压板投入时，对应通道出现异常，告警并上送报文。通道压板退出时，对应通道只上送报文，不告警。开关量输入回路检验见表 4。

表 4　　开关量输入回路

序号	检验方法	开关量输入量变化	结果
1	投入“光纤通道一”压板	“光纤通道一”由 0 变 1	
2	投入“光纤通道二”压板	“光纤通道二”由 0 变 1	
3	投入“距离保护”压板	“距离保护”由 0 变 1	
4	投入“零序过流保护”压板	“零序过流保护”由 0 变 1	
5	投入“过电压保护”压板	“过电压保护”由 0 变 1	
6	投入“远方跳闸保护”压板	“远方跳闸保护”由 0 变 1	
7	短接“其他保护动作”接点	“其他保护动作”由 0 变 1	
8	短接“TWJA”接点	“A 相跳闸位置”由 0 变 1	
9	短接“TWJB”接点	“B 相跳闸位置”由 0 变 1	
10	短接“TWJC”接点	“C 相跳闸位置”由 0 变 1	
11	投入“远方操作”压板	“远方操作”由 0 变 1	
12	按“复归”按钮	“信号复归”由 0 变 1	
13	投“保护检修状态”压板	“检修状态”由 0 变 1	
14	远传 1 开入	“远传 1”由 0 变 1	
15	远传 2 开入	“远传 2”由 0 变 1	

2.4　断路器运行/检修状态转换开关的校验

断路器运行/检修状态转换开关的校验见表5。

表5　　断路器运行/检修状态转换开关校验

<table>
<tr><th colspan="2">断路器检修/运行状态转换开关置位 \ 断路器实际位置</th><th>边断路器在检修位置</th><th>中断路器在检修位置</th><th>边断路器在检修位置</th><th>中断路器在运行位置</th><th>边断路器在运行位置</th><th>中断路器在检修位置</th><th>边断路器在运行位置</th><th>中断路器在运行位置</th></tr>
<tr><td rowspan="3">边断路器合位</td><td>中断路器A相分位</td><td colspan="2" rowspan="3">□TWJA
□TWJB
□TWJC</td><td colspan="2" rowspan="3">□TWJA
□TWJB
□TWJC</td><td colspan="2" rowspan="3">□TWJA
□TWJB
□TWJC</td><td colspan="2" rowspan="3">□TWJA
□TWJB
□TWJC</td></tr>
<tr><td>中断路器B相合位</td></tr>
<tr><td>中断路器C相合位</td></tr>
<tr><td rowspan="3">边断路器合位</td><td>中断路器A相合位</td><td colspan="2" rowspan="3">□TWJA
□TWJB
□TWJC</td><td colspan="2" rowspan="3">□TWJA
□TWJB
□TWJC</td><td colspan="2" rowspan="3">□TWJA
□TWJB
□TWJC</td><td colspan="2" rowspan="3">□TWJA
□TWJB
□TWJC</td></tr>
<tr><td>中断路器B相分位</td></tr>
<tr><td>中断路器C相合位</td></tr>
<tr><td rowspan="3">边断路器合位</td><td>中断路器A相合位</td><td colspan="2" rowspan="3">□TWJA
□TWJB
□TWJC</td><td colspan="2" rowspan="3">□TWJA
□TWJB
□TWJC</td><td colspan="2" rowspan="3">□TWJA
□TWJB
□TWJC</td><td colspan="2" rowspan="3">□TWJA
□TWJB
□TWJC</td></tr>
<tr><td>中断路器B相合位</td></tr>
<tr><td>中断路器C相分位</td></tr>
<tr><td rowspan="3">中断路器合位</td><td>边断路器A相分位</td><td colspan="2" rowspan="3">□TWJA
□TWJB
□TWJC</td><td colspan="2" rowspan="3">□TWJA
□TWJB
□TWJC</td><td colspan="2" rowspan="3">□TWJA
□TWJB
□TWJC</td><td colspan="2" rowspan="3">□TWJA
□TWJB
□TWJC</td></tr>
<tr><td>边断路器B相合位</td></tr>
<tr><td>边断路器C相合位</td></tr>
<tr><td rowspan="3">中断路器合位</td><td>边断路器A相合位</td><td colspan="2" rowspan="3">□TWJA
□TWJB
□TWJC</td><td colspan="2" rowspan="3">□TWJA
□TWJB
□TWJC</td><td colspan="2" rowspan="3">□TWJA
□TWJB
□TWJC</td><td colspan="2" rowspan="3">□TWJA
□TWJB
□TWJC</td></tr>
<tr><td>边断路器B相分位</td></tr>
<tr><td>边断路器C相合位</td></tr>
<tr><td rowspan="3">中断路器合位</td><td>边断路器A相合位</td><td colspan="2" rowspan="3">□TWJA
□TWJB
□TWJC</td><td colspan="2" rowspan="3">□TWJA
□TWJB
□TWJC</td><td colspan="2" rowspan="3">□TWJA
□TWJB
□TWJC</td><td colspan="2" rowspan="3">□TWJA
□TWJB
□TWJC</td></tr>
<tr><td>边断路器B相合位</td></tr>
<tr><td>边断路器C相分位</td></tr>
</table>

结论（　　）

2.5　模数变换系统的检验

装置二次额定电流 I_n＝□5A/□1A。

2.5.1　零漂检验

要求：$I<0.01I_n$，$U<0.1$V，根据不同装置选填表6或表7。

表6　　零　漂　检　验

采样值 \ 通道	边断路器电流				中断路器电流			
	I_a(A)	I_b(A)	I_c(A)	$3I_0$(A)	I_a(A)	I_b(A)	I_c(A)	$3I_0$(A)
采样1								
采样2								

注　此表适用于两组TA分别接入保护情况下电流值的填写。

结论（　　）

表7　　零　漂　检　验

采样通道	I_a(A)	I_b(A)	I_c(A)	$3I_0$(A)	U_a(V)	U_b(V)	U_c (V)
采样1							
采样2							

注　此表适用于装置采用合流输入情况下的电流值填写。

结论（　　）

2.5.2 采样精度校验

在保护屏端子上分别通入中的电压、电流量，查看液晶屏上显示值，幅值误差应小于±5%，角度小于3°。以U_a为基准，根据不同装置选填表8或表9。

表8 采样精度校验

采样值 / 通道	边断路器				中断路器			
	I_a(A)	I_b(A)	I_c(A)	$3I_0$(A)	I_a(A)	I_b(A)	I_c(A)	$3I_0$(A)
$0.05I_n$，$0.6U_n$	V∠0°	V∠	V∠	A∠	A∠	A∠	A∠	A∠
采样1								
采样2								
I_n，U_n	V∠0°	V∠	V∠	A∠	A∠	A∠	A∠	A∠
采样1								
采样2								
$4I_n$，$1.2U_n$	V∠0°	V∠	V∠	A∠	A∠	A∠	A∠	A∠
采样1								
采样2								

注 此表适用于两组TA分别接入保护情况下电流值的填写。 结论（ ）

表9 采样精度校验

采样通道	U_a（V）	U_b（V）	U_c（V）	I_a（A）	I_b（A）	I_c（A）	$3I_0$（A）
$0.05I_n$，$0.6U_n$	V∠0°	V∠	V∠	A∠	A∠	A∠	A∠
采样1							
采样2							
I_n，U_n	V∠0°	V∠	V∠	A∠	A∠	A∠	A∠
采样1							
采样2							
$4I_n$，$1.2U_n$	V∠0°	V∠	V∠	A∠	A∠	A∠	A∠
采样1							
采样2							

注 此表适用于装置采用合流输入情况下的电流值填写。 结论（ ）

检验人：

3 保护功能校验

根据保护装置液晶显示信息、面板信号指示状态、开关反映情况、测试设备实测值进行填写。

3.1 纵联距离保护功能校验

3.1.1 纵联距离保护定值校验

仅投纵联保护硬压板、软压板、控制字，方式一填表10，方式二填表10和表11。

纵联阻抗定值：Z_{zd}=（ ）。

3.1.2 纵联距离保护适用于Q/GDW 1161—2013标准补充规定时，仅投纵联保护软压板、控制字、光纤通道硬压板，试验数据填表10。

表 10　　　　　　纵联距离保护定值校验

故障类型 整定值	AN 故障	BN 故障	CN 故障	AB 故障	BC 故障	CA 故障	反向故障
0.95Z_{zd}	□跳 A □不动作	□跳 B □不动作	□跳 C □不动作	□动作 □不动作	□动作 □不动作	□动作 □不动作	□动作 □不动作
1.05Z_{zd}	□跳 A □不动作	□跳 B □不动作	□跳 C □不动作	□动作 □不动作	□动作 □不动作	□动作 □不动作	
0.7Z_{zd}	显示保护动作时间：（　　）ms 实测保护动作时间：（　　）ms			显示保护动作时间：（　　）ms 实测保护动作时间：（　　）ms			
TA 断线	断线侧强制判为反方向						
TV 断线	TV 断线后，闭锁纵联距离保护						

结论（　　）

表 11　　　　　　纵联距离保护定值校验

故障类型 整定值	AN 故障	BN 故障	CN 故障	AB 故障	BC 故障	CA 故障	反向故障
0.95Z_{zd}	□跳 A □不动作	□跳 B □不动作	□跳 C □不动作	□动作 □不动作	□动作 □不动作	□动作 □不动作	□动作 □不动作
1.05Z_{zd}	□跳 A □不动作	□跳 B □不动作	□跳 C □不动作	□动作 □不动作	□动作 □不动作	□动作 □不动作	
0.7Z_{zd}	显示保护动作时间：（　　）ms 实测保护动作时间：（　　）ms			显示保护动作时间：（　　）ms 实测保护动作时间：（　　）ms			
TA 断线	断线侧强制判为反方向						
TV 断线	TV 断线后，闭锁纵联距离保护						

结论（　　）

3.1.3 纵联零序电流保护定值校验

仅投纵联保护硬压板、软压板、控制字，方式一填表 12，方式二填表 12 和表 13。

纵联零序过流电流定值：I_{0zd}=（　　）A。

3.1.4 纵联零序保护适用于 Q/GDW 1161—2013 标准补充规定时，仅投纵联保护软压板、控制字、光纤通道硬压板，试验数据填表 12。

表 12　　　　　　纵联零序保护定值校验

故障类型 整定值	AN 故障	BN 故障	CN 故障	反向故障
0.95I_{0zd}	□跳 A □不动作	□跳 B □不动作	□跳 C □不动作	□动作 □不动作
1.05I_{0zd}	□跳 A □不动作	□跳 B □不动作	□跳 C □不动作	
1.2I_{0zd}	显示保护动作时间：（　　）ms 实测保护动作时间：（　　）ms			
TA 断线	闭锁纵联零序保护			
TV 断线	TV 断线后，闭锁纵联零序保护			

结论（　　）

表 13　　　　**纵联零序保护定值校验**

<table>
<tr><th>故障类型
整定值</th><th>AN 故障</th><th>BN 故障</th><th>CN 故障</th><th>反向故障</th></tr>
<tr><td>0.95I_{0zd}</td><td>□跳 A
□不动作</td><td>□跳 B
□不动作</td><td>□跳 C
□不动作</td><td rowspan="3">□动作
□不动作</td></tr>
<tr><td>1.05I_{0zd}</td><td>□跳 A
□不动作</td><td>□跳 B
□不动作</td><td>□跳 C
□不动作</td></tr>
<tr><td>1.2I_{0zd}</td><td colspan="3">显示保护动作时间：(　　) ms
实测保护动作时间：(　　) ms</td></tr>
<tr><td>TA 断线</td><td colspan="4">闭锁纵联零序保护</td></tr>
<tr><td>TV 断线</td><td colspan="4">TV 断线后，闭锁纵联零序保护</td></tr>
</table>

结论（　　）

3.2 距离保护定值校验

3.2.1 相间距离

仅投距离保护硬压板、软压板、控制字，见表 14。

定值：XX1=(　　) Ω；XX2=(　　) Ω，(　　) s；XX3=(　　) Ω，(　　) s；灵敏角：(　　)。

表 14　　　　**相间距离保护定值校验**

<table>
<tr><th>故障类型
整定值</th><th>AB 故障</th><th>BC 故障</th><th>CA 故障</th><th>ABC 故障</th><th>反向故障</th></tr>
<tr><td>0.95XX1</td><td>□动作
□不动作</td><td>□动作
□不动作</td><td>□动作
□不动作</td><td>□动作
□不动作</td><td rowspan="3">□动作
□不动作</td></tr>
<tr><td>1.05XX1</td><td>□动作
□不动作</td><td>□动作
□不动作</td><td>□动作
□不动作</td><td>□动作
□不动作</td></tr>
<tr><td>0.7XX1</td><td colspan="4">显示保护动作时间：(　　) ms
实测保护动作时间：(　　) ms</td></tr>
<tr><td>0.95XX2</td><td>□动作
□不动作</td><td>□动作
□不动作</td><td>□动作
□不动作</td><td>□动作
□不动作</td><td rowspan="3">□动作
□不动作</td></tr>
<tr><td>1.05XX2</td><td>□动作
□不动作</td><td>□动作
□不动作</td><td>□动作
□不动作</td><td>□动作
□不动作</td></tr>
<tr><td>0.7XX2</td><td colspan="4">显示保护动作时间：(　　) ms
实测保护动作时间：(　　) ms</td></tr>
<tr><td>0.95XX3</td><td>□动作
□不动作</td><td>□动作
□不动作</td><td>□动作
□不动作</td><td>□动作
□不动作</td><td rowspan="3">□动作
□不动作</td></tr>
<tr><td>1.05XX3</td><td>□动作
□不动作</td><td>□动作
□不动作</td><td>□动作
□不动作</td><td>□动作
□不动作</td></tr>
<tr><td>0.7XX3</td><td colspan="4">显示保护动作时间：(　　) ms
实测保护动作时间：(　　) ms</td></tr>
<tr><td colspan="6">模拟 TV 断线，TV 断线后退出距离保护
模拟 TA 断线，闭锁距离Ⅰ段，不闭锁距离Ⅱ段和距离Ⅲ段</td></tr>
</table>

结论（　　）

3.2.2　接地距离校验

仅投距离保护硬压板、软压板、控制字，见表15。

定值：XD1＝（　　）Ω；XD2＝（　　）Ω，（　　）s；XD3＝（　　）Ω，（　　）s；灵敏角：（　　）。

表15　　**接地距离定值校验**

<table>
<tr><th>故障类型
整定值</th><th>AN故障</th><th>BN故障</th><th>CN故障</th><th>反向故障</th></tr>
<tr><td>0.95XD1</td><td>□动作
□不动作</td><td>□动作
□不动作</td><td>□动作
□不动作</td><td rowspan="3">□动作
□不动作</td></tr>
<tr><td>1.05XD1</td><td>□动作
□不动作</td><td>□动作
□不动作</td><td>□动作
□不动作</td></tr>
<tr><td>0.7XD1</td><td colspan="3">显示保护动作时间：（　　）ms
实测保护动作时间：（　　）ms</td></tr>
<tr><td>0.95XD2</td><td>□动作
□不动作</td><td>□动作
□不动作</td><td>□动作
□不动作</td><td rowspan="3">□动作
□不动作</td></tr>
<tr><td>1.05XD2</td><td>□动作
□不动作</td><td>□动作
□不动作</td><td>□动作
□不动作</td></tr>
<tr><td>0.7XD2</td><td colspan="3">显示保护动作时间：（　　）ms
实测保护动作时间：（　　）ms</td></tr>
<tr><td>0.95XD3</td><td>□动作
□不动作</td><td>□动作
□不动作</td><td>□动作
□不动作</td><td rowspan="3">□动作
□不动作</td></tr>
<tr><td>1.05XD3</td><td>□动作
□不动作</td><td>□动作
□不动作</td><td>□动作
□不动作</td></tr>
<tr><td>0.7XD3</td><td colspan="3">显示保护动作时间：（　　）ms
实测保护动作时间：（　　）ms</td></tr>
<tr><td colspan="5">模拟TV断线，TV断线后退出距离保护
模拟TA断线，闭锁距离Ⅰ段，不闭锁距离Ⅱ段和距离Ⅲ段</td></tr>
</table>

结论（　　）

3.3　零序保护定值校验

仅投零序保护硬压板、软压板、控制字，见表16。

定值：I_{02}＝（　　）A，（　　）s；I_{03}＝（　　）A，（　　）s；零序过流加速段定值I_{0js}＝（　　）A。

表16　　**零序保护定值校验**

<table>
<tr><th>故障类型
整定值</th><th>AN故障</th><th>BN故障</th><th>CN故障</th><th>反向故障</th></tr>
<tr><td>0.95I_{02}</td><td>□动作
□不动作</td><td>□动作
□不动作</td><td>□动作
□不动作</td><td rowspan="3">通入电流（　　）A
□动作
□不动作</td></tr>
<tr><td>1.05I_{02}</td><td>□动作
□不动作</td><td>□动作
□不动作</td><td>□动作
□不动作</td></tr>
<tr><td>1.2I_{02}</td><td colspan="3">显示保护动作时间：（　　）ms
实测保护动作时间：（　　）ms</td></tr>
</table>

续表

<table>
<tr><th>故障类型
整定值</th><th>AN 故障</th><th>BN 故障</th><th>CN 故障</th><th>反向故障</th></tr>
<tr><td>$0.95I_{03}$</td><td>□动作
□不动作</td><td>□动作
□不动作</td><td>□动作
□不动作</td><td rowspan="3">通入电流（ ）A
□动作
□不动作</td></tr>
<tr><td>$1.05I_{03}$</td><td>□动作
□不动作</td><td>□动作
□不动作</td><td>□动作
□不动作</td></tr>
<tr><td>$1.2I_{03}$</td><td colspan="3">显示保护动作时间：（ ）ms
实测保护动作时间：（ ）ms</td></tr>
<tr><td>$1.2I_{0js}$</td><td colspan="3">显示保护动作时间：（ ）ms
实测保护动作时间：（ ）ms</td><td>—</td></tr>
<tr><td>TV 断线</td><td colspan="4">TV 断线后，零序电流Ⅱ段退出，零序电流Ⅲ段退出方向</td></tr>
<tr><td>TA 断线</td><td colspan="4">TA 断线后，零序电流各段保护不应误动作</td></tr>
</table>

结论（ ）

3.4 零序反时限校验

仅投控制字，并验证功能正确性。

3.4.1 零序反时限校验定值校验

定值：零序反时限电流 I_p=（ ）A，零序反时限时间 T_p=（ ）s，零序反时限最小时间 T_0=（ ）s，零序反时限配合时间 T=（ ）s，见表 17。

表 17　　零序反时限定值校验

<table>
<tr><th>故障类型
整定值</th><th>AN 故障</th><th>BN 故障</th><th>CN 故障</th></tr>
<tr><td>$0.95I_{zd}$</td><td>□动作
□不动作</td><td>□动作
□不动作</td><td>□动作
□不动作</td></tr>
<tr><td>$1.05I_{zd}$</td><td>□动作
□不动作</td><td>□动作
□不动作</td><td>□动作
□不动作</td></tr>
<tr><td>TA 断线</td><td colspan="3">TA 断线后，闭锁零序保护</td></tr>
<tr><td>TV 断线</td><td colspan="3">TV 断线后，改为不带方向的零序反时限过流保护</td></tr>
</table>

结论（ ）

3.4.2 零序反时限特性曲线校验

试验方法一：用微机继电保护试验仪的反时限曲线边界搜索功能绘制出反时限的特性曲线，与厂家提供的反时限曲线比对并将动作特性曲线打印附后。

试验方法二：零序反时限特性曲线校验见表 18。

表 18　　零序反时限特性曲线校验

时间 输入值	装置动作时间	试验仪实测时间	根据公式计算值时间

续表

时间 输入值	装置动作时间	试验仪实测时间	根据公式计算值时间
要求	反时限特性曲线取 6 个点，画出特性曲线，和厂家提供的特性曲线基本吻合		

注　反时限特性曲线公式 $t(3I_0)=\frac{0.14}{(3I_0/I_P)^{0.02}-1}T_P$。

结论（　　）

3.5　自定义功能校验

根据保护装置自定义功能，对其功能投退、动作逻辑、定值进行校验，见表 19。

表 19　自定义功能校验

自定义功能名称	定值/控制字	装置动作信息	结果
TA 断线闭锁快速距离/工频变化量距离保护			

结论（　　）

3.6　过电压及远跳保护定值校验

3.6.1　过电压保护定值校验

仅投过电压软压板，定值：U_{zd} =（　　）V，过电压保护动作时间：（　　）s，见表 20。

表 20　过电压保护定值校验

故障类型 整定值	A 相过压		B 相过压		C 相过压		ABC 三相过压	
	过电压三取一方式控制字 0	过电压三取一方式控制字 1	过电压三取一方式控制字 0	过电压三取一方式控制字 1	过电压三取一方式控制字 0	过电压三取一方式控制字 1	过电压三取一方式控制字 0	过电压三取一方式控制字 1
$0.95U_{zd}$	□动作 □不动作	□动作 □不动作	□动作 □不动作	□动作 □不动作	□动作 □不动作	□动作 □不动作	□动作 □不动作	□动作 □不动作
$1.05U_{zd}$	□动作 □不动作	□动作 □不动作	□动作 □不动作	□动作 □不动作	□动作 □不动作	□动作 □不动作	□动作 □不动作	□动作 □不动作
$1.2U_{zd}$	显示保护动作时间：（　　）ms 实测保护动作时间：（　　）ms							

结论（　　）

（1）验证“过电压保护跳本侧”控制字为 1：当过电压元件满足时，“过电压保护动作时间”开始计时，延时满足后，过压保护出口跳本侧，同时不经跳位闭锁直接向对侧发过电压远跳信号。

结论（　　）

(2)“过电压保护跳本侧”控制字为 0：当“过电压元件”和“三相跳闸位置”均满足要求时，“过电压保护动作时间”开始计时，延时满足后，过压保护不跳本侧仅向对侧发过电压远跳信号（如果“过电压远跳经跳位闭锁”控制字整定为 0 时，无需满足三相跳闸位置条件）。

结论（　　）

3.6.2　远方跳闸经故障判据定值校验。

3.6.2.1　电流变化量定值校验。

仅投远方跳闸保护软压板，故障电流电压启动控制字。同时满足通道收信的条件，远方跳闸保护动作。

定值：I_{zd}=（　　）A，远跳经故障判据时间：（　　）s，见表 21。

表 21　　电流变化量定值校验

故障类型 / 整定值	AN 故障	BN 故障	CN 故障
0.95I_{zd}	□动作 □不动作	□动作 □不动作	□动作 □不动作
1.05I_{zd}	□动作 □不动作	□动作 □不动作	□动作 □不动作
1.2I_{zd}	显示保护动作时间：（　　）ms 实测保护动作时间：（　　）ms		

结论（　　）

3.6.2.2　零序电流定值校验。

仅投远方跳闸保护软压板，故障电流电压启动控制字。同时满足通道收信的条件，远方跳闸保护动作。

定值：$3I_{0zd}$=（　　）A，见表 22。

表 22　　零序电流定值校验

故障类型 / 整定值	AN 故障	BN 故障	CN 故障
0.95（$3I_{0zd}$）	□动作 □不动作	□动作 □不动作	□动作 □不动作
1.05（$3I_{0zd}$）	□动作 □不动作	□动作 □不动作	□动作 □不动作

结论（　　）

3.6.2.3　负序电流定值校验。

仅投远方跳闸保护软压板，故障电流电压启动控制字。同时满足通道收信的条件，远方跳闸保护动作。

定值：I_{2zd}=（　　）A，见表 23。

表 23　　负序电流定值校验

故障类型 / 整定值	AN 故障	BN 故障	CN 故障
$0.95I_{2zd}$	□动作 □不动作	□动作 □不动作	□动作 □不动作
$1.05I_{2zd}$	□动作 □不动作	□动作 □不动作	□动作 □不动作

结论（　　）

3.6.2.4 零序电压定值校验。

仅投远方跳闸保护软压板，故障电流电压启动控制字。同时满足通道收信的条件，远方跳闸保护动作。

定值：$3U_{0zd}$=（　　）V，见表 24。

表 24　　零序电压定值校验

故障类型 / 整定值	AN 故障	BN 故障	CN 故障
$0.95(3U_{0zd})$	□动作 □不动作	□动作 □不动作	□动作 □不动作
$1.05(3U_{0zd})$	□动作 □不动作	□动作 □不动作	□动作 □不动作

结论（　　）

3.6.2.5 负序电压定值校验。

仅投远方跳闸保护软压板，故障电流电压启动控制字。同时满足通道收信的条件，远方跳闸保护动作。

定值：U_{2zd}=（　　）V，见表 25。

表 25　　负序电压定值校验

故障类型 / 整定值	AN 故障	BN 故障	CN 故障
$0.95U_{2zd}$	□动作 □不动作	□动作 □不动作	□动作 □不动作
$1.05U_{2zd}$	□动作 □不动作	□动作 □不动作	□动作 □不动作

结论（　　）

3.6.2.6 低电流定值的校验。

仅投远方跳闸保护软压板，低电流低有功启动控制字。

低电流定值：I_{zd}=（　　）A，远跳经故障判据时间：（　　）s。

（1）任意一相加入 $0.95I_{zd}$，同时满足远跳经故障判据时间和通道收信的条件，远方跳闸保护动作。

（2）任意一相加入 $1.05I_{zd}$，同时满足远跳经故障判据时间和通道收信的条件，远方跳闸保护不动作。

结论（　　）

3.6.2.7 低有功功率定值的校验。

仅投远方跳闸保护软压板，低电流低有功启动控制字。

低有功功率定值：P=(　　) W。

(1) 加入三相额定电压，待 TV 断线消失后加 0.95×(低有功功率定值/57.74) 单相电流，电压电流相角差为 0°，同时满足远跳经故障判据时间和通道收信的条件，远方跳闸保护动作。

(2) 加入三相额定电压，待 TV 断线消失后加 1.05×(低有功功率定值/57.74) 单相电流，电压电流相角差为 0°，同时满足远跳经故障判据时间和通道收信的条件，远方跳闸保护不动作。

(3) 验证 TV 断线闭锁本保护功能。

结论（　　）

3.6.2.8 低功率因数角定值的校验。

仅投远方跳闸硬压板，软压板，低功率因数角启动控制字。

低功率因数角定值：φ=(　　)。

(1) 加入三相额定电压，待 TV 断线消失后加入 1A 电流，电压超前电流的角度＝低功率因数角＋2°，同时满足远跳经故障判据时间和通道收信的条件，远方跳闸保护动作。

(2) 加入三相额定电压，待 TV 断线消失后加入 1A 电流，电压超前电流的角度＝低功率因数角－2°，同时满足远跳经故障判据时间和通道收信的条件，远方跳闸保护不动作。

(3) 验证 TV 断线闭锁本保护功能。

结论（　　）

3.6.3 远方跳闸不经故障判据功能的校验。

远方跳闸保护（仅投远方跳闸保护软压板、远方跳闸不经故障判据控制字）。

满足通道收信的条件，远跳不经故障判据时间（　　）s，远方跳闸保护动作。

验证 TV 断线转无判据功能：当投入 TV 断线转无判据控制字时，在 TV 断线的情况下，自动投入远跳无就地判据方式。

检验人：

4 整组试验

整组试验要求：保护装置的整组传动试验，应在 80%额定直流电压条件下进行。

4.1 整组开关量输入检验

整组开关量输入检验见表 26。

表 26　　整组开关量输入检验

序号	对应保护输出	对应保护名称	本保护开关量输入
1	失灵保护出口	边断路器保护	□远传 1，□远传 2
2	失灵保护出口	中断路器保护	□远传 1，□远传 2
3	启动远方跳闸	线路电抗器保护	□远传 1，□远传 2

结论（　　）

4.2 整组开关量输出检验

整组开关量输出检验见表 27。

表 27　　整组开关量输出检验

序号	本保护输出	对应保护名称	对应保护开关量输入名称
1	启动边断路器 A 相失灵	边断路器保护	□保护 A 相失灵
2	启动边断路器 B 相失灵	边断路器保护	□保护 B 相失灵
3	启动边断路器 C 相失灵	边断路器保护	□保护 C 相失灵
4	启动中断路器 A 相失灵	中断路器保护	□保护 A 相失灵
5	启动中断路器 B 相失灵	中断路器保护	□保护 B 相失灵
6	启动中断路器 C 相失灵	中断路器保护	□保护 C 相失灵
7	闭锁边断路器重合闸	边断路器保护	□闭锁重合闸
8	闭锁中断路器重合闸	中断路器保护	□闭锁重合闸

结论（　　）

检验人：

5　带开关做整组传动试验（要求开关传动试验打印报告附后）

重合闸实际运行方式：（　　）。

5.1　检查对应断路器无闭锁，具备传动条件。

5.2　分别模拟 A、B、C 相瞬时短路故障跳边断路器：

a. 保护及开关实际动作正确。（　　）

b. 后台监控信号表示正确。（　　）

c. 站端、各级调控端的继电保护在线监视和分析模块表示信息正确。（　　）

d. 录波器表示信息正确。（　　）

5.3　分别模拟 A、B、C 相瞬时短路故障跳中断路器：

a. 保护及开关实际动作正确。（　　）

b. 后台监控信号表示正确。（　　）

c. 站端、各级调控端的继电保护在线监视和分析模块表示信息正确。（　　）

d. 录波器表示信息正确。（　　）

5.4　模拟相间瞬时短路故障跳断路器：

a. 保护及开关实际动作正确。（　　）

b. 后台监控信号表示正确。（　　）

c. 站端、各级调控端的继电保护在线监视和分析模块表示信息正确。（　　）

d. 录波器表示信息正确。（　　）

5.5　模拟 A 相永久接地故障（做跳合跳试验）：

a. 保护及开关实际动作应正确。（　　）

b. 后台监控表示正确。（　　）

c. 站端、各级调控端的继电保护在线监视和分析模块表示信息正确。（　　）

d. 录波器表示信息正确。（　　）

5.6　模拟手合故障线路检查开关防跳及后加速功能：

a. 保护及开关实际动作应正确。（　　）

b. 后台信号表示正确。（　　）

c. 站端、各级调控端的继电保护在线监视和分析模块表示信息正确。（　　）

d. 录波器表示信息正确。（　　）

5.7 通道检验

投入两侧纵联保护压板及控制字，根据现场实际使用情况进行试验。

5.7.1 光功率测试：光发（　　）dBm，光收（　　）dBm。　结论（　　）

5.7.2 检查通道状态正常，无错码、误码，无通道告警信号，通道延时小于12ms。　结论（　　）

5.8 纵联保护带通道试验

5.8.1 检查两组TA接入极性一致，接线正确。　结论（　　）

5.8.2 对侧开关在跳位，本侧开关在合位，本侧加入故障量，本侧纵联保护动作。　结论（　　）

5.8.3 两侧开关在合位，本侧模拟单相接地故障，对侧相同故障相电压下降至34V时，两侧纵联保护同时动作。　结论（　　）

5.8.4 本侧开关在合位，对侧短接远传开入接点，本侧“远方跳闸不经故障判据”控制字置0，在本侧过电压及远方跳闸保护加入故障判别量，本侧过电压及远方跳闸保护动作。(检远传功能)　结论（　　）

5.8.5 本侧开关在合位，对侧短接远传开入接点，本侧“远方跳闸不经故障判据”控制字置0，本侧过电压及远方跳闸保护不加入故障判别量，本侧过电压及远方跳闸保护不动作。(检远传功能)　结论（　　）

检验人：

6 装置投运准备工作

6.1 投入运行前的准备工作

6.1.1 现场工作结束后，工作负责人检查试验记录有无漏试验项目，核对装置的整定值是否与定值单相符。打印定值单附后。（　　）

6.1.2 盖好所有装置及辅助设备的盖子，各装置插板扣紧。（　　）

6.1.3 二次回路接线恢复，拆除在检验时使用的试验设备、仪表及一切连接线，所有被拆除的或临时接入的连线应全部恢复正常，装置所有的信号应复归。（　　）

6.1.4 压板核对及安全措施恢复。（　　）

6.1.5 全部人员撤离前，清扫现场。（　　）

6.2 对运行人员交代事项：

6.2.1 填写继电保护记录簿，将主要检验项目、试验结果及结论、定值通知单执行情况详细记录在内，向工作许可人交代检验结果、设备变动情况或遗留问题，并写明该装置可以投入运行。（　　）

6.2.2 交代运维人员在将装置投入前，必须用高内阻电压表以一端对地测保护出口压板端子电压的方法，检查并证实被检验的继电保护装置及安全自动装置确实未给出跳闸或合闸脉冲，才允许将装置的跳合闸连接片投到投入位置。（　　）

6.2.3 对运维人员进行继电保护运行规程培训。（　　）

6.3 验收合格后，办理工作票终结手续。（　　）

6.4 定值通知单编号：（　　）；执行时间：（　　）。

检验人：

7　带负荷测试

7.1　系统电压核相

系统电压核相见表 28。

表 28　　系 统 电 压 核 相

测试数据		基准电压			
		U_A	U_B	U_C	U_N
待测线路电压	U_A				
	U_B				
	U_C				
	U_N				

7.2　交流回路相位测试

7.2.1　潮流状况

有功：（　　）；无功：（　　）；负荷电流：（　　）。

7.2.2　交流回路幅值及相位测试

以 U_{AN} 电压为基准，测得数值见表 29。

表 29　　交流回路幅值及相位测试

保护名称	相别	测试值（幅值、角度）	装置显示值（幅值、角度）	相量图
纵联保护装置（边断路器）	A	∠	∠	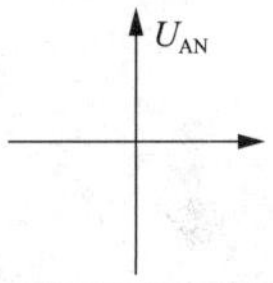
	B	∠	∠	
	C	∠	∠	
	N	∠	∠	
纵联保护装置（中断路器）	A	∠	∠	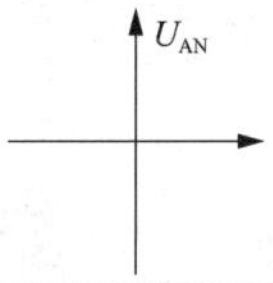
	B	∠	∠	
	C	∠	∠	
	N	∠	∠	
纵联保护装置（和电流）	A	∠	∠	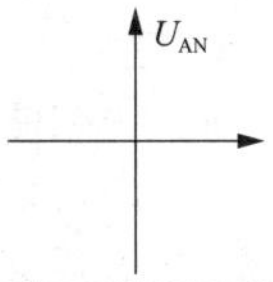
	B	∠	∠	
	C	∠	∠	
	N	∠	∠	

7.3　使用钳形电流表测量保护二次电缆屏蔽层的电流，以检查该保护装置及屏柜与二次等电位接地网连接状况，当检测不到电流时，应检查屏蔽层是否良好接地。测试结果为。

检验人：

8　现场遗留问题

工作负责人：

11. 常规变电站500kV线路纵联距离保护（集成过电压及远跳）A（B）类检修标准化作业指导书

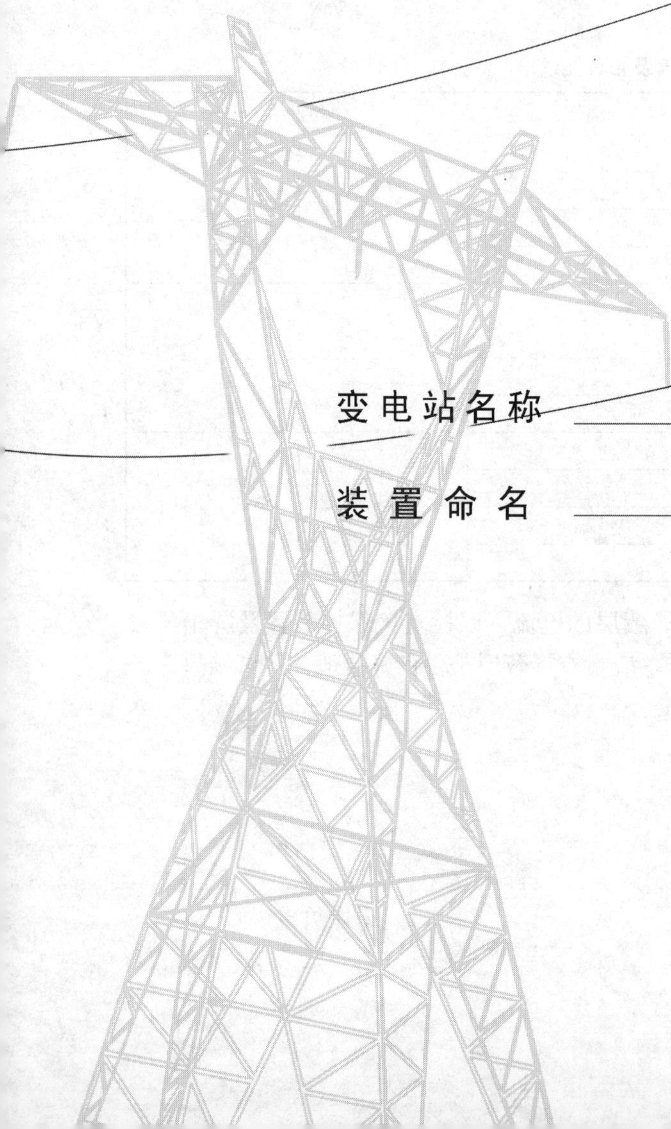

变电站名称 ________________________

装 置 命 名 ________________________

设备变更记录

变更内容			变更日期	执行人
装置变更	1			
	2			
程序升级	1			
	2			
	3			
	4			
回路变更	1			
	2			
	3			
	4			
	5			
TA变比	1			
	2			
	3			
其他	1			
	2			
	3			

________型线路纵联距离保护

（集成过电压及远跳）检验报告

出厂日期		投运日期	
工作负责人			
检验人员			
检验性质	□A 类检修 □B 类检修		
开始时间	年　　月　　日　　时　　分		
结束时间	年　　月　　日　　时　　分		
检验结论			
审核人签字		审核日期	

目　次

1 通用部分

1.1 详见《常规变电站继电保护标准化作业指导书A（B）类检修通用部分》。

1.2 适用于六统一500kV 3/2断路器接线（完整串）线路纵联距离保护，并集成过电压及远方跳闸保护功能。

2 保护单机检验

2.1 软件版本号及CRC校验码检查

软件版本号及CRC校验码检查见表1。

表1 软件版本号及CRC校验码检查

CPU号	软件版本号	CRC校验码	软件版本生成时间	与要求版本是否一致

结论（　　）

2.2 输出回路检查

输出回路检查见表2。

表2 输出回路检查

序号	检验项目	方法	接点动作情况
1	信号输出	保护动作	□监控后台，□液晶显示
		通道一告警	□监控后台，□液晶显示
		通道二告警	□监控后台，□液晶显示
		通道故障（两个通道均异常）	□监控后台，□液晶显示
		运行异常（模拟TA、TV断线）	□监控后台，□液晶显示
		装置故障告警	□监控后台，□液晶显示
2	跳闸出口	投入相应保护及出口压板，分别模拟保护A相动作、B相动作、C相动作	□跳闸，□失灵启动，□备用，□录波
3	闭锁重合闸出口	投入相应保护及出口压板，模拟闭锁重合闸动作	□动作
4	远传1动作	短接远传1开入接点	□动作
5	远传2动作	短接远传2开入接点	□动作

结论（　　）

2.3 开关量输入回路检验

2.3.1 开关量输入回路检验（适用于主保护方式有两种的情况，根据装置实际情况选做）。

主保护投入方式有两种，方式一：配置一套主保护逻辑，同时对应两个（光纤通道一、光纤通道二）或三个（光纤通道一、光纤通道二、载波通道）通道，分别设置主保护及各通道的投退压板；方式二：配置两套主保护逻辑，与双通道一一对应，分别设置通道一主保护、通道二主保护投退压板。开关量输入回路检验见表3。

表3　　开关量输入回路

序号	检验方法	开关量输入量变化	结果
1	投入“纵联保护”压板（方式一）	“纵联保护”由0变1	
2	投入“光纤通道一”压板（方式一）	“光纤通道一”由0变1	
3	投入“光纤通道二”压板（方式一）	“光纤通道二”由0变1	
4	投入“通道一纵联保护”压板（方式二）	“通道一纵联保护”由0变1	
5	投入“通道二纵联保护”压板（方式二）	“通道二纵联保护”由0变1	
6	投入“距离保护”压板	“距离保护”由0变1	
7	投入“零序过流保护”压板	“零序过流保护”由0变1	
8	投入“过电压保护”压板	“过电压保护”由0变1	
9	投入“远方跳闸保护”压板	“远方跳闸保护”由0变1	
10	短接“其他保护动作”接点	“其他保护动作”由0变1	
11	短接“TWJA”接点	“A相跳闸位置”由0变1	
12	短接“TWJB”接点	“B相跳闸位置”由0变1	
13	短接“TWJC”接点	“C相跳闸位置”由0变1	
14	投入“远方操作”压板	“远方操作”由0变1	
15	按“复归”按钮	“信号复归”由0变1	
16	投“保护检修状态”压板	“检修状态”由0变1	
17	远传1开入	“远传1”由0变1	
18	远传2开入	“远传2”由0变1	

2.3.2 开关量输入回路检验（适用于Q/GDW 1161—2013标准补充模式）

纵联保护压板及控制字设置：光纤通道一、光纤通道二，共计2个压板；纵联保护、双通道方式（1为双通道方式，0为单通道方式，固定为光纤通道一），共计2位控制字。通道压板投入时，对应通道出现异常，告警并上送报文。通道压板退出时，对应通道只上送报文，不告警。开关量输入回路检验见表4。

表4　　开关量输入回路

序号	检验方法	开关量输入量变化	结果
1	投入“光纤通道一”压板	“光纤通道一”由0变1	
2	投入“光纤通道二”压板	“光纤通道二”由0变1	
3	投入“距离保护”压板	“距离保护”由0变1	
4	投入“零序过流保护”压板	“零序过流保护”由0变1	
5	投入“过电压保护”压板	“过电压保护”由0变1	
6	投入“远方跳闸保护”压板	“远方跳闸保护”由0变1	
7	短接“其他保护动作”接点	“其他保护动作”由0变1	
8	短接“TWJA”接点	“A相跳闸位置”由0变1	
9	短接“TWJB”接点	“B相跳闸位置”由0变1	
10	短接“TWJC”接点	“C相跳闸位置”由0变1	
11	投入“远方操作”压板	“远方操作”由0变1	
12	按“复归”按钮	“信号复归”由0变1	
13	投“保护检修状态”压板	“检修状态”由0变1	
14	远传1开入	“远传1”由0变1	
15	远传2开入	“远传2”由0变1	

2.4 断路器运行/检修状态转换开关的校验

断路器运行 / 检修状态转换开关的校验见表 5。

表 5　断路器运行/检修状态转换开关校验

<table>
<tr><td colspan="2">断路器检修/运行状态转换开关置位
断路器实际位置</td><td>边断路器在检修位置</td><td>中断路器在检修位置</td><td>边断路器在检修位置</td><td>中断路器在运行位置</td><td>边断路器在运行位置</td><td>中断路器在检修位置</td><td>边断路器在运行位置</td><td>中断路器在运行位置</td></tr>
<tr><td rowspan="3">边断路器合位</td><td>中断路器 A 相分位</td><td colspan="2" rowspan="3">□TWJA
□TWJB
□TWJC</td><td colspan="2" rowspan="3">□TWJA
□TWJB
□TWJC</td><td colspan="2" rowspan="3">□TWJA
□TWJB
□TWJC</td><td colspan="2" rowspan="3">□TWJA
□TWJB
□TWJC</td></tr>
<tr><td>中断路器 B 相合位</td></tr>
<tr><td>中断路器 C 相合位</td></tr>
<tr><td rowspan="3">边断路器合位</td><td>中断路器 A 相合位</td><td colspan="2" rowspan="3">□TWJA
□TWJB
□TWJC</td><td colspan="2" rowspan="3">□TWJA
□TWJB
□TWJC</td><td colspan="2" rowspan="3">□TWJA
□TWJB
□TWJC</td><td colspan="2" rowspan="3">□TWJA
□TWJB
□TWJC</td></tr>
<tr><td>中断路器 B 相分位</td></tr>
<tr><td>中断路器 C 相合位</td></tr>
<tr><td rowspan="3">边断路器合位</td><td>中断路器 A 相合位</td><td colspan="2" rowspan="3">□TWJA
□TWJB
□TWJC</td><td colspan="2" rowspan="3">□TWJA
□TWJB
□TWJC</td><td colspan="2" rowspan="3">□TWJA
□TWJB
□TWJC</td><td colspan="2" rowspan="3">□TWJA
□TWJB
□TWJC</td></tr>
<tr><td>中断路器 B 相合位</td></tr>
<tr><td>中断路器 C 相分位</td></tr>
<tr><td rowspan="3">中断路器合位</td><td>边断路器 A 相分位</td><td colspan="2" rowspan="3">□TWJA
□TWJB
□TWJC</td><td colspan="2" rowspan="3">□TWJA
□TWJB
□TWJC</td><td colspan="2" rowspan="3">□TWJA
□TWJB
□TWJC</td><td colspan="2" rowspan="3">□TWJA
□TWJB
□TWJC</td></tr>
<tr><td>边断路器 B 相合位</td></tr>
<tr><td>边断路器 C 相合位</td></tr>
<tr><td rowspan="3">中断路器合位</td><td>边断路器 A 相合位</td><td colspan="2" rowspan="3">□TWJA
□TWJB
□TWJC</td><td colspan="2" rowspan="3">□TWJA
□TWJB
□TWJC</td><td colspan="2" rowspan="3">□TWJA
□TWJB
□TWJC</td><td colspan="2" rowspan="3">□TWJA
□TWJB
□TWJC</td></tr>
<tr><td>边断路器 B 相分位</td></tr>
<tr><td>边断路器 C 相合位</td></tr>
<tr><td rowspan="3">中断路器合位</td><td>边断路器 A 相合位</td><td colspan="2" rowspan="3">□TWJA
□TWJB
□TWJC</td><td colspan="2" rowspan="3">□TWJA
□TWJB
□TWJC</td><td colspan="2" rowspan="3">□TWJA
□TWJB
□TWJC</td><td colspan="2" rowspan="3">□TWJA
□TWJB
□TWJC</td></tr>
<tr><td>边断路器 B 相合位</td></tr>
<tr><td>边断路器 C 相分位</td></tr>
</table>

结论（　　）

2.5 模数变换系统的检验

装置二次额定电流 I_n=□5A/□1A。

2.5.1 零漂检验

要求：$I<0.01I_n$，$U<0.1V$，根据不同装置选填表 6 或表 7。

表 6　零　漂　检　验

采样值 \ 通道	边断路器电流				中断路器电流			
	I_a(A)	I_b(A)	I_c(A)	$3I_0$(A)	I_a(A)	I_b(A)	I_c(A)	$3I_0$(A)
采样 1								
采样 2								

注　此表适用于两组 TA 分别接入保护情况下电流值的填写。

结论（　　）

表 7　零　漂　检　验

采样通道	I_a(A)	I_b(A)	I_c(A)	$3I_0$(A)	U_a(V)	U_b(V)	U_c (V)
采样 1							
采样 2							

注　此表适用于装置采用合流输入情况下的电流值填写。

结论（　　）

2.5.2　采样精度校验

在保护屏端子上分别通入中的电压、电流量，查看液晶屏上显示值，幅值误差应小于±5%，角度小于3°。以U_a为基准，根据不同装置选填表8或表9。

表8　**采样精度校验**

通道＼采样值	边断路器				中断路器			
	I_a(A)	I_b(A)	I_c(A)	$3I_0$(A)	I_a(A)	I_b(A)	I_c(A)	$3I_0$(A)
$0.05I_n$，$0.6U_n$	V∠0°	V∠	V∠	A∠	A∠	A∠	A∠	A∠
采样1								
采样2								
I_n，U_n	V∠0°	V∠	V∠	A∠	A∠	A∠	A∠	A∠
采样1								
采样2								
$4I_n$，$1.2U_n$	V∠0°	V∠	V∠	A∠	A∠	A∠	A∠	A∠
采样1								
采样2								

注　此表适用于两组TA分别接入保护情况下电流值的填写。

结论（　　）

表9　**采样精度校验**

采样通道	U_a(V)	U_b(V)	U_c(V)	I_a(A)	I_b(A)	I_c(A)	$3I_0$(A)
$0.05I_n$，$0.6U_n$	V∠0°	V∠	V∠	A∠	A∠	A∠	A∠
采样1							
采样2							
I_n，U_n	V∠0°	V∠	V∠	A∠	A∠	A∠	A∠
采样1							
采样2							
$4I_n$，$1.2U_n$	V∠0°	V∠	V∠	A∠	A∠	A∠	A∠
采样1							
采样2							

注　此表适用于装置采用合流输入情况下的电流值填写。

结论（　　）

检验人：

3　保护功能校验

根据保护装置液晶显示信息、面板信号指示状态、开关反映情况、测试设备实测值进行填写。

3.1　纵联距离保护功能校验

3.1.1　纵联距离保护定值校验。

仅投纵联保护硬压板、软压板、控制字，方式一填表10，方式二填表10和表11。

纵联阻抗定值：Z_{zd}=（　　）。

3.1.2　纵联距离保护适用于Q/GDW 1161—2013标准补充规定时，仅投纵联保护软压板、控制字、光纤通道硬压板，试验数据填表10。

表 10　　纵联距离保护定值校验

故障类型 整定值	AN 故障	BN 故障	CN 故障	AB 故障	BC 故障	CA 故障	反向故障
0. 95Z_{zd}	□跳 A □不动作	□跳 B □不动作	□跳 C □不动作	□动作 □不动作	□动作 □不动作	□动作 □不动作	□动作 □不动作
1. 05Z_{zd}	□跳 A □不动作	□跳 B □不动作	□跳 C □不动作	□动作 □不动作	□动作 □不动作	□动作 □不动作	
0. 7Z_{zd}	显示保护动作时间：(　　) ms 实测保护动作时间：(　　) ms			显示保护动作时间：(　　) ms 实测保护动作时间：(　　) ms			
TA 断线	断线侧强制判为反方向						
TV 断线	TV 断线后，闭锁纵联距离保护						

结论（　　）

表 11　　纵联距离保护定值校验

故障类型 整定值	AN 故障	BN 故障	CN 故障	AB 故障	BC 故障	CA 故障	反向故障
0. 95Z_{zd}	□跳 A □不动作	□跳 B □不动作	□跳 C □不动作	□动作 □不动作	□动作 □不动作	□动作 □不动作	□动作 □不动作
1. 05Z_{zd}	□跳 A □不动作	□跳 B □不动作	□跳 C □不动作	□动作 □不动作	□动作 □不动作	□动作 □不动作	
0. 7Z_{zd}	显示保护动作时间：(　　) ms 实测保护动作时间：(　　) ms			显示保护动作时间：(　　) ms 实测保护动作时间：(　　) ms			
TA 断线	断线侧强制判为反方向						
TV 断线	TV 断线后，闭锁纵联距离保护						

结论（　　）

3. 1. 3　纵联零序电流保护定值校验。

仅投纵联保护硬压板、软压板、控制字，方式一填表 12，方式二填表 12 和表 13。

纵联零序过流电流定值：I_{0zd}＝(　　) A。

3. 1. 4　纵联零序保护适用于 Q/GDW 1161—2013 标准补充规定时，仅投纵联保护软压板、控制字、光纤通道硬压板，试验数据填表 12。

表 12　　纵联零序保护定值校验

故障类型 整定值	AN 故障	BN 故障	CN 故障	反向故障
0. 95I_{0zd}	□跳 A □不动作	□跳 B □不动作	□跳 C □不动作	□动作 □不动作
1. 05I_{0zd}	□跳 A □不动作	□跳 B □不动作	□跳 C □不动作	
1. 2I_{0zd}	显示保护动作时间：(　　) ms 实测保护动作时间：(　　) ms			
TA 断线	闭锁纵联零序保护			
TV 断线	TV 断线后，闭锁纵联零序保护			

结论（　　）

表 13　　纵联零序保护定值校验

整定值 \ 故障类型	AN 故障	BN 故障	CN 故障	反向故障
$0.95I_{0zd}$	□跳 A □不动作	□跳 B □不动作	□跳 C □不动作	□动作 □不动作
$1.05I_{0zd}$	□跳 A □不动作	□跳 B □不动作	□跳 C □不动作	
$1.2I_{0zd}$	显示保护动作时间：（　　）ms 实测保护动作时间：（　　）ms			
TA 断线	闭锁纵联零序保护			
TV 断线	TV 断线后，闭锁纵联零序保护			

结论（　　）

3.2　距离保护定值校验

3.2.1　相间距离

仅投距离保护硬压板、软压板、控制字，见表 14。

定值：XX1＝（　　）Ω；XX2＝（　　）Ω，（　　）s；XX3＝（　　）Ω，（　　）s；灵敏角：（　　）。

表 14　　相间距离保护定值校验

整定值 \ 故障类型	AB 故障	BC 故障	CA 故障	ABC 故障	反向故障
0.95XX1	□动作 □不动作	□动作 □不动作	□动作 □不动作	□动作 □不动作	□动作 □不动作
1.05XX1	□动作 □不动作	□动作 □不动作	□动作 □不动作	□动作 □不动作	□动作 □不动作
0.7XX1	显示保护动作时间：（　　）ms 实测保护动作时间：（　　）ms				
0.95XX2	□动作 □不动作	□动作 □不动作	□动作 □不动作	□动作 □不动作	
1.05XX2	□动作 □不动作	□动作 □不动作	□动作 □不动作	□动作 □不动作	
0.7XX2	显示保护动作时间：（　　）ms 实测保护动作时间：（　　）ms				
0.95XX3	□动作 □不动作	□动作 □不动作	□动作 □不动作	□动作 □不动作	
1.05XX3	□动作 □不动作	□动作 □不动作	□动作 □不动作	□动作 □不动作	
0.7XX3	显示保护动作时间：（　　）ms 实测保护动作时间：（　　）ms				
模拟 TV 断线，TV 断线后退出距离保护					
模拟 TA 断线，闭锁距离Ⅰ段，不闭锁距离Ⅱ段和距离Ⅲ段					

结论（　　）

3.2.2 接地距离校验

仅投距离保护硬压板、软压板、控制字，见表15。

定值：XD1=(　　) Ω；XD2=(　　) Ω，(　　) s；XD3=(　　) Ω，(　　) s；灵敏角：(　　)。

表15　　接地距离定值校验

故障类型 整定值	AN故障	BN故障	CN故障	反向故障
0.95XD1	□动作 □不动作	□动作 □不动作	□动作 □不动作	□动作 □不动作
1.05XD1	□动作 □不动作	□动作 □不动作	□动作 □不动作	
0.7XD1	显示保护动作时间：(　　) ms 实测保护动作时间：(　　) ms			
0.95XD2	□动作 □不动作	□动作 □不动作	□动作 □不动作	□动作 □不动作
1.05XD2	□动作 □不动作	□动作 □不动作	□动作 □不动作	
0.7XD2	显示保护动作时间：(　　) ms 实测保护动作时间：(　　) ms			
0.95XD3	□动作 □不动作	□动作 □不动作	□动作 □不动作	□动作 □不动作
1.05XD3	□动作 □不动作	□动作 □不动作	□动作 □不动作	
0.7XD3	显示保护动作时间：(　　) ms 实测保护动作时间：(　　) ms			
模拟TV断线，TV断线后退出距离保护				
模拟TA断线，闭锁距离Ⅰ段，不闭锁距离Ⅱ段和距离Ⅲ段				

结论（　　）

3.3 零序保护定值校验

仅投零序保护硬压板、软压板、控制字，见表16。

定值：I_{02}=(　　) A，(　　) s；I_{03}=(　　) A，(　　) s；零序过流加速段定值I_{0js}=(　　) A。

表16　　零序保护定值校验

故障类型 整定值	AN故障	BN故障	CN故障	反向故障
$0.95I_{02}$	□动作 □不动作	□动作 □不动作	□动作 □不动作	通入电流（　　）A □动作 □不动作
$1.05I_{02}$	□动作 □不动作	□动作 □不动作	□动作 □不动作	
$1.2I_{02}$	显示保护动作时间：(　　) ms 实测保护动作时间：(　　) ms			

续表

整定值＼故障类型	AN 故障	BN 故障	CN 故障	反向故障
$0.95I_{03}$	□动作 □不动作	□动作 □不动作	□动作 □不动作	通入电流（　　）A □动作 □不动作
$1.05I_{03}$	□动作 □不动作	□动作 □不动作	□动作 □不动作	
$1.2I_{03}$	显示保护动作时间：（　　）ms 实测保护动作时间：（　　）ms			
$1.2I_{0js}$	显示保护动作时间：（　　）ms 实测保护动作时间：（　　）ms			—
TV 断线	TV 断线后，零序电流Ⅱ段退出，零序电流Ⅲ段退出方向			
TA 断线	TA 断线后，零序电流各段保护不应误动作			

结论（　　）

3.4　零序反时限校验

仅投控制字，并验证功能正确性。

3.4.1　零序反时限校验定值校验

定值：零序反时限电流 I_p=（　　）A，零序反时限时间 T_p=（　　）s，零序反时限最小时间 T_0=（　　）s，零序反时限配合时间 T=（　　）s，见表 17。

表 17　　零序反时限定值校验

整定值＼故障类型	AN 故障	BN 故障	CN 故障
$0.95I_{zd}$	□动作 □不动	□动作 □不动	□动作 □不动
$1.05I_{zd}$	□动作 □不动	□动作 □不动	□动作 □不动
TA 断线	TA 断线后，闭锁零序保护		
TV 断线	TV 断线后，改为不带方向的零序反时限过流保护		

结论（　　）

3.4.2　零序反时限特性曲线校验

试验方法一：用微机继电保护试验仪的反时限曲线边界搜索功能绘制出反时限的特性曲线，与厂家提供的反时限曲线比对并将动作特性曲线打印附后。

试验方法二：零序反时限特性曲线校验见表 18。

表 18　　零序反时限特性曲线校验

输入值＼时间	装置动作时间（s）	试验仪实测时间（s）	根据公式计算值时间（s）

续表

时间 输入值	装置动作时间（s）	试验仪实测时间（s）	根据公式计算值时间（s）
要求	反时限特性曲线取6个点，画出特性曲线，和厂家提供的特性曲线基本吻合		

注 反时限特性曲线公式 $t(3I_0)=\frac{0.14}{(3I_0/I_P)^{0.02}-1}T_P$。

结论（　　）

3.5 自定义功能校验

根据保护装置自定义功能，对其功能投退、动作逻辑、定值进行校验，见表19。

表19　　自定义功能校验

自定义功能名称	定值/控制字	装置动作信息	结果
TA断线闭锁快速距离/工频变化量距离保护			

结论（　　）

3.6 过电压及远跳保护定值校验

3.6.1 过电压保护定值校验

仅投过电压软压板，定值：U_{zd} =（　　）V，过电压保护动作时间：（　　）s，见表20。

表20　　过电压保护定值校验

故障类型 整定值	A相过压		B相过压		C相过压		ABC三相过压	
	过电压三取一方式控制字0	过电压三取一方式控制字1	过电压三取一方式控制字0	过电压三取一方式控制字1	过电压三取一方式控制字0	过电压三取一方式控制字1	过电压三取一方式控制字0	过电压三取一方式控制字1
$0.95U_{zd}$	□动作 □不动作	□动作 □不动作	□动作 □不动作	□动作 □不动作	□动作 □不动作	□动作 □不动作	□动作 □不动作	□动作 □不动作
$1.05U_{zd}$	□动作 □不动作	□动作 □不动作	□动作 □不动作	□动作 □不动作	□动作 □不动作	□动作 □不动作	□动作 □不动作	□动作 □不动作
$1.2U_{zd}$	显示保护动作时间：（　　）ms 实测保护动作时间：（　　）ms							

结论（　　）

（1）验证“过电压保护跳本侧”控制字为1：当过电压元件满足时，“过电压保护动作时间”开始计时，延时满足后，过压保护出口跳本侧，同时不经跳位闭锁直接向对侧发过电压远跳信号。

结论（　　）

（2）“过电压保护跳本侧”控制字为 0 ：当“过电压元件”和“三相跳闸位置”均满足要求时，“过电压保护动作时间”开始计时，延时满足后，过压保护不跳本侧仅向对侧发过电压远跳信号。（如果“过电压远跳经跳位闭锁”控制字整定为 0 时，无需满足三相跳闸位置条件）。

结论（　　）

3.6.2　远方跳闸经故障判据定值校验

3.6.2.1　电流变化量定值校验。

仅投远方跳闸保护软压板，故障电流电压启动控制字。同时满足通道收信的条件，远方跳闸保护动作。

定值：I_{zd}=（　　）A，远跳经故障判据时间：（　　）s，见表 21。

表 21　　电流变化量定值校验

故障类型 / 整定值	AN 故障	BN 故障	CN 故障
0.95I_{zd}	□动作 □不动作	□动作 □不动作	□动作 □不动作
1.05I_{zd}	□动作 □不动作	□动作 □不动作	□动作 □不动作
1.2I_{zd}	显示保护动作时间：（　　）ms 实测保护动作时间：（　　）ms		

结论（　　）

3.6.2.2　零序电流定值校验。

仅投远方跳闸保护软压板，故障电流电压启动控制字。同时满足通道收信的条件，远方跳闸保护动作。

定值：$3I_{0zd}$=（　　）A，见表 22。

表 22　　零序电流定值校验

故障类型 / 整定值	AN 故障	BN 故障	CN 故障
0.95（$3I_{0zd}$）	□动作 □不动作	□动作 □不动作	□动作 □不动作
1.05（$3I_{0zd}$）	□动作 □不动作	□动作 □不动作	□动作 □不动作

结论（　　）

3.6.2.3　负序电流定值校验。

仅投远方跳闸保护软压板，故障电流电压启动控制字。同时满足通道收信的条件，远方跳闸保护动作。

定值：I_{2zd}=（　　）A，见表 23。

表 23　　负序电流定值校验

故障类型 整定值	AN 故障	BN 故障	CN 故障
$0.95I_{2zd}$	□动作 □不动作	□动作 □不动作	□动作 □不动作
$1.05I_{2zd}$	□动作 □不动作	□动作 □不动作	□动作 □不动作

结论（　　）

3.6.2.4　零序电压定值校验。

仅投远方跳闸保护软压板，故障电流电压启动控制字。同时满足通道收信的条件，远方跳闸保护动作。

零序电压定值：$3U_{0zd}$=（　　）V，见表 24。

表 24　　零序电压定值校验

故障类型 整定值	AN 故障	BN 故障	CN 故障
0.95（$3U_{0zd}$）	□动作 □不动作	□动作 □不动作	□动作 □不动作
1.05（$3U_{0zd}$）	□动作 □不动作	□动作 □不动作	□动作 □不动作

结论（　　）

3.6.2.5　负序电压定值校验。

仅投远方跳闸保护软压板，故障电流电压启动控制字。同时满足通道收信的条件，远方跳闸保护动作，

负序电压定值：U_{2zd}=（　　）V，见表 25。

表 25　　负序电压定值校验

故障类型 整定值	AN 故障	BN 故障	CN 故障
$0.95U_{2zd}$	□动作 □不动作	□动作 □不动作	□动作 □不动作
$1.05U_{2zd}$	□动作 □不动作	□动作 □不动作	□动作 □不动作

结论（　　）

3.6.2.6　低电流定值的校验。

仅投远方跳闸保护软压板，低电流低有功启动控制字。

低电流定值：I_{zd}=（　　）A，远跳经故障判据时间：（　　）s。

(1) 任意一相加入 $0.95I_{zd}$，同时满足远跳经故障判据时间和通道收信的条件，远方跳闸保护动作。

(2) 任意一相加入 $1.05I_{zd}$，同时满足远跳经故障判据时间和通道收信的条件，远方跳闸保护不动作。

结论（　　）

3.6.2.7 低有功功率定值的校验。

仅投远方跳闸保护软压板，低电流低有功启动控制字。

低有功功率定值：P=（　　）W。

（1）加入三相额定电压，待 TV 断线消失后加 0.95×单相电流（低有功功率定值/57.74），电压电流相角差为0°，同时满足远跳经故障判据时间和通道收信的条件，远方跳闸保护动作。

（2）加入三相额定电压，待 TV 断线消失后加 1.05×单相电流（低有功功率定值/57.74），电压电流相角差为0°，同时满足远跳经故障判据时间和通道收信的条件，远方跳闸保护不动作。

（3）验证 TV 断线闭锁本保护功能。

结论（　　）

3.6.2.8 低功率因数角定值的校验。

仅投远方跳闸硬压板，软压板，低功率因数角启动控制字。

低功率因数角定值：φ=（　　）。

（1）加入三相额定电压，待 TV 断线消失后加入 1A 电流，电压超前电流的角度=低功率因数角+2°,同时满足远跳经故障判据时间和通道收信的条件，远方跳闸保护动作。

（2）加入三相额定电压，待 TV 断线消失后加入 1A 电流，电压超前电流的角度=低功率因数角−2°,同时满足远跳经故障判据时间和通道收信的条件，远方跳闸保护不动作。

（3）验证 TV 断线闭锁本保护功能。

结论（　　）

3.6.3 远方跳闸不经故障判据功能的校验

远方跳闸保护（仅投远方跳闸保护软压板、远方跳闸不经故障判据控制字）。

满足通道收信的条件，远跳不经故障判据时间（　　）s，远方跳闸保护动作。

验证 TV 断线转无判据功能：当投入 TV 断线转无判据控制字时，在 TV 断线的情况下，自动投入远跳无就地判据方式。

检验人：

4 整组试验

整组试验要求：保护装置的整组传动试验，应在 80%额定直流电压条件下进行。

4.1 整组开关量输入检验

整组开关量输入检验见表 26。

表 26　整组开关量输入检验

序号	对应保护输出	对应保护名称	本保护开关量输入
1	失灵保护出口	边断路器保护	□远传 1，□远传 2
2	失灵保护出口	中断路器保护	□远传 1，□远传 2
3	启动远方跳闸	线路电抗器保护	□远传 1，□远传 2

结论（　　）

4.2 整组开关量输出检验

整组开关量输出检验见表 27。

表 27　　整组开关量输出检验

序号	本保护输出	对应保护名称	对应保护开关量输入名称
1	启动边断路器 A 相失灵	边断路器保护	□保护 A 相失灵
2	启动边断路器 B 相失灵	边断路器保护	□保护 B 相失灵
3	启动边断路器 C 相失灵	边断路器保护	□保护 C 相失灵
4	启动中断路器 A 相失灵	中断路器保护	□保护 A 相失灵
5	启动中断路器 B 相失灵	中断路器保护	□保护 B 相失灵
6	启动中断路器 C 相失灵	中断路器保护	□保护 C 相失灵
7	闭锁边断路器重合闸	边断路器保护	□闭锁重合闸
8	闭锁中断路器重合闸	中断路器保护	□闭锁重合闸

结论（　　）

检验人：

5　带开关做整组传动试验（要求开关传动试验打印报告附后）

重合闸实际运行方式：（　　）。

5.1　检查对应断路器无闭锁，具备传动条件。

5.2　分别模拟 A、B、C 相瞬时短路故障跳边断路器：

a. 保护及开关实际动作正确。（　　）

b. 后台监控信号表示正确。（　　）

c. 站端、各级调控端的继电保护在线监视和分析模块表示信息正确。（　　）

d. 录波器表示信息正确。（　　）

5.3　分别模拟 A、B、C 相瞬时短路故障跳中断路器：

a. 保护及开关实际动作正确。（　　）

b. 后台监控信号表示正确。（　　）

c. 站端、各级调控端的继电保护在线监视和分析模块表示信息正确。（　　）

d. 录波器表示信息正确。（　　）

5.4　模拟相间瞬时短路故障跳断路器：

a. 保护及开关实际动作正确。（　　）

b. 后台监控信号表示正确。（　　）

c. 站端、各级调控端的继电保护在线监视和分析模块表示信息正确。（　　）

d. 录波器表示信息正确。（　　）

5.5　模拟 A 相永久接地故障（做跳合跳试验）：

a. 保护及开关实际动作应正确。（　　）

b. 后台监控表示正确。（　　）

c. 站端、各级调控端的继电保护在线监视和分析模块表示信息正确。（　　）

d. 录波器表示信息正确。（　　）

5.6　模拟手合故障线路检查开关防跳及后加速功能：

a. 保护及开关实际动作应正确。（　　）

b. 后台信号表示正确。（　　）

c. 站端、各级调控端的继电保护在线监视和分析模块表示信息正确。（　　）

d. 录波器表示信息正确。（　　）

5.7　通道检验

投入两侧纵联保护压板及控制字，根据现场实际使用情况进行试验。

5.7.1　光功率测试：光发（　　）dBm，光收（　　）dBm。　　结论（　　）

5.7.2　检查通道状态正常，无错码、误码，无通道告警信号，通道延时小于12ms。　　结论（　　）

5.8　纵联保护带通道试验

5.8.1　检查两组TA接入极性一致，接线正确。　　结论（　　）

5.8.2　对侧开关在跳位，本侧开关在合位，本侧加入故障量，本侧纵联保护动作。　　结论（　　）

5.8.3　两侧开关在合位，本侧模拟单相接地故障，对侧相同故障相电压下降至34V时，两侧纵联保护同时动作。　　结论（　　）

5.8.4　本侧开关在合位，对侧短接远传开入接点，本侧“远方跳闸不经故障判据”控制字置0，在本侧过电压及远方跳闸保护加入故障判别量，本侧过电压及远方跳闸保护动作。(检远传功能)　　结论（　　）

5.8.5　本侧开关在合位，对侧短接远传开入接点，本侧“远方跳闸不经故障判据”控制字置0，本侧过电压及远方跳闸保护不加入故障判别量，本侧过电压及远方跳闸保护不动作。(检远传功能)　　结论（　　）

检验人：

6　装置投运准备工作

6.1　投入运行前的准备工作

6.1.1　现场工作结束后，工作负责人检查试验记录有无漏试验项目，核对装置的整定值是否与定值单相符。打印定值单附后。（　　）

6.1.2　盖好所有装置及辅助设备的盖子，各装置插板扣紧。（　　）

6.1.3　二次回路接线恢复，拆除在检验时使用的试验设备、仪表及一切连接线，所有被拆除的或临时接入的连线应全部恢复正常，装置所有的信号应复归。（　　）

6.1.4　压板核对及安全措施恢复。（　　）

6.1.5　全部人员撤离前，清扫现场。（　　）

6.2　对运行人员交代事项

6.2.1　填写继电保护记录簿，将主要检验项目、试验结果及结论、定值通知单执行情况详细记录在内，向工作许可人交代检验结果、设备变动情况或遗留问题，并写明该装置可以投入运行。（　　）

6.2.2　交代运维人员在将装置投入前，必须用高内阻电压表以一端对地测保护出口压板端子电压的方法，检查并证实被检验的继电保护装置及安全自动装置确实未给出跳闸或合闸脉冲，才允许将装置的跳合闸连接片投到投入位置。（　　）

6.2.3　对运维人员进行继电保护运行规程培训。（　　）

6.3　验收合格后，办理工作票终结手续。（　　）

6.4 定值通知单编号：（ ），执行时间：（ ）。

检验人：

7 带负荷测试

7.1 系统电压核相

系统电压核相见表28。

表28　系统电压核相

测试数据		基准电压			
		U_A	U_B	U_C	U_N
待测线路电压	U_A				
	U_B				
	U_C				
	U_N				

7.2 交流回路相位测试

7.2.1 潮流状况

线路有功：（ ）；线路无功：（ ）；负荷电流：（ ）。

7.2.2 交流回路幅值及相位测试

以U_{AN}电压为基准，测得数值见表29。

表29　交流回路幅值及相位测试

保护名称	相别	测试值（幅值、角度）	装置显示值（幅值、角度）	相量图
纵联保护装置（边断路器）	A	∠	∠	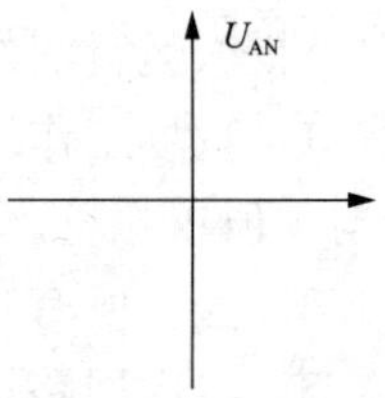
	B	∠	∠	
	C	∠	∠	
	N	∠	∠	
纵联保护装置（中断路器）	A	∠	∠	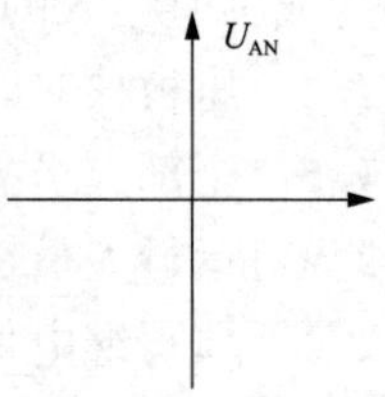
	B	∠	∠	
	C	∠	∠	
	N	∠	∠	
纵联保护装置（和电流）	A	∠	∠	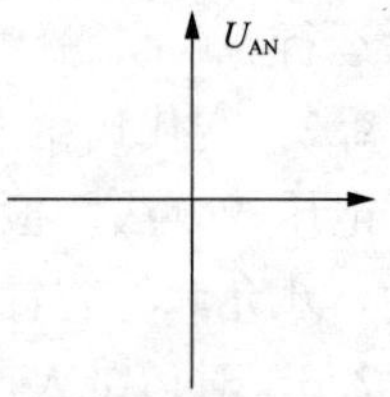
	B	∠	∠	
	C	∠	∠	
	N	∠	∠	

7.3 使用钳形电流表测量保护二次电缆屏蔽层的电流，以检查该保护装置及屏柜与二次等电位接地网连接状况，当检测不到电流时，应检查屏蔽层是否良好接地。测试结果为（ ）。

检验人：

8 现场遗留问题

工作负责人：

12. 常规变电站500kV线路纵联距离保护（集成过电压及远跳）C类检修标准化作业指导书

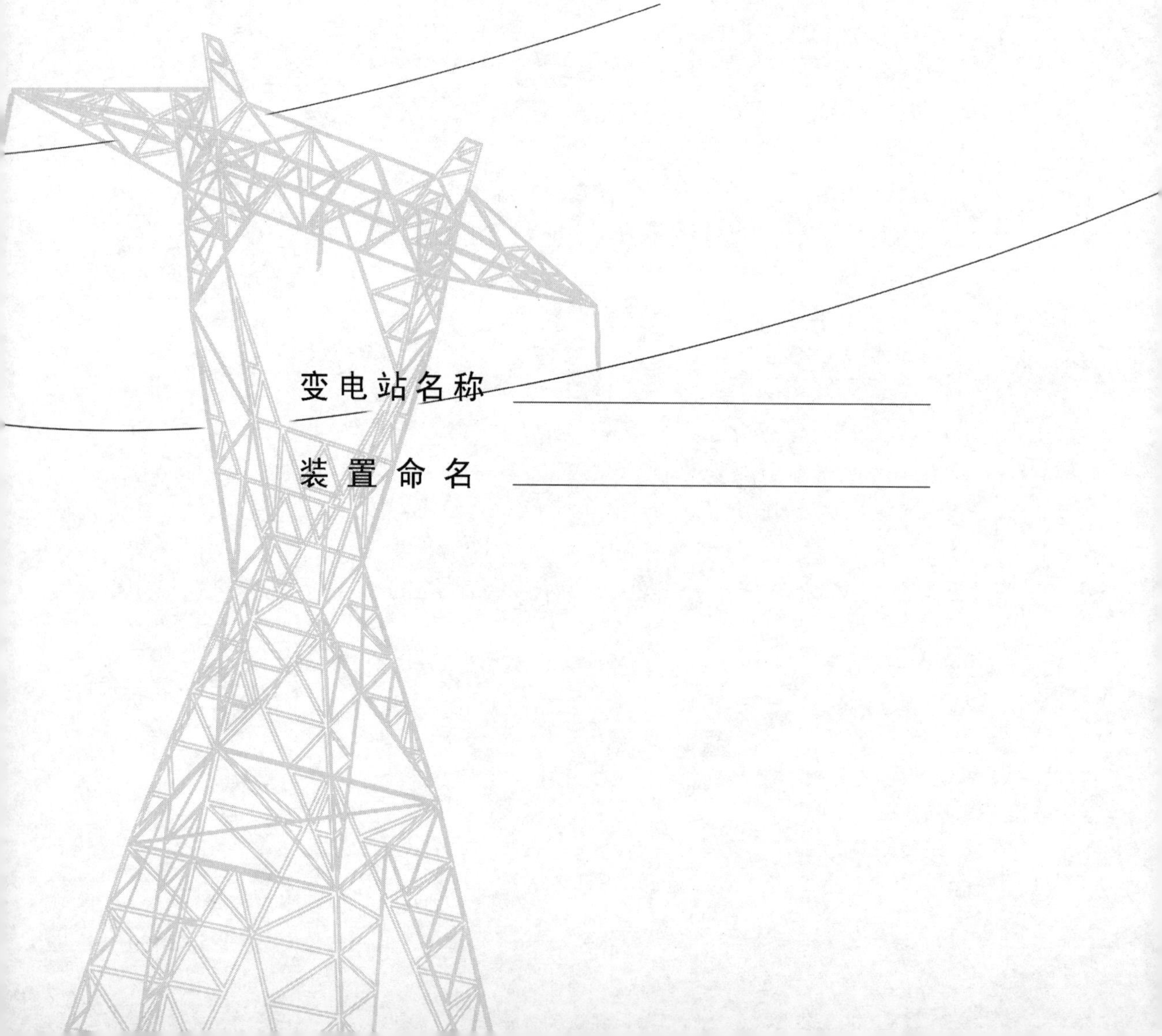

变电站名称 ______________________

装 置 命 名 ______________________

设备变更记录

变更内容			变更日期	执行人
装置变更	1			
	2			
程序升级	1			
	2			
	3			
	4			
回路变更	1			
	2			
	3			
	4			
	5			
TA 变比	1			
	2			
	3			
其他	1			
	2			
	3			

________型线路纵联距离保护（集成过电压及远跳）检验报告

出厂日期		投运日期	
工作负责人			
检验人员			
检验性质	C类检修		
开始时间	年　月　日　时　分		
结束时间	年　月　日　时　分		
检验结论			
审核人签字		审核日期	

目　次

1 通用部分

1.1 详见《常规变电站微机继电保护标准化作业指导书C类检修通用部分》。

1.2 适用于六统一500kV 3/2断路器接线（完整串）线路纵联距离保护，并集成过电压及远方跳闸保护功能。

2 保护单机检验

2.1 软件版本号及CRC校验码检查

软件版本号及CRC校验码检查见表1。

表1 **软件版本号及CRC校验码检查**

CPU号	软件版本号	CRC校验码	软件版本生成时间	与要求版本是否一致

结论（　　）

2.2 模数变换系统的检验

装置二次额定电流 I_n=□5A/□1A。

2.2.1 零漂检验

要求：$I<0.01I_n$，$U<0.1V$，根据不同装置选填表2或表3。

表2 **零 漂 检 验**

采样值 通道	边断路器电流				中断路器电流			
	I_a(A)	I_b(A)	I_c(A)	$3I_0$(A)	I_a(A)	I_b(A)	I_c(A)	$3I_0$(A)
采样1								
采样2								

注 此表适用于两组TA分别接入保护情况下电流值的填写。

结论（　　）

表3 **零 漂 检 验**

采样通道	I_a(A)	I_b(A)	I_c(A)	$3I_0$(A)	U_a(V)	U_b(V)	U_c(V)
采样1							
采样2							

注 此表适用于装置采用合流输入情况下的电流值填写。

结论（　　）

2.2.2 采样精度校验

在保护屏端子上分别通入中的电压、电流量，查看液晶屏上显示值，幅值误差应小于±5%，角度小于3°。以 U_a 为基准，根据不同装置选填表4或表5。

表4 **采 样 精 度 校 验**

采样值 通道	边断路器				中断路器			
	I_a(A)	I_b(A)	I_c(A)	$3I_0$(A)	I_a(A)	I_b(A)	I_c(A)	$3I_0$(A)
I_n，U_n	V∠0°	V∠	V∠	A∠	A∠	A∠	A∠	A∠

续表

通道＼采样值	边断路器				中断路器			
	I_a(A)	I_b(A)	I_c(A)	$3I_0$(A)	I_a(A)	I_b(A)	I_c(A)	$3I_0$(A)
采样 1								
采样 2								

注　此表适用于两组 TA 分别接入保护情况下电流值的填写。

结论（　　）

表 5　**采样精度校验**

采样通道	U_a(V)	U_b(V)	U_c(V)	I_a(A)	I_b(A)	I_c(A)	$3I_0$(A)
I_n，U_n	V∠0°	V∠	V∠	A∠	A∠	A∠	A∠
采样 1							
采样 2							

注　此表适用于装置采用合流输入情况下的电流值填写。

结论（　　）

3　带开关做整组传动试验

结合整组试验对已投入使用的开入量进行检查，要求开关传动试验打印报告附后重合闸实际运行方式：

3.1　检查对应断路器无闭锁，具备传动条件。

3.2　分别模拟 A、B、C 相瞬时短路故障跳边断路器：

a. 保护及开关实际动作正确（　　）。

b. 后台监控信号表示正确（　　）。

c. 站端、各级调度端的继电保护在线监视和分析模块表示信息正确（　　）。

d. 录波器表示信息正确（　　）。

3.3　分别模拟 A、B、C 相瞬时短路故障跳中断路器：

a. 保护及开关实际动作正确（　　）。

b. 后台监控信号表示正确（　　）。

c. 站端、各级调度端的继电保护在线监视和分析模块表示信息正确（　　）。

d. 录波器表示信息正确（　　）。

3.4　模拟相间瞬时短路故障跳断路器：

a. 保护及开关实际动作正确（　　）。

b. 后台监控信号表示正确（　　）。

c. 站端、各级调度端的继电保护在线监视和分析模块表示信息正确（　　）。

d. 录波器表示信息正确（　　）。

3.5　模拟 A 相永久接地故障（做跳合跳试验）：

a. 保护及开关实际动作应正确（　　）。

b. 后台监控表示正确（　　）。

c. 站端、各级调度端的继电保护在线监视和分析模块表示信息正确（　　）。

d. 录波器表示信息正确（　　）。

3.6　模拟手合故障线路检查开关防跳及后加速功能：

a. 保护及开关实际动作应正确（　　）。

b. 后台信号表示正确（　　）。

c. 站端、各级调度端的继电保护在线监视和分析模块表示信息正确（　　）。

d. 录波器表示信息正确（　　）。

4　装置投运准备工作

4.1　投入运行前的准备工作

4.1.1　现场工作结束后，工作负责人检查试验记录有无漏试验项目，核对装置的整定值是否与定值单相符。打印定值单附后。（　　）

4.1.2　盖好所有装置及辅助设备的盖子，各装置插板扣紧。（　　）

4.1.3　二次回路接线恢复，拆除在检验时使用的试验设备、仪表及一切连接线，所有被拆除的或临时接入的连线应全部恢复正常，装置所有的信号应复归。（　　）

4.1.4　压板核对及安全措施恢复。（　　）

4.1.5　全部人员撤离前，清扫现场。（　　）

4.2　对运行人员交代事项：

4.2.1　填写继电保护记录簿，将主要检验项目、试验结果及结论、定值通知单执行情况详细记录在内，向工作许可人交代检验结果、设备变动情况或遗留问题，并写明该装置可以投入运行。（　　）

4.2.2　交代运维人员在将装置投入前，必须用高内阻电压表以一端对地测保护出口压板端子电压的方法，检查并证实被检验的继电保护装置及安全自动装置确实未给出跳闸或合闸脉冲，才允许将装置的跳合闸连接片投到投入位置。（　　）

4.2.3　对运维人员进行继电保护运行规程培训。（　　）

4.3　验收合格后，办理工作票终结手续。（　　）

4.4　定值通知单编号：（　　）；执行时间：（　　）

检验人：

5　现场遗留问题

工作负责人：

13. 常规变电站500kV断路器保护新安装验收标准化作业指导书

变 电 站 名 称 ____________________

装 置 命 名 ____________________

设备变更记录

变更内容			变更日期	执行人
装置变更	1			
	2			
程序升级	1			
	2			
	3			
	4			
回路变更	1			
	2			
	3			
	4			
	5			
TA 变比	1			
	2			
	3			
其他	1			
	2			
	3			

________型断路器

保护检验报告

出厂日期		投运日期	
工作负责人			
检验人员			
检验性质	新安装验收检验		
开始时间	年　月　日　时　分		
结束时间	年　月　日　时　分		
检验结论			
审核人签字		审核日期	

目　次

1　通用部分

1.1　详见《常规变电站继电保护标准化作业指导书（验收检验通用部分）》。

1.2　适用于六统一 500kV 3/2 断路器接线断路器保护。

2　保护单机检验

2.1　软件版本号及 CRC 校验码检查

软件版本号及 CRC 校验码检查，见表 1。

表 1　软件版本号及 CRC 校验码检查

CPU 号	软件版本号	CRC 校验码	软件版本生成时间	与要求版本是否一致

结论（　　）

2.2　输出回路检查

输出回路检查，见表 2。

表 2　输出回路检查

序号	检验项目	方法	接点动作情况
1	信号输出	保护动作	□监控后台，□液晶显示
		重合闸动作	□监控后台，□液晶显示
		运行异常（模拟 TA、TV 断线）	□监控后台，□液晶显示
		装置故障告警	□监控后台，□液晶显示
2	跳闸出口	投入相应保护及出口压板，分别模拟保护 A 相动作、B 相动作、C 相动作	□跳闸，□录波，□备用
3	重合闸出口	投入相应保护及出口压板，模拟重合闸动作	□重合闸，□录波
4	失灵保护出口	投入相应保护及出口压板，模拟失灵保护动作	□失灵出口

结论（　　）

2.3　开关量输入回路检验

开关量输入回路检验，见表 3。

表 3　开关量输入回路检验

序号	检验方法	开关量输入量变化	结果
1	投入“充电过流保护”压板	“充电过流保护”由 0 变 1	
2	投入“停用重合闸”压板	“闭锁重合闸”由 0 变 1	
3	短接“TWJA”接点	“A 相跳闸位置”由 0 变 1	
4	短接“TWJB”接点	“B 相跳闸位置”由 0 变 1	
5	短接“TWJC”接点	“C 相跳闸位置”由 0 变 1	

续表

序号	检验方法	开关量输入量变化	结果
6	短接“保护A相跳闸”接点	“保护A相跳闸”由0变1	
7	短接“保护B相跳闸”接点	“保护B相跳闸”由0变1	
8	短接“保护C相跳闸”接点	“保护C相跳闸”由0变1	
9	短接“保护三相跳闸”接点	“保护三相跳闸”由0变1	
10	短接“闭锁重合闸”接点	“闭锁重合闸”由0变1	
11	短接“压力低闭锁重合闸”接点	“压力低闭锁重合闸”由0变1	
12	投入“远方操作”压板	“远方操作”由0变1	
13	按“复归”按钮	“信号复归”由0变1	
14	投“保护检修状态”压板	“检修状态”由0变1	

结论（　　）

2.4 模数变换系统的检验

装置二次额定电流 I_n＝□5A/□1A。

2.4.1 零漂检验

要求：$I<0.01I_n$，$U<0.1$V，见表4。

表4　零漂检验

采样通道	I_a(A)	I_b(A)	I_c(A)	$3I_0$(A)	U_a(V)	U_b(V)	U_c(V)	U_x(V)
采样1								
采样2								

结论（　　）

2.4.2 采样精度校验：在保护屏端子上分别通入表5的电压、电流，查看液晶屏上显示值，幅值误差应小于±5%，角度小于3°。以 U_a 为基准，见表5。

表5　采样精度校验

采样通道	U_a(V)	U_b(V)	U_c(V)	U_x(V)	I_a(A)	I_b(A)	I_c(A)	$3I_0$(A)
$0.05I_n$，$0.6U_n$	V∠0°	V∠	V∠	V∠	A∠	A∠	A∠	A∠
采样1								
采样2								
U_n、I_n	V∠0°	V∠	V∠	V∠	A∠	A∠	A∠	A∠
采样1								
采样2								
$4I_n$，$1.2U_n$	V∠0°	V∠	V∠	V∠	A∠	A∠	A∠	A∠
采样1								
采样2								

结论（　　）

检验人：

3 保护功能校验

按照定值单进行检验，并将打印定值单附在本报告后，根据保护装置液晶显示信息、面板信号指示状态、测试装置实测时间进行填写。

3.1 失灵保护功能校验

定值：相电流 I_{zd}=（ ）A；零序电流 $3I_{0zd}$=（ ）A；负序电流 I_{2zd}=（ ）A。

失灵三跳本断路器时间：（ ）s；失灵跳相邻断路器时间：（ ）s

仅将"断路器失灵保护"控制字和"跟跳本断路器"控制字置"1"，在试验相通入电流，同时模拟保护相应跳闸开入，验证失灵保护动作及跟跳功能［装置内部设定失灵跟跳时间：（ ）s］的正确性。失灵保护定值校验，见表6。

表6 失灵保护定值校验

整定值 \ 故障类型	ABC 失灵	A 相失灵	B 相失灵	C 相失灵
$0.95I_{zd}$	□动作 □不动作	—	—	—
$1.05I_{zd}$	□动作 □不动作	—	—	—
$0.95\ (3I_{0zd})$	□动作 □不动作	□动作 □不动作	□动作 □不动作	□动作 □不动作
$1.05\ (3I_{0zd})$	□动作 □不动作	□动作 □不动作	□动作 □不动作	□动作 □不动作
$0.95I_{2zd}$	□动作 □不动作	□动作 □不动作	□动作 □不动作	□动作 □不动作
$1.05I_{2zd}$	□动作 □不动作	□动作 □不动作	□动作 □不动作	□动作 □不动作
$1.2I_{zd}$	显示保护跟跳动作时间：（ ）ms 实测保护跟跳动作时间：（ ）ms 显示保护三跳本断路器动作时间：（ ）ms 实测保护三跳本断路器动作时间：（ ）ms 显示保护失灵联跳相邻断路器动作时间：（ ）ms 实测保护失灵联跳相邻断路器动作时间：（ ）ms			

结论（ ）

3.2 死区保护

定值：I_{zd}=（ ）A，s（死区保护电流定值同失灵保护相电流定值）。

将"死区保护"控制字置"1"，在试验相通入电流，同时模拟保护跳闸、三相 TWJ 接点接通，测试结果见表7。

表7 死区保护定值校验

整定值 \ 故障类型	AN	BN	CN	ABC
$0.95I_{zd}$	□动作 □不动作	□动作 □不动作	□动作 □不动作	□动作 □不动作
$1.05I_{zd}$	□动作 □不动作	□动作 □不动作	□动作 □不动作	□动作 □不动作
$1.2I_{zd}$	显示保护动作时间：（ ）ms 实测保护动作时间：（ ）ms			

结论（ ）

3.3 充电过流保护

定值：I_{zd1}＝(　　) A，(　　) s；I_{zd2}＝(　　) A，(　　) s

投“充电过流保护”硬压板及软压板，将“充电过流保护Ⅰ段”和“充电过流保护Ⅱ段”控制字分别置“1”，分别验证保护功能正确性。充电过流保护定值校验，见表8。

表8　　充电过流保护定值校验

故障类型 整定值	AN故障	BN故障	CN故障
0.95I_{zd1}	□动作 □不动作	□动作 □不动作	□动作 □不动作
1.05I_{zd1}	□动作 □不动作	□动作 □不动作	□动作 □不动作
1.2I_{zd1}	显示保护动作时间：(　　) ms 实测保护动作时间：(　　) ms 显示保护失灵联跳相邻断路器动作时间：(　　) ms（模拟充电启动失灵） 实测保护失灵联跳相邻断路器动作时间：(　　) ms（模拟充电启动失灵）		
0.95I_{zd2}	□动作 □不动作	□动作 □不动作	□动作 □不动作
1.05I_{zd2}	□动作 □不动作	□动作 □不动作	□动作 □不动作
1.2I_{zd2}	显示保护动作时间：(　　) ms 实测保护动作时间：(　　) ms 显示保护失灵联跳相邻断路器动作时间：(　　) ms（模拟充电启动失灵） 实测保护失灵联跳相邻断路器动作时间：(　　) ms（模拟充电启动失灵）		

结论（　　）

3.4 充电零序过流保护

定值：$3I_{0zd}$＝(　　) A，(　　) s（充电零序过流时间定值为充电过流Ⅱ段时间定值）。

投“充电过流保护”硬压板及软压板，然后将“充电零序过流”控制字置“1”，并验证功能正确性。

充电零序过流保护定值校验，见表9。

表9　　充电零序过流保护定值校验

故障类型 整定值	AN故障
0.95（$3I_{0zd}$）	□动作　□不动作
1.05（$3I_{0zd}$）	□动作　□不动作
1.2（$3I_{0zd}$）	显示保护动作时间：(　　) ms 实测保护动作时间：(　　) ms 显示保护失灵联跳相邻断路器动作时间：(　　) ms（模拟充电启动失灵） 实测保护失灵联跳相邻断路器动作时间：(　　) ms（模拟充电启动失灵）

结论（　　）

3.5　沟通三跳功能校验

禁止重合闸控制字置“0”，在重合闸未充电、三重或停用方式下，通入单相故障电流（大于零序或突变量启动量）的同时有对应相跳闸开入，断路器保护应沟通三跳。

结论（　　）

3.6　重合闸校验

3.6.1　重合闸方式校验

重合闸方式校验，见表10。

定值：单重时间：（　　）；三重时间：（　　）。

表10　　重合闸方式校验

故障类型 重合闸方式	单相故障	相间故障	结论
单重	□动作，□不动作 动作时间：（　　）s	□动作，□不动作 动作时间：（　　）s	
三重	□动作，□不动作 动作时间：（　　）s	□动作，□不动作 动作时间：（　　）s	
禁止	□单相跳闸不重合； □三相跳闸不重合	□单相跳闸不重合； □三相跳闸不重合	
停用	□单相跳闸不重合； □三相跳闸不重合	□单相跳闸不重合； □三相跳闸不重合	

结论（　　）

3.6.2　检同期、检无压、检位置不对应启动重合闸功能校验

检同期、检无压、检位置不对应启动重合闸功能校验，见表11。

表11　　重合闸功能校验

重合闸功能	定值	装置动作信息	结论
检同期	(°)		
检无压	V		
单相 TWJ 启动重合闸	1		
三相 TWJ 启动重合闸	1		

结论（　　）

3.6.3　重合闸放电功能校验

重合闸放电功能校验，见表12。

表12　　重合闸放电功能校验

序号	重合闸放电方式	结论
1	停用重合闸硬压板	
2	闭锁重合闸开入	
3	低气压闭锁重合闸开入	
4	保护三相跳闸开入	
5	单重方式：收到多相跳位、多相跳闸开入或本保护三相跳闸	
6	失灵保护	
7	死区保护	
8	充电过流Ⅰ段动作	
9	充电过流Ⅱ段动作	
10	充电零序过流动作	

结论（　　）

3.6.4 停用重合闸功能的校验

验证“停用重合闸”控制字、软压板和硬压板三者逻辑关系为（□“或”逻辑，□“与”逻辑）。

结论（　　）

检验人：

4 操作箱检验

4.1 操作箱基本信息

操作箱基本信息，见表13。

表13　　操作箱基本信息

型号	生产厂家	出厂日期	跳/合闸电流	直流电压

结论（　　）

4.2 公共回路

4.2.1 检查一组、二组操作直流是否混电。合上一组操作直流电源，断开二组操作直流电源，测量二组操作直流对地电压；合上二组操作直流电源，断开一组操作直流电源，测量一组操作直流对地电压。

结论（　　）

4.2.2 所有涉及直接跳闸的中间继电器应满足在55%～70%额定电压下动作特性的要求。

结论（　　）

4.2.3 检查操作箱中逻辑回路的继电器，应满足80%额定电压下可靠动作。

结论（　　）

4.2.4 操作箱功能检验。

操作箱功能检验，见表14。

表14　　操作箱功能检验

序号	检验项目	方法	动作情况
1	信号输出	一组控制回路断线	□监控后台，□面板显示
		二组控制回路断线	□监控后台，□面板显示
		跳闸1（A、B、C相）	□面板显示，□跳闸，□录波
		跳闸2（A、B、C相）	□面板显示，□跳闸，□录波
		重合闸	□面板显示，□合闸，□录波
		一组操作直流消失	□面板显示，□监控后台
		二组操作直流消失	□面板显示，□监控后台
2	继电器接点开出	三相跳闸（1TJR）动作	□跳闸，□重合闸放电 □至断路器保护三相跳闸开入
		三相跳闸（2TJR）动作	□跳闸，□重合闸放电 □至断路器保护三相跳闸开入
		三相跳闸（1TJF）动作	□跳闸，□重合闸放电
		三相跳闸（2TJF）动作	□跳闸，□重合闸放电
		手合动作	□合闸，□重合闸放电

续表

序号	检验项目	方法	动作情况
2	继电器接点开出	手跳动作	□跳闸，□重合闸放电
		TWJA 动作	□至断路器保护 TWJA
		TWJB 动作	□至断路器保护 TWJB
		TWJC 动作	□至断路器保护 TWJC
3	压力闭锁回路	压力低闭锁重合闸 1	□重合闸放电
		压力低闭锁重合闸 2	
		禁止合闸（根据实际接线选做）	□禁止合闸
		禁止分闸（根据实际接线选做）	□禁止分闸
		SF_6 气压低禁止操作（根据实际接线选做）	□禁止操作
4	继电器开入回路	其他保护Ⅰ动作（母差保护、主变压器保护、线路高压电抗器保护等）	□1TJR 继电器
		其他保护Ⅱ动作（母差保护、主变压器保护、线路高压电抗器保护等）	□2TJR 继电器
		主变压器非电量保护	□1TJF 继电器
			□2TJF 继电器

结论（　　）

检验人：

5　整组试验

整组试验要求：保护装置的整组传动试验，应在 80%额定直流电压条件下进行。

5.1　整组开关量输入检验

5.1.1　边断路器整组开关量输入检验

边断路器整组开关量输入检验，见表 15。

表 15　　边断路器整组开关量输入检验

序号	对应保护开关量输出	对应保护名称	本保护开关量输入
1	A 相起动失灵	1 线路保护Ⅰ	□保护 A 相跳闸开关量输入
2	B 相起动失灵	1 线路保护Ⅰ	□保护 B 相跳闸开关量输入
3	C 相起动失灵	1 线路保护Ⅰ	□保护 C 相跳闸开关量输入
4	A 相起动失灵	1 线路保护Ⅱ	□保护 A 相跳闸开关量输入
5	B 相起动失灵	1 线路保护Ⅱ	□保护 B 相跳闸开关量输入
6	C 相起动失灵	1 线路保护Ⅱ	□保护 C 相跳闸开关量输入

结论（　　）

5.1.2　中断路器整组开关量输入检验

中断路器整组开关量输入检验，见表 16。

表 16　　中断路器整组开关量输入检验

序号	对应保护开关量输出	对应保护名称	本保护开关量输入
1	A 相起动失灵	1 线路保护Ⅰ	□保护 A 相跳闸开关量输入
2	B 相起动失灵	1 线路保护Ⅰ	□保护 B 相跳闸开关量输入

续表

序号	对应保护开关量输出	对应保护名称	本保护开关量输入
3	C相起动失灵	1线路保护Ⅰ	□保护C相跳闸开关量输入
4	A相起动失灵	1线路保护Ⅱ	□保护A相跳闸开关量输入
5	B相起动失灵	1线路保护Ⅱ	□保护B相跳闸开关量输入
6	C相起动失灵	1线路保护Ⅱ	□保护C相跳闸开关量输入
7	A相起动失灵	2线路保护Ⅰ	□保护A相跳闸开关量输入
8	B相起动失灵	2线路保护Ⅰ	□保护B相跳闸开关量输入
9	C相起动失灵	2线路保护Ⅰ	□保护C相跳闸开关量输入
10	A相起动失灵	2线路保护Ⅱ	□保护A相跳闸开关量输入
11	B相起动失灵	2线路保护Ⅱ	□保护B相跳闸开关量输入
12	C相起动失灵	2线路保护Ⅱ	□保护C相跳闸开关量输入

结论（　　）

5.2 整组开关量输出检验

5.2.1 边断路器整组开关量输出检验

边断路器整组开关量输出检验，见表17。

表17　　边断路器整组开关量输出检验

序号	本保护开关量输出	对应保护名称	对应保护开关量输入
1	失灵保护出口	母差保护Ⅰ	□失灵经母差跳闸开关量输入
2	失灵保护出口	母差保护Ⅱ	□失灵经母差跳闸开关量输入
3	失灵保护出口	中断路器保护	□分相操作箱1TJR继电器
4	失灵保护出口	中断路器保护	□分相操作箱2TJR继电器
5	失灵保护出口	线路保护Ⅰ	□远传开关量输入1，□远传开关量输入2
6	失灵保护出口	线路保护Ⅱ	□远传开关量输入1，□远传开关量输入2
7	失灵保护出口	主变压器保护Ⅰ	□边断路器失灵联跳开关量输入
8	失灵保护出口	主变压器保护Ⅱ	□边断路器失灵联跳开关量输入

结论（　　）

5.2.2 中断路器整组开关量输出检验

中断路器整组开关量输出检验，见表18。

表18　　中断路器整组开关量输出检验

序号	本保护开关量输出	对应保护名称	对应保护开关量输入
1	失灵保护出口	边1断路器保护	□分相操作箱1TJR继电器
2	失灵保护出口	边1断路器保护	□分相操作箱2TJR继电器
3	失灵保护出口	边2断路器保护	□分相操作箱1TJR继电器
4	失灵保护出口	边2断路器保护	□分相操作箱2TJR继电器
5	失灵保护出口	间隔1保护Ⅰ	□远传开关量输入1，□远传开关量输入2
6	失灵保护出口	间隔1保护Ⅱ	□远传开关量输入1，□远传开关量输入2
7	失灵保护出口	间隔2保护Ⅰ	□远传开关量输入1，□远传开关量输入2
8	失灵保护出口	间隔2保护Ⅱ	□远传开关量输入1，□远传开关量输入2

续表

序号	本保护开关量输出	对应保护名称	对应保护开关量输入
9	失灵保护出口	主变压器保护Ⅰ	□中断路器失灵联跳开关量输入
10	失灵保护出口	主变压器保护Ⅱ	□中断路器失灵联跳开关量输入

结论（　　）

检验人：

6　带开关做整组传动试验

（要求开关传动试验打印报告附后）

重合闸实际运行方式：

6.1　检查对应断路器无闭锁，具备传动条件。

6.2　模拟保护启动重合闸传动试验

a. 保护及开关实际动作正确（　　）。

b. 后台监控信号表示正确（　　）。

c. 站端、各级调控端继电保护在线监视与分析模块表示信息正确（　　）。

d. 录波器表示信息正确（　　）。

6.3　模拟不对应启动重合闸传动试验

a. 保护及开关实际动作正确（　　）。

b. 后台监控信号表示正确（　　）。

c. 站端、各级调控端继电保护在线监视与分析模块表示信息正确（　　）。

d. 录波器表示信息正确（　　）。

6.4　模拟手合于故障（充电保护投入）检查开关防跳

a. 保护及开关实际动作正确（　　）。

b. 后台监控信号表示正确（　　）。

c. 站端、各级调控端继电保护在线监视与分析模块表示信息正确（　　）。

d. 录波器表示信息正确（　　）。

6.5　分别模拟A，B，C分相跳闸传动试验

a. 保护及开关实际动作正确（　　）。

b. 后台监控信号表示正确（　　）。

c. 站端、各级调控端继电保护在线监视与分析模块表示信息正确（　　）。

d. 录波器表示信息正确（　　）。

6.6　两组操作直流均合上，通过手合、手分断路器开关检查两组跳闸线圈极性正确（　　）。

6.7　失灵保护动作传动开关试验

a. 保护及开关实际动作正确（　　）。

b. 后台监控信号表示正确（　　）。

c. 站端、各级调控端继电保护在线监视与分析模块表示信息正确（　　）。

d. 录波器表示信息正确（　　）。

检验人：

7 装置投运准备工作

7.1 投入运行前的准备工作

7.1.1 现场工作结束后，工作负责人检查试验记录有无漏试验项目，核对装置的整定值是否与定值单相符。打印定值单附后。（　　）

7.1.2 盖好所有装置及辅助设备的盖子，各装置插板扣紧。（　　）

7.1.3 二次回路接线恢复，拆除在检验时使用的试验设备、仪表及一切连接线，所有被拆除的或临时接入的连线应全部恢复正常，装置所有的信号应复归。（　　）

7.1.4 压板核对及安全措施恢复。（　　）

7.1.5 全部人员撤离前，清扫现场。（　　）

7.2 对运行人员交代事项：

7.2.1 填写继电保护记录簿，将主要检验项目、试验结果及结论、定值通知单执行情况详细记录在内，向工作许可人交代检验结果、设备变动情况或遗留问题，并写明该装置可以投入运行。（　　）

7.2.2 交代运行人员在将装置投入前，必须用高内阻电压表以一端对地测保护出口压板端子电压的方法，检查并证实被检验的继电保护装置及安全自动装置确实未给出跳闸或合闸脉冲，才允许将装置的跳合闸连接片投到投入位置。（　　）

7.2.3 对运维人员进行继电保护运行规程培训。（　　）

7.3 验收合格后，办理工作票终结手续。（　　）

7.4 定值通知单编号：（　　）；执行时间：（　　）。

检验人：

8 带负荷测试

8.1 系统电压核相

系统电压核相，见表19。

表19 电压核相检验

测试数据		基准电压			
		U_A	U_B	U_C	U_N
待测保护电压	U_A				
	U_B				
	U_C				
	U_N				

结论（　　）

8.2 UX同期电压校验

将系统电压及线路同期电压接入，打印出的UX应与同期电压幅值、相位相同。

结论（　　）

8.3 交流回路相位测试

8.3.1 潮流状态

有功：(　　)；无功：(　　)；线路负荷电流：(　　)。

8.3.2　交流回路幅值及相位测试

以U_{AN}电压为基准见表20。

表20　　**交流回路幅值及相位测试**

保护名称	相别	测试值（幅值、角度）	装置显示值（幅值、角度）	相量图
断路器保护装置	A	∠	∠	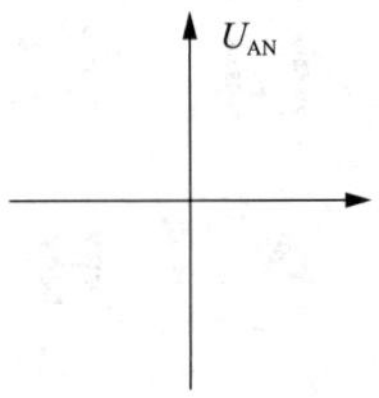
	B	∠	∠	
	C	∠	∠	
	N	∠	∠	

结论（　　）

8.4　使用钳形电流表检查流过保护二次电缆屏蔽层的电流，以确定100mm^{2}铜排是否有效起到抗干扰的作用，当检测不到电流时，应检查屏蔽层是否良好接地。测试结果为（　　）。

检验人：

9　现场遗留问题

工作负责人：

14. 常规变电站500kV断路器保护A（B）类检验标准化作业指导书

变电站名称 ______________________

装置命名 ______________________

设备变更记录

变更内容			变更日期	执行人
装置变更	1			
	2			
程序升级	1			
	2			
	3			
	4			
回路变更	1			
	2			
	3			
	4			
	5			
TA变比	1			
	2			
	3			
其他	1			
	2			
	3			

________型断路器

保护检验报告

出厂日期		投运日期	
工作负责人			
检验人员			
检验性质	□A 类检修 □B 类检修		
开始时间	年 月 日 时 分		
结束时间	年 月 日 时 分		
检验结论			
审核人签字		审核日期	

目　次

1 通用部分

1.1 详见《常规变电站继电保护标准化作业指导书 A（B）类检验通用部分》。

1.2 适用于六统一 500kV 3/2 断路器接线断路器保护。

2 保护单机检验

2.1 软件版本号及 CRC 校验码检查

软件版本号及 CRC 校验码检查，见表 1。

表 1　软件版本号及 CRC 校验码检查

CPU 号	软件版本号	CRC 校验码	软件版本生成时间	与要求版本是否一致

结论（　　）

2.2 输出回路检查

输出回路检查，见表 2。

表 2　输出回路检查

序号	检验项目	方法	接点动作情况
1	信号输出	保护动作	□监控后台，□液晶显示
		重合闸动作	□监控后台，□液晶显示
		运行异常（模拟 TA、TV 断线）	□监控后台，□液晶显示
		装置故障告警	□监控后台，□液晶显示
2	跳闸出口	投入相应保护及出口压板，分别模拟保护 A 相动作、B 相动作、C 相动作	□跳闸，□录波，□备用
3	重合闸出口	投入相应保护及出口压板，模拟重合闸动作	□重合闸，□录波
4	失灵保护出口	投入相应保护及出口压板，模拟失灵保护动作	□失灵出口

结论（　　）

2.3 开关量输入回路检验

开关量输入回路检验，见表 3。

表 3　输入回路检验

序号	检验方法	开关量输入量变化	结果
1	投入“充电过流保护”压板	“充电过流保护”由 0 变 1	
2	投入“停用重合闸”压板	“闭锁重合闸”由 0 变 1	
3	短接“TWJA”接点	“A 相跳闸位置”由 0 变 1	
4	短接“TWJB”接点	“B 相跳闸位置”由 0 变 1	
5	短接“TWJC”接点	“C 相跳闸位置”由 0 变 1	

续表

序号	检验方法	开关量输入量变化	结果
6	短接“保护A相跳闸”接点	“保护A相跳闸”由0变1	
7	短接“保护B相跳闸”接点	“保护B相跳闸”由0变1	
8	短接“保护C相跳闸”接点	“保护C相跳闸”由0变1	
9	短接“保护三相跳闸”接点	“保护三相跳闸”由0变1	
10	短接“闭锁重合闸”接点	“闭锁重合闸”由0变1	
11	短接“压力低闭锁重合闸”接点	“压力低闭锁重合闸”由0变1	
12	投入“远方操作”压板	“远方操作”由0变1	
13	按“复归”按钮	“信号复归”由0变1	
14	投“保护检修状态”压板	“检修状态”由0变1	

结论（　　）

2.4 模数变换系统的检验

装置二次额定电流 I_n=□5A/□1A。

2.4.1 零漂检验

要求：$I<0.01I_n$，$U<0.1$V，见表4。

表4　　零漂检验

采样通道	I_a(A)	I_b(A)	I_c(A)	$3I_0$(A)	U_a(V)	U_b(V)	U_c(V)	U_x(V)
采样1								
采样2								

结论（　　）

2.4.2 采样精度校验：在保护屏端子上分别通入表5的电压、电流，查看液晶屏上显示值，幅值误差应小于±5%，角度小于3°。以 U_a 为基准，见表5。

表5　　采样精度校验

采样通道	U_a(V)	U_b(V)	U_c(V)	U_x(V)	I_a(A)	I_b(A)	I_c(A)	$3I_0$(A)
$0.05I_n$，$0.6U_n$	V∠0°	V∠	V∠	V∠	A∠	A∠	A∠	A∠
采样1								
采样2								
U_n、I_n	V∠0°	V∠	V∠	V∠	A∠	A∠	A∠	A∠
采样1								
采样2								
$4I_n$，$1.2U_n$	V∠0°	V∠	V∠	V∠	A∠	A∠	A∠	A∠
采样1								
采样2								

结论（　　）

检验人：

3 保护功能校验

按照定值单进行检验，并将打印定值单附在本报告后，根据保护装置液晶显示信息、面板信号指示状态、测试装置实测时间进行填写。

3.1 失灵保护功能校验

定值：相电流 I_{zd}=(　　) A；零序电流 $3I_{0zd}$=(　　) A；负序电流 I_{2zd}=(　　) A。失灵三跳本断路器时间=(　　) s；失灵跳相邻断路器时间=(　　) s。

仅将“断路器失灵保护”控制字和“跟跳本断路器”控制字置“1”，在试验相通入电流，同时模拟保护相应跳闸开入，验证失灵保护动作及跟跳功能（装置内部设定失灵跟跳时间=s）的正确性。失灵保护定值校验，见表6。

表6　　失灵保护定值校验

整定值 \ 故障类型	ABC失灵	A相失灵	B相失灵	C相失灵
$0.95I_{zd}$	□动作 □不动作	—	—	—
$1.05I_{zd}$	□动作 □不动作	—	—	—
$0.95(3I_{0zd})$	□动作 □不动作	□动作 □不动作	□动作 □不动作	□动作 □不动作
$1.05(3I_{0zd})$	□动作 □不动作	□动作 □不动作	□动作 □不动作	□动作 □不动作
$0.95I_{2zd}$	□动作 □不动作	□动作 □不动作	□动作 □不动作	□动作 □不动作
$1.05I_{2zd}$	□动作 □不动作	□动作 □不动作	□动作 □不动作	□动作 □不动作
$1.2I_{zd}$	显示保护跟跳动作时间：(　　) ms 实测保护跟跳动作时间：(　　) ms 显示保护三跳本断路器动作时间：(　　) ms 实测保护三跳本断路器动作时间：(　　) ms 显示保护失灵联跳相邻断路器动作时间：(　　) ms 实测保护失灵联跳相邻断路器动作时间：(　　) ms			

结论（　　）

3.2 死区保护

定值：I_{zd}（　　）A，（　　）s（死区保护电流定值同失灵保护相电流定值）。

将“死区保护”控制字置“1”，在试验相通入电流，同时模拟保护跳闸、三相TWJ接点接通，测试结果见表7。

表7　　死区保护定值校验

整定值 \ 故障类型	AN	BN	CN	ABC
$0.95I_{zd}$	□动作 □不动作	□动作 □不动作	□动作 □不动作	□动作 □不动作
$1.05I_{zd}$	□动作 □不动作	□动作 □不动作	□动作 □不动作	□动作 □不动作
$1.2I_{zd}$	显示保护动作时间：(　　) ms 实测保护动作时间：(　　) ms			

结论（　　）

3.3　充电过流保护

定值：I_{zd1}=（　　）A；（　　）s；I_{zd2}=（　　）A；（　　）s

投“充电过流保护”硬压板及软压板，将“充电过流保护Ⅰ段”和“充电过流保护Ⅱ段”控制字分别置“1”，分别验证保护功能正确性。充电过流保护定值校验，见表8。

表8　　充电过流保护定值校验

故障类型 整定值	AN	BN	CN
$0.95I_{zd1}$	□动作 □不动作	□动作 □不动作	□动作 □不动作
$1.05I_{zd1}$	□动作 □不动作	□动作 □不动作	□动作 □不动作
$1.2I_{zd1}$	显示保护动作时间：（　　）ms 实测保护动作时间：（　　）ms 显示保护失灵联跳相邻断路器动作时间：（　　）ms（模拟充电启动失灵） 实测保护失灵联跳相邻断路器动作时间：（　　）ms（模拟充电启动失灵）		
$0.95I_{zd2}$	□动作 □不动作	□动作 □不动作	□动作 □不动作
$1.05I_{zd2}$	□动作 □不动作	□动作 □不动作	□动作 □不动作
$1.2I_{zd2}$	显示保护动作时间：（　　）ms 实测保护动作时间：（　　）ms 显示保护失灵联跳相邻断路器动作时间：（　　）ms（模拟充电启动失灵） 实测保护失灵联跳相邻断路器动作时间：（　　）ms（模拟充电启动失灵）		

结论（　　）

3.4　充电零序过流保护

定值：$3I_{0zd}$=（　　）A；（　　）s（充电零序过流时间定值为充电过流Ⅱ段时间定值）。

投“充电过流保护”硬压板及软压板，然后将“充电零序过流”控制字置“1”，并验证功能正确性。充电零序过流保护定值校验，见表9。

表9　　充电零序过流保护定值校验

故障类型 整定值	AN
0.95（$3I_{0zd}$）	□动作　□不动作
1.05（$3I_{0zd}$）	□动作　□不动作
1.2（$3I_{0zd}$）	显示保护动作时间：（　　）ms 实测保护动作时间：（　　）ms 显示保护失灵联跳相邻断路器动作时间：（　　）ms（模拟充电启动失灵） 实测保护失灵联跳相邻断路器动作时间：（　　）ms（模拟充电启动失灵）

结论（　　）

3.5 沟通三跳功能校验

禁止重合闸控制字置“0”，在重合闸未充电、三重或停用方式下，通入单相故障电流（大于零序或突变量启动量）的同时有对应相跳闸开入，断路器保护应沟通三跳。

结论（　　）

3.6 重合闸校验

3.6.1 重合闸方式校验

重合闸方式校验，见表10。

定值：单重时间：（　　）；三重时间：（　　）。

表10　重合闸方式校验

故障类型 重合闸方式	单相故障	相间故障	结论
单重	□动作，□不动作 动作时间：（　　）s	□动作，□不动作 动作时间：（　　）s	
三重	□动作，□不动作 动作时间：（　　）s	□动作，□不动作 动作时间：（　　）s	
禁止	□单相跳闸不重合； □三相跳闸不重合	□单相跳闸不重合； □三相跳闸不重合	
停用	□单相跳闸不重合； □三相跳闸不重合	□单相跳闸不重合； □三相跳闸不重合	

结论（　　）

3.6.2 检同期、检无压、检位置不对应启动重合闸功能校验

检同期、检无压、检位置不对应启动重合闸功能校验，见表11。

表11　重合闸功能校验表

重合闸功能	定值	装置动作信息	结论
检同期	(°)		
检无压	V		
单相 TWJ 启动重合闸	1		
三相 TWJ 启动重合闸	1		

结论（　　）

3.6.3 重合闸放电功能校验

重合闸放电功能校验，见表12。

表12　重合闸放电功能校验

序号	重合闸放电方式	结论
1	停用重合闸硬压板	
2	闭锁重合闸开关量输入	
3	低气压闭锁重合闸开关量输入	
4	保护三相跳闸开关量输入	
5	单重方式：收到多相跳位、多相跳闸开入或本保护三相跳闸	
6	失灵保护	
7	死区保护	
8	充电过流Ⅰ段动作	

续表

序号	重合闸放电方式	结论
9	充电过流Ⅱ段动作	
10	充电零序过流动作	

结论（　　）

3.6.4　停用重合闸功能的校验

验证“停用重合闸”控制字、软压板和硬压板三者逻辑关系为（□“或”逻辑，□“与”逻辑）。

结论（　　）

检验人：

4　操作箱检验

4.1　操作箱基本信息

操作箱基本信息，见表13。

表13　　**操作箱基本信息**

型号	生产厂家	出厂日期	跳/合闸电流	直流电压

结论（　　）

4.2　公共回路

4.2.1　检查一组、二组操作直流是否混电。合上一组操作直流电源，断开二组操作直流电源，测量二组操作直流对地电压；合上二组操作直流电源，断开一组操作直流电源，测量一组操作直流对地电压。

结论（　　）

4.2.2　所有涉及直接跳闸的中间继电器应满足在55%～70%额定电压下动作特性的要求。

结论（　　）

4.2.3　检查操作箱中逻辑回路的继电器，应满足80%额定电压下可靠动作。

结论（　　）

4.2.4　操作箱功能检验

操作箱功能检验，见表14。

表14　　**操作箱功能检验**

序号	检验项目	方法	动作情况
1	信号输出	一组控制回路断线	□监控后台，□面板显示
		二组控制回路断线	□监控后台，□面板显示
		跳闸1（A、B、C相）	□面板显示，□跳闸，□录波
		跳闸2（A、B、C相）	□面板显示，□跳闸，□录波
		重合闸	□面板显示，□合闸，□录波
		一组操作直流消失	□面板显示，□监控后台
		二组操作直流消失	□面板显示，□监控后台
2	继电器接点开出	三相跳闸（1TJR）动作	□跳闸，□重合闸放电 □至断路器保护三相跳闸开关量输入

续表

序号	检验项目	方法	动作情况
2	继电器接点开出	三相跳闸（2TJR）动作	□跳闸，□重合闸放电 □至断路器保护三相跳闸开关量输入
		三相跳闸（1TJF）动作	□跳闸，□重合闸放电
		三相跳闸（2TJF）动作	□跳闸，□重合闸放电
		手合动作	□合闸，□重合闸放电
		手跳动作	□跳闸，□重合闸放电
		TWJA 动作	□至断路器保护 TWJA
		TWJB 动作	□至断路器保护 TWJB
		TWJC 动作	□至断路器保护 TWJC
3	压力闭锁回路	压力低闭锁重合闸 1	□重合闸放电
		压力低闭锁重合闸 2	
		禁止合闸（根据实际接线选做）	□禁止合闸
		禁止分闸（根据实际接线选做）	□禁止分闸
		SF_6 气压低禁止操作（根据实际接线选做）	□禁止操作
4	继电器开入回路	其他保护Ⅰ动作（母差保护、主变压器保护、线路高压电抗器保护等）	□1TJR 继电器
		其他保护Ⅱ动作（母差保护、主变压器保护、线路高压电抗器保护等）	□2TJR 继电器
		主变压器非电量保护	□1TJF 继电器
			□2TJF 继电器

结论（　　）

检验人：

5 整组试验

整组试验要求：保护装置的整组传动试验，应在 80％额定直流电压条件下进行。

5.1 整组开入检验

5.1.1 边断路器整组开关量输入检验

边断路器整组开关量输入检验，见表 15。

表 15　　边断路器整组开关量输入检验

序号	对应保护开关量输出	对应保护名称	本保护开关量输入
1	A 相启动失灵	1 线路保护Ⅰ	□保护 A 相跳闸开关量输入
2	B 相启动失灵	1 线路保护Ⅰ	□保护 B 相跳闸开关量输入
3	C 相启动失灵	1 线路保护Ⅰ	□保护 C 相跳闸开关量输入
4	A 相启动失灵	1 线路保护Ⅱ	□保护 A 相跳闸开关量输入
5	B 相启动失灵	1 线路保护Ⅱ	□保护 B 相跳闸开关量输入
6	C 相启动失灵	1 线路保护Ⅱ	□保护 C 相跳闸开关量输入

结论（　　）

5.1.2 中断路器整组开关量输入检验

中断路器整组开关量输入检验，见表 16。

表 16　　中断路器整组开关量输入检验

序号	对应保护开出	对应保护名称	本保护开关量输入
1	A 相启动失灵	1 线路保护Ⅰ	□保护 A 相跳闸开关量输入
2	B 相启动失灵	1 线路保护Ⅰ	□保护 B 相跳闸开关量输入
3	C 相启动失灵	1 线路保护Ⅰ	□保护 C 相跳闸开关量输入
4	A 相启动失灵	1 线路保护Ⅱ	□保护 A 相跳闸开关量输入
5	B 相启动失灵	1 线路保护Ⅱ	□保护 B 相跳闸开关量输入
6	C 相启动失灵	1 线路保护Ⅱ	□保护 C 相跳闸开关量输入
7	A 相启动失灵	2 线路保护Ⅰ	□保护 A 相跳闸开关量输入
8	B 相启动失灵	2 线路保护Ⅰ	□保护 B 相跳闸开关量输入
9	C 相启动失灵	2 线路保护Ⅰ	□保护 C 相跳闸开关量输入
10	A 相启动失灵	2 线路保护Ⅱ	□保护 A 相跳闸开关量输入
11	B 相启动失灵	2 线路保护Ⅱ	□保护 B 相跳闸开关量输入
12	C 相启动失灵	2 线路保护Ⅱ	□保护 C 相跳闸开关量输入

结论（　　）

5.2　整组开关量输出检验

5.2.1　边断路器整组开关量输出检验

边断路器整组开关量输出检验，见表 17。

表 17　　边断路器整组开关量输出检验

序号	本保护开关量输出	对应保护名称	对应保护开关量输入
1	失灵保护出口	母差保护Ⅰ	□失灵经母差跳闸开关量输入
2	失灵保护出口	母差保护Ⅱ	□失灵经母差跳闸开关量输入
3	失灵保护出口	中断路器保护	□分相操作箱 1TJR 继电器
4	失灵保护出口	中断路器保护	□分相操作箱 2TJR 继电器
5	失灵保护出口	线路保护Ⅰ	□远传开关量输入 1，□远传开关量输入 2
6	失灵保护出口	线路保护Ⅱ	□远传开关量输入 1，□远传开关量输入 2
7	失灵保护出口	主变压器保护Ⅰ	□边断路器失灵联跳开关量输入
8	失灵保护出口	主变压器保护Ⅱ	□边断路器失灵联跳开关量输入

结论（　　）

5.2.2　中断路器整组开关量输出检验

中断路器整组开关量输出检验，见表 18。

表 18　　中断路器整组开关量输出检验

序号	本保护开关量输出	对应保护名称	对应保护开关量输入
1	失灵保护出口	边 1 断路器保护	□分相操作箱 1TJR 继电器
2	失灵保护出口	边 1 断路器保护	□分相操作箱 2TJR 继电器
3	失灵保护出口	边 2 断路器保护	□分相操作箱 1TJR 继电器
4	失灵保护出口	边 2 断路器保护	□分相操作箱 2TJR 继电器
5	失灵保护出口	间隔 1 保护Ⅰ	□远传开关量输入 1，□远传开关量输入 2
6	失灵保护出口	间隔 1 保护Ⅱ	□远传开关量输入 1，□远传开关量输入 2
7	失灵保护出口	间隔 2 保护Ⅰ	□远传开关量输入 1，□远传开关量输入 2

续表

序号	本保护开关量输出	对应保护名称	对应保护开关量输入
8	失灵保护出口	间隔 2 保护Ⅱ	□远传开关量输入 1，□远传开关量输入 2
9	失灵保护出口	主变压器保护Ⅰ	□中断路器失灵联跳开关量输入
10	失灵保护出口	主变压器保护Ⅱ	□中断路器失灵联跳开关量输入

结论（　　）

检验人：

6　带开关做整组传动试验

（要求开关传动试验打印报告附后）

重合闸实际运行方式：

6.1　检查对应断路器无闭锁，具备传动条件。

6.2　模拟保护启动重合闸传动试验

a. 保护及开关实际动作正确（　　）。

b. 后台监控信号表示正确（　　）。

c. 站端、各级调控端继电保护在线监视与分析模块表示信息正确（　　）。

d. 录波器表示信息正确（　　）。

6.3　模拟不对应启动重合闸传动试验

a. 保护及开关实际动作正确（　　）。

b. 后台监控信号表示正确（　　）。

c. 站端、各级调控端继电保护在线监视与分析模块表示信息正确（　　）。

d. 录波器表示信息正确（　　）。

6.4　模拟手合于故障（充电保护投入）检查开关防跳

a. 保护及开关实际动作正确（　　）。

b. 后台监控信号表示正确（　　）。

c. 站端、各级调控端继电保护在线监视与分析模块表示信息正确（　　）。

d. 录波器表示信息正确（　　）。

6.5　分别模拟 A，B，C 分相跳闸传动试验

a. 保护及开关实际动作正确（　　）。

b. 后台监控信号表示正确（　　）。

c. 站端、各级调控端继电保护在线监视与分析模块表示信息正确（　　）。

d. 录波器表示信息正确（　　）。

6.6　两组操作直流均合上，通过手合、手分断路器开关检查两组跳闸线圈极性正确（　　）。

检验人：

7　装置投运准备工作

7.1　投入运行前的准备工作

7.1.1　现场工作结束后，工作负责人检查试验记录有无漏试验项目，核对装置的整定

值是否与定值单相符。打印定值单附后。（　　）

7.1.2　盖好所有装置及辅助设备的盖子，各装置插板扣紧。（　　）

7.1.3　二次回路接线恢复，拆除在检验时使用的试验设备、仪表及一切连接线，所有被拆除的或临时接入的连线应全部恢复正常，装置所有的信号应复归。（　　）

7.1.4　压板核对及安全措施恢复。（　　）

7.1.5　全部人员撤离前，清扫现场。（　　）

7.2　对运行人员交代事项：

7.2.1　填写继电保护记录簿，将主要检验项目、试验结果及结论、定值通知单执行情况详细记录在内，向工作许可人交代检验结果、设备变动情况或遗留问题，并写明该装置可以投入运行。（　　）

7.2.2　交代运行人员在将装置投入前，必须用高内阻电压表以一端对地测保护出口压板端子电压的方法，检查并证实被检验的继电保护装置及安全自动装置确实未给出跳闸或合闸脉冲，才允许将装置的跳合闸连接片投到投入位置。（　　）

7.2.3　对运维人员进行继电保护运行规程培训。（　　）

7.3　验收合格后，办理工作票终结手续（　　）

7.4　定值通知单编号：（　　）；执行时间：（　　）。

检验人：

8　带负荷测试

8.1　系统电压核相

系统电压核相，见表19。

表19　　**电压核相检验**

测试数据		基准电压			
		U_A	U_B	U_C	U_N
待测保护电压	U_A				
	U_B				
	U_C				
	U_N				

结论（　　）

8.2　U_X 同期电压校验

将系统电压及线路同期电压接入，打印出的UX应与同期电压幅值、相位相同。

结论（　　）

8.3　交流回路相位测试

8.3.1　潮流状态

有功：（　　）；无功：（　　）；线路负荷电流：（　　）。

8.3.2　交流回路幅值及相位测试

以U_{AN}电压为基准，见表20。

表 20　　　　　　　　　　　**交流回路幅值及相位测试**

保护名称	相别	测试值（幅值、角度）	装置显示值（幅值、角度）	相量图
断路器保护装置	A	∠	∠	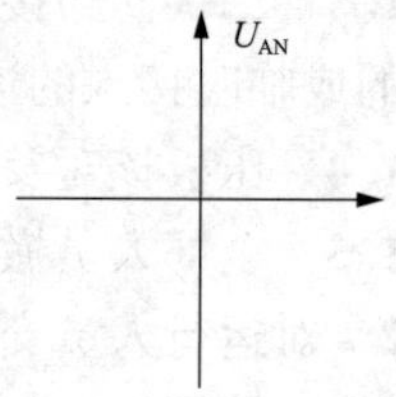
	B	∠	∠	
	C	∠	∠	
	N	∠	∠	

结论（　）

8.4　使用钳形电流表检查流过保护二次电缆屏蔽层的电流，以确定 $100mm^2$ 铜排是否有效起到抗干扰的作用，当检测不到电流时，应检查屏蔽层是否良好接地。测试结果为（　　）。

检验人：

9　现场遗留问题

工作负责人：

15. 常规变电站500kV断路器保护C类检验标准化作业指导书

变电站名称 ______________________

装 置 命 名 ______________________

设备变更记录

变更内容			变更日期	执行人
装置变更	1			
	2			
程序升级	1			
	2			
	3			
	4			
回路变更	1			
	2			
	3			
	4			
	5			
TA变比	1			
	2			
	3			
其他	1			
	2			
	3			

________型断路器

保护检验报告

出厂日期		投运日期	
工作负责人			
检验人员			
检验性质	C类检修		
开始时间	年　月　日　时　分		
结束时间	年　月　日　时　分		
检验结论			
审核人签字		审核日期	

目　　次

1　通用部分

1.1　详见《常规变电站微机继电保护标准化作业指导书C类检验通用部分》。

1.2　适用于六统一500kV 3/2断路器接线断路器保护。

2　保护单机检验

2.1　软件版本号及CRC校验码检查

软件版本号及CRC校验码检查，见表1。

表1　　**软件版本号及CRC校验码检查**

CPU号	软件版本号	CRC校验码	软件版本生成时间	与要求版本是否一致

结论（　　）

2.2　模数变换系统的检验

装置二次额定电流 I_n=□5A/□1A。

2.2.1　零漂检验

要求：$I<0.01I_n$，$U<0.1V$，见表2。

表2　　**零　漂　检　验**

采样通道	I_a(A)	1_b(A)	I_c(A)	$3I_0$(A)	U_a(V)	U_b(V)	U_c(V)	U_x(V)
采样1								
采样2								

结论（　　）

2.2.2　采样精度校验：在保护屏端子上分别通入表3的电压、电流，查看液晶屏上显示值，幅值误差应小于±5%，角度小于3°。以 U_a 为基准，见表3。

表3　　**采 样 精 度 校 验**

采样通道	U_a(V)	U_b(V)	U_c(V)	U_x(V)	I_a(A)	I_b(A)	I_c(A)	$3I_0$(A)
U_n、I_n	V∠0°	V∠	V∠	V∠	A∠	A∠	A∠	A∠
采样1								
采样2								

结论（　　）

检验人：

3　带开关做整组传动试验

结合整组试验对已投入使用的开入量进行检查，要求开关传动试验打印报告附后

重合闸实际运行方式：

3.1 检查对应断路器无闭锁，具备传动条件。

3.2 模拟保护启动重合闸传动试验：

a. 保护及开关实际动作正确。（ ）

b. 后台监控信号表示正确。（ ）

c. 站端、各级调控端继电保护在线监视与分析模块表示信息正确。（ ）

d. 录波器表示信息正确。（ ）

3.3 模拟不对应启动重合闸传动试验：

a. 保护及开关实际动作正确。（ ）

b. 后台监控信号表示正确。（ ）

c. 站端、各级调控端继电保护在线监视与分析模块表示信息正确。（ ）

d. 录波器表示信息正确。（ ）

3.4 模拟手合于故障（充电保护投入）检查开关防跳：

a. 保护及开关实际动作正确。（ ）

b. 后台监控信号表示正确。（ ）

c. 站端、各级调控端继电保护在线监视与分析模块表示信息正确。（ ）

d. 录波器表示信息正确。（ ）

3.5 分别模拟 A，B，C 分相跳闸传动试验：

a. 保护及开关实际动作正确。（ ）

b. 后台监控信号表示正确。（ ）

c. 站端、各级调控端继电保护在线监视与分析模块表示信息正确。（ ）

d. 录波器表示信息正确。（ ）

检验人：

4 装置投运准备工作

4.1 投入运行前的准备工作

4.1.1 现场工作结束后，工作负责人检查试验记录有无漏试验项目，核对装置的整定值是否与定值单相符。打印定值单附后。（ ）

4.1.2 盖好所有装置及辅助设备的盖子，各装置插板扣紧。（ ）

4.1.3 二次回路接线恢复，拆除在检验时使用的试验设备、仪表及一切连接线，所有被拆除的或临时接入的连线应全部恢复正常，装置所有的信号应复归。（ ）

4.1.4 压板核对及安全措施恢复。（ ）

4.1.5 全部人员撤离前，清扫现场。（ ）

4.2 对运行人员交代事项：

4.2.1 填写继电保护记录簿，将主要检验项目、试验结果及结论、定值通知单执行情况详细记录在内，向工作许可人交代检验结果、设备变动情况或遗留问题，并写明该装置可以投入运行。（ ）

4.2.2 交代运行人员在将装置投入前，必须用高内阻电压表以一端对地测保护出口压板端子电压的方法，检查并证实被检验的继电保护装置及安全自动装置确实未给出跳闸或合闸脉冲，才允许将装置的跳合闸连接片投到投入位置。（ ）

4.2.3 对运维人员进行继电保护运行规程培训。（　　）

4.3 验收合格后，办理工作票终结手续（　　）

4.4 定值通知单编号：（　　）；执行时间：（　　）。

检验人：

5 现场遗留问题

工作负责人：

16. 常规变电站500kV变压器保护新安装验收标准化作业指导书

变电站名称 ________________________

装 置 命 名 ________________________

设备变更记录

变更内容			变更日期	执行人
装置变更	1			
	2			
程序升级	1			
	2			
	3			
	4			
回路变更	1			
	2			
	3			
	4			
	5			
TA 变比	1			
	2			
	3			
其他	1			
	2			
	3			

________型变压器

保护检验报告

出厂日期		投运日期	
工作负责人			
检验人员			
检验性质	新安装验收检验		
开始时间	年 月 日 时 分		
结束时间	年 月 日 时 分		
检验结论			
审核人签字		审核日期	

目　次

1 通用部分

1.1 详见《常规变电站继电保护标准化作业指导书（验收检验通用部分）》。

1.2 本报告适用于500kV常规变电站高压侧3/2断路器接线主变压器保护。本报告试验项目针对变压器电气量保护，非电量保护检验。

2 微机保护单机检验

2.1 软件版本号及CRC校验码检查

软件版本号及CRC校验码检查见表1。

表1 装置基本信息

CPU号	软件版本号	CRC校验码	软件版本生成时间	与要求版本是否一致

2.2 开关量输出回路检验

开关量输出回路检验见表2。

表2 开关量输出回路检验

序号	检验项目	方法	接点动作情况
1	装置闭锁	关闭装置电源	□液晶显示，□监控后台
2	信号输出	保护动作	□液晶显示，□监控后台
		模拟过负荷报警	□液晶显示，□监控后台
		运行异常	□液晶显示，□监控后台
		装置故障告警	□液晶显示，□监控后台
3	跳闸出口	主保护	□高压Ⅰ侧跳闸，□高压Ⅱ侧跳闸，□中压侧跳闸，□中压侧母联跳闸，□中压侧分段跳闸，□低压侧跳闸，□启动高压侧失灵，□启动中压侧失灵，□解除中压侧失灵电压闭锁，□录波，□监控后台
		高压侧后备保护	□高压Ⅰ侧跳闸，□高压Ⅱ侧跳闸，□中压侧跳闸，□中压侧母联跳闸，□中压侧分段跳闸，□低压侧跳闸，□启动高压侧失灵，□启动中压侧失灵，□解除中压侧失灵电压闭锁，□录波，□监控后台
		中压侧后备保护	□高压Ⅰ侧跳闸，□高压Ⅱ侧跳闸，□中压侧跳闸，□中压侧母联跳闸，□中压侧分段跳闸，□低压侧跳闸，□启动高压侧失灵，□启动中压侧失灵，□解除中压侧失灵电压闭锁，□录波，□监控后台
		低压侧后备保护	□高压Ⅰ侧跳闸，□高压Ⅱ侧跳闸，□中压侧跳闸，□中压侧母联跳闸，□中压侧分段跳闸，□低压侧跳闸，□启动高压侧失灵，□启动中压侧失灵，□解除中压侧失灵电压闭锁，□录波，□监控后台

续表

序号	检验项目	方法	接点动作情况
3	跳闸出口	低压侧绕组后备保护	□高压Ⅰ侧跳闸，□高压Ⅱ侧跳闸，□中压侧跳闸，□中压侧母联跳闸，□中压侧分段跳闸，□低压侧跳闸，□启动高压侧失灵，□启动中压侧失灵，□解除中压侧失灵电压闭锁，□录波，□监控后台
		公共绕组后备保护	□高压Ⅰ侧跳闸，□高压Ⅱ侧跳闸，□中压侧跳闸，□中压侧母联跳闸，□中压侧分段跳闸，□低压侧跳闸，□启动高压侧失灵，□启动中压侧失灵，□解除中压侧失灵电压闭锁，□录波，□监控后台

2.3　开关量输入回路检验

开关量输入回路检验见表3。

表3　　**开关量输入回路检验**

序号	检验方法	开关量输入量变化	结果
1	投入“主保护”压板	“主保护”由0变1	
2	投入“高压侧后备保护”压板	“高压侧后备保护”由0变1	
3	投入“高压侧电压投入”压板	“高压侧电压投入”由0变1	
4	投入“中压侧后备保护”压板	“中压侧后备保护”由0变1	
5	投入“中压侧电压投入”压板	“中压侧电压投入”由0变1	
6	投入“低压侧绕组后备保护”压板	“低压侧绕组后备保护”由0变1	
7	投入“低压侧后备保护”压板	“低压侧后备保护”由0变1	
8	投入“低压侧电压投入”压板	“低压侧电压投入”由0变1	
9	投入“公共绕组后备保护”压板	“公共绕组后备保护”由0变1	
10	高压侧失灵联跳开入	高压侧失灵联跳开入由0变1	
11	中压侧失灵联跳开入	中压侧失灵联跳开入由0变1	
12	投入“远方操作”压板	“远方操作”由0变1	
13	投入“保护检修状态”压板	“保护检修状态”由0变1	
14	信号复归	“信号复归”由0变1	

结论（　　）

2.4　零漂及采样校验

2.4.1　零漂校验

零漂校验见表4（要求 $I<0.01I_n$，$U<0.1V$）。

表4　　**零　漂　校　验**

高压1侧电流	$I_{(h1a)}$	$I_{(h1b)}$	$I_{(h1c)}$
采样1			
采样2			
高压2侧电流	$I_{(h2a)}$	$I_{(h2b)}$	$I_{(h2c)}$
采样1			
采样2			

续表

中压侧电流	$I_{(ma)}$	$I_{(mb)}$	$I_{(mc)}$
采样 1			
采样 2			
低压侧外附电流	$I_{(la)}$	$I_{(lb)}$	$I_{(lc)}$
采样 1			
采样 2			
低压侧绕组电流	$I_{(ra)}$	$I_{(rb)}$	$I_{(rc)}$
采样 1			
采样 2			
公共绕组电流	$I_{(ga)}$	$I_{(gb)}$	$I_{(lgc)}$
采样 1			
采样 2			
公共绕组零序电流	$I_{(g0)}$		
采样 1			
采样 2			
高压侧电压	$U_{(ha)}$	$U_{(hb)}$	$U_{(hc)}$
采样 1			
采样 2			
中压侧电压	$U_{(ma)}$	$U_{(mb)}$	$U_{(mc)}$
采样 1			
采样 2			
低压侧电压	$U_{(la)}$	$U_{(lb)}$	$U_{(lc)}$
采样 1			
采样 2			

结论（　　）

2.4.2 采样幅值及相位精度校验

采样幅值及相位精度校验见表 5。

在保护屏端子上分别加入额定电压、电流量，分别进入保护状态“菜单中管理板”和“CPU 板子菜单”查看液晶屏上显示值，幅值误差应小于 5%，相位误差小于 3°。

表 5　　采样幅值及相位精度校验

采样通道	模拟量	装置显示					
		U_A	U_B	U_C	相位 A-B	相位 B-C	相位 C-A
高压侧电压	$0.1U_n$						
	U_n						
	$1.5U_n$						
中压侧电压	$0.1U_n$						
	U_n						
	$1.5U_n$						
低压侧电压	$0.1U_n$						
	U_n						
	$1.5U_n$						

续表

采样通道	模拟量	装置显示					
		U_A	U_B	U_C	相位 A-B	相位 B-C	相位 C-A
高压Ⅰ侧电流	$0.05I_n$						
	I_n						
	$4I_n$						
高压Ⅱ侧电流	$0.05I_n$						
	I_n						
	$4I_n$						
中压侧电流	$0.05I_n$						
	I_n						
	$4I_n$						
低压侧绕组电流	$0.05I_n$						
	I_n						
	$4I_n$						
低压侧外附电流	$0.05I_n$						
	I_n						
	$4I_n$						
公共绕组电流	$0.05I_n$						
	I_n						
	$4I_n$						
公共绕组零序电流	$0.05I_n$						
	I_n						
	$4I_n$						

结论（ ）

检验人：

3 保护功能校验

3.1 主保护校验

3.1.1 变压器基本参数

变压器基本参数见表 6。

表 6 变压器基本参数

参数		高压 1 侧	高压 2 侧	中压侧	低压套管	低压外附	公共绕组
变压器接线方式							
变压器容量							
一次额定电压（kV）		$U_{he}=$		$U_{me}=$	$U_{le}=$		—
TA 变比							
计算值	一次额定电流（A）	$I_{1he}=$	$I_{1he}=$	$I_{1me}=$	$I_{1re}=$	$I_{1le}=$	$I_{1ge}=$
	二次额定电流（A）	$I_{2he}=$	$I_{2he}=$	$I_{2me}=$	$I_{2re}=$	$I_{2le}=$	$I_{2ge}=$

3.1.2 谐波制动系数试验

3.1.2.1 二次谐波制动系数试验见表 7。

投入主保护功能硬压板、软压板及二次谐波制动控制字，并验证功能正确性；二次谐波制动控制字为纵差保护、分相差动保护共用控制字。

表 7　　二次谐波制动系数试验

试验条件			整定值	0.95 倍制动系数	1.05 倍制动系数
高压侧	通入基波电流使差动保护动作	A 相通二次谐波电流		□动作，□不动作	□动作，□不动作
		B 相通二次谐波电流		□动作，□不动作	□动作，□不动作
		C 相通二次谐波电流		□动作，□不动作	□动作，□不动作

结论（　　）

3.1.2.2　五次谐波制动系数试验

五次谐波制动系数试验见表 8。

表 8　　五次谐波制动系数试验

试验条件			内部定值	0.95 倍制动系数	1.05 倍制动系数
高压侧	通入基波电流使差动保护动作	A 相通五次谐波电流		□动作，□不动作	□动作，□不动作
		B 相通五次谐波电流		□动作，□不动作	□动作，□不动作
		C 相通五次谐波电流		□动作，□不动作	□动作，□不动作

结论（　　）

3.1.3　定值校验

按照定值单进行检验。根据保护装置液晶显示信息、面板信号指示状态、测试装置实测时间进行填写。

3.1.3.1　差动速断保护定值校验

投入主保护功能硬压板、主保护功能软压板、差动速断控制字、纵差保护或分相差动保护控制字，分别从高、中、低侧通入 A、B、C 相电流，验证功能正确性。

差动速断电流定值 I_{zd}=（　　）。

差动速断电流定值校验见表 9。

表 9　　差动速断保护定值校验

项目	交流输入	$0.95I_{zd}$	$1.05I_{zd}$
高压 1 侧	I_a	□动作，□不动作	□动作，□不动作
	I_b	□动作，□不动作	□动作，□不动作
	I_c	□动作，□不动作	□动作，□不动作
高压 2 侧	I_a	□动作，□不动作	□动作，□不动作
	I_b	□动作，□不动作	□动作，□不动作
	I_c	□动作，□不动作	□动作，□不动作
中压侧	I_a	□动作，□不动作	□动作，□不动作
	I_b	□动作，□不动作	□动作，□不动作
	I_c	□动作，□不动作	□动作，□不动作
低压侧	I_a	□动作，□不动作	□动作，□不动作
	I_b	□动作，□不动作	□动作，□不动作
	I_c	□动作，□不动作	□动作，□不动作

结论（　　）

3.1.3.2　纵差保护

投入主保护功能硬压板、主保护功能软压板及纵差保护控制字，验证功能正确性。

（1）各侧平衡系数计算值：K_{Ph}=（　　）；K_{Pm}=（　　）；K_{Pl}=（　　）。

纵差保护平衡系数检查见表 10。

表 10　　纵差保护平衡系数检查

高压侧	中压侧	低压侧外附 TA	差动电流		
			DI_a	DI_b	DI_c

结论（　　）

（2）比率制动试验

方法一：用微机式继电保护测试仪的比率制动曲线边界搜索功能绘制出纵差保护动作特性曲线，将所得动作特性曲线打印附于报告后，并与厂家提供的特性曲线进行比较。

方法二：纵差保护比率制动试验见表 11。

表 11　　纵差保护比率制动试验

序号		电流 I_1（调整侧）			电流 I_2（固定侧）		制动电流标幺值	动作电流标幺值	制动系数 K
		标幺值	有名值（A）		标幺值	有名值（A）			
			计算	实测					
高压侧 I_1 和中压侧 I_2	1								
	2								
	3								
	4								
	5								
	6								
高压侧 I_1 和低压侧外附 TAI_2	1								
	2								
	3								
	4								
	5								
	6								
中压侧 I_1 和低压侧外附 TAI_2	1								
	2								
	3								
	4								
	5								
	6								
要求	制动曲线的每一折线取两个点，画出制动特性曲线，和厂家提供的制动特性曲线基本相吻合，实测值与装置内部设定值误差不应超过 5%。								

结论（　　）

（3）纵差保护定值校验

投入主保护功能硬压板、主保护功能软压板及纵差保护控制字，并验证功能正确性。

差动保护启动电流定值 I_{zd}=（　　）。

纵差保护定值校验见表 12。

表 12　　纵差保护定值校验

项目	交流输入	$0.95I_{zd}$	$1.05I_{zd}$
高压 1 侧	I_a	□动作，□不动作	□动作，□不动作
	I_b	□动作，□不动作	□动作，□不动作
	I_c	□动作，□不动作	□动作，□不动作
高压 2 侧	I_a	□动作，□不动作	□动作，□不动作
	I_b	□动作，□不动作	□动作，□不动作
	I_c	□动作，□不动作	□动作，□不动作
中压侧	I_a	□动作，□不动作	□动作，□不动作
	I_b	□动作，□不动作	□动作，□不动作
	I_c	□动作，□不动作	□动作，□不动作
低压侧外附	I_a	□动作，□不动作	□动作，□不动作
	I_b	□动作，□不动作	□动作，□不动作
	I_c	□动作，□不动作	□动作，□不动作

结论（　　）

(4) 模拟 TA 断线，投入“TA 断线闭锁纵差保护”控制字，且差流大于纵差保护动作值但小于 $1.2I_e$，纵差保护不动作；继续增大电流，使差流大于 $1.2I_e$，纵差保护应动作。

结论（　　）

3.1.3.3 分相差动保护

投入主保护功能硬压板、主保护功能软压板及分相差动保护控制字，并验证功能正确性

(1) 各侧平衡系数计算值：K_{Ph}=(　　)；K_{Pm}=(　　)；K_{Pr}=(　　)。

分相差动保护平衡系数检查见表 13。

表 13　　分相差动保护平衡系数检查

高压侧	中压侧	低压侧套管 TA	差流		
			DI_a	DI_b	DI_c

结论（　　）

(2) 比率制动试验

方法一：用微机式继电保护测试仪的比率制动曲线边界搜索功能绘制出分相差动保护动作特性曲线，将所得动作特性曲线打印附报告后，并与厂家提供的特性曲线进行比较。

方法二：分相差动保护比率制动试验见表 14。

表 14　　分相差动保护比率制动试验

序号		电流 I_1（调整侧）			电流 I_2（固定侧）		制动电流标幺值	动作电流标幺值	制动系数 K
		标幺值	有名值（A）		标幺值	有名值（A）			
			计算	实测					
高压侧 I_1 和中压侧 I_2	1								
	2								
	3								
	4								
	5								
	6								

续表

序号		电流 I_1（调整侧）			电流 I_2（固定侧）		制动电流标幺值	动作电流标幺值	制动系数 K
		标幺值	有名值（A）		标幺值	有名值（A）			
			计算	实测					
高压侧 I_1 和低压侧套管 TAI_2	1								
	2								
	3								
	4								
	5								
	6								
中压侧 I_1 和低压侧套管 TAI_2	1								
	2								
	3								
	4								
	5								
	6								
要求	制动曲线的每一折线取两个点。画出制动特性曲线，和厂家提供的制动特性曲线基本相吻合，实测值与装置内部设定值误差不应超过 5%								

结论（　　）

（3）分相差动保护定值校验

投入主保护功能硬压板、主保护功能软压板及分相差动保护控制字，并验证功能正确性。

差动保护启动电流定值 I_{zd}=（　　）。

分相差动保护定值校验见表 15。

表 15　　分相差动保护定值校验

	交流输入	$0.95I_{zd}$	$1.05I_{zd}$
高压 1 侧	I_a	□动作，□不动作	□动作，□不动作
	I_b	□动作，□不动作	□动作，□不动作
	I_c	□动作，□不动作	□动作，□不动作
高压 2 侧	I_a	□动作，□不动作	□动作，□不动作
	I_b	□动作，□不动作	□动作，□不动作
	I_c	□动作，□不动作	□动作，□不动作
中压侧	I_a	□动作，□不动作	□动作，□不动作
	I_b	□动作，□不动作	□动作，□不动作
	I_c	□动作，□不动作	□动作，□不动作
低压侧套管 TA	I_a	□动作，□不动作	□动作，□不动作
	I_b	□动作，□不动作	□动作，□不动作
	I_c	□动作，□不动作	□动作，□不动作

结论（　　）

（4）模拟 TA 断线，投入“TA 断线闭锁纵差保护”控制字，且差流大于分相差动保护动作值但小于 $1.2I_e$，纵差保护不动作；继续增大电流，使差流大于 $1.2I_e$，纵差保护应动作。

结论（　　）

3.1.3.4 低压侧小区差动

投入主保护功能硬压板、软压板及低压侧小区差动保护控制字，并验证功能正确性。

（1）各侧平衡系数计算值：K_{Pl}＝(　　)；K_{Pr}＝(　　)。

低压侧小区差动平衡系数检查见表16。

表16　　低压侧小区差动平衡系数检查

低压侧外附TA	低压侧套管TA	差动电流		
		DI_a	DI_b	DI_c

结论（　　）

（2）低压侧小区差动动作特性测试

方法一：用微机式继电保护测试仪的比率制动曲线边界搜索功能绘制出低压侧小区差动保护动作特性曲线，将所得动作特性曲线打印附于报告后，并与厂家提供的特性曲线进行比较。

方法二：低压侧小区差动动作特性测试见表17。

表17　　低压侧小区差动保护比率制动试验

序号		电流I_1（调整侧）			电流I_2（固定侧）		制动电流标幺值	动作电流标幺值	制动系数K
		标幺值	有名值（A）		标幺值	有名值（A）			
			计算	实测					
低压侧外附TAI_1和低压侧套管TAI_2	1								
	2								
	3								
	4								
	5								
	6								
要求	制动曲线的每一折线取两个点，画出制动特性曲线，和厂家提供的制动特性曲线基本相吻合，实测值与装置内部设定值误差不应超过5%								

结论（　　）

（3）低压侧小区差动保护定值校验

投入主保护功能硬压板、软压板及低压侧小区差动控制字，并验证功能正确性。

低压侧小区差动保护装置内部设定值I_{zd}＝(　　)。

低压侧小区差动保护动作值校验见表18。

表18　　低压侧小区差动保护定值校验

项目	交流输入	$0.95I_{zd}$	$1.05I_{zd}$
低压侧外附	I_a	□动作，□不动作	□动作，□不动作
	I_b	□动作，□不动作	□动作，□不动作
	I_c	□动作，□不动作	□动作，□不动作
低压侧绕组	I_a	□动作，□不动作	□动作，□不动作
	I_b	□动作，□不动作	□动作，□不动作
	I_c	□动作，□不动作	□动作，□不动作

结论（　　）

（4）模拟 TA 断线，投入“TA 断线闭锁差动保护”控制字，当差流大于低压侧小区差动保护动作值但小于 $1.2I_e$，低压侧小区差动保护不动作；继续增大电流，则：

□差流大于 $1.2I_e$，保护仍闭锁。

□差流大于 $1.2I_e$，保护动作。

□差流大于 $1.2I_{emax}$（低压侧额定电流，套管内额定电流），保护动作。

结论（　　）

3.1.3.5　分侧差动保护

投入主保护功能硬压板、主保护功能软压板及分侧差动保护控制字，并验证功能正确性。

（1）各侧平衡系数计算值：K_{Ph}=(　　)；K_{Pm}=(　　)；K_{Pg}=(　　)。

分侧差动保护平衡系数检查见表 19。

表 19　　分侧差动保护平衡系数检查

高压侧	中压侧	公共绕组	差流		
			DI_a	DI_b	DI_c

结论（　　）

（2）分侧差动动作特性测试

方法一：用微机式继电保护测试仪的比率制动曲线边界搜索功能绘制出分侧差动保护动作特性曲线，将所得动作特性曲线打印附于报告后，并与厂家提供的特性曲线进行比较。

方法二：分侧差动动作特性测试见表 20。

表 20　　分侧差动动作特性测试

序号		电流 I_1（调整侧）			电流 I_2（固定侧）		制动电流标幺值	动作电流标幺值	制动系数 K
		标幺值	有名值（A）		标幺值	有名值（A）			
			计算	实测					
高压侧 I_1 和中压侧 I_2	1								
	2								
	3								
	4								
	5								
	6								
高压侧 I_1 和公共绕组 I_2	1								
	2								
	3								
	4								
	5								
	6								
中压侧 I_1 和公共绕组 I_2	1								
	2								
	3								
	4								

续表

<table>
<tr><th rowspan="3" colspan="2">序号</th><th colspan="3">电流 I_1（调整侧）</th><th colspan="2">电流 I_2（固定侧）</th><th rowspan="3">制动电流标幺值</th><th rowspan="3">动作电流标幺值</th><th rowspan="3">制动系数 K</th></tr>
<tr><th rowspan="2">标幺值</th><th colspan="2">有名值（A）</th><th rowspan="2">标幺值</th><th rowspan="2">有名值（A）</th></tr>
<tr><th>计算</th><th>实测</th></tr>
<tr><td rowspan="2">中压侧 I_1 和公共绕组 I_2</td><td>5</td><td></td><td></td><td></td><td></td><td></td><td></td><td></td><td></td></tr>
<tr><td>6</td><td></td><td></td><td></td><td></td><td></td><td></td><td></td><td></td></tr>
<tr><td>要求</td><td colspan="9">制动曲线的每一折线取两个点，画出制动特性曲线，和厂家提供的制动特性曲线基本相吻合，实测值与装置内部设定值误差不应超过 5%</td></tr>
</table>

结论（　　）

（3）分侧差动保护定值校验

投入主保护功能硬压板、主保护功能软压板及分侧差动保护控制字，并验证功能正确性。

分侧差动启动电流定值 I_{zd}=（　　）。

分侧差动保护动作值测试见表 21。

表 21　　分侧差动保护定值校验

项目	交流输入	$0.95I_{zd}$	$1.05I_{zd}$
高压 1 侧	I_a	□动作，□不动作	□动作，□不动作
	I_b	□动作，□不动作	□动作，□不动作
	I_c	□动作，□不动作	□动作，□不动作
高压 2 侧	I_a	□动作，□不动作	□动作，□不动作
	I_b	□动作，□不动作	□动作，□不动作
	I_c	□动作，□不动作	□动作，□不动作
中压侧	I_a	□动作，□不动作	□动作，□不动作
	I_b	□动作，□不动作	□动作，□不动作
	I_c	□动作，□不动作	□动作，□不动作
公共绕组	I_a	□动作，□不动作	□动作，□不动作
	I_b	□动作，□不动作	□动作，□不动作
	I_c	□动作，□不动作	□动作，□不动作

结论（　　）

（4）模拟 TA 断线，投入"TA 断线闭锁差动保护"控制字，当差流大于分侧差动保护动作值但小于 $1.2I_e$，分侧差动保护不动作；继续增大电流，则：

□差流大于 $1.2I_e$，保护仍闭锁。

□差流大于 $1.2I_e$，保护动作。

□差流大于 1.2 倍中压侧额定电流，保护动作。

结论（　　）

3.2　高压侧后备保护

3.2.1　阻抗保护定值校验

阻抗保护定值校验见表 22。

投高压侧后备保护硬压板、高压侧后备功能软压板、高压侧电压功能硬压板及对应时限控制字，并验证功能正确性。

表 22　　　　　　**阻抗保护定值校验**

保护名称	定值名称	整定值	AB/A		BC/B		CA/C	
			$0.95Z_{zd}$	$1.05Z_{zd}$	$0.95Z_{zd}$	$1.05Z_{zd}$	$0.95Z_{zd}$	$1.05Z_{zd}$
相间阻抗	相间阻抗定值/指向主变压器		□动作 □不动作	□动作 □不动作	□动作 □不动作	□动作 □不动作	□动作 □不动作	□动作 □不动作
	相间阻抗定值/指向母线		□动作 □不动作	□动作 □不动作	□动作 □不动作	□动作 □不动作	□动作 □不动作	□动作 □不动作
接地阻抗	接地阻抗定值/指向主变压器		□动作 □不动作	□动作 □不动作	□动作 □不动作	□动作 □不动作	□动作 □不动作	□动作 □不动作
	接地阻抗定值/指向母线		□动作 □不动作	□动作 □不动作	□动作 □不动作	□动作 □不动作	□动作 □不动作	□动作 □不动作

结论（　　）

3.2.2　电流保护定值校验

电流保护定值校验见表 23。

投高压侧后备保护功能硬压板、高压侧后备功能保护软压板、高压侧电压功能硬压板，复压过流保护控制字，并保证复压过流保护复压开放。

表 23　　　　　　**电流保护定值校验**

保护名称	定值名称	整定值	I_A		I_B		I_C	
			$0.95I_{zd}$	$1.05I_{zd}$	$0.95I_{zd}$	$1.05I_{zd}$	$0.95I_{zd}$	$1.05I_{zd}$
复压过流保护	复压过流定值		□动作 □不动作	□动作 □不动作	□动作 □不动作	□动作 □不动作	□动作 □不动作	□动作 □不动作
过负荷保护	过负荷定值		□动作 □不动作	□动作 □不动作	□动作 □不动作	□动作 □不动作	□动作 □不动作	□动作 □不动作

结论（　　）

3.2.3　复压过流闭锁功能校验

复压过流闭锁功能校验见表 24。

投高压侧后备保护功能硬压板、高压侧后备保护功能软压板、高压侧电压功能硬压板及复压过流保护控制字。试验时分别通入电流应大于整定值。低电压闭锁定值（　　）V，负序电压闭锁定值（　　）V。

表 24　　　　　　**复压过流闭锁功能校验**

保护名称	通入电流（A）	低电压校验						负序电压校验	
		U_{AB}		U_{BC}		U_{CA}		U_2	
		$0.95U_{zd}$	$1.05U_{zd}$	$0.95U_{zd}$	$1.05U_{zd}$	$0.95U_{zd}$	$1.05U_{zd}$	$0.95U_{zd}$	$1.05U_{zd}$
复压过流保护		□动作 □不动作	□动作 □不动作	□动作 □不动作	□动作 □不动作	□动作 □不动作	□动作 □不动作	□动作 □不动作	□动作 □不动作

结论（　　）

3.2.4　零序保护定值校验

零序保护定值校验见表 25。

投高压侧后备保护功能硬压板、高压侧后备保护功能软压板、高压侧电压功能硬压板及零序过流Ⅲ段、对应时限控制字，退出零序Ⅰ段带方向、零序Ⅱ段带方向控制字。

表 25　　零序保护定值校验

保护名称	定值名称	整定值	I_0	
			$0.95I_{zd}$	$1.05I_{zd}$
零序保护	零序过流Ⅰ段定值		□动作 □不动作	□动作 □不动作
	零序过流Ⅱ段定值		□动作 □不动作	□动作 □不动作
	零序过流Ⅲ段定值		□动作 □不动作	□动作 □不动作

结论（　　）

3.2.5　零序保护方向功能校验

零序保护方向功能校验见表 26。

投高压侧后备保护功能硬压板、高压侧后备保护功能软压板、高压侧电压功能硬压板、对应时限控制字、零序Ⅰ段带方向、零序Ⅱ段带方向控制字。

表 26　　零序保护方向功能校验

功能测试	外加零序电流、电压，方向指向母线		外加零序电流、电压，方向指向变压器	
	方向指向母线控制字	方向指向变压器控制字	方向指向母线控制字	方向指向变压器控制字
零序Ⅰ段方向	□动作 □不动作	□动作 □不动作	□动作 □不动作	□动作 □不动作
零序Ⅱ段方向	□动作 □不动作	□动作 □不动作	□动作 □不动作	□动作 □不动作

结论（　　）

3.2.6　过励磁保护校验

过励磁保护校验见表 27。

投高压侧后备保护功能硬压板、高压侧后备保护功能软压板、高压侧电压功能硬压板。测试结果与厂家提供反时限过励磁保护曲线核对。

表 27　　过励磁保护功能校验

保护名称	定值名称	整定值	试验动作值
过励磁保护	过励磁告警定值		
	过励磁告警时间		
	反时限过励磁 1 段倍数		
	反时限过励磁 1 段时间		
	反时限过励磁 2 段时间		
	反时限过励磁 3 段时间		
	反时限过励磁 4 段时间		
	反时限过励磁 5 段时间		
	反时限过励磁 6 段时间		
	反时限过励磁 7 段时间		

结论（　　）

3.2.7　高压侧电压使用逻辑检查

高压侧的复压元件默认为各侧复压的“或”逻辑作为开放条件。当高压侧判断出本侧TV异常时，本侧复压元件不会满足条件，本侧复合电压过流保护经其他侧复合电压开放。本侧TV断线或电压退出时退出方向元件，受低压侧复压元件控制。当各侧均TV断线或电压退出时，本侧转为纯过流。

结论（　　）

3.2.8　高压侧失灵联跳

投入高压侧失灵经主变压器跳闸控制字，模拟高压侧失灵联跳开入，同时在高压侧加入大于装置内部设定值，失灵联跳保护经50ms延时后跳变压器各侧断路器。失灵联跳开入超过装置内部设定时间，装置报“失灵联跳开入报警”，并闭锁失灵联跳功能。

结论（　　）

3.3　中压侧后备保护

3.3.1　阻抗保护定值校验

阻抗保护定值校验见表28。

投中压侧后备保护硬压板、中压侧后备功能软压板、中压侧电压功能硬压板及对应时限控制字，并验证功能正确性。

表28　　阻抗保护定值校验

保护名称	定值名称	整定值	AB/A		BC/B		CA/C	
			$0.95Z_{zd}$	$1.05Z_{zd}$	$0.95Z_{zd}$	$1.05Z_{zd}$	$0.95Z_{zd}$	$1.05Z_{zd}$
相间阻抗	相间阻抗定值/指向主变压器		□动作 □不动作	□动作 □不动作	□动作 □不动作	□动作 □不动作	□动作 □不动作	□动作 □不动作
	相间阻抗定值/指向母线		□动作 □不动作	□动作 □不动作	□动作 □不动作	□动作 □不动作	□动作 □不动作	□动作 □不动作
接地阻抗	接地阻抗定值/指向主变压器		□动作 □不动作	□动作 □不动作	□动作 □不动作	□动作 □不动作	□动作 □不动作	□动作 □不动作
	接地阻抗定值/指向母线		□动作 □不动作	□动作 □不动作	□动作 □不动作	□动作 □不动作	□动作 □不动作	□动作 □不动作

结论（　　）

3.3.2　电流保护定值校验

电流保护定值校验见表29。

投中压侧后备保护功能硬压板、中压侧后备功能保护软压板、中压侧电压功能硬压板，复压过流保护控制字，并保证复压过流保护复压开放。

表29　　电流保护定值校验

保护名称	定值名称	整定值	I_A		I_B		I_C	
			$0.95I_{zd}$	$1.05I_{zd}$	$0.95I_{zd}$	$1.05I_{zd}$	$0.95I_{zd}$	$1.05I_{zd}$
复压过流保护	复压过流定值		□动作 □不动作	□动作 □不动作	□动作 □不动作	□动作 □不动作	□动作 □不动作	□动作 □不动作
过负荷保护	过负荷定值		□动作 □不动作	□动作 □不动作	□动作 □不动作	□动作 □不动作	□动作 □不动作	□动作 □不动作

结论（　　）

3.3.3 复压过流闭锁功能校验

复压过流闭锁功能校验见表30。

投中压侧后备保护功能硬压板、中压侧后备保护功能软压板、中压侧电压功能硬压板及复压过流保护控制字。试验时分别通入电流应大于整定值。低电压闭锁定值（　　）V，负序电压闭锁定值（　　）V。

表30　复压过流闭锁功能校验

保护名称	通入电流（A）	低电压校验						负序电压校验	
		U_{AB}		U_{BC}		U_{CA}		U_2	
		$0.95U_{zd}$	$1.05U_{zd}$	$0.95U_{zd}$	$1.05U_{zd}$	$0.95U_{zd}$	$1.05U_{zd}$	$0.95U_{zd}$	$1.05U_{zd}$
复压过流保护		□动作 □不动作	□动作 □不动作	□动作 □不动作	□动作 □不动作	□动作 □不动作	□动作 □不动作	□动作 □不动作	□动作 □不动作

结论（　　）

3.3.4 零序保护定值校验

零序保护定值校验见表31。

投中压侧后备保护功能硬压板、中压侧后备保护功能软压板、中压侧电压功能硬压板及零序过流Ⅲ段、对应时限控制字，退出零序Ⅰ段带方向、零序Ⅱ段带方向控制字。

表31　零序保护定值校验

保护名称	定值名称	整定值	I_0	
			$0.95I_{zd}$	$1.05I_{zd}$
零序保护	零序过流Ⅰ段定值		□动作 □不动作	□动作 □不动作
	零序过流Ⅱ段定值		□动作 □不动作	□动作 □不动作
	零序过流Ⅲ段定值		□动作 □不动作	□动作 □不动作

结论（　　）

3.3.5 零序保护方向功能校验

零序保护方向功能校验见表32。

投中压侧后备保护功能硬压板、中压侧后备保护功能软压板、中压侧电压功能硬压板、对应时限控制字、零序Ⅰ段带方向、零序Ⅱ段带方向控制字。

表32　零序保护方向功能校验

功能测试	外加零序电流、电压，方向指向母线		外加零序电流、电压，方向指向变压器	
	方向指向母线控制字	方向指向变压器控制字	方向指向母线控制字	方向指向变压器控制字
零序Ⅰ段方向	□动作 □不动作	□动作 □不动作	□动作 □不动作	□动作 □不动作
零序Ⅱ段方向	□动作 □不动作	□动作 □不动作	□动作 □不动作	□动作 □不动作

结论（　　）

3.3.6　中压侧电压使用逻辑检查

中压侧的复压元件默认为各侧复压的“或”逻辑作为开放条件。当中压侧判断出本侧TV异常时，本侧复压元件不会满足条件，本侧复合电压过流保护经其他侧复合电压开放。本侧TV断线或电压退出时退出方向元件，受低压侧复压元件控制。当各侧均TV断线或电压退出时，本侧转为纯过流。

结论（　　）

3.3.7　中压侧失灵联跳

投入中压侧失灵经主变跳闸控制字，模拟中压侧失灵联跳开入，同时在中压侧加入大于装置内部设定值，失灵联跳保护经50ms延时后跳变压器各侧断路器。失灵联跳开入超过装置内部设定时间，装置报“失灵联跳开入报警”，并闭锁失灵联跳功能。

结论（　　）

3.4　低压侧绕组后备保护定值校验

3.4.1　电流保护定值校验

电流保护定值校验见表33。

投低压侧绕组后备保护功能硬压板、低压侧绕组后备功能保护软压板、低压侧电压功能硬压板，对应时限控制字，保证复压过流保护复压开放，并验证功能正确性。

表33　电流保护定值校验

保护名称	定值名称	整定值	I_A		I_B		I_C	
			$0.95I_{zd}$	$1.05I_{zd}$	$0.95I_{zd}$	$1.05I_{zd}$	$0.95I_{zd}$	$1.05I_{zd}$
复压过流保护	复压过流定值		□动作 □不动作	□动作 □不动作	□动作 □不动作	□动作 □不动作	□动作 □不动作	□动作 □不动作
过流保护	过流定值		□动作 □不动作	□动作 □不动作	□动作 □不动作	□动作 □不动作	□动作 □不动作	□动作 □不动作
过负荷保护	过负荷定值		□动作 □不动作	□动作 □不动作	□动作 □不动作	□动作 □不动作	□动作 □不动作	□动作 □不动作

结论（　　）

3.4.2　复压过流闭锁功能校验

复压过流闭锁功能校验见表34。

投低压侧绕组后备保护功能硬压板、低压侧绕组后备保护功能软压板、低压侧电压功能硬压板及对应时限控制字。试验时分别通入电流应大于整定值。低电压闭锁定值（　　）V，负序电压闭锁定值（　　）V。

表34　复压过流闭锁功能校验

保护名称	通入电流（A）	低电压校验						负序电压校验	
		U_{AB}		U_{BC}		U_{CA}		U_2	
		$0.95U_{zd}$	$1.05U_{zd}$	$0.95U_{zd}$	$1.05U_{zd}$	$0.95U_{zd}$	$1.05U_{zd}$	$0.95U_{zd}$	$1.05U_{zd}$
复压过流保护		□动作 □不动作	□动作 □不动作	□动作 □不动作	□动作 □不动作	□动作 □不动作	□动作 □不动作	□动作 □不动作	□动作 □不动作

结论（　　）

3.4.3 低压侧电压使用逻辑检查

低压侧复压元件由本侧电压构成。本侧 TV 断线或电压退出时，本侧转为纯过流。

结论（ ）

3.5 低压侧后备保护定值校验

3.5.1 电流定值校验

电流保护定值校验见表 35。

投低压侧后备保护功能硬压板、低压侧后备保护功能软压板、低压侧电压功能硬压板、对应时限控制字，保证复压过流保护复压开放，并验证功能正确性。

表 35 电流保护定值校验

保护名称	定值名称	整定值	I_A		I_B		I_C	
			$0.95I_{zd}$	$1.05I_{zd}$	$0.95I_{zd}$	$1.05I_{zd}$	$0.95I_{zd}$	$1.05I_{zd}$
复压过流保护	复压过流定值		□动作 □不动作	□动作 □不动作	□动作 □不动作	□动作 □不动作	□动作 □不动作	□动作 □不动作
过流保护	过流定值		□动作 □不动作	□动作 □不动作	□动作 □不动作	□动作 □不动作	□动作 □不动作	□动作 □不动作
过负荷保护	过负荷定值		□动作 □不动作	□动作 □不动作	□动作 □不动作	□动作 □不动作	□动作 □不动作	□动作 □不动作

结论（ ）

3.5.2 复压过流闭锁功能校验

复压过流闭锁功能校验见表 36。

投低压侧后备保护功能硬压板、低压侧后备保护功能软压板、低压侧电压功能硬压板及对应时限控制字。试验时分别通入电流应大于整定值。低电压闭锁定值（ ）V，负序电压闭锁定值（ ）V。

表 36 复压过流闭锁功能校验

保护名称	通入电流(A)	低电压校验						负序电压校验	
		U_{AB}		U_{BC}		U_{CA}		U_2	
		$0.95U_{zd}$	$1.05U_{zd}$	$0.95U_{zd}$	$1.05U_{zd}$	$0.95U_{zd}$	$1.05U_{zd}$	$0.95U_{zd}$	$1.05U_{zd}$
复压过流保护		□动作 □不动作	□动作 □不动作	□动作 □不动作	□动作 □不动作	□动作 □不动作	□动作 □不动作	□动作 □不动作	□动作 □不动作

结论（ ）

3.5.3 零序保护定值校验

零序保护定值校验见表 37。

投低压侧后备保护功能硬压板、低压侧后备保护功能软压板、低压侧电压功能硬压板，零序过压告警控制字。

表 37 零序保护定值校验

保护名称	定值名称	内部设定值	U_0	
			$0.95U_{zd}$	$1.05U_{zd}$
零序保护	零序电压定值		□动作 □不动作	□动作 □不动作

结论（ ）

3.6　公共绕组后备保护

3.6.1　电流定值校验

电流定值校验见表38。

公共绕组后备保护功能硬压板、公共绕组后备保护功能软压板、零序过流保护跳闸控制字。

表38　　　　电流保护定值校验

保护名称	定值名称	整定值	I_A		I_B		I_C	
			$0.95I_{zd}$	$1.05I_{zd}$	$0.95I_{zd}$	$1.05I_{zd}$	$0.95I_{zd}$	$1.05I_{zd}$
过流保护	零序过流定值		□动作 □不动作	□动作 □不动作	□动作 □不动作	□动作 □不动作	□动作 □不动作	□动作 □不动作
过负荷保护	过负荷定值		□动作 □不动作	□动作 □不动作	□动作 □不动作	□动作 □不动作	□动作 □不动作	□动作 □不动作

结论（　　）

3.7　保护整组动作时间测试

保护整组动作时间测试见表39。

表39　　　　保护整组动作时间测试

保护名称	故障类型	整定时间（ms）	显示时间（ms）	测量时间（ms）	装置动作信号
差动速断	AB故障				
纵差保护	AN故障				
分相差动	AN故障				
低压侧小区差动	AN故障				
分侧差动	AN故障				
高相间阻抗保护1时限	AB故障				
高相间阻抗保护2时限	AB故障				
高接地阻抗保护1时限	AN故障				
高接地阻抗保护2时限	AN故障				
高复压过流保护	AB故障				
高零序过流Ⅰ段1时限	BN故障				
高零序过流Ⅰ段2时限	BN故障				
高零序过流Ⅱ段1时限	BN故障				
高零序过流Ⅱ段2时限	BN故障				
高零序过流Ⅲ段	CN故障				
高失灵联跳	CN故障				
中相间阻抗保护1时限	BC故障				
中相间阻抗保护2时限	BC故障				
中相间阻抗保护3时限	BC故障				
中相间阻抗保护4时限	BC故障				
中接地阻抗保护1时限	BN故障				
中接地阻抗保护2时限	BN故障				
中接地阻抗保护3时限	BN故障				

续表

保护名称	故障类型	整定时间（ms）	显示时间（ms）	测量时间（ms）	装置动作信号
中接地阻抗保护 4 时限	BN 故障				
中复压过流保护	BC 故障				
中零序过流Ⅰ段 1 时限	CN 故障				
中零序过流Ⅰ段 2 时限	CN 故障				
中零序过流Ⅰ段 3 时限	CN 故障				
中零序过流Ⅱ段 1 时限	CN 故障				
中零序过流Ⅱ段 2 时限	CN 故障				
中零序过流Ⅱ段 3 时限	CN 故障				
中零序过流Ⅲ段	CN 故障				
中失灵联跳	AN 故障				
低绕组过流保护 1 时限	BN 故障				
低绕组过流保护 2 时限	BN 故障				
低绕组复压过流保护 1 时限	BN 故障				
低绕组复压过流保护 2 时限	BN 故障				
低过流保护 1 时限	CN 故障				
低过流保护 2 时限	CN 故障				
低复压过流保护 1 时限	CN 故障				
低复压过流保护 2 时限	CN 故障				
公共绕组零序过流跳闸	AN 故障				
要求：阻抗保护整组动作时间按 0.7 倍整定值测试，电流保护按 1.2 倍整定值测试					

结论（　　）

3.8 跳闸矩阵定值及跳闸出口输出检验

跳闸矩阵定值及跳闸出口输出检验见表 40。

依据整定的跳闸矩阵控制字，检查对应的跳闸出口是否正确变位。

表 40　　跳闸矩阵定值及跳闸出口输出检验

跳闸对象 保护名称	跳备用出口 4	跳备用出口 3	跳备用出口 2	跳备用出口 1			跳低压侧	跳中压侧分段	跳中压侧母联	跳中压侧			跳高压侧
主保护													
高相间阻抗保护 1 时限													
高相间阻抗保护 2 时限													
高接地阻抗保护 1 时限													
高接地阻抗保护 2 时限													
高复压过流保护													
高零序过流Ⅰ段 1 时限													
高零序过流Ⅰ段 2 时限													
高零序过流Ⅱ段 1 时限													
高零序过流Ⅱ段 2 时限													
高零序过流Ⅲ段													
高反时限过励磁跳闸													

续表

跳闸对象 / 保护名称	跳备用出口 4	跳备用出口 3	跳备用出口 2	跳备用出口 1			跳低压侧	跳中压侧分段	跳中压侧母联	跳中压侧			跳高压侧
高失灵联跳													
中相间阻抗保护 1 时限													
中相间阻抗保护 2 时限													
中相间阻抗保护 3 时限													
中相间阻抗保护 4 时限													
中接地阻抗保护 1 时限													
中接地阻抗保护 2 时限													
中接地阻抗保护 3 时限													
中接地阻抗保护 4 时限													
中复压过流保护													
中零序过流Ⅰ段 1 时限													
中零序过流Ⅰ段 2 时限													
中零序过流Ⅰ段 3 时限													
中零序过流Ⅱ段 1 时限													
中零序过流Ⅱ段 2 时限													
中零序过流Ⅱ段 3 时限													
中零序过流Ⅲ段													
中失灵联跳													
低绕组过流保护 1 时限													
低绕组过流保护 2 时限													
低绕组复压过流保护 1 时限													
低绕组复压过流保护 2 时限													
低过流保护 1 时限													
低过流保护 2 时限													
低复压过流保护 1 时限													
低复压过流保护 2 时限													
公共绕组零序过流跳闸													

结论（　　）

3.9　自定义功能检查

自定义功能检查见表 41。

根据保护装置自定义功能，对其功能投退、动作逻辑、定值进行校验。

表 41　　自定义功能检查

自定义功能名称	定值/控制字	装置动作信息	结果

结论（　　）

检验人：

4 非电量装置检验

4.1 开关量输入回路检验

开关量输入回路检验见表42。

表42　　本体开关量输入回路检验

序号	检验项目	面板显示（液晶显示信息）
1	本体重瓦斯	□面板显示（□液晶显示信息：　　）
2	本体压力释放	□面板显示（□液晶显示信息：　　）
3	冷却器全停	□面板显示（□液晶显示信息：　　）
4	本体轻瓦斯	□面板显示（□液晶显示信息：　　）
5	本体油位异常	□面板显示（□液晶显示信息：　　）
6	本体油面温度1	□面板显示（□液晶显示信息：　　）
7	本体油面温度2	□面板显示（□液晶显示信息：　　）
8	本体绕组温度1	□面板显示（□液晶显示信息：　　）
9	本体绕组温度2	□面板显示（□液晶显示信息：　　）
10	调压重瓦斯	□面板显示（□液晶显示信息：　　）
11	调压压力释放	□面板显示（□液晶显示信息：　　）
12	调压轻瓦斯	□面板显示（□液晶显示信息：　　）
13	调压油位异常	□面板显示（□液晶显示信息：　　）
14	调压油面温度1	□面板显示（□液晶显示信息：　　）
15	调压油面温度2	□面板显示（□液晶显示信息：　　）
16	调压绕组温度1	□面板显示（□液晶显示信息：　　）
17	调压绕组温度2	□面板显示（□液晶显示信息：　　）
18	保护检修状态	□面板显示（□液晶显示信息：　　）
19	信号复归	□面板显示（□液晶显示信息：　　）

结论（　　）

4.2 本体开关量输出回路检查

本体开关量输出回路检查见表43。

表43　　本体开关量输出回路检查

检验项目	序号	方法	接点动作情况
信号输出	1	模拟装置故障告警	□监控后台
	2	模拟运行异常	□监控后台
	3	模拟非电量保护动作	□监控后台
	4	模拟本体重瓦斯	□监控后台
	5	模拟调压重瓦斯	□监控后台
	6	模拟本体压力释放	□监控后台
	7	模拟冷却器全停	□监控后台
	8	模拟本体轻瓦斯	□监控后台
	9	模拟本体油位异常	□监控后台
	10	模拟本体油面温度1	□监控后台

续表

检验项目	序号	方法	接点动作情况
信号输出	11	模拟本体油面温度 2	□监控后台
	12	模拟本体绕组温度 1	□监控后台
	13	模拟本体绕组温度 2	□监控后台
	14	模拟调压压力释放	□监控后台
	15	模拟调压轻瓦斯	□监控后台
	16	模拟调压油位异常	□监控后台
	17	模拟调压油面温度 1	□监控后台
	18	模拟调压油面温度 2	□监控后台
	19	模拟调压绕组温度 1	□监控后台
	20	模拟调压绕组温度 2	□监控后台
	21	保护检修状态	□监控后台
	22	信号复归	□监控后台
保护跳闸出口	23	模拟重瓦斯动作	□跳高压Ⅰ侧断路器，□跳高压Ⅱ侧断路器，□跳中压侧断路器，□跳低压侧断路器

结论（　　）

4.3　非电量直跳继电器校验

非电量直跳继电器校验见表 44。

非电量跳闸的直跳继电器，启动功率应大于 5W，动作电压在额定直流电源电压的 55%～70%范围内，额定直流电源电压下动作时间为 10～35ms。

表 44　　非电量直跳继电器校验

继电器名称	启动功率（W）	动作电压（V）	动作时间（ms）

结论（　　）

检验人：

5　操作箱检验

5.1　操作箱基本信息

操作箱基本信息见表 45。

表 45　　操作箱基本信息

操作箱	型号	生产厂家	出厂日期	跳/合闸电流	直流电压（V）
高压侧操作箱					
中压侧操作箱					
低压侧操作箱					

结论（　　）

5.2 公共回路

5.2.1 检查一组、二组操作（保护）直流是否混电。合上一组操作（保护）直流电源，断开二组操作（保护）直流电源，测量二组操作（保护）直流对地电压；合上二组操作（保护）直流电源，断开一组操作（保护）直流电源，测量一组操作（保护）直流对地电压。

结论（　　）

5.2.2 检查操作箱中出口继电器动作电压值在55%～70%额定电压下应可靠动作。

结论（　　）

5.2.3 检查操作箱中逻辑回路的继电器，应满足80%额定电压下可靠动作。

结论（　　）

5.2.4 操作箱功能检验

5.2.4.1 高压侧操作箱功能检验

高压侧操作箱功能检验见表46。

表46　高压侧操作箱功能检验

序号	检验项目	方法	接点动作情况
1	接点输出	一组控制回路断线	□监控后台，□面板显示
		二组控制回路断线	□监控后台，□面板显示
		一组跳闸出口（A、B、C相）	□监控后台，□面板显示，□跳闸
		二组跳闸出口（A、B、C相）	□监控后台，□面板显示，□跳闸
		一组操作直流消失	□监控后台，□面板显示
		二组操作直流消失	□监控后台，□面板显示
2	继电器功能	三相跳闸	□监控后台，□面板显示，□一组跳闸，□二组跳闸
		手合动作	□合闸，□面板显示
		手跳动作	□一组跳闸，□二组跳闸，□面板显示
3	压力闭锁回路	禁止合闸（根据实际接线选做）	□禁止合闸
		禁止分闸（根据实际接线选做）	□禁止分闸
		SF_6 气压低禁止操作（根据实际接线选做）	□禁止操作

结论（　　）

5.2.4.2 中压侧操作箱功能检验

中压侧操作箱功能检验见表47。

表47　中压侧操作箱功能检验

序号	检验项目	方法	接点动作情况
1	接点输出	一组控制回路断线	□监控后台，□面板显示
		二组控制回路断线	□监控后台，□面板显示
		一组跳闸出口（A、B、C相）	□监控后台，□面板显示，□跳闸
		二组跳闸出口（A、B、C相）	□监控后台，□面板显示，□跳闸
		一组操作直流消失	□监控后台，□面板显示
		二组操作直流消失	□监控后台，□面板显示

续表

序号	检验项目	方法	接点动作情况
2	继电器功能	三相跳闸	□监控后台，□面板显示，□一组跳闸，□二组跳闸
		手合动作	□合闸，□面板显示
		手跳动作	□一组跳闸，□二组跳闸，□面板显示
3	压力闭锁回路	禁止合闸（根据实际接线选做）	□禁止合闸
		禁止分闸（根据实际接线选做）	□禁止分闸
		SF_6 气压低禁止操作（根据实际接线选做）	□禁止操作

结论（　　）

5.2.5 电压切换箱（或集成在操作箱内的电压切换插件）功能检验

电压切换箱功能检验见表48。

表48　中压侧切换箱功能检验

试验方法	接点动作情况
切换继电器同时动作	□监控后台
TV 失压	□监控后台
电压切换功能	□Ⅰ母电压接点，□面板显示
	□Ⅱ母电压接点，□面板显示

结论（　　）

5.3 低压侧操作箱检验

5.3.1 检查操作箱中出口继电器动作电压值在55%～70%额定电压下应可靠动作。

结论（　　）

5.3.2 检查操作箱中逻辑回路的继电器，应满足80%额定电压下可靠动作。

结论（　　）

5.3.3 操作箱功能检验

操作箱功能检验见表49。

表49　低压侧操作箱功能检验

检验项目	方法	接点动作情况
接点输出	控制回路断线	□监控后台，□面板显示
	跳闸出口	□监控后台，□面板显示，□跳闸
	操作直流消失	□监控后台，□面板显示
	手合动作	□合闸出口，□面板显示
	手跳动作	□跳闸出口，□面板显示

结论（　　）

6 带开关做整组传动试验

每一套保护应分别带断路器进行整组试验，并将传动试验报告打印并附后。

6.1 传动试验前准备：

检查对应断路器无闭锁，具备传动条件。

6.2 模拟变压器本体重瓦斯、有载重瓦斯故障：

a. 保护及各侧开关实际动作正确。（　　）

b. 后台监控信号表示正确。(　　)

6.3　模拟两套主保护同时动作：

a. 保护及各侧开关实际动作正确。(　　)

b. 后台监控信号表示正确。(　　)

c. 站端、各级调控端继电保护在线监视与分析模块表示信息正确。(　　)

d. 检查变压器三侧开关两组跳闸线圈极性正确。(　　)

e. 录波器表示信息正确。(　　)

6.4　模拟变压器高后备保护动作：

a. 保护及各侧开关实际动作正确。(　　)

b. 后台监控信号表示正确。(　　)

c. 站端、各级调控端继电保护在线监视与分析模块表示信息正确。(　　)

d. 录波器表示信息正确。(　　)

6.5　模拟变压器中后备保护动作：

a. 保护及各侧开关实际动作正确。(　　)

b. 后台监控信号表示正确。(　　)

c. 站端、各级调控端继电保护在线监视与分析模块表示信息正确。(　　)

d. 录波器表示信息正确。(　　)

6.6　模拟变压器低后备保护动作：

a. 保护及各侧开关实际动作正确。(　　)

b. 后台监控信号表示正确。(　　)

c. 站端、各级调控端继电保护在线监视与分析模块表示信息正确。(　　)

d. 录波器表示信息正确。(　　)

6.7　模拟变压器低压绕组保护动作：

a. 保护及各侧开关实际动作正确。(　　)

b. 后台监控信号表示正确。(　　)

c. 站端、各级调控端继电保护在线监视与分析模块表示信息正确。(　　)

d. 录波器表示信息正确。(　　)

6.8　模拟变压器公共绕组保护动作：

a. 保护及各侧开关实际动作正确。(　　)

b. 后台监控信号表示正确。(　　)

c. 站端、各级调控端继电保护在线监视与分析模块表示信息正确。(　　)

d. 录波器表示信息正确。(　　)

6.9　模拟失灵联跳主变压器开入动作：

a. 保护及各侧开关实际动作正确。(　　)

b. 后台监控信号表示正确。(　　)

c. 站端、各级调控端继电保护在线监视与分析模块表示信息正确。(　　)

d. 录波器表示信息正确。(　　)

6.10　分别模拟高1、高2、中、低手合故障，检查变压器各侧开关防跳功能：

a. 保护及各侧开关实际动作正确。(　　)

b. 后台监控信号表示正确。（　　）

c. 站端、各级调控端继电保护在线监视与分析模块表示信息正确。（　　）

d. 录波器表示信息正确。（　　）

检验人：

7　装置投运准备工作

7.1　投入运行前的准备工作

7.1.1　核查各侧 TA 接入极性及接线正确。（　　）

7.1.2　现场工作结束后，工作负责人检查试验记录有无漏试验项目，核对装置的整定值是否与定值单相符。打印定值单附后。（　）

7.1.3　盖好所有装置及辅助设备的盖子，各装置插板扣紧。（　　）

7.1.4　二次回路接线恢复，拆除在检验时使用的试验设备、仪表及一切连接线，所有被拆除的或临时接入的连线应全部恢复正常，装置所有的信号应复归。（　　）

7.1.5　压板核对及安全措施恢复。（　　）

7.1.6　全部人员撤离前，清扫现场。（　　）

7.2　对运行人员交代事项

7.2.1　填写及交代继电保护记录簿，将主要检验项目、试验结果及结论、定值通知单执行情况详细记录在内，向运行负责人员交代检验结果、设备变动情况或遗留问题，并写明该装置可以投入运行。（　　）

7.2.2　交代运行人员在将装置投入前，必须用高内阻电压表以一端对地测保护出口压板端子电压的方法，检查并证实被检验的继电保护装置及安全自动装置确实未给出跳闸或合闸脉冲，才允许将装置的跳合闸连接片投到投入位置。（　　）

7.2.3　对运维人员进行继电保护运行规程培训。（　　）

7.3　验收合格后，办理工作票终结手续。（　　）

7.4　定值通知单编号：（　　）；执行时间：（　　）。

检验人：

8　带负荷测试

8.1　高压侧系统电压核相检验

高压侧系统电压核相检验见表 50。

表 50　　高压侧电压核相检验

测试数据		已运行间隔电压				
		U_A	U_B	U_C	U_L	U_N
待测电压	U_A					
	U_B					
	U_C					
	U_L					
	U_N					

8.2 中压侧系统电压核相检验

中压侧系统电压核相检验见表 51。

表 51　　中压侧电压核相检验

测试数据		已运行间隔电压				
		U_A	U_B	U_C	U_L	U_N
待测电压	U_A					
	U_B					
	U_C					
	U_L					
	U_N					

结论（　　）

8.3 低压侧系统电压核相

低压侧系统电压核相检验见表 52。

表 52　　低压侧电压核相检验

测试数据		已运行间隔电压			
		U_A	U_B	U_C	U_N
待测电压	U_A				
	U_B				
	U_C				
	U_N				

结论（　　）

8.4 交流回路相位测试

8.4.1 潮流状态

高压侧有功：（　　）；高压侧无功：（　　）；高压侧负荷电流：（　　）；

中压侧有功：（　　）；中压侧无功：（　　）；中压侧负荷电流：（　　）；

低压侧有功：（　　）；低压侧无功：（　　）；低压侧负荷电流：（　　）。

8.4.2 保护装置差动电流及制动电流

A 相差动电流：（　　）；B 相差动电流：（　　）；C 相差动电流：（　　）；

A 相制动电流：（　　）；B 相制动电流：（　　）；C 相制动电流：（　　）。

8.4.3 交流回路幅值及相位测试

交流回路幅值及相位测试见表 53。

以高压侧 U_{AN} 电压为基准。

表 53　　交流回路幅值及相位测试

测量位置	相别	测试值（幅值、角度）	装置显示值（幅值、角度）	相量图
高压Ⅰ侧断路器	A	∠	∠	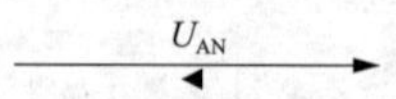
	B	∠	∠	
	C	∠	∠	
	N	∠	∠	

续表

<table>
<tr><th>测量位置</th><th>相别</th><th>测试值（幅值、角度）</th><th>装置显示值（幅值、角度）</th><th>相量图</th></tr>
<tr><td rowspan="4">高压Ⅱ侧断路器</td><td>A</td><td>∠</td><td>∠</td><td rowspan="4">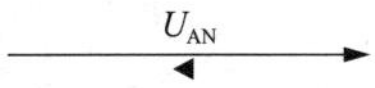</td></tr>
<tr><td>B</td><td>∠</td><td>∠</td></tr>
<tr><td>C</td><td>∠</td><td>∠</td></tr>
<tr><td>N</td><td>∠</td><td>∠</td></tr>
<tr><td rowspan="4">中压侧断路器</td><td>A</td><td>∠</td><td>∠</td><td rowspan="4"></td></tr>
<tr><td>B</td><td>∠</td><td>∠</td></tr>
<tr><td>C</td><td>∠</td><td>∠</td></tr>
<tr><td>N</td><td>∠</td><td>∠</td></tr>
<tr><td rowspan="4">低压侧断路器</td><td>A</td><td>∠</td><td>∠</td><td rowspan="4">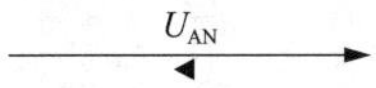</td></tr>
<tr><td>B</td><td>∠</td><td>∠</td></tr>
<tr><td>C</td><td>∠</td><td>∠</td></tr>
<tr><td>N</td><td>∠</td><td>∠</td></tr>
<tr><td rowspan="4">低压侧套管</td><td>A</td><td>∠</td><td>∠</td><td rowspan="4"></td></tr>
<tr><td>B</td><td>∠</td><td>∠</td></tr>
<tr><td>C</td><td>∠</td><td>∠</td></tr>
<tr><td>N</td><td>∠</td><td>∠</td></tr>
<tr><td rowspan="4">公共绕组</td><td>A</td><td>∠</td><td>∠</td><td rowspan="4"></td></tr>
<tr><td>B</td><td>∠</td><td>∠</td></tr>
<tr><td>C</td><td>∠</td><td>∠</td></tr>
<tr><td>N</td><td>∠</td><td>∠</td></tr>
<tr><td>直接零序</td><td>I</td><td>∠</td><td>∠</td><td></td></tr>
<tr><td>间接零序</td><td>I</td><td>∠</td><td>∠</td><td></td></tr>
</table>

结论（　　）

8.5　使用钳形电流表测量保护二次电缆屏蔽层的电流，以检查该保护装置及屏柜与二次等电位接地网连接状况，当检测不到电流时，应检查屏蔽层是否良好接地。测试结果为。

检验人：

9　现场遗留问题

工作负责人：

17. 常规变电站500kV变压器保护A（B）类检验标准化作业指导书

变电站名称 ____________________

装 置 命 名 ____________________

设备变更记录

变更内容			变更日期	执行人
装置变更	1			
	2			
程序升级	1			
	2			
	3			
	4			
回路变更	1			
	2			
	3			
	4			
	5			
TA 变比	1			
	2			
	3			
其他	1			
	2			
	3			

________型变压器

保护检验报告

出厂日期		投运日期	
工作负责人			
检验人员			
检验性质	□A 类检修 □B 类检修		
开始时间	年 月 日 时 分		
结束时间	年 月 日 时 分		
检验结论			
审核人签字		审核日期	

目　次

1 通用部分

1.1 详见《常规变电站继电保护标准化作业指导书（A（B）类检修通用部分）》。

1.2 本报告适用于500kV常规变电站高压侧3/2断路器接线主变压器保护。本报告试验项目针对变压器电气量保护，非电量保护检验。

2 微机保护单机检验

2.1 软件版本号及CRC校验码检查

软件版本号及CRC校验码检查见表1。

表1 **装置基本信息**

CPU号	软件版本号	CRC校验码	软件版本生成时间	与要求版本是否一致

结论（ ）

2.2 开关量输出回路检验

开关量输出回路检验见表2。

表2 **开关量输出回路检验**

序号	检验项目	方法	接点动作情况
1	装置闭锁	关闭装置电源	□液晶显示，□监控后台
2	信号输出	保护动作	□液晶显示，□监控后台
		模拟过负荷报警	□液晶显示，□监控后台
		运行异常	□液晶显示，□监控后台
		装置故障告警	□液晶显示，□监控后台
3	跳闸出口	主保护	□高压Ⅰ侧跳闸，□高压Ⅱ侧跳闸，□中压侧跳闸，□中压侧母联跳闸，□中压侧分段跳闸，□低压侧跳闸，□启动高压侧失灵，□启动中压侧失灵，□解除中压侧失灵电压闭锁，□录波，□监控后台
		高压侧后备保护	□高压Ⅰ侧跳闸，□高压Ⅱ侧跳闸，□中压侧跳闸，□中压侧母联跳闸，□中压侧分段跳闸，□低压侧跳闸，□启动高压侧失灵，□启动中压侧失灵，□解除中压侧失灵电压闭锁，□录波，□监控后台
		中压侧后备保护	□高压Ⅰ侧跳闸，□高压Ⅱ侧跳闸，□中压侧跳闸，□中压侧母联跳闸，□中压侧分段跳闸，□低压侧跳闸，□启动高压侧失灵，□启动中压侧失灵，□解除中压侧失灵电压闭锁，□录波，□监控后台
		低压侧后备保护	□高压Ⅰ侧跳闸，□高压Ⅱ侧跳闸，□中压侧跳闸，□中压侧母联跳闸，□中压侧分段跳闸，□低压侧跳闸，□启动高压侧失灵，□启动中压侧失灵，□解除中压侧失灵电压闭锁，□录波，□监控后台

续表

序号	检验项目	方法	接点动作情况
3	跳闸出口	低压侧绕组后备保护	□高压Ⅰ侧跳闸，□高压Ⅱ侧跳闸，□中压侧跳闸，□中压侧母联跳闸，□中压侧分段跳闸，□低压侧跳闸，□启动高压侧失灵，□启动中压侧失灵，□解除中压侧失灵电压闭锁，□录波，□监控后台
		公共绕组后备保护	□高压Ⅰ侧跳闸，□高压Ⅱ侧跳闸，□中压侧跳闸，□中压侧母联跳闸，□中压侧分段跳闸，□低压侧跳闸，□启动高压侧失灵，□启动中压侧失灵，□解除中压侧失灵电压闭锁，□录波，□监控后台

结论（　　）

2.3 开关量输入回路检验

开关量输入回路检验见表3。

表3　　开关量输入回路检验

序号	检验方法	开入量变化	结果
1	投入“主保护”压板	“主保护”由0变1	
2	投入“高压侧后备保护”压板	“高压侧后备保护”由0变1	
3	投入“高压侧电压投入”压板	“高压侧电压投入”由0变1	
4	投入“中压侧后备保护”压板	“中压侧后备保护”由0变1	
5	投入“中压侧电压投入”压板	“中压侧电压投入”由0变1	
6	投入“低压侧绕组后备保护”压板	“低压侧绕组后备保护”由0变1	
7	投入“低压侧后备保护”压板	“低压侧后备保护”由0变1	
8	投入“低压侧电压投入”压板	“低压侧电压投入”由0变1	
9	投入“公共绕组后备保护”压板	“公共绕组后备保护”由0变1	
10	高压侧失灵联跳开入	高压侧失灵联跳开入由0变1	
11	中压侧失灵联跳开入	中压侧失灵联跳开入由0变1	
12	投入“远方操作”压板	“远方操作”由0变1	
13	投入“保护检修状态”压板	“保护检修状态”由0变1	
14	信号复归	“信号复归”由0变1	

结论（　　）

2.4 零漂及采样校验

2.4.1 零漂校验

零漂校验见表4（要求$I<0.01I_n$，$U<0.1V$）。

表4　　零漂校验

高压1侧电流	$I_{(h1a)}$	$I_{(h1b)}$	$I_{(h1c)}$
采样1			
采样2			
高压2侧电流	$I_{(h2a)}$	$I_{(h2b)}$	$I_{(h2c)}$
采样1			
采样2			

续表

中压侧电流	$I_{(ma)}$	$I_{(mb)}$	$I_{(mc)}$
采样 1			
采样 2			
低压侧外附电流	$I_{(la)}$	$I_{(lb)}$	$I_{(lc)}$
采样 1			
采样 2			
低压侧绕组电流	$I_{(ra)}$	$I_{(rb)}$	$I_{(rc)}$
采样 1			
采样 2			
公共绕组电流	$I_{(ga)}$	$I_{(gb)}$	$I_{(lgc)}$
采样 1			
采样 2			
公共绕组零序电流	$I_{(g0)}$		
采样 1			
采样 2			
高压侧电压	$U_{(ha)}$	$U_{(hb)}$	$U_{(hc)}$
采样 1			
采样 2			
中压侧电压	$U_{(ma)}$	$U_{(mb)}$	$U_{(mc)}$
采样 1			
采样 2			
低压侧电压	$U_{(la)}$	$U_{(lb)}$	$U_{(lc)}$
采样 1			
采样 2			

结论（　　）

2.4.2 采样幅值及相位精度校验

采样幅值及相位精度校验见表 5。

在保护屏端子上分别加入额定的电压、电流量，分别进入保护状态“菜单中管理板”和“CPU 板子菜单”查看液晶屏上显示值，幅值误差应小于 5%，相位误差小于 3°。

表 5　　采样幅值及相位精度校验

采样通道	模拟量	装置显示					
		U_A	U_B	U_C	相位 A-B	相位 B-C	相位 C-A
高压侧电压	$0.1U_n$						
	U_n						
	$1.5U_n$						
中压侧电压	$0.1U_n$						
	U_n						
	$1.5U_n$						
低压侧电压	$0.1U_n$						
	U_n						
	$1.5U_n$						

续表

采样通道	模拟量	装置显示					
		U_A	U_B	U_C	相位 A-B	相位 B-C	相位 C-A
高压Ⅰ侧电流	$0.05I_n$						
	I_n						
	$4I_n$						
高压Ⅱ侧电流	$0.05I_n$						
	I_n						
	$4I_n$						
中压侧电流	$0.05I_n$						
	I_n						
	$4I_n$						
低压侧绕组电流	$0.05I_n$						
	I_n						
	$4I_n$						
低压侧外附电流	$0.05I_n$						
	I_n						
	$4I_n$						
公共绕组电流	$0.05I_n$						
	I_n						
	$4I_n$						
公共绕组零序电流	$0.05I_n$						
	I_n						
	$4I_n$						

结论（　　）

检验人：

3　保护功能校验

3.1　主保护校验

3.1.1　变压器基本参数

变压器基本参数见表 6。

表 6　　**变 压 器 基 本 参 数**

参数		高压 1 侧	高压 2 侧	中压侧	低压套管	低压外附	公共绕组
变压器接线方式							
变压器容量							
一次额定电压（kV）		$U_{he}=$		$U_{me}=$	$U_{le}=$		—
TA 变比							
计算值	一次额定电流（A）	$I_{1he}=$	$I_{1he}=$	$I_{1me}=$	$I_{1re}=$	$I_{1le}=$	$I_{1ge}=$
	二次额定电流（A）	$I_{2he}=$	$I_{2he}=$	$I_{2me}=$	$I_{2re}=$	$I_{2le}=$	$I_{2ge}=$

结论（　　）

3.1.2　谐波制动系数试验

3.1.2.1　二次谐波制动系数试验见表 7。

投入主保护功能硬压板、软压板及二次谐波制动控制字，并验证功能正确性；二次谐波制动控制字为纵差保护、分相差动保护共用控制字。

表7　　二次谐波制动系数试验

试验条件			整定值	0.95倍制动系数	1.05倍制动系数
高压侧	通入基波电流使差动保护动作	A相通二次谐波电流		□动作，□不动作	□动作，□不动作
		B相通二次谐波电流		□动作，□不动作	□动作，□不动作
		C相通二次谐波电流		□动作，□不动作	□动作，□不动作

结论（　　）

3.1.2.2　五次谐波制动系数试验

五次谐波制动系数试验见表8。

表8　　五次谐波制动系数试验

试验条件			内部定值	0.95倍制动系数	1.05倍制动系数
高压侧	通入基波电流使差动保护动作	A相通五次谐波电流		□动作，□不动作	□动作，□不动作
		B相通五次谐波电流		□动作，□不动作	□动作，□不动作
		C相通五次谐波电流		□动作，□不动作	□动作，□不动作

结论（　　）

3.1.3　定值校验

按照定值单进行检验。根据保护装置液晶显示信息、面板信号指示状态、测试装置实测时间进行填写。

3.1.3.1　差动速断保护定值校验

投入主保护功能硬压板、主保护功能软压板、差动速断控制字、纵差保护或分相差动保护控制字，分别从高、中、低侧通入A、B、C相电流，验证功能正确性。

差动速断电流定值 I_{zd}=（　　）。

差动速断电流定值校验见表9。

表9　　差动速断保护定值校验

项目	交流输入	$0.95I_{zd}$	$1.05I_{zd}$
高压1侧	I_a	□动作，□不动作	□动作，□不动作
	I_b	□动作，□不动作	□动作，□不动作
	I_c	□动作，□不动作	□动作，□不动作
高压2侧	I_a	□动作，□不动作	□动作，□不动作
	I_b	□动作，□不动作	□动作，□不动作
	I_c	□动作，□不动作	□动作，□不动作
中压侧	I_a	□动作，□不动作	□动作，□不动作
	I_b	□动作，□不动作	□动作，□不动作
	I_c	□动作，□不动作	□动作，□不动作
低压侧	I_a	□动作，□不动作	□动作，□不动作
	I_b	□动作，□不动作	□动作，□不动作
	I_c	□动作，□不动作	□动作，□不动作

结论（　　）

3.1.3.2　纵差保护

投入主保护功能硬压板、主保护功能软压板及纵差保护控制字，验证功能正确性。

（1）各侧平衡系数计算值：K_{Ph}＝（　　）；K_{Pm}＝（　　）；K_{Pl}＝（　　）。

纵差保护平衡系数检查见表 10。

表 10　　纵差保护平衡系数检查

高压侧	中压侧	低压侧外附 TA	差动电流		
			DI_a	DI_b	DI_c

结论（　　）

（2）比率制动试验

方法一：用微机式继电保护测试仪的比率制动曲线边界搜索功能绘制出纵差保护动作特性曲线，将所得动作特性曲线打印附于报告后，并与厂家提供的特性曲线进行比较。

方法二：纵差保护比率制动试验见表 11。

表 11　　纵差保护比率制动试验

序号		电流 I_1（调整侧）			电流 I_2（固定侧）		制动电流标幺值	动作电流标幺值	制动系数 K
		标幺值	有名值（A）		标幺值	有名值（A）			
			计算	实测					
高压侧 I_1 和中压侧 I_2	1								
	2								
	3								
	4								
	5								
	6								
高压侧 I_1 和低压侧外附 TAI_2	1								
	2								
	3								
	4								
	5								
	6								
中压侧 I_1 和低压侧外附 TAI_2	1								
	2								
	3								
	4								
	5								
	6								
要求	制动曲线的每一折线取两个点，画出制动特性曲线，和厂家提供的制动特性曲线基本相吻合，实测值与装置内部设定值误差不应超过 5%								

结论（　　）

（3）纵差保护定值校验

投入主保护功能硬压板、主保护功能软压板及纵差保护控制字，并验证功能正确性。

差动保护启动电流定值 I_{zd}=(　　)。

纵差保护定值校验见表 12。

表 12　　纵差保护定值校验

项目	交流输入	$0.95I_{zd}$	$1.05I_{zd}$
高压 1 侧	I_a	□动作，□不动作	□动作，□不动作
	I_b	□动作，□不动作	□动作，□不动作
	I_c	□动作，□不动作	□动作，□不动作
高压 2 侧	I_a	□动作，□不动作	□动作，□不动作
	I_b	□动作，□不动作	□动作，□不动作
	I_c	□动作，□不动作	□动作，□不动作
中压侧	I_a	□动作，□不动作	□动作，□不动作
	I_b	□动作，□不动作	□动作，□不动作
	I_c	□动作，□不动作	□动作，□不动作
低压侧外附	I_a	□动作，□不动作	□动作，□不动作
	I_b	□动作，□不动作	□动作，□不动作
	I_c	□动作，□不动作	□动作，□不动作

结论（　　）

(4) 模拟 TA 断线，投入“TA 断线闭锁纵差保护”控制字，且差流大于纵差保护动作值但小于 $1.2I_e$，纵差保护不动作；继续增大电流，使差流大于 $1.2I_e$，纵差保护应动作。

结论（　　）

3.1.3.3　分相差动保护

投入主保护功能硬压板、主保护功能软压板及分相差动保护控制字，并验证功能正确性。

(1) 各侧平衡系数计算值：K_{Ph}=(　　)；K_{Pm}=(　　)；K_{Pr}=(　　)。

分相差动保护平衡系数检查见表 13。

表 13　　分相差动保护平衡系数检查

高压侧	中压侧	低压侧套管 TA	差动电流		
			DI_a	DI_b	DI_c

结论（　　）

(2) 比率制动试验方法一：用微机式继电保护测试仪的比率制动曲线边界搜索功能绘制出分相差动保护动作特性曲线，将所得动作特性曲线打印附报告后，并与厂家提供的特性曲线进行比较。

方法二：分相差动保护比率制动试验见表 14。

表 14　　分相差动保护比率制动试验

序号		电流 I_1（调整侧）			电流 I_2（固定侧）		制动电流标幺值	动作电流标幺值	制动系数 K
		标幺值	有名值（A）		标幺值	有名值（A）			
			计算	实测					
高压侧 I_1 和中压侧 I_2	1								
	2								

续表

序号		电流 I_1（调整侧）			电流 I_2（固定侧）		制动电流标幺值	动作电流标幺值	制动系数 K
		标幺值	有名值（A）		标幺值	有名值（A）			
			计算	实测					
高压侧 I_1 和中压侧 I_2	3								
	4								
	5								
	6								
高压侧 I_1 和低压侧套管 TAI_2	1								
	2								
	3								
	4								
	5								
	6								
中压侧 I_1 和低压侧套管 TAI_2	1								
	2								
	3								
	4								
	5								
	6								
要求	制动曲线的每一折线取两个点，画出制动特性曲线，和厂家提供的制动特性曲线基本相吻合，实测值与装置内部设定值误差不应超过 5%								

结论（　　）

（3）分相差动保护定值校验

投入主保护功能硬压板、主保护功能软压板及分相差动保护控制字，并验证功能正确性。

差动保护启动电流定值 I_{zd}=（　　）。

分相差动保护定值校验见表 15。

表 15　　分相差动保护定值校验

	交流输入	$0.95I_{zd}$	$1.05I_{zd}$
高压 1 侧	I_a	□动作，□不动作	□动作，□不动作
	I_b	□动作，□不动作	□动作，□不动作
	I_c	□动作，□不动作	□动作，□不动作
高压 2 侧	I_a	□动作，□不动作	□动作，□不动作
	I_b	□动作，□不动作	□动作，□不动作
	I_c	□动作，□不动作	□动作，□不动作
中压侧	I_a	□动作，□不动作	□动作，□不动作
	I_b	□动作，□不动作	□动作，□不动作
	I_c	□动作，□不动作	□动作，□不动作
低压侧套管 TA	I_a	□动作，□不动作	□动作，□不动作
	I_b	□动作，□不动作	□动作，□不动作
	I_c	□动作，□不动作	□动作，□不动作

结论（　　）

（4）模拟 TA 断线，投入“TA 断线闭锁纵差保护”控制字，且差流大于分相差动保护动作值但小于 $1.2I_e$，纵差保护不动作；继续增大电流，使差流大于 $1.2I_e$，纵差保护应动作。

结论（ ）

3.1.3.4 低压侧小区差动

投入主保护功能硬压板、软压板及低压侧小区差动保护控制字，并验证功能正确性。

（1）各侧平衡系数计算值：K_{Pl}=（ ）；K_{Pr}=（ ）。

低压侧小区差动平衡系数检查见表 16。

表 16 **低压侧小区差动平衡系数检查**

低压侧外附 TA	低压侧套管 TA	差动电流		
		DI_a	DI_b	DI_c

结论（ ）

（2）低压侧小区差动动作特性测试

方法一：用微机式继电保护测试仪的比率制动曲线边界搜索功能绘制出低压侧小区差动保护动作特性曲线，将所得动作特性曲线打印附于报告后，并与厂家提供的特性曲线进行比较。

方法二：低压侧小区差动动作特性测试见表 17。

表 17 **低压侧小区差动保护比率制动试验**

<table>
<tr><th colspan="2" rowspan="3">序号</th><th colspan="3">电流 I_1（调整侧）</th><th colspan="2">电流 I_2（固定侧）</th><th rowspan="3">制动电流标幺值</th><th rowspan="3">动作电流标幺值</th><th rowspan="3">制动系数 K</th></tr>
<tr><th rowspan="2">标幺值</th><th colspan="2">有名值（A）</th><th rowspan="2">标幺值</th><th rowspan="2">有名值（A）</th></tr>
<tr><th>计算</th><th>实测</th></tr>
<tr><td rowspan="6">低压侧外附 TAI_1 和低压侧套管 TAI_2</td><td>1</td><td></td><td></td><td></td><td></td><td></td><td></td><td></td><td rowspan="2"></td></tr>
<tr><td>2</td><td></td><td></td><td></td><td></td><td></td><td></td><td></td></tr>
<tr><td>3</td><td></td><td></td><td></td><td></td><td></td><td></td><td></td><td rowspan="2"></td></tr>
<tr><td>4</td><td></td><td></td><td></td><td></td><td></td><td></td><td></td></tr>
<tr><td>5</td><td></td><td></td><td></td><td></td><td></td><td></td><td></td><td rowspan="2"></td></tr>
<tr><td>6</td><td></td><td></td><td></td><td></td><td></td><td></td><td></td></tr>
<tr><td>要求</td><td colspan="9">制动曲线的每一折线取两个点，画出制动特性曲线，和厂家提供的制动特性曲线基本相吻合，实测值与装置内部设定值误差不应超过 5%</td></tr>
</table>

结论（ ）

（3）低压侧小区差动保护定值校验

投入主保护功能硬压板、软压板及低压侧小区差动控制字，并验证功能正确性。

低压侧小区差动保护装置内部设定值 I_{zd}=（ ）。

低压侧小区差动保护动作值校验见表 18。

表 18 **低压侧小区差动保护定值校验**

项目	交流输入	$0.95I_{zd}$	$1.05I_{zd}$
低压侧外附	I_a	□动作，□不动作	□动作，□不动作
	I_b	□动作，□不动作	□动作，□不动作
	I_c	□动作，□不动作	□动作，□不动作

续表

项目	交流输入	$0.95I_{zd}$	$1.05I_{zd}$
低压侧绕组	I_a	□动作，□不动作	□动作，□不动作
	I_b	□动作，□不动作	□动作，□不动作
	I_c	□动作，□不动作	□动作，□不动作

结论（　　）

（4）模拟 TA 断线，投入“TA 断线闭锁差动保护”控制字，当差流大于低压侧小区差动保护动作值但小于 $1.2I_e$，低压侧小区差动保护不动作；继续增大电流，则：

□差流大于 $1.2I_e$，保护仍闭锁。

□差流大于 $1.2I_e$，保护动作。

□差流大于 $1.2I_{emax}$（低压侧额定电流，套管内额定电流），保护动作。

结论（　　）

3.1.3.5　分侧差动保护

投入主保护功能硬压板、主保护功能软压板及分侧差动保护控制字，并验证功能正确性。

（1）各侧平衡系数计算值：K_{Ph}=（　　）；K_{Pm}=（　　）；K_{Pg}=（　　）。

分侧差动保护平衡系数检查见表 19。

表 19　　分侧差动保护平衡系数检查

高压侧	中压侧	公共绕组	差动电流		
			DI_a	DI_b	DI_c

结论（　　）

（2）分侧差动动作特性测试

方法一：用微机式继电保护测试仪的比率制动曲线边界搜索功能绘制出分侧差动保护动作特性曲线，将所得动作特性曲线打印附于报告后，并与厂家提供的特性曲线进行比较。

方法二：分侧差动动作特性测试见表 20。

表 20　　分侧差动动作特性测试

序号		电流 I_1（调整侧）			电流 I_2（固定侧）		制动电流标幺值	动作电流标幺值	制动系数 K
		标幺值	有名值（A）		标幺值	有名值（A）			
			计算	实测					
高压侧 I_1 和中压侧 I_2	1								
	2								
	3								
	4								
	5								
	6								
高压侧 I_1 和公共绕组 I_2	1								
	2								
	3								

续表

序号		电流 I_1（调整侧）			电流 I_2（固定侧）		制动电流标幺值	动作电流标幺值	制动系数 K
		标幺值	有名值（A）		标幺值	有名值（A）			
			计算	实测					
高压侧 I_1 和公共绕组 I_2	4								
	5								
	6								
中压侧 I_1 和公共绕组 I_2	1								
	2								
	3								
	4								
	5								
	6								
要求	制动曲线的每一折线取两个点，画出制动特性曲线，和厂家提供的制动特性曲线基本相吻合，实测值与装置内部设定值误差不应超过5%								

结论（　　）

(3) 分侧差动保护定值校验

投入主保护功能硬压板、主保护功能软压板及分侧差动保护控制字，并验证功能正确性。

分侧差动启动电流定值 I_{zd}=（　　）。

分侧差动保护动作值测试见表21。

表21　分侧差动保护定值校验

项目	交流输入	$0.95I_{zd}$	$1.05I_{zd}$
高压1侧	I_a	□动作，□不动作	□动作，□不动作
	I_b	□动作，□不动作	□动作，□不动作
	I_c	□动作，□不动作	□动作，□不动作
高压2侧	I_a	□动作，□不动作	□动作，□不动作
	I_b	□动作，□不动作	□动作，□不动作
	I_c	□动作，□不动作	□动作，□不动作
中压侧	I_a	□动作，□不动作	□动作，□不动作
	I_b	□动作，□不动作	□动作，□不动作
	I_c	□动作，□不动作	□动作，□不动作
公共绕组	I_a	□动作，□不动作	□动作，□不动作
	I_b	□动作，□不动作	□动作，□不动作
	I_c	□动作，□不动作	□动作，□不动作

结论（　　）

(4) 模拟TA断线，投入“TA断线闭锁差动保护”控制字，当差流大于分侧差动保护动作值但小于 $1.2I_e$，分侧差动保护不动作；继续增大电流，则：

□差流大于 $1.2I_e$，保护仍闭锁。

□差流大于 $1.2I_e$，保护动作。

□差流大于1.2倍中压侧额定电流，保护动作。

结论（　　）

3.2　高压侧后备保护

3.2.1　阻抗保护定值校验

阻抗保护定值校验见表22。

投高压侧后备保护硬压板、高压侧后备功能软压板、高压侧电压功能硬压板及对应时限控制字，并验证功能正确性。

表22　　阻抗保护定值校验

保护名称	定值名称	整定值	AB/A		BC/B		CA/C	
			0.95Z_{zd}	1.05Z_{zd}	0.95Z_{zd}	1.05Z_{zd}	0.95Z_{zd}	1.05Z_{zd}
相间阻抗	相间阻抗定值/指向主变压器		□动作 □不动作	□动作 □不动作	□动作 □不动作	□动作 □不动作	□动作 □不动作	□动作 □不动作
	相间阻抗定值/指向母线		□动作 □不动作	□动作 □不动作	□动作 □不动作	□动作 □不动作	□动作 □不动作	□动作 □不动作
接地阻抗	接地阻抗定值/指向主变压器		□动作 □不动作	□动作 □不动作	□动作 □不动作	□动作 □不动作	□动作 □不动作	□动作 □不动作
	接地阻抗定值/指向母线		□动作 □不动作	□动作 □不动作	□动作 □不动作	□动作 □不动作	□动作 □不动作	□动作 □不动作

结论（　　）

3.2.2　电流保护定值校验

电流保护定值校验见表23。

投高压侧后备保护功能硬压板、高压侧后备功能保护软压板、高压侧电压功能硬压板，复压过流保护控制字，并保证复压过流保护复压开放。

表23　　电流保护定值校验

保护名称	定值名称	整定值	I_A		I_B		I_C	
			0.95I_{zd}	1.05I_{zd}	0.95I_{zd}	1.05I_{zd}	0.95I_{zd}	1.05I_{zd}
复压过流保护	复压过流定值		□动作 □不动作	□动作 □不动作	□动作 □不动作	□动作 □不动作	□动作 □不动作	□动作 □不动作
过负荷保护	过负荷定值		□动作 □不动作	□动作 □不动作	□动作 □不动作	□动作 □不动作	□动作 □不动作	□动作 □不动作

结论（　　）

3.2.3　复压过流闭锁功能校验

复压过流闭锁功能校验见表24。

投高压侧后备保护功能硬压板、高压侧后备保护功能软压板、高压侧电压功能硬压板及复压过流保护控制字。试验时分别通入电流应大于整定值。低电压闭锁定值（　　）V，负序电压闭锁定值（　　）V。

表24　　复压过流闭锁功能校验

保护名称	通入电流（A）	低电压校验						负序电压校验	
		U_{AB}		U_{BC}		U_{CA}		U_2	
		0.95U_{zd}	1.05U_{zd}	0.95U_{zd}	1.05U_{zd}	0.95U_{zd}	1.05U_{zd}	0.95U_{zd}	1.05U_{zd}
复压过流保护		□动作 □不动作	□动作 □不动作	□动作 □不动作	□动作 □不动作	□动作 □不动作	□动作 □不动作	□动作 □不动作	□动作 □不动作

结论（　　）

3.2.4 零序保护定值校验

零序保护定值校验见表25。

投高压侧后备保护功能硬压板、高压侧后备保护功能软压板、高压侧电压功能硬压板及零序过流Ⅲ段、对应时限控制字，退出零序Ⅰ段带方向、零序Ⅱ段带方向控制字。

表25 零序保护定值校验

保护名称	定值名称	整定值	I_0	
			$0.95I_{zd}$	$1.05I_{zd}$
零序保护	零序过流Ⅰ段定值		□动作 □不动作	□动作 □不动作
	零序过流Ⅱ段定值		□动作 □不动作	□动作 □不动作
	零序过流Ⅲ段定值		□动作 □不动作	□动作 □不动作

结论（ ）

3.2.5 零序保护方向功能校验

零序保护方向功能校验见表26。

投高压侧后备保护功能硬压板、高压侧后备保护功能软压板、高压侧电压功能硬压板、对应时限控制字、零序Ⅰ段带方向、零序Ⅱ段带方向控制字。

表26 零序保护方向功能校验

功能测试	外加零序电流、电压，方向指向母线		外加零序电流、电压，方向指向变压器	
	方向指向母线控制字	方向指向变压器控制字	方向指向母线控制字	方向指向变压器控制字
零序Ⅰ段方向	□动作 □不动作	□动作 □不动作	□动作 □不动作	□动作 □不动作
零序Ⅱ段方向	□动作 □不动作	□动作 □不动作	□动作 □不动作	□动作 □不动作

结论（ ）

3.2.6 过励磁保护校验

过励磁保护校验见表27。

投高压侧后备保护功能硬压板、高压侧后备保护功能软压板、高压侧电压功能硬压板。测试结果与厂家提供反时限过励磁保护曲线核对。

表27 过励磁保护功能校验

保护名称	定值名称	整定值	试验动作值
过励磁保护	过励磁告警定值		
	过励磁告警时间		
	反时限过励磁1段倍数		
	反时限过励磁1段时间		
	反时限过励磁2段时间		
	反时限过励磁3段时间		

续表

保护名称	定值名称	整定值	试验动作值
过励磁保护	反时限过励磁 4 段时间		
	反时限过励磁 5 段时间		
	反时限过励磁 6 段时间		
	反时限过励磁 7 段时间		

结论（　　）

3.2.7　高压侧电压使用逻辑检查

高压侧的复压元件默认为各侧复压的“或”逻辑作为开放条件。当高压侧判断出本侧TV 异常时，本侧复压元件不会满足条件，本侧复合电压过流保护经其他侧复合电压开放。本侧 TV 断线或电压退出时退出方向元件，受低压侧复压元件控制。当各侧均 TV 断线或电压退出时，本侧转为纯过流。

结论（　　）

3.2.8　高压侧失灵联跳

投入高压侧失灵经主变跳闸控制字，模拟高压侧失灵联跳开入，同时在高压侧加入大于装置内部设定值，失灵联跳保护经 50ms 延时后跳变压器各侧断路器。失灵联跳开入超过装置内部设定时间，装置报“失灵联跳开入报警”，并闭锁失灵联跳功能。

结论（　　）

3.3　中压侧后备保护

3.3.1　阻抗保护定值校验

阻抗保护定值校验见表 28。

投中压侧后备保护硬压板、中压侧后备功能软压板、中压侧电压功能硬压板及对应时限控制字，并验证功能正确性。

表 28　　阻抗保护定值校验

保护名称	定值名称	整定值	AB/A		BC/B		CA/C	
			$0.95Z_{zd}$	$1.05Z_{zd}$	$0.95Z_{zd}$	$1.05Z_{zd}$	$0.95Z_{zd}$	$1.05Z_{zd}$
相间阻抗	相间阻抗定值/指向主变压器		□动作 □不动作	□动作 □不动作	□动作 □不动作	□动作 □不动作	□动作 □不动作	□动作 □不动作
	相间阻抗定值/指向母线		□动作 □不动作	□动作 □不动作	□动作 □不动作	□动作 □不动作	□动作 □不动作	□动作 □不动作
接地阻抗	接地阻抗定值/指向主变压器		□动作 □不动作	□动作 □不动作	□动作 □不动作	□动作 □不动作	□动作 □不动作	□动作 □不动作
	接地阻抗定值/指向母线		□动作 □不动作	□动作 □不动作	□动作 □不动作	□动作 □不动作	□动作 □不动作	□动作 □不动作

结论（　　）

3.3.2　电流保护定值校验

电流保护定值校验见表 29。

投中压侧后备保护功能硬压板、中压侧后备功能保护软压板、中压侧电压功能硬压板，复压过流保护控制字，并保证复压过流保护复压开放。

表 29　　电流保护定值校验

保护名称	定值名称	整定值	I_A		I_B		I_C	
			0.95I_{zd}	1.05I_{zd}	0.95I_{zd}	1.05I_{zd}	0.95I_{zd}	1.05I_{zd}
复压过流保护	复压过流定值		□动作 □不动作	□动作 □不动作	□动作 □不动作	□动作 □不动作	□动作 □不动作	□动作 □不动作
过负荷保护	过负荷定值		□动作 □不动作	□动作 □不动作	□动作 □不动作	□动作 □不动作	□动作 □不动作	□动作 □不动作

结论（　　）

3.3.3　复压过流闭锁功能校验

复压过流闭锁功能校验见表 30。

投中压侧后备保护功能硬压板、中压侧后备保护功能软压板、中压侧电压功能硬压板及复压过流保护控制字。试验时分别通入电流应大于整定值。低电压闭锁定值（　　）V，负序电压闭锁定值（　　）V。

表 30　　复压过流闭锁功能校验

保护名称	通入电流（A）	低电压校验						负序电压校验	
		U_{AB}		U_{BC}		U_{CA}		U_2	
		0.95U_{zd}	1.05U_{zd}	0.95U_{zd}	1.05U_{zd}	0.95U_{zd}	1.05U_{zd}	0.95U_{zd}	1.05U_{zd}
复压过流保护		□动作 □不动作	□动作 □不动作	□动作 □不动作	□动作 □不动作	□动作 □不动作	□动作 □不动作	□动作 □不动作	□动作 □不动作

结论（　　）

3.3.4　零序保护定值校验

零序保护定值校验见表 31。

投中压侧后备保护功能硬压板、中压侧后备保护功能软压板、中压侧电压功能硬压板及零序过流Ⅲ段、对应时限控制字，退出零序Ⅰ段带方向、零序Ⅱ段带方向控制字。

表 31　　零序保护定值校验

保护名称	定值名称	整定值	I_0	
			0.95I_{zd}	1.05I_{zd}
零序保护	零序过流Ⅰ段定值		□动作 □不动作	□动作 □不动作
	零序过流Ⅱ段定值		□动作 □不动作	□动作 □不动作
	零序过流Ⅲ段定值		□动作 □不动作	□动作 □不动作

结论（　　）

3.3.5　零序保护方向功能校验

零序保护方向功能校验见表 32。

投中压侧后备保护功能硬压板、中压侧后备保护功能软压板、中压侧电压功能硬压板、对应时限控制字、零序Ⅰ段带方向、零序Ⅱ段带方向控制字。

表32　　零序保护方向功能校验

功能测试	外加零序电流、电压，方向指向母线		外加零序电流、电压，方向指向变压器	
	方向指向母线控制字	方向指向变压器控制字	方向指向母线控制字	方向指向变压器控制字
零序Ⅰ段方向	□动作 □不动作	□动作 □不动作	□动作 □不动作	□动作 □不动作
零序Ⅱ段方向	□动作 □不动作	□动作 □不动作	□动作 □不动作	□动作 □不动作

结论（　　）

3.3.6　中压侧电压使用逻辑检查

中压侧的复压元件默认为各侧复压的“或”逻辑作为开放条件。当中压侧判断出本侧TV异常时，本侧复压元件不会满足条件，本侧复合电压过流保护经其他侧复合电压开放。本侧TV断线或电压退出时退出方向元件，受低压侧复压元件控制。当各侧均TV断线或电压退出时，本侧转为纯过流。

结论（　　）

3.3.7　中压侧失灵联跳

投入中压侧失灵经主变跳闸控制字，模拟中压侧失灵联跳开入，同时在中压侧加入大于装置内部设定值，失灵联跳保护经50ms延时后跳变压器各侧断路器。失灵联跳开入超过装置内部设定时间，装置报“失灵联跳开入报警”，并闭锁失灵联跳功能。

结论（　　）

3.4　低压侧绕组后备保护定值校验

3.4.1　电流保护定值校验

电流保护定值校验见表33。

投低压侧绕组后备保护功能硬压板、低压侧绕组后备功能保护软压板、低压侧电压功能硬压板，对应时限控制字，保证复压过流保护复压开放，并验证功能正确性。

表33　　电流保护定值校验

保护名称	定值名称	整定值	I_A		I_B		I_C	
			$0.95I_{zd}$	$1.05I_{zd}$	$0.95I_{zd}$	$1.05I_{zd}$	$0.95I_{zd}$	$1.05I_{zd}$
复压过流保护	复压过流定值		□动作 □不动作	□动作 □不动作	□动作 □不动作	□动作 □不动作	□动作 □不动作	□动作 □不动作
过流保护	过流定值		□动作 □不动作	□动作 □不动作	□动作 □不动作	□动作 □不动作	□动作 □不动作	□动作 □不动作
过负荷保护	过负荷定值		□动作 □不动作	□动作 □不动作	□动作 □不动作	□动作 □不动作	□动作 □不动作	□动作 □不动作

结论（　　）

3.4.2　复压过流闭锁功能校验

复压过流闭锁功能校验见表34。

投低压侧绕组后备保护功能硬压板、低压侧绕组后备保护功能软压板、低压侧电压功能硬压板及对应时限控制字。试验时分别通入电流应大于整定值。低电压闭锁定值（　　）V，负序电压闭锁定值（　　）V。

表 34　　复压过流闭锁功能校验

保护名称	通入电流（A）	低电压校验						负序电压校验	
		U_{AB}		U_{BC}		U_{CA}		U_2	
		$0.95U_{zd}$	$1.05U_{zd}$	$0.95U_{zd}$	$1.05U_{zd}$	$0.95U_{zd}$	$1.05U_{zd}$	$0.95U_{zd}$	$1.05U_{zd}$
复压过流保护		□动作 □不动作	□动作 □不动作	□动作 □不动作	□动作 □不动作	□动作 □不动作	□动作 □不动作	□动作 □不动作	□动作 □不动作

结论（　　）

3.4.3　低压侧电压使用逻辑检查

低压侧复压元件由本侧电压构成。本侧 PT 断线或电压退出时，本侧转为纯过流。

结论（　　）

3.5　低压侧后备保护定值校验

3.5.1　电流定值校验

电流保护定值校验见表 35。

投低压侧后备保护功能硬压板、低压侧后备保护功能软压板、低压侧电压功能硬压板、对应时限控制字，保证复压过流保护复压开放，并验证功能正确性。

表 35　　电流保护定值校验

保护名称	定值名称	整定值	I_A		I_B		I_C	
			$0.95I_{zd}$	$1.05I_{zd}$	$0.95I_{zd}$	$1.05I_{zd}$	$0.95I_{zd}$	$1.05I_{zd}$
复压过流保护	复压过流定值		□动作 □不动作	□动作 □不动作	□动作 □不动作	□动作 □不动作	□动作 □不动作	□动作 □不动作
过流保护	过流定值		□动作 □不动作	□动作 □不动作	□动作 □不动作	□动作 □不动作	□动作 □不动作	□动作 □不动作
过负荷保护	过负荷定值		□动作 □不动作	□动作 □不动作	□动作 □不动作	□动作 □不动作	□动作 □不动作	□动作 □不动作

结论（　　）

3.5.2　复压过流闭锁功能校验

复压过流闭锁功能校验见表 36。

投低压侧后备保护功能硬压板、低压侧后备保护功能软压板、低压侧电压功能硬压板及对应时限控制字。试验时分别通入电流应大于整定值。低电压闭锁定值（　　）V，负序电压闭锁定值（　　）V。

表 36　　复压过流闭锁功能校验

保护名称	通入电流（A）	低电压校验						负序电压校验	
		U_{AB}		U_{BC}		U_{CA}		U_2	
		$0.95U_{zd}$	$1.05U_{zd}$	$0.95U_{zd}$	$1.05U_{zd}$	$0.95U_{zd}$	$1.05U_{zd}$	$0.95U_{zd}$	$1.05U_{zd}$
复压过流保护		□动作 □不动作	□动作 □不动作	□动作 □不动作	□动作 □不动作	□动作 □不动作	□动作 □不动作	□动作 □不动作	□动作 □不动作

结论（　　）

3.5.3　零序保护定值校验

零序保护定值校验见表 37。

投低压侧后备保护功能硬压板、低压侧后备保护功能软压板、低压侧电压功能硬压板，零序过压告警控制字。

表 37　　　　零序保护定值校验

保护名称	定值名称	内部设定值	U_0	
			$0.95U_{zd}$	$1.05U_{zd}$
零序保护	零序电压定值		□动作 □不动作	□动作 □不动作

结论（　　）

3.6　公共绕组后备保护

3.6.1　电流定值校验

电流定值校验见表 38。

公共绕组后备保护功能硬压板、公共绕组后备保护功能软压板、零序过流保护跳闸控制字。

表 38　　　　电流保护定值校验

保护名称	定值名称	整定值	I_A		I_B		I_C	
			$0.95I_{zd}$	$1.05I_{zd}$	$0.95I_{zd}$	$1.05I_{zd}$	$0.95I_{zd}$	$1.05I_{zd}$
过流保护	零序过流定值		□动作 □不动作	□动作 □不动作	□动作 □不动作	□动作 □不动作	□动作 □不动作	□动作 □不动作
过负荷保护	过负荷定值		□动作 □不动作	□动作 □不动作	□动作 □不动作	□动作 □不动作	□动作 □不动作	□动作 □不动作

结论（　　）

3.7　保护整组动作时间测试

保护整组动作时间测试见表 39。

表 39　　　　保护整组动作时间测试

保护名称	故障类型	整定时间（ms）	显示时间（ms）	测量时间（ms）	装置动作信号
差动速断	AB 故障				
纵差保护	AN 故障				
分相差动	AN 故障				
低压侧小区差动	AN 故障				
分侧差动	AN 故障				
高相间阻抗保护 1 时限	AB 故障				
高相间阻抗保护 2 时限	AB 故障				
高接地阻抗保护 1 时限	AN 故障				
高接地阻抗保护 2 时限	AN 故障				
高复压过流保护	AB 故障				
高零序过流Ⅰ段 1 时限	BN 故障				
高零序过流Ⅰ段 2 时限	BN 故障				

续表

保护名称	故障类型	整定时间（ms）	显示时间（ms）	测量时间（ms）	装置动作信号
高零序过流Ⅱ段1时限	BN故障				
高零序过流Ⅱ段2时限	BN故障				
高零序过流Ⅲ段	CN故障				
高失灵联跳	CN故障				
中相间阻抗保护1时限	BC故障				
中相间阻抗保护2时限	BC故障				
中相间阻抗保护3时限	BC故障				
中相间阻抗保护4时限	BC故障				
中接地阻抗保护1时限	BN故障				
中接地阻抗保护2时限	BN故障				
中接地阻抗保护3时限	BN故障				
中接地阻抗保护4时限	BN故障				
中复压过流保护	BC故障				
中零序过流Ⅰ段1时限	CN故障				
中零序过流Ⅰ段2时限	CN故障				
中零序过流Ⅰ段3时限	CN故障				
中零序过流Ⅱ段1时限	CN故障				
中零序过流Ⅱ段2时限	CN故障				
中零序过流Ⅱ段3时限	CN故障				
中零序过流Ⅲ段	CN故障				
中失灵联跳	AN故障				
低绕组过流保护1时限	BN故障				
低绕组过流保护2时限	BN故障				
低绕组复压过流保护1时限	BN故障				
低绕组复压过流保护2时限	BN故障				
低过流保护1时限	CN故障				
低过流保护2时限	CN故障				
低复压过流保护1时限	CN故障				
低复压过流保护2时限	CN故障				
公共绕组零序过流跳闸	AN故障				
要求：阻抗保护整组动作时间按0.7倍整定值测试，电流保护按1.2倍整定值测试					

结论（　　）

3.8　跳闸矩阵定值及跳闸出口输出检验

跳闸矩阵定值及跳闸出口输出检验见表40。

依据整定的跳闸矩阵控制字，检查对应的跳闸出口是否正确变位。

表40　　跳闸矩阵定值及跳闸出口输出检验

跳闸对象 / 保护名称	跳备用出口4	跳备用出口3	跳备用出口2	跳备用出口1			跳低压侧	跳中压侧分段	跳中压侧母联	跳中压侧			跳高压侧
主保护													
高相间阻抗保护1时限													

续表

跳闸对象 保护名称	跳备用出口 4	跳备用出口 3	跳备用出口 2	跳备用出口 1			跳低压侧	跳中压侧分段	跳中压侧母联	跳中压侧			跳高压侧
高相间阻抗保护 2 时限													
高接地阻抗保护 1 时限													
高接地阻抗保护 2 时限													
高复压过流保护													
高零序过流Ⅰ段 1 时限													
高零序过流Ⅰ段 2 时限													
高零序过流Ⅱ段 1 时限													
高零序过流Ⅱ段 2 时限													
高零序过流Ⅲ段													
高反时限过励磁跳闸													
高失灵联跳													
中相间阻抗保护 1 时限													
中相间阻抗保护 2 时限													
中相间阻抗保护 3 时限													
中相间阻抗保护 4 时限													
中接地阻抗保护 1 时限													
中接地阻抗保护 2 时限													
中接地阻抗保护 3 时限													
中接地阻抗保护 4 时限													
中复压过流保护													
中零序过流Ⅰ段 1 时限													
中零序过流Ⅰ段 2 时限													
中零序过流Ⅰ段 3 时限													
中零序过流Ⅱ段 1 时限													
中零序过流Ⅱ段 2 时限													
中零序过流Ⅱ段 3 时限													
中零序过流Ⅲ段													
中失灵联跳													
低绕组过流保护 1 时限													
低绕组过流保护 2 时限													
低绕组复压过流保护 1 时限													
低绕组复压过流保护 2 时限													
低过流保护 1 时限													
低过流保护 2 时限													
低复压过流保护 1 时限													
低复压过流保护 2 时限													
公共绕组零序过流跳闸													

3.9 自定义功能检查

自定义功能检查见表41。

根据保护装置自定义功能，对其功能投退、动作逻辑、定值进行校验。

表41　　自定义功能检查

自定义功能名称	定值/控制字	装置动作信息	结果

结论（　　）

检验人：

4 非电量装置检验

4.1 开关量输入回路检验

开关量输入回路检验见表42。

表42　　本体开关量输入回路检验

序号	检验项目	面板显示（液晶显示信息）
1	本体重瓦斯	□面板显示（□液晶显示信息：　　）
2	本体压力释放	□面板显示（□液晶显示信息：　　）
3	冷却器全停	□面板显示（□液晶显示信息：　　）
4	本体轻瓦斯	□面板显示（□液晶显示信息：　　）
5	本体油位异常	□面板显示（□液晶显示信息：　　）
6	本体油面温度1	□面板显示（□液晶显示信息：　　）
7	本体油面温度2	□面板显示（□液晶显示信息：　　）
8	本体绕组温度1	□面板显示（□液晶显示信息：　　）
9	本体绕组温度2	□面板显示（□液晶显示信息：　　）
10	调压重瓦斯	□面板显示（□液晶显示信息：　　）
11	调压压力释放	□面板显示（□液晶显示信息：　　）
12	调压轻瓦斯	□面板显示（□液晶显示信息：　　）
13	调压油位异常	□面板显示（□液晶显示信息：　　）
14	调压油面温度1	□面板显示（□液晶显示信息：　　）
15	调压油面温度2	□面板显示（□液晶显示信息：　　）
16	调压绕组温度1	□面板显示（□液晶显示信息：　　）
17	调压绕组温度2	□面板显示（□液晶显示信息：　　）
18	保护检修状态	□面板显示（□液晶显示信息：　　）
19	信号复归	□面板显示（□液晶显示信息：　　）

结论（　　）

4.2 本体开关量输出回路检查

本体开关量输出回路检查见表43。

表 43　　本体开关量输出回路检查

检验项目	序号	方法	接点动作情况
信号输出	1	模拟装置故障告警	□监控后台
	2	模拟运行异常	□监控后台
	3	模拟非电量保护动作	□监控后台
	4	模拟本体重瓦斯	□监控后台
	5	模拟调压重瓦斯	□监控后台
	6	模拟本体压力释放	□监控后台
	7	模拟冷却器全停	□监控后台
	8	模拟本体轻瓦斯	□监控后台
	9	模拟本体油位异常	□监控后台
	10	模拟本体油面温度 1	□监控后台
	11	模拟本体油面温度 2	□监控后台
	12	模拟本体绕组温度 1	□监控后台
	13	模拟本体绕组温度 2	□监控后台
	14	模拟调压压力释放	□监控后台
	15	模拟调压轻瓦斯	□监控后台
	16	模拟调压油位异常	□监控后台
	17	模拟调压油面温度 1	□监控后台
	18	模拟调压油面温度 2	□监控后台
	19	模拟调压绕组温度 1	□监控后台
	20	模拟调压绕组温度 2	□监控后台
	21	保护检修状态	□监控后台
	22	信号复归	□监控后台
保护跳闸出口	23	模拟重瓦斯动作	□跳高压Ⅰ侧断路器，□跳高压Ⅱ侧断路器，□跳中压侧断路器，□跳低压侧断路器

结论（　　）

4.3　非电量直跳继电器校验

非电量直跳继电器校验见表 44。

非电量跳闸的直跳继电器，起动功率应大于 5W，动作电压在额定直流电源电压的 55%～70%范围内，额定直流电源电压下动作时间为 10～35ms。

表 44　　非电量直跳继电器校验

继电器名称	起动功率（W）	动作电压（V）	动作时间（ms）

结论（　　）

检验人：

5 操作箱检验

5.1 操作箱基本信息

操作箱基本信息见表45。

表45　　操作箱基本信息

操作箱	型号	生产厂家	出厂日期	跳/合闸电流	直流电压
高压侧操作箱					
中压侧操作箱					
低压侧操作箱					

结论（　　）

5.2 公共回路

5.2.1 检查一组、二组操作（保护）直流是否混电。合上一组操作（保护）直流电源，断开二组操作（保护）直流电源，测量二组操作（保护）直流对地电压；合上二组操作（保护）直流电源，断开一组操作（保护）直流电源，测量一组操作（保护）直流对地电压。

结论（　　）

5.2.2 检查操作箱中出口继电器动作电压值在55%～70%额定电压下应可靠动作。

结论（　　）

5.2.3 检查操作箱中逻辑回路的继电器，应满足80%额定电压下可靠动作。

结论（　　）

5.2.4 操作箱功能检验：

5.2.4.1 高压侧操作箱功能检验

高压侧操作箱功能检验见表46。

表46　　高压侧操作箱功能检验

序号	检验项目	方法	接点动作情况
1	接点输出	一组控制回路断线	□监控后台，□面板显示
		二组控制回路断线	□监控后台，□面板显示
		一组跳闸出口（A、B、C相）	□监控后台，□面板显示，□跳闸
		二组跳闸出口（A、B、C相）	□监控后台，□面板显示，□跳闸
		一组操作直流消失	□监控后台，□面板显示
		二组操作直流消失	□监控后台，□面板显示
2	继电器功能	三相跳闸	□监控后台，□面板显示，□一组跳闸，□二组跳闸
		手合动作	□合闸，□面板显示
		手跳动作	□一组跳闸，□二组跳闸，□面板显示
3	压力闭锁回路	禁止合闸（根据实际接线选做）	□禁止合闸
		禁止分闸（根据实际接线选做）	□禁止分闸
		SF_6气压低禁止操作（根据实际接线选做）	□禁止操作

结论（　　）

5.2.4.2 中压侧操作箱功能检验

中压侧操作箱功能检验见表47。

表 47　　中压侧操作箱功能检验

序号	检验项目	方法	接点动作情况
1	接点输出	一组控制回路断线	□监控后台，□面板显示
		二组控制回路断线	□监控后台，□面板显示
		一组跳闸出口（A、B、C相）	□监控后台，□面板显示，□跳闸
		二组跳闸出口（A、B、C相）	□监控后台，□面板显示，□跳闸
		一组操作直流消失	□监控后台，□面板显示
		二组操作直流消失	□监控后台，□面板显示
2	继电器功能	三相跳闸	□监控后台，□面板显示，□一组跳闸，□二组跳闸
		手合动作	□合闸，□面板显示
		手跳动作	□一组跳闸，□二组跳闸，□面板显示
3	压力闭锁回路	禁止合闸（根据实际接线选做）	□禁止合闸
		禁止分闸（根据实际接线选做）	□禁止分闸
		SF_6 气压低禁止操作（根据实际接线选做）	□禁止操作

结论（　　）

5.2.5　电压切换箱（或集成在操作箱内的电压切换插件）功能检验

电压切换箱功能检验见表 48。

表 48　　中压侧切换箱功能检验

试验方法	接点动作情况
切换继电器同时动作	□监控后台
TV 失压	□监控后台
电压切换功能	□Ⅰ母电压接点，□面板显示
	□Ⅱ母电压接点，□面板显示

结论（　　）

5.3　低压侧操作箱检验

5.3.1　检查操作箱中出口继电器动作电压值在 55%～70%额定电压下应可靠动作。

结论（　　）

5.3.2　检查操作箱中逻辑回路的继电器，应满足 80%额定电压下可靠动作。

结论（　　）

5.3.3　操作箱功能检验

操作箱功能检验见表 49。

表 49　　低压侧操作箱功能检验

检验项目	方法	接点动作情况
接点输出	控制回路断线	□监控后台，□面板显示
	跳闸出口	□监控后台，□面板显示，□跳闸
	操作直流消失	□监控后台，□面板显示
	手合动作	□合闸出口，□面板显示
	手跳动作	□跳闸出口，□面板显示

结论（　　）

6 带开关做整组传动试验

每一套保护应分别带断路器进行整组试验，并将传动试验报告打印并附后。

6.1 传动试验前准备

检查对应断路器无闭锁，具备传动条件。

6.2 模拟变压器本体重瓦斯、有载重瓦斯故障：

a. 保护及各侧开关实际动作正确。（　　）

b. 后台监控信号表示正确。（　　）

6.3 模拟两套主保护同时动作：

a. 保护及各侧开关实际动作正确。（　　）

b. 后台监控信号表示正确。（　　）

c. 站端、各级调控端继电保护在线监视与分析模块表示信息正确。（　　）

d. 检查变压器三侧开关两组跳闸线圈极性正确。（　　）

e. 录波器表示信息正确。（　　）

6.4 模拟变压器高后备保护动作：

a. 保护及各侧开关实际动作正确。（　　）

b. 后台监控信号表示正确。（　　）

c. 站端、各级调控端继电保护在线监视与分析模块表示信息正确。（　　）

d. 录波器表示信息正确。（　　）

6.5 模拟变压器中后备保护动作：

a. 保护及各侧开关实际动作正确。（　　）

b. 后台监控信号表示正确。（　　）

c. 站端、各级调控端继电保护在线监视与分析模块表示信息正确。（　　）

d. 录波器表示信息正确。（　　）

6.6 模拟变压器低后备保护动作：

a. 保护及各侧开关实际动作正确。（　　）

b. 后台监控信号表示正确。（　　）

c. 站端、各级调控端继电保护在线监视与分析模块表示信息正确。（　　）

d. 录波器表示信息正确。（　　）

6.7 模拟变压器低压绕组保护动作：

a. 保护及各侧开关实际动作正确。（　　）

b. 后台监控信号表示正确。（　　）

c. 站端、各级调控端继电保护在线监视与分析模块表示信息正确。（　　）

d. 录波器表示信息正确。（　　）

6.8 模拟变压器公共绕组保护动作：

a. 保护及各侧开关实际动作正确。（　　）

b. 后台监控信号表示正确。（　　）

c. 站端、各级调控端继电保护在线监视与分析模块表示信息正确。（　　）

d. 录波器表示信息正确。（　　）

6.9 模拟失灵联跳主变压器开入动作：

a. 保护及各侧开关实际动作正确。（　　）

b. 后台监控信号表示正确。（　　）

c. 站端、各级调控端继电保护在线监视与分析模块表示信息正确。（　　）

d. 录波器表示信息正确。（　　）

6.10 分别模拟高1、高2、中、低手合故障，检查变压器各侧开关防跳功能：

a. 保护及各侧开关实际动作正确。（　　）

b. 后台监控信号表示正确。（　　）

c. 站端、各级调控端继电保护在线监视与分析模块表示信息正确。（　　）

d. 录波器表示信息正确。（　　）

检验人：

7 装置投运准备工作

7.1 投入运行前的准备工作

7.1.1 核查各侧TA接入极性及接线正确。（　　）

7.1.2 现场工作结束后，工作负责人检查试验记录有无漏试验项目，核对装置的整定值是否与定值单相符。打印定值单附后。（　　）

7.1.3 盖好所有装置及辅助设备的盖子，各装置插板扣紧。（　　）

7.1.4 二次回路接线恢复，拆除在检验时使用的试验设备、仪表及一切连接线，所有被拆除的或临时接入的连线应全部恢复正常，装置所有的信号应复归。（　　）

7.1.5 压板核对及安全措施恢复。（　　）

7.1.6 全部人员撤离前，清扫现场。（　　）

7.2 对运行人员交代事项

7.2.1 填写及交代继电保护记录簿，将主要检验项目、试验结果及结论、定值通知单执行情况详细记录在内，向运行负责人员交代检验结果、设备变动情况或遗留问题，并写明该装置可以投入运行。（　　）

7.2.2 交代运行人员在将装置投入前，必须用高内阻电压表以一端对地测保护出口压板端子电压的方法，检查并证实被检验的继电保护装置及安全自动装置确实未给出跳闸或合闸脉冲，才允许将装置的跳合闸连接片投到投入位置。（　　）

7.2.3 对运维人员进行继电保护运行规程培训。（　　）

7.3 验收合格后，办理工作票终结手续。（　　）

7.4 定值通知单编号：（　　），执行时间：（　　）。

检验人：

8 带负荷测试

8.1 高压侧系统电压核相检验

高压侧系统电压核相检验见表50。

表 50　　　　高压侧电压核相检验

测试数据		已运行间隔电压				
		U_A	U_B	U_C	U_L	U_N
待测电压	U_A					
	U_B					
	U_C					
	U_L					
	U_N					

结论（　　）

8.2　中压侧系统电压核相检验

中压侧系统电压核相检验见表 51。

表 51　　　　中压侧电压核相检验

测试数据		已运行间隔电压				
		U_A	U_B	U_C	U_L	U_N
待测电压	U_A					
	U_B					
	U_C					
	U_L					
	U_N					

结论（　　）

8.3　低压侧系统电压核相

低压侧系统电压核相检验见表 52。

表 52　　　　低压侧电压核相检验

测试数据		已运行间隔电压			
		U_A	U_B	U_C	U_N
待测电压	U_A				
	U_B				
	U_C				
	U_N				

结论（　　）

8.4　交流回路相位测试

8.4.1　潮流状态

高压侧有功：（　　）；高压侧无功：（　　）；高压侧负荷电流：（　　）；
中压侧有功：（　　）；中压侧无功：（　　）；中压侧负荷电流：（　　）；
低压侧有功：（　　）；低压侧无功：（　　）；低压侧负荷电流：（　　）。

8.4.2　保护装置差动电流及制动电流

A 相差动电流：（　　）；B 相差动电流：（　　）；C 相差动电流：（　　）；
A 相制动电流：（　　）；B 相制动电流：（　　）；C 相制动电流：（　　）。

8.4.3　交流回路幅值及相位测试

交流回路幅值及相位测试见表 53。

以高压侧 U_{AN} 电压为基准。

表 53　　交流回路幅值及相位测试

测量位置	相别	测试值（幅值、角度）	装置显示值（幅值、角度）	相量图
高压Ⅰ侧断路器	A	∠	∠	U_{AN}
	B	∠	∠	
	C	∠	∠	
	N	∠	∠	
高压Ⅱ侧断路器	A	∠	∠	U_{AN}
	B	∠	∠	
	C	∠	∠	
	N	∠	∠	
中压侧断路器	A	∠	∠	U_{AN}
	B	∠	∠	
	C	∠	∠	
	N	∠	∠	
低压侧断路器	A	∠	∠	U_{AN}
	B	∠	∠	
	C	∠	∠	
	N	∠	∠	
低压侧套管	A	∠	∠	U_{AN}
	B	∠	∠	
	C	∠	∠	
	N	∠	∠	
公共绕组	A	∠	∠	U_{AN}
	B	∠	∠	
	C	∠	∠	
	N	∠	∠	
直接零序	I	∠	∠	
间接零序	I	∠	∠	

结论（　　）

8.5 使用钳形电流表测量保护二次电缆屏蔽层的电流，以检查该保护装置及屏柜与二次等电位接地网连接状况，当检测不到电流时，应检查屏蔽层是否良好接地。测试结果为。

检验人：

9 现场遗留问题

工作负责人：

18. 常规变电站500kV变压器保护C类检验标准化作业指导书

变电站名称 ____________________________

装 置 命 名 ____________________________

设备变更记录

变更内容			变更日期	执行人
装置变更	1			
	2			
程序升级	1			
	2			
	3			
	4			
回路变更	1			
	2			
	3			
	4			
	5			
TA变比	1			
	2			
	3			
其他	1			
	2			
	3			

________型变压器

保护检验报告

出厂日期		投运日期	
工作负责人			
检验人员			
检验性质	C类检验		
开始时间	年 月 日 时 分		
结束时间	年 月 日 时 分		
检验结论			
审核人签字		审核日期	

目　　次

1　通用部分

1.1　详见《常规变电站继电保护标准化作业指导书（C类检验通用部分）》。

1.2　本报告适用于500kV常规变电站高压侧3/2断路器接线主变压器保护。本报告试验项目针对变压器电气量保护，非电量保护检验。

2　微机保护单机检验

2.1　软件版本号及CRC校验码检查

软件版本号及CRC校验码检查见表1。

表1　　装置基本信息

CPU号	软件版本号	CRC校验码	软件版本生成时间	与要求版本是否一致

2.2　零漂及采样校验

2.2.1　零漂校验

零漂校验（要求 $I<0.01I_n$，$U<0.1V$）见表2。

表2　　零漂校验

高压1侧电流	$I_{(h1a)}$	$I_{(h1b)}$	$I_{(h1c)}$
采样1			
采样2			
高压2侧电流	$I_{(h2a)}$	$I_{(h2b)}$	$I_{(h2c)}$
采样1			
采样2			
中压侧电流	$I_{(ma)}$	$I_{(mb)}$	$I_{(mc)}$
采样1			
采样2			
低压侧外附电流	$I_{(la)}$	$I_{(lb)}$	$I_{(lc)}$
采样1			
采样2			
低压侧绕组电流	$I_{(ra)}$	$I_{(rb)}$	$I_{(rc)}$
采样1			
采样2			
公共绕组电流	$I_{(ga)}$	$I_{(gb)}$	$I_{(lgc)}$
采样1			
采样2			
公共绕组零序电流	$I_{(g0)}$		
采样1			
采样2			

续表

高压侧电压	$U_{(ha)}$	$U_{(hb)}$	$U_{(hc)}$
采样 1			
采样 2			
中压侧电压	$U_{(ma)}$	$U_{(mb)}$	$U_{(mc)}$
采样 1			
采样 2			
低压侧电压	$U_{(la)}$	$U_{(lb)}$	$U_{(lc)}$
采样 1			
采样 2			

结论（　　）

2.2.2 采样幅值及相位精度校验

采样幅值及相位精度校验见表 3。

在保护屏端子上分别加入额定的电压、电流量，分别进入保护状态“菜单中管理板”和“CPU 板子菜单”查看液晶屏上显示值，幅值误差应小于 5%，相位误差小于 3°。

表 3　　**采样幅值及相位精度校验**

采样通道	模拟量	装置显示					
		U_A	U_B	U_C	相位 A-B	相位 B-C	相位 C-A
高压侧电压	$0.1U_n$						
	U_n						
	$1.5U_n$						
中压侧电压	$0.1U_n$						
	U_n						
	$1.5U_n$						
低压侧电压	$0.1U_n$						
	U_n						
	$1.5U_n$						
高压Ⅰ侧电流	$0.05I_n$						
	I_n						
	$4I_n$						
高压Ⅱ侧电流	$0.05I_n$						
	I_n						
	$4I_n$						
中压侧电流	$0.05I_n$						
	I_n						
	$4I_n$						
低压侧绕组电流	$0.05I_n$						
	I_n						
	$4I_n$						
低压侧外附电流	$0.05I_n$						
	I_n						
	$4I_n$						

续表

采样通道	模拟量	装置显示					
		U_A	U_B	U_C	相位 A-B	相位 B-C	相位 C-A
公共绕组电流	$0.05I_n$						
	I_n						
	$4I_n$						
公共绕组零序电流	$0.05I_n$						
	I_n						
	$4I_n$						

结论（　　）

检验人：

3　带开关做整组传动试验

结合整组试验对已投入使用的开入量进行检查（要求开关传动试验打印报告附后）。

3.1　传动试验前准备

检查对应断路器无闭锁，具备传动条件。

3.2　模拟变压器本体重瓦斯、有载重瓦斯故障：

a. 保护及各侧开关实际动作正确。（　　）

b. 后台监控信号表示正确。（　　）

3.3　模拟两套主保护同时动作：

a. 保护及各侧开关实际动作正确。（　　）

b. 后台监控信号表示正确。（　　）

c. 站端、各级调控端继电保护在线监视与分析模块表示信息正确。（　　）

d. 检查变压器三侧开关两组跳闸线圈极性正确。（　　）

e. 录波器表示信息正确。（　　）

3.4　模拟变压器高后备保护动作：

a. 保护及各侧开关实际动作正确。（　　）

b. 后台监控信号表示正确。（　　）

c. 站端、各级调控端继电保护在线监视与分析模块表示信息正确。（　　）

d. 录波器表示信息正确。（　　）

3.5　模拟变压器中后备保护动作：

a. 保护及各侧开关实际动作正确。（　　）

b. 后台监控信号表示正确。（　　）

c. 站端、各级调控端继电保护在线监视与分析模块表示信息正确。（　　）

d. 录波器表示信息正确。（　　）

3.6　模拟变压器低后备保护动作：

a. 保护及各侧开关实际动作正确。（　　）

b. 后台监控信号表示正确。（　　）

c. 站端、各级调控端继电保护在线监视与分析模块表示信息正确。（　　）

d. 录波器表示信息正确。（　　）

3.7 模拟变压器低压绕组保护动作：

a. 保护及各侧开关实际动作正确。（　　）

b. 后台监控信号表示正确。（　　）

c. 站端、各级调控端继电保护在线监视与分析模块表示信息正确。（　　）

d. 录波器表示信息正确。（　　）

3.8 模拟变压器公共绕组保护动作：

a. 保护及各侧开关实际动作正确。（　　）

b. 后台监控信号表示正确。（　　）

c. 站端、各级调控端继电保护在线监视与分析模块表示信息正确。（　　）

d. 录波器表示信息正确。（　　）

3.9 模拟失灵联跳主变压器开入动作：

a. 保护及各侧开关实际动作正确。（　　）

b. 后台监控信号表示正确。（　　）

c. 站端、各级调控端继电保护在线监视与分析模块表示信息正确。（　　）

d. 录波器表示信息正确。（　　）

3.10 分别模拟高 1、高 2、中、低手合故障，变压器检查开关防跳功能：

a. 保护及各侧开关实际动作正确。（　　）

b. 后台监控信号表示正确。（　　）

c. 站端、各级调控端继电保护在线监视与分析模块表示信息正确。（　　）

d. 录波器表示信息正确。（　　）

检验人：

4 装置投运准备工作

4.1 投入运行前的准备工作

4.1.1 核查各侧 CT 接入极性及接线正确。（　　）

4.1.2 现场工作结束后，工作负责人检查试验记录有无漏试验项目，核对装置的整定值是否与定值单相符。打印定值单附后。（　　）

4.1.3 盖好所有装置及辅助设备的盖子，各装置插板扣紧。（　　）

4.1.4 二次回路接线恢复，拆除在检验时使用的试验设备、仪表及一切连接线，所有被拆除的或临时接入的连线应全部恢复正常，装置所有的信号应复归。（　　）

4.1.5 压板核对及安全措施恢复。（　　）

4.1.6 全部人员撤离前，清扫现场。（　　）

4.2 对运行人员交代事项

4.2.1 填写及交代继电保护记录簿，将主要检验项目、试验结果及结论、定值通知单执行情况详细记录在内，向运行负责人员交代检验结果、设备变动情况或遗留问题、并写明该装置可以投入运行。（　　）

4.2.2 交代运行人员在将装置投入前，必须用高内阻电压表以一端对地测保护出口压板端子电压的方法，检查并证实被检验的继电保护装置及安全自动装置确实未给出跳闸或合

闸脉冲，才允许将装置的跳合闸连接片投到投入位置。（　　）

4.2.3 对运维人员进行继电保护运行规程培训。（　　）

4.3 验收合格后，办理工作票终结手续。（　　）

4.4 定值通知单编号：（　　）执行时间：（　　）。

检验人：

5 现场遗留问题

工作负责人：

19. 常规变电站500kV母线保护新安装验收检验标准化作业指导书

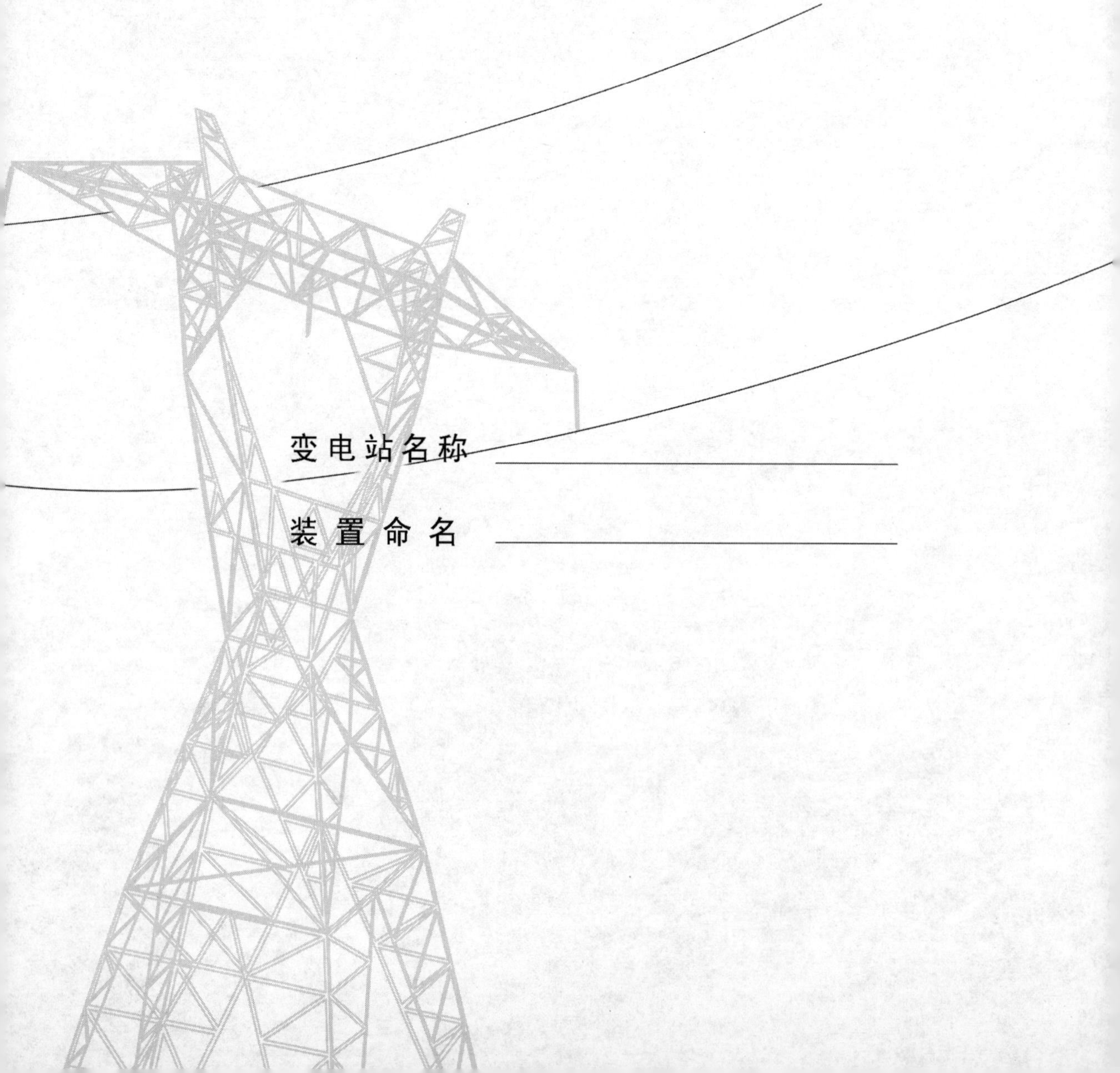

变电站名称 ________________________

装 置 命 名 ________________________

设备变更记录

变更内容			变更日期	执行人
装置变更	1			
	2			
程序升级	1			
	2			
	3			
	4			
回路变更	1			
	2			
	3			
	4			
	5			
TA变比	1			
	2			
	3			
其他	1			
	2			
	3			

________型母线保护

检验报告

出厂日期		投运日期	
工作负责人			
检验人员			
检验性质	新安装验收检验		
开始时间	年 月 日 时 分		
结束时间	年 月 日 时 分		
检验结论			
审核人签字		审核日期	

目　次

1 通用部分

1.1 详见《常规变电站继电保护标准化作业指导书（验收检验通用部分）》。

1.2 适用于 500kV 3/2 断路器接线的母线保护。

2 装置基本信息检查

装置基本信息见表 1。

表 1　　装置基本信息

主接线类型	3/2 断路器接线
装置配置间隔数	
额定参数	装置额定电压（V）：（　　），　二次额定电流（A）：（　　）
程序版本号	
软件版本时间	
与要求版本是否一致	

检验人：

3 开关量输入回路检验

3.1 保护压板检验

通过在保护屏上投、退保护压板，检验保护压板输入正确性。保护压板检验见表 2。

表 2　　保护压板检验

序号	压板名称	液晶屏显示		结论
		投保护压板	退保护压板	
1	差动保护			
2	失灵经母差跳闸			
3	远方操作			
4	保护检修状态			

3.2 失灵经母差跳闸开关量输入检验

分别短接对应单元失灵启动接点端子排位置，观察液晶屏显示状态。失灵经母差跳闸开关量输入检验见表 3。

表 3　　失灵经母差跳闸开关量输入检验

单元号	对应间隔	开关量输入名称	开关量输入接点端子位置	液晶屏显示	结论
1 单元		失灵经母差跳闸			
2 单元		失灵经母差跳闸			
3 单元		失灵经母差跳闸			
4 单元		失灵经母差跳闸			
5 单元		失灵经母差跳闸			
6 单元		失灵经母差跳闸			
7 单元		失灵经母差跳闸			

续表

单元号	对应间隔	开关量输入名称	开关量输入接点端子位置	液晶屏显示	结论
8 单元		失灵经母差跳闸			
9 单元		失灵经母差跳闸			
10 单元		失灵经母差跳闸			

注　表格按装置最大接入支路间隔设计。

3.3　其他接点检查

"信号复归"按钮检查功能正确，液晶屏显示开关量输入正确，装置上异常、动作信息能够恢复。

结论（　　）

检验人：

4　输出回路检查

4.1　信号输出检验

信号输出检验见表 4。

表 4　　**信号输出检验**

序号	检验项目	方法	接点动作情况
1	信号输出	TA 断线报警	□监控后台，□液晶显示，□面板
2		失灵经母线保护跳闸	□监控后台，□液晶显示，□面板，□录波
3		差动动作	□监控后台，□液晶显示，□面板，□录波
4		运行异常	□监控后台，□液晶显示，□面板
5		装置故障告警	□监控后台，□液晶显示，□面板

结论（　　）

4.2　开出量检查

将差动保护功能投入，检查母差保护各跳闸出口接点动作情况，同时验证出口压板的正确性。跳闸出口检查见表 5。

检查要求："对应间隔、端子排位置、压板名称"栏内容为根据现场实际接线填入表格内，压板名称应填写双重名称；现场检验当接点导通正确时，在对应接点前的"□"内划"√"。

表 5　　**跳闸出口检查**

单元号	端子排位置	压板名称	液晶屏显示情况
1 单元	□		□正确
2 单元	□		□正确
3 单元	□		□正确
4 单元	□		□正确
5 单元	□		□正确
6 单元	□		□正确
7 单元	□		□正确
8 单元	□		□正确

续表

单元号	端子排位置	压板名称	液晶屏显示情况
9单元	□		□正确
10单元	□		□正确

注 表格按装置最大接入支路间隔设计。

结论（　　）

5 模数变换系统的检验

5.1 零漂检验

零漂检验见表6。

表6　　零漂检验

项目	最大值	要求范围
交流电流通道	（　　　）A	小于 $0.01I_n$

结论（　　）

5.2 采样精度校验

5.2.1 交流电流采样精度、相角检验。

检验方法：在（表7）各单元依次通入不同幅值三相正序电流，查看间隔单元菜单显示的交流量并记录。

在（表7）各单元的交流测试中，例如：以1单元的相位为基准，除在本单元加三相额定电流外，其他间隔A相电流与第1单元A相串接。以校验各单元的相角。将上述两项内容的检验数据填入表7中。

表7　　交流电流采样精度、相角检验

间隔名称	TA变比	通入电流量(A)	液晶屏显示结果						基准值
			采样1			采样2			
			$I_a\angle$	$I_b\angle$	$I_c\angle$	$I_a\angle$	$I_b\angle$	$I_c\angle$	$\angle$
		$0.05I_n$							—
		I_n							
		$4I_n$							—
		$0.05I_n$							—
		I_n							
		$4I_n$							—
		$0.05I_n$							—
		I_n							
		$4I_n$							—
		$0.05I_n$							
		I_n							—
		$4I_n$							
		$0.05I_n$							—
		I_n							
		$4I_n$							—

续表

间隔名称	TA变比	通入电流量（A）	液晶屏显示结果						基准值
			采样 1			采样 2			
			$I_a\angle$	$I_b\angle$	$I_c\angle$	$I_a\angle$	$I_b\angle$	$I_c\angle$	$\angle$
		$0.05I_n$							—
		I_n							
		$4I_n$							—
		$0.05I_n$							—
		I_n							
		$4I_n$							—
		$0.05I_n$							—
		I_n							
		$4I_n$							—
		$0.05I_n$							—
		I_n							
		$4I_n$							—
		$0.05I_n$							—
		I_n							
		$4I_n$							—

注　表格按装置最大接入支路间隔设计。

结论（　　）

检验人：

6　保护功能校验

检验前要求：设置好系统参数定值及检验定值。

校验中要求：对不同功能控制字需要验证控制字置“0”、置“1”两种情况下保护装置动作行为应正确，保护功能控制字存在与其对应的软、硬压板有逻辑关系的应验证其逻辑关系正确；根据保护装置液晶屏显示信息、面板信号指示状态、测试设备实测值进行填写。

6.1　母线差动保护校验

将“差动保护”控制字置 1、投入“差动保护”软压板、合上“差动保护”硬压板。

6.1.1　区外故障

模拟母线区外故障，在任意两个间隔中同时加入 A 相（或 B、C 相）电流（同一变比），电流大小相等、方向相反，通入大于差动保护启动电流定值的电流，母线差动保护不应动作。

结论（　　）

6.1.2　区内故障

定值：差动保护启动电流定值=（　　）A。差动保护启动电流定值校验见表 8。

表 8　　差动保护启动电流定值校验

项目	A 相		B 相		C 相	
	0.95 倍整定值	1.05 倍整定值	0.95 倍整定值	1.05 倍整定值	0.95 倍整定值	1.05 倍整定值
动作情况	□动作 □不动作	□动作 □不动作	□动作 □不动作	□动作 □不动作	□动作 □不动作	□动作 □不动作

续表

项目	A相		B相		C相	
	0.95倍整定值	1.05倍整定值	0.95倍整定值	1.05倍整定值	0.95倍整定值	1.05倍整定值
动作时间	显示保护动作时间：(　　) ms 实测保护动作时间：(　　) ms		显示保护动作时间：(　　) ms 实测保护动作时间：(　　) ms		显示保护动作时间：(　　) ms 实测保护动作时间：(　　) ms	
要求	0.95倍整定值可靠不动作，1.05倍整定值可靠动作，2倍整定值下测试出口时间					

结论（　　）

6.1.3 差动比率制动曲线测试

方法1：任选母线上两条变比相同支路，在A相（或B相或C相）加入大小相等、方向相同的电流 I_1、I_2，固定其中一支路电流，调节另外一支路电流大小，使母线差动保护动作。

装置内部差动制动系数设定值=(　　)。

差动比率制动曲线测试见表9。

表9　　差动比率制动曲线测试

相别	次数	测试数据（A）		计算数据				结论
		I_1	I_2	I_d(A)	I_r(A)	制动系数	误差	
A相	1							
	2							
B相	1							
	2							
C相	1							
	2							
要求		实测值与整定值误差不超过±5%						

方法2：用微机继电保护测试仪的比率制动曲线边界搜索功能绘制出差动保护动作特性曲线。并将绘制出的曲线打印附后，与厂家给出特性曲线进行核对。差动制动系数实测值=(　　)。

结论（　　）

6.2 TA断线告警及闭锁功能校验

6.2.1 TA断线告警功能校验

模拟TA断线，经装置内部固定延时（　　）s，装置发出“TA断线报警”信号，再加入大于差动保护启动电流定值的故障电流，母线差动保护动作。TA断线告警功能校验见表10。

结论（　　）

6.2.2 TA断线闭锁功能校验

模拟TA断线，经装置内部固定延时（　　）s，装置发出“TA断线闭锁”告警信号，再加入大于差动保护启动电流定值的故障电流，母线差动保护不动作。TA断线闭锁功能校验见表10。

表 10　　TA 断线告警及闭锁功能校验

定值名称	整定值（A）	实测值（A）	误差	动作时间（s）
TA 断线告警定值				
TA 断线闭锁定值				—
要求	0.95 倍整定值可靠不动作，1.05 倍整定值可靠动作。1.2 倍整定值下测试告警时间			

结论（　　）

6.3　失灵经母差跳闸功能校验

将“失灵经母差跳闸”控制字置 1、投入“失灵经母差跳闸”软压板、合上“失灵经母差跳闸”硬压板，验证边断路器失灵保护动作经母差保护出口，母差保护装置中应带有不需整定的电流元件并经 50ms 固有延时动作。记录装置内部设定电流值（　　）A，实测延时（　　）ms 。

结论（　　）

检验人：

7　整组试验

要求：①新投产变电站、变电站内 500kV 系统全部停电时可进行“带开关做整组传动试验”，其余情况下可用导通的方法验证到母差保护屏出口至各间隔元件保护屏（或辅助屏、断路器保护屏）侧回路的正确性；②传动试验打印报告附后。

7.1　模拟母线故障：

a. 母差保护动作正确。（　　）

b. 母差保护跳连接母线的边断路器回路验证正确。（　　）

c. 后台监控信号表示正确。（　　）

d. 站端、各级调控端继电保护在线监视与分析模块表示信息正确。（　　）

e. 录波器表示信息正确。（　　）

7.2　模拟失灵经母差跳闸（所有支路）：

a. 失灵经母差跳闸保护动作正确。（　　）

b. 母差保护跳连接母线的边断路器回路验证正确。（　　）

c. 后台监控信号表示正确。（　　）

d. 站端、各级调控端继电保护在线监视与分析模块表示信息正确。（　　）

e. 录波器表示信息正确。（　　）

8　装置投运准备工作

8.1　投入运行前的准备工作

8.1.1　现场工作结束前，核查各间隔接入母线保护的电流回路极性使用正确。

8.1.2　现场工作结束后，工作负责人检查试验记录有无漏试验项目，核对装置的整定值是否与定值单相符。打印定值单附后。（　　）

8.1.3　盖好所有装置及辅助设备的盖子，各装置插板扣紧。（　　）

8.1.4　二次回路接线恢复，拆除在检验时使用的试验设备、仪表及一切连接线，所有

被拆除的或临时接入的连线应全部恢复正常，装置所有的信号应复归。(　　)

8.1.5　压板核对及安全措施恢复。(　　)

8.1.6　全部人员撤离前，清扫现场。(　　)

8.2　对运行人员交代事项

8.2.1　填写继电保护记录簿，将主要检验项目、试验结果及结论、定值通知单执行情况详细记录在内，向工作许可人交代检验结果、设备变动情况或遗留问题，并写明该装置可以投入运行。(　　)

8.2.2　交代运行人员在将装置投入前，必须用高内阻电压表以一端对地测保护出口压板端子电压的方法，检查并证实被检验的继电保护装置及安全自动装置确实未给出跳闸或合闸脉冲，才允许将装置的跳合闸连接片投到投入位置。(　　)

8.2.3　对运维人员进行继电保护运行规程培训。(　　)

8.3　验收合格后，办理工作票终结手续。(　　)

8.4　定值通知单编号：(　　)，执行时间：(　　)。

检验人：

9　带负荷测试

9.1　交流回路幅值及相位测试。

以电压 U_{AN} 为基准，测试的数值见表 11。(与间隔保护相位值做参考)

表 11　　交流回路相位测试

实际间隔名称	相别	测试值（幅值、角度）	装置显示值（幅值、角度）	相量图
	A	∠	∠	U_{AN}
	B	∠	∠	
	C	∠	∠	
	N	∠	∠	
	A	∠	∠	U_{AN}
	B	∠	∠	
	C	∠	∠	
	N	∠	∠	
	A	∠	∠	U_{AN}
	B	∠	∠	
	C	∠	∠	
	N	∠	∠	
	A	∠	∠	U_{AN}
	B	∠	∠	
	C	∠	∠	
	N	∠	∠	
	A	∠	∠	U_{AN}
	B	∠	∠	
	C	∠	∠	
	N	∠	∠	

续表

实际间隔名称	相别	测试值（幅值、角度）	装置显示值（幅值、角度）	相量图
	A	∠	∠	U_{AN}
	B	∠	∠	
	C	∠	∠	
	N	∠	∠	
	A	∠	∠	U_{AN}
	B	∠	∠	
	C	∠	∠	
	N	∠	∠	
	A	∠	∠	U_{AN}
	B	∠	∠	
	C	∠	∠	
	N	∠	∠	
	A	∠	∠	U_{AN}
	B	∠	∠	
	C	∠	∠	
	N	∠	∠	
	A	∠	∠	U_{AN}
	B	∠	∠	
	C	∠	∠	
	N	∠	∠	

注　按工程实际情况增加表格间隔。

结论（　　）

9.2　使用钳形电流表测量保护二次电缆屏蔽层的电流，以检查该保护装置及屏柜与二次等电位接地网连接状况，当检测不到电流时，应检查屏蔽层是否良好接地。测试结果为（　　）。

结论（　　）

9.3　保护装置差电流检查。

差动电流：I_{CDA}：（　　），I_{CDB}：（　　），I_{CDC}：（　　）。

制动电流：I_{RA}：（　　），I_{RB}：（　　），I_{RC}：（　　）。

结论（　　）

检验人：

10　发现问题及处理情况

工作负责人：

20. 常规变电站500kV母线保护A（B）类检修标准化作业指导书

变 电 站 名 称 ______________________

装 置 命 名 ______________________

设备变更记录

变更内容			变更日期	执行人
装置变更	1			
	2			
程序升级	1			
	2			
	3			
	4			
回路变更	1			
	2			
	3			
	4			
	5			
TA变比	1			
	2			
	3			
其他	1			
	2			
	3			

________型母线保护

检验报告

出厂日期		投运日期	
工作负责人			
检验人员			
检验性质	□A 类检修 □B 类检修		
开始时间	年　月　日　时　分		
结束时间	年　月　日　时　分		
检验结论			
审核人签字		审核日期	

目　　次

1 通用部分

1.1 《常规变电站微机继电保护标准化作业指导书A（B）类检修通用部分》。

1.2 适用于500kV 3/2断路器接线的母线保护。

2 装置基本信息检查

装置基本信息见表1。

表1　　装置基本信息

主接线类型	3/2断路器接线
装置配置间隔数	
额定参数	装置额定电压（V）：（　　）；二次额定电流（A）：（　　）
程序版本号	
软件版本时间	
与要求版本是否一致	

检验人：

3 开关量输入回路检验

3.1 保护压板检验

通过在保护屏上投、退保护压板，检验保护压板输入正确性。保护压板检验见表2。

表2　　保护压板检验

序号	压板名称	液晶屏显示		结论
		投保护压板	退保护压板	
1	差动保护			
2	失灵经母差跳闸			
3	远方操作			
4	保护检修状态			

3.2 失灵经母差跳闸开入检验

分别短接对应单元失灵启动接点端子排位置，观察液晶屏显示状态。失灵经母差跳闸开入检验见表3。

表3　　失灵经母差跳闸开入检验

单元号	对应间隔	开入名称	开入接点端子位置	液晶屏显示	结论
1单元		失灵经母差跳闸			
2单元		失灵经母差跳闸			
3单元		失灵经母差跳闸			
4单元		失灵经母差跳闸			
5单元		失灵经母差跳闸			
6单元		失灵经母差跳闸			
7单元		失灵经母差跳闸			

续表

单元号	对应间隔	开入名称	开入接点端子位置	液晶屏显示	结论
8 单元		失灵经母差跳闸			
9 单元		失灵经母差跳闸			
10 单元		失灵经母差跳闸			

注　表格按装置最大接入支路间隔设计。

3.3　其他接点检查

“信号复归”按钮检查功能正确，液晶屏显示开入正确，装置上异常、动作信息能够恢复。

结论（　　）

检验人：

4　输出回路检查

4.1　信号输出检验

信号输出检验见表 4。

表 4　　**信 号 输 出 检 验**

序号	检验项目	方法	接点动作情况
1	信号输出	TA 断线报警	□监控后台，□液晶显示，□面板
2		失灵经母线保护跳闸	□监控后台，□液晶显示，□面板，□录波
3		差动动作	□监控后台，□液晶显示，□面板，□录波
4		运行异常	□监控后台，□液晶显示，□面板
5		装置故障告警	□监控后台，□液晶显示，□面板

结论（　　）

4.2　开出量检查

将差动保护功能投入，检查母差保护各跳闸出口接点动作情况，同时验证出口压板的正确性（本侧出口电缆对端需要与运行设备脱离并做好安全措施）。跳闸出口检查见表 5。

检查要求：“对应间隔、端子排位置、压板名称”栏内容为根据现场实际接线填入表格内，压板名称应填写双重名称；现场检验当接点导通正确时，在对应接点前的“□”内划“√”。

表 5　　**跳 闸 出 口 检 查**

单元号	端子排位置	压板名称	液晶屏显示情况
1 单元	□		□正确
2 单元	□		□正确
3 单元	□		□正确
4 单元	□		□正确
5 单元	□		□正确
6 单元	□		□正确
7 单元	□		□正确
8 单元	□		□正确
9 单元	□		□正确
10 单元	□		□正确

注　表格按装置最大接入支路间隔设计。

结论（　　）

5　模数变换系统的检验

5.1　零漂检验

零漂检验见表6。

表6　　零　漂　检　验

项目	最大值	要求范围
交流电流通道	(　　) A	小于 $0.01I_n$

结论（　　）

5.2　采样精度校验

在表7各单元依次通入不同幅值三相正序电流，查看间隔单元菜单显示的交流量并记录。

交流电流采样精度校验见表7。

表7　　交流电流采样精度校验

间隔名称	TA变比	通入电流量(A)	液晶屏显示结果					
			采样1			采样2		
			$I_a\angle$	$I_b\angle$	$I_c\angle$	$I_a\angle$	$I_b\angle$	$I_c\angle$
		$0.05I_n$						
		I_n						
		$4I_n$						
		$0.05I_n$						
		I_n						
		$4I_n$						
		$0.05I_n$						
		I_n						
		$4I_n$						
		$0.05I_n$						
		I_n						
		$4I_n$						
		$0.05I_n$						
		I_n						
		$4I_n$						
		$0.05I_n$						
		I_n						
		$4I_n$						
		$0.05I_n$						
		I_n						
		$4I_n$						
		$0.05I_n$						
		I_n						
		$4I_n$						

续表

间隔名称	TA变比	通入电流量（A）	液晶屏显示结果					
			采样 1			采样 2		
			$I_a\angle$	$I_b\angle$	$I_c\angle$	$I_a\angle$	$I_b\angle$	$I_c\angle$
		$0.05I_n$						
		I_n						
		$4I_n$						
		$0.05I_n$						
		I_n						
		$4I_n$						

注　表格按装置最大接入支路间隔设计。

结论（　　）

检验人：

6　保护功能校验

6.1　母线差动保护校验

将“差动保护”控制字置1、投入“差动保护”软压板、合上“差动保护”硬压板。

6.1.1　区外故障

模拟母线区外故障，在任意两个间隔中同时加入A相（或B、C相）电流（同一变比），电流大小相等、方向相反，通入大于差动保护启动电流定值的电流，母线差动保护不应动作。

结论（　　）

6.1.2　区内故障

定值：差动保护启动电流定值=（　　）A。差动保护启动电流定值校验见表8。

表8　　差动保护启动电流定值校验

项目	A相		B相		C相	
	0.95倍整定值	1.05倍整定值	0.95倍整定值	1.05倍整定值	0.95倍整定值	1.05倍整定值
动作情况	□动作 □不动作	□动作 □不动作	□动作 □不动作	□动作 □不动作	□动作 □不动作	□动作 □不动作
动作时间	显示保护动作时间：（　　）ms 实测保护动作时间：（　　）ms		显示保护动作时间：（　　）ms 实测保护动作时间：（　　）ms		显示保护动作时间：（　　）ms 实测保护动作时间：（　　）ms	
要求	0.95倍整定值可靠不动作，1.05倍整定值可靠动作，2倍整定值下测试出口时间					

结论（　　）

6.2　TA断线告警及闭锁功能校验

6.2.1　TA断线告警功能校验

模拟TA断线，经装置内部固定延时（　　）s，装置发出“TA断线报警”信号，再加入大于差动保护启动电流定值的故障电流，母线差动保护动作。　　结论（　　）

6.2.2　TA断线闭锁功能校验

模拟TA断线，经装置内部固定延时（　　）s，装置发出“TA断线闭锁”告警信号，

再加入大于差动保护启动电流定值的故障电流，母线差动保护不动作。　　　　　结论（　　）

6.3　失灵经母差跳闸功能校验

将“失灵经母差跳闸”控制字置1、投入“失灵经母差跳闸”软压板、合上“失灵经母差跳闸”硬压板，验证边断路器失灵保护动作经母差保护出口，母差保护装置中应带有不需整定的电流元件并经50ms固有延时动作。记录装置内部设定电流值（　　）A，实测延时（　　）ms。

结论（　　）

检验人：

7　整组试验

要求：①变电站内500kV系统全部停电时可进行“带开关做整组传动试验”，其余情况下可用导通的方法验证到母差保护屏出口至各间隔元件保护屏（或辅助屏、断路器保护屏）侧回路的正确性；②传动试验打印报告附后。

7.1　模拟母线故障：

a. 母差保护动作正确。（　　）

b. 母差保护跳连接母线的边断路器回路验证正确。（　　）

c. 后台监控信号表示正确。（　　）

d. 站端、各级调控端继电保护在线监视与分析模块表示信息正确。（　　）

e. 录波器表示信息正确。（　　）

7.2　模拟失灵经母差跳闸：（所有支路）

a. 失灵经母差跳闸保护动作正确。（　　）

b. 母差保护跳连接母线的边断路器回路验证正确。（　　）

c. 后台监控信号表示正确。（　　）

d. 站端、各级调控端继电保护在线监视与分析模块表示信息正确。（　　）

e. 录波器表示信息正确。（　　）

8　装置投运准备工作

8.1　投入运行前的准备工作

8.1.1　现场工作结束前，核查各间隔接入母线保护的电流回路极性使用正确。

8.1.2　现场工作结束后，工作负责人检查试验记录有无漏试验项目，核对装置的整定值是否与定值单相符。打印定值单附后。（　　）

8.1.3　盖好所有装置及辅助设备的盖子，各装置插板扣紧。（　　）

8.1.4　二次回路接线恢复，拆除在检验时使用的试验设备、仪表及一切连接线，所有被拆除的或临时接入的连线应全部恢复正常，装置所有的信号应复归。（　　）

8.1.5　压板核对及安全措施恢复。（　　）

8.1.6　全部人员撤离前，清扫现场。（　　）

8.2　对运行人员交代事项

8.2.1　填写继电保护记录簿，将主要检验项目、试验结果及结论、定值通知单执行情况详细记录在内，向工作许可人交代检验结果、设备变动情况或遗留问题、并写明该装置可

以投入运行。（　　）

8.2.2　交代运行人员在将装置投入前，必须用高内阻电压表以一端对地测保护出口压板端子电压的方法，检查并证实被检验的继电保护装置及安全自动装置确实未给出跳闸或合闸脉冲，才允许将装置的跳合闸连接片投到投入位置。（　　）

8.2.3　对运维人员进行继电保护运行规程培训。（　　）

8.3　验收合格后，办理工作票终结手续。（　　）

8.4　定值通知单编号：（　　）；执行时间：（　　）。

检验人：

9　带负荷测试

9.1　交流回路幅值及相位测试

以电压 U_{AN} 为基准，测试的数值见表9。（与间隔保护相位值做参考）

表9　　相位测试表

实际间隔名称	相别	测试值（幅值、角度）	装置显示值（幅值、角度）	相量图
	A	∠	∠	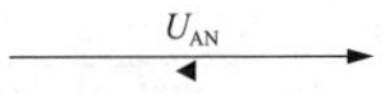
	B	∠	∠	
	C	∠	∠	
	N	∠	∠	
	A	∠	∠	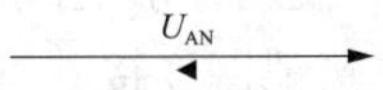
	B	∠	∠	
	C	∠	∠	
	N	∠	∠	
	A	∠	∠	
	B	∠	∠	
	C	∠	∠	
	N	∠	∠	
	A	∠	∠	
	B	∠	∠	
	C	∠	∠	
	N	∠	∠	
	A	∠	∠	
	B	∠	∠	
	C	∠	∠	
	N	∠	∠	
	A	∠	∠	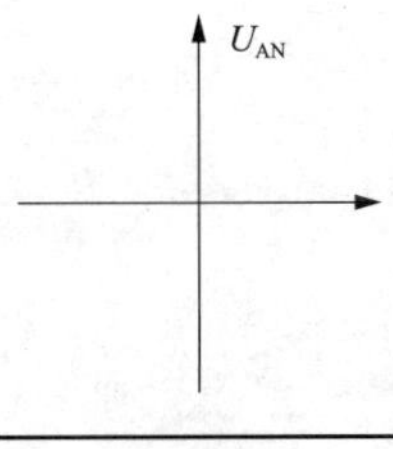
	B	∠	∠	
	C	∠	∠	
	N	∠	∠	

续表

实际间隔名称	相别	测试值（幅值、角度）	装置显示值（幅值、角度）	相量图
	A	∠	∠	U_{AN}
	B	∠	∠	
	C	∠	∠	
	N	∠	∠	
	A	∠	∠	U_{AN}
	B	∠	∠	
	C	∠	∠	
	N	∠	∠	
	N	∠	∠	
	A	∠	∠	U_{AN}
	B	∠	∠	
	C	∠	∠	
	N	∠	∠	
	A	∠	∠	U_{AN}
	B	∠	∠	
	C	∠	∠	
	N	∠	∠	

注 按工程实际情况增加表格间隔。

结论（ ）

9.2 使用钳形电流表测量保护二次电缆屏蔽层的电流，以检查该保护装置及屏柜与二次等电位接地网连接状况，当检测不到电流时，应检查屏蔽层是否良好接地。测试结果为（ ）。

结论（ ）

9.3 保护装置差电流检查

差动电流：I_{CDA}：（ ）A，I_{CDB}：（ ）A，I_{CDC}：（ ）A。

制动电流：I_{RA}：（ ）A，I_{RB}：（ ）A，I_{RC}：（ ）A。

结论（ ）

检验人：

10 发现问题及处理情况

工作负责人：

21. 常规变电站500kV母线保护C类检修标准化作业指导书

变电站名称 ______________________

装 置 命 名 ______________________

设备变更记录

变更内容			变更日期	执行人
装置变更	1			
	2			
程序升级	1			
	2			
	3			
	4			
回路变更	1			
	2			
	3			
	4			
	5			
TA变比	1			
	2			
	3			
其他	1			
	2			
	3			

________型母线保护
检验报告

出厂日期		投运日期	
工作负责人			
检验人员			
检验性质	C类检修		
开始时间	年 月 日 时 分		
结束时间	年 月 日 时 分		
检验结论			
审核人签字		审核日期	

目　次

1　通用部分

1.1　《常规变电站微机继电保护标准化作业指导书 A（B）类检修通用部分》。
1.2　适用于 500kV 3/2 断路器接线的母线保护。

2　装置基本信息检查

装置基本信息见表 1。

表 1　　装 置 基 本 信 息

主接线类型	3/2 断路器接线
装置配置间隔数	
额定参数	装置额定电压（V）：（　　）；二次额定电流（A）：（　　）
程序版本号	
软件版本时间	
与要求版本是否一致	

检验人：

3　模数变换系统的检验

3.1　零漂检验

零漂检验见表 2。

表 2　　零 漂 检 验

项目	最大值	要求范围
交流电流通道	（　　）A	小于 $0.01I_n$

结论（　　）

3.2　采样精度校验

在表 3 各单元依次通入三相正序电流，查看间隔单元菜单显示的交流量并记录。
交流电流采样精度校验见表 3。

表 3　　交流电流采样精度校验

间隔名称	TA变比	通入电流量（A）	液晶屏显示结果					
			采样 1			采样 2		
			$I_a\angle$	$I_b\angle$	$I_c\angle$	$I_a\angle$	$I_b\angle$	$I_c\angle$
		I_n						
		I_n						
		I_n						
		I_n						
		I_n						
		I_n						
		I_n						
		I_n						

续表

间隔名称	TA变比	通入电流量（A）	液晶屏显示结果					
			采样 1			采样 2		
			$I_a\angle$	$I_b\angle$	$I_c\angle$	$I_a\angle$	$I_b\angle$	$I_c\angle$
		I_n						
		I_n						
		I_n						

注 表格按装置最大接入支路间隔设计。

结论（　　）

检验人：

4 整组试验

要求：①变电站内 500kV 系统全部停电时可进行“带开关做整组传动试验”，其余情况下可用导通的方法验证到母差保护屏出口至各间隔元件保护屏（或辅助屏、断路器保护屏）侧回路的正确性；②传动试验打印报告附后。

4.1 模拟母线故障

a. 母差保护动作正确。（　　）

b. 母差保护跳连接母线的边断路器回路验证正确。（　　）

c. 后台监控信号表示正确。（　　）

d. 站端、各级调控端继电保护在线监视与分析模块表示信息正确。（　　）

e. 录波器表示信息正确。（　　）

4.2 模拟失灵经母差跳闸（所有支路）

a. 失灵经母差跳闸保护动作正确。（　　）

b. 母差保护跳连接母线的边断路器回路验证正确。（　　）

c. 后台监控信号表示正确。（　　）

d. 站端、各级调控端继电保护在线监视与分析模块表示信息正确。（　　）

e. 录波器表示信息正确。（　　）

5 装置投运准备工作

5.1 投入运行前的准备工作。

5.1.1 现场工作结束后，工作负责人检查试验记录有无漏试验项目，核对装置的整定值是否与定值单相符。打印定值单附后。（　　）

5.1.2 盖好所有装置及辅助设备的盖子，各装置插板扣紧。（　　）

5.1.3 二次回路接线恢复，拆除在检验时使用的试验设备、仪表及一切连接线，所有被拆除的或临时接入的连线应全部恢复正常，装置所有的信号应复归。（　　）

5.1.4 压板核对及安全措施恢复。（　　）

5.1.5 全部人员撤离前，清扫现场。（　　）

5.2 对运行人员交代事项。

5.2.1 填写继电保护记录簿，将主要检验项目、试验结果及结论、定值通知单执行情况详细记录在内，向工作许可人交代检验结果、设备变动情况或遗留问题、并写明该装置可以投入运行。（　　）

5.2.2　交代运行人员在将装置投入前，必须用高内阻电压表以一端对地测保护出口压板端子电压的方法，检查并证实被检验的继电保护装置及安全自动装置确实未给出跳闸或合闸脉冲，才允许将装置的跳合闸连接片投到投入位置。（　　）

5.2.3　对运维人员进行继电保护运行规程培训。（　　）

5.3　验收合格后，办理工作票终结手续。（　　）

5.4　定值通知单编号：（　　），执行时间：（　　）。

检验人：

6　带负荷测试

保护装置差电流检查：

差动电流：I_{CDA}：（　　），I_{CDB}：（　　），I_{CDC}：（　　）。

制动电流：I_{RA}：（　　），I_{RB}：（　　），I_{RC}：（　　）。

结论（　　）

检验人：

7　发现问题及处理情况

工作负责人：

22. 常规变电站500kV高压电抗器保护新安装验收检验标准化作业指导书

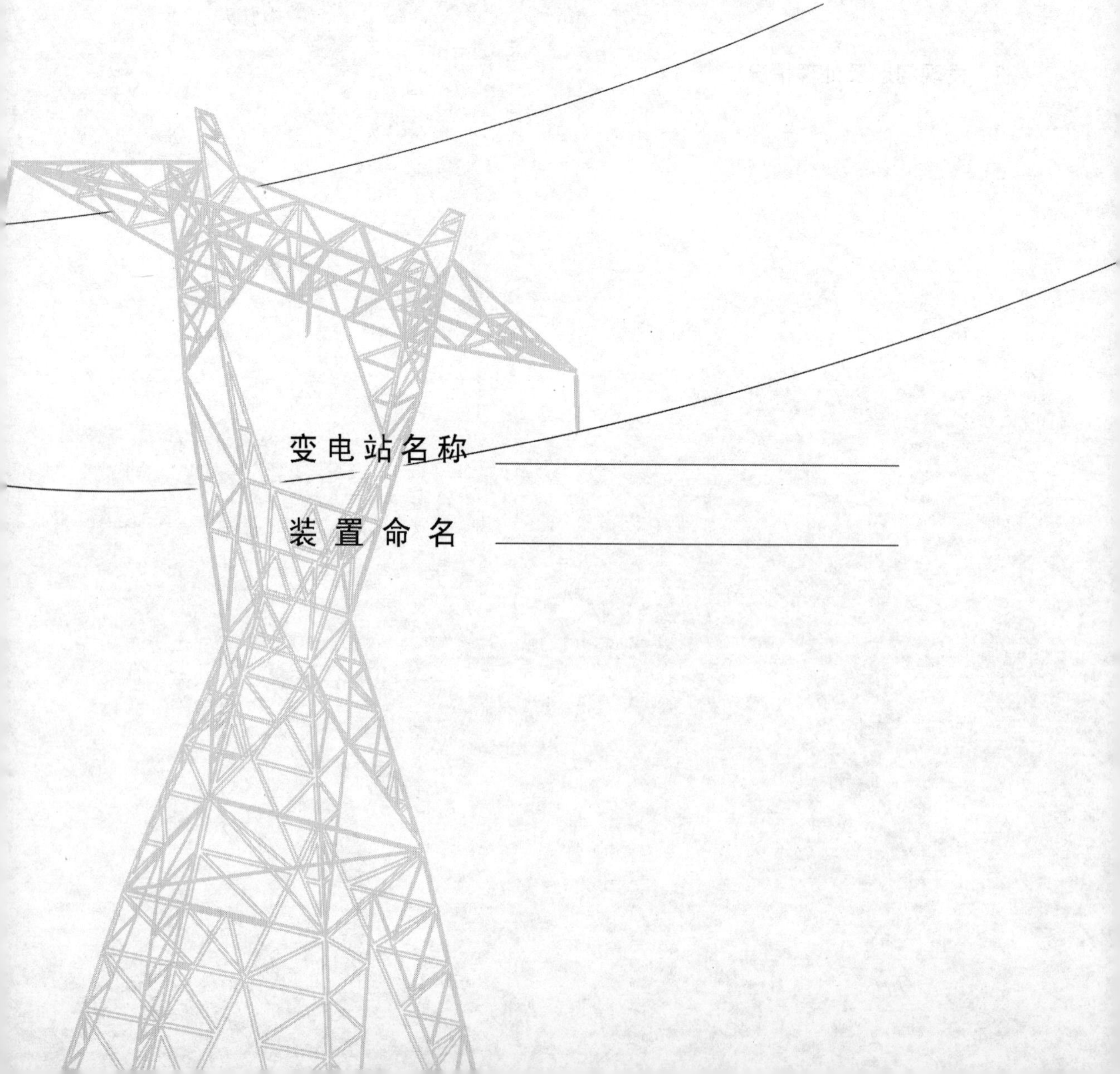

变电站名称 ____________________

装 置 命 名 ____________________

设备变更记录

变更内容			变更日期	执行人
装置变更	1			
	2			
程序升级	1			
	2			
	3			
	4			
回路变更	1			
	2			
	3			
	4			
	5			
TA变比	1			
	2			
	3			
其他	1			
	2			
	3			

________型电抗器

保护检验报告

出厂日期		投运日期	
工作负责人			
检验人员			
检验性质	新安装验收检验		
开始时间	年　　月　　日　　时　　分		
结束时间	年　　月　　日　　时　　分		
检验结论			
审核人签字		审核日期	

目　　次

1 通用部分

1.1 详见《常规变电站继电保护标准化作业指导书（验收检验通用部分）》。

1.2 本报告适用于500kV高压电抗器保护的测试，对于母线电抗器，无中性点电抗器后备保护功能、中断路器相关出口和启动远方跳闸保护出口的试验项目。

2 微机保护单机检验

2.1 软件版本号及CRC校验码检查

软件版本号及CRC校验码检查见表1。

表1　　软件版本号及CRC校验码

CPU号	软件版本号	CRC校验码	软件版本生成时间	与要求版本是否一致

2.2 输出回路检查

输出回路检查见表2。

表2　　输出回路检查

序号	检验项目	方法	接点动作情况
1	信号输出	保护动作	□监控后台，□液晶显示
		过负荷	□监控后台，□液晶显示
		装置故障告警	□监控后台，□液晶显示
		运行异常（TA断线、TV断线等）	□监控后台，□液晶显示
2	跳闸出口	投入相应保护及出口压板，分别模拟对应保护动作	□跳断路器1，□启动断路器失灵保护1，□跳断路器2，□启动断路器失灵保护2，□启动远方跳闸，□跳闸备用，□录波

结论（　　）

2.3 开关量输入回路检验

开关量输入回路检验见表3。

表3　　开关量输入回路检验

序号	检验方法	开关量输入量变化	结果
1	投入“电抗器保护”压板	“电抗器保护”由0变1	
2	投入“远方操作”压板	“远方操作”由0变1	
3	按“信号复归”按钮	“信号复归”由0变1	
4	投“保护检修状态”压板	“检修状态”由0变1	

结论（　　）

2.4 模数变换系统的检验

装置二次额定电流 I_n＝□5A/□1A。

2.4.1　零漂检验

要求：$I<0.01I_n$，$U<0.1$V，见表4。

表4　零漂检验

采样通道	I_{ha}(A)	I_{hb}(A)	I_{hc}(A)	I_{la}(A)	I_{lb}(A)	I_{lc}(A)	U_a(V)	U_b(V)	U_c(V)
采样1									
采样2									

结论（　　）

2.4.2　采样精度校验

在保护屏端子排上分别通入表5.1、表5.2中的电压、电流，查看液晶屏上显示值，误差应小于5%，角度分别为0°，240°，120°，误差应小于3°。（以U_a为基准）

采样精度校验见表5.1、表5.2。

表5.1　采样精度校验（首端）

采样通道	U_a(V)	U_b(V)	U_c(V)	I_{ha}(A)	I_{hb}(A)	I_{hc}(A)
$0.05I_n$、$0.6U_n$	V∠0°	V∠	V∠	A∠	A∠	A∠
采样1						
采样2						
I_n、U_n	V∠0°	V∠	V∠	A∠	A∠	A∠
采样1						
采样2						
$4I_n$、$1.2U_n$	V∠0°	V∠	V∠	A∠	A∠	A∠
采样1						
采样2						

表5.2　采样精度校验（末端）

采样通道	U_a(V)	U_b(V)	U_c(V)	I_{ha}(A)	I_{hb}(A)	I_{hc}(A)
$0.05I_n$、$0.6U_n$	V∠0°	V∠	V∠	A∠	A∠	A∠
采样1						
采样2						
I_n、U_n	V∠0°	V∠	V∠	A∠	A∠	A∠
采样1						
采样2						
$4I_n$、$1.2U_n$	V∠0°	V∠	V∠	A∠	A∠	A∠
采样1						
采样2						

结论（　　）

检验人：

3　保护功能校验

3.1　定值校验

将“电抗器保护”硬压板投入，并投入“高压电抗器保护”软压板，按照定值单进行检验，根据保护装置液晶显示信息、面板信号指示状态、测试装置实测时间进行填写。

3.1.1　主保护

3.1.1.1　参数检查。

参数检查见表6。

表6　参数检查

三相额定容量		
额定电压		
TA变比	首端：	末端：
计算值	I_{he}：	I_{le}：

3.1.1.2　主电抗器差动及差动速断保护。

分别将“差动保护”和“差动速断”控制字置“1”，验证以下功能的正确性。（其他保护控制字置“0”）

定值：差动最小动作电流＝（　　）A；差动速断定值＝（　　）A。装置内部设定值：（　　）；制动系数＝（　　）。

主电抗器差动及差动速断保护定值校验见表7.1、表7.2。

表7.1　主电抗器差动及差动速断保护定值校验（首端）

故障类型 整定值	差动门槛			差动速断		
	AN故障	BN故障	CN故障	AN故障	BN故障	CN故障
$0.95I_{zd}$	□动作 □不动作	□动作 □不动作	□动作 □不动作	□动作 □不动作	□动作 □不动作	□动作 □不动作
$1.05I_{zd}$	□动作 □不动作	□动作 □不动作	□动作 □不动作	□动作 □不动作	□动作 □不动作	□动作 □不动作
$1.2I_{zd}$	显示保护动作时间：（　　）ms 实测保护动作时间：（　　）ms			显示保护动作时间：（　　）ms 实测保护动作时间：（　　）ms		

表7.2　主电抗器差动及差动速断保护定值校验（末端）

故障类型 整定值	差动门槛			差动速断		
	AN故障	BN故障	CN故障	AN故障	BN故障	CN故障
$0.95I_{zd}$	□动作 □不动作	□动作 □不动作	□动作 □不动作	□动作 □不动作	□动作 □不动作	□动作 □不动作
$1.05I_{zd}$	□动作 □不动作	□动作 □不动作	□动作 □不动作	□动作 □不动作	□动作 □不动作	□动作 □不动作
$1.2I_{zd}$	显示保护动作时间：（　　）ms 实测保护动作时间：（　　）ms			显示保护动作时间：（　　）ms 实测保护动作时间：（　　）ms		

结论（　　）

3.1.1.3　模拟TA断线，如果投入“TA断线闭锁差动保护”控制字，TA断线后差动保护闭锁，当差流大于$1.2I_e$时，差动保护开放。　结论（　　）

3.1.1.4　差动比率制动曲线测试。

方法：

（1）将“差动速断”控制字置“0”，“零序差动保护”控制字置“0”，“差动保护”控制字置“1”。

（2）用模拟式继电保护测试仪的比率制动曲线边界搜索功能绘制出差动保护动作特性曲线，将测试仪绘制出的曲线打印附后，并与厂家所给的特性曲线进行核对。

（3）在首端分别加入 A 相、B 相、C 相电流 I_{ha}、I_{hb}、I_{hc}，在末端加入相位相反的 A 相、B 相、C 相电流 I_{la}、I_{lb}、I_{lc}，固定首端电流，调整末端电流，并让此时的差流为 0；减少末端电流，使差动保护动作，记下此时的末端差动电流 I_{cd}。按照此种方法取两点。

差动比率制动曲线测试见表 8。

表 8　　差动比率制动曲线测试

施加量 / 次数	首端电流（A）			末端电流（A）			差动电流（A）	制动电流（A）
	I_{ha}	I_{hb}	I_{hc}	I_{la}	I_{lb}	I_{lc}	I_d	I_r
第一点								
第二点								

差动制动系数实测值=（　　）。

结论（　　）

3.1.1.5　主电抗器零序差动保护。

分别将“零序差动保护”和“差动速断”控制字置“1”，验证以下功能的正确性。（其他保护控制字置“0”）

定值：零序差动最小动作电流=（　　）A；零序差动速断定值=（　　）A。装置内部设定值：（　　）；制动系数=（　　）。

主电抗器零序差动保护定值校验见表 9.1、表 9.2。

表 9.1　　主电抗器零序差动保护定值校验（首端）

故障类型 / 整定值	零序差动门槛（接地故障）	零序差动速断（接地故障）
$0.95I_{zd}$	□动作　□不动作	□动作　□不动作
$1.05I_{zd}$	□动作　□不动作	□动作　□不动作
$1.2I_{zd}$	显示保护动作时间：（　　）ms 实测保护动作时间：（　　）ms	显示保护动作时间：（　　）ms 实测保护动作时间：（　　）ms

表 9.2　　主电抗器零序差动保护定值校验（末端）

故障类型 / 整定值	零序差动门槛（接地故障）	零序差动速断（接地故障）
$0.95I_{zd}$	□动作　□不动作	□动作　□不动作
$1.05I_{zd}$	□动作　□不动作	□动作　□不动作
$1.2I_{zd}$	显示保护动作时间：（　　）ms 实测保护动作时间：（　　）ms	显示保护动作时间：（　　）ms 实测保护动作时间：（　　）ms

结论（　　）

3.1.1.6　模拟 TA 断线，如果投入“TA 断线闭锁差动保护”控制字，TA 断线后差动保护闭锁，当差流大于 $1.2I_e$ 时，差动保护开放。　　结论（　　）

3.1.1.7 零序差动比率制动曲线测试。

方法：

(1) 将“差动保护”控制字置“0”，“差动速断”控制字置“0”，“零序差动保护”控制字置“1”。

(2) 用模拟式继电保护测试仪的比率制动曲线边界搜索功能绘制出零序差动保护动作特性曲线，将测试仪绘制出的曲线打印附后，并与厂家所给的特性曲线进行核对。

(3) 在首端分别加入A相、B相、C相电流 I_{ha}、I_{hb}、I_{hc}（三相电流合成后需能产生零序电流 $3I_{0h}$），在末端加入相位相反的A相、B相、C相电流 I_{la}、I_{lb}、I_{lc}，固定首端电流，调整末端电流，并让此时的零序差流为0；减少末端电流，使零序差动保护动作，记下此时的末端零序电流 $3I_{0l}$。按照此种方法取两点。

零序差动比率制动曲线测试见表10。

表10　零序差动比率制动曲线测试

施加量 / 次数	首端电流（A）				末端电流（A）				零序差动电流（A）	零序制动电流（A）
	I_{ha}	I_{hb}	I_{hc}	$3I_{0h}$	I_{la}	I_{lb}	I_{lc}	$3I_{0l}$		
第一点										
第二点										

零序差动制动系数实测值=(　　)。

结论（　　）

3.1.1.8 主电抗器匝间保护

仅将“匝间保护”控制字置“1”，按照保护装置功能逻辑进行测试，验证功能正确。结论（　　）

3.1.2 后备保护

3.1.2.1 主电抗器过流及零序过流保护

分别将“主电抗器过电流过负荷”和“主电抗器零序过流保护”控制字置“1”，验证以下功能的正确性。(其他保护控制字置“0”)

主电抗器过流保护定值：I_{zd}=(　　) A，T=(　　) s。

主电抗器零序过流保护定值：I_{zd}=(　　) A，T=(　　) s。

主电抗器过流及零序过流保护定值校验见表11。

表11　主电抗过流及零序过流保护定值校验

故障类型 / 整定值	主电抗器相过流			主电抗器零序过流（接地故障）
	AN	BN	CN	
$0.95I_{zd}$	□动作 □不动作	□动作 □不动作	□动作 □不动作	□动作 □不动作
$1.05I_{zd}$	□动作 □不动作	□动作 □不动作	□动作 □不动作	□动作 □不动作
$1.2I_{zd}$	显示保护动作时间：(　　) ms 实测保护动作时间：(　　) ms			显示保护动作时间：(　　) ms 实测保护动作时间：(　　) ms

结论（　　）

3.1.2.2　主电抗器过负荷保护

仅将“主电抗器过电流过负荷”控制字置“1”。

定值：主电抗器过负荷定值=（　　）A；主电抗过负荷时间=（　　）s。

主电抗器过负荷保护定值校验见表12。

表12　主电抗器过负荷保护定值校验

测试项目	0.95倍定值	1.05倍定值	1.2倍定值
过负荷（报警）	□告警 □不告警	□告警 □不告警	显示保护动作时间：（　　）ms 实测保护动作时间：（　　）ms

结论（　　）

3.1.2.3　中性点电抗器过流保护（仅限线路高抗）

中性点电抗器电流选用：□首端TA/□末端TA。

仅将“中性点电抗器过电流过负荷”控制字置“1”。

定值：中性点电抗器过电流定值=（　　）A；中性点电抗器过电流时间=（　　）s。

中性点电抗器过流保护定值校验见表13。

表13　中性点电抗器过流保护定值校验

整定值 \ 故障类型	接地故障
$0.95I_{zd}$	□动作 □不动作
$1.05I_{zd}$	□动作 □不动作
$1.2I_{zd}$	显示保护动作时间：（　　）ms 实测保护动作时间：（　　）ms

结论（　　）

3.1.2.4　中性点电抗器过负荷保护（仅限线路高抗）

仅将“中性点电抗器过电流过负荷”控制字置“1”。

定值：中性点电抗器过负荷定值=（　　）A；中性点电抗过负荷时间=（　　）s。

中性点电抗器过负荷保护定值校验见表14。

表14　中性点电抗器过负荷保护定值校验

测试项目	0.95倍定值	1.05倍定值	1.2倍定值
过负荷（报警）	□告警 □不告警	□告警 □不告警	显示保护动作时间：（　　）ms 实测保护动作时间：（　　）ms

结论（　　）

3.2　非电量装置检验

3.2.1　非电量装置检验

非电量装置检验见表15。

表 15　　非电量装置检验

序号	检验项目	接点动作情况
1	分别模拟 A、B、C 相主电抗器重瓦斯动作	□三相跳闸 1，□三相跳闸 2，□三相跳闸 3，□三相跳闸 4 □启动远方跳闸 1，□启动远方跳闸 2 □监控后台，□装置显示，□跳闸备用
2	分别模拟 A、B、C 相主电抗器压力释放	□监控后台，□装置显示
3	分别模拟 A、B、C 相主电抗器轻瓦斯	□监控后台，□装置显示
4	分别模拟 A、B、C 相主电抗器油位异常	□监控后台，□装置显示
5	分别模拟 A、B、C 相主电抗器油面温度 1	□监控后台，□装置显示
6	分别模拟 A、B、C 相主电抗器油面温度 2	□监控后台，□装置显示
7	分别模拟 A、B、C 相主电抗器绕组温度 1	□监控后台，□装置显示
8	分别模拟 A、B、C 相主电抗器绕组温度 2	□监控后台，□装置显示
9	模拟中性点电抗器重瓦斯（可选）	□三相跳闸 1，□三相跳闸 2，□三相跳闸 3，□三相跳闸 4 □启动远方跳闸 1，□启动远方跳闸 2 □监控后台，□装置显示，□跳闸备用
10	模拟中性点电抗器压力释放（可选）	□监控后台，□装置显示
11	模拟中性点电抗器轻瓦斯（可选）	□监控后台，□装置显示
12	模拟中性点电抗器油位异常（可选）	□监控后台，□装置显示
13	模拟中性点电抗器油面温度 1（可选）	□监控后台，□装置显示
14	模拟中性点电抗器油面温度 2（可选）	□监控后台，□装置显示
15	远方操作投/退	□监控后台，□装置显示
16	保护检修状态投/退	□监控后台，□装置显示
17	信号复归	□监控后台，□装置显示
18	运行异常	□监控后台，□装置显示
19	装置故障告警	□监控后台，□装置显示

结论（　　）

3.2.2　非电量直跳继电器检验

非电量直跳继电器检验见表 16。

要求：非电量跳闸的直跳继电器，启动功率应大于 5W，动作电压在额定直流电源电压的 55%～70%范围内，额定直流电源电压下动作时间为 10～35ms。

表 16　　非电量直跳继电器检验

继电器名称	起动功率（W）	动作电压（V）	动作时间（ms）

结论（　　）

检验人：

4　带开关做整组传动试验（要求开关传动试验打印报告附后）

4.1　检查对应断路器无闭锁，具备传动条件。

4.2　模拟主电抗器单相接地故障，差动保护动作：

a. 保护及开关实际动作应正确。（　　）

b. 后台监控信号表示正确。（　　）

c. 站端、各级调控端继电保护在线监视与分析模块表示信息正确。（　　）

d. 录波器表示信息正确。（　　）

e. 检查对应线路保护远传开入正确。（　　）

4.3　模拟主电抗器相间故障，后备保护动作：

a. 保护及开关实际动作应正确。（　　）

b. 后台监控信号表示正确。（　　）

c. 站端、各级调控端继电保护在线监视与分析模块表示信息正确。（　　）

d. 录波器表示信息正确。（　　）

e. 检查对应线路保护远传开入正确。（　　）

4.4　模拟主电抗器重瓦斯故障：

a. 保护及开关实际动作应正确。（　　）

b. 后台监控信号表示正确。（　　）

c. 检查对应两套线路保护远传开入正确。（　　）

检验人：

5　装置投运准备工作

5.1　投入运行前的准备工作。

5.1.1　核查首端、末端TA极性及接线正确。（　　）

5.1.2　现场工作结束后，工作负责人检查试验记录有无漏试验项目，核对装置的整定值是否与定值单相符。打印定值单附后。（　　）

5.1.3　盖好所有装置及辅助设备的盖子，各装置插板扣紧。（　　）

5.1.4　二次回路接线恢复，拆除在检验时使用的试验设备、仪表及一切连接线，所有被拆除的或临时接入的连线应全部恢复正常，装置所有的信号应复归。（　　）

5.1.5　压板核对及安全措施恢复。（　　）

5.1.6　全部人员撤离前，清扫现场。（　　）

5.2　对运行人员交代事项：

5.2.1　填写继电保护记录簿，将主要检验项目、试验结果及结论、定值通知单执行情况详细记录在内，向工作许可人交代检验结果、设备变动情况或遗留问题，并写明该装置可以投入运行。（　　）

5.2.2　交代运行人员在将装置投入前，必须用高内阻电压表以一端对地测保护出口压板端子电压的方法，检查并证实被检验的继电保护装置及安全自动装置确实未给出跳闸脉冲，才允许将装置的跳合闸连接片投到投入位置。（　　）

5.2.3　对运维人员进行继电保护运行规程培训。（　　）

5.3　验收合格后，办理工作票终结手续。（　　）

5.4　定值通知单编号：（　　）；执行时间：（　　）。

检验人：

6　带负荷测试

6.1　交流回路幅值及相位测试。

6.1.1 电抗器有功：(　　)。电抗器无功：(　　)；电流：(　　)；电压：(　　)。

6.1.2 以电压 U_{AN} 为基准。测得数值见表 17。

表 17　　交流回路幅值及相位测试

项目	相别	实测值（幅值、角度）	装置显示值（幅值、角度）	相量图
首端 TA	A	∠	∠	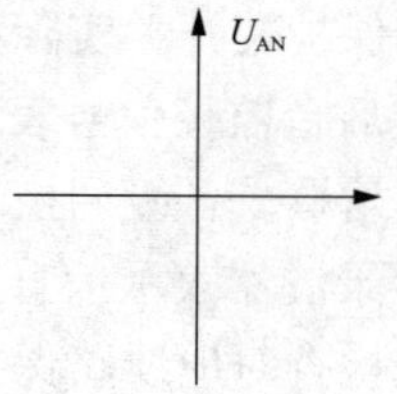
	B	∠	∠	
	C	∠	∠	
	N	∠	∠	
末端 TA	A	∠	∠	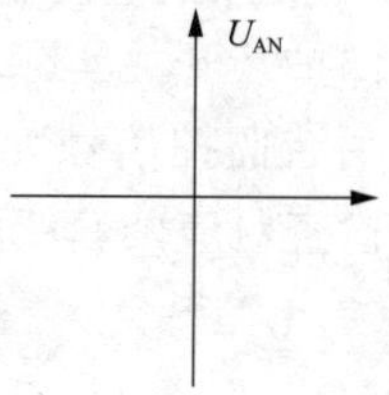
	B	∠	∠	
	C	∠	∠	
	N	∠	∠	

结论（　　）

6.2 差流电流检查。

差流电流检查见表 18。

表 18　　差 流 电 流 检 查

相别	A 相差流（A）	B 相差流（A）	C 相差流（A）	零差（A）
电流值				

结论（　　）

6.3 使用钳形电流表测量保护二次电缆屏蔽层的电流，以检查该保护装置及屏柜与二次等电位接地网连接状况，当检测不到电流时，应检查屏蔽层是否良好接地。测试结果为(　　)。

检验人：

7　现场遗留问题

工作负责人：

23. 常规变电站500kV高压电抗器保护（六统一）A（B）类检修标准化作业指导书

变电站名称 ____________________

装 置 命 名 ____________________

设备变更记录

变更内容			变更日期	执行人
装置变更	1			
	2			
程序升级	1			
	2			
	3			
	4			
回路变更	1			
	2			
	3			
	4			
	5			
TA 变比	1			
	2			
	3			
其他	1			
	2			
	3			

________型电抗器

保护检验报告

出厂日期		投运日期	
工作负责人			
检验人员			
检验性质	□A 类检修 □B 类检修		
开始时间	年　　月　　日　　时　　分		
结束时间	年　　月　　日　　时　　分		
检验结论			
审核人签字		审核日期	

目　　次

1　通用部分

1.1　详见《常规变电站微机继电保护标准化作业指导书 A（B）类检修通用部分》。

1.2　本报告适用于 500kV 高压电抗器保护的测试，对于母线电抗器，无中性点电抗器后备保护功能、中断路器相关出口和启动远方跳闸保护出口的试验项目。

2　微机保护单机检验

2.1　软件版本号及 CRC 校验码检查

软件版本号及 CRC 校验码检查见表 1。

表 1　　**软件版本号及 CRC 校验码**

CPU 号	软件版本号	CRC 校验码	软件版本生成时间	与要求版本是否一致

2.2　输出回路检查

输出回路检查见表 2。

表 2　　**输 出 回 路 检 查**

序号	检验项目	方法	接点动作情况
1	信号输出	保护动作	□监控后台，□液晶显示
		过负荷	□监控后台，□液晶显示
		装置故障告警	□监控后台，□液晶显示
		运行异常（TA 断线、TV 断线等）	□监控后台，□液晶显示
2	跳闸出口	投入相应保护及出口压板，分别模拟对应保护动作	□跳断路器 1，□启动断路器失灵保护 1，□跳断路器 2，□启动断路器失灵保护 2，□启动远方跳闸，□跳闸备用，□录波

结论（　　）

2.3　开关量输入回路检验

开关量输入回路检验见表 3。

表 3　　**开关量输入回路检验**

序号	检验方法	开关量输入量变化	结果
1	投入“电抗器保护”压板	“电抗器保护”由 0 变 1	
2	投入“远方操作”压板	“远方操作”由 0 变 1	
3	按“信号复归”按钮	“信号复归”由 0 变 1	
4	投“保护检修状态”压板	“检修状态”由 0 变 1	

结论（　　）

2.4　模数变换系统的检验

装置二次额定电流 I_n＝□5A/□1A。

2.4.1 零漂检验。

要求：$I<0.01I_n$，$U<0.1V$，见表 4。

表 4　　零漂检验

采样通道	I_{ha}(A)	I_{hb}(A)	I_{hc}(A)	I_{la}(A)	I_{lb}(A)	I_{lc}(A)	U_a(V)	U_b(V)	U_c(V)
采样 1									
采样 2									

结论（　　）

2.4.2 采样精度校验：

在保护屏端子排上分别通入表 5.1、表 5.2 中的电压、电流，查看液晶屏上显示值，误差应小于 5%，角度分别为 0°，240°，120°，误差应小于 3°。（以 U_a 为基准）

采样精度校验见表 5.1、表 5.2。

表 5.1　　采样精度校验（首端）

采样通道	U_a(V)	U_b(V)	U_c(V)	I_{ha}(A)	I_{hb}(A)	I_{hc}(A)
$0.05I_n$、$0.6U_n$	V∠0°	V∠	V∠	A∠	A∠	A∠
采样 1						
采样 2						
I_n、U_n	V∠°	V∠	V∠	A∠	A∠	A∠
采样 1						
采样 2						
$4I_n$、$1.2U_n$	V∠0°	V∠	V∠	A∠	A∠	A∠
采样 1						
采样 2						

表 5.2　　采样精度校验（末端）

采样通道	U_a(V)	U_b(V)	U_c(V)	I_{ha}(A)	I_{hb}(A)	I_{hc}(A)
$0.05I_n$、$0.6U_n$	V∠0°	V∠	V∠	A∠	A∠	A∠
采样 1						
采样 2						
I_n、U_n	V∠0°	V∠	V∠	A∠	A∠	A∠
采样 1						
采样 2						
$4I_n$、$1.2U_n$	V∠0°	V∠	V∠	A∠	A∠	A∠
采样 1						
采样 2						

结论（　　）

检验人：

3 保护功能校验

3.1 定值校验

将“电抗器保护”硬压板投入，并投入“高压电抗器保护”软压板，按照定值单进行检验，根据保护装置液晶显示信息、面板信号指示状态、测试装置实测时间进行填写。

3.1.1　主保护。

3.1.1.1　参数检查。

参数检查见表6。

表6　　**参　数　检　查**

三相额定容量		
额定电压		
TA变比	首端：	末端：
计算值	I_{he}：	I_{le}：

3.1.1.2　主电抗差动及差动速断保护。

分别将“差动保护”和“差动速断”控制字置“1”，验证以下功能的正确性。（其他保护控制字“0”）

定值：差动最小动作电流＝（　　）A；差动速断定值＝（　　）A。装置内部设定值：（　　）；制动系数＝（　　）。

主电抗器差动及差动速断保护定值校验见表7.1、表7.2。

表7.1　　**主电抗器差动及差动速断保护定值校验（首端）**

整定值＼故障类型	差动门槛			差动速断		
	AN故障	BN故障	CN故障	AN故障	BN故障	CN故障
$0.95I_{zd}$	□动作 □不动作	□动作 □不动作	□动作 □不动作	□动作 □不动作	□动作 □不动作	□动作 □不动作
$1.05I_{zd}$	□动作 □不动作	□动作 □不动作	□动作 □不动作	□动作 □不动作	□动作 □不动作	□动作 □不动作
$1.2I_{zd}$	显示保护动作时间：（　　）ms 实测保护动作时间：（　　）ms			显示保护动作时间：（　　）ms 实测保护动作时间：（　　）ms		

表7.2　　**主电抗器差动及差动速断保护定值校验（末端）**

整定值＼故障类型	差动门槛			差动速断		
	AN故障	BN故障	CN故障	AN故障	BN故障	CN故障
$0.95I_{zd}$	□动作 □不动作	□动作 □不动作	□动作 □不动作	□动作 □不动作	□动作 □不动作	□动作 □不动作
$1.05I_{zd}$	□动作 □不动作	□动作 □不动作	□动作 □不动作	□动作 □不动作	□动作 □不动作	□动作 □不动作
$1.2I_{zd}$	显示保护动作时间：（　　）ms 实测保护动作时间：（　　）ms			显示保护动作时间：（　　）ms 实测保护动作时间：（　　）ms		

结论（　　）

3.1.1.3　模拟TA断线，如果投入“TA断线闭锁差动保护”控制字，TA断线后差动保护闭锁，当差流大于$1.2I_e$时，差动保护开放。　　结论（　　）

3.1.1.4　主电抗器零序差动保护。

分别将“零序差动保护”和“差动速断”控制字置“1”，验证以下功能的正确性。（其他保护控制字置“0”）

定值：零序差动最小动作电流＝（　　）A；零序差动速断定值＝（　　）A。装置内部设定值：（　　）；制动系数＝（　　）。

主电抗器零序差动保护定值校验见表 8.1、表 8.2。

表 8.1　主电抗器零序差动保护定值校验（首端）

故障类型 整定值	零序差动门槛（接地故障）	零序差动速断（接地故障）
$0.95I_{zd}$	□动作　□不动作	□动作　□不动作
$1.05I_{zd}$	□动作　□不动作	□动作　□不动作
$1.2I_{zd}$	显示保护动作时间：(　　) ms 实测保护动作时间：(　　) ms	显示保护动作时间：(　　) ms 实测保护动作时间：(　　) ms

表 8.2　主电抗器零序差动保护定值校验（末端）

故障类型 整定值	零序差动门槛（接地故障）	零序差动速断（接地故障）
$0.95I_{zd}$	□动作　□不动作	□动作　□不动作
$1.05I_{zd}$	□动作　□不动作	□动作　□不动作
$1.2I_{zd}$	显示保护动作时间：(　　) ms 实测保护动作时间：(　　) ms	显示保护动作时间：(　　) ms 实测保护动作时间：(　　) ms

结论（　　）

3.1.1.5　模拟 TA 断线，如果投入“TA 断线闭锁差动保护”控制字，TA 断线后差动保护闭锁，当差流大于 $1.2I_e$ 时，差动保护开放。　结论（　　）

3.1.1.6　主电抗器匝间保护

仅将“匝间保护”控制字置“1”，按照保护装置功能逻辑进行测试，验证功能正确。

结论（　　）

3.1.2　后备保护

3.1.2.1　主电抗器过流及零序过流保护

分别将“主电抗器过电流过负荷”和“主电抗器零序过流保护”控制字置“1”，验证以下功能的正确性。(其他保护控制字置“0”)

主电抗器过流保护定值：I_{zd}=(　　) A；T=(　　) s。

主电抗器零序过流保护定值：I_{zd}= (　　) A；T= (　　) s。

主电抗器过流及零序过流保护定值校验见表 9。

表 9　主电抗器过流及零序过流保护定值校验

故障类型 整定值	主电抗器相过流	主电抗器零序过流（接地故障）
	AN 故障	
$0.95I_{zd}$	□动作 □不动作	□动作 □不动作
$1.05I_{zd}$	□动作 □不动作	□动作 □不动作
$1.2I_{zd}$	显示保护动作时间：(　　) ms 实测保护动作时间：(　　) ms	显示保护动作时间：(　　) ms 实测保护动作时间：(　　) ms

结论（　　）

3.1.2.2　主电抗器过负荷保护

仅将“主电抗器过电流过负荷”控制字置“1”。

定值：主电抗器过负荷定值=（　　）A；主电抗器过负荷时间=（　　）s。

主电抗器过负荷保护定值校验见表10。

表10　主电抗器过负荷保护定值校验

测试项目	0.95倍定值	1.05倍定值	1.2倍定值
过负荷（报警）	□告警 □不告警	□告警 □不告警	显示保护动作时间：（　　）ms 实测保护动作时间：（　　）ms

结论（　　）

3.1.2.3　中性点电抗器过流保护（仅限线路高抗）

中性点电抗器电流选用：□首端TA/□末端TA。

仅将“中性点电抗器过电流过负荷”控制字置“1”。

定值：中性点电抗器过电流定值=（　　）A；中性点电抗器过电流时间=（　　）s。

中性点电抗器过流保护定值校验见表11。

表11　中性点电抗器过流保护定值校验

故障类型 / 整定值	接地故障
$0.95I_{zd}$	□动作 □不动作
$1.05I_{zd}$	□动作 □不动作
$1.2I_{zd}$	显示保护动作时间：（　　）ms 实测保护动作时间：（　　）ms

结论（　　）

3.1.2.4　中性点电抗器过负荷保护（仅限线路高抗）

仅将“中性点电抗器过电流过负荷”控制字置“1”。

定值：中性点电抗器过负荷定值=（　　）A；中性点电抗过负荷时间=（　　）s。

中性点电抗器过负荷保护定值校验见表12。

表12　中性点电抗器过负荷保护定值校验

测试项目	0.95倍定值	1.05倍定值	1.2倍定值
过负荷（报警）	□告警 □不告警	□告警 □不告警	显示保护动作时间：（　　）ms 实测保护动作时间：（　　）ms

结论（　　）

检验人：

3.2　非电量装置检验

非电量装置检验见表13。

表 13 非电量装置检验

序号	检验项目	接点动作情况
1	分别模拟 A、B、C 相主电抗器重瓦斯动作	□三相跳闸 1，□三相跳闸 2，□三相跳闸 3，□三相跳闸 4 □启动远方跳闸 1，□启动远方跳闸 2 □监控后台，□装置显示，□跳闸备用
2	分别模拟 A、B、C 相主电抗器压力释放	□监控后台，□装置显示
3	分别模拟 A、B、C 相主电抗器轻瓦斯	□监控后台，□装置显示
4	分别模拟 A、B、C 相主电抗器油位异常	□监控后台，□装置显示
5	分别模拟 A、B、C 相主电抗器油面温度 1	□监控后台，□装置显示
6	分别模拟 A、B、C 相主电抗器油面温度 2	□监控后台，□装置显示
7	分别模拟 A、B、C 相主电抗器绕组温度 1	□监控后台，□装置显示
8	分别模拟 A、B、C 相主电抗器绕组温度 2	□监控后台，□装置显示
9	模拟中性点电抗器重瓦斯（可选）	□三相跳闸 1，□三相跳闸 2，□三相跳闸 3，□三相跳闸 4 □启动远方跳闸 1，□启动远方跳闸 2 □监控后台，□装置显示，□跳闸备用
10	模拟中性点电抗器压力释放（可选）	□监控后台，□装置显示
11	模拟中性点电抗器轻瓦斯（可选）	□监控后台，□装置显示
12	模拟中性点电抗器油位异常（可选）	□监控后台，□装置显示
13	模拟中性点电抗器油面温度 1（可选）	□监控后台，□装置显示
14	模拟中性点电抗器油面温度 2（可选）	□监控后台，□装置显示
15	远方操作投/退	□监控后台，□装置显示
16	保护检修状态投/退	□监控后台，□装置显示
17	信号复归	□监控后台，□装置显示
18	运行异常	□监控后台，□装置显示
19	装置故障告警	□监控后台，□装置显示

结论（ ）

检验人：

4 带开关做整组传动试验（要求开关传动试验打印报告附后）

4.1 检查对应断路器无闭锁，具备传动条件。

4.2 模拟主电抗器单相接地故障，差动保护动作：

a. 保护及开关实际动作应正确。（ ）

b. 后台监控信号表示正确。（ ）

c. 站端、各级调控端继电保护在线监视与分析模块表示信息正确。（ ）

d. 录波器表示信息正确。（ ）

e. 检查对应线路保护远传开入正确。（　　）

4.3　模拟主电抗器相间故障，后备保护动作：

a. 保护及开关实际动作应正确。（　　）

b. 后台监控信号表示正确。（　　）

c. 站端、各级调控端继电保护在线监视与分析模块表示信息正确。（　　）

d. 录波器表示信息正确。（　　）

e. 检查对应线路保护远传开入正确。（　　）

4.4　模拟主电抗器重瓦斯故障：

a. 保护及开关实际动作应正确。（　　）

b. 后台监控信号表示正确。（　　）

c. 检查对应两套线路保护远传开入正确。（　　）

检验人：

5　装置投运准备工作

5.1　投入运行前的准备工作

5.1.1　核查首端、末端 TA 极性及接线正确。（　　）

5.1.2　现场工作结束后，工作负责人检查试验记录有无漏试验项目，核对装置的整定值是否与定值单相符。打印定值单附后。（　　）

5.1.3　盖好所有装置及辅助设备的盖子，各装置插板扣紧。（　　）

5.1.4　二次回路接线恢复，拆除在检验时使用的试验设备、仪表及一切连接线，所有被拆除的或临时接入的连线应全部恢复正常，装置所有的信号应复归。（　　）

5.1.5　压板核对及安全措施恢复。（　　）

5.1.6　全部人员撤离前，清扫现场。（　　）

5.2　对运行人员交代事项

5.2.1　填写继电保护记录簿，将主要检验项目、试验结果及结论、定值通知单执行情况详细记录在内，向工作许可人交代检验结果、设备变动情况或遗留问题、并写明该装置可以投入运行。（　　）

5.2.2　交代运行人员在将装置投入前，必须用高内阻电压表以一端对地测保护出口压板端子电压的方法，检查并证实被检验的继电保护装置及安全自动装置确实未给出跳闸脉冲，才允许将装置的跳合闸连接片投到投入位置。（　　）

5.2.3　对运维人员进行继电保护运行规程培训。（　　）

5.3　验收合格后，办理工作票终结手续。（　　）

5.4　定值通知单编号：（　　）；执行时间：（　　）。

检验人：

6　带负荷测试

6.1　交流回路幅值及相位测试

6.1.1　电抗器有功：（　　）；电抗器无功：（　　）；电流：（　　）；电压：（　　）。

6.1.2　以 U_{AN} 电压为基准。测得数值见表 14。

表 14　　交流回路幅值及相位测试

项目	相别	实测值（幅值、角度）	装置显示值（幅值、角度）	相量图
首端 TA	A	∠	∠	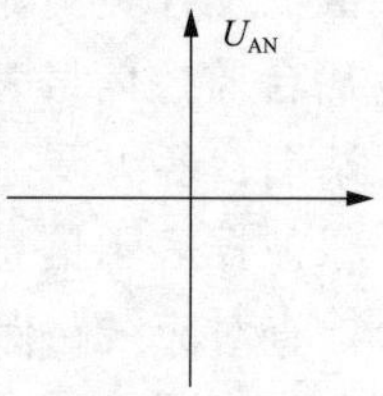
	B	∠	∠	
	C	∠	∠	
	N	∠	∠	
末端 TA	A	∠	∠	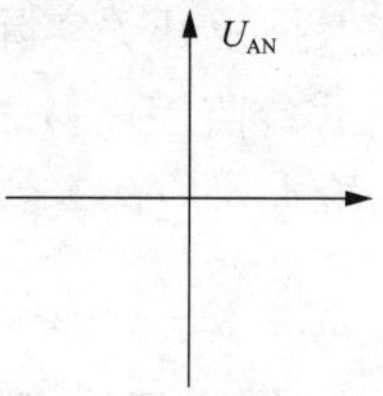
	B	∠	∠	
	C	∠	∠	
	N	∠	∠	

结论（　　）

6.2　差流电流检查

差流电流检查见表 15。

表 15　　差 流 电 流 检 查

相别	A 相差流（A）	B 相差流（A）	C 相差流（A）	零差（A）
电流值				

结论（　　）

6.3　使用钳形电流表测量保护二次电缆屏蔽层的电流，以检查该保护装置及屏柜与二次等电位接地网连接状况，当检测不到电流时，应检查屏蔽层是否良好接地。测试结果为（　　）。

检验人：

7　现场遗留问题

工作负责人：

24. 常规变电站500kV高压电抗器保护C类检修标准化作业指导书

变电站名称 ______________________

装 置 命 名 ______________________

设备变更记录

变更内容			变更日期	执行人
装置变更	1			
	2			
程序升级	1			
	2			
	3			
	4			
回路变更	1			
	2			
	3			
	4			
	5			
TA变比	1			
	2			
	3			
其他	1			
	2			
	3			

________型电抗器

保护检验报告

出厂日期		投运日期	
工作负责人			
检验人员			
检验性质	C类检修		
开始时间	年　月　日　时　分		
结束时间	年　月　日　时　分		
检验结论			
审核人签字		审核日期	

目　次

1 通用部分

1.1 详见《常规变电站微机继电保护标准化作业指导书C类检修通用部分》。

1.2 本报告适用于500kV高压电抗器保护的测试，对于母线电抗器，无中性点电抗器后备保护功能、中断路器相关出口和启动远方跳闸保护出口的试验项目。

2 微机保护单机检验

2.1 软件版本号及CRC校验码检查

软件版本号及CRC校验码检查见表1。

表1 **软件版本号及CRC校验码**

CPU号	软件版本号	CRC校验码	软件版本生成时间	与要求版本是否一致

2.2 模数变换系统的检验

装置二次额定电流 I_n＝□5A/□1A。

2.2.1 零漂检验

要求：$I<0.01I_n$，$U<0.1$V，见表2。

表2 **零 漂 检 验**

采样通道	I_{ha}(A)	I_{hb}(A)	I_{hc}(A)	I_{la}(A)	I_{lb}(A)	I_{lc}(A)	U_a(V)	U_b(V)	U_c(V)
采样1									
采样2									

结论（　　）

2.2.2 采样精度校验

在保护屏端子排上分别通入额定电压、额定电流，查看液晶屏上显示值，误差应小于5%，角度分别为0°，240°，120°，误差应小于3°。（以 U_a 为基准）

采样精度校验见表3.1、表3.2。

表3.1 **采样精度校验（首端）**

采样通道	U_a(V)	U_b(V)	U_c(V)	I_{ha}(A)	I_{hb}(A)	I_{hc}(A)
I_n、U_n	V∠0°	V∠	V∠	A∠	A∠	A∠
采样1						
采样2						

表3.2 **采样精度校验（末端）**

采样通道	U_a(V)	U_b(V)	U_c(V)	I_{ha}(A)	I_{hb}(A)	I_{hc}(A)
I_n、U_n	V∠0°	V∠	V∠	A∠	A∠	A∠
采样1						
采样2						

结论（　　）

检验人：

3 带开关做整组传动试验

结合整组试验对已投入使用的开入量进行检查。（要求开关传动试验打印报告附后）

3.1 检查对应断路器无闭锁，具备传动条件。

3.2 模拟主电抗器单相接地故障，差动保护动作：

a. 保护及开关实际动作应正确。（　　）

b. 后台监控信号表示正确。（　　）

c. 站端、各级调控端继电保护在线监视与分析模块表示信息正确。（　　）

d. 录波器表示信息正确。（　　）

e. 检查对应线路保护远传开入正确。（　　）

3.3 模拟主电抗器相间故障，后备保护动作：

a. 保护及开关实际动作应正确。（　　）

b. 后台监控信号表示正确。（　　）

c. 站端、各级调控端继电保护在线监视与分析模块表示信息正确。（　　）

d. 录波器表示信息正确。（　　）

e. 检查对应线路保护远传开入正确。（　　）

3.4 模拟主电抗器重瓦斯故障：

a. 保护及开关实际动作应正确。（　　）

b. 后台监控信号表示正确。（　　）

c. 检查对应两套线路保护远传开入正确。（　　）

检验人：

4 装置投运准备工作

4.1 投入运行前的准备工作

4.1.1 核查首端、末端 TA 极性及接线正确。（　　）

4.1.2 现场工作结束后，工作负责人检查试验记录有无漏试验项目，核对装置的整定值是否与定值单相符。打印定值单附后。（　　）

4.1.3 盖好所有装置及辅助设备的盖子，各装置插板扣紧。（　　）

4.1.4 二次回路接线恢复，拆除在检验时使用的试验设备、仪表及一切连接线，所有被拆除的或临时接入的连线应全部恢复正常，装置所有的信号应复归。（　　）

4.1.5 压板核对及安全措施恢复。（　　）

4.1.6 全部人员撤离前，清扫现场。（　　）

4.2 对运行人员交代事项

4.2.1 填写继电保护记录簿，将主要检验项目、试验结果及结论、定值通知单执行情况详细记录在内，向工作许可人交代检验结果、设备变动情况或遗留问题、并写明该装置可以投入运行。（　　）

4.2.2 交代运行人员在将装置投入前，必须用高内阻电压表以一端对地测保护出口压板端子电压的方法，检查并证实被检验的继电保护装置及安全自动装置确实未给出跳闸脉冲，才允许将装置的跳合闸连接片投到投入位置。（　　）

4.3　验收合格后，办理工作票终结手续。（　　）

4.4　定值通知单编号：（　　）；执行时间：（　　）。

检验人：

5　现场遗留问题

工作负责人：

25. 常规变电站500kV线路过电压及远方跳闸保护新安装验收标准化作业指导书

变电站名称 ____________________

装 置 命 名 ____________________

设备变更记录

变更内容			变更日期	执行人
装置变更	1			
	2			
程序升级	1			
	2			
	3			
	4			
回路变更	1			
	2			
	3			
	4			
	5			
TA变比	1			
	2			
	3			
其他	1			
	2			
	3			

________型过电压及远方跳闸保护检验报告

出厂日期		投运日期	
工作负责人			
检验人员			
检验性质	新安装验收检验		
开始时间	年 月 日 时 分		
结束时间	年 月 日 时 分		
检验结论			
审核人签字		审核日期	

目　次

1 通用部分

1.1 详见《常规变电站继电保护标准化作业指导书（验收检验通用部分）》。

1.2 适用于六统一 500kV 3/2 断路器接线（完整串）过电压及远方跳闸保护。

2 保护单机检验

2.1 软件版本号及 CRC 校验码检查

软件版本号及 CRC 校验码检查，见表 1。

表 1　软件版本号及 CRC 校验查

CPU 号	软件版本号	CRC 校验码	软件版本生成时间	与要求版本是否一致

结论（　　）

2.2 输出回路检查

输出回路检查，见表 2。

表 2　输出回路检查

序号	检验项目	方法	接点动作情况
1	信号输出	保护动作	□监控后台，□液晶显示
		运行异常（模拟 TA、TV 断线）	□监控后台，□液晶显示
		装置故障告警	□监控后台，□液晶显示
2	跳闸出口	投入相应保护及出口压板，模拟保护动作	□动作，□录波，□备用
3	过电压远跳发信出口	投入相应保护及出口压板，模拟过电压远跳发信动作	□动作，□备用

结论（　　）

2.3 开关量输入回路检验

开关量输入回路检验，见表 3。

表 3　开关量输入回路检查

序号	检验方法	开关量输入量变化	结果
1	投入“过电压保护”压板	“过电压保护”由 0 变 1	
2	投入“远方跳闸保护”压板	“远方跳闸保护”由 0 变 1	
3	短接“三相跳闸位置”接点	“三相跳闸位置”由 0 变 1	
4	短接“通道收信”接点	“通道收信”由 0 变 1	
5	短接“通道故障”接点	“通道故障”由 0 变 1	
6	投入“远方操作”压板	“远方操作”由 0 变 1	
7	按“复归”按钮	“信号复归”由 0 变 1	
8	投“保护检修状态”压板	“检修状态”由 0 变 1	

结论（　　）

2.4　模数变换系统的检验

装置二次额定电流 I_n=□5A/□1A。

2.4.1　零漂检验

要求：$I<0.01I_n$，$U<0.1$V，见表 4。

表 4　零漂检验

采样通道	I_a(A)	I_b(A)	I_c(A)	$3I_0$(A)	U_a(V)	U_b(V)	U_c(V)
采样 1							
采样 2							

结论（　　）

2.4.2　采样精度校验

在保护屏端子上分别通入电压、电流，查看液晶屏上显示值，误差应小于±5%，角度小于 3°。以 U_a 为基准，见表 5。

表 5　采样精度校验

采样通道	U_a(V)	U_b(V)	U_c(V)	I_a(A)	I_b(A)	I_c(A)	$3I_0$(A)
$0.05I_n$，$0.6U_n$	V∠0°	V∠	V∠	A∠	A∠	A∠	A∠
采样 1							
采样 2							
I_n，U_n	V∠0°	V∠	V∠	A∠	A∠	A∠	A∠
采样 1							
采样 2							
$4I_n$，$1.2U_n$	V∠0°	V∠	V∠	A∠	A∠	A∠	A∠
采样 1							
采样 2							

结论（　　）

检验人：

3　保护功能校验

根据保护装置液晶显示信息、面板信号指示状态、开关反映情况、测试设备实测值进行填写。

3.1　过电压及远方跳闸保护定值校验

3.1.1　过电压保护定值校验

仅投过电压软压板，定值：U_{zd}=（　　）V，过电压保护动作时间：（　　）s，见表 6。

表 6　过电压保护定值校验

故障类型 / 整定值	A 相过电压		B 相过电压		C 相过电压		ABC 三相过电压	
	过电压三取一方式控制字 0	过电压三取一方式控制字 1	过电压三取一方式控制字 0	过电压三取一方式控制字 1	过电压三取一方式控制字 0	过电压三取一方式控制字 1	过电压三取一方式控制字 0	过电压三取一方式控制字 1
$0.95U_{zd}$	□动作 □不动作	□动作 □不动作	□动作 □不动作	□动作 □不动作	□动作 □不动作	□动作 □不动作	□动作 □不动作	□动作 □不动作

续表

故障类型 / 整定值	A相过电压		B相过电压		C相过电压		ABC三相过电压	
	过电压三取一方式控制字0	过电压三取一方式控制字1	过电压三取一方式控制字0	过电压三取一方式控制字1	过电压三取一方式控制字0	过电压三取一方式控制字1	过电压三取一方式控制字0	过电压三取一方式控制字1
$1.05U_{zd}$	□动作 □不动作	□动作 □不动作	□动作 □不动作	□动作 □不动作	□动作 □不动作	□动作 □不动作	□动作 □不动作	□动作 □不动作
$1.2U_{zd}$	显示保护动作时间：(　　) ms 实测保护动作时间：(　　) ms							

结论（　　）

（1）验证“过电压保护跳本侧”控制字为1：当过电压元件满足时，“过电压保护动作时间”开始计时，延时满足后，过压保护出口跳本侧，同时不经跳位闭锁直接向对侧发过电压远跳信号。

结论（　　）

（2）“过电压保护跳本侧”控制字为0：当“过电压元件”和“三相跳闸位置”均满足要求时，“过电压保护动作时间”开始计时，延时满足后，过压保护不跳本侧仅向对侧发过电压远跳信号。（如果“过电压远跳经跳位闭锁”控制字整定为0时，无需满足三相跳闸位置条件）

结论（　　）

3.1.2　远方跳闸经故障判据定值校验。

3.1.2.1　电流变化量定值校验。

仅投远方跳闸保护软压板，故障电流电压启动控制字。同时满足通道收信的条件，远方跳闸保护动作。

定值：I_{zd}=(　　) A，远方跳闸经故障判据时间：(　　) s，见表7。

表7　电流变化量定值校验

故障类型 / 整定值	AN故障	BN故障	CN故障
$0.95I_{zd}$	□动作 □不动作	□动作 □不动作	□动作 □不动作
$1.05I_{zd}$	□动作 □不动作	□动作 □不动作	□动作 □不动作
$1.2I_{zd}$	显示保护动作时间：(　　) ms 实测保护动作时间：(　　) ms		

结论（　　）

3.1.2.2　零序电流定值校验。

仅投远方跳闸保护软压板，故障电流电压启动控制字。同时满足通道收信的条件，远方跳闸保护动作。

定值：$3I_{0zd}$=(　　) A，见表8。

表 8　　零序电流定值校验

故障类型 / 整定值	AN 故障	BN 故障	CN 故障
0.95（$3I_{0zd}$）	□动作 □不动作	□动作 □不动作	□动作 □不动作
1.05（$3I_{0zd}$）	□动作 □不动作	□动作 □不动作	□动作 □不动作

结论（　　）

3.1.2.3　负序电流定值校验。

仅投远方跳闸保护软压板，故障电流电压启动控制字。同时满足通道收信的条件，远方跳闸保护动作。

定值：I_{2zd}=（　　）A，见表 9。

表 9　　负序电流定值校验

故障类型 / 整定值	AN 故障	BN 故障	CN 故障
0.95I_{2zd}	□动作 □不动作	□动作 □不动作	□动作 □不动作
1.05I_{2zd}	□动作 □不动作	□动作 □不动作	□动作 □不动作

结论（　　）

3.1.2.4　零序电压定值校验。

仅投远方跳闸保护软压板，故障电流电压启动控制字。同时满足通道收信的条件，远方跳闸保护动作。

定值：$3U_{0zd}$=（　　）V，见表 10。

表 10　　零序电压定值校验

故障类型 / 整定值	AN 故障	BN 故障	CN 故障
0.95（$3U_{0zd}$）	□动作 □不动作	□动作 □不动作	□动作 □不动作
1.05（$3U_{0zd}$）	□动作 □不动作	□动作 □不动作	□动作 □不动作

结论（　　）

3.1.2.5　负序电压定值校验。

仅投远方跳闸保护软压板，故障电流电压启动控制字。同时满足通道收信的条件，远方跳闸保护动作，定值：U_{2zd}=（　　）V，见表 11。

表 11　　负序电压定值校验

故障类型 / 整定值	AN 故障	BN 故障	CN 故障
0.95U_{2zd}	□动作 □不动作	□动作 □不动作	□动作 □不动作

续表

整定值 \ 故障类型	AN 故障	BN 故障	CN 故障
$1.05U_{2zd}$	□动作 □不动作	□动作 □不动作	□动作 □不动作

结论（　　）

3.1.2.6　低电流定值的校验。

仅投远方跳闸保护软压板，低电流低有功启动控制字。

低电流定值：I_{zd}=（　　）A，远方跳闸经故障判据时间：（　　）s。

(1) 任意一相加入 $0.95I_{zd}$，同时满足远方跳闸经故障判据时间和通道收信的条件，远方跳闸保护动作。

(2) 任意一相加入 $1.05I_{zd}$，同时满足远方跳闸经故障判据时间和通道收信的条件，远方跳闸保护不动作。

结论（　　）

3.1.2.7　低有功功率定值的校验。

仅投远方跳闸保护软压板，低电流低有功功率启动控制字。

低有功功率定值：P=（　　）W。

(1) 加入三相额定电压，待 TV 断线消失后加 0.95×(低有功功率定值/57.74) 单相电流，电压电流相角差为 0°，同时满足远跳经故障判据时间和通道收信的条件，远方跳闸保护动作。

(2) 加入三相额定电压，待 TV 断线消失后加 1.05×(低有功功率定值/57.74) 单相电流，电压电流相角差为 0°，同时满足远方跳闸经故障判据时间和通道收信的条件，远方跳闸保护不动作。

(3) 验证 TV 断线闭锁本保护功能。

结论（　　）

3.1.2.8　低功率因数角定值的校验。

仅投远方跳闸硬压板，软压板，低功率因数角启动控制字。

低功率因数角定值：φ=（　　）。

(1) 加入三相额定电压，待 TV 断线消失后加入 1A 电流，电压超前电流的角度等于低功率因数角+2°，同时满足远跳经故障判据时间和通道收信的条件，远方跳闸保护动作。

(2) 加入三相额定电压，待 TV 断线消失后加入 1A 电流，电压超前电流的角度等于低功率因数角−2°，同时满足远方跳闸经故障判据时间和通道收信的条件，远方跳闸保护不动作。

(3) 验证 TV 断线闭锁本保护功能。

结论（　　）

3.1.3　远方跳闸不经故障判据功能的校验。

远方跳闸保护（仅投远方跳闸保护软压板、远方跳闸不经故障判据控制字）。

满足通道收信的条件，远方跳闸不经故障判据时间（　　）s，远方跳闸保护动作。

验证 TV 断线转无判据功能：当投入 TV 断线转无判据控制字时，在 TV 断线的情况下，自动投入远方跳闸无就地判据方式。

结论（　　）

4　整组试验

整组试验要求：保护装置的整组传动试验，应在 80％额定直流电压条件下进行。

4.1　整组开关量输入检验

整组开关量输入检验见表 12。

表 12　　整组开关量输入检验

序号	对应保护输出	对应保护名称	本保护开关量输入
1	远传 1 开出、远传 2 开出	线路保护	□通道收信
2	通道故障	线路保护	□通道故障

结论：（　　）

4.2　整组开关量输出检验

整组开关量输出检验见表 13。

表 13　　整组开关量输出检验

序号	本保护输出	对应保护名称	对应保护开关量输入名称
1	过电压及远方跳闸出口	边断路器保护操作箱	□TJR 继电器
2	过电压及远方跳闸出口	中断路器保护操作箱	□TJR 继电器
3	过电压发信	线路保护	远传 1，远传 2

结论（　　）

检验人：

5　带开关做整组传动试验（要求开关传动试验打印报告附后）

5.1　检查对应断路器无闭锁，具备传动条件。

5.2　模拟过电压及远方跳闸保护动作跳边断路器：

a. 保护及开关实际动作正确。（　　）

b. 后台监控信号表示正确。（　　）

c. 站端、各级调控的继电保护在线监视和分析模块表示信息正确。（　　）

d. 录波器表示信息正确。（　　）

5.3　模拟过电压及远方跳闸保护动作跳中断路器：

a. 保护及开关实际动作正确。（　　）

b. 后台监控信号表示正确。（　　）

c. 站端、各级调控端的继电保护在线监视和分析模块表示信息正确。（　　）

d. 录波器表示信息正确。（　　）

结论（　　）

6　装置投运准备工作

6.1　投入运行前的准备工作

6.1.1　现场工作结束后，工作负责人检查试验记录有无漏试验项目，核对装置的整定值是否与定值单相符。打印定值单附后。(　　)

6.1.2　盖好所有装置及辅助设备的盖子，各装置插板扣紧。(　　)

6.1.3　二次回路接线恢复，拆除在检验时使用的试验设备、仪表及一切连接线，所有被拆除的或临时接入的连线应全部恢复正常，装置所有的信号应复归。(　　)

6.1.4　压板核对及安全措施恢复。(　　)

6.1.5　全部人员撤离前，清扫现场。(　　)

6.2　对运行人员交代事项

6.2.1　填写继电保护记录簿，将主要检验项目、试验结果及结论、定值通知单执行情况详细记录在内，向工作许可人交代检验结果、设备变动情况或遗留问题，并写明该装置可以投入运行。(　　)

6.2.2　交代运行人员在将装置投入前，必须用高内阻电压表以一端对地测保护出口压板端子电压的方法，检查并证实被检验的继电保护装置及安全自动装置确实未给出跳闸或合闸脉冲，才允许将装置的跳合闸连接片投到投入位置。(　　)

6.2.3　对运维人员进行继电保护运行规程培训。(　　)

6.3　验收合格后，办理工作票终结手续。(　　)

6.4　定值通知单编号：(　　)；执行时间：(　　)。

检验人：

7　带负荷测试

7.1　系统电压核相。

系统电压核相，见表14。

表14　　系统电压定相

测试数据		基准电压			
		U_A	U_B	U_C	U_N
待测电压	U_A				
	U_B				
	U_C				
	U_N				

7.2　交流回路相位测试。

7.2.1　潮流状况

线路有功：(　　)；线路无功：(　　)；负荷电流：(　　)。

7.2.2　交流回路幅值及相位测试

以 U_{AN} 电压为基准，测得数值见表15。

表 15　　　　　　　　　　　　　　　交流回路幅值及相位测试

<table>
<tr><th>保护名称</th><th>相别</th><th>测试值（幅值、角度）</th><th>装置显示值（幅值、角度）</th><th>相量图</th></tr>
<tr><td rowspan="4">保护装置</td><td>A</td><td>∠</td><td>∠</td><td rowspan="4">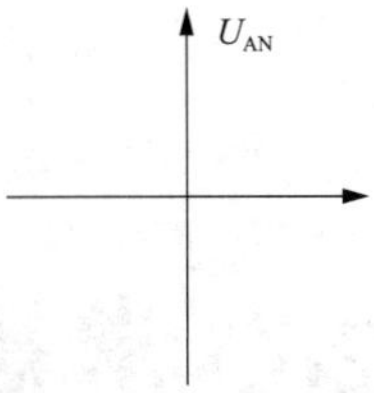</td></tr>
<tr><td>B</td><td>∠</td><td>∠</td></tr>
<tr><td>C</td><td>∠</td><td>∠</td></tr>
<tr><td>N</td><td>∠</td><td>∠</td></tr>
</table>

7.3　使用钳形电流表测量保护二次电缆屏蔽层的电流，以检查该保护装置及屏柜与二次等电位接地网连接状况，当检测不到电流时，应检查屏蔽层是否良好接地。测试结果为（　　）。

检验人：

8　现场遗留问题

工作负责人：

26. 常规变电站500kV线路过电压及远方跳闸保护A（B）类检验标准化作业指书

变电站名称 ______________________

装 置 命 名 ______________________

设备变更记录

变更内容			变更日期	执行人
装置变更	1			
	2			
程序升级	1			
	2			
	3			
	4			
回路变更	1			
	2			
	3			
	4			
	5			
TA 变比	1			
	2			
	3			
其他	1			
	2			
	3			

________型过电压及远方跳闸保护检验报告

出厂日期		投运日期	
工作负责人			
检验人员			
检验性质	□A 类检修 □B 类检修		
开始时间	年　月　日　时　分		
结束时间	年　月　日　时　分		
检验结论			
审核人签字		审核日期	

目　次

1 通用部分

1.1 详见《常规变电站继电保护标准化作业指导书A（B）类检验通用部分》。

1.2 适用于六统一500kV 3/2断路器接线（完整串）过电压及远方跳闸保护。

2 保护单机检验

2.1 软件版本号及CRC校验码检查

软件版本号及CRC校验码检查，见表1。

表1　软件版本号及CRC校验查

CPU号	软件版本号	CRC校验码	软件版本生成时间	与要求版本是否一致

结论（　　）

2.2 输出回路检查

输出回路检查，见表2。

表2　输出回路检查

序号	检验项目	方法	接点动作情况
1	信号输出	保护动作	□监控后台，□液晶显示
		运行异常（模拟TA、TV断线）	□监控后台，□液晶显示
		装置故障告警	□监控后台，□液晶显示
2	跳闸出口	投入相应保护及出口压板，模拟保护动作	□动作，□录波，□备用
3	过电压远跳发信出口	投入相应保护及出口压板，模拟过电压远跳发信动作	□动作，□备用

结论（　　）

2.3 开关量输入回路检验

开关量输入回路检验，见表3。

表3　开关量输入回路检查

序号	检验方法	开关量输入量变化	结果
1	投入“过电压保护”压板	“过电压保护”由0变1	
2	投入“远方跳闸保护”压板	“远方跳闸保护”由0变1	
3	短接“三相跳闸位置”接点	“三相跳闸位置”由0变1	
4	短接“通道收信”接点	“通道收信”由0变1	
5	短接“通道故障”接点	“通道故障”由0变1	
6	投入“远方操作”压板	“远方操作”由0变1	
7	按“复归”按钮	“信号复归”由0变1	
8	投“保护检修状态”压板	“检修状态”由0变1	

结论（　　）

2.4　模数变换系统的检验

装置二次额定电流 I_n=□5A/□1A。

2.4.1　零漂检验

要求：$I<0.01I_n$，$U<0.1$V，见表 4。

表 4　零　漂　检　验

采样通道	I_a(A)	I_b(A)	I_c(A)	$3I_0$(A)	U_a(V)	U_b(V)	U_c(V)
采样 1							
采样 2							

结论（　　）

2.4.2　采样精度校验

在保护屏端子上分别通入电压、电流，查看液晶屏上显示值，误差应小于±5%，角度小于 3°。以 U_a 为基准，见表 5。

表 5　采 样 精 度 校 验

采样通道	U_a(V)	U_b(V)	U_c(V)	I_a(A)	I_b(A)	I_c(A)	$3I_0$(A)
$0.05I_n$，$0.6U_n$	V∠0°	V∠	V∠	A∠	A∠	A∠	A∠
采样 1							
采样 2							
I_n，U_n	V∠0°	V∠	V∠	A∠	A∠	A∠	A∠
采样 1							
采样 2							
$4I_n$，$1.2U_n$	V∠0°	V∠	V∠	A∠	A∠	A∠	A∠
采样 1							
采样 2							

结论（　　）

检验人：

3　保护功能校验

根据保护装置液晶显示信息、面板信号指示状态、开关反映情况、测试设备实测值进行填写。

3.1　过电压及远方跳闸保护定值校验

3.1.1　过电压保护定值校验

仅投过电压软压板，定值：U_{zd}=（　　）V；过电压保护动作时间：（　　）s，见表 6。

表 6　过电压保护定值校验

故障类型 \ 整定值	A 相过电压		B 相过电压		C 相过电压		ABC 三相过电压	
	过电压三取一方式控制字 0	过电压三取一方式控制字 1	过电压三取一方式控制字 0	过电压三取一方式控制字 1	过电压三取一方式控制字 0	过电压三取一方式控制字 1	过电压三取一方式控制字 0	过电压三取一方式控制字 1
$0.95U_{zd}$	□动作 □不动作	□动作 □不动作	□动作 □不动作	□动作 □不动作	□动作 □不动作	□动作 □不动作	□动作 □不动作	□动作 □不动作

续表

故障类型 整定值	A 相过电压		B 相过电压		C 相过电压		ABC 三相过电压	
	过电压三取一方式控制字 0	过电压三取一方式控制字 1	过电压三取一方式控制字 0	过电压三取一方式控制字 1	过电压三取一方式控制字 0	过电压三取一方式控制字 1	过电压三取一方式控制字 0	过电压三取一方式控制字 1
$1.05U_{zd}$	□动作 □不动作	□动作 □不动作	□动作 □不动作	□动作 □不动作	□动作 □不动作	□动作 □不动作	□动作 □不动作	□动作 □不动作
$1.2U_{zd}$	显示保护动作时间：(　　) ms 实测保护动作时间：(　　) ms							

结论（　　）

(1) 验证“过电压保护跳本侧”控制字为 1 ：当过电压元件满足时，“过电压保护动作时间”开始计时，延时满足后，过压保护出口跳本侧，同时不经跳位闭锁直接向对侧发过电压远跳信号。

结论（　　）

(2)“过电压保护跳本侧”控制字为 0 ：当“过电压元件”和“三相跳闸位置”均满足要求时，“过电压保护动作时间”开始计时，延时满足后，过压保护不跳本侧仅向对侧发过电压远跳信号。（如果“过电压远跳经跳位闭锁”控制字整定为 0 时，无需满足三相跳闸位置条件）。

结论（　　）

3.1.2 远方跳闸经故障判据定值校验。

3.1.2.1 电流变化量定值校验。

仅投远方跳闸保护软压板，故障电流电压启动控制字。同时满足通道收信的条件，远方跳闸保护动作。

定值：I_{zd}＝(　　) A，远方跳闸经故障判据时间：(　　) s，见表 7。

表 7　　电流变化量定值校验

故障类型 整定值	AN	BN	CN
$0.95I_{zd}$	□动作 □不动作	□动作 □不动作	□动作 □不动作
$1.05I_{zd}$	□动作 □不动作	□动作 □不动作	□动作 □不动作
$1.2\ I_{zd}$	显示保护动作时间：(　　) ms 实测保护动作时间：(　　) ms		

结论（　　）

3.1.2.2 零序电流定值校验。

仅投远方跳闸保护软压板，故障电流电压启动控制字。同时满足通道收信的条件，远方跳闸保护动作。

定值：$3I_{0zd}$＝(　　) A，见表 8。

表 8　　零序电流定值校验

故障类型 / 整定值	AN	BN	CN 故障
0.95（$3I_{0zd}$）	□动作 □不动作	□动作 □不动作	□动作 □不动作
1.05（$3I_{0zd}$）	□动作 □不动作	□动作 □不动作	□动作 □不动作

结论（　　）

3.1.2.3　负序电流定值校验。

仅投远方跳闸保护软压板，故障电流电压启动控制字。同时满足通道收信的条件，远方跳闸保护动作。

定值：I_{2zd}=（　　）A，见表 9。

表 9　　负序电流定值校验

故障类型 / 整定值	AN	BN	CN 故障
0.95I_{2zd}	□动作 □不动作	□动作 □不动作	□动作 □不动作
1.05I_{2zd}	□动作 □不动作	□动作 □不动作	□动作 □不动作

结论（　　）

3.1.2.4　零序电压定值校验。

仅投远方跳闸保护软压板，故障电流电压启动控制字。同时满足通道收信的条件，远方跳闸保护动作。

定值：$3U_{0zd}$=（　　）V，见表 10。

表 10　　零序电压定值校验

故障类型 / 整定值	AN	BN	CN 故障
0.95（$3U_{0zd}$）	□动作 □不动作	□动作 □不动作	□动作 □不动作
1.05（$3U_{0zd}$）	□动作 □不动作	□动作 □不动作	□动作 □不动作

结论（　　）

3.1.2.5　负序电压定值校验。

仅投远方跳闸保护软压板，故障电流电压启动控制字。同时满足通道收信的条件，远方跳闸保护动作。

定值：U_{2zd}=（　　）V，见表 11。

表 11　　负序电压定值校验

故障类型 / 整定值	AN	BN	CN 故障
0.95U_{2zd}	□动作 □不动作	□动作 □不动作	□动作 □不动作

续表

整定值 \ 故障类型	AN	BN	CN 故障
1.05U_{2zd}	□动作 □不动作	□动作 □不动作	□动作 □不动作

结论（　　）

3.1.2.6 低电流定值的校验。

仅投远方跳闸保护软压板，低电流低有功启动控制字。

低电流定值：I_{zd}=（　　）A；远方跳闸经故障判据时间：（　　）s。

1）任意一相加入 0.95I_{zd}，同时满足远方跳闸经故障判据时间和通道收信的条件，远方跳闸保护动作。

2）任意一相加入 1.05I_{zd}，同时满足远方跳闸经故障判据时间和通道收信的条件，远方跳闸保护不动作。

结论（　　）

3.1.2.7 低有功功率定值的校验。

仅投远方跳闸保护软压板，低电流低有功功率启动控制字。

低有功功率定值：P=（　　）W。

(1) 加入三相额定电压，待 TV 断线消失后加 0.95×(低有功功率定值/57.74) 单相电流，电压电流相角差为0°，同时满足远跳经故障判据时间和通道收信的条件，远方跳闸保护动作。

(2) 加入三相额定电压，待 TV 断线消失后加 1.05×(低有功功率定值/57.74) 单相电流，电压电流相角差为0°，同时满足远方跳闸经故障判据时间和通道收信的条件，远方跳闸保护不动作。

(3) 验证 TV 断线闭锁本保护功能。

结论（　　）

3.1.2.8 低功率因数角定值的校验。

仅投远方跳闸硬压板，软压板，低功率因数角启动控制字。

低功率因数角定值：φ=（　　）。

(1) 加入三相额定电压，待 TV 断线消失后加入 1A 电流，电压超前电流的角度等于低功率因数角+2°，同时满足远方跳闸经故障判据时间和通道收信的条件，远方跳闸保护动作。

(2) 加入三相额定电压，待 TV 断线消失后加入 1A 电流，电压超前电流的角度等于低功率因数角−2°，同时满足远方跳闸经故障判据时间和通道收信的条件，远方跳闸保护不动作。

(3) 验证 TV 断线闭锁本保护功能。

结论（　　）

3.1.3 远方跳闸不经故障判据功能的校验

远方跳闸保护（仅投远方跳闸保护软压板、远方跳闸不经故障判据控制字）。

满足通道收信的条件，远方跳闸不经故障判据时间（　　）s，远方跳闸保护动作。

验证 TV 断线转无判据功能：当投入 TV 断线转无判据控制字时，在 TV 断线的情况下，自动投入远跳无就地判据方式。

结论（　　）

4　整组试验

整组试验要求：保护装置的整组传动试验，应在 80%额定直流电压条件下进行。

4.1　整组开关量输入检验

整组开关量输入检验见表 12。

表 12　　整组开关量输入检验

序号	对应保护输出	对应保护名称	本保护开关量输入
1	远传 1 开出、远传 2 开出	线路保护	□通道收信
2	通道故障	线路保护	□通道故障

结论（　　）

4.2　整组开关量输出检验

整组开关量输出检验见表 13。

表 13　　整组开关量输出检验

序号	本保护输出	对应保护名称	对应保护开关量输入名称
1	过电压及远方跳闸出口	边断路器保护操作箱	□TJR 继电器
2	过电压及远方跳闸出口	中断路器保护操作箱	□TJR 继电器
3	过电压发信	线路保护	远传 1，远传 2

结论（　　）

检验人：

5　带开关做整组传动试验（要求开关传动试验打印报告附后）

5.1　检查对应断路器无闭锁，具备传动条件。

5.2　模拟过电压及远方跳闸保护动作跳边断路器：

a. 保护及开关实际动作正确。（　　）

b. 后台监控信号表示正确。（　　）

c. 站端、各级调控的继电保护在线监视和分析模块表示信息正确。（　　）

d. 录波器表示信息正确。（　　）

5.3　模拟过电压及远方跳闸保护动作跳中断路器：

a. 保护及开关实际动作正确。（　　）

b. 后台监控信号表示正确。（　　）

c. 站端、各级调控端的继电保护在线监视和分析模块表示信息正确。（　　）

d. 录波器表示信息正确。（　　）

结论（　　）

6 装置投运准备工作

6.1 投入运行前的准备工作：

6.1.1 现场工作结束后，工作负责人检验试验记录有无漏试验项目，核对装置的整定值是否与定值单相符。打印定值单附后。（ ）

6.1.2 盖好所有装置及辅助设备的盖子，各装置插板扣紧。（ ）

6.1.3 二次回路接线恢复，拆除在检验时使用的试验设备、仪表及一切连接线，所有被拆除的或临时接入的连线应全部恢复正常，装置所有的信号应复归。（ ）

6.1.4 压板核对及安全措施恢复。（ ）

6.1.5 全部人员撤离前，清扫现场。（ ）

6.2 对运行人员交代事项：

6.2.1 填写继电保护记录簿，将主要检验项目、试验结果及结论、定值通知单执行情况详细记录在内，向工作许可人交代检验结果、设备变动情况或遗留问题、并写明该装置可以投入运行。（ ）

6.2.2 交代运行人员在将装置投入前，必须用高内阻电压表以一端对地测保护出口压板端子电压的方法，检查并证实被检验的继电保护装置及安全自动装置确实未给出跳闸或合闸脉冲，才允许将装置的跳合闸连接片投到投入位置。（ ）

6.2.3 对运维人员进行继电保护运行规程培训。（ ）

6.3 验收合格后，办理工作票终结手续。（ ）

6.4 定值通知单编号：（ ）；执行时间：（ ）。

检验人：

7 带负荷测试

7.1 系统电压核相

系统电压核相，见表14。

表14 系统电压定相

测试数据		基准电压			
		U_A	U_B	U_C	U_N
待测电压	U_A				
	U_B				
	U_C				
	U_N				

7.2 交流回路相位测试

7.2.1 潮流状况

线路有功：（ ）；线路无功：（ ）；负荷电流：（ ）。

7.2.2 交流回路幅值及相位测试

以U_{AN}电压为基准，测得数值见表15。

表 15　　　　　　　　　　　　交流回路幅值及相位测试

保护名称	相别	测试值（幅值、角度）	装置显示值（幅值、角度）	相量图
保护装置	A	∠	∠	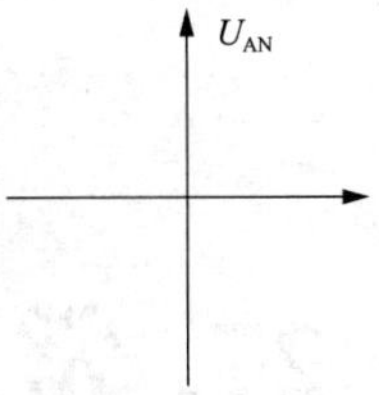
	B	∠	∠	
	C	∠	∠	
	N	∠	∠	

7.3　使用钳形电流表测量保护二次电缆屏蔽层的电流，以检查该保护装置及屏柜与二次等电位接地网连接状况，当检测不到电流时，应检查屏蔽层是否良好接地。测试结果为（　　）。

检验人：

8　现场遗留问题

工作负责人：

27. 常规变电站500kV线路过电压及远方跳闸保护C类检验标准化作业指导书

变电站名称 ______________________

装 置 命 名 ______________________

设备变更记录

变更内容			变更日期	执行人
装置变更	1			
	2			
程序升级	1			
	2			
	3			
	4			
回路变更	1			
	2			
	3			
	4			
	5			
TA变比	1			
	2			
	3			
其他	1			
	2			
	3			

________型过电压及远方跳闸保护检验报告

出厂日期		投运日期	
工作负责人			
检验人员			
检验性质	C类检修		
开始时间	年 月 日 时 分		
结束时间	年 月 日 时 分		
检验结论			
审核人签字		审核日期	

目　次

1 通用部分

1.1 详见《常规变电站继电保护标准化作业指导书（C类检验通用部分）》。

1.2 适用于六统一 500kV 3/2 断路器接线（完整串）过电压及远方跳闸保护。

2 保护单机检验

2.1 软件版本号及CRC校验码检查

软件版本号及CRC校验码检查，见表1。

表1　　软件版本号及CRC校验码检查

CPU号	软件版本号	CRC校验码	软件版本生成时间	与要求版本是否一致

结论（　　）

2.2 模数变换系统的检验

装置二次额定电流 I_n＝□5A/□1A。

2.2.1 零漂检验

要求：$I<0.01I_n$，$U<0.1$V，见表2。

表2　　零漂检验

采样通道	I_a(A)	I_b(A)	I_c(A)	$3I_0$(A)	U_a(V)	U_b(V)	U_c(V)
采样1							
采样2							

结论（　　）

2.2.2 采样精度校验

在保护屏端子上分别通入电压、电流，查看液晶屏上显示值，误差应小于±5%，角度小于3°。以 U_a 为基准，见表3。

表3　　采样精度校验

采样通道	U_a(V)	U_b(V)	U_c(V)	I_a(A)	I_b(A)	I_c(A)	$3I_0$(A)
I_n，U_n	V∠0°	V∠	V∠	A∠	A∠	A∠	A∠
采样1							
采样2							

结论（　　）

检验人：

3 带开关做整组传动试验（要求开关传动试验打印报告附后）

3.1 检查对应断路器无闭锁，具备传动条件。

3.2 模拟过电压及远方跳闸保护动作跳边断路器：

a. 保护及开关实际动作正确。（　　）

b. 后台监控信号表示正确。（　　）

c. 站端、各级调控端的继电保护在线监视和分析模块表示信息正确。（　　）

d. 录波器表示信息正确。（　　）

3.3　模拟过电压及远方跳闸保护动作跳中断路器：

a. 保护及开关实际动作正确。（　　）

b. 后台监控信号表示正确。（　　）

c. 站端、各级调控端的继电保护在线监视和分析模块表示信息正确。（　　）

d. 录波器表示信息正确。（　　）

结论（　　）

4　装置投运准备工作

4.1　投入运行前的准备工作：

4.1.1　现场工作结束后，工作负责人检查试验记录有无漏试验项目，核对装置的整定值是否与定值单相符。打印定值单附后。（　　）

4.1.2　盖好所有装置及辅助设备的盖子，各装置插板扣紧。（　　）

4.1.3　二次回路接线恢复，拆除在检验时使用的试验设备、仪表及一切连接线，所有被拆除的或临时接入的连线应全部恢复正常，装置所有的信号应复归。（　　）

4.1.4　压板核对及安全措施恢复。（　　）

4.1.5　全部人员撤离前，清扫现场。（　　）

4.2　对运行人员交代事项：

4.2.1　填写继电保护记录簿，将主要检验项目、试验结果及结论、定值通知单执行情况详细记录在内，向工作许可人交代检验结果、设备变动情况或遗留问题、并写明该装置可以投入运行。（　　）

4.2.2　交代运行人员在将装置投入前，必须用高内阻电压表以一端对地测保护出口压板端子电压的方法，检查并证实被检验的继电保护装置及安全自动装置确实未给出跳闸或合闸脉冲，才允许将装置的跳合闸连接片投到投入位置。（　　）

4.2.3　对运维人员进行继电保护运行规程培训。（　　）

4.3　验收合格后，办理工作票终结手续。（　　）

4.4　定值通知单编号：（　　）执行时间：（　　）。

检验人：

5　现场遗留问题

工作负责人：

附录A 继电保护二次工作保护压板及设备投切位置确认单

继电保护二次工作保护压板及设备切换把手投切位置确认单

被试设备名称									
工作负责人		工作时间	年 月 日 时 分 ～ 年 月 日 时 分						
工作内容									
包括应断开及恢复的空气开关（隔离开关）、直流铅丝、切换把手、保护压板、连接片、直流线、交流线、信号线、联锁和联锁开关等									
序号	压板及切换把手名称	开工前状态				工作结束后状态			
		投入位置	退出位置	运行人员确认签字	继电保护人员签字	投入位置	退出位置	运行人员确认签字	继电保护人员签字
1									
2									
3									
4									
5									
6									
7									
8									
9									
10									
11									
12									
13									
14									
15									
16									
17									
18									
19									
20									
21									
22									
工作负责人在工作票结束前检查安全措施、保护定值区、保护压板紧固、TA及TV接线等是否正常						工作负责人确认签字			

填写要求：①在“运行人员所布置的安全措施内容”栏目内填写具体名称。②在“投入位置或退出位置”栏内写“投或退”。③附在保护记录中存档。

附录B　继电保护二次工作安全措施票

继电保护二次工作安全措施票

单位：　　　　　　　　　　　　　　　　　　　　　　　　　　编号：

<table>
<tr><td>被试设备名称</td><td colspan="4"></td></tr>
<tr><td>工作负责人</td><td colspan="2"></td><td>工作时间</td><td>年　月　日　时　分　～　年　月　日　时　分</td></tr>
<tr><td>工作内容</td><td colspan="4"></td></tr>
<tr><td colspan="5">安全措施：包括应打开恢复连接片、直流线、交流线、信号线、联锁和联锁开关等，按工作顺序填用安全措施</td></tr>
<tr><td>序号</td><td>执　行</td><td colspan="2">安全措施内容</td><td>恢　复</td></tr>
<tr><td>1</td><td></td><td colspan="2"></td><td></td></tr>
<tr><td>2</td><td></td><td colspan="2"></td><td></td></tr>
<tr><td>3</td><td></td><td colspan="2"></td><td></td></tr>
<tr><td>4</td><td></td><td colspan="2"></td><td></td></tr>
<tr><td>5</td><td></td><td colspan="2"></td><td></td></tr>
<tr><td>6</td><td></td><td colspan="2"></td><td></td></tr>
<tr><td>7</td><td></td><td colspan="2"></td><td></td></tr>
<tr><td>8</td><td></td><td colspan="2"></td><td></td></tr>
<tr><td>9</td><td></td><td colspan="2"></td><td></td></tr>
<tr><td>10</td><td></td><td colspan="2"></td><td></td></tr>
<tr><td>11</td><td></td><td colspan="2"></td><td></td></tr>
<tr><td>12</td><td></td><td colspan="2"></td><td></td></tr>
<tr><td>13</td><td></td><td colspan="2"></td><td></td></tr>
<tr><td>14</td><td></td><td colspan="2"></td><td></td></tr>
<tr><td>15</td><td></td><td colspan="2"></td><td></td></tr>
<tr><td>16</td><td></td><td colspan="2"></td><td></td></tr>
<tr><td>17</td><td></td><td colspan="2"></td><td></td></tr>
<tr><td>18</td><td></td><td colspan="2"></td><td></td></tr>
<tr><td>19</td><td></td><td colspan="2"></td><td></td></tr>
<tr><td>20</td><td></td><td colspan="2"></td><td></td></tr>
<tr><td>21</td><td></td><td colspan="2"></td><td></td></tr>
<tr><td>22</td><td></td><td colspan="2"></td><td></td></tr>
<tr><td>23</td><td></td><td colspan="2"></td><td></td></tr>
<tr><td>24</td><td></td><td colspan="2"></td><td></td></tr>
<tr><td>25</td><td></td><td colspan="2"></td><td></td></tr>
<tr><td>26</td><td></td><td colspan="2"></td><td></td></tr>
<tr><td>27</td><td></td><td colspan="2"></td><td></td></tr>
<tr><td>28</td><td></td><td colspan="2"></td><td></td></tr>
</table>

检验人：　　　　　　　　　监护人：　　　　　　　　　恢复人：　　　　　　　　　监护人：

常规变电站继电保护现场检验标准化作业指导书

（通用部分）

国网辽宁省电力有限公司电力调度控制中心
国网辽宁省电力有限公司技能培训中心
组编

中国电力出版社
CHINA ELECTRIC POWER PRESS

内 容 提 要

本书规定了常规变电站继电保护装置现场检验标准化作业的一般性要求、检验项目、检验内容、检验方法及标准，用于指导现场检验的标准化作业。本书主要依据现行国家标准、电力行业标准、国家电网公司企业标准，以及继电保护设计、配置、验收、运行和维护的工程经验与相关要求。

本书作为变电站继电保护装置现场作业人员的指导书，也可供继电保护专业技术人员自学参考。

图书在版编目（CIP）数据

常规变电站继电保护现场检验标准化作业 / 国网辽宁省电力有限公司电力调度控制中心，国网辽宁省电力有限公司技能培训中心组编．—北京：中国电力出版社，2019.2

ISBN 978-7-5198-2637-6

Ⅰ．①常… Ⅱ．①国…②国… Ⅲ．①变电所－继电保护－标准化 Ⅳ．①TM77-65

中国版本图书馆 CIP 数据核字（2018）第 260684 号

出版发行：中国电力出版社
地　　址：北京市东城区北京站西街 19 号（邮政编码 100005）
网　　址：http://www.cepp.sgcc.com.cn
责任编辑：孙　芳
责任校对：黄　蓓　常燕昆　朱丽芳
装帧设计：王英磊　赵姗姗
责任印制：吴　迪

印　　刷：三河市万龙印装有限公司
版　　次：2019 年 2 月第一版
印　　次：2019 年 2 月北京第一次印刷
开　　本：787 毫米 ×1092 毫米　16 开本
印　　张：50.25
字　　数：1213 千字
印　　数：0001—1000 册
定　　价：198.00 元

编 委 会

前 言

本指导书规定了常规变电站继电保护装置现场检验标准化作业。主要内容包括一般性要求、检验项目、检验内容、检验方法及标准，用于指导现场检验的标准化作业。本指导书编写主要依据《继电保护状态检修检验规程》《继电保护及安全自动装置验收规范》《线路保护及辅助装置标准化设计规范》和《变压器、高压并联电抗器和母线保护及辅助装置标准化设计规范》等有关技术标准，以及继电保护设计、配置、验收、运行和维护的工程经验与相关要求。

编 者

2018.10

编 制 说 明

一、编制背景

为尽快适应近年继电保护技术快速发展，满足辽宁电网继电保护现场检修作业需求，规范现场作业行为，提高检验质量，持续优化继电保护检验管理工作，提高常规变电站继电保护及二次回路运行的安全性、可靠性。国网辽宁电力调度控制中心特组织开展《常规变电站继电保护检验标准化作业指导书》修编工作。

二、编制主要原则

《常规变电站继电保护检验标准化作业指导书》主要依据国网最新的相关标准、规范、规程编写，以常规微机型“六统一”继电保护类型为编制对象，结合状态检修相关标准、规定，遵循现场标准化作业流程，符合适用性、先进性和差异性的原则。

三、编制目的及适用范围

本指导书规定了220kV及以上常规变电站微机型继电保护及其二次回路新安装验收检验、A（B）类检修、C类检修的质量控制程序，以保护常规变电站微机型继电保护及其二次回路的检验结果的正确性。其中：

（1）验收检验是指新安装保护装置、继电保护整屏更换、整装置更换、二次电缆全部更换后的验收检验。

（2）A类检修是指新设备安装投产后进行的第一次检验。

（3）B类检修是指在一次设备停电情况下的继电保护及其二次回路局部性的检修，即辅助装置更换、装置插件更换、程序升级及部分二次电缆更换后的停电检验，以及缺陷处理需要开展的试验，包括不停电装置升级。

（4）C类检修是指一次设备停电配合检修和一次设备停电情况下的继电保护及其二次回路常规性检查、维护、试验。

四、章节及种类说明

（1）验收检验、A（B）类检修均包括10项内容，分别为：通用部分、保护单机检验、保护功能校验、整组试验、带开关做整组传动试验、装置投运准备工作、带负荷测试、现场遗留问题、继电保护二次工作保护压板及设备投切位置确认单、继电保护二次工作安全措施票。

（2）C类检修包括7项内容，分别为：通用部分、保护单机检验、带开关做整组传动试验、装置投运准备工作、现场遗留问题、继电保护二次工作保护压板及设备投切位置确认

单、继电保护二次工作安全措施票。

(3) 通用部分包括7项内容，分别为：目的及适用范围、编制依据、装置检验要求及注意事项、保护装置检验准备工作、二次回路绝缘检查、屏柜及装置检验、装置通电检查。

(4) 指导书共计19类58篇，分别为500kV线路保护4类12篇、220kV线路保护2类6篇、220kV电铁线路保护1类3篇、500kV变压器保护1类3篇、220kV变压器保护2类6篇、500kV母线保护1类3篇、220kV母线保护1类3篇、500kV断路器保护1类3篇、220kV母联（分段）保护1类3篇、高压并联电抗器保护1类3篇、远方跳闸及就地判别装置1类3篇、故障录波器1类3篇、行波测距装置1类2篇、故障信息子站1类2篇。

五、指导书中内容主要差异说明

1. 220kV、500kV线路保护指导书

(1) 220kV线路保护指导书"六统一"线路纵联差动保护、纵联距离保护和电铁线路保护指导书中，将"远方跳闸"开入和"其他保护停信"开入统一改为"其他保护动作"开入。

(2) 500kV线路保护指导书"六统一"线路纵联差动保护、纵联距离保护指导书中，将"远方跳闸"开入和"其他保护停信"开入统一改为"其他保护动作"开入。

(3) 220kV线路保护指导书自定义保护项目：包括分相允许式、工频变化量距离、快速距离、负荷限制距离、三重加速距离Ⅱ段、三重加速距离Ⅲ段和零序加速段带方向保护功能，该项保护根据现场实际装置自行选择试验项目。

(4) 220kV线路保护指导书零序反时限过流保护、三相不一致保护、过流过负荷功能(适用于电缆线路)、过电压及远方跳闸保护等选配功能不使用。

(5) 电铁线路保护取消纵联保护功能校验，增加冲击性负荷功能校验。

2. 220kV、500kV变压器保护指导书

(1) 220kV变压器保护指导书按照220kV三绕组变压器、两绕组变压器类型编写，其中三绕组变压器采用高压侧、中压侧、低压1分支、低压2分支结构；两绕组变压器采用高压1侧和低压1分支结构。

(2) 自定义保护项目为故障分量差动保护。

(3) 220kV变压器后备保护中"12相间阻抗保护　Ⅰ段3时限、13接地阻抗保护　Ⅰ段3时限"与高后备保护中"相间阻抗保护　Ⅰ段3时限、接地阻抗保护　Ⅰ段3时限"选配功能不使用。

3. 220kV母线保护指导书

(1) 适用于220kV双母线、双母双分段接线的"六统一"母线保护，220kV双母单分段接线及500kV双母线、双母双分段接线的"六统一"母线保护可参照执行。

(2) 220kV电压等级母线保护中"母联（分段）充电过流保护、母联（分段）非全相保护"选配功能不使用。

4. 故障录波器指导书

(1) 指导书以DL/T 553—2013《电力系统动态记录装置通用技术条件》为主要编制依

据，同时参照 Q/GDW 1161—2014《线路保护及辅助装置标准化设计规范》、Q/GDW 1175—2013《变压器、高压并联电抗器和母线保护及辅助装置标准化设计规范》进行编制。

（2）指导书中所有检验项目的列表，均按设备类型编写，如现场有多个同类设备，可根据现场设备实际情况对表格进行扩充。

（3）指导书中“开关量输入检查”项目中各装置的输入量均按最大化编写，现场按设备实际应用情况进行填写。

（4）指导书中对“起动记录”“起动录波”的开关量进行了分类整理，现场可根据开关量的实际情况，设定起动记录与起动录波的功能。

（5）指导书中对录波器的谐波分析能力进行了要求，录波器应具备 25 次及以下谐波分析能力，对于录波装置的新安装及更换，现场至少进行七次及以下谐波分析能力的检验。

（6）指导书中对录波器的频率分析能力进行了要求，录波器应能记录暂态及动态过程中的频率变化过程。对于录波装置的新安装及更换，现场应对录波器 40、50、55Hz 时的频率记录性能进行检验。

5. 500kV 高压电抗器保护指导书

（1）适用于 500kV 高压电抗器保护的测试，对于母线电抗器，无中性点电抗器后备保护功能、中断路器相关出口和启动远方跳闸保护出口的试验项目。

（2）输出回路检查中的断路器 1、断路器 2，可分别定义为中断路器、边断路器。同时与启动断路器失灵保护 1、启动断路器失灵保护 2 相对应。

（3）母线电抗器保护不跳中断路器。

6. 其他

（1）500kV 保护指导书编写以 3/2 断路器接线完整串为例，当用于不完整串时，中断路器相关内容适用于第二组边断路器。

（2）线路、变压器、母线、电抗器保护电流互感器二次回路断线的处理原则按《继电保护装置标准化设计补充技术要求》执行。

（3）本次修编增加 2 类指导书、2 类指导卡：

1）增加变电站继电保护在线监视与分析模块（继电保护故障信息子站）指导书新安装验收检验和 A（B）类检修内容，既适用目前已经投入运行的变电站继电保护故障信息子站，也适用于完成升级、改造后的变电站继电保护在线监视与分析模块系统。

2）增加变电站行波测距装置新安装验收检验和 A（B）类检修内容，规范了变电站行波测距装置的检验项目及要求。

目 录

第三部分

常规变电站继电保护装置标准化作业验收检验

（通　用）

1. 常规变电站继电保护A（B）类检修标准化作业指导书通用部分

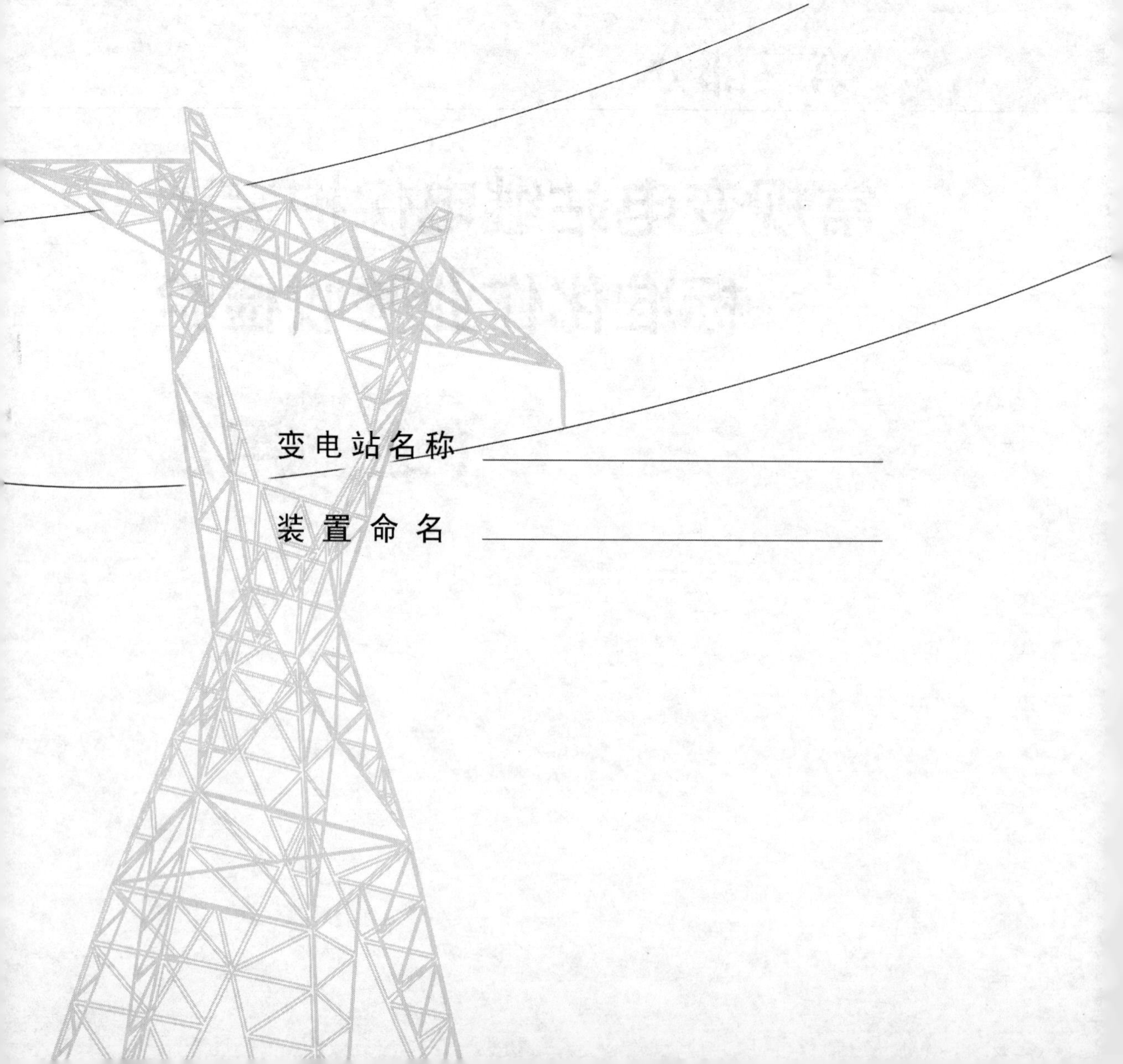

变电站名称 ____________________

装 置 命 名 ____________________

目　次

1 目的及适用范围

本作业指导书规定了220kV及以上常规变电站微机型继电保护及其二次回路A（B）类检修的质量控制程序，以保证常规变电站微机型继电保护及其二次回路的检验结果的正确性。

A类检修是指新设备安装投产后进行的第一次检验。

B类检修是指在一次设备停电情况下的继电保护及其二次回路局部性的检修，即辅助装置更换、装置插件更换、程序升级及部分二次电缆更换后的停电检验，以及缺陷处理需要开展的试验，包括不停电装置升级。

2 编制依据

下列标准、文件对于本作业指导书的应用是必不可少的。凡是注日期的引用文件，仅注日期的版本适用于本作业指导书。凡是不注日期的引用文件，其最新版本（包括所有的修改单）适用于本作业指导书。见表1。

表1　　编 制 依 据

序号	标准、文件编号	标准、文件名称
1	DL/T 995—2006	《继电保护和电网安全自动装置检验规程》
2	GB/T 14285—2006	《继电保护和安全自动装置技术规程》
3	Q/GDW 1806—2013	《继电保护状态检修导则》
4	DL/T 587—2007	《微机继电保护装置运行管理规程》
5	Q/GDW 11284—2014	《继电保护状态检修检验规程》
6	国家电网生〔2012〕352号	《国家电网公司十八项电网重大反事故措施》（修订版）
7	DL/T 623—2010	《电力系统继电保护及安全自动装置运行评价规程》
8	Q/GDW 1175—2013	《变压器、高压并联电抗器和母线保护及辅助装置标准化设计规范》
9	Q/GDW 1161—2013	《线路保护及辅助装置标准化设计规范》
10	国家电网运检〔2015〕376号	《国家电网公司防止变电站全停十六项措施》（试行）

3 装置检验要求及注意事项

3.1 装置检验详细步骤参照相应规程及设备技术资料。

3.2 作业指导书以纸质形式和扫描件形式保存，同时保存到设备的全寿命周期。

3.3 试验过程中的注意事项：

3.3.1 断开直流电源后才允许插、拔插件，插、拔插件必须有措施，防止因人身静电损坏集成电路芯片。插、拔交流插件时应防止交流电流回路开路。

3.3.2 调试中如需更换芯片时，应采用人体防静电接地措施，芯片插入的方向应正确，并保证接触可靠。

3.3.3 原则上不能使用电烙铁，试验中确需电烙铁时，应采用带接地线的烙铁或电烙铁断电后再焊接。

3.3.4 使用交流电源的电子仪器进行电路参数测试时，仪器外壳应与保护屏在同一点接地。

3.3.5　因检验需要临时短接或断开的端子应逐个记录，并在试验结束后正确恢复。

3.4　二次回路通电试验时注意事项：

3.4.1　二次回路通电试验或进行断路器传动试验时，应通知值班员和有关人员，再经过运行负责人员的同意后，并派人到各现场看守，检查回路上确实无人工作后，方可通电；拉合断路器的操作应由运行人员进行。

3.4.2　二次回路加压试验时，应有防止由电压互感器二次侧向一次侧反充电的措施。

3.5　防止误接线、误触碰、误整定造成跳闸的注意事项：

3.5.1　拆（接）线时应实行二人检查制，一人拆（接）线，一人监护，并要逐项记录；恢复接线时，要根据记录认真核对。

3.5.2　变更二次回路接线时，事先应经过审核，拆动接线前与原图核对，接线修改后要与新图核对；拆除没用的线，防止寄生回路存在。

3.5.3　搬运及摆放试验设备、梯子等其他工作用具时应与运行设备保持一定距离，防止误触误碰运行设备，造成保护误跳闸。

3.5.4　继电保护装置的定值应依据最新定值通知单的内容输入，输入后的定值须打印后经第二人核对、并将核对后的定值单及定值区使用情况详细向现场运行人员交代。

3.6　防止低压触电伤害的注意事项：

3.6.1　拆（接）试验电源应由二人进行，一人操作、一人监护。

3.6.2　拆（接）试验线时，必须把电流、电压降至零位，关闭电源开关后方可进行。

3.6.3　试验用的接线卡子，必须带绝缘套。

3.6.4　试验接线不允许有裸露处，接头要用绝缘胶布包好，接线端子应可靠紧固。

3.7　防止电流互感器二次开路及电压二次回路接地或短路的注意事项：

3.7.1　不得将电流互感器二次回路及电压互感器二次回路接地回路的永久接地点断开。

3.7.2　短路电流互感器二次绕组时，必须使用短路片或短路线，短路应安全可靠。

3.7.3　严禁在带电的电流互感器端子之间的二次回路和导线上进行任何工作。

3.7.4　工作时必须有专人监护，使用绝缘工具，并站在绝缘垫上。

3.7.5　在带电电压互感器二次回路工作时，应使用绝缘工具，戴手套，必要时设专人监护。

3.7.6　接临时负载，必须使用专用的隔离开关和熔断器。

3.8　在二次回路工作时，凡遇到异常情况（如断路器跳闸等）不论与本身工作是否有关，立即停止工作，保持现状，查明原因，确定与本身工作无关后方可继续工作。

4　保护装置检验准备工作

4.1　了解待检验装置相邻的一、二次设备运行情况，了解与运行设备相关的连线，制定安全技术措施。见表2。

表2　　相邻设备运行情况及制定的安全措施

序号	了解事项	内容
1	相邻的一次设备运行情况	
2	相邻的二次设备运行情况	

续表

序号	了解事项	内容			
3	与运行设备相关的联线情况	详见安全措施票			
4	控制措施交待（工作票）	工作票编号		交待情况	
5	保护压板及设备投切情况	详见继电保护二次工作保护压板及设备投切位置确认单			
6	其他注意事项				

4.2 仪器仪表及材料，见表3。

表3 仪器仪表及材料

序号	名称	型号	编号	数量
1	微机继电保护测试仪			
2	模拟断路器			
3	数字万用表			
4	钳形相位表			
5	1000V兆欧表			
6	光功率计			
7	试验线			
8				
9				

注 定值检验所使用的仪器、仪表准确级不低于0.5级。

4.3 图纸资料，见表4。

表4 图纸资料

序号	检查内容	检查情况
1	保护、安全自动装置及二次回路原理接线图	
2	相关间隔的二次回路图纸	
3	成套保护（自动装置）的使用和技术说明书	
4	二次电缆敷设图	
5	隔离开关及断路器操动机构图	
6	电流、电压互感器端子箱图及二次回路分线箱图	
7	新安装验收检验或上一次A类检修报告	
8	最新继电保护定值通知单	
其他补充事项：		

4.4 根据设计图纸到现场核对装置的安装位置是否正确。 结果（　　）

检验人：

5 二次回路绝缘检查

5.1 检查前准备及注意事项，见表5。

表5　　　　　　　　　　　检查前准备及注意事项

序号	检查内容	检查结果
1	断开待检查回路与其他设备及回路的电气联系，确保隔离完好	
2	断开与运行电压有关的回路	
3	电流互感器二次回路接地点应在检查前临时拆除，检查后注意恢复	
4	每进行一项绝缘试验后，须将试验回路对地放电	

5.2　检查结果，见表6。

表6　　　　　　　　　　　检　查　结　果

序号	测试项目	实测值（MΩ）	要求值
1	交流电流回路-地		使用1000V兆欧表绝缘电阻大于1MΩ
2	交流电压回路-地		
3	直流回路（操作、保护）-地		
4	开关量输入回路-地		
5	信号回路-地		

检验人：

6　屏柜及装置检验（见表7）

表7　　　　　　　　　　　屏柜及装置检查

序号	检查内容	检查结果
1	装置的配置、型号、额定参数、直流电源额定电压、交流额定电流、电压等是否与设计相一致，根据设计图纸核对装置的安装位置是否正确	
2	保护屏、箱体：安装端正、牢固、插件良好，外壳封闭良好，屏体、箱体可靠接地（保护屏有接地端子并用截面积大于4mm^2的多股铜线直接接地），接地端子与屏上的接地线用铜螺丝压接，保护屏与接地网之间用截面积大于50mm^2的铜缆可靠连接	
3	屏柜上的连接片、把手、按钮等各类标志应正确完整清晰，并与图纸和运行规程相符	
4	将保护屏上不参与正常运行的连接片取下	
5	装置原理、回路接线：装置原理符合有关规程、反措要求，回路接线正确	
6	运行条件：装置附近无强热源、强电磁干扰源，有空调设备。环境温度－5～45℃，空气相对湿度小于90％。地网接地符合规程要求	
7	装置内外部是否清洁无灰尘；清扫电路板及柜体内端子排上的灰尘	
8	检查装置的小开关、拨轮、按钮等是否良好；显示屏是否清晰，文字清楚	
9	检查各插件印刷电路板是否损伤、变形，连线是否连接好	
10	检查各插件上元件是否焊接良好，芯片是否插紧	
11	检查各插件上变换器、继电器是否固定好，有无松动	
12	检查端子排螺丝是否拧紧，后板配线连接是否良好	

检验人：

7　装置通电检查（以下检查正确在括号内打√）

7.1　装置通电前检查保护装置的逆变电源插件运行时间：年（超过6年宜更换）。

7.2 正常工作状态下检验：合上直流电源空气开关，再合上装置逆变电源插件上的开关，装置应能正常工作。 结果（ ）

7.3 合上装置逆变电源插件上的电源开关，将试验直流电源由零缓慢调至80％额定电压值，此时装置电源指示灯应亮。固定试验直流电源为80％额定电压值，拉合直流开关，逆变电源开关应可靠启动。 结果（ ）

7.4 时钟检查：查看装置面板上的时间显示，检查该装置的时钟显示应与站内统一时钟源同步。 结果（ ）

7.5 打印机功能检查：

7.5.1 打印机卫生清扫干净、接口线紧固、无松动。 结果（ ）

7.5.2 打印机自检、打印报告应完好。 结果（ ）

7.6 定值输入、固化、切换、输出功能检验。 结果（ ）

检验人：

2. 常规变电站微机继电保护C类检修标准化作业指导书通用部分

变电站名称 ____________________

装 置 命 名 ____________________

目　次

1　目的及适用范围

本作业指导书规定了220kV及以上常规变电站微机型继电保护及其二次回路C类检修的质量控制程序，以保证常规变电站微机型继电保护及其二次回路的检验结果的正确性。

C类检修是指一次设备停电配合检修和一次设备停电情况下的继电保护及其二次回路常规性检查、维护、试验。

2　编制依据

下列标准、文件对于本作业指导书的应用是必不可少的。凡是注日期的引用文件，仅注日期的版本适用于本作业指导书。凡是不注日期的引用文件，其最新版本（包括所有的修改单）适用于本作业指导书。见表1。

表1　　编 制 依 据

序号	标准、文件编号	标准、文件名称
1	DL/T 995—2006	《继电保护和电网安全自动装置检验规程》
2	GB/T 14285—2006	《继电保护和安全自动装置技术规程》
3	Q/GDW 1806—2013	《继电保护状态检修导则》
4	DL/T 587—2007	《微机继电保护装置运行管理规程》
5	Q/GDW 11284—2014	《继电保护状态检修检验规程》
6	国家电网生〔2012〕352号	《国家电网公司十八项电网重大反事故措施》（修订版）
7	DL/T 623—2010	《电力系统继电保护及安全自动装置运行评价规程》
8	Q/GDW 1175—2013	《变压器、高压并联电抗器和母线保护及辅助装置标准化设计规范》
9	Q/GDW 1161—2013	《线路保护及辅助装置标准化设计规范》
10	国家电网运检〔2015〕376号	《国家电网公司防止变电站全停十六项措施》（试行）

3　装置检验要求及注意事项

3.1　装置检验详细步骤参照相应规程及设备技术资料。

3.2　作业指导书以纸质形式和扫描件形式保存，同时保存到设备的全寿命周期。

3.3　试验过程中的注意事项：

3.3.1　断开直流电源后才允许插、拔插件，插、拔插件必须有措施，防止因人身静电损坏集成电路芯片。插、拔交流插件时应防止交流电流回路开路。

3.3.2　调试中如需更换芯片时，应采用人体防静电接地措施，芯片插入的方向应正确，并保证接触可靠。

3.3.3　原则上不能使用电烙铁，试验中确需电烙铁时，应采用带接地线的烙铁或电烙铁断电后再焊接。

3.3.4　使用交流电源的电子仪器进行电路参数测试时，仪器外壳应与保护屏在同一点接地。

3.3.5　因检验需要临时短接或断开的端子应逐个记录，并在试验结束后正确恢复。

3.4　二次回路通电试验时注意事项：

3.4.1　二次回路通电试验或进行断路器传动试验时，应通知值班员和有关人员，再经过运行负责人员的同意后，并派人到各现场看守，检查回路上确实无人工作后，方可通电；拉合断路器的操作应由运行人员进行。

3.4.2 二次回路加压试验时，应有防止由电压互感器二次侧向一次侧反充电的措施。

3.5 防止误接线、误触碰、误整定造成跳闸的注意事项：

3.5.1 拆（接）线时应实行二人检查制，一人拆（接）线，一人监护，并要逐项记录；恢复接线时，要根据记录认真核对。

3.5.2 变更二次回路接线时，事先应经过审核，拆动接线前与原图核对，接线修改后要与新图核对；拆除没用的线，防止寄生回路存在。

3.5.3 搬运及摆放试验设备、梯子等其他工作用具时应与运行设备保持一定距离，防止误触误碰运行设备，造成保护误跳闸。

3.5.4 继电保护装置的定值应依据最新定值通知单的内容输入，输入后的定值须打印后经第二人核对、并将核对后的定值单及定值区使用情况详细向现场运行人员交代。

3.6 防止低压触电伤害的注意事项：

3.6.1 拆（接）试验电源应由二人进行，一人操作、一人监护。

3.6.2 拆（接）试验线时，必须把电流、电压降至零位，关闭电源开关后方可进行。

3.6.3 试验用的接线卡子，必须带绝缘套。

3.6.4 试验接线不允许有裸露处，接头要用绝缘胶布包好，接线端子应可靠紧固。

3.7 防止电流互感器二次开路及电压二次回路接地或短路的注意事项：

3.7.1 不得将电流互感器二次回路及电压互感器二次回路接地回路的永久接地点断开。

3.7.2 短路电流互感器二次绕组时，必须使用短路片或短路线，短路应安全可靠。

3.7.3 严禁在带电的电流互感器端子之间的二次回路和导线上进行任何工作。

3.7.4 工作时必须有专人监护，使用绝缘工具，并站在绝缘垫上。

3.7.5 在带电电压互感器二次回路工作时，应使用绝缘工具，戴手套，必要时设专人监护。

3.7.6 接临时负载，必须使用专用的隔离开关和熔断器。

3.8 在二次回路工作时，凡遇到异常情况（如断路器跳闸等）不论与本身工作是否有关，立即停止工作，保持现状，查明原因，确定与本身工作无关后方可继续工作。

4 保护装置检验准备工作

4.1 了解待检验装置相邻的一、二次设备运行情况，了解与运行设备相关的连线，制定安全技术措施。见表2。

表2 相邻设备运行情况及制定的安全措施

<table>
<tr><th>序号</th><th>了解事项</th><th colspan="4">内容</th></tr>
<tr><td>1</td><td>相邻的一次设备运行情况</td><td colspan="4"></td></tr>
<tr><td>2</td><td>相邻的二次设备运行情况</td><td colspan="4"></td></tr>
<tr><td>3</td><td>与运行设备相关的联线情况</td><td colspan="4">详见安全措施票</td></tr>
<tr><td>4</td><td>控制措施交待（工作票）</td><td>工作票编号</td><td></td><td>交待情况</td><td></td></tr>
<tr><td>5</td><td>保护压板及设备投切情况</td><td colspan="4">详见继电保护二次工作保护压板及设备投切位置确认单</td></tr>
<tr><td>6</td><td>其他注意事项</td><td colspan="4"></td></tr>
</table>

4.2　仪器仪表及材料，见表3。

表3　　仪器仪表及材料

序号	名称	型号	编号	数量
1	微机继电保护测试仪			
2	模拟断路器			
3	数字万用表			
4	钳形相位表			
5	1000V 兆欧表			
6	光功率计			
7	试验线			
8				
9				

注　定值检验所使用的仪器、仪表准确级不低于0.5级。

4.3　图纸资料，见表4。

表4　　图　纸　资　料

序号	检查内容	检查情况
1	保护、安全自动装置及二次回路原理接线图	
2	相关间隔的二次回路图纸	
3	成套保护（自动装置）的使用和技术说明书	
4	二次电缆敷设图	
5	隔离开关及断路器操动机构图	
6	电流、电压互感器端子箱图及二次回路分线箱图	
7	新安装验收检验或上一次A类检修报告	
8	最新继电保护定值通知单	
其他补充事项：		

检验人：

5　二次回路绝缘检查

5.1　检查前准备及注意事项，见表5。

表5　　检查前准备及注意事项

序号	检查内容	检查结果
1	断开待检查回路与其他设备及回路的电气联系，确保隔离完好	
2	断开与运行电压有关的回路	
3	电流互感器二次回路接地点应在检查前临时拆除，检查后注意恢复	
4	每进行一项绝缘试验后，须将试验回路对地放电	

5.2　检查结果，见表6。

表6　检查结果

序号	测试项目	实测值（MΩ）	要求值
1	交流电流回路-地		使用1000V兆欧表绝缘电阻＞1MΩ
2	交流电压回路-地		
3	直流回路（操作、保护）-地		
4	开关量输入回路-地		
5	信号回路-地		

检验人：

6　屏柜及装置检验（见表7）

表7　屏柜及装置检查

序号	检查内容	检查结果
1	装置的配置、型号、额定参数、直流电源额定电压、交流额定电流、电压等是否与设计相一致	
2	屏柜上的连接片、把手、按钮等各类标志应正确完整清晰、并与图纸和运行规程相符	
3	装置原理、回路接线：装置原理符合有关规程、反措要求，回路接线正确	
4	运行条件：装置附近无强热源、强电磁干扰源，有空调设备。环境温度－5～45℃，空气相对湿度小于90％。地网接地符合规程要求	
5	装置外部是否清洁无灰尘；清扫柜体内端子排上的灰尘	
6	检查装置的小开关、拨轮、按钮等是否良好；显示屏是否清晰，文字清楚	
7	检查端子排螺丝是否拧紧，后板配线连接是否良好	
8	按照装置的技术说明书描述方法，根据实际需要设定并检查装置插件内跳线和拨动开关的位置	

检验人：

7　装置通电检查（以下检查正确在括号内打√）

7.1　装置通电前检查保护装置的逆变电源插件运行时间：年（超过6年宜更换）。

7.2　正常工作状态下检验：合上直流电源空气开关，再合上装置逆变电源插件上的开关，装置应能正常工作。　结果（　）

7.3　时钟检查：查看装置面板上的时间显示，检查该装置的时钟显示应与站内统一时钟源同步。　结果（　）

7.4　打印机功能检查：

7.4.1　打印机卫生清扫干净、接口线紧固、无松动。　结果（　）

7.4.2　打印机自检、打印报告应完好。　结果（　）

7.5　定值输入、固化、切换、输出功能检验。　结果（　）

检验人：

3. 常规变电站继电保护新安装验收检验标准化作业指导书通用部分

变电站名称 ____________________

装 置 命 名 ____________________

目　次

1　目的及适用范围

本作业指导书规定了220kV及以上常规变电站新安装继电保护装置及其二次回路的验收检验（以下简称验收检验）的质量控制程序，以保证常规变电站微机型继电保护及其二次回路的检验结果的正确性。

验收检验是指新安装保护装置、继电保护整屏更换、整装置更换、二次电缆全部更换后的验收检验。

2　编制依据

下列标准、文件对于本作业指导书的应用是必不可少的。凡是注日期的引用文件，仅注日期的版本适用于本作业指导书。凡是不注日期的引用文件，其最新版本（包括所有的修改单）适用于本作业指导书。见表1。

表1　　编　制　依　据

序号	标准、文件编号	标准、文件名称
1	DL/T 995—2006	《继电保护和电网安全自动装置检验规程》
2	GB/T 14285—2006	《继电保护和安全自动装置技术规程》
3	Q/GDW 1806—2013	《继电保护状态检修导则》
4	DL/T 587—2007	《微机继电保护装置运行管理规程》
5	Q/GDW 11284—2014	《继电保护状态检修检验规程》
6	国家电网生〔2012〕352号	《国家电网公司十八项电网重大反事故措施》（修订版）
7	DL/T 623—2010	《电力系统继电保护及安全自动装置运行评价规程》
8	Q/GDW 1175—2013	《变压器、高压并联电抗器和母线保护及辅助装置标准化设计规范》
9	Q/GDW 1161—2013	《线路保护及辅助装置标准化设计规范》
10	国家电网运检〔2015〕376号	《国家电网公司防止变电站全停十六项措施》（试行）

3　装置检验要求及注意事项

3.1　装置检验详细步骤参照相应规程及设备技术资料。

3.2　作业指导书以纸质形式和扫描件形式保存，同时保存到设备的全寿命周期。

3.3　试验过程中的注意事项：

3.3.1　断开直流电源后才允许插、拔插件，插、拔插件必须有措施，防止因人身静电损坏集成电路芯片。插、拔交流插件时应防止交流电流回路开路。

3.3.2　调试中如需更换芯片时，应采用人体防静电接地措施，芯片插入的方向应正确，并保证接触可靠。

3.3.3　原则上不能使用电烙铁，试验中确需电烙铁时，应采用带接地线的烙铁或电烙铁断电后再焊接。

3.3.4　使用交流电源的电子仪器进行电路参数测试时，仪器外壳应与保护屏在同一点接地。

3.3.5　因检验需要临时短接或断开的端子应逐个记录，并在试验结束后正确恢复。

3.4 二次回路通电试验时注意事项：

3.4.1 二次回路通电试验或进行断路器传动试验时，应通知值班员和有关人员，再经过运行负责人员的同意后，并派人到各现场看守，检查回路上确实无人工作后，方可通电；拉合断路器的操作应由运行人员进行。

3.4.2 二次回路加压试验时，应有防止由电压互感器二次侧向一次侧反充电的措施。

3.5 防止误接线、误触碰、误整定造成跳闸的注意事项：

3.5.1 拆（接）线时应实行二人检查制，一人拆（接）线，一人监护，并要逐项记录；恢复接线时，要根据记录认真核对。

3.5.2 变更二次回路接线时，事先应经过审核，拆动接线前与原图核对，接线修改后要与新图核对；拆除没用的线，防止寄生回路存在。

3.5.3 搬运及摆放试验设备、梯子等其他工作用具时应与运行设备保持一定距离，防止误触误碰运行设备，造成保护误跳闸。

3.5.4 继电保护装置的定值应依据最新定值通知单的内容输入，输入后的定值须打印后经第二人核对、并将核对后的定值单及定值区使用情况详细向现场运行人员交代。

3.6 防止低压触电伤害的注意事项：

3.6.1 拆（接）试验电源应由二人进行，一人操作、一人监护。

3.6.2 拆（接）试验线时，必须把电流、电压降至零位，关闭电源开关后方可进行。

3.6.3 试验用的接线卡子，必须带绝缘套。

3.6.4 试验接线不允许有裸露处，接头要用绝缘胶布包好，接线端子应可靠紧固。

3.7 防止电流互感器二次开路及电压二次回路接地或短路的注意事项：

3.7.1 不得将电流互感器二次回路及电压互感器二次回路接地回路的永久接地点断开。

3.7.2 短路电流互感器二次绕组时，必须使用短路片或短路线，短路应安全可靠。

3.7.3 严禁在带电的电流互感器端子之间的二次回路和导线上进行任何工作。

3.7.4 工作时必须有专人监护，使用绝缘工具，并站在绝缘垫上。

3.7.5 在带电电压互感器二次回路工作时，应使用绝缘工具，戴手套，必要时设专人监护。

3.7.6 接临时负载，必须使用专用的隔离开关和熔断器。

3.8 在二次回路工作时，凡遇到异常情况（如断路器跳闸等）不论与本身工作是否有关，立即停止工作，保持现状，查明原因，确定与本身工作无关后方可继续工作。

4 保护装置检验准备工作

4.1 了解待检验装置相邻的一、二次设备运行情况，了解与运行设备相关的连线，制定安全技术措施，见表2。

表2 相邻设备运行情况及制定的安全措施

序号	了解事项	内容
1	相邻的一次设备运行情况	
2	相邻的二次设备运行情况	
3	与运行设备相关的联线情况	详见安全措施票

续表

序号	了解事项	内容			
4	控制措施交待（工作票）	工作票编号		交待情况	
5	保护压板及设备投切情况	详见继电保护二次工作保护压板及设备投切位置确认单			
6	其他注意事项				

4.2　仪器仪表及材料，见表3。

表3　**仪器仪表及材料**

序号	名称	型号	编号	数量
1	微机继电保护测试仪			
2	模拟断路器			
3	数字万用表			
4	钳形相位表			
5	1000V 兆欧表			
6	500V 兆欧表			
7	光功率计			
8	试验线			

注　定值检验所使用的仪器、仪表准确级不低于0.5级。

4.3　图纸资料，见表4。

表4　**图纸资料**

序号	检查内容	检查情况
1	保护、安全自动装置及二次回路原理接线图	
2	相关间隔的二次回路图纸	
3	成套保护（自动装置）的使用和技术说明书	
4	二次电缆敷设图	
5	隔离开关及断路器操动机构图	
6	电流、电压互感器端子箱图及二次回路分线箱图	
7	电流互感器的出厂试验报告	
其他补充事项：		

4.4　根据设计图纸到现场核对装置的安装位置是否正确。

结果（　　）

检验人：

5　电流、电压互感器的检验（见表5）

表5　**电流、电压互感器的检验**

序号	检查内容	检查结果
1	检查电流互感器、电压互感器的名牌参数是否完整，出厂合格证及试验资料是否齐全	
2	电流互感器、电压互感器的变比、容量、准确级必须符合设计要求	
3	测试电流互感器各绕组间的极性关系，核对铭牌上的极性标识是否正确	

续表

序号	检查内容	检查结果
4	检查互感器各次绕组的连接方式及其极性关系是否与设计相符，相别标识是否正确	
5	检查电流互感器工作抽头的变比及回路是否正确	
6	测定保护用电流回路二次负担，将所测得的阻抗值按照保护的具体工作条件和制造厂家提供的出厂资料来验算是否符合互感器10%误差的要求	

注 1. 电流互感器特性试验数据集中成册保存。
2. 此项目仅在新安装一次设备情况下的新安装保护装置验收检验时进行。

6 二次回路检验（见表6）

表6 **二次回路检验**

序号	检查内容	检查结果
1	被保护设备的断路器、电流互感器以及电压回路与其他单元设备的回路应断开	
2	电流互感器二次绕组所有二次接线的正确性及端子排引线螺钉压接应可靠	
3	电流互感器二次回路接地点应只有一点接地，由几组电流互感器二次组合的电流回路应在有直接电器连接处一点接地	
4	电压互感器二次、三次绕组的所有二次回路接线的正确性及端子排引线螺钉压接应可靠	
5	经控制室中性线小母线（N600）连通的几组电压互感器二次回路，只应在控制室将N600一点接地；各电压互感器二次中性点在开关场的接地点断开	
6	电压互感器中性线不得接有熔断器、自动开关或接触器等	
7	来自电压互感器二次回路的4根开关场引入线和互感器三次回路的2根开关场引入线必须分开，不得共用	
8	电压互感器二次回路中所有的熔断器（自动断路器）的装设地点、熔断（脱扣）电流是否合适，质量是否良好、能否保证选择性，自动断路器线圈阻抗值是否合适	
9	串联在电压互感器中所有的熔断器（自动断路器）、隔离开关及切换设备触点接触应可靠	
10	测量电压回路自互感器引出端子到配电屏电压母线的每相直流电阻，计算电压互感器在额定容量下的压降，其值不应超过额定电压的3%	

注 此项目仅在新安装一次设备情况下的新安装保护装置验收检验时进行。

7 二次回路绝缘检查

7.1 检查前准备及注意事项，见表7。

表7 **检查前准备及注意事项**

序号	检查内容	检查结果
1	断开待检查回路与其他设备及回路的电气联系，确保隔离完好	
2	断开与运行电压有关的回路	
3	电流互感器二次回路接地点应在检查前临时拆除，检查后注意恢复	
4	每进行一项绝缘试验后，须将试验回路对地放电	

7.2 检查结果，见表8。

表8 检 查 结 果

序号	测试项目	实测值（MΩ）	要求值
1	交流电流回路-地		使用1000V摇表 绝缘电阻大于10MΩ
2	交流电压回路-地		
3	直流回路（操作、保护）-地		
4	开关量输入回路-地		
5	信号回路-地		
6	交流电压回路-交流电流回路		
7	交流电压回路-直流回路		
8	交流电压回路-信号回路		
9	交流电流回路-直流回路		
10	交流电流回路-信号回路		
11	信号回路-直流回路		

检验人：

8 屏柜及装置检验

8.1 装置外部检查，见表9。

表9 装 置 外 部 检 查

序号	检查内容	检查结果
1	装置的配置、型号、额定参数、直流电源额定电压、交流额定电流、电压等是否与设计相一致	
2	保护屏、箱体：安装端正、牢固、插件良好，外壳封闭良好，屏体、箱体可靠接地（保护屏有接地端子并用截面积大于$4mm^2$的多股铜线直接接地），接地端子与屏上的接地线用铜螺丝压接，保护屏与接地网之间用截面积大于$50mm^2$的铜缆可靠连接	
3	屏柜上的连接片、把手、按钮等各类标志应正确完整清晰、并与图纸和运行规程相符	
4	将保护屏上不参与正常运行的连接片取下	
5	装置原理、回路接线：装置原理符合有关规程、反措要求，回路接线正确	
6	运行条件：装置附近无强热源、强电磁干扰源，有空调设备。环境温度－5～45℃，空气相对湿度小于90%。地网接地符合规程要求	
7	装置内外部是否清洁无灰尘；清扫电路板及柜体内端子排上的灰尘	
8	检查装置的小开关、拨轮、按钮等是否良好；显示屏是否清晰，文字清楚	
9	检查各插件印刷电路板是否损伤、变形，连线是否连接好	
10	检查各插件上元件是否焊接良好，芯片是否插紧	
11	检查各插件上变换器、继电器是否固定好，有无松动	
12	检查端子排螺丝是否拧紧，后板配线连接是否良好	
13	按照装置的技术说明书描述方法，根据实际需要设定并检查装置插件内跳线和拨动开关的位置	

8.2 装置绝缘试验

8.2.1 试验前准备及注意事项，见表10。

表10 试验前准备及注意事项

序号	检查内容	检查结果
1	按照装置技术说明书的要求拔出插件	
2	在保护屏柜端子排内侧分别短接交流电压回路端子、交流电流回路端子、直流电源回路端子、跳闸和合闸回路端子、开关量输入回路端子、厂站自动化系统接口回路端子及信号回路端子	
3	断开与其他保护的弱电联系回路	
4	将打印机与装置连接断开	
5	装置内所有互感器的屏蔽层应可靠接地。在测量某一组回路对地绝缘电阻时，应将其他各组回路都接地	
6	回路对地绝缘测试后，应将各回路对地放电	

8.2.2 试验结果，见表11。

表11 试 验 结 果

序号	测试项目	实测值（MΩ）	要求值
1	交流电流回路-地		使用500V兆欧表 绝缘电阻大于20MΩ
2	交流电压回路-地		
3	直流电源回路-地		
4	跳闸和合闸回路-地		
5	开关量输入回路-地		
6	厂站自动化系统接口回路-地		
7	信号回路-地		

检验人：

9 装置通电检查（以下检查正确在括号内打√）

9.1 装置通电前检查保护装置的逆变电源插件运行时间：年（超过6年宜更换）。

9.2 正常工作状态下检验：合上直流电源空气开关，再合上装置逆变电源插件上的开关，装置应能正常工作。 结果（ ）

9.3 合上装置逆变电源插件上的电源开关，将试验直流电源由零缓慢调至80%额定电压值，此时装置电源指示灯应亮。固定试验直流电源为80%额定电压值，拉合直流开关，逆变电源开关应可靠启动。 结果（ ）

9.4 时钟检查：查看装置面板上的时间显示，检查该装置的时钟显示应与站内统一时钟源同步。 结果（ ）

9.5 打印机功能检查：

9.5.1 打印机卫生清扫干净、接口线紧固、无松动。 结果（ ）

9.5.2 打印机自检、打印报告应完好。 结果（ ）

9.6 定值输入、固化、切换、输出功能检验。 结果（ ）

检验人：

4. 常规变电站故障录波器新安装验收检验标准化作业指导书

变电站名称 ____________________

装 置 命 名 ____________________

设备变更记录

变更内容			变更日期	执行人
装置变更	1			
	2			
程序升级	1			
	2			
	3			
	4			
回路变更	1			
	2			
	3			
	4			
	5			
TA变比	1			
	2			
	3			
其他	1			
	2			
	3			

______型故障录波器

检验报告

出厂日期		投运日期	
工作负责人			
检验人员			
检验性质	新安装验收检验		
开始时间	年　月　日　时　分		
结束时间	年　月　日　时　分		
检验结论			
审核人签字		审核日期	

目　次

1　通用部分

1.1　详见《常规变电站继电保护标准化作业指导书（验收检验通用部分）》

1.2　本指导书适用于220kV及以上电压等级六统一故障录波器，包括500kV部分故障录波器（含线路、断路器、电抗器）、主变压器故障录波器、220kV部分故障录波器（含线路、母联、分段、旁路）、继电器小室故障录波器、$3\sqrt{2}$断路器母线录波器。

2　故障录波器单机检验

2.1　软件版本号及CRC校验码检查

软件版本号及CRC校验码检查见表1。

表1　　软件版本号及CRC校验码

装置型号	软件版本号	CRC校验码	软件版本生成时间	符合情况

2.2　接入容量检查

接入容量检查见表2。

表2　　接入容量检查表

通道类型	装置接入能力	已接入数量
交流采集通道数量		
直流采集通道数量		
开关量通道数量		

2.3　输出回路检查

装置开出回路检查见表3（按现场实际接线试验）。

表3　　装置开出回路检查

序号	项目	检查结果
1	启动录波	□面板显示　□监控后台
2	装置异常	□面板显示　□监控后台
3	装置故障	□面板显示　□监控后台
4	装置失电	□面板显示　□监控后台

结论（　　）

2.4　开关量输入回路检验

开关量输入回路检查见表4（如接入间隔较多，表格自行增加；试验项目按照实际装置配置进行试验）。

表 4　　　　装置开关量输入回路检查

设备名称	通道名称（实际位置填写）	开关量输入接点名称	记录情况	录波情况
线路保护装置		保护 1 动作	□起动记录	□起动录波
		保护 1A 相跳闸	□起动记录	□起动录波
		保护 1B 相跳闸	□起动记录	□起动录波
		保护 1C 相跳闸	□起动记录	□起动录波
		保护 1 闭锁重合闸（永跳）	□起动记录	□起动录波
		保护 1 三相不一致动作（适用于集成三相不一致功能，可选）	□起动记录	□起动录波
		保护 1 重合闸动作（适用于集成重合闸功能，可选）	□起动记录	□起动录波
		保护 1 发信或分相发信（纵联距离保护）	□起动记录	□起动录波
		保护 1 远传 1 开出	□起动记录	□起动录波
		保护 1 远传 2 开出	□起动记录	□起动录波
		保护 1 通道一告警	□起动记录	—
		保护 1 通道二告警	□起动记录	—
		保护 1 通道故障	□起动记录	—
		保护 1 运行异常	□起动记录	—
		保护 1 装置故障告警	□起动记录	—
		保护 1 过负荷告警（适用于集成过流过负荷功能）	□起动记录	—
		保护 2 动作	□起动记录	□起动录波
		保护 2A 相跳闸	□起动记录	□起动录波
		保护 2B 相跳闸	□起动记录	□起动录波
		保护 2C 相跳闸	□起动记录	□起动录波
		保护 2 闭锁重合闸（永跳）	□起动记录	□起动录波
		保护 2 三相不一致动作（适用于集成三相不一致功能，可选）	□起动记录	□起动录波
		保护 2 重合闸动作（适用于集成重合闸功能，可选）	□起动记录	□起动录波
		保护 2 发信或分相发信（纵联距离保护）	□起动记录	□起动录波
		保护 2 远传 1 开出	□起动记录	□起动录波
		保护 2 远传 2 开出	□起动记录	□起动录波
		保护 2 通道一告警	□起动记录	—
		保护 2 通道二告警	□起动记录	—
		保护 2 通道故障	□起动记录	—
		保护 2 运行异常	□起动记录	—
		保护 2 装置故障告警	□起动记录	—
		保护 2 过负荷告警（适用于集成过流过负荷功能）	□起动记录	—

续表

设备名称	通道名称（实际位置填写）	开关量输入接点名称	记录情况	录波情况
母联（分段）保护装置		保护动作	□起动记录	□起动录波
		运行异常	□起动记录	—
		装置故障告警	□起动记录	—
双母（双母双分）母线保护装置		母差动保护 1 动作	□起动记录	□起动录波
		____母保护 1 失灵动作	□起动记录	—
		母线保护 1 跳母联（分段）	□起动记录	—
		母线保护 1 母线互联告警	□起动记录	—
		母线保护 1TA/TV 断线告警	□起动记录	—
		母线保护 1 隔离开关位置告警	□起动记录	—
		母线保护 1 运行异常	□起动记录	—
		母线保护 1 装置故障告警	□起动记录	—
		母差动保护 2 动作	□起动记录	□起动录波
		____母保护 2 失灵动作	□起动记录	—
		母线保护 2 跳母联（分段）	□起动记录	—
		母线保护 2 母线互联告警	□起动记录	—
		母线保护 2TA/TV 断线告警	□起动记录	—
		母线保护 2 隔离开关位置告警	□起动记录	—
		母线保护 2 运行异常	□起动记录	—
		母线保护 2 装置故障告警	□起动记录	—
3/2 断路器母线保护装置		____母保护 1 动作	□起动记录	□起动录波
		边断路器失灵经____母保护 1 跳闸	□起动记录	□起动录波
		____母保护 1TA 断线	□起动记录	—
		____母保护 1 运行异常	□起动记录	—
		____母保护 1 装置故障告警	□起动记录	—
		____母保护 2 动作	□起动记录	□起动录波
		边断路器失灵经____母保护 2 跳闸	□起动记录	□起动录波
		____母保护 2TA 断线	□起动记录	—
		____母保护 2 运行异常	□起动记录	—
		____母保护 2 装置故障告警	□起动记录	—
500kV 断路器保护装置		保护动作	□起动记录	□起动录波
		保护 A 相跳闸	□起动记录	□起动录波
		保护 B 相跳闸	□起动记录	□起动录波
		保护 C 相跳闸	□起动记录	□起动录波
		重合闸动作	□起动记录	□起动录波
		起动失灵	□起动记录	□起动录波
		运行异常	□起动记录	—

续表

设备名称	通道名称（实际位置填写）	开关量输入接点名称	记录情况	录波情况
		装置故障告警	□起动记录	—
短引线		保护动作	□起动记录	□起动录波
		保护跳闸	□起动记录	□起动录波
		运行异常	□起动记录	—
		装置故障告警	□起动记录	—
安全自动装置		安全自动装置动作	□起动记录	□起动录波
		远方跳闸发信（可选）	□起动记录	□起动录波
		安全自动装置异常	□起动记录	—
220kV 变压器保护装置		保护 1 动作	□起动记录	□起动录波
		保护 1 跳高压侧断路器	□起动记录	□起动录波
		保护 1 跳高压侧母联（分段）	□起动记录	□起动录波
		保护 1 跳中压侧断路器	□起动记录	□起动录波
		保护 1 跳中压侧母联（分段）	□起动记录	□起动录波
		保护 1 闭锁中压侧备自投	□起动记录	□起动录波
		保护 1 跳低压 1 分支	□起动记录	□起动录波
		保护 1 跳低压 1 分段	□起动记录	□起动录波
		保护 1 闭锁低压 1 分支备自投	□起动记录	□起动录波
		保护 1 跳低压 2 分支	□起动记录	□起动录波
		保护 1 跳低压 2 分段	□起动记录	□起动录波
		保护 1 闭锁低压 2 分支备自投	□起动记录	□起动录波
		保护 1 过负荷	□起动记录	—
		保护 1 运行异常	□起动记录	—
		保护 1 装置故障告警	□起动记录	—
		保护 2 动作	□起动记录	□起动录波
		保护 2 跳高压侧断路器	□起动记录	□起动录波
		保护 2 跳高压侧母联（分段）	□起动记录	□起动录波
		保护 2 跳中压侧断路器	□起动记录	□起动录波
		保护 2 跳中压侧母联（分段）	□起动记录	□起动录波
		保护 2 闭锁中压侧备自投	□起动记录	□起动录波
		保护 2 跳低压 1 分支	□起动记录	□起动录波
		保护 2 跳低压 1 分段	□起动记录	□起动录波
		保护 2 闭锁低压 1 分支备自投	□起动记录	□起动录波
		保护 2 跳低压 2 分支	□起动记录	□起动录波
		保护 2 跳低压 2 分段	□起动记录	□起动录波
		保护 2 闭锁低压 2 分支备自投	□起动记录	□起动录波
		保护 2 过负荷	□起动记录	—

续表

设备名称	通道名称（实际位置填写）	开关量输入接点名称	记录情况	录波情况
		保护 2 运行异常	□起动记录	—
		保护 2 装置故障告警	□起动记录	—
220kV 非电量保护		非电量保护动作	□起动记录	□起动录波
		跳高压侧断路器	□起动记录	□起动录波
		跳中压侧断路器	□起动记录	□起动录波
		跳低压侧 1 断路器	□起动记录	□起动录波
		跳低压侧 2 断路器	□起动记录	□起动录波
		非电量保护运行异常	□起动记录	—
		非电量保护装置故障告警	□起动记录	—
3/2 断路器变压器保护装置		保护 1 动作	□起动记录	□起动录波
		保护 1 跳高压侧断路器 1	□起动记录	□起动录波
		保护 1 跳高压侧断路器 2	□起动记录	□起动录波
		保护 1 跳中压侧断路器	□起动记录	□起动录波
		保护 1 跳中压侧母联	□起动记录	□起动录波
		保护 1 跳中压侧分段 1	□起动记录	□起动录波
		保护 1 跳中压侧分段 2	□起动记录	□起动录波
		保护 1 跳低压断路器	□起动记录	□起动录波
		保护 1 过负荷	□起动记录	—
		保护 1 运行异常	□起动记录	—
		保护 1 装置故障告警	□起动记录	—
		保护 2 动作	□起动记录	□起动录波
		保护 2 跳高压侧断路器 1	□起动记录	□起动录波
		保护 2 跳高压侧断路器 2	□起动记录	□起动录波
		保护 2 跳中压侧断路器	□起动记录	□起动录波
		保护 2 跳中压侧母联	□起动记录	□起动录波
		保护 2 跳中压侧分段 1	□起动记录	□起动录波
		保护 2 跳中压侧分段 2	□起动记录	□起动录波
		保护 2 跳低压断路器	□起动记录	□起动录波
		保护 2 过负荷	□起动记录	—
		保护 2 运行异常	□起动记录	—
		保护 2 装置故障告警	□起动记录	—
500kV 非电量保护装置		非电量保护动作	□起动记录	□起动录波
		跳高压侧断路器 1	□起动记录	□起动录波
		跳高压侧断路器 2	□起动记录	□起动录波
		跳中压侧断路器	□起动记录	□起动录波
		跳低压侧断路器	□起动记录	□起动录波

续表

设备名称	通道名称（实际位置填写）	开关量输入接点名称	记录情况	录波情况
		非电量保护运行异常	□起动记录	—
		非电量保护装置故障告警	□起动记录	—
高压并列电抗器保护装置		保护 1 动作	□起动记录	□起动录波
		保护 1 跳边断路器	□起动记录	□起动录波
		保护 1 跳中断路器	□起动记录	□起动录波
		保护 1 起动远方跳闸	□起动记录	□起动录波
		保护 1 过负荷	□起动记录	—
		保护 1 运行异常	□起动记录	—
		保护 1 运行	□起动记录	—
		保护 1 装置故障告警	□起动记录	—
		保护 2 动作	□起动记录	□起动录波
		保护 2 跳边断路器	□起动记录	□起动录波
		保护 2 跳中断路器	□起动记录	□起动录波
		保护 2 起动远方跳闸	□起动记录	□起动录波
		保护 2 过负荷	□起动记录	—
		保护 2 运行异常	□起动记录	—
		保护 2 运行	□起动记录	—
		保护 2 装置故障告警	□起动记录	—
电抗器非电量保护装置		非电量保护动作	□起动记录	□起动录波
		跳边断路器	□起动记录	□起动录波
		跳中断路器	□起动记录	□起动录波
		起动远方跳闸 1	□起动记录	□起动录波
		起动远方跳闸 2	□起动记录	□起动录波
		运行异常	□起动记录	—
		装置故障告警	□起动记录	—
过电压及远方跳闸保护装置		保护动作	□起动记录	□起动录波
		过电压远跳发信	□起动记录	□起动录波
		运行异常	□起动记录	—
		装置故障告警	□起动记录	—
断路器机构		断路器 A 相位置	□起动记录	□起动录波
		断路器 B 相位置	□起动记录	□起动录波
		断路器 C 相位置	□起动记录	□起动录波
		三相联动断路器位置	□起动记录	□起动录波
		三相不一致动作	□起动记录	□起动录波
		低气压闭锁重合闸（断路器未储能闭锁重合闸）	□起动记录	—

续表

设备名称	通道名称（实际位置填写）	开关量输入接点名称	记录情况	录波情况
操作箱		A 相跳闸	□起动记录	—
		B 相跳闸	□起动记录	—
		C 相跳闸	□起动记录	—
		重合闸出口		
测控装置		测控装置断路器分闸出口	□起动记录	—
		测控装置断路器合闸出口	□起动记录	—

结论（ ）

2.5 模数变换系统的检验

装置二次额定电流 I_n=□5A/□1A。

2.5.1 零漂检验

零漂检验见表 5。

表 5 零 漂 检 验

项目	最大值	要求范围
交流电压通道		不超过±0.05V
交流电流通道		不超过±0.01I_n
直流电源电压通道		不超过±0.05V

结论（ ）

2.5.2 采样精度校验

2.5.2.1 交流电压量采样

交流电压量采样见表 6（根据现场实际通道数量进行，如接入间隔较多，表格自行增加）。

表 6 交流电压量采样

间隔名称	通道编号	项目	0.1U_n	0.5U_n	U_n	2U_n（大幅值检查）
母线电压		U_a	V∠	V∠	V∠	V∠
		U_b	V∠	V∠	V∠	V∠
		U_c	V∠	V∠	V∠	V∠
		$3U_0$	V∠	V∠	V∠	V∠
间隔电压		U_a	V∠	V∠	V∠	V∠
		U_b	V∠	V∠	V∠	V∠
		U_c	V∠	V∠	V∠	V∠
		$3U_0$	V∠	V∠	V∠	V∠
要求	输入电压 0.1U_n 幅值相对误差小于或等于 2.5%，输入电压 0.5U_n 幅值相对误差小于或等于 1.0%，输入电压 U_n 幅值相对误差小于或等于 0.5%，输入电压 2U_n 幅值相对误差小于或等于 5.0%					

结论（ ）

2.5.2.2 交流电流量采样

交流电流量采样见表 7（根据现场实际通道数量进行，如接入间隔较多，表格自行增加）。

表7　　交流电流量采样

间隔名称	通道名称	项目	$0.1I_n$	$0.5I_n$	I_n	$10I_n$
线路		I_a	A∠	A∠	A∠	A∠
		I_b	A∠	A∠	A∠	A∠
		I_c	A∠	A∠	A∠	A∠
		$3I_0$	A∠	A∠	A∠	A∠
旁路		I_a	A∠	A∠	A∠	A∠
		I_b	A∠	A∠	A∠	A∠
		I_c	A∠	A∠	A∠	A∠
		$3I_0$	A∠	A∠	A∠	A∠
母联（分段）		Ia	A∠	A∠	A∠	A∠
		I_b	A∠	A∠	A∠	A∠
		I_c	A∠	A∠	A∠	A∠
		$3I_0$	A∠	A∠	A∠	A∠
变压器高压侧		I_a	A∠	A∠	A∠	A∠
		I_b	A∠	A∠	A∠	A∠
		I_c	A∠	A∠	A∠	A∠
		$3I_0$	A∠	A∠	A∠	A∠
变压器中压侧		I_a	A∠	A∠	A∠	A∠
		I_b	A∠	A∠	A∠	A∠
		I_c	A∠	A∠	A∠	A∠
		$3I_0$	A∠	A∠	A∠	A∠
变压器低压侧1分支		I_a	A∠	A∠	A∠	A∠
		I_b	A∠	A∠	A∠	A∠
		I_c	A∠	A∠	A∠	A∠
		$3I_0$	A∠	A∠	A∠	A∠
变压器低压侧2分支		I_a	A∠	A∠	A∠	A∠
		I_b	A∠	A∠	A∠	A∠
		I_c	A∠	A∠	A∠	A∠
		$3I_0$	A∠	A∠	A∠	A∠
变压器中性点电流		I_0	A∠	A∠	A∠	A∠
变压器间隙电流		I_j	A∠	A∠	A∠	A∠
高压并联电抗器首端电流		I_a	A∠	A∠	A∠	A∠
		I_b	A∠	A∠	A∠	A∠
		I_c	A∠	A∠	A∠	A∠
		$3I_0$	A∠	A∠	A∠	A∠
高压并联电抗器末端电流		I_a	A∠	A∠	A∠	A∠
		I_b	A∠	A∠	A∠	A∠
		I_c	A∠	A∠	A∠	A∠
		$3I_0$	A∠	A∠	A∠	A∠
电抗器中性点接地小电抗电流		I_0	A∠	A∠	A∠	A∠

续表

间隔名称	通道名称	项目	$0.1I_n$	$0.5I_n$	I_n	$10I_n$
断路器		I_a	A∠	A∠	A∠	A∠
		I_b	A∠	A∠	A∠	A∠
		I_c	A∠	A∠	A∠	A∠
		$3I_0$	A∠	A∠	A∠	A∠
接地变压器零序电流		I_0	A∠	A∠	A∠	A∠
要求	输入电流 $0.1I_n$ 幅值相对误差小于或等于 5.0%，输入电流 $0.5I_n$ 幅值相对误差小于或等于 1.0%，输入电流 I_n 幅值相对误差小于或等于 0.5%，输入电流 $10I_n$ 幅值相对误差小于或等于 2.5%；装置记录的各路电流和电压波形相位一致，相互之间的相位误差不大于 2°					

结论（　　）

2.5.3　交流电压频率记录性能检查

交流电压频率记录性能检查见表 8（根据现场实际通道数量进行，如接入间隔较多，表格自行增加）。

表 8　　**交流电压频率记录性能检查**

间隔名称	交流输入	40Hz	50Hz	55Hz
母线电压	U_a			
	U_b			
	U_c			
	$3U_0$（开口三角）			
间隔电压	U_a			
	U_b			
	U_c			
	$3U_0$（开口三角）			
要求	在输入额定电压下，装置记录频率为 40、50、55Hz 的电气量暂态及动态变化过程，并且测量误差不应超过±0.01Hz			

结论（　　）

2.5.4　谐波分析能力检查

谐波分析能力检查见 9（表格可依据现场实际情况自行增加）。

表 9　　**谐波分析能力检查**

测试项目	谐波次数	基波	二次谐波幅值	三次谐波幅值	五次谐波幅值	七次谐波幅值	检查结果
	输入	$0.5U_n$					
谐波电压	实测值						
要求	当采样率为 4000Hz 时，对 25 次及以下谐波进行分析，分析误差应不大于 5%						

结论（　　）

2.5.5　直流量采样

直流量采样见表 10。

表 10　　直流量采样

直流____段电源母线电压	通道名称	$0.5U_{dn}$	$1.0U_{dn}$	$1.5U_{dn}$
保护直流母线 ZL+	直流通道 1	(　　)V	(　　)V	(　　)V
保护直流母线 ZL−	直流通道 2	(　　)V	(　　)V	(　　)V
控制直流母线 ZL+	直流通道 3	(　　)V	(　　)V	(　　)V
控制直流母线 ZL−	直流通道 4	(　　)V	(　　)V	(　　)V
要求	$0.5U_{dn}$、$1.5U_{dn}$误差小于或等于 2.5%；$1.0U_{dn}$误差小于或等于 1.0%			

结论（　　）

检验人：

3　功能校验

3.1　参数定值

系统参数、模拟量参数、开关量参数、测距参数、其他参数等打印附后，并与调度下发的定值单或现场实际校核正确。

结论（　　）

3.2　连续数据记录检查

稳态数据的记录应采用非故障起动的连续记录方式，对电压、电流、频率等电气量自装置投入运行后进行连续记录。数据记录频率应不小于 1000Hz。

结论（　　）

3.3　触发记录的起动判据检查

3.3.1　电气量起动值校验

电气量起动值校验见表 11（根据现场实际应用，按间隔进行校验）。按照定值单进行检验，根据录波装置液晶显示信息、面板信号指示状态进行填写。

表 11　　电气量起动值校验

测试项目	录波起动定值	实际通入量	录波动作行为	检查结果
交流电压单相突变定值			□起动　□不起动	
交流电压单相上限定值			□起动　□不起动	
交流电压单相下限定值			□起动　□不起动	
交流电压正序上限定值			□起动　□不起动	
交流电压正序下限定值			□起动　□不起动	
交流电压负序上限定值			□起动　□不起动	
交流电压零序突变定值			□起动　□不起动	
交流电压零序上限定值			□起动　□不起动	
二次谐波电压定值			□起动　□不起动	
三次谐波电压定值			□起动　□不起动	
五次谐波电压定值			□起动　□不起动	
七次谐波电压定值			□起动　□不起动	
交流电流单相突变定值			□起动　□不起动	
交流电流单相上限定值			□起动　□不起动	
交流电流负序上限定值			□起动　□不起动	

续表

测试项目	录波起动定值	实际通入量	录波动作行为	检查结果
交流电流零序上限定值			□起动　□不起动	
频率高越限起动			□起动　□不起动	
频率低越限起动			□起动　□不起动	
过励磁起动			□起动　□不起动	
变压器差流起动			□起动　□不起动	
变压器中性点电流越限起动			□起动　□不起动	
直流电压突变定值			□起动　□不起动	
要求： 1. 电压突变起动，整定值不小于 $5\%U_n$ 时，装置的电压突变动作值误差不应超过整定值的±10.0%。 2. 电压越限起动，装置的电压越限动作值误差不应超过整定值的±5.0%。 3. 负序电压起动，整定值不小于 $3\%U_n$ 时，装置的负序电压动作值误差不应超过整定值的±5.0%。 4. 零序电压突变起动，整定值不小于 $2\%U_n$ 时，装置的零序电压突变动作值误差不应超过整定值的±10.0%。 5. 零序电压起动，整定值不小于 $2\%U_n$ 时，装置的零序电压起动值误差不应超过整定值的±5.0%。 6. 装置的谐波动作值误差不应超过整定值的±5%。 7. 电流突变起动，整定值不小于 $10\%I_n$ 时，装置的电流突变动作值误差不应超过整定值的±20.0%。 8. 电流越限起动，整定值不小于 $110\%I_n$ 时，装置的电流越上限动作值误差不应超过整定值的±5.0%。 9. 负序电流起动，整定值不小于 $10\%I_n$ 时，装置的负序电流越上限动作值误差不应超过整定值的±10.0%。 10. 零序电流起动，整定值不小于 $10\%I_n$ 时，装置的零序电流越上限动作值误差不应超过整定值的±10.0%。 11. 频率越限动作值误差应不大于 0.01Hz。 12. 过励磁起动：整定值 U^*/f^* 不小于 1.1，装置动作值误差应不超过±5%。 13. 变压器差流起动：整定值不小于 $10\%I_n$，装置动作值误差应不超过±5%。 14. 变压器中性点电流起动，整定值不小于 $10\%I_n$ 时，装置的动作值误差不应超过整定值的±10.0%。 15. 直流电压突变：整定值设为 $5\%U_n$，装置动作值误差应不超过±10%				

结论（　　）

3.3.2　手动、远方启动检查

3.3.2.1　装置应具有通过面板（或屏体）按键或键盘起动触发记录的功能。

结论（　　）

3.3.2.2　装置应具有通过已建立连接的远方主站端手动起动触发记录的功能。

结论（　　）

3.4　记录数据安全性检查

3.4.1　装置应能保存直流电源消失前记录的信息。　结论（　　）

3.4.2　通过操作装置上的任意开关、按键或装置提供的软件界面，不应删除、修改已存储的记录数据，也不得造成已存储记录数据的破坏。　结论（　　）

3.5　时钟功能检查

3.5.1　装置具有由外部同步时钟信号（IRIG-B）进行同步的功能。

结论（　　）

3.5.2　装置应具备上送时钟当前值的能力；支持时钟状态自检信息的上传、采用 NTP 实现测量功能。

结论（　　）

3.6　其他功能检查

其他功能检查见表 12。

表 12　　其 他 功 能 检 查

序号	项目	检查情况
1	新录波完成事件、温度监测遥测信号、工作电压监测遥测信号等信息能可靠上送	
2	模拟对时信号中断及恢复，检查装置是否能发送相应的 MMS 报告告警	

结论（　　）

检验人：

4　整组试验

4.1　检查对应断路器无闭锁，具备传动条件。

4.2　模拟瞬时性故障

模拟瞬时性故障，验证触发数据记录时间定值。录波文件中各段数据记录时间检查见表 13。

表 13　　数 据 记 录 时 间 检 查

类别	参数名称	定值	录波器显示值	检查结果
基本参数	A 段录波时间			
	B 段录波时间			
	AB 段采样频率			
	连续记录采样频率			
要求	A 时段：大扰动开始前的状态数据，输出原始记录波形及有效值。记录时间可整定，装置可整定范围不小于 0.1s； B 时段：大扰动后的状态数据，输出原始记录波形及有效值。记录时间可整定，装置可整定范围不小于 3s； AB 段数据记录采样频率应不小于 4000Hz； 连续记录数据，自装置上电起，应能按照采样率不小于 1000Hz 不间断记录相关电气量的数据			

结论（　　）

4.3　模拟发展性故障

模拟第一次故障，在 B 段录波结束前，触发第二次发展性故障，验证故障录波装置重复起动功能，检查项目见表 14。

表 14　　模拟发展性故障录波功能检查

项目	检查要求	检查内容	检查结果
监控信号检查	—	后台监控信号“启动录波”表示正确	
复归按钮检查	复归功能正确	录波器装置液晶复归按钮复归告警	
录波文件检索检查	对所记录数据文件的检索及查找应至少具有按照日期及时间进行检索和按照故障跳闸进行检索方式	具有日期及时间检索方式具有故障跳闸检索方式	
输出数据模型规范检查	单个录波输出数据文件应包含 CFG、DAT、HDR 和 DMF 四个文件	录波输出数据文件齐全	
	连续数据记录与触发数据记录，一块硬盘时分别存储在不同的分区下，两块及以上硬盘时分别存储在不同的存储器下	连续数据记录存储位置触发数据记录存储位置	

续表

项目	检查要求	检查内容	检查结果
数据分析软件检查	录波装置的数据分析软件对记录数据的显示、分析和打印功能正确	录波起动正确，显示报告完整、正确，录波时间准确，B段录波延长时间为两次故障间隔时间	
就地打印功能	就地打印故障报告及波形，且打印完整	就地故障报告及波形打印完整	
导出功能检查	具备USB导出配置及录波文件的功能	向外部存储设备导出正常	
远传功能检查	具备远方召唤录波列表、触发记录波形文件、定值清单功能	远方召唤正确	
	具备上传至站端及各级调控端继电保护在线监视与分析模块功能	上传信息及数据正确	

结论（　　）

检验人：

5　装置投运准备工作

5.1　投入运行前的准备工作

5.1.1　核查各间隔TA接入极性及接线正确。

5.1.2　现场工作结束后，工作负责人检查试验记录有无漏试验项目，核对装置的整定值是否与定值单相符。打印定值单附后。（　　）

5.1.3　盖好所有装置及辅助设备的盖子，各装置插板扣紧。（　　）

5.1.4　二次回路接线恢复，拆除在检验时使用的试验设备、仪表及一切连接线，所有被拆除的或临时接入的连线应全部恢复正常，装置所有的信号应复归。（　　）

5.1.5　安全措施恢复。（　　）

5.1.6　全部人员撤离前，清扫现场。（　　）

5.2　对运行人员交代事项

5.2.1　填写继电保护记录簿，将主要检验项目、试验结果及结论、定值通知单执行情况详细记录在内，向工作许可人交代检验结果、设备变动情况或遗留问题，并写明该装置可以投入运行。（　　）

5.2.2　对运维人员进行继电保护运行规程培训。

5.3　验收合格后，办理工作票终结手续。（　　）

5.4　定值通知单编号：（　　），执行时间：（　　）。

检验人：

6　带负荷测试

6.1　系统电压检查

系统电压检查见表15。（可根据回路数自行增加）

表 15　　系 统 电 压 检 查

间隔名称	通道编号	项目	装置显示值（幅值、角度）
母线电压		U_a	V∠
		U_b	V∠
		U_c	V∠
		$3U_0$	V∠
间隔电压		U_a	V∠
		U_b	V∠
		U_c	V∠
		$3U_0$	V∠

结论（　　）

6.2　电流回路相位测试

6.2.1　电流回路幅值及相位测试见表 16。以 U 电压为基准。测得数值如下（如接入间隔较多，表格自行增加）：

表 16　　电流回路幅值及相位测试

间隔名称	相别	测试值（幅值、角度）	装置显示值（幅值、角度）	向量图
	A	∠	∠	U_{AN}
	B	∠	∠	
	C	∠	∠	
	N	∠	∠	
	有功（　　）；无功（　　）；负荷电流（　　）			
	A	∠	∠	U_{AN}
	B	∠	∠	
	C	∠	∠	
	N	∠	∠	
	有功（　　）；无功（　　）；负荷电流（　　）			

结论（　　）

6.3　使用钳形电流表测量保护二次电缆屏蔽层的电流，以检查该保护装置及屏柜与二次等电位接地网连接状况，当检测不到电流时，应检查屏蔽层是否良好接地。测试结果为（　　）。

检验人：

7　现场遗留问题

工作负责人：

5. 常规变电站故障录波器A（B）类检修标准化作业指导书

变电站名称 ____________________

装置命名 ____________________

设备变更记录

变更内容			变更日期	执行人
装置变更	1			
	2			
程序升级	1			
	2			
	3			
	4			
回路变更	1			
	2			
	3			
	4			
	5			
TA 变比	1			
	2			
	3			
其他	1			
	2			
	3			

________型故障录波器

检验报告

出厂日期		投运日期	
工作负责人			
检验人员			
检验性质	□A 类检修 □B 类检修		
开始时间	年　月　日　时　分		
结束时间	年　月　日　时　分		
检验结论			
审核人签字		审核日期	

目　次

1　通用部分

1.1　详见《常规变电站标准化作业指导书A（B）检修通用部分》

1.2　本指导书适用于220kV及以上电压等级六统一故障录波器，包括500kV部分故障录波器（含线路、断路器、电抗器）、主变压器故障录波器、220kV部分故障录波器（含线路、母联、分段、旁路）、继电器小室故障录波器、3/2断路器母线录波器。

2　故障录波器单机检验

2.1　软件版本号及CRC校验码检查

软件版本号及CRC校验码检查见表1。

表1　　**软件版本号及CRC校验码**

装置型号	软件版本号	CRC校验码	软件版本生成时间	符合情况

2.2　接入容量检查

接入容量检查见表2。

表2　　**接入容量检查表**

通道类型	装置接入能力	已接入数量
交流采集通道数量		
直流采集通道数量		
开关量通道数量		

2.3　输出回路检查

装置开关量输出回路检查见表3（按现场实际接线试验）。

表3　　**装置开出回路检查**

序号	项目	检查结果
1	起动录波	□面板显示　□监控后台
2	装置异常	□面板显示　□监控后台
3	装置故障	□面板显示　□监控后台
4	装置失电	□面板显示　□监控后台

结论（　　）

2.4　开关量输入回路检验

装置开关量输入回路检查见表4（如接入间隔较多，表格自行增加；试验项目按照实际装置配置进行试验）。

表 4　　装置开入回路检查

设备名称	通道名称（实际位置填写）	开入接点名称	记录情况	录波情况
线路保护装置		保护 1 动作	□起动记录	□起动录波
		保护 1A 相跳闸	□起动记录	□起动录波
		保护 1B 相跳闸	□起动记录	□起动录波
		保护 1C 相跳闸	□起动记录	□起动录波
		保护 1 闭锁重合闸（永跳）	□起动记录	□起动录波
		保护 1 三相不一致动作（适用于集成三相不一致功能，可选）	□起动记录	□起动录波
		保护 1 重合闸动作（适用于集成重合闸功能，可选）	□起动记录	□起动录波
		保护 1 发信或分相发信（纵联距离保护）	□起动记录	□起动录波
		保护 1 远传 1 开出	□起动记录	□起动录波
		保护 1 远传 2 开出	□起动记录	□起动录波
		保护 1 通道一告警	□起动记录	—
		保护 1 通道二告警	□起动记录	—
		保护 1 通道故障	□起动记录	—
		保护 1 运行异常	□起动记录	—
		保护 1 装置故障告警	□起动记录	—
		保护 1 过负荷告警（适用于集成过流过负荷功能）	□起动记录	—
		保护 2 动作	□起动记录	□起动录波
		保护 2A 相跳闸	□起动记录	□起动录波
		保护 2B 相跳闸	□起动记录	□起动录波
		保护 2C 相跳闸	□起动记录	□起动录波
		保护 2 闭锁重合闸（永跳）	□起动记录	□起动录波
		保护 2 三相不一致动作（适用于集成三相不一致功能，可选）	□起动记录	□起动录波
		保护 2 重合闸动作（适用于集成重合闸功能，可选）	□起动记录	□起动录波
		保护 2 发信或分相发信（纵联距离保护）	□起动记录	□起动录波
		保护 2 远传 1 开出	□起动记录	□起动录波
		保护 2 远传 2 开出	□起动记录	□起动录波
		保护 2 通道一告警	□起动记录	—
		保护 2 通道二告警	□起动记录	—
		保护 2 通道故障	□起动记录	—
		保护 2 运行异常	□起动记录	—
		保护 2 装置故障告警	□起动记录	—
		保护 2 过负荷告警（适用于集成过流过负荷功能）	□起动记录	—

续表

设备名称	通道名称（实际位置填写）	开入接点名称	记录情况	录波情况
母联（分段）保护装置		保护动作	□起动记录	□起动录波
		运行异常	□起动记录	—
		装置故障告警	□起动记录	—
双母（双母双分）母线保护装置		母差动保护 1 动作	□起动记录	□起动录波
		____母保护 1 失灵动作	□起动记录	—
		母线保护 1 跳母联（分段）	□起动记录	—
		母线保护 1 母线互联告警	□起动记录	—
		母线保护 1TA/TV 断线告警	□起动记录	—
		母线保护 1 隔离开关位置告警	□起动记录	—
		母线保护 1 运行异常	□起动记录	—
		母线保护 1 装置故障告警	□起动记录	—
		母差动保护 2 动作	□起动记录	□起动录波
		____母保护 2 失灵动作	□起动记录	—
		母线保护 2 跳母联（分段）	□起动记录	—
		母线保护 2 母线互联告警	□起动记录	—
		母线保护 2TA/TV 断线告警	□起动记录	—
		母线保护 2 隔离开关位置告警	□起动记录	—
		母线保护 2 运行异常	□起动记录	—
		母线保护 2 装置故障告警	□起动记录	—
3/2 断路器母线保护装置		____母保护 1 动作	□起动记录	□起动录波
		边断路器失灵经____母保护 1 跳闸	□起动记录	□起动录波
		____母保护 1TA 断线	□起动记录	—
		____母保护 1 运行异常	□起动记录	—
		____母保护 1 装置故障告警	□起动记录	—
		____母保护 2 动作	□起动记录	□起动录波
		边断路器失灵经____母保护 2 跳闸	□起动记录	□起动录波
		____母保护 2TA 断线	□起动记录	—
		____母保护 2 运行异常	□起动记录	—
		____母保护 2 装置故障告警	□起动记录	—
500kV 断路器保护装置		保护动作	□起动记录	□起动录波
		保护 A 相跳闸	□起动记录	□起动录波
		保护 B 相跳闸	□起动记录	□起动录波
		保护 C 相跳闸	□起动记录	□起动录波
		重合闸动作	□起动记录	□起动录波
		起动失灵	□起动记录	□起动录波
		运行异常	□起动记录	—

续表

设备名称	通道名称（实际位置填写）	开入接点名称	记录情况	录波情况
		装置故障告警	□起动记录	—
短引线		保护动作	□起动记录	□起动录波
		保护跳闸	□起动记录	□起动录波
		运行异常	□起动记录	—
		装置故障告警	□起动记录	—
安全自动装置		安全自动装置动作	□起动记录	□起动录波
		远方跳闸发信（可选）	□起动记录	□起动录波
		安全自动装置异常	□起动记录	—
220kV 变压器保护装置		保护 1 动作	□起动记录	□起动录波
		保护 1 跳高压侧断路器	□起动记录	□起动录波
		保护 1 跳高压侧母联（分段）	□起动记录	□起动录波
		保护 1 跳中压侧断路器	□起动记录	□起动录波
		保护 1 跳中压侧母联（分段）	□起动记录	□起动录波
		保护 1 闭锁中压侧备自投	□起动记录	□起动录波
		保护 1 跳低压 1 分支	□起动记录	□起动录波
		保护 1 跳低压 1 分段	□起动记录	□起动录波
		保护 1 闭锁低压 1 分支备自投	□起动记录	□起动录波
		保护 1 跳低压 2 分支	□起动记录	□起动录波
		保护 1 跳低压 2 分段	□起动记录	□起动录波
		保护 1 闭锁低压 2 分支备自投	□起动记录	□起动录波
		保护 1 过负荷	□起动记录	—
		保护 1 运行异常	□起动记录	—
		保护 1 装置故障告警	□起动记录	—
		保护 2 动作	□起动记录	□起动录波
		保护 2 跳高压侧断路器	□起动记录	□起动录波
		保护 2 跳高压侧母联（分段）	□起动记录	□起动录波
		保护 2 跳中压侧断路器	□起动记录	□起动录波
		保护 2 跳中压侧母联（分段）	□起动记录	□起动录波
		保护 2 闭锁中压侧备自投	□起动记录	□起动录波
		保护 2 跳低压 1 分支	□起动记录	□起动录波
		保护 2 跳低压 1 分段	□起动记录	□起动录波
		保护 2 闭锁低压 1 分支备自投	□起动记录	□起动录波
		保护 2 跳低压 2 分支	□起动记录	□起动录波
		保护 2 跳低压 2 分段	□起动记录	□起动录波
		保护 2 闭锁低压 2 分支备自投	□起动记录	□起动录波
		保护 2 过负荷	□起动记录	—

续表

设备名称	通道名称（实际位置填写）	开入接点名称	记录情况	录波情况
		保护 2 运行异常	□起动记录	—
		保护 2 装置故障告警	□起动记录	—
220kV 非电量保护		非电量保护动作	□起动记录	□起动录波
		跳高压侧断路器	□起动记录	□起动录波
		跳中压侧断路器	□起动记录	□起动录波
		跳低压侧 1 断路器	□起动记录	□起动录波
		跳低压侧 2 断路器	□起动记录	□起动录波
		非电量保护运行异常	□起动记录	—
		非电量保护装置故障告警	□起动记录	—
3/2 断路器变压器保护装置		保护 1 动作	□起动记录	□起动录波
		保护 1 跳高压侧断路器 1	□起动记录	□起动录波
		保护 1 跳高压侧断路器 2	□起动记录	□起动录波
		保护 1 跳中压侧断路器	□起动记录	□起动录波
		保护 1 跳中压侧母联	□起动记录	□起动录波
		保护 1 跳中压侧分段 1	□起动记录	□起动录波
		保护 1 跳中压侧分段 2	□起动记录	□起动录波
		保护 1 跳低压断路器	□起动记录	□起动录波
		保护 1 过负荷	□起动记录	—
		保护 1 运行异常	□起动记录	—
		保护 1 装置故障告警	□起动记录	—
		保护 2 动作	□起动记录	□起动录波
		保护 2 跳高压侧断路器 1	□起动记录	□起动录波
		保护 2 跳高压侧断路器 2	□起动记录	□起动录波
		保护 2 跳中压侧断路器	□起动记录	□起动录波
		保护 2 跳中压侧母联	□起动记录	□起动录波
		保护 2 跳中压侧分段 1	□起动记录	□起动录波
		保护 2 跳中压侧分段 2	□起动记录	□起动录波
		保护 2 跳低压断路器	□起动记录	□起动录波
		保护 2 过负荷	□起动记录	—
		保护 2 运行异常	□起动记录	—
		保护 2 装置故障告警	□起动记录	—
500kV 非电量保护装置		非电量保护动作	□起动记录	□起动录波
		跳高压侧断路器 1	□起动记录	□起动录波
		跳高压侧断路器 2	□起动记录	□起动录波
		跳中压侧断路器	□起动记录	□起动录波
		跳低压侧断路器	□起动记录	□起动录波

续表

设备名称	通道名称（实际位置填写）	开入接点名称	记录情况	录波情况
		非电量保护运行异常	□起动记录	—
		非电量保护装置故障告警	□起动记录	—
高压并列电抗器保护装置		保护 1 动作	□起动记录	□起动录波
		保护 1 跳边断路器	□起动记录	□起动录波
		保护 1 跳中断路器	□起动记录	□起动录波
		保护 1 起动远方跳闸	□起动记录	□起动录波
		保护 1 过负荷	□起动记录	—
		保护 1 运行异常	□起动记录	—
		保护 1 运行	□起动记录	—
		保护 1 装置故障告警	□起动记录	—
		保护 2 动作	□起动记录	□起动录波
		保护 2 跳边断路器	□起动记录	□起动录波
		保护 2 跳中断路器	□起动记录	□起动录波
		保护 2 起动远方跳闸	□起动记录	□起动录波
		保护 2 过负荷	□起动记录	—
		保护 2 运行异常	□起动记录	—
		保护 2 运行	□起动记录	—
		保护 2 装置故障告警	□起动记录	—
电抗器非电量保护装置		非电量保护动作	□起动记录	□起动录波
		跳边断路器	□起动记录	□起动录波
		跳中断路器	□起动记录	□起动录波
		起动远方跳闸 1	□起动记录	□起动录波
		起动远方跳闸 2	□起动记录	□起动录波
		运行异常	□起动记录	—
		装置故障告警	□起动记录	—
过电压及远方跳闸保护装置		保护动作	□起动记录	□起动录波
		过电压远跳发信	□起动记录	□起动录波
		运行异常	□起动记录	—
		装置故障告警	□起动记录	—
断路器机构		断路器 A 相位置	□起动记录	□起动录波
		断路器 B 相位置	□起动记录	□起动录波
		断路器 C 相位置	□起动记录	□起动录波
		三相联动断路器位置	□起动记录	□起动录波
		三相不一致动作	□起动记录	□起动录波
		低气压闭锁重合闸（断路器未储能闭锁重合闸）	□起动记录	—

续表

设备名称	通道名称（实际位置填写）	开入接点名称	记录情况	录波情况
操作箱		A相跳闸	□起动记录	—
		B相跳闸	□起动记录	—
		C相跳闸	□起动记录	—
		重合闸出口		
测控装置		测控装置断路器分闸出口	□起动记录	—
		测控装置断路器合闸出口	□起动记录	—

结论（ ）

2.5 模数变换系统的检验

装置二次额定电流 I_n=□5A/□1A。

2.5.1 零漂检验

零漂检验见表5。

表5 零 漂 检 验

项目	最大值	要求范围
交流电压通道		不超过±0.05V
交流电流通道		不超过±0.01I_n
直流电源电压通道		不超过±0.05V

结论（ ）

2.5.2 采样精度校验

2.5.2.1 交流电压量采样

交流电压量采样见表6（根据现场实际通道数量进行，如接入间隔较多，表格自行增加）。

表6 交流电压量采样

间隔名称	通道编号	项目	0.1U_n	0.5U_n	U_n	2U_n（大幅值检查）
母线电压		U_a	V∠	V∠	V∠	V∠
		U_b	V∠	V∠	V∠	V∠
		U_c	V∠	V∠	V∠	V∠
		$3U_0$	V∠	V∠	V∠	V∠
间隔电压		U_a	V∠	V∠	V∠	V∠
		U_b	V∠	V∠	V∠	V∠
		U_c	V∠	V∠	V∠	V∠
		$3U_0$	V∠	V∠	V∠	V∠
要求	输入电压0.1U_n幅值相对误差小于或等于2.5%，输入电压0.5U_n幅值相对误差小于或等于1.0%，输入电压U_n幅值相对误差小于或等于0.5%，输入电压2U_n幅值相对误差小于或等于5.0%					

结论（ ）

2.5.2.2 交流电流量采样

交流电流量采样见表7（根据现场实际通道数量进行，如接入间隔较多，表格自行增加）。

表 7　　　　　　　　　　交流电流量采样

间隔名称	通道名称	项目	$0.1I_n$	$0.5I_n$	I_n	$10I_n$
线路		I_a	A∠	A∠	A∠	A∠
		I_b	A∠	A∠	A∠	A∠
		I_c	A∠	A∠	A∠	A∠
		$3I_0$	A∠	A∠	A∠	A∠
旁路		I_a	A∠	A∠	A∠	A∠
		I_b	A∠	A∠	A∠	A∠
		I_c	A∠	A∠	A∠	A∠
		$3I_0$	A∠	A∠	A∠	A∠
母联（分段）		Ia	A∠	A∠	A∠	A∠
		I_b	A∠	A∠	A∠	A∠
		I_c	A∠	A∠	A∠	A∠
		$3I_0$	A∠	A∠	A∠	A∠
变压器高压侧		I_a	A∠	A∠	A∠	A∠
		I_b	A∠	A∠	A∠	A∠
		I_c	A∠	A∠	A∠	A∠
		$3I_0$	A∠	A∠	A∠	A∠
变压器中压侧		I_a	A∠	A∠	A∠	A∠
		I_b	A∠	A∠	A∠	A∠
		I_c	A∠	A∠	A∠	A∠
		$3I_0$	A∠	A∠	A∠	A∠
变压器低压侧 1 分支		I_a	A∠	A∠	A∠	A∠
		I_b	A∠	A∠	A∠	A∠
		I_c	A∠	A∠	A∠	A∠
		$3I_0$	A∠	A∠	A∠	A∠
变压器低压侧 2 分支		I_a	A∠	A∠	A∠	A∠
		I_b	A∠	A∠	A∠	A∠
		I_c	A∠	A∠	A∠	A∠
		$3I_0$	A∠	A∠	A∠	A∠
变压器中性点电流		I_0	A∠	A∠	A∠	A∠
变压器间隙电流		I_j	A∠	A∠	A∠	A∠
高压并联电抗器首端电流		I_a	A∠	A∠	A∠	A∠
		I_b	A∠	A∠	A∠	A∠
		I_c	A∠	A∠	A∠	A∠
		$3I_0$	A∠	A∠	A∠	A∠
高压并联电抗器末端电流		I_a	A∠	A∠	A∠	A∠
		I_b	A∠	A∠	A∠	A∠
		I_c	A∠	A∠	A∠	A∠
		$3I_0$	A∠	A∠	A∠	A∠
电抗器中性点接地小电抗电流		I_0	A∠	A∠	A∠	A∠

续表

间隔名称	通道名称	项目	$0.1I_n$	$0.5I_n$	I_n	$10I_n$
断路器		I_a	A∠	A∠	A∠	A∠
		I_b	A∠	A∠	A∠	A∠
		I_c	A∠	A∠	A∠	A∠
		$3I_0$	A∠	A∠	A∠	A∠
接地变压器零序电流		I_0	A∠	A∠	A∠	A∠
要求	输入电流 $0.1I_n$ 幅值相对误差小于或等于 5.0%，输入电流 $0.5I_n$ 幅值相对误差小于或等于 1.0%，输入电流 I_n 幅值相对误差小于或等于 0.5%，输入电流 $10I_n$ 幅值相对误差小于或等于 2.5%；装置记录的各路电流和电压波形相位一致，相互之间的相位误差不大于 2°					

结论（　　）

2.5.3　交流电压频率记录性能检查

交流电压频率记录性能检查见表 8（根据现场实际通道数量进行，如接入间隔较多，表格自行增加）。

表 8　　交流电压频率记录性能检查

间隔名称	交流输入	40Hz	50Hz	55Hz
母线电压	U_a			
	U_b			
	U_c			
	$3U_0$（开口三角）			
间隔电压	U_a			
	U_b			
	U_c			
	$3U_0$（开口三角）			
要求	在输入额定电压下，装置记录频率为 40、50、55Hz 的电气量暂态及动态变化过程，并且测量误差不应超过±0.01Hz			

结论（　　）

2.5.4　谐波分析能力检查

谐波分析能力检查见表 9（表格可依据现场实际情况自行增加）。

表 9　　谐波分析能力检查

测试项目	谐波次数	基波	二次谐波幅值	三次谐波幅值	五次谐波幅值	七次谐波幅值	检查结果
	输入	$0.5U_n$					
谐波电压	实测值						
要求	当采样率为 4000Hz 时，对 25 次及以下谐波进行分析，分析误差应不大于 5%						

结论（　　）

2.5.5　直流量采样

直流量采样见表 10。

表 10 直流量采样

直流___段电源母线电压	通道名称	$0.5U_{dn}$	$1.0U_{dn}$	$1.5U_{dn}$
保护直流母线 ZL+	直流通道 1	（ ）V	（ ）V	（ ）V
保护直流母线 ZL−	直流通道 2	（ ）V	（ ）V	（ ）V
控制直流母线 ZL+	直流通道 3	（ ）V	（ ）V	（ ）V
控制直流母线 ZL−	直流通道 4	（ ）V	（ ）V	（ ）V
要求	$0.5U_{dn}$、$1.5U_{dn}$误差小于或等于 2.5%；$1.0U_{dn}$误差小于或等于 1.0%			

结论（ ）

检验人：

3 功能校验

3.1 参数定值

系统参数、模拟量参数、开关量参数、测距参数、其他参数等打印附后，并与调度下发的定值单或现场实际校核正确。

结论（ ）

3.2 连续数据记录检查

稳态数据的记录应采用非故障启动的连续记录方式，对电压、电流、频率等电气量自装置投入运行后进行连续记录。数据记录频率应不小于 1000Hz。

结论（ ）

3.3 触发记录的启动判据检查

3.3.1 电气量启动值校验

电气量起动值校验见表 11（根据现场实际应用，按间隔进行校验）。按照定值单进行检验，根据录波装置液晶显示信息、面板信号指示状态进行填写。

表 11 电气量起动值校验

测试项目	录波起动定值	实际通入量	录波动作行为	检查结果
交流电压单相突变定值			□起动 □不起动	
交流电压单相上限定值			□起动 □不起动	
交流电压单相下限定值			□起动 □不起动	
交流电压正序上限定值			□起动 □不起动	
交流电压正序下限定值			□起动 □不起动	
交流电压负序上限定值			□起动 □不起动	
交流电压零序突变定值			□起动 □不起动	
交流电压零序上限定值			□起动 □不起动	
二次谐波电压定值			□起动 □不起动	
三次谐波电压定值			□起动 □不起动	
五次谐波电压定值			□起动 □不起动	
七次谐波电压定值			□起动 □不起动	
交流电流单相突变定值			□起动 □不起动	
交流电流单相上限定值			□起动 □不起动	
交流电流负序上限定值			□起动 □不起动	

续表

测试项目	录波起动定值	实际通入量	录波动作行为	检查结果
交流电流零序上限定值			□起动　□不起动	
频率高越限起动			□起动　□不起动	
频率低越限起动			□起动　□不起动	
过励磁起动			□起动　□不起动	
变压器差流起动			□起动　□不起动	
变压器中性点电流越限起动			□起动　□不起动	
直流电压突变定值			□起动　□不起动	
要求： ① 电压突变起动，整定值不小于 5%U_n 时，装置的电压突变动作值误差不应超过整定值的±10.0%。 ② 电压越限起动，装置的电压越限动作值误差不应超过整定值的±5.0%。 ③ 负序电压起动，整定值不小于 3%U_n 时，装置的负序电压动作值误差不应超过整定值的±5.0%。 ④ 零序电压突变起动，整定值不小于 2%U_n 时，装置的零序电压突变动作值误差不应超过整定值的±10.0%。 ⑤ 零序电压起动，整定值不小于 2%U_n 时，装置的零序电压起动值误差不应超过整定值的±5.0%。 ⑥ 装置的谐波动作值误差不应超过整定值的±5%。 ⑦ 电流突变起动，整定值不小于 10%I_n 时，装置的电流突变动作值误差不应超过整定值的±20.0%。 ⑧ 电流越限起动，整定值不小于 110%I_n 时，装置的电流越上限动作值误差不应超过整定值的±5.0%。 ⑨ 负序电流起动，整定值不小于 10%I_n 时，装置的负序电流越上限动作值误差不应超过整定值的±10.0%。 ⑩ 零序电流起动，整定值不小于 10%I_n 时，装置的零序电流越上限动作值误差不应超过整定值的±10.0%。 ⑪ 频率越限动作值误差应不大于 0.01Hz。 ⑫ 过励磁起动：整定值 U^*/f^* 不小于 1.1，装置动作值误差应不超过±5%。 ⑬ 变压器差流起动：整定值不小于 10%I_n，装置动作值误差应不超过±5%。 ⑭ 变压器中性点电流起动，整定值不小于 10%I_n 时，装置的动作值误差不应超过整定值的±10.0%。 ⑮ 直流电压突变：整定值设为 5%U_n，装置动作值误差应不超过±10%				

结论（　　）

3.3.2 手动、远方起动检查

3.3.2.1 装置应具有通过面板（或屏体）按键或键盘启动触发记录的功能。

结论（　　）

3.3.2.2 装置应具有通过已建立连接的远方主站端手动启动触发记录的功能。

结论（　　）

3.4 记录数据安全性检查

3.4.1 装置应能保存直流电源消失前记录的信息。　结论（　　）

3.4.2 通过操作装置上的任意开关、按键或装置提供的软件界面，不应删除、修改已存储的记录数据，也不得造成已存储记录数据的破坏。　结论（　　）

3.5 时钟功能检查

3.5.1 装置具有由外部同步时钟信号（IRIG-B 或 IEC61588）进行同步的功能。

结论（　　）

3.5.2 装置应具备上送时钟当前值的能力；支持时钟状态自检信息的上传、采用 NTP 实现测量功能。　结论（　　）

3.6 其他功能检查

其他功能检查见表 12。

表 12　　其他功能检查

序号	项目	检查情况
1	新录波完成事件、温度监测遥测信号、工作电压监测遥测信号等信息能可靠上送	
2	模拟对时信号中断及恢复，检查装置是否能发送相应的 MMS 报告告警	

结论（　　）

检验人：

4　模拟试验

4.1　模拟瞬时性故障

模拟瞬时性故障，验证触发数据记录时间定值。录波文件中各段数据记录时间检查见表 13，故障录波文件打印附后。

表 13　　数据记录时间检查

类别	参数名称	定值	录波器显示值	检查结果
基本参数	A 段录波时间			
	B 段录波时间			
	AB 段采样频率			
	连续记录采样频率			
要求	A 时段：大扰动开始前的状态数据，输出原始记录波形及有效值。记录时间可整定，装置可整定范围不小于 0.1s； B 时段：大扰动后的状态数据，输出原始记录波形及有效值。记录时间可整定，装置可整定范围不小于 3s； AB 段数据记录采样频率应不小于 4000Hz； 连续记录数据，自装置上电起，应能按照采样率不小于 1000Hz 不间断记录相关电气量的数据			

结论（　　）

4.2　模拟发展性故障

模拟第一次故障，在 B 段录波结束前，触发第二次发展性故障，验证故障录波装置重复起动功能，检查项目见表 14。故障录波文件打印附后。

表 14　　模拟发展性故障录波功能检查

项目	检查要求	检查内容	检查结果
监控信号检查	—	后台监控信号“启动录波”表示正确	
复归按钮检查	复归功能正确	录波器装置液晶复归按钮复归告警	
录波文件检索检查	对所记录数据文件的检索及查找应至少具有按照日期及时间进行检索和按照故障跳闸进行检索方式	具有日期及时间检索方式具有故障跳闸检索方式	
输出数据模型规范检查	单个录波输出数据文件应包含 CFG、DAT、HDR 和 DMF 四个文件	录波输出数据文件齐全	
	连续数据记录与触发数据记录，一块硬盘时分别存储在不同的分区下，两块及以上硬盘时分别存储在不同的存储器下	连续数据记录存储位置触发数据记录存储位置	

续表

项目	检查要求	检查内容	检查结果
数据分析软件检查	录波装置的数据分析软件对记录数据的显示、分析和打印功能正确	录波起动正确，显示报告完整、正确，录波时间准确，B段录波延长时间为两次故障间隔时间	
就地打印功能	就地打印故障报告及波形，且打印完整	就地故障报告及波形打印完整	
导出功能检查	具备USB导出配置及录波文件的功能	向外部存储设备导出正常	
远传功能检查	具备远方召唤录波列表、触发记录波形文件、定值清单功能	远方召唤正确	
	具备上传至站端及各级调控端继电保护在线监视与分析模块功能	上传信息及数据正确	

结论（　　）

检验人：

5　装置投运准备工作

5.1　投入运行前的准备工作

5.1.1　核查各间隔TA接入极性及接线正确。

5.1.2　现场工作结束后，工作负责人检查试验记录有无漏试验项目，核对装置的整定值是否与定值单相符。打印定值单附后。（　　）

5.1.3　盖好所有装置及辅助设备的盖子，各装置插板扣紧。（　　）

5.1.4　二次回路接线恢复，拆除在检验时使用的试验设备、仪表及一切连接线，所有被拆除的或临时接入的连线应全部恢复正常，装置所有的信号应复归。（　　）

5.1.5　安全措施恢复。（　　）

5.1.6　全部人员撤离前，清扫现场。（　　）

5.2　对运行人员交代事项：

5.2.1　填写继电保护记录簿，将主要检验项目、试验结果及结论、定值通知单执行情况详细记录在内，向工作许可人交代检验结果、设备变动情况或遗留问题并写明该装置可以投入运行。（　　）

5.2.2　对运维人员进行继电保护运行规程培训。

5.3　验收合格后，办理工作票终结手续。（　　）

5.4　定值通知单编号：（　　），执行时间：（　　）。

检验人：

6　带负荷测试

6.1　系统电压检查

系统电压检查见表15（可根据回路数自行增加）。

表 15 **系统电压检查**

间隔名称	通道编号	项目	装置显示值（幅值、角度）
母线电压		U_a	V∠
		U_b	V∠
		U_c	V∠
		$3U_0$	V∠
间隔电压		U_a	V∠
		U_b	V∠
		U_c	V∠
		$3U_0$	V∠

结论（　　）

6.2 电流回路幅值及相位测试

6.2.1 电流回路幅值及相位测试见表 16，以 U_{AN} 电压为基准。测得数值如下（如接入间隔较多，表格自行增加）：

表 16 **电流回路幅值及相位测试**

间隔名称	相别	测试值（幅值、角度）	装置显示值（幅值、角度）	向量图
	A	∠	∠	U_{AN} →
	B	∠	∠	
	C	∠	∠	
	N	∠	∠	
	有功（　　）；无功（　　）；负荷电流（　　）			
	A	∠	∠	U_{AN} →
	B	∠	∠	
	C	∠	∠	
	N	∠	∠	
	有功（　　）；无功（　　）；负荷电流（　　）			

结论（　　）

6.3 使用钳形电流表测量保护二次电缆屏蔽层的电流，以检查该保护装置及屏柜与二次等电位接地网连接状况，当检测不到电流时，应检查屏蔽层是否良好接地。测试结果为（　　）。

检验人：

7 现场遗留问题

工作负责人：

6. 常规变电站故障录波器C类检修标准化作业指导书

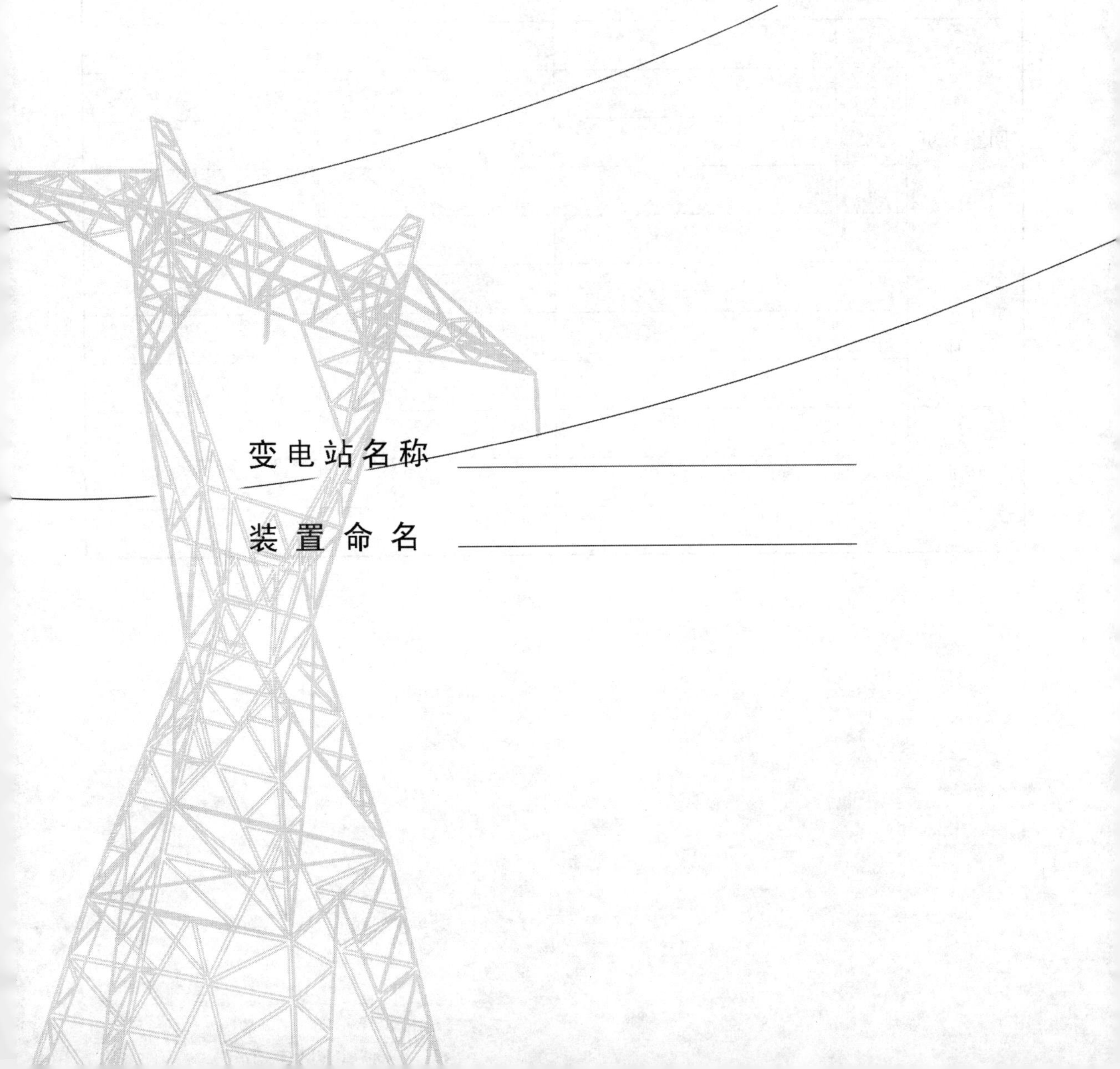

变电站名称 ________________________

装 置 命 名 ________________________

设备变更记录

变更内容			变更日期	执行人
装置变更	1			
	2			
程序升级	1			
	2			
	3			
	4			
回路变更	1			
	2			
	3			
	4			
	5			
TA变比	1			
	2			
	3			
其他	1			
	2			
	3			

________型故障录波器

检验报告

出厂日期		投运日期	
工作负责人			
检验人员			
检验性质	C类检验		
开始时间	年 月 日 时 分		
结束时间	年 月 日 时 分		
检验结论			
审核人签字		审核日期	

目　次

1 通用部分

1.1 详见《常规变电站微机继电保护标准化作业指导书C类检修通用部分》。

1.2 本指导书适用于220kV及以上电压等级六统一故障录波器，包括500kV部分故障录波器（含线路、断路器、电抗器）、主变故障录波器、220kV部分故障录波器（含线路、母联、分段、旁路）、继电器小室故障录波器、3/2断路器母线录波器。

2 故障录波器单机检验

2.1 软件版本号及CRC校验码检查

软件版本号及CRC校验码检查见表1。

表1 **软件版本号及CRC校验码**

装置型号	软件版本号	CRC校验码	软件版本生成时间	符合情况

2.2 接入容量检查

接入容量检查见表2。

表2 **接入容量检查表**

通道类型	装置接入能力	已接入数量
交流采集通道数量		
直流采集通道数量		
开关量通道数量		

2.3 模数变换系统的检验

装置二次额定电流 I_n=□5A/□1A。

2.3.1 零漂检验

零漂检验见表3。

表3 **零漂检验**

项目	最大值	要求范围
交流电压通道		不超过±0.05V
交流电流通道		不超过±0.01I_n
直流电源电压通道		不超过±0.05V

结论（　　）

2.3.2 采样精度校验

2.3.2.1 交流电压量采样

交流电压量采样查看见表4（根据现场实际通道数量进行，如接入间隔较多，表格自行增加）。

表 4　　交流电压量采样

间隔名称	通道名称	项目	U_n
母线电压		U_a	V∠
		U_b	V∠
		U_c	V∠
		$3U_0$	V∠
间隔电压		U_a	V∠
		U_b	V∠
		U_c	V∠
		$3U_0$	V∠
要求	输入电压 U_n 幅值相对误差小于或等于 0.5%		

结论（　　）

2.3.2.2 交流电流量采样

交流电流量采样见表 5（根据现场实际通道数量进行，如接入间隔较多，表格自行增加）。

表 5　　交流电流采样

间隔名称	通道名称	项目	I_n
线路		I_a	A∠
		I_b	A∠
		I_c	A∠
		$3I_0$	A∠
旁路		I_a	A∠
		I_b	A∠
		I_c	A∠
		$3I_0$	A∠
母联（分段）		I_a	A∠
		I_b	A∠
		I_c	A∠
		$3I_0$	A∠
变压器高压侧		I_a	A∠
		I_b	A∠
		I_c	A∠
		$3I_0$	A∠
变压器中压侧		I_a	A∠
		I_b	A∠
		I_c	A∠
		$3I_0$	A∠
变压器低压侧 1 分支		I_a	A∠
		I_b	A∠
		I_c	A∠
		$3I_0$	A∠

续表

间隔名称	通道名称	项目	I_n
变压器低压侧 2 分支		I_a	A∠
		I_b	A∠
		I_c	A∠
		$3I_0$	A∠
变压器中性点零序电流		I_0	A∠
变压器间隙电流		I_j	A∠
高压并联电抗器首端电流		I_a	A∠
		I_b	A∠
		I_c	A∠
		$3I_0$	A∠
高压并联电抗器末端电流		I_a	A∠
		I_b	A∠
		I_c	A∠
		$3I_0$	A∠
电抗器中性点接地小电抗电流		I_0	A∠
断路器		I_a	A∠
		I_b	A∠
		I_c	A∠
		$3I_0$	A∠
接地变压器零序电流		I_0	A∠
要求	输入电流 I_n 幅值相对误差小于或等于 0.5%		

结论（　　）

2.4　参数定值

系统参数、模拟量参数、开关量参数、测距参数、其他参数等打印附后，并与调度下发的定值单或现场实际校核正确。

结论（　　）

2.5　手动、远方起动检查

2.5.1　装置应具有通过面板（或屏体）按键或键盘起动触发记录的功能。结论（　　）

2.5.2　装置应具有通过已建立连接的远方主站端手动起动触发记录的功能。

结论（　　）

3　装置投运准备工作

3.1　投入运行前的准备工作

3.1.1　现场工作结束后，工作负责人检查试验记录有无漏试验项目，核对装置的整定值是否与定值单相符。打印定值单附后。（　　）

3.1.2　盖好所有装置及辅助设备的盖子，各装置插板扣紧。（　　）

3.1.3　二次回路接线恢复，拆除在检验时使用的试验设备、仪表及一切连接线，所有被拆除的或临时接入的连线应全部恢复正常，装置所有的信号应复归。（　　）

3.1.4　安全措施恢复。（　　）

3.1.5 全部人员撤离前，清扫现场。（ ）

3.2 对运行人员交代事项：

3.2.1 填写继电保护记录簿，将主要检验项目、试验结果及结论、定值通知单执行情况详细记录在内，向工作许可人交代检验结果、设备变动情况或遗留问题、并写明该装置可以投入运行。（ ）

3.2.2 对运维人员进行继电保护运行规程培训。

3.3 验收合格后，办理工作票终结手续。（ ）

3.4 定值通知单编号：（ ）；执行时间：（ ）。

3.5 使用钳形电流表测量保护二次电缆屏蔽层的电流，以检查该保护装置及屏柜与二次等电位接地网连接状况，当检测不到电流时，应检查屏蔽层是否良好接地。测试结果为。

检验人：

4 运行工况检查

手动启动录波，检查录波波形及通道与实际运行工况一致。（录波波形及报告打印附后）

结论（ ）

检验人：

5 现场遗留问题

工作负责人：

7. 常规变电站行波测距装置新安装验收检验标准化作业指导书

变电站名称 ________________________

装 置 命 名 ________________________

设备变更记录

变更内容			变更日期	执行人
装置变更	1			
	2			
程序升级	1			
	2			
	3			
	4			
回路变更	1			
	2			
	3			
	4			
	5			
TA变比	1			
	2			
	3			
其他	1			
	2			
	3			

________型行波测距装置

检验报告

出厂日期		投运日期	
工作负责人			
检验人员			
检验性质	新安装验收检验		
开始时间	年　　月　　日　　时　　分		
结束时间	年　　月　　日　　时　　分		
检验结论			
审核人签字		审核日期	

目　次

1　通用部分

1.1　详见《常规变电站继电保护标准化作业指导书（验收检验通用部分）》。

1.2　适用于厂、站端输电线路故障行波测距装置。

2　行波测距装置单机检验

2.1　软件版本号及CRC校验码检查

软件版本号及CRC校验码检查见表1。

表1　软件版本号及CRC校验码检查

程序种类	软件版本号	软件修改时间	CRC校验码

2.2　输出回路检查

输出回路检查见表2。

表2　输出回路检查

序号	检验项目	检查方法	接点动作情况
1	装置失电	关闭装置电源	□监控后台
2	通信告警	模拟装置启动	□监控后台，□装置显示
3	装置告警	模拟TA断线	□监控后台，□装置显示
		模拟通道中断（主站侧通道断）	□监控后台，□装置显示
		模拟时钟失步	□监控后台，□装置显示

结论（　　）

2.3　模数变换系统的检验

装置二次额定电流 I_n=□5A/□1A。

2.3.1　零漂检验

核对各接入线路顺序与主站端配置文件一致。

手动触发检查各通道录波（要求 $I<0.01In$），零漂检验见表3。

表3　零漂检验

接入顺序	间隔名称	I_a	I_b	I_c
1	线			
2	线			
3	线			
4	线			
5	线			
6	线			
7	线			
8	线			

结论（　　）

2.3.2 采样精度校验

在屏端子上分别通入 0.05 倍额定电流、1 倍额定电流及 4 倍额定电流值，手动启动录波或装置录波启动显示值，进入菜单中查看录波基波值，误差应小于 5%。电流采样精度校验见表 4。

表 4 **电流采样精度校验**

接入顺序	间隔名称	$0.05I_n$(A)			I_n(A)			$4I_n$(A)		
		I_a	I_b	I_c	I_a	I_b	I_c	I_a	I_b	I_c
1	线									
2	线									
3	线									
4	线									
5	线									
6	线									
7	线									
8	线									

结论（　　）

检验人：

3 行波测距装置功能校验

3.1 行波测距装置自检功能检验

检查测距装置电源、GPS、AD 板、通信状态正常，相应指示正确。　　结论（　　）

3.2 故障检测启动单元检验

3.2.1 给测距装置通入故障电流，手动启动，调取故障数据检查交流采样的电流幅值、相位和频率正确。

3.2.2 给测距装置通入故障电流，大于装置启动定值，调取故障数据检查交流采样的电流幅值、相位和频率正确。　　结论（　　）

3.3 行波数据时间长度检查

用行波测距校验仪输出 I_a、I_b、I_c 至测距装置，并手动触发测距装置启动，检查测距装置故障数据，行波记录数据时间长度不小于 4ms。　　结论（　　）

3.4 记录时间间隔检查

用行波测距校验仪仿真一个发展性故障的波形，即模拟一个单点故障发展成有第二故障点的故障，两次故障的间隔时间大于 20ms，装置应有两次测距结果。满足连续两次记录之间的时间间隔不大于 0.02s 的要求。

结论（　　）

检验人：

4 通信功能校验

4.1 检查行波测距装置、主站网络通信参数配置是否正确，记录 IP 地址，通信参数配置检查见表 5。

表 5　　通信参数配置检查

序号	位置	IP 地址
1	行波测距装置	
2	行波测距主站	

结论（　　）

4.2　检查行波测距装置、主站之间的通信状态。

行波测距装置启动后，检查其故障数据、告警信息应能自动传送至行波测距主站，行波测距主站也可以手动调取行波测距装置的故障数据。　结论（　　）

检验人：

5　时钟对时装置试验

5.1　行波测距装置具有独立的时钟对时装置，进行装置检验。

5.1.1　装置型号及软件检查

装置型号及软件检查见表 6。

表 6　　装置型号及软件检查

厂家	型号	对时方式	软件版本

5.1.2　输出回路检查

输出回路检查见表 7。

表 7　　输出回路检查

序号	检验项目	方法	接点动作情况
1	失步告警	模拟时钟失步	□监控后台，□装置显示

结论（　　）

5.1.3　时间精度检查

装置无时间信号输出，则不进行此检验。

测距装置输出时间信号与标准时间源对比的同步误差，误差小于 1μs。

结论（　　）

检验人：

5.2　行波测距装置采用外部时钟对时，行波测距装置进行时间精度检验。

将标准时钟源接入测距装置，比较授时时间与标准时间偏差，清除装置时间偏差。

6　行波测距装置、主站联合功能试验

线路两端测距分别用行波测距校验仪加载各自端的测试波形（历史故障波形或仿真波形），调整相应比例参数，同步时钟触发试验，检查装置启动录波情况，测距系统主站自动匹配两端上传的故障数据，并以双端测距原理计算有效故障数据，显示测距结果（当网络通

信正常的情况下，一般应在 15min 内给出测距结果）。线路长度在 300km 以下，双端测距平均误差应不大于 500m；线路长度在 300km 及以上，双端测距平均误差应不大于 1000m。

结论（　　）

检验人：

7 装置投运准备工作

7.1 投入运行前的准备工作

7.1.1 现场工作结束后，工作负责人检查试验记录有无漏试验项目。（　　）

7.1.2 盖好所有装置及辅助设备的盖子，各装置插板扣紧。（　　）

7.1.3 二次回路接线恢复，拆除在检验时使用的试验设备、仪表及一切连接线，所有被拆除的或临时接入的连线应全部恢复正常，装置所有的信号应复归。（　　）

7.1.4 安全措施恢复。（　　）

7.1.5 全部人员撤离前，清扫现场。（　　）

7.2 对运行人员交代事项：

7.2.1 填写继电保护记录簿，将主要检验项目、试验结果及结论等详细记录在内，向工作许可人交代检验结果、设备变动情况或遗留问题，并写明该装置可以投入运行。（　　）

7.2.2 对运维人员进行继电保护运行规程培训。（　　）

7.2.3 验收合格后，办理工作票终结手续。（　　）

8 带负荷测试

8.1 检查装置通入实际电流后装置采集的电流信息正确（注：此项依照现场实际情况检查），电流测试表见表 8。

表 8　　**电 流 测 试 表**

接入顺序	间隔名称	I_a	I_b	I_c
1	线			
2	线			
3	线			
4	线			
5	线			
6	线			
7	线			
8	线			

结论（　　）

8.2 使用钳形电流表测量保护二次电缆屏蔽层的电流，以检查该保护装置及屏柜与二次等电位接地网连接状况，当检测不到电流时，应检查屏蔽层是否良好接地。测试结果为（　　）。

检验人：

9　现场遗留问题

工作负责人：

8. 常规变电站行波测距装置 A（B）类检验标准化作业指导书

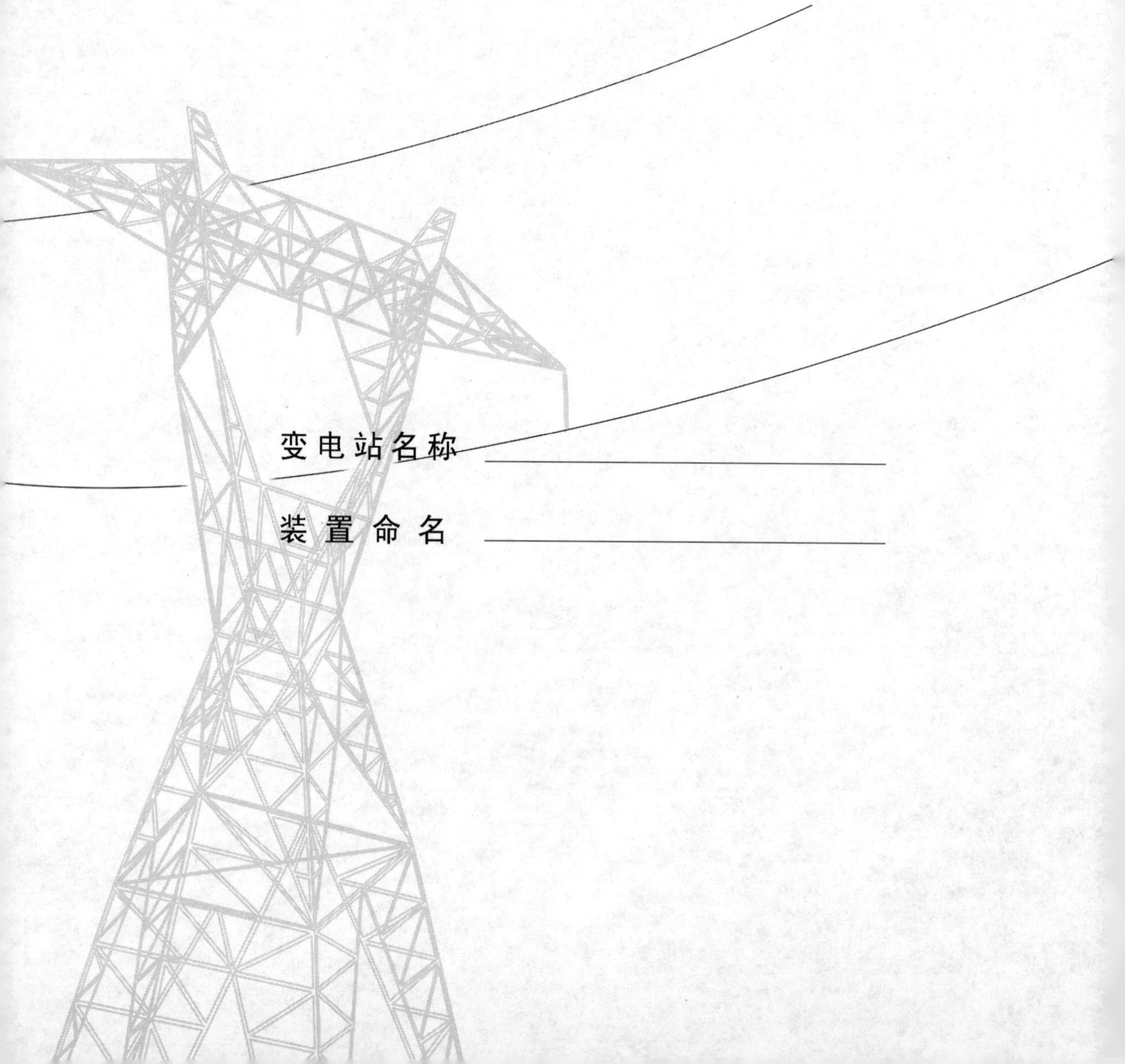

变电站名称 ______________________

装 置 命 名 ______________________

设备变更记录

变更内容			变更日期	执行人
装置变更	1			
	2			
程序升级	1			
	2			
	3			
	4			
回路变更	1			
	2			
	3			
	4			
	5			
TA 变比	1			
	2			
	3			
其他	1			
	2			
	3			

______型行波测距装置

检验报告

出厂日期		投运日期	
工作负责人			
检验人员			
检验性质	□A 类检验 □B 类检验		
开始时间	年　月　日　时　分		
结束时间	年　月　日　时　分		
检验结论			
审核人签字		审核日期	

目　　次

1 通用部分

1.1 详见《常规变电站继电保护标准化作业指导书（A/B类检验通用部分）》。

1.2 适用于厂、站端输电线路故障行波测距装置。

2 行波测距装置单机检验

2.1 软件版本号及CRC校验码检查

软件版本号及CRC校验码检查见表1。

表1　　软件版本号及CRC校验码检查

程序种类	软件版本号	软件修改时间	CRC校验码

2.2 输出回路检查

输出回路检查见表2。

表2　　输出回路检查

序号	检验项目	检查方法	接点动作情况
1	装置失电	关闭装置电源	□监控后台
2	通信告警	模拟装置启动	□监控后台，□装置显示
3	装置告警	模拟TA断线	□监控后台，□装置显示
		模拟通道中断（主站侧通道断）	□监控后台，□装置显示
		模拟时钟失步	□监控后台，□装置显示

结论（　　）

2.3 模数变换系统的检验

装置二次额定电流 I_n =□5A/□1A。

2.3.1 零漂检验

核对各接入线路顺序与主站端配置文件一致。

手动触发检查各通道录波（要求 $I<0.01I_n$），零漂检验见表3。

表3　　零漂检验

接入顺序	间隔名称	I_a	I_b	I_c
1	线			
2	线			
3	线			
4	线			
5	线			
6	线			
7	线			
8	线			

结论（　　）

2.3.2　采样精度校验

在屏端子上分别通入0.05倍额定电流、额定电流及4倍额定电流值，手动启动录波或装置录波启动显示值，进入菜单中查看录波基波值，误差应小于5%。电流采样精度校验见表4。

表4　　电流采样精度校验

接入顺序	间隔名称	$0.05I_n$(A)			I_n(A)			$4I_n$(A)		
		I_a	I_b	I_c	I_a	I_b	I_c	I_a	I_b	I_c
1	线									
2	线									
3	线									
4	线									
5	线									
6	线									
7	线									
8	线									

结论（　　）

检验人：

3　行波测距装置功能校验

3.1　行波测距装置自检功能检验

检查测距装置电源、GPS、AD板、通信状态正常，相应指示正确。　　结论（　　）

3.2　故障检测启动单元检验

3.2.1　给测距装置通入故障电流，手动启动，调取故障数据检查交流采样的电流幅值、相位和频率正确。

3.2.2　给测距装置通入故障电流，大于装置启动定值，调取故障数据检查交流采样的电流幅值、相位和频率正确。

结论（　　）

检验人：

4　时钟对时装置试验

4.1　行波测距装置具有独立的时钟对时装置，进行装置检验。

4.1.1　装置型号及软件检查

装置型号及软件检查见表5。

表5　　装置型号及软件检查

厂家	型号	对时方式	软件版本

4.1.2　输出回路检查

输出回路检查见表6。

表6　　输出回路检查

序号	检验项目	方法	接点动作情况
1	失步告警	模拟时钟失步	□监控后台，□装置显示

4.1.3　时间精度检查

装置无时间信号输出，则不进行此检验。

测距装置输出时间信号与标准时间源对比的同步误差，误差小于1μs。

结论（　　）

检验人：

4.2　行波测距装置采用外部时钟对时，行波测距装置进行时间精度检验。

将标准时钟源接入测距装置，比较授时时间与标准时间偏差，清除装置时间偏差。

5　行波测距装置、主站联合功能试验

线路两端测距分别用行波测距校验仪加载各自端的测试波形（历史故障波形或仿真波形），调整相应比例参数，同步时钟触发试验，检查装置启动录波情况，测距系统主站自动匹配两端上传的故障数据，并以双端测距原理计算有效故障数据，显示测距结果（当网络通信正常的情况下，一般应在15min内给出测距结果）。线路长度在300km以下，双端测距平均误差应不大于500m；线路长度在300km及以上，双端测距平均误差应不大于1000m。

结论（　　）

检验人：

6　装置投运准备工作

6.1　投入运行前的准备工作

6.1.1　现场工作结束后，工作负责人检查试验记录有无漏试验项目。（　　）

6.1.2　盖好所有装置及辅助设备的盖子，各装置插板扣紧。（　　）

6.1.3　二次回路接线恢复，拆除在检验时使用的试验设备、仪表及一切连接线，所有被拆除的或临时接入的连线应全部恢复正常，装置所有的信号应复归。（　　）

6.1.4　安全措施恢复。（　　）

6.1.5　全部人员撤离前，清扫现场。（　　）

6.2　对运行人员交代事项：

6.2.1　填写继电保护记录簿，将主要检验项目、试验结果及结论等详细记录在内，向工作许可人交代检验结果、设备变动情况或遗留问题、并写明该装置可以投入运行。（　　）

6.2.2　对运维人员进行继电保护运行规程培训。（　　）

6.2.3　验收合格后，办理工作票终结手续。（　　）

7　带负荷测试

7.1　检查装置通入实际电流后装置采集的电流信息正确（注：此项依照现场实际情况检查），电流测试表见表7。

表 7　　**电 流 测 试 表**

接入顺序	间隔名称	I_a	I_b	I_c
1	线			
2	线			
3	线			
4	线			
5	线			
6	线			
7	线			
8	线			

结论（　　）

7.2　使用钳形电流表测量保护二次电缆屏蔽层的电流，以检查该保护装置及屏柜与二次等电位接地网连接状况，当检测不到电流时，应检查屏蔽层是否良好接地。测试结果为。

检验人：

8　现场遗留问题

工作负责人：

9. 常规变电站继电保护在线监视与分析模块（故障信息子站）新安装验收检验标准化作业指导书

变电站名称 ______________________

装 置 命 名 ______________________

设备变更记录

变更内容			变更日期	执行人
装置变更	1			
	2			
程序升级	1			
	2			
	3			
	4			
回路变更	1			
	2			
	3			
	4			
	5			
TA变比	1			
	2			
	3			
其他	1			
	2			
	3			

________型继电保护在线监视与分析模块

（继电保护故障信息子站）

检验报告

出厂日期		投运日期	
工作负责人			
检验人员			
检验性质	新安装验收检验		
开始时间	年　月　日　时　分		
结束时间	年　月　日　时　分		
检验结论			
审核人签字		审核日期	

目　　次

1 通用部分

1.1 详见《常规变电站继电保护标准化作业指导书（验收检验通用部分）》。

1.2 适用于继电保护在线监视与分析模块（继电保护故障信息子站）。

2 继电保护在线监视与分析模块（继电保护故障信息子站）单机检验

2.1 软件版本号及CRC校验码检查

软件版本号及CRC校验码检查见表1。

表1　软件版本号及CRC校验码检查

程序种类	软件版本号	软件修改时间	CRC校验码

结论（　　）

2.2 输出回路检查

输出回路检查见表2。

表2　输出回路检查

序号	检验项目	方法	接点动作情况
1	装置失电	关闭装置电源	□监控后台，□遥信

结论（　　）

检验人：

3 网络通信状态检验

3.1 检查保护和故障录波装置、继电保护在线监视与分析模块（继电保护故障信息子站）网络通信参数配置是否正确，记录并以表格形式附后。

3.1.1 采用网络通信方式时，记录IP地址、端口号、网络规约。

3.1.2 采用串口通信方式时，记录串口地址、串口规约、波特率、奇偶校验码。

3.1.3 采用IEC 61850通信方式时，记录IP地址。

结论（　　）

3.2 检查连接到系统的保护和故障录波装置在继电保护在线监视与分析模块（继电保护故障信息子站）中的通信状态。

结论（　　）

3.3 检查子站、主站、分主站网络通信参数配置是否正确，记录IP地址，通信参数配置检查见表3。

表3　通信参数配置检查

序号	位置	IP地址
1	子站	
2	主站	

续表

序号	位置	IP 地址
3	分主站	

结论（　　）

3.4 检查子站、主站、分主站之间的通信状态。

检验人：

4　信息采集功能检验

信息采集功能检验见表 4。

表 4　　**信息采集功能检验**

装置名称	定值	模拟量	开关量	软压板	定值区号	告警信息	动作信息	故障录波
	□正确 □不正确	□正确 □不正确	□正确 □不正确	□正确 □不正确	□正确 □不正确	□正确 □不正确	□正确 □不正确	□正确 □不正确
	□正确 □不正确	□正确 □不正确	□正确 □不正确	□正确 □不正确	□正确 □不正确	□正确 □不正确	□正确 □不正确	□正确 □不正确
	□正确 □不正确	□正确 □不正确	□正确 □不正确	□正确 □不正确	□正确 □不正确	□正确 □不正确	□正确 □不正确	□正确 □不正确
	□正确 □不正确	□正确 □不正确	□正确 □不正确	□正确 □不正确	□正确 □不正确	□正确 □不正确	□正确 □不正确	□正确 □不正确
	□正确 □不正确	□正确 □不正确	□正确 □不正确	□正确 □不正确	□正确 □不正确	□正确 □不正确	□正确 □不正确	□正确 □不正确
	□正确 □不正确	□正确 □不正确	□正确 □不正确	□正确 □不正确	□正确 □不正确	□正确 □不正确	□正确 □不正确	□正确 □不正确
	□正确 □不正确	□正确 □不正确	□正确 □不正确	□正确 □不正确	□正确 □不正确	□正确 □不正确	□正确 □不正确	□正确 □不正确
	□正确 □不正确	□正确 □不正确	□正确 □不正确	□正确 □不正确	□正确 □不正确	□正确 □不正确	□正确 □不正确	□正确 □不正确
	□正确 □不正确	□正确 □不正确	□正确 □不正确	□正确 □不正确	□正确 □不正确	□正确 □不正确	□正确 □不正确	□正确 □不正确
	□正确 □不正确	□正确 □不正确	□正确 □不正确	□正确 □不正确	□正确 □不正确	□正确 □不正确	□正确 □不正确	□正确 □不正确
	□正确 □不正确	□正确 □不正确	□正确 □不正确	□正确 □不正确	□正确 □不正确	□正确 □不正确	□正确 □不正确	□正确 □不正确
	□正确 □不正确	□正确 □不正确	□正确 □不正确	□正确 □不正确	□正确 □不正确	□正确 □不正确	□正确 □不正确	□正确 □不正确
	□正确 □不正确	□正确 □不正确	□正确 □不正确	□正确 □不正确	□正确 □不正确	□正确 □不正确	□正确 □不正确	□正确 □不正确
	□正确 □不正确	□正确 □不正确	□正确 □不正确	□正确 □不正确	□正确 □不正确	□正确 □不正确	□正确 □不正确	□正确 □不正确
	□正确 □不正确	□正确 □不正确	□正确 □不正确	□正确 □不正确	□正确 □不正确	□正确 □不正确	□正确 □不正确	□正确 □不正确

续表

装置名称	定值	模拟量	开关量	软压板	定值区号	告警信息	动作信息	故障录波
	□正确 □不正确	□正确 □不正确	□正确 □不正确	□正确 □不正确	□正确 □不正确	□正确 □不正确	□正确 □不正确	□正确 □不正确
	□正确 □不正确	□正确 □不正确	□正确 □不正确	□正确 □不正确	□正确 □不正确	□正确 □不正确	□正确 □不正确	□正确 □不正确
	□正确 □不正确	□正确 □不正确	□正确 □不正确	□正确 □不正确	□正确 □不正确	□正确 □不正确	□正确 □不正确	□正确 □不正确
	□正确 □不正确	□正确 □不正确	□正确 □不正确	□正确 □不正确	□正确 □不正确	□正确 □不正确	□正确 □不正确	□正确 □不正确
	□正确 □不正确	□正确 □不正确	□正确 □不正确	□正确 □不正确	□正确 □不正确	□正确 □不正确	□正确 □不正确	□正确 □不正确
	□正确 □不正确	□正确 □不正确	□正确 □不正确	□正确 □不正确	□正确 □不正确	□正确 □不正确	□正确 □不正确	□正确 □不正确
	□正确 □不正确	□正确 □不正确	□正确 □不正确	□正确 □不正确	□正确 □不正确	□正确 □不正确	□正确 □不正确	□正确 □不正确
	□正确 □不正确	□正确 □不正确	□正确 □不正确	□正确 □不正确	□正确 □不正确	□正确 □不正确	□正确 □不正确	□正确 □不正确
	□正确 □不正确	□正确 □不正确	□正确 □不正确	□正确 □不正确	□正确 □不正确	□正确 □不正确	□正确 □不正确	□正确 □不正确
	□正确 □不正确	□正确 □不正确	□正确 □不正确	□正确 □不正确	□正确 □不正确	□正确 □不正确	□正确 □不正确	□正确 □不正确
	□正确 □不正确	□正确 □不正确	□正确 □不正确	□正确 □不正确	□正确 □不正确	□正确 □不正确	□正确 □不正确	□正确 □不正确
	□正确 □不正确	□正确 □不正确	□正确 □不正确	□正确 □不正确	□正确 □不正确	□正确 □不正确	□正确 □不正确	□正确 □不正确
	□正确 □不正确	□正确 □不正确	□正确 □不正确	□正确 □不正确	□正确 □不正确	□正确 □不正确	□正确 □不正确	□正确 □不正确
	□正确 □不正确	□正确 □不正确	□正确 □不正确	□正确 □不正确	□正确 □不正确	□正确 □不正确	□正确 □不正确	□正确 □不正确
	□正确 □不正确	□正确 □不正确	□正确 □不正确	□正确 □不正确	□正确 □不正确	□正确 □不正确	□正确 □不正确	□正确 □不正确

5　子站与分主站、主站联调测试

在主站及分主站端召唤定值、定值区号、模拟量、开关量、软压板、动作信息、告警信息、故障录波文件，功能良好。

结论（　　）

检验人：

6　装置投运准备工作

6.1　投入运行前的准备工作

6.1.1　现场工作结束后，工作负责人检查试验记录有无漏试验项目。（　　）

6.1.2　盖好所有装置及辅助设备的盖子，各装置插板扣紧。（　　）

6.1.3　二次回路接线恢复，拆除在检验时使用的试验设备、仪表及一切连接线，所有被拆除的或临时接入的连线应全部恢复正常，装置所有的信号应复归。（　　）

6.1.4　安全措施恢复。（　　）

6.1.5　全部人员撤离前，清扫现场。（　　）

6.2　对运行人员交代事项：

6.2.1　填写继电保护记录簿，将主要检验项目、试验结果及结论等记录在内，向工作许可人交代检验结果、设备变动情况或遗留问题、并写明该装置可以投入运行。（　　）

6.2.2　对运维人员进行继电保护运行规程培训。（　　）

6.3　验收合格后，办理工作票终结手续。（　　）

7　现场遗留问题

工作负责人：

10. 常规变电站继电保护在线监视与分析模块（故障信息子站）A（B）类检修标准化作业指导书

变电站名称 ____________________

装 置 命 名 ____________________

设备变更记录

变更内容			变更日期	执行人
装置变更	1			
	2			
程序升级	1			
	2			
	3			
	4			
回路变更	1			
	2			
	3			
	4			
	5			
TA变比	1			
	2			
	3			
其他	1			
	2			
	3			

______型继电保护在线监视与分析模块
（继电保护故障信息子站）
检验报告

出厂日期		投运日期	
工作负责人			
检验人员			
检验性质	□A 类检修 □B 类检修		
开始时间	年 月 日 时 分		
结束时间	年 月 日 时 分		
检验结论			
审核人签字		审核日期	

目　次

1 通用部分

1.1 详见《常规变电站继电保护标准化作业指导书 A（B）类检修》。

1.2 适用于继电保护在线监视与分析模块（继电保护故障信息子站）。

2 继电保护在线监视与分析模块（继电保护故障信息子站）单机检验

2.1 软件版本号及 CRC 校验码检查

软件版本号及 CRC 校验码检查见表 1。

表 1　软件版本号及 CRC 校验码检查

程序种类	软件版本号	软件修改时间	CRC 校验码

结论（　　）

2.2 输出回路检查

输出回路检查见表 2。

表 2　输出回路检查

序号	检验项目	方法	接点动作情况
1	装置失电	关闭装置电源	□监控后台，□遥信

结论（　　）

检验人：

3 网络通信状态检验

3.1 检查连接到系统的保护和故障录波装置在继电保护在线监视与分析模块（继电保护故障信息子站）中的通信状态。

结论（　　）

3.2 检查子站、主站、分主站之间的通信状态。

检验人：

4 信息采集功能检验

信息采集功能检验见表 3。

表 3　信息采集功能检验

装置名称	定值	模拟量	开关量	软压板	定值区号	告警信息	动作信息	故障录波
	□正确 □不正确	□正确 □不正确	□正确 □不正确	□正确 □不正确	□正确 □不正确	□正确 □不正确	□正确 □不正确	□正确 □不正确
	□正确 □不正确	□正确 □不正确	□正确 □不正确	□正确 □不正确	□正确 □不正确	□正确 □不正确	□正确 □不正确	□正确 □不正确

续表

装置名称	定值	模拟量	开关量	软压板	定值区号	告警信息	动作信息	故障录波
	□正确 □不正确	□正确 □不正确	□正确 □不正确	□正确 □不正确	□正确 □不正确	□正确 □不正确	□正确 □不正确	□正确 □不正确
	□正确 □不正确	□正确 □不正确	□正确 □不正确	□正确 □不正确	□正确 □不正确	□正确 □不正确	□正确 □不正确	□正确 □不正确
	□正确 □不正确	□正确 □不正确	□正确 □不正确	□正确 □不正确	□正确 □不正确	□正确 □不正确	□正确 □不正确	□正确 □不正确
	□正确 □不正确	□正确 □不正确	□正确 □不正确	□正确 □不正确	□正确 □不正确	□正确 □不正确	□正确 □不正确	□正确 □不正确
	□正确 □不正确	□正确 □不正确	□正确 □不正确	□正确 □不正确	□正确 □不正确	□正确 □不正确	□正确 □不正确	□正确 □不正确
	□正确 □不正确	□正确 □不正确	□正确 □不正确	□正确 □不正确	□正确 □不正确	□正确 □不正确	□正确 □不正确	□正确 □不正确
	□正确 □不正确	□正确 □不正确	□正确 □不正确	□正确 □不正确	□正确 □不正确	□正确 □不正确	□正确 □不正确	□正确 □不正确
	□正确 □不正确	□正确 □不正确	□正确 □不正确	□正确 □不正确	□正确 □不正确	□正确 □不正确	□正确 □不正确	□正确 □不正确
	□正确 □不正确	□正确 □不正确	□正确 □不正确	□正确 □不正确	□正确 □不正确	□正确 □不正确	□正确 □不正确	□正确 □不正确
	□正确 □不正确	□正确 □不正确	□正确 □不正确	□正确 □不正确	□正确 □不正确	□正确 □不正确	□正确 □不正确	□正确 □不正确
	□正确 □不正确	□正确 □不正确	□正确 □不正确	□正确 □不正确	□正确 □不正确	□正确 □不正确	□正确 □不正确	□正确 □不正确
	□正确 □不正确	□正确 □不正确	□正确 □不正确	□正确 □不正确	□正确 □不正确	□正确 □不正确	□正确 □不正确	□正确 □不正确
	□正确 □不正确	□正确 □不正确	□正确 □不正确	□正确 □不正确	□正确 □不正确	□正确 □不正确	□正确 □不正确	□正确 □不正确
	□正确 □不正确	□正确 □不正确	□正确 □不正确	□正确 □不正确	□正确 □不正确	□正确 □不正确	□正确 □不正确	□正确 □不正确
	□正确 □不正确	□正确 □不正确	□正确 □不正确	□正确 □不正确	□正确 □不正确	□正确 □不正确	□正确 □不正确	□正确 □不正确
	□正确 □不正确	□正确 □不正确	□正确 □不正确	□正确 □不正确	□正确 □不正确	□正确 □不正确	□正确 □不正确	□正确 □不正确
	□正确 □不正确	□正确 □不正确	□正确 □不正确	□正确 □不正确	□正确 □不正确	□正确 □不正确	□正确 □不正确	□正确 □不正确
	□正确 □不正确	□正确 □不正确	□正确 □不正确	□正确 □不正确	□正确 □不正确	□正确 □不正确	□正确 □不正确	□正确 □不正确
	□正确 □不正确	□正确 □不正确	□正确 □不正确	□正确 □不正确	□正确 □不正确	□正确 □不正确	□正确 □不正确	□正确 □不正确
	□正确 □不正确	□正确 □不正确	□正确 □不正确	□正确 □不正确	□正确 □不正确	□正确 □不正确	□正确 □不正确	□正确 □不正确
	□正确 □不正确	□正确 □不正确	□正确 □不正确	□正确 □不正确	□正确 □不正确	□正确 □不正确	□正确 □不正确	□正确 □不正确
	□正确 □不正确	□正确 □不正确	□正确 □不正确	□正确 □不正确	□正确 □不正确	□正确 □不正确	□正确 □不正确	□正确 □不正确

续表

装置名称	定值	模拟量	开关量	软压板	定值区号	告警信息	动作信息	故障录波
	□正确 □不正确	□正确 □不正确	□正确 □不正确	□正确 □不正确	□正确 □不正确	□正确 □不正确	□正确 □不正确	□正确 □不正确
	□正确 □不正确	□正确 □不正确	□正确 □不正确	□正确 □不正确	□正确 □不正确	□正确 □不正确	□正确 □不正确	□正确 □不正确
	□正确 □不正确	□正确 □不正确	□正确 □不正确	□正确 □不正确	□正确 □不正确	□正确 □不正确	□正确 □不正确	□正确 □不正确
	□正确 □不正确	□正确 □不正确	□正确 □不正确	□正确 □不正确	□正确 □不正确	□正确 □不正确	□正确 □不正确	□正确 □不正确
	□正确 □不正确	□正确 □不正确	□正确 □不正确	□正确 □不正确	□正确 □不正确	□正确 □不正确	□正确 □不正确	□正确 □不正确
	□正确 □不正确	□正确 □不正确	□正确 □不正确	□正确 □不正确	□正确 □不正确	□正确 □不正确	□正确 □不正确	□正确 □不正确

5　子站与分主站、主站联调测试

在主站及分主站端召唤定值、定值区号、模拟量、开关量、软压板、动作信息、告警信息、故障录波文件，功能良好。

结论（　　）

检验人：

6　装置投运准备工作

6.1　投入运行前的准备工作

6.1.1　现场工作结束后，工作负责人检查试验记录有无漏试验项目。（　　）

6.1.2　盖好所有装置及辅助设备的盖子，各装置插板扣紧。（　　）

6.1.3　二次回路接线恢复，拆除在检验时使用的试验设备、仪表及一切连接线，所有被拆除的或临时接入的连线应全部恢复正常，装置所有的信号应复归。（　　）

6.1.4　安全措施恢复。（　　）

6.1.5　全部人员撤离前，清扫现场。（　　）

6.2　对运行人员交代事项

6.2.1　填写继电保护记录簿，将主要检验项目、试验结果及结论等记录在内，向工作许可人交代检验结果、设备变动情况或遗留问题，并写明该装置可以投入运行。（　　）

6.2.2　对运维人员进行继电保护运行规程培训。（　　）

6.3　验收合格后，办理工作票终结手续。（　　）

7　现场遗留问题

工作负责人：

附录A　继电保护二次工作保护压板及设备投切位置确认单

继电保护二次工作保护压板及设备切换把手投切位置确认单

被试设备名称									
工作负责人		工作时间	年　月　日　时　分——　年　月　日　时　分						
工作内容									
包括应断开及恢复的空气开关（隔离开关）、直流铅丝、切换把手、保护压板、连接片、直流线、交流线、信号线、联锁和联锁开关等									
序号	压板及切换把手名称	开工前状态				工作结束后状态			
		投入位置	退出位置	运行人员确认签字	继电保护人员签字	投入位置	退出位置	运行人员确认签字	继电保护人员签字
1									
2									
3									
4									
5									
6									
7									
8									
9									
10									
11									
12									
13									
14									
15									
16									
17									
18									
19									
20									
21									
22									
23									
工作负责人在工作票结束前检查安全措施、保护定值区、保护压板紧固、TA接线等是否正常						工作负责人确认签字			

填写要求：①在“运行人员所布置的安全措施内容”栏目内填写具体名称。②在“投入位置或退出位置”栏内写“投或退”。③附在保护记录中存档。

附录B　继电保护二次工作安全措施票

继电保护二次工作安全措施票

单位：　　　　　　　　　　　　　　　　　　　　　　　　　　　　　　　　编号：

<table>
<tr><td>被试设备名称</td><td colspan="3"></td></tr>
<tr><td>工作负责人</td><td></td><td>工作时间</td><td>年　月　日　时　分——　年　月　日　时　分</td></tr>
<tr><td>工作内容</td><td colspan="3"></td></tr>
<tr><td colspan="4">安全措施：包括应打开恢复连接片、直流线、交流线、信号线、联锁和联锁开关等，按工作顺序填用安全措施</td></tr>
</table>

序号	执　行	安全措施内容	恢　复
1			
2			
3			
4			
5			
6			
7			
8			
9			
10			
11			
12			
13			
14			
15			
16			
17			
18			
19			
20			
21			
22			
23			
24			
25			
26			
27			
28			

检验人：　　　　　　　　监护人：　　　　　　　　恢复人：　　　　　　　　监护人：